"十二五"普通高等教育本科国家级规划教材

光电 & 仪器类专业教材

物 理 光 学

（第 6 版）

梁铨廷　刘翠红　陈志峰　张冰志　编著

电子工业出版社·

Publishing House of Electronics Industry

北京·BEIJING

内 容 简 介

本书为"十二五"普通高等教育本科国家级规划教材。

本书以光的电磁理论和傅里叶分析方法为基础,系统阐述经典与现代物理光学的基本概念、原理、主要现象和重要应用,力求反映本学科的现代面貌。

本书共 7 章。第 1 章,光的电磁理论;第 2 章,光的叠加与分析;第 3 章,光的干涉和干涉仪;第 4 章,多光束干涉与光学薄膜;第 5 章,光的衍射;第 6 章,傅里叶光学;第 7 章,光的偏振与晶体光学基础。

本书可作为高等学校光电信息类、光学工程类各专业的物理光学课程教科书,也可供其他专业学习物理光学的大学生和研究生及科技人员参考。

图书在版编目(CIP)数据

物理光学 / 梁铨廷等编著. --6 版. -- 北京:电子工业出版社, 2024.11. -- ISBN 978-7-121-49175-7

Ⅰ.O436

中国国家版本馆 CIP 数据核字第 2024Y83K79 号

责任编辑:韩同平

印　　刷:三河市良远印务有限公司
装　　订:三河市良远印务有限公司
出版发行:电子工业出版社
　　　　　北京市海淀区万寿路 173 信箱　邮编:100036
开　　本:787×1092　1/16　印张:24　字数:768 千字
版　　次:1980 年 8 月第 1 版
　　　　　2024 年 11 月第 6 版
印　　次:2024 年 11 月第 1 次印刷
定　　价:85.90 元

凡所购买电子工业出版社图书有缺损问题,请向购买书店调换。若书店售缺,请与本社发行部联系,联系及邮购电话:(010)88254888,88258888。

质量投诉请发邮件至 zlts@phei.com.cn,盗版侵权举报请发邮件至 dbqq@phei.com.cn。

本书咨询联系方式:88254525,hantp@phei.com.cn。

前　　言

自 20 世纪中叶始,光学在理论、实验、方法及应用等方面均取得了惊艳世人的重大突破。从全息照相的发明、光学传递函数的提出、激光器的问世及傅里叶光学理论的建立等,到近年超快光学、微纳光学、光场调控等新领域的兴起,无不加深着人们对物理世界的认识及拓展着光学的应用维度。正是由于光学的飞跃式发展,在编写光学类著作和教科书时大量引进现代内容,似乎已是一种需求和时尚。不过,本书作者认为,作为一本基础教材,引进的现代内容并不是越多越好,越新越好。关键是,要把现代内容和传统内容结合、融汇得好,把它们的内在联系沟通起来。作者的处理原则有三:使教材更适用于教学;适合专业的需要;适度联系现代发展和应用。以此三个原则来审视《物理光学》教材的编写和历次修订,应是恰当的。

回顾本书四十余载的历程,感慨岁月流逝之余亦感欣慰。本书第 1、2 版分别于 1980 年和 1987 年出版,当初的定位便是以基础性、经典性内容为主的教科书,编写起点也颇高,因此在随后的近 20 年时间里,得到了高校广大师生的选用和高度认可,更是在 1992 年全国高校第二届优秀教材评选中获得一等奖。然而,原出版社后来因故不再印刷出版,导致本书从市面上断档多年。但许多高校仍以之作为教材使用,甚至作为研究生入学考试的唯一指定教材。因而学校采取内部油印、复印,印刷质量难以保证,考生则通过各种渠道四处淘换,费时费力。作者对此深受触动,深感本书修订的迫切性。2006 年,适逢电子工业出版社组织出版国内第一套“光电信息类专业规划教材”,力邀作者对第 2 版教材进行全面修订。经过 1 年多的努力,第 3 版于 2008 年出版。此次修订,重新编写了一些章节,为适应光学的现代发展新增了诸如超光学分辨率、液晶电光效应等内容。随后的第 4、5 版分别于 2012 年和 2018 年出版,主要是根据教学使用情况及读者的反馈意见进行勘误和修订。期间本书被教育部遴选为“十二五”普通高等教育本科国家级规划教材。据出版社的不完全统计,目前本书被百余所大学和科研机构选做教材、教学参考书或考研参考书,这令作者倍受鼓舞。

此次的第 6 版,依旧保持本书历次的修订风格,即不做体系和章节的调整,以保持教材内容的相对稳定性和连续性,便于教师组织教学。本次所做的修订有百余处,包括订正了第 5 版中的一些文字、符号和图中的错误;部分改动是使论述更为准确、严谨和易于阅读,并保持术语的一致性。此外,着重加强和丰富了课程思政元素。例如就“天琴计划”、“中国天眼”、“LAMOST”等我国近年重大科学装置的研制,在合适的章节补充了相应的介绍内容。需强调的是这些补充都是以联系本教材相关的课程知识点为基础的。经此次修订后的再次审视,作者认为本书仍不失其经典性,且依然能保持其鲜明的特点:体系完整、结构严谨;概念清晰、叙述精炼、图文并茂;关注应用,合理联系现代内容;例题、习题丰富。

本书可作为高等学校光电信息类、光学工程类专业及相近专业的教材,也可作为考研学生及从事相关领域教学、研究及科技开发人员的参考书籍。本书内容较多,如用做教材,建议安排 64~80 学时为宜。书中打星号(＊)的章节可以少讲或不讲,供学生自学参考。对于学时数较少、内容要求较浅的院校、专业,可选用本书的简化版《物理光学简明教程》(第 3 版,电子工业出版社)。

此外，本书配套有《物理光学学习指导与题解》（第3版，电子工业出版社），欢迎广大师生一并选用。

本书曾得到多位光学界前辈的关心和指导。已故中国科学院院士、南开大学母国光教授审阅过本书部分内容，已故武汉大学朱光世教授和天津大学胡鸿璋教授审阅过本书的大部分内容，并都曾提出过许多宝贵的意见，作者谨向他们致以深深的敬意和谢意。愿本书的每一次修订都化做清幽的鲜花，以告慰这些前辈的在天之灵。此外，还要感谢广州大学领导的鼓励和支持，感谢电子工业出版社，特别是韩同平编辑的热情和精心工作，才使得本书持续以高质量和崭新面貌呈现于全国广大师生面前。

本书尽管经历多次修订，但其中不当之处仍在所难免，恳请广大教师和读者继续批评指正（1198383546@qq.com）。

先进科技的高速发展，毕竟还需建立在对自然规律的基本认识之上，阐明光学基础理论的教材，也必定有其长久存在的意义和价值。希望本书能够继续为我国的教育和科技事业奉献绵薄之力。最后，以一首拙诗作结，聊表作者的一点初心与长愿。

相干妙束架琴弦，细谱观量浩渺间。
屡展神通惊世界，本原依旧是从前。

作者
2024 年立秋
于秀丽的广州大学

目　录

绪　　论

1. 物理光学的研究对象和内容

物理光学的研究对象是光这种物质的基本属性,它的传播规律和它与其他物质之间的相互作用。物理光学可以分为波动光学和量子光学两部分。前者研究光的波动性,后者研究光的量子性。量子光学的主要内容将安排在激光课程中讲述,本书只讨论波动光学的内容。

物理光学(波动光学)讨论的内容是相当广泛的。传统的内容主要有光的干涉、衍射和偏振现象,光在各向同性介质中的传播规律(包括光的反射和折射,光的吸收、色散和散射规律),光在各向异性晶体中的传播规律等。20 世纪 60 年代以后,由于激光的出现,古老的光学又重新焕发了青春,光学的各个领域都有了突飞猛进的发展,一批新的分支学科相继建立起来。例如,光学薄膜技术的发展形成了薄膜光学、集成光学等新的学科。激光技术的发展,出现了非线性光学。把数学、通信理论和光的衍射结合起来,建立起了傅里叶光学。傅里叶光学的一些应用课题,如光学信息处理、光学传递函数和全息术等,是当今科学技术领域中十分引人注目的课题。本教材除了讨论物理光学的传统内容,对于它的近代发展也给予了充分的关注。其中在第 4 章中讨论了薄膜波导(它是集成光学的基础);在第 5 章中讨论了全息照相;在第 7 章中讨论了非线性光学(包括倍频效应、混频效应、光折变效应、位相共轭波、光学双稳态等)。第 6 章则全部用来介绍傅里叶光学。

纵观现代物理光学,它是以两种理论方法为基础的。一是**光的电磁理论**,把光看做是一种电磁波,用电磁波的系统理论来描述光的各种现象;二是**傅里叶分析(频谱分析)方法**,用频谱分析的观点来看待光传播的各种现象。本教材在内容安排上是从加强这两个基础出发的。与此有关的数学知识,为了便于查阅,我们把它写成了几个附录,安排书后。

2. 物理光学的应用

物理光学在科学技术各领域中的应用十分广泛,在工业生产和国防上也起着非常重要的作用。特别是激光问世以来,大大扩充了它的应用范围。今天,它已经被普遍用到精密测量、通信、医疗、受控热核反应、信息处理等众多技术领域,为科学技术和生产力的发展,以及国防建设做出巨大贡献。

以光学仪器工业和光电信息产业的发展来说,物理光学的应用非常广泛和重要。各种光学零件的表面粗糙度、平面度,以及长度、角度的测量,至今最精密的方法仍然是物理光学方法。另外,还用物理光学方法测量光学系统的各种像差,评价光学系统的成像质量等。以光的干涉原理为基础的各种干涉仪器,是光学仪器中数量颇多且最为精密的一个组成部分。根据衍射原理制成的光栅光谱仪,在分析物质的微观结构(原子、分子结构)和化学成分等方面起着最为重要的作用。由于近代光学的崛起,发展起来的一些新型的光学仪器,如相衬显微镜、光学传递函数仪、傅里叶变换光谱仪,以及各种全息和信息处理装置、电光和光电变换装置、激光器等,更是离不开物理光学的基本原理。可见,学好物理光学对于光学工程专业、光电信息工程专业的学生在专业上的发展是何等重要。

通常,人们把物理光学和几何光学看成是光学的两大组成部分。几何光学,在我们的专业课程安排中又叫做应用光学,它把光看做是沿着一根根光线传播的,它们遵从直线传播和反射、折射定律。几何光学在光学系统的设计方面起着不可替代的作用。但是几何光学只是波动光学的极限情况,当波动效应不可忽略时,几何光学的结果与实际结果的偏离就会很明显。这时只有掌握物理光学的手段,才能对几何光学结果的近似程度做出正确的判断。因此,即使是对于一般的光学系统的设计,仅有几何光学的知识也是不够的。

3. 光的波粒二象性

前面说过,物理光学包括波动光学和量子光学两部分,它们分别研究光的波动性质和量子(粒子)性质。波动光学确认光是一种电磁波,并根据电磁波理论来描述光学现象。用这一理论来描述光的反射、折射、干涉、衍射、偏振等一系列现象是非常成功的,自19世纪60年代由麦克斯韦(J. C. Maxwell,1831—1879)提出这一理论后,很快就赢得了普遍的公认。但是,在19世纪末与20世纪初,当科学实验深入到微观领域时,在一些新的光学实验事实面前,光的电磁理论遇到了巨大的困难。例如,它无法解释荧光的波长为什么总比入射光的长;在光电效应的基本规律面前,它也是无能为力的。所有这些微观光学现象的发现,使光学(以及物理学)的概念产生了从连续到量子化的飞跃。1905年爱因斯坦(A. Einstein,1879—1955)在普朗克(M. Planck,1858—1947)量子论的基础上提出了光的量子理论,认为光的能量不是连续分布的,光由一粒粒运动着的光子组成,每个光子具有确定的能量。利用爱因斯坦的量子理论,上述实验事实可以很完满地得到解释。但是,爱因斯坦给我们描绘的完全是一幅光的粒子性的图像。于是,在实验事实面前,人们不得不同时接受光的波动理论和光的量子理论,承认光在许多方面表现出波动性,而在另一些方面表现出粒子性。这就是所谓**光的波粒二象性**。

关于光的波粒二象性,回忆一下300年前光学发展初期的一段历史是很有意思的。当时,也有两个关于光的本性的学说:一是牛顿(I. Newton,1642—1727)的微粒说;二是惠更斯(C. Huygens,1629—1695)的波动说。在当时的物理学的概念里,"波"与"粒子"是截然不同的,人们从来没有见过在单一事物中同时表现出波动性与粒子性。显然,上述两种学说是势不两立的。回顾当时,虽然惠更斯面对的是在物理学界享有至高无上权威的牛顿,却依然敢于在演讲中公开反对其微粒说,并以此为开端提出了光的波动说,与牛顿展开了一场关于光的本性问题的持久争论,表现出了坚持追寻真理、勇于挑战权威的科学精神。关于波动性和粒子性的对立,是经典物理学的一种偏见,一直延续到20世纪初。尽管光的波动理论和光的量子(粒子)理论都比牛顿、惠更斯的理论完美、深入得多,但是对于那些抱着经典偏见不放的人还是觉得不可思议。

现在,我们知道,不仅光具有波粒二象性,一切的微观粒子(像电子、质子、中子等)也都具有波粒二象性。波粒二象性是一切微观粒子(包括光子)的普遍属性。自然,我们对光的本性的这种认识只具有相对真理性,对光的认识并没有完结。随着自然科学和光学的不断发展,我们对光的本性的认识一定会更加深入、更加向前发展。今天,我们学习光学的发展史,学习关于光的本性的认识过程的历史,对于培养我们的科学的思维方法,树立科学的发展观是很有帮助的。

第1章　光的电磁理论

在光学发展的历史进程中,曾经出现过两种波动理论。一种是由惠更斯提出(1678 年)、菲涅耳(A. J. Fresnel,1788—1827)等人发展了的机械波理论,它把光看做是机械振动在"以太"这种特殊介质中传播的波。另一种是麦克斯韦在 19 世纪 60 年代提出的电磁波理论,认为光是一种波长很短的电磁波。由于后人的实验否定了"以太"这种特殊介质的存在,也由于电磁波理论在阐明光学现象方面非常成功,所以人们就自然地抛弃了机械波理论,而代之以电磁波理论。事实证明,建立在电磁理论基础上的光学学说是光学发展进程中的一个重大飞跃。

光的电磁理论的提出是人们在电磁学方面已有了深入研究的结果。到 19 世纪中叶,安培(A. M. Ampere,1775—1836)、法拉第(M. Faraday,1791—1867)等人已经总结出电场和磁场的一些实验规律,并且发现光学现象与电磁现象有着紧密联系(比如光的振动面在磁场中的旋转)。在此基础上,1864 年麦克斯韦把电磁规律总结为麦克斯韦方程组,建立了完整的经典电磁理论;同时指出光也是一种电磁波,从而产生了光的电磁理论。光的电磁理论的确立,推动了光学及整个物理学的发展。现代光学尽管产生了许多新的领域,并且许多光学现象需要用量子理论来解释,但是光的电磁理论仍然是阐明大多数光学现象,以及掌握现代光学的一个重要的基础。本章将简要叙述光的电磁理论和它对一些光学现象所做的理论分析,使我们对光的电磁本性有更加深刻的认识。本章又是全书的理论基础。

1.1　光的电磁波性质

1. 麦克斯韦方程组

电磁场的普遍规律总结为麦克斯韦方程组,它是麦克斯韦把稳恒电磁场(静电场和稳恒电流的磁场)的基本规律推广到交变电磁场的普遍情况而得到的。麦克斯韦方程组通常写成积分和微分两种形式。从方程组出发,结合具体的条件,可以定量地研究在这些给定条件下发生的光学现象,例如光的辐射和传播,光的反射、折射、干涉、衍射和光与物质相互作用的现象。

积分形式的麦克斯韦方程组为

$$\left.\begin{aligned}
&\oiint \boldsymbol{D} \cdot \mathrm{d}\boldsymbol{\sigma} = Q \\
&\oiint \boldsymbol{B} \cdot \mathrm{d}\boldsymbol{\sigma} = 0 \\
&\oint \boldsymbol{E} \cdot \mathrm{d}\boldsymbol{l} = -\iint \frac{\partial \boldsymbol{B}}{\partial t} \cdot \mathrm{d}\boldsymbol{\sigma} \\
&\oint \boldsymbol{H} \cdot \mathrm{d}\boldsymbol{l} = I + \iint \frac{\partial \boldsymbol{D}}{\partial t} \cdot \mathrm{d}\boldsymbol{\sigma}
\end{aligned}\right\} \tag{1.1}$$

式中,$\boldsymbol{D}$、$\boldsymbol{E}$、$\boldsymbol{B}$ 和 $\boldsymbol{H}$ 分别为电感强度(电位移矢量)、电场强度、磁感强度和磁场强度,对 $\mathrm{d}\boldsymbol{\sigma}$ 和 $\mathrm{d}\boldsymbol{l}$ 的积分分别表示电磁场中任一闭合曲面和闭合回路上的积分,Q 表示积分闭合曲面内包含的总电量,I 表示积分闭合回路包围的传导电流。方程组第 1 式是熟知的高斯定理的数学表示;第 2 式表示磁场是无源场,不存在像电荷那样的"磁荷";第 3 式是法拉第电磁感应定律的数学表示;

第 4 式则表示在交变电磁场情况下,磁场既包括传导电流产生的磁场,也包括位移电流 $\left(\dfrac{\partial D}{\partial t}\right)$ 产生的磁场。

在实际应用中,积分形式的麦克斯韦方程组不适用于求解电磁场中某一给定点的场量这类问题,通常使用的是方程组的微分形式。要求得方程组的微分形式,可应用积分学中的定理把各有关积分变换为相应的微分方程式。麦克斯韦方程组的微分形式为

$$\left.\begin{array}{l} \nabla \cdot D = \rho \\ \nabla \cdot B = 0 \\ \nabla \times E = -\dfrac{\partial B}{\partial t} \\ \nabla \times H = j + \dfrac{\partial D}{\partial t} \end{array}\right\} \tag{1.2}$$

式中,ρ 为电荷体密度,j 为传导电流密度。

2. 物质方程

在麦克斯韦方程组中,E 和 B 是电磁场的基本物理量,它们代表介质中总的宏观电磁场,而 D 和 H 只是引进的两个辅助场量。E 和 D、B 和 H 的关系与电磁场所在物质的性质有关。对于各向同性线性物质,它们有如下简单关系:

$$D = \varepsilon E \tag{1.3}$$
$$B = \mu H \tag{1.4}$$

式中,ε 和 μ 是两个标量,分别称为介电常数(或电容率)和磁导率。在真空中,$\varepsilon = \varepsilon_0 = 8.8542 \times 10^{-12} \mathrm{C}^2/$ $(\mathrm{N} \cdot \mathrm{m}^2)$[库^2/(牛·米^2)],$\mu = \mu_0 = 4\pi \times 10^{-7} \mathrm{N} \cdot \mathrm{s}^2/\mathrm{C}^2$(牛·秒^2/库^2)。对于非磁性物质,$\mu \approx \mu_0$。

另外,在导电物质中还有关系(欧姆定律):

$$j = \sigma E \tag{1.5}$$

式中,σ 称为电导率。式(1.3)、式(1.4)和式(1.5)称做**物质方程**,它们描述物质在电磁场影响下的特性。在通过麦克斯韦方程组求解各个场量时,上述物质方程是必不可少的。

本书绝大部分内容涉及光波的电磁场在各向同性线性物质中的传播,只是第 7 章涉及在各向异性物质中的传播,这时 D 和 E 形式上还有式(1.3)那样的关系,但 ε 是一个张量[①],表明在一般情况下 D 和 E 不再同方向。在第 7 章的最后一节中,还涉及非线性物质,在这一情况下,D 不仅与 E 的一次式有关,而且与 E 的二次式、三次式等都有关。

3. 电磁场的波动性

从麦克斯韦方程组可直接得出两个结论:第一,任何随时间变化的磁场在周围空间产生电场,这种电场具有涡旋性质,电场的方向由左手定则决定;第二,任何随时间变化的电场(位移电流)在周围空间产生磁场,磁场是涡旋的,磁场的方向由右手定则决定。由此可见,电场和磁场紧密相联,其中一个变化时,随即出现另一个,它们互相激发形成统一的场——**电磁场**。变化的电磁场可以以一定的速度向周围空间传播出去。设在空间某一区域内电场有变化,那么在邻近的区域就要引起随时间变化的磁场,该变化的磁场又在较远的区域引起新的变化电场,接着该新的变化电场又在更远的区域引起新的变化磁场,变化的电场和磁场的交替产生,使电磁场传播到很远的区域。交变电磁场在空间以一定速度由近及远的传播即形成**电磁波**。

---

① 参阅 7.3 节。

下面从麦克斯韦方程组出发,证明电磁场的传播具有波动性。为简单起见,讨论在无限大的各向同性均匀介质中的情况,这时 ε 为常数,μ 为常数,并且在远离辐射源的区域,不存在自由电荷和传导电流($\rho = 0$,$j = 0$),因而式(1.2)简化为

$$\left. \begin{aligned} \nabla \cdot \boldsymbol{E} &= 0 \\ \nabla \cdot \boldsymbol{B} &= 0 \\ \nabla \times \boldsymbol{E} &= -\frac{\partial \boldsymbol{B}}{\partial t} \\ \nabla \times \boldsymbol{B} &= \varepsilon\mu \frac{\partial \boldsymbol{E}}{\partial t} \end{aligned} \right\} \qquad (1.6)$$

取第3式的旋度,并将第4式代入,得到

$$\nabla \times (\nabla \times \boldsymbol{E}) = -\frac{\partial}{\partial t} \nabla \times \boldsymbol{B} = -\varepsilon\mu \frac{\partial^2 \boldsymbol{E}}{\partial t^2}$$

根据场论公式[见附录 A 的式(A-4)]

$$\nabla \times (\nabla \times \boldsymbol{E}) = \nabla(\nabla \cdot \boldsymbol{E}) - \nabla^2 \boldsymbol{E}$$

由于 $\nabla \cdot \boldsymbol{E} = 0$,所以

$$\nabla \times (\nabla \times \boldsymbol{E}) = -\nabla^2 \boldsymbol{E}$$

因此得到

$$\nabla^2 \boldsymbol{E} - \varepsilon\mu \frac{\partial^2 \boldsymbol{E}}{\partial t^2} = 0$$

同样,在式(1.6)中消去电场,也可以得到磁场 $\boldsymbol{B}$ 的方程

$$\nabla^2 \boldsymbol{B} - \varepsilon\mu \frac{\partial^2 \boldsymbol{B}}{\partial t^2} = 0$$

若令

$$v = \frac{1}{\sqrt{\varepsilon\mu}} \qquad (1.7)$$

则 $\boldsymbol{E}$ 和 $\boldsymbol{B}$ 的方程化为

$$\nabla^2 \boldsymbol{E} - \frac{1}{v^2} \frac{\partial^2 \boldsymbol{E}}{\partial t^2} = 0 \qquad (1.8)$$

$$\nabla^2 \boldsymbol{B} - \frac{1}{v^2} \frac{\partial^2 \boldsymbol{B}}{\partial t^2} = 0 \qquad (1.9)$$

如式(1.8)和式(1.9)所示的偏微分方程称为**波动方程**,它们的通解是各种形式以速度 v 传播的电磁波的叠加。$\boldsymbol{E}$ 和 $\boldsymbol{B}$ 满足波动方程,表明电场和磁场的传播是以波动形式进行的,电磁波的传播速度 $v = 1/\sqrt{\varepsilon\mu}$。

4. 电磁波

麦克斯韦理论关于电磁波的结论是由后人的实验证实的。1889 年,赫兹(H. Hertz,1857—1894)在实验中得到了波长为 60cm 的电磁波,并且观察了电磁波在金属镜面上的反射,在石蜡制成的棱镜中的折射及干涉现象。赫兹的实验不仅以无可置疑的事实证实了电磁波的存在,而且也证明了电磁波和光波的行为完全相同。

已经指出电磁波在介质中的传播速度由式(1.7)给出,因此,电磁波在真空中的传播速度

$$c = \frac{1}{\sqrt{\varepsilon_0 \mu_0}} \qquad (1.10)$$

式中,ε_0 和 μ_0 是真空中的介电常数和磁导率。

已知 $\varepsilon_0 = 8.8542 \times 10^{-12} \text{C}^2/(\text{N} \cdot \text{m}^2)$,$\mu_0 = 4\pi \times 10^{-7} \text{N} \cdot \text{s}^2/\text{C}^2$,所以

$$c = \frac{1}{\sqrt{8.8542 \times 10^{-12} \text{C}^2/(\text{N} \cdot \text{m}^2) \times 4\pi \times 10^{-7} \text{N} \cdot \text{s}^2/\text{C}}} = 2.99794 \times 10^8 \text{m/s}$$

这个数值与实验中测定的真空中光速的数值非常接近(现在测定的真空中光速的最精确的数值为 $c=2.99792458 \times 10^8 \mathrm{m/s}$ [①])。在历史上,麦克斯韦曾以此作为重要依据之一,预言**光是一种电磁波**[②]。

现在已经知道,除了光波和无线电波,X 射线、γ 射线也都是电磁波,它们的波长比光波波长更短,但它们在本质上与光波和无线电波完全相同。如果我们按照波长或频率把这些电磁波排列成谱,则有如图 1.1 所示的电磁波谱图。通常所说的光学区或光学频谱,包括紫外线、可见光和红外线,波长范围为 $1 \mathrm{nm}(1 \mathrm{nm} = 10^{-7} \mathrm{cm}) \sim 1 \mathrm{mm}$。可见光是人眼可以感觉到各种颜色的光波,在真空中的波长范围为 $390 \mathrm{nm} \sim 780 \mathrm{nm}$(频率范围为 $7.69 \times 10^{14} \mathrm{Hz} \sim 3.84 \times 10^{14} \mathrm{Hz}$)。在电磁波谱图上,这是一个很窄的谱带。

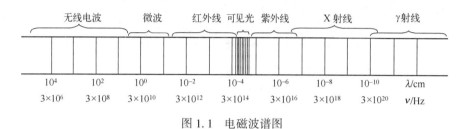

图 1.1 电磁波谱图

电磁波在真空中的速度与在介质中的速度之比称为**绝对折射率**(通常简称**折射率**),即

$$n = c / v \qquad (1.11)$$

由式(1.7)和式(1.10),有

$$n = \frac{c}{v} = \sqrt{\frac{\varepsilon \mu}{\varepsilon_0 \mu_0}} = \sqrt{\varepsilon_r \mu_r} \qquad (1.12a)$$

式中,ε_r 和 μ_r 分别是相对介电常数和相对磁导率。由于除了磁性物质,大多数物质的 $\mu_r \approx 1$,因而得到

$$n = \sqrt{\varepsilon_r} \qquad (1.12b)$$

上式称为**麦克斯韦关系式**。表 1.1 列出了一些物质的 $\sqrt{\varepsilon_r}$ 的数值(由低频电场测出)和对于钠光(波长 $\lambda = 589.3 \mathrm{nm}$)的折射率 n。可见,对于一些化学结构简单的气体,n 与 $\sqrt{\varepsilon_r}$ 两者符合得很好。但是,对于许多液体和固体,两者相差较大。这是因为 $\sqrt{\varepsilon_r}$ 的数值(因而折射率 n)实际上与频率有关(色散效应,参见 1.9 节),并且液体和固体的折射率一般随频率的变化较大,所以对于液体和固体,在高频(光频)下测出的折射率 n 与在低频下测出的 $\sqrt{\varepsilon_r}$ 的数值自然相差较大。

表 1.1 一些物质的 $\sqrt{\varepsilon_r}$ 的数值和对于钠光的折射率 n

气体[0℃,1 大气压(101.325kPa)]			液体(20℃)			固体(室温)		
物质	$\sqrt{\varepsilon_r}$	n	物质	$\sqrt{\varepsilon_r}$	n	物质	$\sqrt{\varepsilon_r}$	n
空气	1.000294	1.000293	苯	1.51	1.501	金刚石	4.06	2.419
氦	1.000034	1.000036	水	8.96	1.333	琥珀	1.6	1.55
氢	1.000131	1.000132	乙醇	5.08	1.361	氧化硅	1.94	1.458
二氧化碳	1.00049	1.00045	四氯化碳	4.63	1.461	氯化钠	2.37	1.50

① 在 1983 年第 17 次国际计量大会上决定将此光速值作为真空中光速的定义值。

② 当时麦克斯韦利用韦伯(W. Weber,1804—1891)和科尔劳许(R. Kohlrausch,1809—1858)的实验结果计算出电磁波在真空中的速度为 $3.1074 \times 10^8 \mathrm{m/s}$,而 1849 年斐索(A. H. L. Fizeau,1819—1896)测量出的光速为 $3.14858 \times 10^8 \mathrm{m/s}$

1.2 平面电磁波

已经指出,式(1.8)和式(1.9)是两个偏微分方程,它们的解可以有多种形式,如平面波解、球面波解和柱面波解。方程的解还可以写成各种频率的简谐波及其叠加。所以,要决定解的具体形式,必须根据 $\boldsymbol{E}$ 和 $\boldsymbol{B}$ 满足的边界条件和初始条件求解方程。这里,以平面波为例,求解波动方程,并讨论在光学中有重要意义的平面简谐波解。

1.2.1 波动方程的平面波解

现在讨论波动方程的一种最基本的解——**平面波解**。平面电磁波是指电场或磁场在与传播方向正交的平面上各点具有相同值的波。假设平面波沿直角坐标系 xyz 的 z 方向传播(图 1.2),那么平面波的 $\boldsymbol{E}$ 和 $\boldsymbol{B}$ 仅与 z、t 有关,而与 x、y 无关。这样,电磁场的波动方程,即式(1.8)和式(1.9)化为

$$\frac{\partial^2 \boldsymbol{E}}{\partial z^2}-\frac{1}{v^2}\frac{\partial^2 \boldsymbol{E}}{\partial t^2}=0 \tag{1.13}$$

$$\frac{\partial^2 \boldsymbol{B}}{\partial z^2}-\frac{1}{v^2}\frac{\partial^2 \boldsymbol{B}}{\partial t^2}=0 \tag{1.14}$$

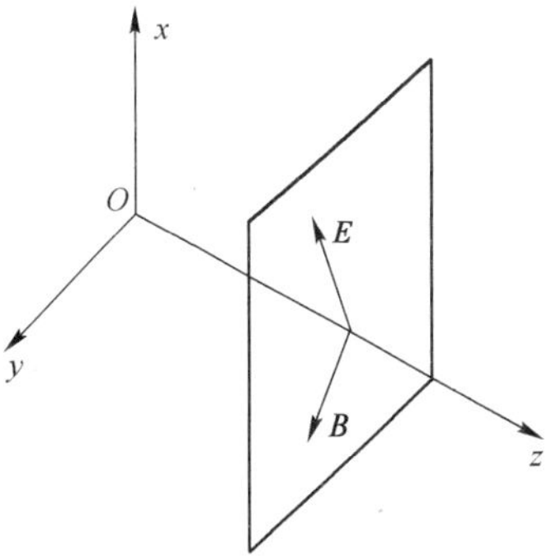

图 1.2　沿 z 方向传播的平面波

令　$\xi=z-vt,\quad \eta=z+vt$

因而
$$\begin{aligned}\frac{\partial^2 \boldsymbol{E}}{\partial z^2}&=\frac{\partial}{\partial z}\left(\frac{\partial \boldsymbol{E}}{\partial \xi}\frac{\partial \xi}{\partial z}+\frac{\partial \boldsymbol{E}}{\partial \eta}\frac{\partial \eta}{\partial z}\right)=\frac{\partial}{\partial z}\left(\frac{\partial \boldsymbol{E}}{\partial \xi}+\frac{\partial \boldsymbol{E}}{\partial \eta}\right)\\&=\frac{\partial}{\partial \xi}\left(\frac{\partial \boldsymbol{E}}{\partial \xi}+\frac{\partial \boldsymbol{E}}{\partial \eta}\right)\frac{\partial \xi}{\partial z}+\frac{\partial}{\partial \eta}\left(\frac{\partial \boldsymbol{E}}{\partial \xi}+\frac{\partial \boldsymbol{E}}{\partial \eta}\right)\frac{\partial \eta}{\partial z}\\&=\frac{\partial^2 \boldsymbol{E}}{\partial \xi^2}+2\frac{\partial^2 \boldsymbol{E}}{\partial \xi\,\partial \eta}+\frac{\partial^2 \boldsymbol{E}}{\partial \eta^2}\end{aligned}$$

类似地,可以得到
$$\frac{\partial^2 \boldsymbol{E}}{\partial t^2}=v^2\left[\frac{\partial^2 \boldsymbol{E}}{\partial \xi^2}-2\frac{\partial^2 \boldsymbol{E}}{\partial \xi\,\partial \eta}+\frac{\partial^2 \boldsymbol{E}}{\partial \eta^2}\right]$$

因此
$$\frac{\partial^2 \boldsymbol{E}}{\partial z^2}-\frac{1}{v^2}\frac{\partial^2 \boldsymbol{E}}{\partial t^2}=4\frac{\partial^2 \boldsymbol{E}}{\partial \xi\,\partial \eta}=0$$

或者
$$\frac{\partial}{\partial \eta}\left(\frac{\partial \boldsymbol{E}}{\partial \xi}\right)=0$$

对 η 积分得到
$$\frac{\partial \boldsymbol{E}}{\partial \xi}=\boldsymbol{g}(\xi)$$

式中,$\boldsymbol{g}(\xi)$ 是 ξ 的任意矢量函数。再对 ξ 积分得到

$$\begin{aligned}\boldsymbol{E}&=\int \boldsymbol{g}(\xi)\,\mathrm{d}\xi+\boldsymbol{f}_2(\eta)=\boldsymbol{f}_1(\xi)+\boldsymbol{f}_2(\eta)\\&=\boldsymbol{f}_1(z-vt)+\boldsymbol{f}_2(z+vt)\end{aligned} \tag{1.15}$$

式中,$\boldsymbol{f}_1$ 和 $\boldsymbol{f}_2$ 是 z 和 t 的两个任意矢量函数,它们分别代表以速度 v 沿 z 正方向和 z 负方向传播的平面波。如果我们以 $v>0$ 代表沿 z 正方向传播的平面波,以 $v<0$ 代表沿 z 负方向传播的平面波,上式也可以只取一种形式:

$$\boldsymbol{E}=\boldsymbol{f}(z-vt) \tag{1.16}$$

显然,按同样的方法求解式(1.14),会得到

$$\boldsymbol{B} = \boldsymbol{f}(z - vt) \tag{1.17}$$

若取余弦函数(周期为 2π)作为波动方程的特解,则有

$$\boldsymbol{E} = \boldsymbol{A}\cos\left[\frac{2\pi}{\lambda}(z - vt)\right] \tag{1.18}$$

$$\boldsymbol{B} = \boldsymbol{A}'\cos\left[\frac{2\pi}{\lambda}(z - vt)\right] \tag{1.19}$$

式中,λ 是一个常量,$\boldsymbol{A}$ 和 $\boldsymbol{A}'$ 是常矢量。

1.2.2 平面简谐波

式(1.18)和式(1.19)是我们熟悉的平面简谐波的波函数,对于光波来说,它们就是单色平面光波的波函数。式(1.18)和式(1.19)中 $\boldsymbol{A}$ 和 $\boldsymbol{A}'$ 分别是电场和磁场的**振幅矢量**,λ 是平面简谐波的**波长**,它对应于任一时刻在波传播方向上余弦函数的整个自变量 $\left[\frac{2\pi}{\lambda}(z - vt)\right]$ 变化 2π 的两点间的距离。余弦函数的整个自变量 $\left[\frac{2\pi}{\lambda}(z - vt)\right]$ 称为波的**位相**,所以波长 λ 就是任一时刻位相相差 2π 的两点间的距离。我们把某一时刻位相相同的点的空间位置叫做**等相面**或**波面**,其中最前面的波面称为**波前**。不难看出,式(1.18)和式(1.19)代表的波的等相面是平面(故称**平面波**)。再看余弦位相函数 $\cos\left[\frac{2\pi}{\lambda}(z - vt)\right]$,它有十分重要的意义,因为它决定场随空间和时间的变化关系。例如,在时刻 $t = 0$,位相函数是 $\cos\frac{2\pi}{\lambda}z$,在 $z = 0$ 的平面上场有最大值,即平面波处于波峰位置。在另一时刻,位相函数变为 $\cos\left[\frac{2\pi}{\lambda}(z - vt)\right]$,波峰移到 $\left[\frac{2\pi}{\lambda}(z - vt)\right] = 0$ 处,即移到 $z = vt$ 的平面上。由此也可以看出,式(1.18)和式(1.19)表示沿 z 轴方向位相传播速度为 v 的平面简谐电磁波。

引入沿等相面法线方向的**波矢 $\boldsymbol{k}$**(在各向同性介质中,$\boldsymbol{k}$ 的方向也是波能量的传播方向),其大小(通常称**波数**)为

$$k = 2\pi / \lambda \tag{1.20}$$

因为波的**频率**(单位时间内场周期变化的次数)

$$\nu = 1 / T = v / \lambda \tag{1.21}$$

T 为**周期**(场一次周期变化所需的时间),并把 $2\pi\nu$ 称为**角频率 ω**,即

$$\omega = 2\pi\nu \tag{1.22}$$

这样,式(1.18)又可以写成下面两种形式:

$$\boldsymbol{E} = \boldsymbol{A}\cos(kz - \omega t) \tag{1.23}$$

和

$$\boldsymbol{E} = \boldsymbol{A}\cos\left[2\pi\left(\frac{z}{\lambda} - \frac{t}{T}\right)\right] \tag{1.24}$$

单色平面光波波函数的最显著的特点是它的**时间周期性**和**空间周期性**,这表示其是一种时间无限延续、空间无限延伸的波动;任何时间周期性和空间周期性的破坏,都意味着其单色性的破坏。如图 1.3 所示"单色波的一段",即有限长波列这种波,不是严格意义上的单色波(参见 2.5 节)。

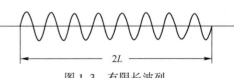

图 1.3　有限长波列

前面已经用 T,ν,ω 这些量来表示单色光波的时间周期性,显然为了表示单色光波的空间周期性,也可以利用 $\lambda,\dfrac{1}{\lambda},k\left(=\dfrac{2\pi}{\lambda}\right)$ 这些量,并分别把它们称为**空间周期**、**空间频率**(单位长度上的空间周期数)和**空间角频率**。单色光波的时间周期性和空间周期性紧密相关,彼此通过传播速度 v 由式(1.21)联系。

由式(1.21)可以看出,单色光波的时间周期性和空间周期性的一个有意义的关系:对于在不同介质中的具有相同(时间)频率的单色光波,其空间频率并不相同。事实上,由式(1.21),空间周期(即波长)

$$\lambda = v\,/\,\nu$$

由于在不同介质中,单色光波有不同的传播速度,所以它的空间周期和空间频率将不相同。设单色光波在真空中的空间周期(波长)为 λ_0,则有 $\lambda_0 = c\,/\,\nu$,因此 λ 和 λ_0 的关系为

$$\lambda = \lambda_0\,/\,n \tag{1.25}$$

式中,n 是介质的折射率。

1.2.3　一般坐标系下的波函数

在上面的讨论中,我们假设平面波沿 xyz 坐标系的 z 轴方向传播,或者说,我们选取了一个特殊坐标系,使其 z 轴沿平面波的传播方向,由此得出平面波的波函数[见式(1.23)]。现在,我们来写出在一般坐标系下的波函数。假设平面波沿空间某一方向传播(图 1.4),这一方向并不沿 xyz 坐标系的任一坐标轴,这时可设想将新坐标轴 z' 取在平面波波矢 $\boldsymbol{k}$ 的方向,并且在新坐标系下平面波的波函数可以写为

$$\boldsymbol{E} = \boldsymbol{A}\cos(kz' - \omega t)$$

为了在 xyz 坐标系中表示出平面波,应注意到

$$z' = \boldsymbol{k}_0 \cdot \boldsymbol{r}$$

式中,$\boldsymbol{k}_0$ 是 $\boldsymbol{k}$ 的单位矢量,$\boldsymbol{r}$ 是平面波波面 Σ 上任一点 P(坐标为 x、y、z)的位置矢量,于是

$$\boldsymbol{E} = \boldsymbol{A}\cos(\boldsymbol{k} \cdot \boldsymbol{r} - \omega t) \tag{1.26}$$

上式即为一般坐标系下平面波的表达式。容易看出,平面波的波面是 $\boldsymbol{k} \cdot \boldsymbol{r}$ 为常数的平面。

若设 $\boldsymbol{k}$ 的方向余弦(即 $\boldsymbol{k}_0$ 在 x、y、z 坐标轴上的投影)为 $\cos\alpha$、$\cos\beta$、$\cos\gamma$,任意点 P 的坐标为 x、y、z,那么式(1.26)也可以写成如下形式:

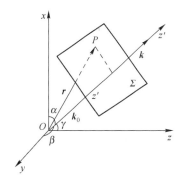

图 1.4　一般坐标系下的平面波

$$\boldsymbol{E} = \boldsymbol{A}\cos[\,k(x\cos\alpha + y\cos\beta + z\cos\gamma) - \omega t\,] \tag{1.27}$$

显然,在特殊坐标系下,即当 $\boldsymbol{k}$ 的方向取为 z 轴时,有

$$\boldsymbol{k} \cdot \boldsymbol{r} = kz$$

因而式(1.26)化为式(1.23)。

1.2.4　复数形式的波函数

为运算方便起见,常把平面简谐波的波函数写成复数形式。例如把式(1.26)表示的波函数写成

$$\boldsymbol{E} = \boldsymbol{A}\exp[\,\mathrm{i}(\boldsymbol{k} \cdot \boldsymbol{r} - \omega t)\,] \tag{1.28}$$

这是由于,一方面式(1.26)实际上是式(1.28)的实数部分,另一方面可以证明,对复数表达式进行线

性运算(加、减、微分、积分)之后再取实数部分,与对余弦函数式进行同样运算所得的结果相同。所以,我们可以用式(1.28)来表示平面简谐波,只是对于实际存在的场应理解为式(1.28)的实数部分。

用式(1.28)代替式(1.26)来表示平面简谐波,这种代替完全是形式上的,目的是用比较简单的复指数函数运算来代替比较烦琐的三角函数运算,使计算简化。例如,在光学的许多问题中,求振幅的平方 A^2 很重要,因为光强度(I)正比于 A^2(参阅 1.4 节),而要求得 A^2,只需将复数形式的波函数乘以其共轭复数①,即

$$I \propto A^2 = \boldsymbol{E} \cdot \boldsymbol{E}^* = A\exp[\mathrm{i}(\boldsymbol{k} \cdot \boldsymbol{r} - \omega t)] \cdot A\exp[-\mathrm{i}(\boldsymbol{k} \cdot \boldsymbol{r} - \omega t)] \tag{1.29}$$

1.2.5 平面简谐波的复振幅

由复数形式的波函数,即式(1.28)可见,其位相因子包括空间位相因子 $\exp(\mathrm{i}\boldsymbol{k} \cdot \boldsymbol{r})$ 和时间位相因子 $\exp(-\mathrm{i}\omega t)$ 两部分,可以把它们分开写为

$$\boldsymbol{E} = A\exp(\mathrm{i}\boldsymbol{k} \cdot \boldsymbol{r})\exp(-\mathrm{i}\omega t)$$

并把振幅和空间位相因子部分

$$\tilde{\boldsymbol{E}} = A\exp(\mathrm{i}\boldsymbol{k} \cdot \boldsymbol{r}) \tag{1.30}$$

称为**复振幅**。这样,波函数就等于复振幅 $\tilde{\boldsymbol{E}}$ 和时间位相因子 $\exp(-\mathrm{i}\omega t)$ 的乘积。复振幅表示场振动的振幅和位相随空间的变化(对于平面波,空间各点的振幅相同),时间位相因子表示场振动随时间的变化。显然,对于平面简谐波传播到的空间各点,在某一时间考察时,场振动的时间位相因子 $\exp(-\mathrm{i}\omega t)$ 都相同,因此当我们只关心场振动的空间分布时(如在光的干涉和衍射等问题中),时间位相因子就无关紧要,通常可以略去不写,而只用复振幅来表示一个平面简谐波。

为了进一步了解复振幅的空间变化,我们来讨论平面简谐波在一个平面上的复振幅分布。为讨论方便起见,假设平面简谐波的波矢 $\boldsymbol{k}$ 平行于 xz 平面(图 1.5(a)),其方向余弦为 $\cos\alpha, 0, \cos\gamma$,而考察平面取为 $z=0$ 平面(即 xOy 平面)。在这种情况下,由式(1.30),在 $z=0$ 平面上的复振幅为

$$\tilde{\boldsymbol{E}} = A\exp(\mathrm{i}\boldsymbol{k} \cdot \boldsymbol{r}) = A\exp(\mathrm{i}kx\cos\alpha) \tag{1.31}$$

或者写为

$$\tilde{\boldsymbol{E}} = A\exp(\mathrm{i}kx\sin\gamma) \tag{1.32}$$

式中,γ 是波矢 $\boldsymbol{k}$ 与 z 轴的夹角。以上两式表明,复振幅的变化只依赖于位相因子,等位相点的轨迹是 x 为常量的直线,也是垂直于 x 轴的直线,如图 1.5(b)所示。容易看出,等相线实际上是平面简谐波的等相面与 $z=0$ 平面的交线。图 1.5(a)和(b)分别画出了位相依次相差 2π 的一些等相面和 $z=0$ 平面上相应的等相线。

前面已经提到,光强度正比于场振幅的平方,并有式(1.29)。显然,该式也可用复振幅表示为

$$I \propto A^2 = \tilde{\boldsymbol{E}} \cdot \tilde{\boldsymbol{E}}^* \tag{1.33}$$

上式是一个由复振幅分布求光强度分布的常用公式。它适用于单色平面光波,也适用于其他形式的单色光波。

式(1.33)涉及复振幅 $\tilde{\boldsymbol{E}}$ 的复数共轭 $\tilde{\boldsymbol{E}}^*$,下面我们来看它代表的波(称**共轭波**)的意义。还是以如图 1.5 所示的平面简谐波为例,其在 $z=0$ 平面上的复振幅分布为

$$\tilde{\boldsymbol{E}} = A\exp(\mathrm{i}kx\sin\gamma)$$

而与其共轭的波在 $z=0$ 平面上的复振幅分布为

$$\tilde{\boldsymbol{E}}^* = A\exp(-\mathrm{i}kx\sin\gamma) = A\exp[\mathrm{i}kx\sin(-\gamma)] \tag{1.34}$$

---

① 一般情况下,不能对复数形式波函数进行相乘、相除运算。对于求 A^2 的运算是一个例外,因为这时位相因子消失,复数波函数的实部和虚部不会互相干扰。

上式表明共轭波是一个与 z 轴夹角为 $-\gamma$，波矢 $\boldsymbol{k}$ 平行于 xz 平面的平面波(图 1.6)[①]。

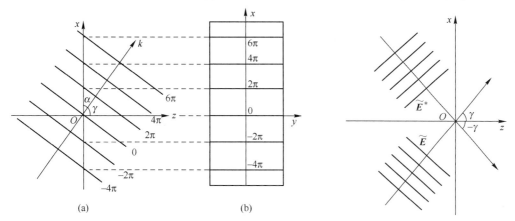

图 1.5　平面波在 $z=0$ 平面上的位相分布　　　　图 1.6　平面波及其共轭波

以上讨论，只考虑了电波，没有考虑磁波，这是因为本教材关注的是光学问题。从光与物质的作用来看，光波中的电场和磁场的重要性并不相同。例如，光波对物质中带电粒子的作用，光波磁场的作用远比光波电场的作用弱。另外，实验证明使照相底片感光的是电场而不是磁场(见 2.2 节)，对视网膜起作用的也是电场而不是磁场。所以，在光学中通常把电矢量 $\boldsymbol{E}$ 称为**光矢量**，把 $\boldsymbol{E}$ 的振动称为**光振动**。在讨论光的场振动性质时，可以只考虑电矢量 $\boldsymbol{E}$。但是，必须记住，从波的传播来看，光波和其他电磁波一样，电场和磁场矢量处于同等的地位，它们紧密联系，不可分离。下面我们来看看它们在这方面的性质。

1.2.6　平面电磁波的性质

1. 电磁波是横波

取式(1.28)的散度

$$\nabla \cdot \boldsymbol{E} = \boldsymbol{A} \cdot \nabla \cdot \exp[\mathrm{i}(\boldsymbol{k} \cdot \boldsymbol{r} - \omega t)] = \mathrm{i}\boldsymbol{k} \cdot \boldsymbol{A}\exp[\mathrm{i}(\boldsymbol{k} \cdot \boldsymbol{r} - \omega t)]$$
$$= \mathrm{i}\boldsymbol{k} \cdot \boldsymbol{E}$$

由麦克斯韦方程组[式(1.6)]第 1 式，$\nabla \cdot \boldsymbol{E} = 0$，因此

$$\boldsymbol{k} \cdot \boldsymbol{E} = 0 \tag{1.35}$$

上式表明，电场波动是横波，电矢量的振动方向恒垂直于波的传播方向。

同样，把磁波的波函数写成复数形式

$$\boldsymbol{B} = \boldsymbol{A}'\exp[\mathrm{i}(\boldsymbol{k} \cdot \boldsymbol{r} - \omega t)]$$

并由麦克斯韦方程组[式(1.6)]第 2 式，$\nabla \cdot \boldsymbol{B} = 0$，可得到

$$\boldsymbol{k} \cdot \boldsymbol{B} = 0 \tag{1.36}$$

表明磁场波动也是横波，磁矢量的振动方向也垂直于波的传播方向。

2. $\boldsymbol{E}$ 和 $\boldsymbol{B}$ 互相垂直

由麦克斯韦方程组[式(1.6)]第 3 式　　　$\nabla \times \boldsymbol{E} = -\dfrac{\partial \boldsymbol{B}}{\partial t}$

---

①　由于

$$\widetilde{\boldsymbol{E}}^* = \boldsymbol{A}\exp(-\mathrm{i}\boldsymbol{k} \cdot \boldsymbol{r}) = \boldsymbol{A}\exp[\mathrm{i}(-\boldsymbol{k}) \cdot \boldsymbol{r}]$$

所以，沿 $-\boldsymbol{k}$ 方向即与 $\widetilde{\boldsymbol{E}}$ 波反方向传播的平面波也是共轭波。

并且
$$\nabla \times \boldsymbol{E} = \{ \nabla \exp[i(\boldsymbol{k} \cdot \boldsymbol{r} - \omega t)] \} \times \boldsymbol{A} = i\boldsymbol{k} \times \boldsymbol{E}$$

$$\frac{\partial \boldsymbol{B}}{\partial t} = -i\omega \boldsymbol{B}$$

可得到
$$\boldsymbol{B} = \frac{1}{\omega} \boldsymbol{k} \times \boldsymbol{E} \tag{1.37}$$

由于
$$k = 2\pi / \lambda = \omega / v = \omega \sqrt{\varepsilon\mu}$$

所以,式(1.37)又可以写为
$$\boldsymbol{B} = \sqrt{\varepsilon\mu}\, \boldsymbol{k}_0 \times \boldsymbol{E} \tag{1.38}$$

式中,$\boldsymbol{k}_0$ 是波矢 $\boldsymbol{k}$ 的单位矢量。由上式可见,$\boldsymbol{E}$ 和 $\boldsymbol{B}$ 互相垂直,彼此又垂直于波的传播方向 $\boldsymbol{k}_0$;$\boldsymbol{k}_0$、$\boldsymbol{E}$ 和 $\boldsymbol{B}$ 三者构成右手螺旋系统。

3. $\boldsymbol{E}$ 和 $\boldsymbol{B}$ 同相

由式(1.38)可得
$$\frac{|\boldsymbol{E}|}{|\boldsymbol{B}|} = \frac{1}{\sqrt{\varepsilon\mu}} = v \tag{1.39}$$

由于 $\boldsymbol{E}$ 和 $\boldsymbol{B}$ 的振幅之比为一正实数,所以两矢量振动始终同位相,电磁波传播时它们同步变化。

综合以上几点,可以把沿 z 轴方向传播,电矢量在 xOz 平面内振动的平面简谐电磁波表示为如图 1.7 所示。

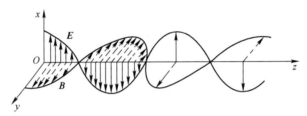

图 1.7　沿 z 轴方向传播的平面简谐电磁波

1.3　球面波和柱面波

除了平面波,球面波和柱面波也是两种常见的波。在光学中,它们分别由点光源和线光源所产生。

1.3.1　球面波的波函数

假设在真空中或各向同性的均匀介质中的 S 点放一个点光源[①],容易想象,从 S 点发出的光波将以相同的速度向各个方向传播,经过一段时间以后,电磁振动所达到的各点将构成一个以 S 点为中心的球面(图 1.8),即等相面(波面)是球面,故这种光波称为**球面光波**(简称球面波)。

对于一个在某个方向上振动的振源(光源)发出的球面波,要求出它的矢量表达式并不容易。因为这时空间各点的场量不仅与它们到振源的距离有关,而且也与它们相对于振源振动方向的方位有关,这就是说场量的各个直角

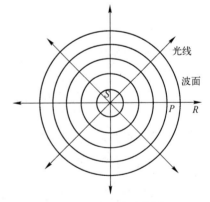

图 1.8　球面波示意图

分量的相对大小与场点的方位有关。这样一来,如要用光波的矢量理论来讨论某些光学问题,就会使问题变得很复杂。再考虑到实际光源发出的光波的场方向随时间极快地无规则变化,使我们只能够研究场矢量的某种平均值。所以,一般在光学中常常忽略场的矢量性质,而把光波场的每一个直角分量孤立地看做标量场(光波场的每一个直角分量 E_j 满足标量波动方程 $\nabla^2 E_j -$ $\dfrac{1}{v^2}\dfrac{\partial^2 E_j}{\partial t^2}=0$),用标量场的理论来讨论问题。这样做虽然是一种近似,但对于大部分光学问题(如光的干涉、衍射)来说,所得到的结果是相当精确的。

下面我们从一个简单的考虑出发,来得到球面波的标量表达式[①]。由图 1.8 所示的球面波的空间对称性,容易明白,只要研究从点光源 S(波源)出发的某一方向(如 $\overrightarrow{SR}$ 方向)上各点的电磁场变化规律,就可以了解整个空间电磁场的情况。

我们仍然研究最简单的简谐(单色)波。考虑波动沿 $\overrightarrow{SR}$ 方向传播,显然距点光源 S 为 r 的 P 点的位相为 $(kr-\omega t)$(假定源点振动的初位相为零)。若 P 点振幅用 A_r 表示,则 P 点电场振动可以表示为

$$E=A_r\cos(kr-\omega t)\tag{1.40}$$

或以复数式表示 $\qquad E=A_r\exp[\,i(kr-\omega t)\,]\tag{1.41}$

对于球面波来说,其振幅 A_r 是随距离 r 变化的,因为单位时间内通过任一球面(波面)的能量相同,而随着球面的扩大,单位时间内通过单位面积的能量将越来越小。设距点光源 S 为单位距离的 P_1 点和距点光源 S 为 r 的 P 点的光强度分别用 I_1 和 I_P 表示,那么应有关系

$$I_1\times 4\pi=I_P\times 4\pi r^2$$

因此 $\qquad\qquad\qquad\qquad\qquad \dfrac{I_P}{I_1}=\dfrac{1}{r^2}$

由于光强度与振幅的平方成正比,有

$$\dfrac{I_P}{I_1}=\dfrac{A_r^2}{A_1^2}$$

式中,A_1 是 P_1 点的振幅。由以上两式可得 $A_r=A_1/r$,因此式(1.40)和式(1.41)应改写为

$$E=\dfrac{A_1}{r}\cos(kr-\omega t)\tag{1.42}$$

和 $\qquad\qquad\qquad\qquad E=\dfrac{A_1}{r}\exp[\,i(kr-\omega t)\,]\tag{1.43}$

以上两式表示球面简谐波的波函数。容易看出,球面波的振幅不再是常量,它与离开波源的距离 r 成反比;球面波的等相面是 r 为常量的球面。

1.3.2　球面波的复振幅

把球面简谐波复数形式的波函数式(1.43)写为

$$E=\dfrac{A_1}{r}\exp(ikr)\exp(-i\omega t)$$

同样可以把振幅和空间位相因子部分,即

---

① 从标量波动方程出发,求出球面波的表达式,参阅习题 1.9。

$$\tilde{E} = \frac{A_1}{r}\exp(ikr) \qquad (1.44)$$

称为**球面简谐波的复振幅**,并简单地以它代表一个球面简谐波。

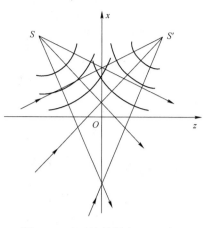

图1.9 球面波投射向 $z=0$ 平面

在光学中,常常需要求球面波在某个平面上的复振幅分布。例如,在直角坐标系 xyz 中(图1.9),点光源 S 的坐标为 $x_0,y_0,-z_0$,我们来求它发出的球面波在 $z=0$ 平面(xy 平面)上的复振幅分布。注意到点光源 S 到 $z=0$ 平面上任一点 P(坐标为 x,y)的距离为

$$r = \sqrt{(x-x_0)^2 + (y-y_0)^2 + z_0^2}$$

因此由式(1.44)可得 $z=0$ 平面上的复振幅分布为

$$\tilde{E} = \frac{A_1}{\sqrt{(x-x_0)^2+(y-y_0)^2+z_0^2}}\exp\left[ik\sqrt{(x-x_0)^2+(y-y_0)^2+z_0^2}\right] \qquad (1.45)$$

这一函数形式比较复杂,不便于应用。在实际问题中,可以根据具体条件做近似处理。特别是,当考察的空间离开点光源很远,考察平面的尺寸与距离 r 相比很小时,可以忽略球面波振幅随 r 的变化,并且可把球面波的波面视为平面,即球面波在考察区域内可视为平面波。图1.10 表示了这一情形,可见当距离 r 增大时,球面波波面的一部分渐渐变为平面波面。在光学中,只要把点光源放到足够远的位置,并且考察区域又比较小时,就可近似地把光波看成是平面波(平行光);或者是把点光源放在透镜的前焦点上,利用透镜的折射将球面光波变为平面光波。至于考察区域离点光源不是特别远时所能够做的近似处理,我们留在5.3节讨论。

最后,看一下图1.9中 S 发出的球面波的共轭波。它在 $z=0$ 平面上的复振幅分布为

$$\tilde{E}^* = \frac{A_1}{\sqrt{(x-x_0)^2+(y-y_0)^2+z_0^2}}\exp\left[-ik\sqrt{(x-x_0)^2+(y-y_0)^2+z_0^2}\right] \qquad (1.46)$$

从位相因子可见,这是一个会聚的球面波,会聚中心 S' 和 S 对 $z=0$ 平面成镜像对称(参见图1.9)。[①]

图1.10 球面波波面的一部分随距离增大而趋近于平面波面

1.3.3 柱面波的波函数

柱面波是具有无限长圆柱形波面的波。在光学中,通常利用单色平面波照明一个细长狭缝来获得接近于理想化的柱面波(图1.11)。可以证明(方法与球面波的讨论类似),柱面波的振幅与 $\sqrt{r}$ 成反比,它的波函数可以写为

$$E = \frac{A_1}{\sqrt{r}}\exp\left[i(kr-\omega t)\right] \qquad (1.47)$$

式中,r 是考察点到波源的垂直距离。同样,柱面波也可以简单地用复振幅来描述,即

$$\tilde{E} = \frac{A_1}{\sqrt{r}}\exp(ikr) \qquad (1.48)$$

---

① 这里也只考虑了来自 $z=0$ 平面左侧的共轭波。

[例题 1.1] 证明单色平面波的波函数 $E = A\cos(kz - \omega t)$ 是波动微分方程 $\dfrac{\partial^2 E}{\partial z^2} = \dfrac{1}{v^2}\dfrac{\partial^2 E}{\partial t^2}$ 的解。

证: 求 E 对 z 的一阶和二阶偏导数

$$\frac{\partial E}{\partial z} = -Ak\sin(kz - \omega t), \qquad \frac{\partial^2 E}{\partial z^2} = -Ak^2\cos(kz - \omega t)$$

再求 E 对 t 的一阶和二阶偏导数

$$\frac{\partial E}{\partial t} = A\omega\sin(kz - \omega t), \qquad \frac{\partial^2 E}{\partial t^2} = -A\omega^2\cos(kz - \omega t)$$

因为 $k = \dfrac{2\pi}{\lambda} = \dfrac{\omega}{v}$，所以

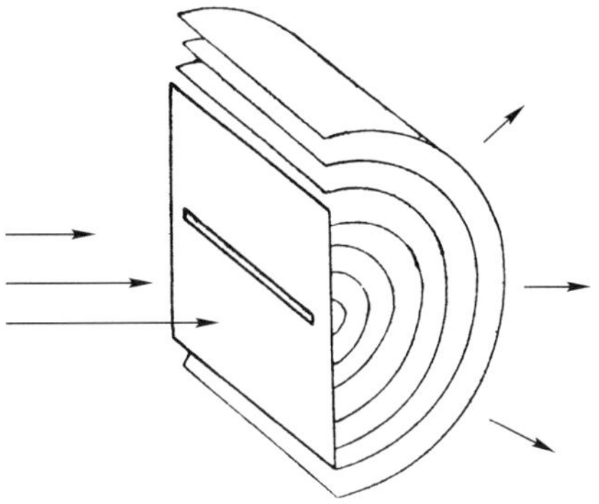

图 1.11　从细长狭缝发出的柱面波

$$\frac{\partial^2 E}{\partial z^2} = -A\frac{\omega^2}{v^2}\cos(kz - \omega t) = \frac{1}{v^2}\frac{\partial^2 E}{\partial t^2}$$

[例题 1.2] 已知单色平面波的电场表示为

$$E_x = A\cos\left[\omega\left(\frac{z}{c} - t\right)\right], \quad E_y = 0, \quad E_z = 0$$

试写出相联系的磁场的表达式。

解: 由麦克斯韦方程组[式(1.2)]的第 3 式

$$\nabla \times \boldsymbol{E} = -\frac{\partial \boldsymbol{B}}{\partial t}$$

因为 $E_y = E_z = 0$，且 $\dfrac{\partial E_x}{\partial y} = 0$，故

$$\frac{\partial E_x}{\partial z} = -\frac{\partial B_y}{\partial t}$$

或者

$$\frac{\partial B_y}{\partial t} = \frac{\omega}{c}A\sin\left[\omega\left(\frac{z}{c} - t\right)\right]$$

上式两边对 t 积分，得到

$$B_y = \frac{1}{c}A\cos\left[\omega\left(\frac{z}{c} - t\right)\right] = \frac{1}{c}E_x$$

并且 $B_x = 0$，$B_z = 0$，可见 $\boldsymbol{B}$ 和 $\boldsymbol{E}$ 互相垂直，两者同时又垂直于波的传播方向 z，如图 1.7 所示。

1.4　光源和光的辐射

1.4.1　光源

　　光波是由光源辐射出来的。任何一种发光的物体都可以称为**光源**。在光学实验中，常用的光源有热光源、气体放电光源、固体发光光源和激光器等。白炽灯（包括普通灯泡，卤素灯）为最常见的热光源，它是根据电流通过钨丝，使钨丝加热到约 2100℃ 的白炽状态而发光的原理制成的。热光源的发光光谱为连续光谱。太阳也是一种发出连续光谱的热光源。

　　常见的气体放电光源有钠灯和汞灯，它们是利用钠蒸气和汞蒸气在放电管内进行弧光放电而发光的。它们的光谱为线状光谱。钠灯在可见光区有两条橙黄色谱线，波长分别为 589nm 和 589.6nm。汞灯在可见光区有 10 多条谱线。

　　发光二极管（LED）是最典型的固体发光电源。它是由 P 型和 N 型半导体组合而成的二极管，当在 PN 结上施加正向电压时发光。

　　激光器是在 1960 年问世的一类区别于热光源和气体放电光源的全新光源，它有方向性、单色

性和空间相干性极好的特点。关于激光器的发光原理,将在激光原理课程中介绍,本书不再讨论。

1.4.2 光辐射的经典模型

前面已经说明了光是电磁波,那么光源发光就是物体辐射电磁波的过程。这个问题也可以利用电磁场理论加以讨论。我们知道,一个物体微观上可以认为是由大量分子、原子所组成的,物体发光是组成物体的分子和原子发光。由于大部分物体发光属于原子发光类型,因此这里只研究原子发光的情况。

经典电磁场理论把原子发光看做是原子内部过程形成的电偶极子的辐射。原子由带正电的原子核和带负电的绕核运动的电子组成,在外界能量的激发下,由于原子核和电子的剧烈运动和相互作用,原子的正电中心和负电中心常不重合,且正负电中心的距离在不断地变化,从而形成一个振荡电偶极子(图1.12)。设原子核所带的电荷为q,正负电中心的距离为l,最大距离为l_0。(方向由负电中心指向正电中心),则该原子系统的电偶极矩为

$$p = ql \tag{1.49}$$

最为简单的振荡电偶极子是电偶极矩随时间做简谐变化的电偶极子,这时电偶极矩p可表示为

$$p = p_0 \exp(-i\omega t) \tag{1.50}$$

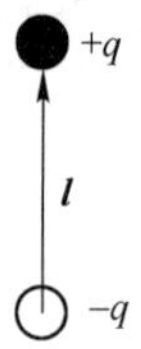

式中,p_0是电偶极矩的振幅矢量(电偶极矩的最大值),ω是角频率。

既然原子是一个振荡电偶极子,它必定在周围空间产生交变的电磁场,即辐射出光波。图1.13表示电偶极子的电偶极矩在做简谐变化时,电偶极子附近的电力线分布情况。其中图1.13(a)是振荡开始时刻正负电中心相距某一距离时的电力线形状,图1.13(b)是正负电中心重合时的电力

图1.12 电偶极子
模型

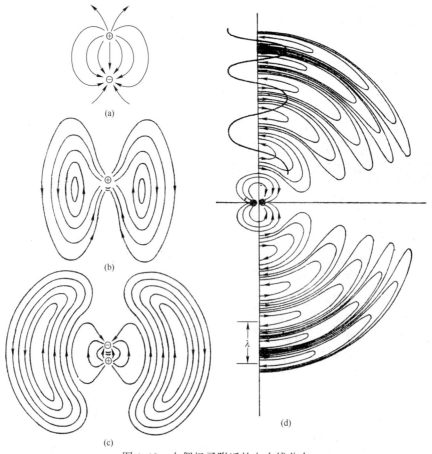

图1.13 电偶极子附近的电力线分布

线形状,此时电力线开始闭合。当正负电中心再次分开时,场中除有联结正负电中心的电力线之外,还有与正负电中心不联结的闭合电力线,如图1.13(c)所示。闭合电力线的出现,表明已产生了涡旋电场,该电场是变化的,因而它将产生变化的磁场,而变化的磁场又将产生新的变化电场。这种作用继续下去,在电偶极子的周围空间便形成一个电磁场,这个电磁场在电偶极子附近的电力线分布如图1.13(d)所示。磁力线分布在图1.13中未画出,它们是一些以电偶极子的轴线为中心的同心圆。由图1.13(d)可明显看出,电磁场分布有一定的空间周期 λ,这就是电磁波(光波)的**波长**。

振荡电偶极子辐射的电磁场,可以应用麦克斯韦方程组进行计算,这种计算在经典电动力学的著作中都可以找到[①]。这里我们仅给出结果,并做简单分析。

(1)做简谐振荡的电偶极子在距离很远的 P 点(图1.14)辐射的电磁场的大小为

$$E = \frac{\omega^2 p_0 \sin\psi}{4\pi\varepsilon v^2 r} \exp[\,\mathrm{i}(kr - \omega t)\,] \tag{1.51}$$

$$B = \frac{\omega^2 p_0 \sin\psi}{4\pi\varepsilon v^3 r} \exp[\,\mathrm{i}(kr - \omega t)\,] \tag{1.52}$$

式中,r 是电偶极子到 P 点的距离,ψ 是 r 与电偶极子轴线之间的夹角,$v = 1/\sqrt{\varepsilon\mu}$ 是电磁波的传播速度,ω 是波的角频率,与电偶极子的振荡角频率相同。式(1.51)和式(1.52)表明,电偶极子辐射的电磁波是一个以电偶极子为中心的发散球面波。但是,与上节讨论的理想球面波不同,电偶极子辐射的球面波的振幅随 ψ 角而变,如图1.15所示。

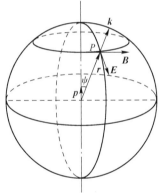

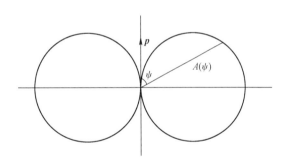

图1.14 振荡电偶极子辐射的球面波   图1.15 电偶极子辐射的球面波的振幅随 ψ 变化

(2)E 在 p 和 r 所在的平面内振动,B 在与之垂直的平面内振动,同时 E 和 B 又都垂直于波的传播方向,E,B,k 三者组成右手螺旋系统,如图1.14所示。E 和 B 分别在各自的平面内振动的这一特性称为**偏振性**,因此振荡电偶极子发射的光波又是偏振的球面波。

1.4.3 辐射能

振荡电偶极子不断地向外界辐射电磁场,由于电磁场具有确定的能量,所以在辐射过程中伴随着电磁能量的传播。在电磁学里,已经计算过电磁场的能量密度为

$$w = \frac{1}{2}(\boldsymbol{E} \cdot \boldsymbol{D} + \boldsymbol{H} \cdot \boldsymbol{B}) = \frac{1}{2}\left(\varepsilon E^2 + \frac{1}{\mu}B^2\right) \tag{1.53}$$

上式第一项是电场的能量密度,第二项是磁场的能量密度。为了描述电磁能量的传播,引进**辐射强度矢量**或**坡印亭矢量 S**。该矢量的大小等于单位时间内通过垂直于传播方向的单位面积的电磁能

① 例如参考文献[8]。

量,矢量的方向取能量的流动方向。设 $d\sigma$ 为垂直于电磁波传播方向的面积元,不考虑介质对电磁波的吸收,在 dt 时间内通过 $d\sigma$ 的能量为 $wvd\sigma dt$,因此辐射强度矢量 $\boldsymbol{S}$ 的大小为

$$S = wv = \frac{v}{2}\left(\varepsilon E^2 + \frac{1}{\mu}B^2\right)$$

由于 $v = \dfrac{1}{\sqrt{\varepsilon\mu}}$, $\dfrac{E}{B} = \dfrac{1}{\sqrt{\varepsilon\mu}} = v$, 所以

$$S = v\varepsilon E^2 = \frac{1}{\mu}EB \tag{1.54}$$

已经说明,$\boldsymbol{S}$ 的方向是电磁场的传播方向,并且传播方向、$\boldsymbol{E}$ 的方向和 $\boldsymbol{B}$ 的方向三者互相垂直,组成右手螺旋系统,所以上式又可以写成矢量形式:

$$\boldsymbol{S} = \frac{1}{\mu}\boldsymbol{E} \times \boldsymbol{B} \tag{1.55}$$

对于光波来说,电场和磁场的变化极其迅速,变化频率在 10^{15} Hz 的数量级,所以 S 的值也是迅变的,人眼和任何其他接收器都不可能接收到 S 的瞬时值,而只能接收 S 的平均值。电偶极子辐射的球面波的辐射强度瞬时值为

$$S = v\varepsilon E^2 = \frac{\omega^4 p_0^2 \sin^2\psi}{16\pi^2 \varepsilon v^3 r^2}\cos^2(kr - \omega t)$$

这里,由于 S 是电场的二次式,不能把电场的复数表示式代入,应把电场的实数表示式代入。辐射强度在一个周期内的平均值为

$$\langle S\rangle = \frac{1}{T}\int_0^T S dt = \frac{\omega^4 p_0^2 \sin^2\psi}{16\pi^2 \varepsilon v^3 r^2 T}\int_0^T \cos^2(kr - \omega t)\,dt = \frac{\omega^4 p_0^2}{32\pi^2 \varepsilon v^3 r^2}\sin^2\psi \tag{1.56}$$

由上式可见,**电偶极子辐射强度的平均值与电偶极子振荡的振幅平方成正比,与辐射的电磁波的频率的四次方成正比**(与波长的四次方成反比),同时还与角 ψ 有关。

按照我们在 1.4.3 节中的讨论,电偶极子辐射的球面波在考察区域离电偶极子很远时,也可以视为平面波。而对于平面波,S 及其平均值 $\langle S\rangle$ 有很简单的形式:

$$\langle S\rangle = \frac{1}{T}\int_0^T S dt = v\varepsilon A^2 \frac{1}{T}\int_0^T \cos^2(kr - \omega t)\,dt$$

$$= \frac{1}{2}v\varepsilon A^2 = \frac{1}{2}\sqrt{\frac{\varepsilon}{\mu}}A^2 \tag{1.57}$$

式中,A 是平面波的振幅。在物理光学中通常把辐射强度的平均值 $\langle S\rangle$ 称为**光强度**(习惯上也称为光强),以 I 表示。因此,由式(1.57),有

$$I \propto A^2 \tag{1.58a}$$

在许多问题中,我们需要求的是相对强度,I 与 A^2 之间的比例系数并不重要,所以常常把上式写为

$$I = A^2 \tag{1.58b}$$

由式(1.57),若已知光强度,便可以计算出光波电场的振幅 A。例如,一个光功率为 100W 的灯泡,在距离 10m 处的光强度为(假定灯泡在各个方向均匀发光)

$$I = \frac{100\text{W}}{4\pi \times (10)^2 \text{m}^2} = 7.96 \times 10^{-2}\,\text{W/m}^2$$

在空气中 $v \approx c$, $\varepsilon \approx \varepsilon_0$,因此

$$A = \left[\frac{2I}{c\varepsilon_0}\right]^{1/2} = \left[\frac{15.92 \times 10^{-2}\text{V}^2}{2.66 \times 10^{-3}\text{m}^2}\right]^{1/2} = 7.74\text{V/m}$$

对于一束 10^5W 的激光,可以用透镜将它聚焦到小于 10^{-9}m^2 的面积上,因而在透镜焦面上激光束的强度为

$$I = \frac{10^5 \text{W}}{10^{-10} \text{m}^2} = 10^{15} \text{W/m}^2$$

激光电场的振幅为
$$A = \left[\frac{2 \times 10^{15} \text{V}^2}{2.66 \times 10^{-3} \text{m}^2} \right]^{1/2} = 0.87 \times 10^9 \text{V/m}$$

这样强的电场能够产生极高的温度,致使激光照射到的目标被烧毁。

1.4.4 对实际光波的认识

上述讨论假定电偶极子的电偶极矩在做简谐振动,辐射出如式(1.51)和式(1.52)所表示的无限延续的球面波,显然这只是一种理想情况,实际情况远非如此。实际上由于原子的剧烈运动,彼此间不断地碰撞,原子系统的辐射过程常常被中断,所以原子发光是**间歇的**。原子每次发光的持续时间是原子两次碰撞的时间间隔,即使在最好的条件下(如稀薄气体发光),其持续时间也极短,约为 10^{-9}s 的数量级。这样,原子发出的光波是由一段段有限长的称为**波列**的光波组成的;每一段波列,其振幅在持续时间内保持不变或缓慢变化,前后各段波列之间没有固定的位相关系,光矢量的振动方向也不相同。这种对实际光波的看法可用图1.16粗略地表示出来。

图 1.16　原子辐射的光波由一段段波列组成

其次,普通光源(热光源和气体放电光源)辐射的光波没有偏振性。这是因为普通光源由大量原子和分子组成,这些原子和分子形成的电偶极子的振动方向杂乱无章,并不沿着某一个特定方向。另外,如上所述,在观察时间内每个原子发生了多次辐射,各次辐射的振动方向和初位相也是无规则的。因此,普通光源发出的光波的振动具有一切可能的方向(在垂直于传播方向的平面内,各个方向都是可能的),它可以看做是具有各个可能振动方向的许多光波的总和;在各个可能的振动方向上没有一个振动方向较之其他方向更占优势。这样的光波称为**自然光**。所以说,普通光源辐射的光不是偏振光而是自然光。在第7章中将详细讨论从自然光获得偏振光的方法。

1.5　电磁场的边值关系

在光学中,常常要处理光波从一种介质到另一种介质的传播问题。由于两种介质的物理性质不同(分别以 ε_1, μ_1 和 ε_2, μ_2 表征),在两种介质的分界面(简称界面)上电磁场量将是不连续的,但它们之间仍存在一定的关系,通常把这种关系称为电磁场的**边值关系**。

由于分界面上电磁场量的跃变,微分形式的麦克斯韦方程组不再适用,这时可用积分形式的麦克斯韦方程组来研究边值关系。

1. 磁感强度和电感强度的法向分量

假想在分界面上做出一个扁平的小圆柱体,圆柱体的高为 δh,圆面积为 δA(图1.17)。把式(1.1)的第2式,即

$$\oiint \boldsymbol{B} \cdot \mathrm{d}\boldsymbol{\sigma} = 0$$

应用于小圆柱体,那么上式左边的面积分应遍及整个圆柱体表面,它可以写成对柱顶、柱底和柱壁三个面积分

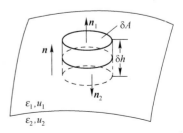

图 1.17　分界面上的假想小圆柱体

之和,即

$$\oint \boldsymbol{B} \cdot \mathrm{d}\boldsymbol{\sigma} = \iint_{\text{顶}} \boldsymbol{B} \cdot \mathrm{d}\boldsymbol{\sigma} + \iint_{\text{底}} \boldsymbol{B} \cdot \mathrm{d}\boldsymbol{\sigma} + \iint_{\text{壁}} \boldsymbol{B} \cdot \mathrm{d}\boldsymbol{\sigma} = 0$$

因为假设圆柱体的圆面积 δA 很小,所以可认为 $\boldsymbol{B}$ 在此范围内是常数,在柱顶和柱底分别为 $\boldsymbol{B}_1$ 和 $\boldsymbol{B}_2$。因此上式可改写为

$$\boldsymbol{B}_1 \cdot \boldsymbol{n}_1 \delta A + \boldsymbol{B}_2 \cdot \boldsymbol{n}_2 \delta A + \iint_{\text{壁}} \boldsymbol{B} \cdot \mathrm{d}\boldsymbol{\sigma} = 0$$

式中,$\boldsymbol{n}_1$ 和 $\boldsymbol{n}_2$ 分别为柱顶和柱底的外向法线单位矢量。当柱高 δh 趋于零时,上式第三项积分也趋于零,并且柱顶和柱底趋近分界面。以 $\boldsymbol{n}$ 表示分界面法线方向的单位矢量(方向从介质 2 指向介质 1),则有 $\boldsymbol{n} = \boldsymbol{n}_1 = -\boldsymbol{n}_2$,因此得到

$$\boldsymbol{n} \cdot (\boldsymbol{B}_1 - \boldsymbol{B}_2) = 0 \tag{1.59a}$$

或

$$B_{1n} = B_{2n} \tag{1.59b}$$

表明在通过分界面时磁感强度 $\boldsymbol{B}$ 虽然整个地发生跃变,但它的**法向分量却是连续的**。

对于电感强度 $\boldsymbol{D}$,把式(1.1)的第 1 式应用于上述圆柱体,在没有自由面电荷的情况下[①],同样可以得到

$$\boldsymbol{n} \cdot (\boldsymbol{D}_1 - \boldsymbol{D}_2) = 0 \tag{1.60a}$$

或

$$D_{1n} = D_{2n} \tag{1.60b}$$

即在分界面上没有自由面电荷的情况下,**电感强度的法向分量也是连续的**。

2. 电场强度和磁场强度的切向分量

下面讨论电磁场切向分量的关系。为此,把图 1.17 的小圆柱体换成矩形 $ABCD$ 的面积,令其四边分别平行和垂直于分界面,如图 1.18 所示。把式(1.1)的第 3 式

$$\oint \boldsymbol{E} \cdot \mathrm{d}\boldsymbol{l} = -\iint \frac{\partial \boldsymbol{B}}{\partial t} \cdot \mathrm{d}\boldsymbol{\sigma}$$

应用到此矩形面积上,式中线积分应沿着矩形面积的周界($\mathrm{d}\boldsymbol{l}$ 取周边的切线方向),它可以写成下面四个积分之和:

$$\oint \boldsymbol{E} \cdot \mathrm{d}\boldsymbol{l} = \left(\int_{AB} + \int_{BC} + \int_{CD} + \int_{DA}\right) \boldsymbol{E} \cdot \mathrm{d}\boldsymbol{l} = -\iint \frac{\partial \boldsymbol{B}}{\partial t} \cdot \mathrm{d}\boldsymbol{\sigma}$$

如果 AB 和 CD 的长度很短,则在两线段范围内 $\boldsymbol{E}$ 可认为是常数,在介质 1 和介质 2 内分别为 $\boldsymbol{E}_1$ 和 $\boldsymbol{E}_2$。此外,当长方形的高 δh 趋于零时,沿 BC 和 DA 的积分趋于零,并且由于长方形的面积趋于零,而 $\frac{\partial \boldsymbol{B}}{\partial t}$ 为有限量,所以上式右边的积分也为零,因此得到

$$\int_{AB} \boldsymbol{E} \cdot \mathrm{d}\boldsymbol{l} + \int_{CD} \boldsymbol{E} \cdot \mathrm{d}\boldsymbol{l} = 0$$

或

$$\boldsymbol{E}_1 \cdot \boldsymbol{t}_1 \delta l + \boldsymbol{E}_2 \cdot \boldsymbol{t}_2 \delta l = 0$$

式中,$\boldsymbol{t}_1$ 和 $\boldsymbol{t}_2$ 分别为沿 AB 和 CD 的切线方向单位矢量,δl 为 AB 和 CD 的长度。以 $\boldsymbol{t}$ 表示分界面的切线方向单位矢量(方向取 A 向 B 的方向),则 $\boldsymbol{t} = \boldsymbol{t}_1 = -\boldsymbol{t}_2$,因此由上式得到

$$(\boldsymbol{E}_1 - \boldsymbol{E}_2) \cdot \boldsymbol{t} = 0 \tag{1.61a}$$

或

$$E_{1t} = E_{2t} \tag{1.61b}$$

上式表明,在通过分界面时**电场强度的切向分量连续**。

---

① 本书除 1.8 节讨论光在导电物质(导体)内的传播外,其他章节都是讨论光在绝缘介质中的行为。在绝缘介质界面上,自由面电荷和面电流为零。在良导体表面,面电荷 $\rho_\sigma \neq 0$,面电流线密度 $j_l \neq 0$,这时式(1.60a)和式(1.63a)分别改为
$$\boldsymbol{n} \cdot (\boldsymbol{D}_1 - \boldsymbol{D}_2) = \rho_\sigma \quad \text{和} \quad \boldsymbol{n} \times (\boldsymbol{H}_1 - \boldsymbol{H}_2) = \boldsymbol{j}_l$$

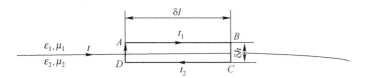

图 1.18　分界面上的假想长方形面积

由式 (1.61a) 还可以看出，$(E_1 - E_2)$ 垂直于分界面，或者说平行于分界面法线 n，所以式 (1.61a) 又可改写为

$$n \times (E_1 - E_2) = 0 \qquad (1.62)$$

同样，在没有面电流的情况下，由麦克斯韦方程组的第 4 式，也可得到

$$n \times (H_1 - H_2) = 0 \qquad (1.63a)$$

或

$$H_{1t} = H_{2t} \qquad (1.63b)$$

总而言之，在两种介质的分界面上电磁场量整个地是不连续的，但在分界面没有自由面电荷和面电流的情况下，B 和 D 的法向分量及 E 和 H 的切向分量则是连续的。这些边值关系可以总括为

$$\left. \begin{array}{l} n \cdot (B_1 - B_2) = 0 \\ n \cdot (D_1 - D_2) = 0 \\ n \times (E_1 - E_2) = 0 \\ n \times (H_1 - H_2) = 0 \end{array} \right\} \qquad (1.64)$$

1.6　光波在两种介质分界面上的反射和折射

光波在两种介质分界面上的反射和折射，本质上是光波的电磁场与物质相互作用的问题，该问题的严格处理是比较复杂的。我们知道，介质由原子和分子组成，而原子和分子则由原子核和绕核运动的电子构成，当光波入射到介质时，就会引起其和介质中带电粒子的相互作用。比较轻的带电粒子——电子可以依着光波电磁场的振动步调振动起来，由于电子的振动，原子将成为振荡电偶极子而辐射出次电磁波，它们彼此是相干的[1]，与入射波也是相干的，要完整地研究光的反射、折射、色散和散射等现象都必须考虑这种干涉。不过，这种计算相当复杂，已超出本书范围。在这里将采取比较简单的方法：不考虑个别分子、原子的性质，而用介质的介电常数、磁导率表示大量分子的平均作用，根据麦克斯韦方程组和电磁场的边值关系来研究平面光波在两介质分界面上的反射和折射问题。

1.6.1　反射定律和折射定律

反射定律和折射定律是我们熟知的。当一个单色平面光波射到两种不同介质的分界面上时，将分成两个波，一个折射波和一个反射波。从电磁场的边值关系可以证明这两个波的存在，并求出它们的传播方向，以及它们与入射波的振幅关系和位相关系。

假设介质 1 和介质 2 的分界面为无穷大平面，单色平面波从介质 1 射到分界面上（图 1.19）。显然，入射波在分界面上所产生的反射波和折射波也是平面波。设入射波、反射波和折射波的波矢分别为 k_1、k_1' 和 k_2，角频率分别为 ω_1、ω_1' 和 ω_2，那么三个波可分别表示为

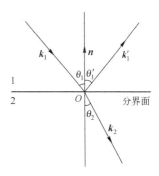

图 1.19　平面波在分界面上的反射和折射

---

[1]　相干性的概念将在 3.1 节阐述。

$$E_1 = A_1 \exp[\,\mathrm{i}(\boldsymbol{k}_1 \cdot \boldsymbol{r} - \omega_1 t)\,]$$
$$E_1' = A_1' \exp[\,\mathrm{i}(\boldsymbol{k}_1' \cdot \boldsymbol{r} - \omega_1' t)\,]$$
$$E_2 = A_2 \exp[\,\mathrm{i}(\boldsymbol{k}_2 \cdot \boldsymbol{r} - \omega_2 t)\,] \tag{1.65}$$

式中,位置矢量 $\boldsymbol{r}$ 的原点可选取为分界面上某点 O。另外,由于三个波的初位相可以不相同,故 A_1、A_1' 和 A_2 一般是复数。由边值关系,即式(1.64)的第 3 式,注意介质 1 中的电场强度是入射波和反射波的电场强度之和,得到

$$\boldsymbol{n} \times (\boldsymbol{E}_1 + \boldsymbol{E}_1') = \boldsymbol{n} \times \boldsymbol{E}_2$$

把 $\boldsymbol{E}_1$、$\boldsymbol{E}_1'$ 和 $\boldsymbol{E}_2$ 的表达式代入上式,有

$$\boldsymbol{n} \times A_1 \exp[\,\mathrm{i}(\boldsymbol{k}_1 \cdot \boldsymbol{r} - \omega_1 t)\,] + \boldsymbol{n} \times A_1' \exp[\,\mathrm{i}(\boldsymbol{k}_1' \cdot \boldsymbol{r} - \omega_1' t)\,] = \boldsymbol{n} \times A_2 \exp[\,\mathrm{i}(\boldsymbol{k}_2 \cdot \boldsymbol{r} - \omega_2 t)\,] \tag{1.66}$$

上式对任何时刻 t 都成立,这就要求上式各项中 t 的系数相等,即

$$\omega_1 = \omega_1' = \omega_2 \tag{1.67}$$

表明**入射波、反射波和折射波的频率相同**。又由于式(1.66)对整个界面上的位置矢量 $\boldsymbol{r}$ 都成立,所以在界面上有

$$\boldsymbol{k}_1 \cdot \boldsymbol{r} = \boldsymbol{k}_1' \cdot \boldsymbol{r} = \boldsymbol{k}_2 \cdot \boldsymbol{r} \tag{1.68}$$

或写成

$$(\boldsymbol{k}_1' - \boldsymbol{k}_1) \cdot \boldsymbol{r} = 0 \tag{1.69}$$

和

$$(\boldsymbol{k}_1 - \boldsymbol{k}_2) \cdot \boldsymbol{r} = 0 \tag{1.70}$$

由于位置矢量 $\boldsymbol{r}$ 在分界面上是任意的,故以上两式说明 $(\boldsymbol{k}_1' - \boldsymbol{k}_1)$ 和 $(\boldsymbol{k}_1 - \boldsymbol{k}_2)$ 与界面垂直,即与界面法线平行。这就是说,$\boldsymbol{k}_1$、$\boldsymbol{k}_1'$ 和 $\boldsymbol{k}_2$ **共面,同在入射面**($\boldsymbol{k}_1$ 与界面法线构成的平面)**内**。我们知道,这分别是反射、折射定律的第一个内容。

下面再看反射波和折射波波矢的方向。如图 1.19 所示,设入射角、反射角和折射角分别为 θ_1、θ_1' 和 θ_2,在介质 1 和介质 2 中光波的速度分别为 v_1 和 v_2,则有

$$k_1 = k_1' = \omega / v_1$$

和

$$k_2 = \omega / v_2$$

因而由式(1.69),得到

$$k_1 r \cos\left(\frac{\pi}{2} - \theta_1\right) = k_1 r \cos\left(\frac{\pi}{2} - \theta_1'\right)$$

或

$$\theta_1 = \theta_1' \tag{1.71}$$

即**反射角等于入射角**。这就是反射定律的第二个内容。

而由式(1.70),可得

$$k_1 r \cos\left(\frac{\pi}{2} - \theta_1\right) = k_2 r \cos\left(\frac{\pi}{2} - \theta_2\right)$$

也可以写成

$$\frac{\sin\theta_1}{v_1} = \frac{\sin\theta_2}{v_2}$$

或

$$n_1 \sin\theta_1 = n_2 \sin\theta_2 \tag{1.72}$$

式中,n_1 和 n_2 分别是介质 1 和介质 2 的折射率。上式就是**折射定律**的第二个内容,也称斯涅耳定律。

1.6.2 菲涅耳公式

下面进一步导出表示反射光波、折射光波与入射光波振幅和位相关系的菲涅耳公式。

对于电矢量 $\boldsymbol{E}_1$ 垂直于入射面和平行于入射面的入射平面波,其反射光波和折射光波的振幅和位相关系并不相同,所以有必要对这两种情况分别予以讨论。在实际情况中,入射光波的电矢量 $\boldsymbol{E}_1$ 可以在垂直于传播方向的平面内取任意方向,但是总可以把 $\boldsymbol{E}_1$ 分解为垂直于入射面的分量 $\boldsymbol{E}_{1s}$ 和平行于入射面的分量 $\boldsymbol{E}_{1p}$(图 1.20)。这就是说,可以把入射光波分解为电矢量垂直于入射

面和平行于入射面的 s 波和 p 波①,然后分别予以讨论。此外,由于我们的讨论涉及反射光波和折射光波的位相,所以有必要规定 s 波和 p 波电矢量的正向和负向。我们规定 $\boldsymbol{E}_s$ 的正向沿 y 轴方向(图 1.20),即与图面垂直并指向读者;$\boldsymbol{E}_p$ 的正向如图中所示。不用说,这只是一种约定,实际上 $\boldsymbol{E}_s$ 和 $\boldsymbol{E}_p$ 的正向可选为上述方向,也可选为与之相反的方向而并不影响结果的普遍性。

1. s 波的反射系数和透射系数

当入射平面波是电矢量垂直于入射面的 s 波时,电矢量的正向和相联系的磁矢量的方向如图 1.21 所示($\boldsymbol{H}$ 与 $\boldsymbol{B}$ 的方向相同)。假定在界面处入射光波、反射光波和折射光波同时取正向或负向,或者说三个波同相,则根据边值关系式(1.64)的第 3 式和第 4 式,应有②

$$E_{1s} + E'_{1s} = E_{2s} \tag{1.73}$$

和

$$H_{1p}\cos\theta_1 - H'_{1p}\cos\theta_1 = H_{2p}\cos\theta_2 \tag{1.74}$$

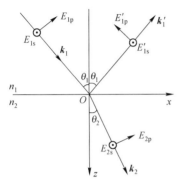

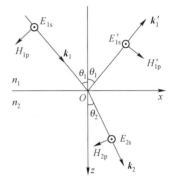

图 1.20　电矢量 $\boldsymbol{E}$ 的两个互相垂直分量 $\boldsymbol{E}_s$ 和 $\boldsymbol{E}_p$　　　图 1.21　s 波的 $\boldsymbol{E}$ 和 $\boldsymbol{H}$ 的正向

再由式(1.39)、式(1.4)和 $\mu \approx \mu_0$,得到 $H_p = \sqrt{\dfrac{\varepsilon}{\mu}}E_s = n\sqrt{\dfrac{\varepsilon_0}{\mu_0}}E_s$,因此,式(1.74)可写为

$$n_1 E_{1s}\cos\theta_1 - n_1 E'_{1s}\cos\theta_1 = n_2 E_{2s}\cos\theta_2$$

或

$$n_1\cos\theta_1(E_{1s} - E'_{1s}) = n_2 E_{2s}\cos\theta_2$$

将式(1.65)代入式(1.73)和上式,注意各指数项相等并利用折射定律,得到

$$A_{1s} + A'_{1s} = A_{2s}$$

和

$$\cos\theta_1\sin\theta_2(A_{1s} - A'_{1s}) = A_{2s}\sin\theta_1\cos\theta_2$$

由以上两式即可求出反射光波和入射光波的振幅比

$$r_s = \frac{A'_{1s}}{A_{1s}} = -\frac{\sin(\theta_1 - \theta_2)}{\sin(\theta_1 + \theta_2)} \tag{1.75}$$

以及折射光波和入射光波的振幅比

$$t_s = \frac{A_{2s}}{A_{1s}} = \frac{2\sin\theta_2\cos\theta_1}{\sin(\theta_1 + \theta_2)} \tag{1.76}$$

r_s 和 t_s 称为 **s 波的反射系数**和**透射系数**,而式(1.75)和式(1.76)就是关于 s 波的菲涅耳公式。

2. p 波的反射系数和透射系数

p 波的电矢量的正向和相联系的磁矢量的方向如图 1.22 所示($\boldsymbol{H}$ 垂直图面并指向读者)。我

---

① 关于这种分解,可以参阅 2.3 节。
② 三个波在界面上振动同相时,E'_{1s}、E'_{1s} 和 E_{2s} 应该同是正号或负号。如果 E'_{1s}(或 E_{2s})与 E_{1s} 异号,由图 1.21 可见,这是表示反向,即 $\boldsymbol{E}'_{1s}$(或 $\boldsymbol{E}_{2s}$)与 $\boldsymbol{E}_{1s}$ 取相反方向。

们也假定在界面处入射光波、反射光波和折射光波同时取正向或负向,由边值关系式(1.64)的第3式和第4式有

$$E_{1p}\cos\theta_1 - E'_{1p}\cos\theta_1 = E_{2p}\cos\theta_2 \tag{1.77}$$

和

$$H_{1s} + H'_{1s} = H_{2s} \tag{1.78}$$

利用式(1.4)及式(1.39),可把式(1.78)用电场表示为

$$n_1(E_{1p} + E'_{1p}) = n_2 E_{2p}$$

再用折射定律把上式写为

$$\sin\theta_2(E_{1p} + E'_{1p}) = E_{2p}\sin\theta_1$$

将式(1.65)代入式(1.77)和上式分别得到

$$\cos\theta_1(A_{1p} - A'_{1p}) = A_{2p}\cos\theta_2$$

和

$$\sin\theta_2(A_{1p} + A'_{1p}) = A_{2p}\sin\theta_1$$

由此两式可求得反射波与入射波的振幅比

$$r_p = \frac{A'_{1p}}{A_{1p}} = \frac{\tan(\theta_1 - \theta_2)}{\tan(\theta_1 + \theta_2)} \tag{1.79}$$

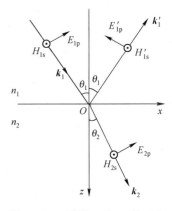

图 1.22　p 波的 $\boldsymbol{E}$ 和 $\boldsymbol{H}$ 的正向

以及折射波与入射波的振幅比

$$t_p = \frac{A_{2p}}{A_{1p}} = \frac{2\sin\theta_2\cos\theta_1}{\sin(\theta_1 + \theta_2)\cos(\theta_1 - \theta_2)} \tag{1.80}$$

r_p 和 t_p 分别称为 **p 波的反射系数和透射系数**,式(1.79)和式(1.80)则是对于 p 波的菲涅耳公式。

总之,菲涅耳公式包括式(1.75)、式(1.76)、式(1.79)和式(1.80)。在正入射或入射角很小时(这时 $\tan\theta \approx \sin\theta \approx \theta$,$\dfrac{\sin\theta_1}{\sin\theta_2} \approx \dfrac{\theta_1}{\theta_2} \approx n$,其中 $n = n_2/n_1$ 为**相对折射率**),容易证明菲涅耳公式有下面的简单形式:

$$r_s = \frac{A'_{1s}}{A_{1s}} = -\frac{n-1}{n+1} \tag{1.81}$$

$$t_s = \frac{A_{2s}}{A_{1s}} = \frac{2}{n+1} \tag{1.82}$$

$$r_p = \frac{A'_{1p}}{A_{1p}} = \frac{n-1}{n+1} \tag{1.83}$$

$$t_p = \frac{A_{2p}}{A_{1p}} = \frac{2}{n+1} \tag{1.84}$$

1.6.3　菲涅耳公式的讨论

下面分别对 $n_1 < n_2$(光波从光疏介质射到光密介质)和 $n_1 > n_2$(光波从光密介质射到光疏介质)两种情况进行讨论。

先看 $n_1 < n_2$ 的情况。设 $n_1 = 1, n_2 = 1.5$(如最常见的光波从空气射向玻璃),这时根据菲涅耳公式画出的 r_s、r_p、t_s 和 t_p 随入射角 θ_1 的变化关系如图 1.23 所示。由图可见,t_s 和 t_p 相差不大,并都随入射角 θ_1 的增大而减小。当 $\theta_1 = 0°$ 时,t_s 和 t_p 都等于 0.8;当 $\theta_1 = 90°$ 时,t_s 和 t_p 都等于零,即没有折射光波。对于反射光波,当 $\theta_1 = 0°$ 时,$|r_s|$ 和 r_p 都等于 0.2;而当 θ_1 增大时,r_p 起初随 θ_1 的增大而减小;当入射角 θ_B 满足 $\theta_B + \theta_2 = 90°$ 时,$r_p = 0$。经过 θ_B 后,$|r_p|$ 随 θ_1 增大而增大;直到 $\theta_1 = 90°$

时，$|r_p|=1$。$|r_s|$ 则随 θ_1 的增大而单调地从 0.2 增大到 1。

另外，菲涅耳公式也给出了入射光波、反射光波和折射光波的位相关系。由图 1.23 可以看出，不管 θ_1 为何值，r_s 总是负的，即 A'_{1s} 和 A_{1s} 总是异号。因此，在界面上 E'_{1s} 和 E_{1s} 应取相反方向，当 E_{1s} 在入射光波中取正方向时，E'_{1s} 在反射光波中取负方向，反之亦然。这表示对于 s 波，在界面上反射光波振动相对于入射光波振动总有 π 的位相跃变（因为 $-1=e^{i\pi}$，可以把负号看做位相变化 π）。对于 r_p，情况稍为复杂一些。当 $\theta_1+\theta_2<\pi/2$ 时，r_p 为正；而当 $\theta_1+\theta_2>\pi/2$ 时，r_p 为负。前一情形表示在界面上 p 波的 E'_{1p} 和 E_{1p} 在反射光和入射光中同取正方向或负方向，后一情形表示 E'_{1p} 和 E_{1p} 分别取正（负）方向和负（正）方向。当 $\theta_1+\theta_2=\pi/2$ 时，$r_p=0$，这时反射光波中电矢量没有平行于入射面的分量。

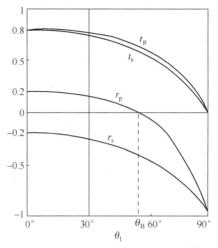

图 1.23　r_s、r_p、t_s 和 t_p 随 θ_1 变化曲线

图 1.24 给出了三种不同入射角情形下，分界面反射时电矢量的取向情况。这里假设入射平面波的电矢量为 E_1，反射光波电矢量 E'_1 的准确取向应根据菲涅耳公式计算出 A'_{1s} 和 A'_{1p} 来决定，图中 E'_1 是示意画出的。由图 1.24 不难看出，在入射角很小和入射角接近 90°（掠入射）两种情况下，E'_{1s} 和 E_{1s}、E'_{1p} 和 E_{1p} 的方向都正好相反（尽管在入射角很小时，形式上有 $r_p>0$），因此 E'_1 和 E_1 的取向也正好相反，表明在这两种情况下反射光波振动与入射光波振动反相，或者说反射时发生了位相跃变 π。由此可以得出结论：**当平面波在接近正入射或掠入射下从光疏介质与光密介质的分界面反射时，反射光波振动相对于入射光波振动发生了 π 的位相跃变**。这一结论在讨论光的干涉现象时极为重要。通常把反射时发生的 π 位相跃变称为"半波损失"，意即反射时损失了半个波长。

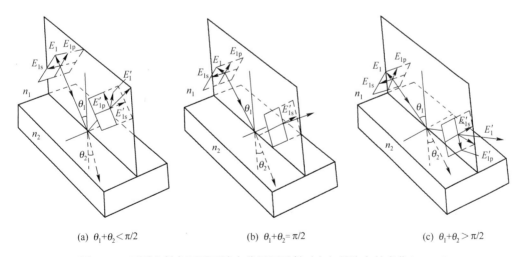

(a) $\theta_1+\theta_2<\pi/2$　　　　　(b) $\theta_1+\theta_2=\pi/2$　　　　　(c) $\theta_1+\theta_2>\pi/2$

图 1.24　不同入射角下平面波在分界面反射时电矢量取向的变化（$n_1<n_2$）

对于平面波在一般斜入射的情形，由图 1.24 可以看出，反射光波和入射光波 p 波的电矢量构成一定的角度，这时讨论它们的位相差没有什么意义。

再看平面波从光密介质入射到光疏介质（$n_1>n_2$）的情况。当 $n_1=1.5,n_2=1$ 时，根据菲涅耳公式画出的 r_s、r_p、t_s 和 t_p 随入射角 θ_1 的变化关系如图 1.25 所示。与 $n_1<n_2$ 的情况（图 1.23）比较，

有两点值得注意：

（1）入射角 $\theta_1 \geqslant \theta_C$ 时（θ_C 为 $\theta_2 = 90°$ 时对应的入射角），r_s 和 r_p 变为复数，但模值为1，这表示发生了全反射现象（见1.6.4节）；

（2）在 $\theta_1 < \theta_C$ 时，关于 r_s 和 r_p 的正负号的结论将与 $n_1 < n_2$ 的情况得到的结论相反，因而在 $n_1 > n_2$ 的情况下反射光在界面上不会发生位相变化。[①]

以上的讨论主要是关于反射光波的，对于折射光波，在 $n_1 < n_2$ 和 $n_1 > n_2$ 两种情况下，透射系数 t_s 和 t_p 都大于零，透射时 s 波和 p 波的电矢量取向都不会突然反向，因而不会有 π 的位相跃变。

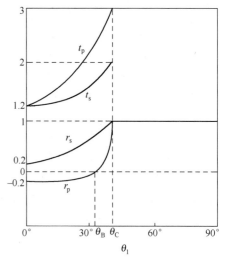

图 1.25 r_s、r_p、t_s 和 t_p 随 θ_1 的变化
关系（$n_1 = 1.5$，$n_2 = 1$）

1.6.4 反射率和透射率

由菲涅耳公式还可以得到入射光波、反射光波和折射光波的能量关系。已知平面波的光强度为[见式(1.57)]：$I = \dfrac{1}{2}\sqrt{\dfrac{\varepsilon}{\mu}}A^2$，它表示单位时间内通过垂直于传播方向的单位面积的能量。如果把入射光波的光强度记为 I_1，则每秒入射到分界面单位面积上的能量是（参考图1.26）

$$W_1 = I_1 \cos\theta_1 = \frac{1}{2}\sqrt{\frac{\varepsilon_1}{\mu_1}}A_1^2 \cos\theta_1$$

而反射光波和折射光波每秒从分界面单位面积带走的能量是

$$W_1' = I_1' \cos\theta_1 = \frac{1}{2}\sqrt{\frac{\varepsilon_1}{\mu_1}}A_1'^2 \cos\theta_1$$

$$W_2 = I_2 \cos\theta_2 = \frac{1}{2}\sqrt{\frac{\varepsilon_2}{\mu_2}}A_2^2 \cos\theta_2$$

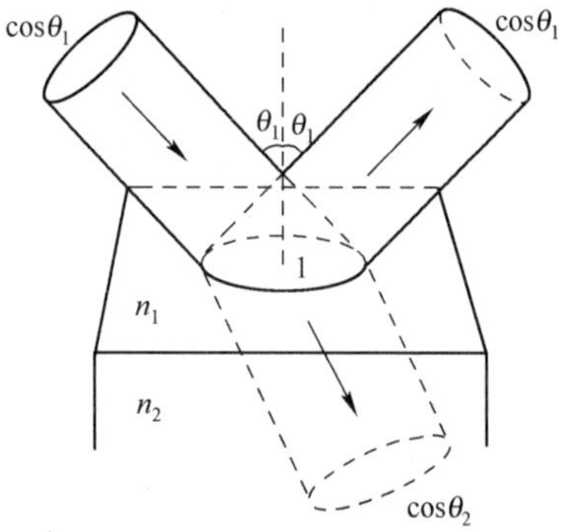

式中，I_1' 和 I_2 分别为反射光波和折射光波的光强度。因此，在分界面上反射光波、折射光波的能量流与入射光波的能量流之比为

$$R = \frac{W_1'}{W_1} = \frac{I_1'}{I_1} = \frac{A_1'^2}{A_1^2} \tag{1.85}$$

图 1.26 反射和折射时光束截面积的变化（设界面上光束面积为1）

$$T = \frac{W_2}{W_1} = \frac{I_2 \cos\theta_2}{I_1 \cos\theta_1} = \frac{n_2 \cos\theta_2}{n_1 \cos\theta_1}\frac{A_2^2}{A_1^2} \tag{1.86}$$

[式(1.86)中利用了 $\mu_1 = \mu_2$ 的假定]R 和 T 分别称为**反射率**和**透射率**。根据能量守恒定律，应有

$$R + T = 1 \tag{1.87}$$

将菲涅耳公式代入式(1.85)和式(1.86)，可得到 s 波的反射率和透射率的表达式为

$$R_s = \left(\frac{A_{1s}'}{A_{1s}}\right)^2 = \frac{\sin^2(\theta_1 - \theta_2)}{\sin^2(\theta_1 + \theta_2)} \tag{1.88}$$

$$T_s = \frac{n_2 \cos\theta_2}{n_1 \cos\theta_1}\left(\frac{A_{2s}}{A_{1s}}\right)^2 = \frac{n_2 \cos\theta_2}{n_1 \cos\theta_1}\frac{4\sin^2\theta_2 \cos^2\theta_1}{\sin^2(\theta_1 + \theta_2)} \tag{1.89}$$

---

① 当 $\theta_1 < \theta_B$ 时，虽然形式上有 $r_p < 0$，似乎会发生位相跃变，但实际上从图1.24看，反射光波和入射光波电矢量 E 的振动基本同向。

p 波的反射率和透射率的表达式为

$$R_{\mathrm{p}} = \left(\frac{A'_{1\mathrm{p}}}{A_{1\mathrm{p}}}\right)^2 = \frac{\tan^2(\theta_1 - \theta_2)}{\tan^2(\theta_1 + \theta_2)} \tag{1.90}$$

$$T_{\mathrm{p}} = \frac{n_2\cos\theta_2}{n_1\cos\theta_1}\left(\frac{A_{2\mathrm{p}}}{A_{1\mathrm{p}}}\right)^2 = \frac{n_2\cos\theta_2}{n_1\cos\theta_1}\,\frac{4\sin^2\theta_2\cos^2\theta_1}{\sin^2(\theta_1 + \theta_2)\cos^2(\theta_1 - \theta_2)} \tag{1.91}$$

根据能量守恒定律,同样应有

$$R_{\mathrm{s}} + T_{\mathrm{s}} = 1,\ R_{\mathrm{p}} + T_{\mathrm{p}} = 1 \tag{1.92}$$

通常我们遇到的是入射光为自然光的情形,这时也可以把自然光分成 s 波和 p 波,并且它们的能量相等,都等于自然光能量的一半,即

$$W_{1\mathrm{s}} = W_{1\mathrm{p}} = \frac{1}{2}W_1$$

因此,自然光的反射率为

$$R_{\mathrm{n}} = \frac{W'_1}{W_1} = \frac{W'_{1\mathrm{s}} + W'_{1\mathrm{p}}}{W_1} = \frac{W'_{1\mathrm{s}}}{2W_{1\mathrm{s}}} + \frac{W'_{1\mathrm{p}}}{2W_{1\mathrm{p}}} = \frac{1}{2}(R_{\mathrm{s}} + R_{\mathrm{p}})$$

将式(1.88)和式(1.90)代入上式,得到自然光反射率随入射角变化的关系为

$$R_{\mathrm{n}} = \frac{1}{2}\left[\frac{\sin^2(\theta_1 - \theta_2)}{\sin^2(\theta_1 + \theta_2)} + \frac{\tan^2(\theta_1 - \theta_2)}{\tan^2(\theta_1 + \theta_2)}\right] \tag{1.93}$$

图 1.27 绘出了光在空气和玻璃界面反射时($n = 1.52$),R_{s}、R_{p} 和 R_{n} 随入射角的变化。可见自然光在 $\theta_1 < 45^\circ$ 的区域内反射率几乎不变,约等于正入射时的反射率,而正入射时自然光的反射率为

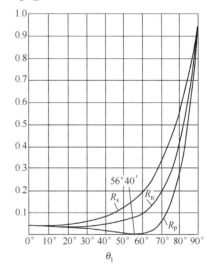

$$R_{\mathrm{n}} = \frac{1}{2}\left[\left(\frac{n-1}{n+1}\right)^2 + \left(\frac{n-1}{n+1}\right)^2\right] = \left(\frac{n-1}{n+1}\right)^2 \tag{1.94}$$

当 $n = 1.52$ 时,$R_{\mathrm{n}} = 0.043$,即约有 4% 的光能量在界面上反射。对于一些构造复杂的光学系统,即使为近于正入射的,但由于反射面过多,光能量的反射损失也是相当严重的。例如,一个包含 6 个透镜的系统,反射面共有 12 面,假定透镜的玻璃折射率同为 1.52,光在各面的入射角很小,则透过该系统的光能量为

$$W_2 = (1 - 0.043)^{12}W_1 = 0.59W_1$$

图 1.27　R_{s}、R_{p} 和 R_{n} 随入射角的变化

即反射损失了 41% 的能量。现代的变焦距物镜有 10 多个透镜,光能的反射损失将非常严重。为了减小光能的反射损失,近代光学技术普遍采用在光学元件表面镀增透膜的方法。有关它的原理,在第 4 章里再详细讨论。

1.6.5　反射和折射产生的偏振

由式(1.90)和图 1.27 可见,当自然光投射到两种不同介质的分界面上时,如果入射角满足 $\theta_1 + \theta_2 = \pi/2$,则有 $R_{\mathrm{p}} = 0$,即反射光中没有 p 波,因而反射光是完全偏振的[①],其电矢量的振动垂直于入射面。这个结果通常称为**布儒斯特定律**,而这时的入射角称为**起偏振角**或**布儒斯特角**,记为 θ_{B}。将 $\theta_{\mathrm{B}} + \theta_2 = \pi/2$ 的关系代入折射定律公式,即可得到

---

① 即线偏振光,见 7.1 节。

$$\tan\theta_B = n \tag{1.95}$$

此式称为**布儒斯特公式**。已知介质的折射率时，由上式便可计算出起偏振角，例如 $n=1.52$，相应的起偏振角 $\theta_B = \arctan 1.52 = 56°40'$。上式也提供了一种测量折射率的简易方法。

当自然光以其他角度入射到分界面上时，由图 1.27 可以看出，s 波和 p 波的反射率和透射率一般是不相同的，因此反射光波和折射光波一般是部分偏振光。对于反射光波，s 波的成分较 p 波大；而对于折射光波，p 波的成分较 s 波大。但不管在什么角度下入射，折射光波都不会发生全偏振的情况。

从光与物质相互作用的观点来看，反射和折射产生的偏振现象，其物理意义是很清楚的。入射光波的电磁场在介质 2 中将激发起原子中电子的振动，因而原子作为振荡电偶极子向四周辐射出次电磁波，它们在介质 1 中组成反射光波，在介质 2 中组成折射光波。因为原子的振动方向和折射光波电矢量的振动方向相同，所以原子的振动也可以用平行于入射面和垂直于入射面的两个分量表示（见图 1.28，"点"代表垂直于入射面的振动，"线"代表平行于入射面的振动）。当入射光波以起偏振角 θ_B 入射到分界面时，折射光波 OC 垂直于反射光波 OB，因此在介质 2 中振动方向平行于入射面的原子振动在反射光波方向上没有辐射（参见图 1.15，在 $\psi=0$ 方向上没有

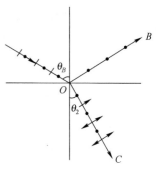

图 1.28 反射产生的全偏振

辐射），结果在反射光波中就只有垂直于入射面的振动（s 波）。当入射光波以其他角度入射时，这时 OB 不垂直于 OC，因此沿 OB 方向的反射光波不仅包含垂直于入射面振动的原子辐射，也包含平行于入射面振动的原子辐射，并且它们的成分不等，所以反射光波一般是部分偏振光。相应地，折射光波也是部分偏振的。

[例题 1.3] 电矢量振动方向与入射面成 45° 角的偏振光入射到两种介质的分界面，介质 1 和介质 2 的折射率分别为 $n_1=1$，$n_2=1.5$。问在下列两种情况下反射光波中电矢量与入射面所成角度是多少？

（1）入射角 $\theta_1=50°$；（2）$\theta_1=60°$。

解：（1）$\theta_1=50°$，由折射定律

$$\theta_2 = \arcsin\left(\frac{n_1\sin\theta_1}{n_2}\right) = \arcsin\left(\frac{\sin 50°}{1.5}\right) = 30°42'$$

因此

$$r_s = -\frac{\sin(\theta_1-\theta_2)}{\sin(\theta_1+\theta_2)} = -\frac{\sin 19°18'}{\sin 80°42'} = -0.335$$

$$r_p = \frac{\tan(\theta_1-\theta_2)}{\tan(\theta_1+\theta_2)} = \frac{\tan 19°18'}{\tan 80°42'} = 0.057$$

因为入射光波中电矢量振动方向与入射面成 45°，故在入射光波中电矢量垂直于入射面分量 E_{1s} 的振幅 A_{1s} 等于平行于入射面分量 E_{1p} 的振幅 A_{1p}。但在反射光波中，由于 $r_s \neq r_p$，所以反射光波中电矢量两个分量的振幅 A'_{1s} 和 A'_{1p} 不相等，它们的数值分别为

$$A'_{1s} = r_s A_{1s} = -0.335 A_{1s}, \qquad A'_{1p} = r_p A_{1p} = 0.057 A_{1p}$$

r_s 的负值表示 $\boldsymbol{E}'_{1s}$ 的方向与 E_{1s} 相反（见图 1.24(a)）。因此，反射光波中电矢量两个分量的合振幅与入射面的夹角 α 由下式决定：

$$\tan\alpha = A'_{1s}/A'_{1p} = -0.335/0.057 = -5.877$$

得到 $\alpha = -80°20'$。

（2）当 $\theta_1 = 60°$ 时,有

$$\theta_2 = \arcsin\left(\frac{\sin 60°}{1.5}\right) = \arcsin 0.577 = 35°14'$$

故

$$r_s = -\frac{\sin(60° - 35°14')}{\sin(60° + 35°14')} = -\frac{0.419}{0.996} = -0.421$$

$$r_p = \frac{\tan(60° - 35°14')}{\tan(60° + 35°14')} = -\frac{0.461}{10.92} = -0.042$$

因此,反射光波电矢量的振动方向与入射面所成的夹角为(参见图1.24(c))

$$\alpha = \arctan\left(\frac{0.421}{0.042}\right) = 84°18'$$

[例题 1.4]　入射到两种不同介质界面上的偏振光波的电矢量与入射面成 α 角。若电矢量垂直于入射面的 s 波和平行于入射面的 p 波的反射率分别为 R_s 和 R_p,试写出总反射率的表达式。

解: 由于 $(A_1')^2 = (A_{1s}')^2 + (A_{1p}')^2$,所以,根据式(1.85)有

$$R = \left(\frac{A_1'}{A_1}\right)^2 = \left(\frac{A_{1s}'}{A_1}\right)^2 + \left(\frac{A_{1p}'}{A_1}\right)^2$$

对于入射光波,s 波和 p 波的振幅分别为 $A_{1s} = A_1\sin\alpha$, $A_{1p} = A_1\cos\alpha$, 因此

$$R = \left(\frac{A_{1s}'}{A_{1s}}\right)^2 \sin^2\alpha + \left(\frac{A_{1p}'}{A_{1p}}\right)^2 \cos^2\alpha$$

或者写为

$$R = R_s\sin^2\alpha + R_p\cos^2\alpha$$

用类似的方法可以证明总透射率 T 有如下的形式:

$$T = T_s\sin^2\alpha + T_p\cos^2\alpha$$

1.7　全　反　射

光波从光密介质射向光疏介质($n_2 < n_1$)时,根据折射定律,$\frac{\sin\theta_1}{\sin\theta_2} = \frac{n_2}{n_1} < 1$。若 $\sin\theta_1 > \frac{n_2}{n_1}$,会有 $\sin\theta_2 > 1$,这是没有意义的,我们不可能求出任何实数的折射角。事实上,这时没有折射光波,入射光波全部反射回介质1,这个现象称为**全反射**。满足 $\sin\theta_c = n_2/n_1$ 的入射角称为**临界角**,相应的折射角 $\theta_2 = 90°$。

1.7.1　反射系数和位相变化

在全反射时,虽然实数的折射角 θ_2 不再存在,但形式上可以利用折射定律用 θ_1 来表示 θ_2:

$$\sin\theta_2 = \frac{n_1}{n_2}\sin\theta_1 = \frac{\sin\theta_1}{n} \tag{1.96}$$

$$\cos\theta_2 = \pm i\sqrt{\frac{\sin^2\theta_1}{n^2} - 1} \tag{1.97a}$$

式中,$n = n_2/n_1$。下面将会看到,$\cos\theta_2$ 表达式中根号前只能取正号,即

$$\cos\theta_2 = i\sqrt{\frac{\sin^2\theta_1}{n^2} - 1} \tag{1.97b}$$

将式(1.96)和式(1.97b)代入式(1.75)和式(1.79),得到 s 波的反射系数和 p 波的反射系数分别为

$$r_s = \frac{\cos\theta_1 - i\sqrt{\sin^2\theta_1 - n^2}}{\cos\theta_1 + i\sqrt{\sin^2\theta_1 - n^2}} \tag{1.98}$$

$$r_p = \frac{n^2\cos\theta_1 - i\sqrt{\sin^2\theta_1 - n^2}}{n^2\cos\theta_1 + i\sqrt{\sin^2\theta_1 - n^2}} \tag{1.99}$$

以上两式表明,在全反射情况下,r_s 和 r_p 是复数。因而它们可以写为如下形式:

$$r_s = |r_s| \exp(i\delta_s) \tag{1.100}$$

$$r_p = |r_p| \exp(i\delta_p) \tag{1.101}$$

式中,复数的模($|r_s|$ 和 $|r_p|$)表示反射光波和入射光波的实振幅之比,而复数的辐角(δ_s 和 δ_p)表示反射时的位相变化。在式(1.98)和式(1.99)中,分子与分母是一对共轭复数,其模值相等,所以 $|r_s| = |r_p| = 1$,相应地反射率也等于 1。这表明全反射时光能全部反射回介质 1,不存在折射光。

由于全反射时光能没有透射损失,所以许多光学仪器都利用全反射来改变光的传播方向和使像倒转,如图 1.29 所示。在光纤光学和集成光学中,也利用全反射现象来传导光能。图 1.30 所示是一根直圆柱形光纤,它由两层均匀介质组成,内层称为芯线,外层称为包层。芯线的折射率 n_1 高于包层的折射率 n_2。如果光线在芯线和包层界面的入射角 θ_1 大于临界角,光线将不断地在光纤内全反射,由光纤的一端传播到另一端,光纤因而起着导光的作用。光纤也可以弯曲使用,只要曲率半径不是太小以致全反射条件受到破坏,光线就可以沿着弯曲光纤传播很长的距离。数以万计的光纤组成的光纤束不仅能传导光能,也能用来传递光学图像(每根光纤传递图像的一个像素)。图 1.31 所示是一种可弯曲的光纤镜,外光纤把入射光传导到所要观察的物体,而内光纤把物体的像传导到观察者。

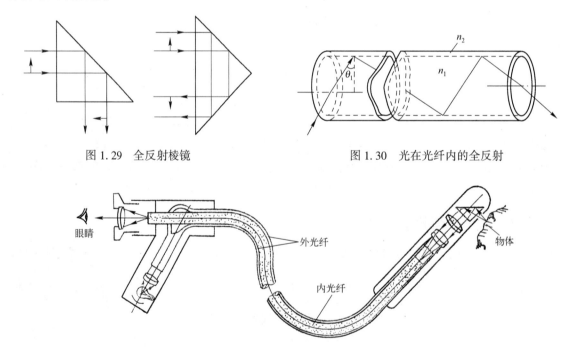

图 1.29　全反射棱镜　　　　　　　　　图 1.30　光在光纤内的全反射

图 1.31　光纤镜

1966 年,华裔科学家高锟发表了一篇题为《光频率介质纤维表面波导》的论文,开创性地提出了光纤在通信上应用的基本原理,并提出采用高纯度的石英玻璃制造光纤,降低光纤的损耗以实现长距离高效传输信息,从而推动了全球光纤通信的发展,高锟因此获得了 2009 年诺贝尔物理学奖。

下面再看全反射时的位相变化。

由式(1.98)和式(1.100)求得

$$\tan\frac{\delta_s}{2} = -\frac{\sqrt{\sin^2\theta_1 - n^2}}{\cos\theta_1} \qquad (1.102)$$

由式(1.99)和式(1.101)求得

$$\tan\frac{\delta_p}{2} = -\frac{\sqrt{\sin^2\theta_1 - n^2}}{n^2\cos\theta_1} \qquad (1.103)$$

当 $n = 1/1.5$ 时,δ_s 和 δ_p 随 θ_1 的变化如图 1.32 所示。可见,在全反射条件下,s 波和 p 波在界面上有不同的位相跃变。因此,反射光波中 s 波和 p 波有一位相差 δ,它由下式决定:

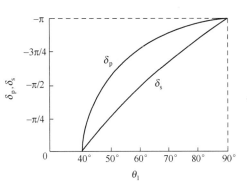

图 1.32　全反射时的位相跃变

$$\tan\frac{\delta}{2} = \tan\frac{\delta_s - \delta_p}{2} = \frac{\cos\theta_1\sqrt{\sin^2\theta_1 - n^2}}{\sin^2\theta_1} \qquad (1.104)$$

可见,当入射角 θ_1 等于临界角时,反射光波中 s 波和 p 波的位相差 δ 为零,如果这时入射光波为线偏振光,则反射光波也为线偏振光。但当入射角大于临界角,且入射线偏振光的振动与入射面的交角又非 $0°$ 或 $90°$ 时,由于反射光波中 s 波和 p 波有一定的位相差($\delta \neq 0$ 或 π),反射光波将变成椭圆偏振光。关于形成椭圆偏振光的原理,将在 2.3 节阐明。

1.7.2　隐失波

实验表明,在全反射时光波不是绝对地在界面上被全部反射回介质 1,而是透入介质 2 很薄的一层表面(约一个波长),并沿界面传播一小段距离(波长量级),最后返回介质 1。透入介质 2 表面的这个波,称为**隐失波**①。从电磁场在界面上必须满足边值关系的观点来看,隐失波的存在是必然的。因为电场和磁场不可能中止在两种介质的分界面上,在介质 2 中一定会存在透射光波。只是在全反射条件下,这个透射光波有着特殊的性质。由式(1.65),透射光波的波函数为

$$\boldsymbol{E}_2 = \boldsymbol{A}_2\exp[\mathrm{i}(\boldsymbol{k}_2\cdot\boldsymbol{r} - \omega t)]$$

若选取入射面为 xz 平面(图 1.33),上式可以写为

$$\boldsymbol{E}_2 = \boldsymbol{A}_2\exp[\mathrm{i}(k_{2x}x + k_{2z}z - \omega t)]$$

由式(1.96)和式(1.97a)可得到

$$k_{2x} = k_2\sin\theta_2 = k_2\frac{\sin\theta_1}{n}$$

$$k_{2z} = k_2\cos\theta_2 = \pm\mathrm{i}k_2\sqrt{\frac{\sin^2\theta_1}{n^2} - 1}$$

k_{2z} 是虚数,它的物理意义可以从下面的讨论看出。将 k_{2z} 写为 $k_{2z} = \pm\mathrm{i}\kappa$,其中 $\kappa = k_2\sqrt{\dfrac{\sin^2\theta_1}{n^2} - 1}$ 是正实数。因此透射光波的波函数可以写为

$$\boldsymbol{E}_2 = \boldsymbol{A}_2\exp(\mp\kappa z)\exp[\mathrm{i}(k_{2x}x - \omega t)] \qquad (1.105)$$

式(1.105)表明,透射光波是一个沿 x 方向传播,振幅在 z 方向按指数规律变化的波,其振幅因子为

---

① 隐失波,英语是 evanescent wave,过去翻译为倏逝波。

$A_2\exp(\mp\kappa z)$。显然，κ 前只能取负号;若取正号,则振幅因子表示离开界面向介质 2 深入时,振幅随深度增大而增大,这在物理上是不可能的[在式(1.97b)中根号前取正号原因即在于此]。κ 前取负号后,式(1.105)就表示一个沿 x 方向传播,振幅在 z 方向按指数衰减的波,这就是隐失波。隐失波的振幅随深度 z 减小得非常快,通常定义振幅减小到界面($z=0$)处振幅的 $1/e$ 的深度为**穿透深度**。由式(1.105),隐失波的穿透深度为

$$z_0 = \frac{1}{\kappa} = \frac{n}{k_2\sqrt{\sin^2\theta_1 - n^2}} \qquad (1.106)$$

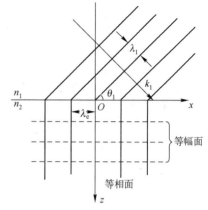

z_0 约为一个波长。另外,容易看出,隐失波的等幅面是 z 为恒量的平面,等相面是 x 为恒量的平面,两者互相垂直(见图 1.33)[①]。再由式(1.105),隐失波的波长为

$$\lambda_e = \frac{2\pi}{k_{2x}} = \frac{\lambda_1}{\sin\theta_1} \qquad (1.107)$$

式中,λ_1 是介质 1 中的光波波长。

图 1.33　全反射时介质 2 中的隐失波

应该指出,虽然全反射时在介质 2 中存在隐失波,但它并不向介质 2 内部传输能量。计算表明,隐失波沿 z 方向的平均能流为零。这说明由介质 1 流入介质 2 和由介质 2 返回介质 1 的能量相等。进一步研究还表明,由介质 1 流入介质 2 的能量入口处和返回的能量出口处相隔约半个波长。因此,当以有限宽度的光束入射时,可以发现反射光波在界面上有一侧向位移,如图 1.34 所示。这一位移称为**古斯-汉森位移**[②],它是造成全反射时反射光波位相跃变的原因。

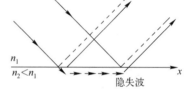

图 1.34　古斯-汉森位移

1.7.3　隐失波应用举例

1. 激光可变输出耦合器

如图 1.35 所示,两块斜面靠得很近的等腰直角棱镜,激光束通过棱镜射到斜面时,由于激光束在斜面上的入射角大于临界角,两斜面之间的空气隙内将有一个隐失波场,在波场的耦合作用下,光波可以从一块棱镜透射到另一块棱镜,透射量的多少与棱镜两斜面间空气隙的间隔有关。基于这一原理可制作激光可变输出耦合器,如图 1.35 所示。

2. 光波导棱镜耦合

自 20 世纪 60 年代末以来,一个崭新的光学领域——集成光学逐步发展起来。它采用类似于集成电路那样的技术,把一些光学元件以薄膜形式集成在同一衬底(一种折射率小于薄膜的介质)上,构成一个具有独立功能的微型光学系统。集成光学首先要解决的问题是,用薄膜来传导光波,即用薄膜作为光波导,包括光波如何在薄膜里传播和如何将外面的光波耦合到薄膜里面,以及在薄膜里传播的光波又如何耦合到薄膜外面。由于薄膜非常薄,要把外面的光直接对准薄膜的端面高效率地射入薄膜,并且使入射光波的场与薄膜波导中一定模式的场相匹配,是非常困难的。现在普遍采用棱镜耦合的有效输入(输出)方式。如图 1.36 所示,将一个小棱镜放在薄膜之上,让棱镜底

---

①　一般平面波的等幅面和等相面是重合的,这种平面波又称为均匀平面波。隐失波的等相面和等幅面互相垂直,是一种非均匀平面波。

②　它的理论解释可以参阅参考文献[18]。

面与薄膜上表面之间保持一个很小的空气隙,其厚度为 $\lambda/8\sim\lambda/4$。选择入射光束的适当的入射角,使光束入射到棱镜底面时发生全反射,这样将有一个隐失波场延伸到棱镜底面下,并且通过隐失场的作用把能量输送到薄膜中去。反过来,当把薄膜中的能量输出时,也可以通过隐失场把能量转移到棱镜中。

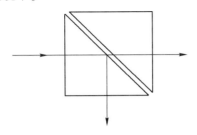

图 1.35　激光可变输出耦合器

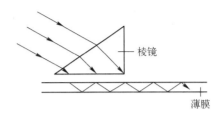

图 1.36　棱镜耦合

3. 超光学分辨率的 SNOM

SNOM[①] 即扫描近场光学显微镜,它只有 40 年左右的历史,它是一种与传统光学显微镜完全不同的新型光学显微镜,其分辨本领比传统光学显微镜要大 1~2 个数量级[②]。SNOM 的工作原理示意图如图 1.37 所示,图中 P 是一直角棱镜,S 是紧贴其斜面上的检测样品(纳米材料),f 和 C 分别是光纤探针及其控制系统。当入射光波在棱镜斜面上的入射角大于临界角而发生全反射时,在样品及其邻近区域就会产生一个隐失场;由于光纤探针非常接近样品表面,因而通过隐失场的耦合,隐失波即会转移到光纤探针,并作为光信号输入控制系统。SNOM 控制系统的功能有二:精确地控制探针在样品表面的二维扫描和精确地控制探针针尖与样品表面的距离。如果在扫描过程中遇到样品表面微结构有起伏,那么探针针尖与样品表面的距离即随之发生变化,沿光纤输入控制

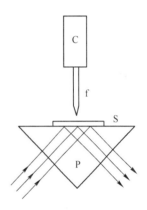

图 1.37　SNOM 的工作
原理示意图

系统的光信号也随之变化。这一变化是相当灵敏的,因为隐失场的振幅随纵向距离增大而按指数衰减。当 SNOM 控制系统接收到变化的光信号时,就会产生一个控制信号,驱动探针升降,以保持针尖与样品表面的距离不变。这样,从控制信号中便可获得样品表面微结构的信息。

SNOM 的分辨本领与探针针尖大小、探针扫描位移精度和探针针尖与样品距离的控制精度有关。目前,SNOM 对材料精细结构的分辨本领可以达到近 10nm,即可以将光学探测手段深入到分子(纳米)尺度,已经大大超越传统光学显微镜的分辨极限(约 200nm)[③]。SNOM 在材料的纳米结构研究,以及生物学、医学研究中正起着非常重要的作用。

[例题 1.5]　浦耳弗里许折射计原理图如图 1.38 所示。会聚光照明载有待测物质的折射面 AB,然后用望远镜从棱镜的另一侧 AC 进行观测。由于棱镜的折射率大于待测物的折射率,即 $n_g > n$,所以在棱镜中将没有折射角大于 θ_c 的光线(θ_c 是棱镜-待测物界面的全反射临界角),由望远镜观察到的视场是半暗半明的,中间的分界线与折射角为 θ_c 的光线对应。

(1) 证明 n 与 n_g 和 θ 的关系为

$$n = \sqrt{n_g^2 - \sin^2\theta}$$

---

① SNOM 是 Scanning Near-field Optical Microscopy 的缩写。

② 传统光学显微镜的分辨本领参见 5.6 节。

③ SNOM 的详细讨论可参阅参考文献[28]和[29]。

（2）若棱镜的折射率 $n_g = 1.6$，对某待测物测出 $\theta = 30°$，问该物质的折射率等于多少？

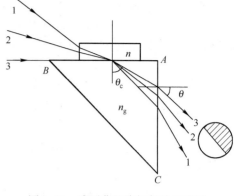

图 1.38　浦耳弗里许折射计原理图

解:（1）对于光线 3 在 AB 面上的折射,有

$$n\sin 90° = n_g\sin\theta_c$$

或者

$$n = n_g\sin\theta_c$$

该光线在 AC 面上的折射有如下关系

$$n_g\sin(90° - \theta_c) = \sin\theta$$

或者

$$\cos\theta_c = \frac{\sin\theta}{n_g}$$

因此

$$n = n_g\sin\theta_c = n_g\sqrt{1 - \cos^2\theta_c}$$

$$= n_g\sqrt{1 - \frac{\sin^2\theta}{n_g^2}} = \sqrt{n_g^2 - \sin^2\theta}$$

（2）因为 $n_g = 1.6, \theta = 30°$，所以待测物的折射率为

$$n = \sqrt{1.6^2 - \sin^2 30°} = \sqrt{2.56 - 0.25} = 1.52$$

*1.8　光波在金属表面的透射和反射

上面两节讨论了光波在两种介质分界面上的反射和折射,我们假定所讨论的介质是不导电的透明介质,其电导率 $\sigma = 0$。本节讨论光波在介质–金属分界面上的反射和折射。与不导电的(绝缘)介质相比,金属最显著的特点是,一般地,它为良导体。所谓良导体,就是金属的电导率 σ 很大,并且满足 $\dfrac{\sigma}{\varepsilon\omega} \gg 1$,这里 ε 是介电常数,ω 是作用在金属上的外界电磁场的角频率(条件 $\dfrac{\sigma}{\varepsilon\omega} \gg 1$ 表明,金属是否为良导体,不仅与它的 σ 大小有关,还与外场的频率 ω 有关)。一般金属导体 σ / ε 的数量级为 $10^{17}\,\mathrm{s}^{-1}$,所以只要电磁场的频率 $\omega \ll 10^{17}\,\mathrm{Hz}$,一般金属导体可看做良导体。

金属有很好的导电性能这一特点,与金属中存在数目很大的自由电子有关。可以证明,在不是特别高频率($\omega \ll 10^{17}\,\mathrm{Hz}$)的电磁场作用下,金属内部的自由电子只分布于金属表面上,金属内部电荷体密度 $\rho = 0$,并且自由电子在表面层形成表层电流($j = \sigma E$)。这一电流的存在将使入射光波产生强烈的反射,并使透入金属内的光波迅速地耗散为电流的焦耳热。所以,通常光波只能透入金属表面很薄的一层内,金属是不透明的。下面我们先来研究透入金属内的光波,看它具有怎样的性质。

1.8.1　金属中的透射波

由于在金属内部,$\rho = 0$，$j = \sigma E$,所以麦克斯韦方程组为

$$\left.\begin{array}{l} \nabla \cdot \boldsymbol{E} = 0 \\[4pt] \nabla \cdot \boldsymbol{B} = 0 \\[4pt] \nabla \times \boldsymbol{E} = -\dfrac{\partial \boldsymbol{B}}{\partial t} \\[8pt] \nabla \times \boldsymbol{H} = \sigma \boldsymbol{E} + \dfrac{\partial \boldsymbol{D}}{\partial t} \end{array}\right\} \tag{1.108}$$

取上式中第 3 式的旋度,并考虑到式(1.4),得到

$$\nabla \times \nabla \times \boldsymbol{E} = -\mu \frac{\partial}{\partial t} \nabla \times \boldsymbol{H}$$

或者

$$\nabla(\nabla \cdot \boldsymbol{E}) - \nabla^2 \boldsymbol{E} = -\mu \sigma \frac{\partial \boldsymbol{E}}{\partial t} - \mu \varepsilon \frac{\partial^2 \boldsymbol{E}}{\partial t^2}$$

利用式(1.108)的第 1 式,可得

$$\nabla^2 \boldsymbol{E} - \mu \sigma \frac{\partial \boldsymbol{E}}{\partial t} - \mu \varepsilon \frac{\partial^2 \boldsymbol{E}}{\partial t^2} = 0 \qquad (1.109)$$

上式便是金属中电磁场的波动方程。对于

$$\boldsymbol{E} = A \exp[i(\boldsymbol{k} \cdot \boldsymbol{r} - \omega t)]$$

这一形式的平面波解,由式(1.109)得到

$$-k^2 + i\omega\mu\sigma + \omega^2 \varepsilon \mu = 0 \qquad (1.110)$$

表明在金属中传播的平面波的波矢 $\boldsymbol{k}$ 为复数。把它写成

$$\boldsymbol{k} = \boldsymbol{\beta} + i\boldsymbol{\alpha} \qquad (1.111)$$

这样,金属中的平面波为

$$\boldsymbol{E} = A \exp(-\boldsymbol{\alpha} \cdot \boldsymbol{r}) \exp[i(\boldsymbol{\beta} \cdot \boldsymbol{r} - \omega t)] \qquad (1.112)$$

它是一个衰减的波,随着波透入金属内距离的增大,波的振幅按指数衰减。这是由于光波场在金属表面引起表层电流,从而光能量不断耗散为电流的焦耳热所致。透射波振幅的衰减由波矢 $\boldsymbol{k}$ 的虚部 $\boldsymbol{\alpha}$ 描述,而波传播的位相关系由波矢 $\boldsymbol{k}$ 的实部 $\boldsymbol{\beta}$ 描述。

由式(1.110)和式(1.111),可以得到 $\boldsymbol{\alpha}$ 和 $\boldsymbol{\beta}$ 应满足的关系:

$$-(\beta^2 + 2i\boldsymbol{\alpha} \cdot \boldsymbol{\beta} - \alpha^2) + i\omega\mu\sigma + \omega^2 \varepsilon \mu = 0$$

分别写出实部和虚部的等式,得到

$$\beta^2 - \alpha^2 = \omega^2 \varepsilon \mu \qquad (1.113)$$

和

$$\boldsymbol{\alpha} \cdot \boldsymbol{\beta} = \frac{1}{2} \omega\mu\sigma \qquad (1.114)$$

为简单起见,考察平面波沿垂直于金属表面的方向传播的情形,这一情形与光波垂直入射时的透射相对应。设金属表面为 xy 平面,z 轴指向金属内部。这时,$\boldsymbol{\alpha}$ 和 $\boldsymbol{\beta}$ 都沿 z 轴方向[①],式(1.112)变为

$$\boldsymbol{E} = A \exp(-\alpha z) \exp[i(\beta z - \omega t)] \qquad (1.115)$$

由式(1.113)和式(1.114)可解出 α 和 β,结果是

$$\beta = \omega \sqrt{\mu\varepsilon} \left[\frac{1}{2} \left(\sqrt{1 + \frac{\sigma^2}{\varepsilon^2 \omega^2}} + 1 \right) \right]^{1/2}, \quad \alpha = \omega \sqrt{\mu\varepsilon} \left[\frac{1}{2} \left(\sqrt{1 + \frac{\sigma^2}{\varepsilon^2 \omega^2}} - 1 \right) \right]^{1/2}$$

对于金属良导体 $\left(\frac{\sigma}{\varepsilon\omega} \gg 1 \right)$,可以得到

$$\alpha \approx \beta \approx \left(\frac{\omega\mu\sigma}{2} \right)^{1/2} \qquad (1.116)$$

波的振幅衰减到表面处振幅 $1/e$ 的传播距离称为**穿透深度**。由式(1.115)和式(1.116),穿透深度为

$$z_0 = \frac{1}{\alpha} \approx \left(\frac{2}{\omega\mu\sigma} \right)^{1/2} \qquad (1.117)$$

---

① 利用边值关系可以证明,在平面波斜入射情况下,$\boldsymbol{\alpha}$ 沿 z 轴方向,而 $\boldsymbol{\beta}$ 并不沿 z 轴方向。不过,$\boldsymbol{\beta}$ 的方向非常接近于 $\boldsymbol{\alpha}$ 的方向。

对于铜来说，$\mu = \mu_0 = 4\pi \times 10^{-7} \mathrm{N \cdot s^2/C^2}$，$\sigma \approx 5.9 \times 10^7/(\Omega \cdot \mathrm{m})$，如果光波的频率 $\nu = 5 \times 10^{14} \mathrm{Hz}$（黄光），算得 $z_0 = 3 \times 10^{-6} \mathrm{mm} = 3 \mathrm{nm}$，可见，入射光波只能透入金属表面很薄的一层内。所以，在通常情况下金属是不透明的，只有把它制作成很薄的薄膜时（比如镀银的半透膜）才可以变成半透明的。

1.8.2 金属表面的反射

前面已经说明，光波在金属内传播时其波矢 $\mathbf{k}$ 为复数。现在我们来说明只要用一个复介电常数来代替实介电常数（相应地用一个复折射率来代替实折射率），在形式上就可以把在绝缘介质情形得到的折射和反射的公式用到在金属表面的折射和反射中来。

注意式（1.108）和绝缘介质的方程组的差别仅在于其第 4 式中多了一项 σE，该项由金属中的表层电流引起。如果金属中的波是频率为 ω 的单色波，即 $E = A \exp[\mathrm{i}(\mathbf{k} \cdot \mathbf{r} - \omega t)]\}$，则由式（1.108），有

$$\left. \begin{aligned} \nabla \cdot \mathbf{E} &= 0 \\ \nabla \cdot \mathbf{B} &= 0 \\ \nabla \times \mathbf{E} &= \mathrm{i}\omega\mu\mathbf{H} \\ \nabla \times \mathbf{H} &= -\mathrm{i}\omega\varepsilon\mathbf{E} + \sigma\mathbf{E} \end{aligned} \right\} \tag{1.118}$$

容易看出，如果形式上引入金属的复介电常数

$$\tilde{\varepsilon} = \varepsilon + \mathrm{i}\frac{\sigma}{\omega} \tag{1.119}$$

式（1.118）的第 4 式就变为

$$\nabla \times \mathbf{H} = -\mathrm{i}\omega\,\tilde{\varepsilon}\mathbf{E} \tag{1.120}$$

与绝缘介质中的相应方程完全一致。既然关于单色平面波传播的基本方程相同，那么平面波通过两种介质界面传播的边值关系，以及据此得到的关于反射和折射的公式，对于金属界面的情况也都仍然有效。因此，对于光波垂直入射到空气－金属界面情形，反射率应为[见式（1.81）和式（1.83）]

$$R = |r|^2 = \left| \frac{\tilde{n} - 1}{\tilde{n} + 1} \right|^2 \tag{1.121}$$

其中，$\tilde{n} = \sqrt{\tilde{\varepsilon}/\varepsilon_0}$，是金属的复折射率，令

$$\tilde{n} = n(1 + \mathrm{i}\kappa) \tag{1.122}$$

式中，n 和 κ 是正实数，κ 称为**衰减指数**[①]。式（1.121）因而可以表示为

$$R = \frac{n^2(1 + \kappa^2) + 1 - 2n}{n^2(1 + \kappa^2) + 1 + 2n} \tag{1.123}$$

一些金属对于钠黄光（$\lambda = 589.3 \mathrm{nm}$）的光学常数如表 1.2 所示[②]。

对于光波斜入射的情形，反射率同样可以利用介质的反射系数式（1.75）和式（1.79）计算，即

$$r_s = -\frac{\sin(\theta_1 - \theta_2)}{\sin(\theta_1 + \theta_2)}, \quad r_p = \frac{\tan(\theta_1 - \theta_2)}{\tan(\theta_1 + \theta_2)}$$

表 1.2　金属的光学常数

金　属	n	$n\kappa$	R
银	0.20	3.44	0.94
铝	1.44	5.23	0.83
金（电解的）	0.47	2.83	0.82
铜	0.62	2.57	0.73
铁（蒸发的）	1.51	1.63	0.33

---

① 金属的折射率 $\tilde{n}$ 复数，其虚部同样是表征金属内传播的波的衰减。

② 由表 1.2 可见，一些金属的实折射率 $n < 1$，因而实相速 c/n 超过了真空中的光速，这似乎与相对论矛盾。但是，一个单色波并不能传递信号，信号是以群速度传播的（参阅 2.4 节），在正常色散物质中群速度永远小于 c。

只是在金属情况下
$$\sin\theta_2 = \frac{1}{\tilde{n}}\sin\theta_1$$

由于 $\tilde{n}$ 是复数,因此 θ_2 也是复数,θ_2 不再具有通常所理解的折射角的意义。把上式代入式(1.75)和式(1.79),得到 s 波和 p 波的反射率近似为[①]

$$R_s \approx |r_s|^2 = \frac{(n-\cos\theta_1)^2 + n^2\kappa^2}{(n+\cos\theta_1)^2 + n^2\kappa^2} \tag{1.124}$$

和

$$R_p \approx |r_p|^2 = \frac{\left(n-\dfrac{1}{\cos\theta_1}\right)^2 + n^2\kappa^2}{\left(n+\dfrac{1}{\cos\theta_1}\right)^2 + n^2\kappa^2} \tag{1.125}$$

图 1.39 所示是银和铜两种金属的反射率随入射角 θ_1 的变化(入射光波长为 450nm),它与电介质的反射率曲线(图 1.27)相比较,有两点类似:① 在 $\theta_1 = 90°$ 时都趋于 1;② R_p 有一个极小值(对应于入射角 $\theta_1 = \bar{\theta}_1$,$\bar{\theta}_1$ 称**主入射角**),但是金属的 R_p 的极小值不等于零。

另外,根据式(1.75)和式(1.79),因为 θ_2 是复数,所以 r_s 和 r_p 也都是复数,这表示反射光相对于入射光,s 波和 p 波都发生了位相跃变。随着入射角的不同,位相跃变的绝对值介于 0 与 π 之间,并且一般地 s 波和 p 波的位相跃变不同,因此若入射光为线偏振光,在金属表面反射后一般将变为椭圆偏振光。

还有一点值得注意:对于同一种金属来说,入射光波长不同,反射率也不同。图 1.40 所示为在垂直入射时几种金属的反射率随波长的变化。金属反射的这一性质,是由于金属的复介电常数和复折射率与频率有关所致的,从式(1.119)看就是电导率 σ 和实介电常数依赖于频率引起的。前面已经指出,电导率 σ 来源于自由电子的贡献,而实介电常数则是束缚电子的贡献。对于频率较低的光波,它主要对金属中的自由电子发生作用,因而自由电子的贡献比束缚电子的贡献要大得多,这样将导致金属对低频光波有较高的反射率。对于频率比较高的光波(紫光和紫外光),它也可以对金属中的束缚电子发生作用,这种作用将使金属的反射能力降低,透射能力增大,呈现出非金属的光学性质。例如,银对于红光和红外光的反射率在 0.9 以上,并伴有强烈吸收;而在紫外区,

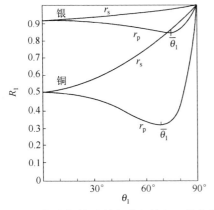

图 1.39　银和铜的反射率随入射角 θ_1 的变化

($\lambda = 450\text{nm}$)

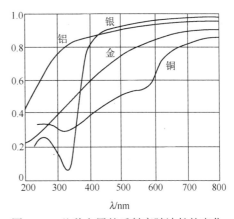

图 1.40　几种金属的反射率随波长的变化

---

① 见参考文献[22]。

反射率很低,在 $\lambda = 316nm$ 附近,反射率降到 0.04(图 1.39),相当于玻璃(电介质)的反射,这时透射能力明显增大。铝的反射本领随波长的变化比较平稳,对于紫外光仍有相当高的反射率,这一特性和它的很好的抗腐蚀性,使它常作为反射镜的涂料。

1.9 光的吸收、色散和散射

1.9.1 光的吸收

在上一节里已经指出,金属内有自由电子,在入射光波电场的作用下(磁场作用远小于电场作用),自由电子因运动形成电流,而电流在金属内将产生焦耳热,因而光波在金属内传播时它的能量是不断损耗的,或者说它的能量是不断被吸收的。实际上,不仅金属,任何一种物质对光波都会或多或少地吸收。我们在前面几节里讨论过的透明介质,因吸收比较小,而没有考虑它的吸收效应。

从光与物质相互作用的观点来看,"透明"介质也存在吸收,这一点是容易理解的。事实上,光在介质内传播时,介质中的束缚电子在光波(电场)的作用下做受迫振动,因此光波要消耗能量来激发电子的振动。这些能量的一部分又以次波的形式与入射波叠加成透射光波而射出介质。另外,由于与周围原子和分子的相互作用,束缚电子受迫振动的一部分能量将变为其他形式的能量,例如分子热运动的能量,这一部分能量损耗就是我们所指的介质对光的吸收。

1. 吸收定律

形式上,介质的吸收可以引入一个复折射率来描述。若令介质的折射率

$$\tilde{n} = n(1 + i\kappa)$$

则在介质内沿 z 轴方向传播的平面波的电场可以写为(图 1.41)

$$E = A \exp\left[i\left(\frac{\omega \tilde{n}}{c}z - \omega t\right)\right]$$

$$= A \exp\left(-\frac{n\kappa\omega}{c}z\right) \exp\left[i\left(\frac{n\omega}{c}z - \omega t\right)\right] \qquad (1.126)$$

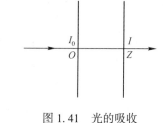

图 1.41 光的吸收

平面波的强度为 $I = E \cdot E^*$

$$= |A|^2 \exp\left(-\frac{2n\kappa\omega}{c}z\right) = I_0 \exp(-\bar{\alpha}z) \qquad (1.127)$$

式中,$I_0 = |A|^2$,是 $z = 0$ 处的光强,$\bar{\alpha} = 2n\kappa\omega/c$,称为介质的**吸收系数**。该式表明光波的强度(能量)随着光波进入介质的距离 z 的增大按指数规律衰减,衰减的快慢取决于吸收系数 $\bar{\alpha}$ 的大小。上式通常称为**布格尔定律**或**朗伯定律**,实验证明该定律是相当精确地成立的。把式(1.126)和式(1.115)对照,不难看出,式(1.127)也符合金属的吸收规律,只是对于金属,$\bar{\alpha} = 2\alpha$。

当光波通过溶解于透明溶剂中的物质而被吸收时,实验证明,吸收系数 $\bar{\alpha}$ 与溶液的浓度 C 成正比(溶液浓度不太大时):

$$\bar{\alpha} = \beta C \qquad (1.128)$$

式中,β 是比例常数。因此由式(1.127),溶液的吸收可以表示为

$$I = I_0 \exp(-\beta C z) \qquad (1.129)$$

这一规律称为**比尔定律**。在吸收光谱分析中,就是利用比尔定律来测定溶液浓度的。

由式(1.127)可知,吸收系数 $\bar{\alpha}$ 在数值上等于光波强度因吸收而减弱到 $1/e$ 时透过的物质厚

度的倒数,它的单位用 cm^{-1} 表示。各种物质的吸收系数差别很大,对可见光来说,金属的 $\overline{\alpha} \approx 10^{6} cm^{-1}$,玻璃的 $\overline{\alpha} \approx 10^{-2} cm^{-1}$,而 1 个大气压下空气的 $\overline{\alpha} \approx 10^{-5} cm^{-1}$。这就表明,极薄的金属片就能吸收掉通过它的光能,因此金属片是不透明的。而光在空气中传播时的吸收则很小。

2. 吸收的波长选择性

大多数物质的吸收具有波长选择性[①]。即对于不同波长的光,物质的吸收系数不同。对可见光进行选择吸收,会使白光(各种色光组成的混合光)变成彩色光。绝大部分物体呈现颜色,都是其表面或体内对可见光进行选择吸收的结果。例如,红玻璃对红光和橙光吸收很小,而对绿光、蓝光和紫光几乎全部吸收,所以当白光射到红玻璃上时,只有红光能够透过,我们看到它呈红色。如果红玻璃用绿光照射,则由于全部光能被吸收,看到的玻璃将是黑色的。

另外,普通光学材料在可见光区是相当透明的,它们对各种波长的可见光都吸收很少。但是,在紫外和红外光区,它们则表现出不同的选择吸收,因此它们的透明区可能是很不相同的(见表 1.3)。在制造光学仪器时,必须考虑光学材料的吸收特性,选用对所研究的波长范围是透明的光学材料制作零件。例如,紫外光谱仪中的棱镜、透镜需用石英制作,红外光谱仪中的棱镜、透镜则应用萤石等晶体制作。

物质吸收的选择性可用它们的吸收系数和波长的关系曲线表示。如图 1.42 所示,在一定的波长范围内物质的吸收很强,而且有一个极大值,这个吸收范围称为**吸收带**。在带外的波长区域,物质的吸收很小,是透明区。一种物质往往有许多吸收带,并且彼此的形态可能相差很大。一般说来,固体和液体的吸收带都比较宽,如图 1.42 所示为 $100 \sim 200nm$。而对于稀薄气体,吸收带很窄[②],通常只有 $10^{-3}nm$ 量级,所以吸收带变成了**吸收线**。图 1.43 所示是氢在可见光区的吸收线的分布(吸收光谱)。为什么稀薄气体的吸收带很窄,而固体和液体的吸收带很宽呢? 这是因为在稀薄气体中,原子间的距离很大,它们之间的相互影响极小,原子内电子的振动可以认为不受周围原子的影响。每一种物质的原子系统的振动都有一些固有的振动频率,当入射光波的频率和这些固有振动频率一致时,就会引起共振,这时入射光波的能量强烈地被吸收。因此在稀薄气体的吸收光谱中形成一些频率与原子固有振动频率对应的吸收线。但是,在固体和液体中,电子不是在一个孤立的原子系统内以确定的频率振动的,原子系统处在周围分子的场作用下(光波场使周围分子极化产生的结果),这将使得原子系统的振动具有很宽的频率范围,因而吸收范围大大地扩展了。

表 1.3　几种光学材料的透光波长范围

光 学 材 料	紫外波长~红外波长(nm)
冕牌玻璃	350~2000
火石玻璃	380~2500
石英(SiO_2)	180~4000
萤石(CaF_2)	125~9500
岩盐($NaCl$)	175~14500
氯化钾(KCl)	180~23000

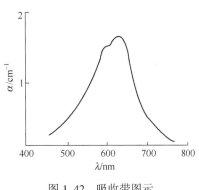

图 1.42　吸收带图示

---

① 这里指可见光区的吸收。如果从整个光学波段来考虑,所有物质的吸收都具有波长选择性。
② 压缩气体的吸收类似固体、液体,吸收带很宽。

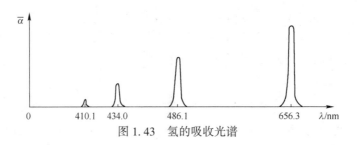

图 1.43　氢的吸收光谱

1.9.2　光的色散

在 1.1 节里已经提到过光的色散效应,指出这是一种光在介质中传播时其折射率(或速度)随频率(或波长)而变的现象。不过,至此为止,在讨论光在介质中传播的性质时,我们都没有考虑色散效应,即假设介质是没有色散的。本节将较详细地讨论色散现象及其成因,以及它对光波在介质中传播性质的影响。

1. 正常色散和反常色散

光的色散现象可以分为两种情况进行研究。

第一种情况是发生在物质透明区内的色散(在此区域内物质对光的吸收很小),其特点是,随着光的波长的增大,折射率减小,因而色散曲线($n-\lambda$ 关系曲线)是单调下降的,如图 1.44 所示。这种情况的色散称为**正常色散**,这是在实际中经常碰到的色散现象。

对于正常色散的描述可以利用柯西色散公式,它是柯西(A. L. Cauchy,1789—1857)在 1836 年通过实验总结出来的经验公式,其形式为

$$n = a + \frac{b}{\lambda^2} + \frac{c}{\lambda^4} \qquad (1.130a)$$

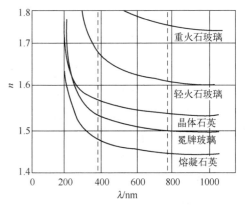

图 1.44　几种常用光学材料的色散曲线

式中,a、b、c 是与物质有关的常数。只要测出三个已知波长的 n 值,并分别代入上式,然后解这三个方程的联立方程组,便可求得 a、b、c 三个常数。常用光学材料的常数值可在有关的光学手册中查到。如果考察的波长范围不大,柯西色散公式可以只取前两项,即

$$n = a + \frac{b}{\lambda^2} \qquad (1.130b)$$

色散的第二种情况是发生在介质吸收区域内的色散。在介质吸收区域内,介质的折射率随波长的增大而增大,这一情况与正常色散正好相反,我们把它称为**反常色散**。氢在可见光区的反常色散曲线如图 1.45 中的虚线所示。由图可见,反常色散区域与物质的吸收区域相对应,而正常色散区域(图中实线表示正常色散曲线)与物质的透明区域相对应。因此,整个色散曲线是由一段段正常色散曲线和反常色散曲线组成的。

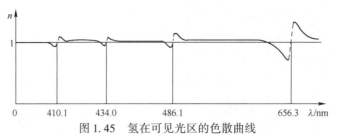

图 1.45　氢在可见光区的色散曲线

2. 色散的经典理论

介质的色散表示介质对于不同频率的入射光波有不同的折射率,即不同频率的光波在介质中是以不同的速度传播的。这一点曾经使麦克斯韦的光的电磁理论遇到过暂时的困难,因为按照麦克斯韦的理论,折射率是只与介电常数相联系的一个常数,与光波频率无关。后来洛伦兹(H. A. Lorentz,1853—1928)的经典电子论解释了参数 ε,找到了电磁场的频率与 ε 的关系(因而与 n 的关系),从而解除了麦克斯韦的理论的困难,阐明了色散现象。

先看稀薄气体介质的情况。设频率为 ω 的光波 $E = A\exp(-i\omega t)$ 入射到气体介质内,使介质内的束缚电子引起受迫振动。由于原子中电子的速度 $v \ll c$,而光波磁场作用力与电场作用力之比 $v/c \ll 1$,因此可忽略入射光波的磁场对电子的作用力。这样,电子受迫振动方程为

$$\frac{\mathrm{d}^2 l}{\mathrm{d}t^2} + \gamma \frac{\mathrm{d}l}{\mathrm{d}t} + \omega_0^2 l = \frac{q}{m} A\exp(-i\omega t) \tag{1.131}$$

式中,m 和 q 是电子的质量和电荷,l 是位移。上式左边第二项是阻尼力[①],第三项是束缚电子维持固有振动的恢复力,其中 ω_0 是电子固有振动的角频率(如果阻尼系数 $\gamma = 0$,且没有外电场,上式就是电子以 ω_0 做简谐振动的微分方程)。上式右边是光波(电场)对电子的作用力(在稀薄气体的情况下,可忽略原子之间的相互作用,因而作用在电子上的电场等于外电场 E)。

设式(1.131)的解为
$$l = l_0\exp(-i\omega t)$$

代入式(1.131)得
$$(-\omega^2 + \omega_0^2 - i\gamma\omega) l_0 = \frac{q}{m} A$$

因此
$$l_0 = \frac{qA}{m(\omega_0^2 - \omega^2 - i\gamma\omega)} = \frac{qA}{m\sqrt{(\omega_0^2 - \omega^2) + \omega^2\gamma^2}}\exp(i\delta) \tag{1.132}$$

并且
$$\tan\delta = \frac{\gamma\omega}{\omega_0^2 - \omega^2} \tag{1.133}$$

以上两式所描述的电子的受迫振动和力学中质点的受迫振动的形式是一致的。当 $\omega = \omega_0$ 时,振动最大,即为**共振现象**。这时简谐振子吸收光波能量最大。当 $\omega \neq \omega_0$ 时,受迫振动的振幅 l_0 与光波频率及阻尼力有关,并且电子振动与入射光波振动有一定的位相差 δ。

电子的振动将使原子成为一个振荡电偶极子,其电偶极矩为 ql。设介质单位体积内有 N 个原子,这样介质的极化强度为

$$P = Nql = \frac{Nq^2}{m} \cdot \frac{E}{\omega_0^2 - \omega^2 - i\gamma\omega} \tag{1.134}$$

由于(引用电磁学的结果)
$$D = \varepsilon E = \varepsilon_0 E + P \tag{1.135}$$

因此有(把 ε 记为 $\tilde\varepsilon$)
$$\tilde\varepsilon = \varepsilon_0 + \frac{Nq^2}{m(\omega_0^2 - \omega^2 - i\gamma\omega)} \tag{1.136}$$

根据式(1.12b),$\tilde n^2 = \tilde\varepsilon / \varepsilon_0$,故由上式即可得到色散公式

$$\tilde n^2 = 1 + \frac{Nq^2}{\varepsilon_0 m(\omega_0^2 - \omega^2 - i\gamma\omega)} \tag{1.137}$$

上式表明折射率 $\tilde n$ 是一个复数,可以把它写为 $\tilde n = n(1 + i\kappa)$,因此
$$\tilde n^2 = n^2(1 - \kappa^2) + i2n^2\kappa \tag{1.138}$$

令式(1.137)和式(1.138)右边的实部和虚部相等,得到

---

① 阻尼力由电子的辐射和原子之间的碰撞所产生。电子做加速运动时就会发射电磁波,因而它本身的能量必然逐渐减小。另外,由于原子之间的碰撞也可造成能量的损耗(吸收),这两种作用使电子的运动好像受到了阻力一样,这就是阻尼力。通常阻尼力很小,可以把它看成与力学中的摩擦力一样,大小与速度成正比。

$$n^2(1 - \kappa^2) = 1 + \frac{Nq^2(\omega_0^2 - \omega^2)}{\varepsilon_0 m[(\omega_0^2 - \omega^2)^2 + (\gamma\omega)^2]} \qquad (1.139a)$$

$$2n^2\kappa = \frac{Nq^2\gamma\omega}{\varepsilon_0 m[(\omega_0^2 - \omega^2)^2 + (\gamma\omega)^2]} \qquad (1.139b)$$

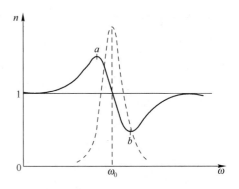

图 1.46 共振频率附近的色散曲线(实线)
和吸收曲线(虚线)

从以上两式可以求得 n 和 κ，n-ω、κ-ω 分别表示介质的色散与吸收关系。图 1.46 中的实线和虚线分别表示在共振频率 ω_0 附近的色散曲线和吸收曲线。可以看出，在 ω_0 处，吸收最强。在小于 ω_0 的频段，折射率大于 1；趋近于 ω_0 时，折射率增大，这就是正常色散的情况。在 ω_0 附近，出现反常色散区域(图中 ab 段)，在此区域内，折射率随着频率的增大而减小。

以上讨论，我们假定电子的振动只有一个固有频率 ω_0。实际上电子可以有若干个不同的固有频率 ω_1，ω_2，$\cdots$，假设这些固有频率振动的概率分别为 f_1，f_2，$\cdots$，这样式(1.137)应改写为

$$\tilde{n}^2 = 1 + \frac{Nq^2}{\varepsilon_0 m} \sum_j \frac{f_j}{(\omega_j^2 - \omega^2 - i\gamma_i\omega)} \qquad (1.140)$$

在每一个 $\omega = \omega_j$ 附近，对应有一个吸收带和反常色散区，与图 1.46 类似。在这些区域外，是正常色散区[①]。

下面再看固体、液体和压缩气体的情况。在这些情况下，由于原子和分子之间的距离很近，周围分子在光场作用下极化所产生的影响不可以再忽略。洛伦兹证明，这时作用在电子上的电场 E' 不是简单地等于入射光场 E，它还与介质的极化强度 P 有关，即

$$E' = E + \frac{P}{3\varepsilon_0} \qquad (1.141)$$

如果在前面的计算中把 E 换为 E'，做类似的推导，可得到适用于固体、液体和压缩气体的色散公式(略去了阻尼系数 γ，因而公式只适用于正常色散区)

$$n^2 = 1 + \frac{\dfrac{Nq^2}{\varepsilon_0 m}}{\omega_0^2 - \omega^2 - \dfrac{Nq^2}{3m\varepsilon_0}}$$

上式又可以化为

$$\frac{n^2 - 1}{n^2 + 2} = \frac{Nq^2}{3\varepsilon_0 m(\omega_0^2 - \omega^2)} \qquad (1.142)$$

此式称为**洛伦兹-洛伦茨公式**。

对于稀薄气体，$n \approx 1$，$n^2 + 2 = 3$，由式(1.142)得到

$$n^2 = 1 + \frac{Nq^2}{\varepsilon_0 m(\omega_0^2 - \omega^2)}$$

上式与略去 γ 的式(1.137)相同，所以式(1.142)也包括了稀薄气体的情况，它是研究色散现象的重要公式。

3. 光波在色散介质中的传播

考虑介质的色散时，如果在介质中传播的光波是由许多不同频率的单色波组成的复杂波

[①] 可以证明，在正常色散区，由 $\tilde{n}$ 的实部(n)的表达式(略去 γ_j)可以得到柯西公式(见习题 1.32)。

(也称**波包**),那么由于各个单色分量以不同的速度传播,整个波包在传播过程中形状将会随之改变。这时必须引入一些新的概念来描述波包的传播,关于这个问题将在 2.4 节讨论。

另外,由于介质的色散,介质的介电常数 ε 是 ω 的函数,所以关系式 $\boldsymbol{D}=\varepsilon\boldsymbol{E}$ 只对单色波成立(不同频率的单色波,ε 数值不同),对于波包该关系式不成立。因此,当考虑介质的色散时,在 1.1 节中导出的式(1.8)和式(1.9)只描述单色波的传播,而不能描述波包。对于单色波,其电场可以写为

$$\boldsymbol{E}=\tilde{\boldsymbol{E}}\exp(-\mathrm{i}\omega t)$$

其中 $\tilde{\boldsymbol{E}}$ 是复振幅,包括振幅和空间位相因子。将上式代入式(1.8),得到

$$\nabla^2\tilde{\boldsymbol{E}}+k^2\tilde{\boldsymbol{E}}=0 \qquad (1.143)$$

式中

$$k=\omega\sqrt{\mu\varepsilon}$$

是波数。式(1.143)称为**亥姆霍兹方程**。它是单色波满足的波动方程,其解 $\tilde{\boldsymbol{E}}$ 代表单色波场在空间的分布,每一种可能的形式称为一种**模式**或**波型**。

1.9.3 光的散射

由 1.6 节的讨论我们知道,光在均匀介质中传播时,是有确定的传播方向的。光射到两种折射率不同的介质的分界面上发生的反射和折射,其方向也是确定的。但是,如果介质均匀,介质内有折射率不同的悬浮微粒存在(如浑水、牛奶、有灰尘的空气等),这时我们就会发现,即使不正对着入射光的方向,也能够清楚地看到光,这种现象称为**光的散射**。它是介质中的悬浮微粒把光波向四面八方散射的结果,如图 1.47 所示。

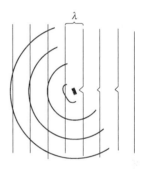

图 1.47　悬浮微粒的散射

1. 瑞利散射和分子散射

悬浮微粒的散射也称为**瑞利散射**。这种散射通常很强,如牛奶,它可以把入射光全部散射掉,而它本身变成不透明的。显然,散射光的强度与溶液的浓度和浑浊度有关(与含微粒的多少有关),在胶体化学和分析化学中常根据对散射光强度的测量来确定溶液的浓度和浑浊度。

在介质中除了混有微粒引起光的散射,在非常纯净的气体和液体中,也可以观察到散射现象,虽然一般地散射光的强度比较小。这种纯净物质中的散射现象称为**分子散射**。分子散射也是介质的均匀性遭到破坏的结果。这是由于分子的热运动,在一个小体积内,分子数目将或多或少地变化,用统计物理的方法可以计算出这种分子数目的"涨落",也就是介质的密度对一定的平均值的偏差。这种偏差造成折射率的变化,使介质的光学均匀性遭到破坏。另外,物质处在临界状态时,分子很容易聚集或疏散,密度涨落最大,因而根据上述理论可以预料,这时应发生强烈的分子散射。实验证实了这一点,这种在物质临界状态下发生的强烈散射现象称为**临界乳光**。

从光与物质相互作用的理论出发,可以给散射现象以非常满意的解释。根据这个理论,当光波射到介质中时,将激发起介质中的电子做受迫振动,从而发出相干的次波。如果介质是非常均匀的,这些次波相干叠加的结果,会使光波沿着反射和折射定律规定的方向传播,在其他方向上次波干涉完全抵消,因而不产生散射。但是,如果介质是不均匀的,介质内有悬浮微粒或者有密度涨落,这时入射光所激发起的次波的振幅是不完全相同的,彼此的位相也有差别,这样一来次波相干叠加的结果,除了一部分光波仍沿着反射和折射定律规定的方向传播,在其他方向上不能完全抵消,造成散射光。

2. 散射定律

（1）散射光的强度与入射光波长的四次方成反比，即

$$I \propto 1 / \lambda^4 \tag{1.144}$$

这一规律称为**瑞利散射定律**。它表明，当以白光入射时，波长较短的紫光和蓝光的散射比波长较长的红光和黄光强烈。利用该定律可以说明许多日常生活中常见的散射现象，如天空的蔚蓝色、旭日和夕阳的红色等。天空的蔚蓝色是太阳光中的紫光和蓝光受到大气层的强烈散射造成的。如果没有大气层的散射，白天的天空也将是漆黑的，只有直接仰望太阳时才能看到光。这是飞离大气层外的宇航员所通常看到的景象。当旭日东升和夕阳西下时，太阳在天空中处于很低的位置，它的光要穿过很厚的大气层，蓝光和紫光比红光的散射要强烈得多，所以看到的太阳是红色的。

应该指出，瑞利散射定律只适用于散射体（微粒或分子密度不均匀性）比光波波长小的情况。对于散射体比光波波长大的所谓大块物质的散射，瑞利散射定律不适用，这时散射光强度与波长的关系不大。天空中的云雾（大气中的水滴组成）呈白色就是这个原因。

（2）当入射光是自然光时，散射光的强度与观察方向有关，其关系为

$$I_\theta = I_{\pi/2}(1 + \cos^2\theta) \tag{1.145}$$

式中，I_θ 是与入射光方向成 θ 角的方向上的散射光强度，$I_{\pi/2}$ 是 $\theta = \pi/2$ 方向上的散射光强度。

（3）当用自然光入射时，散射光有一定程度的偏振（偏振程度与 θ 角有关）。在与入射光垂直的方向上，散射光是完全偏振光；在入射光的方向上，散射光仍为自然光；而在其他方向上，散射光为部分偏振光（图 1.48）。散射光的偏振性质，实际上是由光波的横波性所决定的。

前面已经指出，散射光是次波叠加不能完全抵消的结果，这一机理表明散射光的性质与在 1.4 节中讨论的电偶极子辐射（次波）的性质有直接的关系。因此，利用 1.4 节的结果完全可以说明上述散射光的几点性质。例如，式（1.56）表示电偶极子辐射的次波强度与电偶极子振动频率的四次方成正比，而电偶极子振动频率与入射光频率相同，所以次波强度与入射光频率的四次方成正比，或者说与入射光波长的四次方成反比。这就是瑞利散射定律。上述的（2）、（3）两点，也可以利用电偶极子辐射的性质来说明。

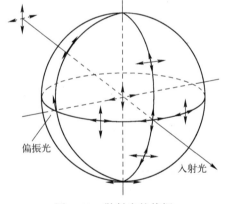

图 1.48　散射光的偏振

空气污染中重要的参考指标 PM2.5，是指空气动力学当量直径小于等于 2.5 微米的颗粒物，通常通过光散射方法对其在空气中的含量浓度进行定量检测，含量浓度越高，就代表空气污染越严重。

3. 拉曼散射

上面讨论的是散射光频率与入射光频率相同的散射现象。精确的研究表明，非常纯净的液体和晶体的散射光光谱中，除了有频率与入射光频率 ω_0 相同的谱线，还有频率为 $\omega_0 \pm \omega_1$，$\omega_0 \pm \omega_2$，…的强度较弱的谱线，其中 ω_1，ω_2，…对应于散射物质的分子固有振动频率。这种散射现象称为**拉曼散射**。经典理论对拉曼散射的解释是，认为散射物质的极化率[①]与分子的固有振动频率有关，当分子以固

[①] 据式（1.135），极化强度 $P = (\varepsilon - \varepsilon_0)E = \chi\varepsilon_0 E$，式中 $\chi = \varepsilon_r - 1$ 称介质的极化率。

有振动频率 $\omega_1,\omega_2,\cdots$ 振动时,物质的极化率也以这些频率做周期性变化,因此散射物质的极化强度的变化频率就包含 $\omega_0,\omega_0\pm\omega_1,\omega_0\pm\omega_2,\cdots$,从而在散射光光谱中出现这些频率的谱线。拉曼散射方法是研究分子结构的一种很重要的方法。

习 题

1.1 一个平面电磁波可以表示为 $E_x=0,E_y=2\cos\left[2\pi\times10^{14}\left(\dfrac{z}{c}-t\right)+\dfrac{\pi}{2}\right],E_z=0$,求:

(1)该电磁波的频率、波长、振幅和原点的初位相为多少?

(2)波的传播和电矢量的振动取哪个方向?

(3)与电场相联系的磁场 $\boldsymbol{B}$ 的表达式。

1.2 一个线偏振光在玻璃中传播时可以表示为 $E_y=0,E_z=0,E_x=10^2\cos\pi10^{15}\left(\dfrac{z}{0.65c}-t\right)$,试求:

(1)光的频率;(2)波长;(3)玻璃的折射率。

1.3 利用波矢 $\boldsymbol{k}$ 在直角坐标系的方向余弦 $\cos\alpha,\cos\beta,\cos\gamma$,写出平面简谐波的波函数,并且证明它是三维波动微分方程[式(1.8)]的解。

1.4 一种机械波的波函数为 $y=A\cos2\pi\left(\dfrac{x}{\lambda}-\dfrac{t}{T}\right)$,其中 $A=20\text{mm}$,$T=12\text{s}$,$\lambda=20\text{mm}$,试画出 $t=3\text{s}$ 时的波形。从 $x=0$ 画到 $x=40\text{mm}$。

1.5 在与一平行光束垂直的方向上插入一透明薄片,其厚度 $h=0.01\text{mm}$,折射率 $n=1.5$,若光波的波长 $\lambda=500\text{nm}$,试计算插入玻璃片前后光束光程和位相的变化。

1.6 地球表面每平方米接收到来自太阳光的功率约为 1.33kW,试计算投射到地球表面的太阳光的电场强度。假设可以把太阳光看成波长 $\lambda=600\text{nm}$ 的单色光。

1.7 在离无线电发射机 10km 远处飞行的一架飞机,收到功率密度为 $10\mu\text{W/m}^2$ 的信号。试计算:

(1)在飞机上来自此信号的电场强度大小;(2)相应的磁感应强度大小;(3)发射机的总功率。假设发射机各向同性地辐射,且不考虑地球表面反射的影响。

1.8 沿空间 $\boldsymbol{k}$ 方向传播的平面波可以表示为

$$E=100\exp\{\text{i}[(2x+3y+4z)-16\times10^8 t]\}$$

试求 $\boldsymbol{k}$ 方向的单位矢量 $\boldsymbol{k}_0$。

1.9 球面波的电场 E 是 r 和 t 的函数,其中 r 是一定点到波源的距离,t 是时间。

(1)写出与球面波相应的波动方程的形式;(2)求出波动方程的解。

1.10 证明柱面波的振幅与柱面波到波源的距离的平方根成反比。

1.11 一束线偏振光以 $45°$ 角入射到空气-玻璃界面,线偏振光的电矢量垂直于入射面。假设玻璃的折射率为 1.5,试求反射系数和透射系数。

1.12 假设窗玻璃的折射率为 1.5,斜照的太阳光(自然光)的入射角为 $60°$,试求太阳光的透射率。

1.13 利用菲涅耳公式证明:(1) $R_s+T_s=1$;(2) $R_p+T_p=1$。

1.14 光矢量垂直于入射面和平行于入射面的两束等强度的线偏振光以 $50°$ 角入射到一块平行平板玻璃上,试比较两者透射光的强度。

1.15 证明光束以布儒斯特角入射到平行平面玻璃片的上表面时,在下表面的入射角也是布儒斯特角。

1.16 光波在折射率分别为 n_1 和 n_2 的两种介质的分界面上发生反射和折射,当入射角为 θ_1 时(折射角为 θ_2,见图1.49(a)),s波和p波的反射系数分别为 r_s 和 r_p,透射系数分别为 t_s 和 t_p。若光波反过来从 n_2 介质入射到 n_1 介质,且当入射角为 θ_2 时(折射角为 θ_1,图1.49(b)),s波和p波的反射系数分别为 r_s' 和 r_p',透射系数分别为 t_s 和 t_p'。试利用菲涅耳公式证明:

(1) $r_s=-r_s'$;(2) $r_p=-r_p'$;(3) $t_st_s'=T_s$;(4) $t_pt_p'=T_p$。

1.17 导出光束正入射或以小角度入射到两种介质分界面时的反射系数和透射系数的表示式。

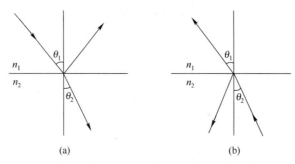

图 1.49　习题 1.16 用图

1.18　证明当入射角 $\theta_1 = 45°$ 时,光波在任何两种介质界面上的反射都有 $r_p = r_s^2$。

1.19　证明光波以布儒斯特角入射到两种介质的界面上时,$t_p = 1/n$,其中 $n = n_2/n_1$。

1.20　光波垂直入射到玻璃-空气界面,玻璃折射率 $n = 1.5$,试计算反射系数、透射系数、反射率和透射率。

1.21　光束垂直入射到 $45°$ 直角棱镜的一个侧面,光束经斜面反射后从第二个侧面透出(见图 1.50)。若入射光强度为 I_0,问从棱镜透出的光束的强度为多少?设棱镜的折射率为 1.52,并且不考虑棱镜的吸收。

1.22　一个光学系统由两片分离的透镜组成,两片透镜的折射率分别为 1.5 和 1.7,求此系统的反射光能损失。如透镜表面镀上增透膜,使表面反射率降为 1%,问此系统的光能损失又是多少?假设光束接近于正入射通过各反射面。

1.23　光束以很小的入射角入射到一块平行平板上(图 1.51),试求相继从平板反射的两光束 1′,2′ 和透射的两光束 1″,2″ 的相对强度。设平板的折射率 $n = 1.5$。

1.24　如图 1.52 所示,玻璃块周围介质(水)的折射率为 1.33。若光束射向玻璃块的入射角为 $45°$,问玻璃块的折射率至少应为多大才能使透入的光束发生全反射。

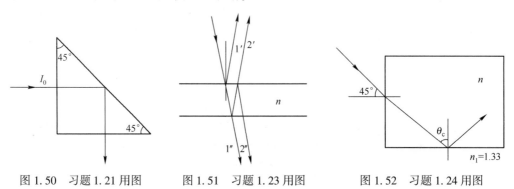

图 1.50　习题 1.21 用图　　　　图 1.51　习题 1.23 用图　　　　图 1.52　习题 1.24 用图

1.25　线偏振光在玻璃-空气界面上发生全反射,线偏振光电矢量的振动方向与入射面成 $45°$ 角。设玻璃折射率 $n = 1.5$,问线偏振光应以多大的角度入射才能使反射光的 s 波和 p 波的位相差等于 $45°$。

1.26　线偏振光在 n_1 和 n_2 介质的界面上发生全反射,线偏振光电矢量的振动方向与入射面成 $45°$。证明当 $\cos\theta = \sqrt{\dfrac{n_1^2 - n_2^2}{n_1^2 + n_2^2}}$ 时(θ 是入射角),反射光 s 波和 p 波的位相差有最大值。

1.27　图 1.53 所示是一根直圆柱形光纤,光纤纤芯的折射率为 n_1,光纤包层的折射率为 n_2,并且 $n_1 > n_2$。

(1)证明入射光的最大孔径角 $2u$ 满足关系式 $\sin u = \sqrt{n_1^2 - n_2^2}$;

(2)若 $n_1 = 1.62, n_2 = 1.52$,最大孔径角等于多少?

1.28　图 1.54 所示是一根弯曲的圆柱形光纤,其纤芯和包层的折射率分别为 n_1 和 n_2($n_1 > n_2$),纤芯的直径为 D,曲率半径为 R。

(1)证明入射光的最大孔径角 $2u$ 满足关系式

$$\sin u = \sqrt{n_1^2 - n_2^2 \left(1 + \frac{D}{2R}\right)^2}$$

（2）若 $n_1 = 1.62, n_2 = 1.52, D = 70\mu m, R = 12mm$，最大孔径角等于多少？

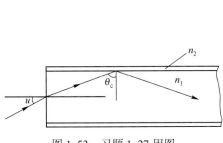
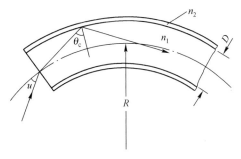

图 1.53　习题 1.27 用图　　　　　　　图 1.54　习题 1.28 用图

1.29　已知硅试样的相对介电常数 $\dfrac{\varepsilon}{\varepsilon_0} = 12$，电导率 $\sigma = 2 / (\Omega \cdot cm)$。证明当电磁波的频率 $\nu < 10^9 Hz$ 时，硅试样将起良导体作用，并计算 $\nu = 10^6 Hz$ 时对这种试样的穿透深度。

1.30　试利用电磁场的边值关系证明，当平面电磁波倾斜入射到金属表面时，透入金属内的波的等相面和等幅面不互相重合。

1.31　铝在 $\lambda = 500nm$ 时，$n = 1.5, n\kappa = 3.2$，求正入射时的反射率和反射的位相变化。

1.32　在正常色散区，式（1.140）的实部的表达式可以写为（$\kappa \ll 1$）

$$n^2 = 1 + \frac{Nq^2}{\varepsilon_0 m} \sum_j \frac{f_j(\omega_0^2 - \omega^2)}{(\omega_0^2 - \omega^2)^2 + (\omega\gamma_j)^2}$$

试证明在略去 γ_j 后由上式可以得到柯西色散公式。

1.33　冕玻璃 k9 对谱线 435.8nm 和 546.1nm 的折射率分别为 1.52626 和 1.51829，试确定柯西色散公式（1.130(b)）中的常数 a 和 b，并计算玻璃对波长 486.1nm 的折射率和色散率 $\dfrac{dn}{d\lambda}$。

第2章 光波的叠加与分析

两个(或多个)光波在空间某一区域相遇时,产生光波的叠加现象。一般说来,频率、振幅和位相都不相同的光波的叠加,情形是很复杂的。本章只限于讨论频率相同或频率相差很小的单色光波的叠加,在这种情况下,可以写出结果的数学表达式。尽管实际光源发出的光波不能认为是用余弦函数或正弦函数表示的单色光波,但是我们将会看到,任何复杂的光波都可以分解为一组由余弦函数和正弦函数表示的单色光波之和,因此讨论单色光波有着实际意义。

波的叠加服从叠加原理。这个原理可以表达为:**两个(或多个)波在相遇点产生的合振动是各个波单独产生的振动的矢量和**。叠加原理实际上是表示波传播的独立性,也就是说,每一个波独立地产生作用,这种作用不因其他波的存在而受到影响。日常生活中有许多现象都可以说明光波或其他波传播的独立性。比如两个光波在相遇之后又分开,而每一个光波仍保持原有的特性(频率、振动方向等),按照原来的方向继续传播,好像在各自的路程上并未遇到其他光波一样。此外,叠加原理也是介质对光波电磁场作用的线性响应(介质的极化随场强线性变化)的反映,但这只在光波的场强较小时是正确的。当光波的场强很大时,例如使用场强高达 10^{12}V/m 的激光,介质的极化不仅与场强的一次方成正比,还与场强的二次方、三次方等有关,即介质对光波的响应是非线性的(参阅 7.12 节),上述叠加原理不再适用。

光的叠加原理可用数学式子表示为

$$E = E_1 + E_2 + \cdots = \sum_n E_n \tag{2.1}$$

式中 $E_1, E_2, \cdots$ 是各个光波单独存在时在相遇点产生的电场振动,E 是合电场。如果叠加光波的场矢量方向相同,这时光波场可用标量表示,叠加光波的合场等于各个标量场的代数和。

光波的分析要利用数学上的两个定理:傅里叶级数定理和傅里叶积分定理。有关这两个定理的内容可参阅附录 B,这两个定理也是傅里叶光学(第 6 章)的数学基础。

2.1 两个频率相同、振动方向相同的单色光波的叠加

2.1.1 代数加法

如图 2.1 所示,设两个频率相同(同为 ω)、振动方向相同(同在 y 方向)的单色光波分别发自光源 S_1 和 S_2,P 点是两光波相遇区域内的任意一点,P 到 S_1 和 S_2 的距离分别为 r_1 和 r_2。因此,两光波各自在 P 点产生的光振动可以写为

$$E_1 = a_1 \cos(kr_1 - \omega t) \tag{2.2}$$
$$E_2 = a_2 \cos(kr_2 - \omega t) \tag{2.3}$$

式中,a_1 和 a_2 分别为两光波在 P 点的振幅。根据叠加原理,在 P 点的合振动为

$$E = E_1 + E_2 = a_1 \cos(kr_1 - \omega t) + a_2 \cos(kr_2 - \omega t)$$

令 $\alpha_1 = kr_1$,$\alpha_2 = kr_2$,上式化为

$$E = a_1 \cos(\alpha_1 - \omega t) + a_2 \cos(\alpha_2 - \omega t)$$

应用两角差的余弦公式,上式可展开为

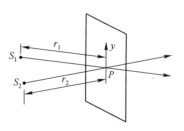

图 2.1 两光波在 P 点叠加

$$E = a_1\cos\omega t\cos\alpha_1 + a_1\sin\omega t\sin\alpha_1 + a_2\cos\omega t\cos\alpha_2 + a_2\sin\omega t\sin\alpha_2$$
$$= (a_1\cos\alpha_1 + a_2\cos\alpha_2)\cos\omega t + (a_1\sin\alpha_1 + a_2\sin\alpha_2)\sin\omega t$$

因为 a_1，a_2 和 α_1，α_2 都是常数，所以可令

$$a_1\cos\alpha_1 + a_2\cos\alpha_2 = A\cos\alpha \tag{2.4a}$$

$$a_1\sin\alpha_1 + a_2\sin\alpha_2 = A\sin\alpha \tag{2.4b}$$

式中，A 和 α 为待定常数。把上两式平方后相加，得到

$$A^2(\sin^2\alpha + \cos^2\alpha) = a_1^2(\sin^2\alpha_1 + \cos^2\alpha_1) + a_2^2(\sin^2\alpha_2 + \cos^2\alpha_2) + 2a_1a_2(\cos\alpha_1\cos\alpha_2 + \sin\alpha_1\sin\alpha_2)$$

即

$$A^2 = a_1^2 + a_2^2 + 2a_1a_2\cos(\alpha_2 - \alpha_1) \tag{2.5}$$

将式 (2.4b) 除以式 (2.4a)，得到

$$\tan\alpha = \frac{a_1\sin\alpha_1 + a_2\sin\alpha_2}{a_1\cos\alpha_1 + a_2\cos\alpha_2} \tag{2.6}$$

因此，P 点的合振动可写为

$$E = A\cos\alpha\cos\omega t + A\sin\alpha\sin\omega t = A\cos(\alpha - \omega t) \tag{2.7}$$

可见，P 点的合振动也是一个简谐振动，振动频率和振动方向都与两单色光波相同，而振幅 A 和初位相 α 分别由式 (2.5) 和式 (2.6) 决定。

如果所讨论的两个单色光波在 P 点的振幅相等，即 $a_1 = a_2 = a$，则 P 点的合振幅由下式决定：

$$A^2 = a^2 + a^2 + 2aa\cos(\alpha_2 - \alpha_1) = 4a^2\cos^2\frac{\delta}{2}$$

或以光强度表示
$$I = 4I_0\cos^2\frac{\delta}{2} \tag{2.8}$$

式中，$I_0 = a^2$，是单个光波的光强度；$\delta = \alpha_2 - \alpha_1$，是两光波在 P 点的位相差。上式表示在 P 点叠加后的光强度取决于位相差 δ。当 δ 为 2π 的**整数倍**，即

$$\delta = \pm 2m\pi \qquad (m = 0,1,2,\cdots) \tag{2.9}$$

时，$I = 4I_0$，P 点光强度有**最大值**。而当 δ 为 2π 的**半整数倍**，即

$$\delta = \pm\left(m + \frac{1}{2}\right)2\pi \qquad (m = 0,1,2,\cdots) \tag{2.10}$$

时，$I = 0$，P 点光强度有**最小值**。位相差介于两者之间时，P 点光强度介于 0 和 $4I_0$ 之间。

显然，如果两光波在 S_1 和 S_2 点的位相相同，那么两光波在 P 点的位相差就是由于从两光源到 P 点的距离不同而引起的。我们很容易把位相差表示为 P 点到两光源的距离 r_1 和 r_2 之差。因为 $\alpha_1 = kr_1$，$\alpha_2 = kr_2$，所以

$$\delta = \alpha_2 - \alpha_1 = k(r_2 - r_1)$$

或者写为
$$\delta = \frac{2\pi}{\lambda}(r_2 - r_1)$$

式中，λ 为光波在介质中的波长，$\lambda = \lambda_0 / n$，其中 λ_0 为真空中的波长，n 为介质的折射率。这样上式又可写为

$$\delta = \frac{2\pi}{\lambda_0}n(r_2 - r_1)$$

为书写方便起见，我们通常把 λ_0 写做 λ，表示真空中的波长，因此

$$\delta = \frac{2\pi}{\lambda}n(r_2 - r_1) \tag{2.11}$$

式中，$n(r_2 - r_1)$ 是**光程差**，以后用符号 $\mathscr{D}$ 表示。光程差是从光源 S_1 和 S_2 到 P 点的光程之差。所谓**光程**，就是光波在某一介质中所通过的几何路程和该介质的折射率的乘积。采用光程概念的好处是，可以把光

在不同介质中的传播路程都折算为在真空中的传播路程,便于相互进行比较。

式(2.11)在物理光学中是一个重要的关系式,表示从两个不同的光源到考察点 P 的光程差和它所引起的位相差之间的关系。根据这个关系式,也可以把在 P 点产生最大光强度的条件[式(2.9)]写为

$$\mathscr{D} = n(r_2 - r_1) = \pm m\lambda \qquad (m = 0, 1, 2, \cdots) \tag{2.12}$$

即光程差等于波长的整数倍;把在 P 点产生最小光强度的条件[式(2.10)]写为

$$\mathscr{D} = n(r_2 - r_1) = \pm\left(m + \frac{1}{2}\right)\lambda \qquad (m = 0, 1, 2, \cdots) \tag{2.13}$$

即光程差等于波长的半整数倍。

应该指出,写出式(2.2)和式(2.3)时,实际上已假设在 S_1 和 S_2 两点光振动的初位相($t = 0$ 时的位相)为零。如果在 S_1 和 S_2 两点的初位相不同,则式(2.11)所表示的两光波在 P 点的位相差还必须加上 S_1 和 S_2 的初位相差这一项。

显而易见,在两光波叠加区域内,不同的点将可能会有不同的光程差,因而就会有不同的光强度。满足条件式(2.12)的点,光强度最大;满足条件式(2.13)的点,光强度最小;其余点的光强度介于最大值和最小值之间。只要两光波的位相差保持不变(现在讨论的理想单色光波便是这样),在叠加区域内各点的光强度分布也是不变的。我们把这种在叠加区域出现的光强度稳定的强弱分布现象称为**光的干涉**,把产生光干涉的光波称为**相干光波**,而把光源称为**相干光源**。

但是,我们知道,实际光源发出的光波并不是理想的单色光波,实际光波是由一段段有限长的波列组成的。由于每一段波列的初位相和偏振方向是无规则变化的,所以实际光波产生干涉必须满足一些条件,这些条件我们将在第3章详细讨论。

求解两个或多个光波的叠加问题,常常还应用另外两种方法,现分别叙述如下。

2.1.2 复数方法

采用复数表达式时,光源 S_1 和 S_2 发出的单色光波在 P 点产生的光振动可以写为

$$E_1 = a_1 \exp[i(\alpha_1 - \omega t)] \tag{2.14}$$

$$E_2 = a_2 \exp[i(\alpha_2 - \omega t)] \tag{2.15}$$

因此,合振动为
$$E = E_1 + E_2 = a_1 \exp[i(\alpha_1 - \omega t)] + a_2 \exp[i(\alpha_2 - \omega t)]$$

$$= [a_1 \exp(i\alpha_1) + a_2 \exp(i\alpha_2)] \exp(-i\omega t) \tag{2.16}$$

上式括号内两复数之和仍为一复数,设

$$A\exp(i\alpha) = a_1 \exp(i\alpha_1) + a_2 \exp(i\alpha_2) \tag{2.17}$$

代入式(2.16)得到

$$E = A\exp(i\alpha)\exp(-i\omega t) = A\exp[i(\alpha - \omega t)] \tag{2.18}$$

这一结果与式(2.7)相对应。P 点的合振动的振幅 A 容易由复数运算求得:

$$A^2 = [A\exp(i\alpha)][A\exp(i\alpha)]^*$$

$$= [a_1 \exp(i\alpha_1) + a_2 \exp(i\alpha_2)][a_1 \exp(i\alpha_1) + a_2 \exp(i\alpha_2)]^*$$

$$= a_1^2 + a_2^2 + a_1 a_2 \{\exp[i(\alpha_2 - \alpha_1)] + \exp[-i(\alpha_2 - \alpha_1)]\}$$

$$= a_1^2 + a_2^2 + 2a_1 a_2 \cos(\alpha_2 - \alpha_1) \tag{2.19}$$

再求合振动的初位相 α。把式(2.17)等号右边的复数式展开为三角函数式:

$$A\exp(i\alpha) = a_1 \cos\alpha_1 + a_2 \cos\alpha_2 + i(a_1 \sin\alpha_1 + a_2 \sin\alpha_2)$$

根据复数的性质,得到

$$\tan\alpha = \frac{a_1\sin\alpha_1 + a_2\sin\alpha_2}{a_1\cos\alpha_1 + a_2\cos\alpha_2} \tag{2.20}$$

式(2.19)与式(2.5)、式(2.20)与式(2.6)完全相同。

2.1.3　相幅矢量加法

相幅矢量加法是一种图解法,这种方法利用了相幅矢量的概念:相幅矢量 $\boldsymbol{A}$,它的长度代表某一振动的振幅大小,它与给定的 x 轴的夹角等于该振动的位相角。图 2.2 画出了 $t=0$ 时刻的相幅矢量 $\boldsymbol{a}_1$ 和 $\boldsymbol{a}_2$。若两矢量绕 O 点以角速度 ω 顺时针方向旋转,则两矢量的末端在 x 轴上投影的运动便表示两个简谐振动,即

$$E_1 = a_1\cos(\alpha_1 - \omega t), \quad E_2 = a_2\cos(\alpha_2 - \omega t)$$

$\boldsymbol{a}_1$ 和 $\boldsymbol{a}_2$ 绕 O 点以角速度 ω 顺时针方向旋转的同时,$\boldsymbol{a}_1$ 和 $\boldsymbol{a}_2$ 的合矢量 $\boldsymbol{A}$(利用平行四边形加法求出)也绕 O 点以同一角速度顺时针方向旋转,并且 $\boldsymbol{A}$ 的末端在 x 轴上投影的运动也为一简谐振动

$$E = A\cos(\alpha - \omega t)$$

式中,α 是振动的初位相。因为 $\boldsymbol{A}$ 在 x 轴上的投影等于 $\boldsymbol{a}_1$ 和 $\boldsymbol{a}_2$ 在 x 轴上的投影之和,即 $E = E_1 + E_2$,所以两个单色光波在某一点的光振动的叠加可以通过它们的相幅矢量相加求得。由图 2.2 可得

$$A^2 = a_1^2 + a_2^2 + 2a_1a_2\cos(\alpha_2 - \alpha_1)$$

和

$$\tan\alpha = \frac{a_1\sin\alpha_1 + a_2\sin\alpha_2}{a_1\cos\alpha_1 + a_2\cos\alpha_2}$$

式中,A 和 α 分别为合振动的振幅和初位相,它们的计算公式与式(2.5)和式(2.6)完全一致。

相幅矢量加法对于求多个简谐振动的合成特别有用。这时可应用矢量的多边形加法求出矢量 $\boldsymbol{a}_1, \boldsymbol{a}_2, \boldsymbol{a}_3, \cdots, \boldsymbol{a}_n$ 的合矢量 $\boldsymbol{A}$。如果要求不是很精确时,可根据图上合矢量的长度和它与 x 轴的夹角估计合振动的振幅和位相。图 2.3 表示 5 个相幅矢量的多边形加法,两相邻矢量间的夹角为两相应振动的位相差。

[例题 2.1]　证明当两单色光波的场振动方向互相垂直时,两光波不会产生干涉。

证:设两单色光波的场振动分别取 x 轴和 y 轴方向(图 2.4),于是两单色光波叠加的合振动矢量为

$$\boldsymbol{E} = \boldsymbol{E}_1 + \boldsymbol{E}_2$$

合振动与两分振动的瞬时值之间的关系为

$$E^2 = E_1^2 + E_2^2$$

取时间平均值后即得
$$I = I_1 + I_2$$

合光强度恒等于两光波光强度之和,不会出现光强度的空间强弱分布。

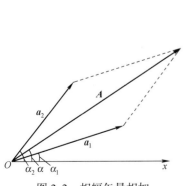

图 2.2　相幅矢量相加

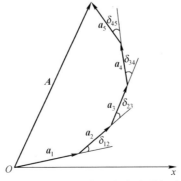

图 2.3　5 个相幅矢量的多边形加法

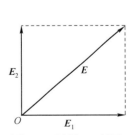

图 2.4　例题 2.1 用图

[例题 2.2] N 个同频率同振动方向的波在某点 P 叠加，N 个波依次位相差为 δ，振幅同为 A_0，试用相幅矢量加法求 P 点的合光强度。

解：按照图 2.3 表示的相幅矢量相加，本题 N 个相幅矢量相加可用图 2.5 表示。图中 C 到每个矢量的始点和末端等距，矢量 A 的大小便是 N 个波叠加的合振幅，其平方即为合光强度。

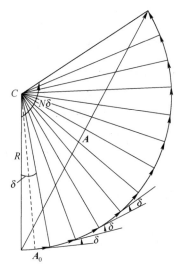

由弦长计算公式，得到

$$A = 2R\sin\left(\frac{N\delta}{2}\right), \quad A_0 = 2R\sin\frac{\delta}{2}$$

因此

$$A = A_0\frac{\sin\left(\dfrac{N\delta}{2}\right)}{\sin\dfrac{\delta}{2}}$$

所以 P 点的合光强度为

$$I = I_0\frac{\sin^2\left(\dfrac{N\delta}{2}\right)}{\sin^2\dfrac{\delta}{2}}$$

图 2.5　N 个相幅矢量相加

由本例可见，用相幅矢量的图解加法求多个波的叠加问题常常极为简便。

2.2　驻　　波

2.2.1　驻波的形成

两个频率相同、振动方向相同而传播方向相反的单色光波，例如垂直入射到两种介质分界面的单色光波与反射波的叠加，产生驻波。

假设反射面是 $z=0$ 的平面，z 的正方向指向入射波所在的介质，介质折射率为 n_1；反射面背后介质的折射率为 n_2（图 2.6）。为简化问题的讨论，假定两种介质分界面的反射率很高，以致可以认为反射波和入射波的振幅相等。这样，可以把入射波和反射波写为

$$E_1 = a\cos(kz + \omega t), \quad E_1' = a\cos(kz - \omega t + \delta)$$

式中，δ 是反射时的位相变化，当 $n_2 > n_1$ 时，$\delta = \pi$。反射波和入射波叠加成的波是

$$E = E_1 + E_1' = a\cos(kz + \omega t) + a\cos(kz - \omega t + \pi)$$

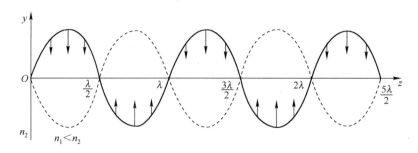

图 2.6　驻波

上式容易化为如下形式：
$$E = 2a\cos\left(kz + \frac{\delta}{2}\right)\cos\left(\omega t - \frac{\delta}{2}\right) \tag{2.21}$$

上式表示在 z 方向上每一点的振动仍然是频率为 ω 的简谐振动，振动的振幅
$$A = 2a\cos\left(kz + \frac{\delta}{2}\right) \tag{2.22}$$

随 z 而变，即对于不同 z 值的点将有不同的振幅。一系列振幅为零的点（这些点始终不振动）称为**波节**。在相邻两个波节之间的中点是振幅最大点（振幅等于两叠加光波的振幅之和），称为**波腹**。由式（2.22）可见，波节的位置由下式决定：
$$\cos\left(kz + \frac{\delta}{2}\right) = 0$$

或
$$kz + \frac{\delta}{2} = \frac{\pi}{2}n \qquad n = 1,3,5,\cdots（奇数） \tag{2.23}$$

而波腹的位置由下式决定：
$$\left|\cos\left(kz + \frac{\delta}{2}\right)\right| = 1$$

或
$$kz + \frac{\delta}{2} = \frac{\pi}{2}n \qquad n = 0,2,4,\cdots（偶数） \tag{2.24}$$

容易看出，相邻两个波节或两个波腹之间的距离为 $\lambda/2$，并且波节与最靠近的波腹间的距离为 $\lambda/4$。对于光波在光疏介质–光密介质分界面上反射的情况，$\delta = \pi$，因此在 $z=0$ 点形成一个波节。图 2.6 中画出了这一情况下合成波中各点的振幅分布。

再看式（2.21）的位相因子 $\cos\left(\omega t - \frac{\delta}{2}\right)$，它与 z 无关，这一点与过去讨论的向着某个方向传播的波（也称**行波**）不同，它实际上表示式（2.21）所代表的波不会在 z 方向上传播，故称这个波为**驻波**。

另外，位相因子 $\cos\left(\omega t - \frac{\delta}{2}\right)$ 与 z 无关，似乎表示所有点都有相同的位相，但是因为振幅因子 $\cos\left(kz + \frac{\delta}{2}\right)$ 在波节处经零值改变符号，所以在每个波节两边的点的振动位相是相反的。

还应该指出，如果两介质分界面上的反射率不是 1，则入射波与反射波的振幅不等，这时合成波除驻波外还有一个行波，因此波节处的振幅不再等于零，并且由于包含有行波，将会有能量的传播。

2.2.2 驻波实验

维纳（O. Wiener）在 1890 年首先做了光驻波的实验，实验装置如图 2.7 所示。图中 M 是平面镜，由一束接近单色的平行光垂直照射。F 是一块透明玻璃片，与平面镜成很小的角度 φ（图中夸大了这一角度），玻璃片上涂有一层很薄的感光乳胶膜，厚度不到 $1/20$ 波长。近单色平行光在平面镜上反射所形成的驻波，在波腹处使乳胶感光，因而显影后这些地方变黑，而在波节处感光乳胶不起变化。从上节已经知道两相邻波腹间的距离等于 $\lambda/2$，由图 2.7 可知乳胶膜上黑纹的距离为
$$e = \frac{\lambda}{2\sin\varphi} \tag{2.25}$$

在维纳的实验中，$\varphi \approx 1'$，对应的 $e \approx 1 \sim 2\text{mm}$。

维纳的实验,一方面证实了光驻波的存在,另一方面也证实了光波中对乳胶起感光作用的主要是电矢量而不是磁矢量。因为我们知道,在光疏介质-光密介质分界面上反射时,电矢量有位相跃变 π,但是磁矢量没有位相跃变(这一点可以从图2.8(a)看出,光波入射时,设 E 向左,根据 E、B 和 k 的右手螺旋关系,则 B 垂直纸面向内;光波反射时,E 发生位相跃变 π,则 E 向右,但 B 仍然向内,即 B 并无位相变化),所以电波反射后形成的驻波在分界面上是波节,而磁波形成的驻波在分界面上是波腹(图2.8(b))。实验证明,乳胶膜上第一黑纹不与镜面重合,它在离镜面 1/4 波长的地方,说明是电驻波的波腹而不是磁驻波的波腹使乳胶感光,或者说,在感光作用中起主要作用的是电场。正是由于这样的原因,我们常常把光波的电场称为**光场**。

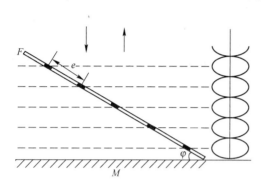

图 2.7　维纳光驻波实验装置

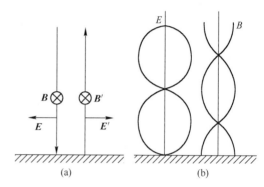

图 2.8　反射时 E 和 B 的方向和电磁驻波

光驻波现象在光学中是相当普遍的。比如,在我们讨论过的全反射现象中,只要分析一下入射波和反射波在叠加区域内(图2.9中画斜线区域)的合成波的性质,就会知道合成波在界面法线方向上具有驻波的特点,在与法线垂直的 z 方向上具有行波的特点。这一性质对于理解介质光波导的原理(参阅4.5节)很有帮助。再如,在激光器的谐振腔中,光波要经历多次来回反射,对于那些在腔内能

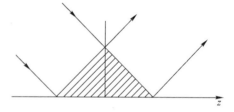

图 2.9　全反射时入射波和反射波的叠加

够发生谐振的频率来说,沿同一方向传播的诸光波的位相完全相同。因此,可以把谐振腔内多次反射形成的光波归结成两个沿相反方向传播的光波,这两个光波的叠加就形成驻波。在激光理论中,把这种稳定的驻波图样称为**纵模**。

2.3　两个频率相同、振动方向互相垂直的光波的叠加

2.3.1　椭圆偏振光

如图2.10所示,假设光源 S_1 和 S_2 发出的单色光波的频率相同,但振动方向互相垂直。一个波的振动方向平行于 x 轴,另一个波的振动方向平行于 y 轴。现在考察它们在 z 轴方向上任一点 P 处的叠加。两光波在该处产生的光振动可以写为

$$E_x = a_1\cos(kz_1 - \omega t) \qquad (2.26)$$
$$E_y = a_2\cos(kz_2 - \omega t) \qquad (2.27)$$

式中,z_1 和 z_2 分别为 S_1 和 S_2 到 P 点的距离,并且为简单起见,假设在 S_1 和 S_2 两点处振动的初位相为零。根据叠加原理,P 点处的合振动为

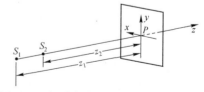

图 2.10　振动方向互相垂直的光波的叠加

$$\boldsymbol{E} = \boldsymbol{x}_0 E_x + \boldsymbol{y}_0 E_y$$
$$= \boldsymbol{x}_0 a_1 \cos(kz_1 - \omega t) + \boldsymbol{y}_0 a_2 \cos(kz_2 - \omega t) \qquad (2.28)$$

（因为两个振动分别在 x 轴方向和 y 轴方向，所以两个振动的叠加要做矢量相加）。式中 $\boldsymbol{x}_0$ 和 $\boldsymbol{y}_0$ 分别为 x 轴方向和 y 轴方向的单位矢量。可以看出，合振动的大小和方向一般是随时间变化的，合矢量末端的运动轨迹可由式（2.26）和式（2.27）消去参数 t 求得。为此，把式（2.26）和式（2.27）写成

$$E_x = a_1 \cos(\alpha_1 - \omega t) \qquad (2.29)$$
$$E_y = a_2 \cos(\alpha_2 - \omega t) \qquad (2.30)$$

式中，$\alpha_1 = kz_1$，$\alpha_2 = kz_2$，并将它们展开为

$$\frac{E_x}{a_1} = \cos\alpha_1 \cos\omega t + \sin\alpha_1 \sin\omega t \qquad (2.31)$$

$$\frac{E_y}{a_2} = \cos\alpha_2 \cos\omega t + \sin\alpha_2 \sin\omega t \qquad (2.32)$$

以 $\cos\alpha_2$ 乘式（2.31），以 $\cos\alpha_1$ 乘式（2.32），然后把两式相减，得到

$$\frac{E_x}{a_1}\cos\alpha_2 - \frac{E_y}{a_2}\cos\alpha_1 = \sin\omega t \sin(\alpha_1 - \alpha_2) \qquad (2.33)$$

以 $\sin\alpha_2$ 乘式（2.31），以 $\sin\alpha_1$ 乘式（2.32），再将两式相减，得到

$$\frac{E_x}{a_1}\sin\alpha_2 - \frac{E_y}{a_2}\sin\alpha_1 = \cos\omega t \sin(\alpha_2 - \alpha_1) \qquad (2.34)$$

将式（2.33）和式（2.34）平方后相加即可消去 t，得出合振动矢量末端运动轨迹的方程式

$$\frac{E_x^2}{a_1^2} + \frac{E_y^2}{a_2^2} - 2\frac{E_x E_y}{a_1 a_2}\cos(\alpha_2 - \alpha_1) = \sin^2(\alpha_2 - \alpha_1) \qquad (2.35)$$

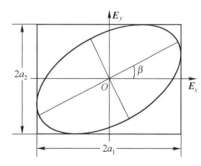

图 2.11　偏振椭圆

一般来说，这是一个椭圆方程式，表示合矢量末端的轨迹为一椭圆。该椭圆内接于一长方形，长方形各边与坐标轴平行，边长为 $2a_1$ 和 $2a_2$（图 2.11）。可以证明，椭圆的长轴和 x 轴的夹角 β 由下式决定[①]：

$$\tan 2\beta = \frac{2a_1 a_2}{a_1^2 - a_2^2}\cos\delta \qquad (2.36)$$

式中，$\delta = \alpha_2 - \alpha_1$，是振动方向平行于 y 轴的光波与振动方向平行于 x 轴的光波的位相差。如果引入辅助角 α，使得

$$\tan\alpha = a_2 / a_1 \qquad (2.37)$$

则式（2.36）又可以写为

$$\tan 2\beta = (\tan 2\alpha)\cos\delta \qquad (2.38)$$

由于两叠加光波的角频率为 ω，容易看出，P 点合矢量沿椭圆旋转的角频率也为 ω。我们把光矢量周期性地旋转，其末端的运动轨迹为一个椭圆的这种光称为**椭圆偏振光**。因此，使两个在同一个方向上传播的频率相同、振动方向互相垂直的单色光波叠加，一般地将得到椭圆偏振光。

2.3.2　几种特殊情况

图 2.12 所示是根据式（2.35）画出的与几种不同 δ 值对应的偏振椭圆的形状，可见椭圆的形状

---

① 在第 7 章里，我们用一个简单的方法来证明式（2.38）（参阅习题 7.35），从而也证明了式（2.36）。

由两叠加光波的位相差 δ 和振幅比 a_2/a_1 决定。其中，在以下两种特殊情况下，合矢量末端的运动沿直线进行，因而合成光波仍为线偏振光。

（1）δ 等于 0 或 $\pm2\pi$ 的整数倍。这时式（2.35）化为

$$E_y = \frac{a_2}{a_1}E_x \tag{2.39}$$

表示合矢量末端的运动沿着一条经过坐标原点而斜率为 a_2/a_1 的直线进行，如图 2.12(a) 所示。

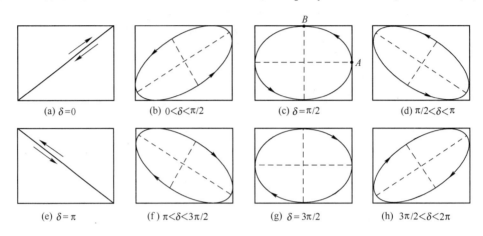

图 2.12 位相差 δ 取不同值时的偏振椭圆的形状

（2）δ 等于 $\pm2\pi$ 的半整数倍。这时式（2.35）化为

$$E_y = -\frac{a_2}{a_1}E_x \tag{2.40}$$

表示合矢量末端的运动沿着一条经过坐标原点而斜率为 $-a_2/a_1$ 的直线进行，如图 2.12(e) 所示。

另外，当 $\delta = \pm\pi/2$ 及其奇数倍时，式（2.35）化为

$$\frac{E_x^2}{a_1^2} + \frac{E_y^2}{a_2^2} = 1 \tag{2.41}$$

这是一个标准的椭圆方程，表示一个长短半轴 a_1，a_2 和坐标轴 x，y 重合的椭圆（图 2.12(c) 和(g)）。若在这种情况下同时有 $a_1 = a_2 = a$，则式（2.41）得到

$$E_x^2 + E_y^2 = a^2 \tag{2.42}$$

表示这时合矢量末端的运动轨迹是一个圆，因此合成光波是**圆偏振光**。

2.3.3　左旋和右旋

根据合矢量旋转方向的不同，可以将椭圆（或圆）偏振光分为**右旋**和**左旋**两种。通常规定当对着光传播方向（即沿 $-z$ 方向）看去，合矢量是顺时针方向旋转时，偏振光是右旋的，反之是左旋的。只要分析一下式（2.29）和式（2.30）在相隔 1/4 周期的两个时刻的值，即可看出右旋情况下 $\sin\delta < 0$，而左旋情况下 $\sin\delta > 0$。例如 $\delta = \alpha_2 - \alpha_1 = \pi/2$，式（2.29）和式（2.30）可以写为

$$E_x = a_1\cos(\alpha_1 - \omega t)$$

$$E_y = a_2\cos\left(\alpha_1 - \omega t + \frac{\pi}{2}\right)$$

若在 $t = t_0$ 时刻，$\alpha_1 - \omega t_0 = 0$，则 $E_x = a_1$，而 $E_y = 0$，因此合矢量的末端在图 2.12(c) 中的 A 点。当 $t = t_0 + \dfrac{T}{4}$（T 为周期）时

$$E_x = a_1 \cos\left(\alpha_1 - \omega t_0 - \frac{\pi}{2}\right) = 0$$

$$E_y = a_2 \cos\left(\alpha_1 - \omega t_0 - \frac{\pi}{2} + \frac{\pi}{2}\right) = a_2$$

此时合矢量的末端在图 2.12(c) 中的 B 点,可见合矢量的末端是逆时针方向旋转的,因而偏振光是左旋的。

以上讨论的是两光波传播路程上某一点 P 的合矢量的运动情况。如果要考察某一时刻传播路径上各点的合矢量位置,对于两光波合成椭圆偏振光的情形,容易看出各点场矢量的末端构成一螺旋线,螺旋线的空间周期等于光波波长,同时各点场矢量的大小不一,其末端在与传播方向垂直的平面上的投影为一个椭圆[①],如图 2.13 所示。对于左旋椭圆偏振光,各点场矢量的末端构成的螺旋线的旋向与光传播方向成右手螺旋系统;而对于右旋椭圆偏振光,螺旋线的旋向与光传播方向成左手螺旋系统。

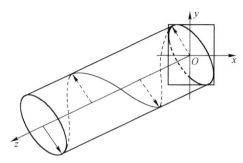

图 2.13　左旋椭圆偏振光的场矢量的变化

2.3.4　椭圆偏振光的光强度

在 1.4 节我们曾经推导过线偏振的单色光波的光强度表达式,现在来看如何表示椭圆偏振光的光强度。根据式(1.54),在矢量形式下光波的光强度一般可以写为

$$I = \langle \boldsymbol{S} \rangle = v\varepsilon \langle \boldsymbol{E}^2 \rangle$$

或者当我们只考虑相对光强度时(在同一介质中),略去式中常数,把上式写为

$$I = \langle \boldsymbol{E}^2 \rangle$$

对于椭圆偏振光,由式(2.28)可得

$$I = \langle (\boldsymbol{x}_0 E_x + \boldsymbol{y}_0 E_y) \cdot (\boldsymbol{x}_0 E_x + \boldsymbol{y}_0 E_y) \rangle = \langle E_x^2 \rangle + \langle E_y^2 \rangle$$

或者写成

$$I = I_x + I_y \tag{2.43a}$$

表示**椭圆偏振光的光强度恒等于合成它的两个振动方向互相垂直的单色光波的光强度之和**,它与两个叠加波的位相差无关。这一结论不仅适用于椭圆偏振光,也适用于圆偏振光和自然光[②]。对于后面这两种光,由于 $I_x = I_y$,所以

$$I = 2I_x = 2I_y \tag{2.43b}$$

另外,在图 2.1 所示的两光波相遇时成某一角度的情形中,如果两光波的振动方向互相垂直,那么根据上述结论,叠加区域内各点的光强度都应等于两个光波的光强度之和(虽然从两光源到叠加区域内各点的位相差不相同),即在这种情况下不再发生干涉现象。

2.3.5　利用全反射产生椭圆和圆偏振光

在 1.7 节中曾经指出,利用线偏振光在两介质分界面上的全反射可以产生椭圆偏振光,其原因就是全反射后垂直于入射面振动的 s 波和平行于入射面振动的 p 波之间有了一个位相差 δ,两个波

---

① 对于圆偏振光,各点场矢量的大小相等,其末端在与传播方向垂直的平面上的投影为一个圆。

② 考虑到在自然光中场矢量振动的无规则性,可以把自然光视为两个振动方向互相垂直(如沿 x 和 y 方向)、彼此没有位相关联的线偏振光的叠加。

合成的结果一般会使反射光成为椭圆偏振光。在特殊情况下,对于玻璃-空气分界面,若玻璃的折射率 $n=1.51$,当入射角 $\theta_1=54°37'$ 或 $48°37'$ 时,全反射后 s 波和 p 波的位相差 $\delta=45°$[由式 (1.104)算出]。若在其中一个角度下连续反射两次,则位相差为 $\pi/2$。此时,若入射线偏振光的振动方向与入射面成 $45°$,则全反射后 s 波和 p 波的振幅相等,因而反射光变为圆偏振光。图 2.14 所示的玻璃块是为此目的而设计的,称为**菲涅耳菱体**。入射的线偏振光如果振动方向与菲涅耳菱体的主平面(图面)成 $45°$,经过菲涅耳菱体在 $54°37'$ 下全反射两次后,出射光就是圆偏振光。

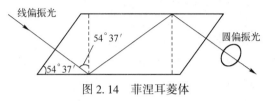

图 2.14　菲涅耳菱体

[**例题 2.3**]　两束振动方向互相垂直的线偏振光在某点的场表示为

$$E_x=a_1\cos(\omega t)\,,\quad E_y=a_2\cos\left(-\omega t+\frac{\pi}{2}\right)$$

试在一个振动周期内选定若干个(8 个以上)不同时刻,求出合成电矢量 $\boldsymbol{E}$,并确定端点运动的轨迹。

解:对于选定的以下几个不同时刻,合成电矢量为

$$\boldsymbol{E}(0)=\boldsymbol{x}_0 a_1\,,\quad \boldsymbol{E}(T/8)=\boldsymbol{x}_0\frac{a_1}{\sqrt 2}+\boldsymbol{y}_0\frac{a_2}{\sqrt 2}\,,\quad \boldsymbol{E}(T/4)=\boldsymbol{y}_0 a_2$$

$$\boldsymbol{E}(3T/8)=-\boldsymbol{x}_0\frac{a_1}{\sqrt 2}+\boldsymbol{y}_0\frac{a_2}{\sqrt 2}\,,\quad \boldsymbol{E}(T/2)=-\boldsymbol{x}_0 a_1\,,\quad \boldsymbol{E}(5T/8)=-\boldsymbol{x}_0\frac{a_1}{\sqrt 2}-\boldsymbol{y}_0\frac{a_2}{\sqrt 2}$$

$$\boldsymbol{E}(3T/4)=-\boldsymbol{y}_0 a_2\,,\quad \boldsymbol{E}(7T/8)=\boldsymbol{x}_0\frac{a_1}{\sqrt 2}-\boldsymbol{y}_0\frac{a_2}{\sqrt 2}\,,\quad \boldsymbol{E}(T)=\boldsymbol{x}_0 a_1$$

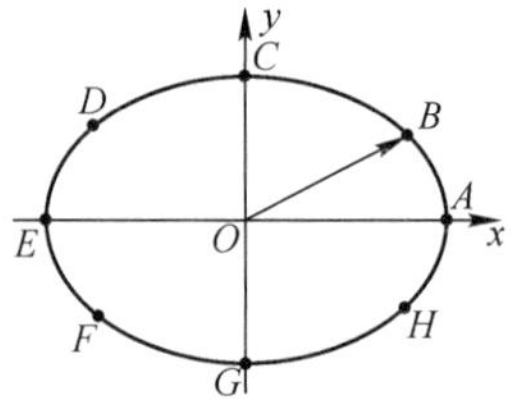

它们的端点分别对应于图 2.15 中 A,B,C,D,E,F,G,H,A 各点。可见,随着 t 的增大,合成电矢量的端点做左旋运动。若选取更小的时间间隔,则可得到合成电矢量端点的运动轨迹为一椭圆。

事实上,据式(2.35),由于 $\delta=\pi/2$,所以合成电矢量端点的运动方程为

$$\frac{E_x^2}{a_1^2}+\frac{E_y^2}{a_2^2}=1$$

这是一个长短轴 $2a_1,2a_2$ 和坐标轴 x,y 重合的椭圆,即如图 2.15 所示的标准椭圆。

图 2.15　不同时刻场矢量端点的位置

[**例题 2.4**]　图 2.14 所示的菲涅耳菱体的折射率为 1.5,入射线偏振光电矢量与图面成 $45°$ 角,问:

(1) 要从菲涅耳菱体射出圆偏振光,菲涅耳菱体的顶角 φ 应为多大?

(2) 若菲涅耳菱体折射率为 1.49,能否产生圆偏振光。

解:(1) 要使菲涅耳菱体的出射光为圆偏振光,出射光的 p 波和 s 波的振幅必须相等(入射线偏振光的电矢量与图面成 $45°$ 角保证了这一条件的实现),位相差必须等于 $\pi/2$。光束在菲涅耳菱体内以相同条件下全反射两次,每次全反射后 p 波和 s 波的位相差必须等于 $\pi/4$。全反射条件下 p 波和 s 波位相差的计算公式为

$$\tan\frac{\delta}{2}=\frac{\cos\theta\sqrt{\sin^2\theta-n^2}}{\sin^2\theta}$$

已知 $n=1/1.5$,为使 $\delta=\pi/4$,由上式可解出光束在菲涅耳菱体内的入射角:把上式两边取平方,得到

$$\tan^2\frac{\delta}{2}=\frac{(1-\sin^2\theta)(\sin^2\theta-n^2)}{\sin^4\theta}$$

整理后得到 $$\left(1 + \tan^2\frac{\delta}{2}\right)\sin^4\theta - (n^2 + 1)\sin^2\theta + n^2 = 0$$

代入 $\delta = 45°$，$n = 1.5$，得到方程的解：$\theta = 53°15'$ 或 $\theta = 50°13'$。由于 $\varphi = \theta$，所以菲涅耳菱体顶角可选 $53°15'$ 或 $50°13'$。

（2）对于一定的菲涅耳菱体折射率 n，位相差 δ 有一极大值，它由下式决定：

$$\frac{\mathrm{d}}{\mathrm{d}\theta}\left(\tan\frac{\delta}{2}\right) = \frac{2n^2 - (1 + n^2)\sin^2\theta}{\sin^2\theta\sqrt{\sin^2\theta - n^2}} = 0$$

其解为 $$\sin^2\theta = \frac{2n^2}{1 + n^2}$$

把这一结果代入 δ 的计算公式，得到位相差极大值 δ_{m} 的表示式为

$$\tan\frac{\delta_{\mathrm{m}}}{2} = \frac{1 - n^2}{2n}$$

当 $n = 1/1.49$ 时，$\tan\dfrac{\delta_{\mathrm{m}}}{2} = 0.4094$，$\delta_{\mathrm{m}} = 44°32' < \pi/4$。因此光束在菲涅耳菱体内两次全反射不能产生圆偏振光。

2.4　不同频率的两个单色光波的叠加

现在讨论两个在同一方向上传播的振动方向相同、振幅相等而频率相差很小的单色光波的叠加，叠加的结果将产生光学上有意义的"光拍"现象。

2.4.1　光拍

设角频率分别为 ω_1 和 ω_2 的两个单色光波沿 z 方向传播，它们的波函数为

$$E_1 = a\cos(k_1 z - \omega_1 t)，\quad E_2 = a\cos(k_2 z - \omega_2 t)$$

将这两个光波叠加 $$E = E_1 + E_2 = a\left[\cos(k_1 z - \omega_1 t) + \cos(k_2 z - \omega_2 t)\right]$$

应用三角公式 $$\cos\alpha + \cos\beta = 2\cos\frac{1}{2}(\alpha + \beta)\cos\frac{1}{2}(\alpha - \beta)$$

合成波可以写为 $E = 2a\cos\dfrac{1}{2}\left[(k_1 + k_2)z - (\omega_1 + \omega_2)t\right]\cos\dfrac{1}{2}\left[(k_1 - k_2)z - (\omega_1 - \omega_2)t\right]$　（2.44a）

引入平均角频率 $\overline{\omega}$ 和平均波数 $\overline{k}$：

$$\overline{\omega} = \frac{1}{2}(\omega_1 + \omega_2)，\quad \overline{k} = \frac{1}{2}(k_1 + k_2)$$

以及调制频率 ω_{m} 和调制波数 k_{m}：

$$\omega_{\mathrm{m}} = \frac{1}{2}(\omega_1 - \omega_2)，\quad k_{\mathrm{m}} = \frac{1}{2}(k_1 - k_2)$$

式（2.44a）可化为 $\qquad E = 2a\cos(k_{\mathrm{m}}z - \omega_{\mathrm{m}}t)\cos(\overline{k}z - \overline{\omega}t)$　（2.44b）

若令 $\qquad\qquad\qquad A = 2a\cos(k_{\mathrm{m}}z - \omega_{\mathrm{m}}t)$　（2.45）

式（2.44b）又可化为 $\qquad E = A\cos(\overline{k}z - \overline{\omega}t)$　（2.46）

表明合成波可以看成一个频率为 $\overline{\omega}$ 而振幅受到调制（随时间和位置在 $-2a$ 和 $2a$ 之间变化）的波。

图 2.16 表示了这样两个波的叠加，其中图（a）表示两个单色波，图（b）是合成波，图（c）是合成波振

幅的变化曲线。由于光波的频率很高,若 $\omega_1 \approx \omega_2$,则 $\overline{\omega} \gg \omega_m$,因而振幅 A 变化缓慢而场振动 E 变化极快(见图 2.16(c)和(b))。由式(2.45),合成波的强度为

$$I = A^2 = 4a^2\cos^2(k_m z - \omega_m t) \tag{2.47a}$$

或

$$I = 2a^2[1 + \cos 2(k_m z - \omega_m t)] \tag{2.47b}$$

可见合成波的光强度随时间和位置在 0 和 $4a^2$ 之间变化(图 2.16(d)),这种光强度时大时小的现象称为**光拍**。由上式可知拍频等于 $2\omega_m$,即等于振幅调制频率的两倍;或由 ω_m 的定义,等于 $\omega_1 - \omega_2$,即两叠加单色光波频率之差。

光拍现象是福莱斯特(A. Forrester)等人在 1955 年首先观测到的,他们利用塞曼效应[①]得到两个频率相差很小的光波,并使它们在光电混频管的表面叠加产生拍频。他们所记录到的光电流的变化曲线与图 2.16(d)所示的曲线形状相同。在激光问世后,由于激光有很好的单色性和光强度,因此光拍现象的观测就变得容易多了。现在,光拍现象已成为光电信息技术中检测微小频率差的一种很好的方法。

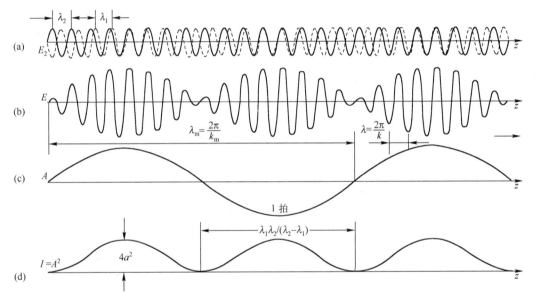

图 2.16　频率不同的两个单色波的叠加

2.4.2　群速度和相速度

到目前为止,我们只讨论了单色光波,并且在提到它的传播速度时,都是指它的等相面的传播速度,即**相速度**。本节涉及的两个单色光波的合成波是一个较复杂的波,它的传播速度应该如何表示?下面我们来讨论这个问题。

合成波　　　　$E = 2a\cos(k_m z - \omega_m t)\cos(\overline{k}z - \overline{\omega}t)$

包含两种传播速度:等相面的传播速度和等幅面的传播速度。前者就是这个合成波的相速度,它可由位相不变条件($\overline{k}z - \overline{\omega}t$=常数)求出:

$$v = \overline{\omega} / \overline{k} \tag{2.48}$$

后者是振幅恒值点的移动速度,即图 2.16(c)所示的振幅调制包络的移动速度。按照瑞利的说法,这一速度称为**群速度**。当叠加的两单色光波在无色散的真空中传播时,它们的速度相同,因而合成

---

① 塞曼效应是光谱线在磁场中发生分裂的一种现象。

波是一个波形稳定的光拍,其相速度和群速度也相等。但是,如果光波在色散介质中传播,由于两单色光波的频率不同,它们将以不同的速度传播,这时合成波的群速度将不等于相速度[①]。这种情形可以从图 2.17 中看出,我们考察调制包络的振幅最大点的移动速度:设 $t=t_1$ 时刻,两单色光波的波峰重合在 M 点,因此 M 点是合成波的振幅最大点;在随后的 $t=t_2$ 时刻,由于两单色光波传播速度不同,所以原来重合的两单色光波的波峰将不再重合,而原来不重合的两个波峰在 N 点重合,N 点变成了 $t=t_2$ 时刻的合成波的振幅最大点。不难看出,合成波振幅最大点的传播速度(群速度)将不等于两个单色光波的相速度,也不等于合成波的相速度。

合成波的群速度可以由振幅不变条件($k_m z - \omega_m t =$ 常数)求出:

$$v_g = \frac{\omega_m}{k_m} = \frac{\omega_1 - \omega_2}{k_1 - k_2} = \frac{\Delta\omega}{\Delta k}$$

当 $\Delta\omega$ 很小时,可以写成

$$v_g = \frac{\mathrm{d}\omega}{\mathrm{d}k} \qquad\qquad (2.49)$$

由上式即可得到群速度 v_g 和相速度 v 之间的关系:

$$v_g = \frac{\mathrm{d}\omega}{\mathrm{d}k} = \frac{\mathrm{d}(kv)}{\mathrm{d}k} = v + k\frac{\mathrm{d}v}{\mathrm{d}k} \qquad\qquad (2.50a)$$

或由 $k = \frac{2\pi}{\lambda}, \mathrm{d}k = -\frac{2\pi}{\lambda^2}\mathrm{d}\lambda$,得到

$$v_g = v - \lambda\frac{\mathrm{d}v}{\mathrm{d}\lambda} \qquad\qquad (2.50b)$$

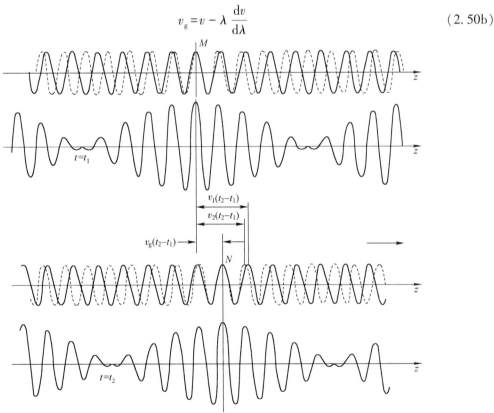

图 2.17　色散介质中的群速度和相速度

① 在色散介质中,由于两个单色光波有不同的传播速度,其合成波的波形将会在传播过程中不断地发生微小的变形,因此一般很难确切定义合成波的速度。不过,对于本节考虑的情况($\omega_1 \approx \omega_2, \overline{\omega} \gg \omega_m$),可以认为合成波的波形不变或变化极为缓慢,因而仍可用调制包络的移动速度来定义群速度。

上式表示，$\dfrac{\mathrm{d}v}{\mathrm{d}\lambda}$ 越大，即波的相速度随波长的变化越大，群速度 v_g 和相速度 v 两者相差也越大。若 $\dfrac{\mathrm{d}v}{\mathrm{d}\lambda}>$ 0，即波长长的波比波长短的波相速度大（正常色散），群速度小于相速度；若 $\dfrac{\mathrm{d}v}{\mathrm{d}\lambda}<0$（反常色散），则群速度大于相速度。对于无色散介质，$\dfrac{\mathrm{d}v}{\mathrm{d}\lambda}=0$，这时群速度等于相速度。

以上讨论的是两个频率相差很小的单色光波叠加而成的复杂波（波包）的群速度。可以证明，对于多个不同频率的单色光波合成的波包，只要各个波的频率相差不大，它们只集中在某一"中心"频率附近，同时介质的色散也不大，就仍然可以讨论波包的群速度问题，并且式（2.49）和式（2.50）仍然适用。

前面已经指出，波包的群速度可以看成振幅最大点的移动速度，而波动携带的能量与振幅的平方成正比，所以群速度可看成光能量或光信号的传播速度。在通常的利用光脉冲（光信号）进行光速测量的实验中，测量到的是光脉冲的传播速度，即群速度，而不是相速度。

[例题 2.5] 在真空中沿 z 方向传播的两个振动方向相同的单色光波可以表示为

$$E_1 = a\cos\left[2\pi\left(\frac{z}{\lambda}-\nu t\right)\right]$$

$$E_2 = a\cos\left\{2\pi\left[\frac{z}{(\lambda+\Delta\lambda)}-(\nu-\Delta\nu)t\right]\right\}$$

若 $a=100\mathrm{V/m}$，$\nu=6\times10^{14}\mathrm{Hz}$，$\Delta\nu=10^8\mathrm{Hz}$，试求两单色光波叠加后合成波在 $z=0$，$z=1\mathrm{m}$ 和 $z=1.5\mathrm{m}$ 各处的光强度随时间的变化关系。

解：令 $\omega_1=2\pi\nu$，$\omega_2=2\pi(\nu-\Delta\nu)$，$k_1=\dfrac{2\pi}{\lambda}$，$k_2=\dfrac{2\pi}{\lambda+\Delta\lambda}$，因此两单色光波可写为

$$E_1 = a\cos(k_1z-\omega_1t)，\quad E_2=a\cos(k_2z-\omega_2t)$$

而合成波的光强度则为 $\qquad I=4a^2\cos^2(k_mz-\omega_mt)$

其中 $k_m=\dfrac{1}{2}(k_1-k_2)$，$\omega_m=\dfrac{1}{2}(\omega_1-\omega_2)$，按题设条件，可以求得

$$\omega_m=\frac{1}{2}\times2\pi\Delta\nu=10^8\pi\ \mathrm{rad}$$

$$k_m=\frac{1}{2}\times2\pi\left(\frac{1}{\lambda}-\frac{1}{\lambda+\Delta\lambda}\right)=\pi\left(\frac{\nu}{c}-\frac{\nu-\Delta\nu}{c}\right)$$

$$=\pi\times10^8\mathrm{Hz}/(3\times10^8\mathrm{m/s})=\frac{\pi}{3}\mathrm{m}^{-1}$$

因此 $\qquad I=(4\times10^4\mathrm{V}^2/\mathrm{m}^2)\cos^2\left[\dfrac{\pi}{3m}z-(10^8\pi\mathrm{s}^{-1})t\right]$

在 $z=0$ 处，I 随 t 变化的关系为

$$I=(4\times10^4\mathrm{V}^2/\mathrm{m}^2)\cos^2\left[(10^8\pi\mathrm{s}^{-1})t\right]$$

在 $z=1\mathrm{m}$ 处，有 $\qquad I=(4\times10^4\mathrm{V}^2/\mathrm{m}^2)\cos^2\left[\dfrac{\pi}{3}-(10^8\pi\mathrm{s}^{-1})t\right]$

在 $z=1.5\mathrm{m}$ 处，有 $\qquad I=(4\times10^4\mathrm{V}^2/\mathrm{m}^2)\cos^2\left[\dfrac{\pi}{2}-(10^8\pi\mathrm{s}^{-1})t\right]$

可见，以上三处合成波光强度随时间周期性地变化，同时对于同一时刻，三处的光强度各异。比如，对于 $t=0$ 时刻，在 $z=0$ 处，光强度有极大值，而在 $z=1.5\mathrm{m}$ 处，光强度有极小值。在 $z=1\mathrm{m}$ 处，

光强度介于极大值和极小值之间。

[例题 2.6] 试求上题中,合成波振幅周期变化和光强度周期变化的空间周期。

解:合成波振幅的表示式为

$$A = 2a\cos(k_m z - \omega_m t)$$

由于 $k_m = 2\pi / \lambda_m$,$\omega_m = 2\pi \nu_m$,上式又可写为

$$A = 2a\cos 2\pi\left(\frac{z}{\lambda_m} - \nu_m t\right)$$

式中,λ_m 就是 A 随位置周期变化的空间周期,它的数值为 $\lambda_m = \dfrac{2\pi}{k_m} = \dfrac{2\pi}{\pi / 3}\mathrm{m} = 6\mathrm{m}$。

合成波光强度的表示式为

$$I = 4a^2\cos^2(k_m z - \omega_m t)$$

或者写为

$$I = 4a^2\left[1 + \cos 2(k_m z - \omega_m t)\right] = 4a^2\left[1 + \cos 2\pi\left(\frac{z}{\lambda_m / 2} - 2\nu_m t\right)\right]$$

可见,光强度随位置周期变化的空间周期比振幅变化的空间周期减小一半,即 $\lambda_1 = \lambda_m / 2 = 3\mathrm{m}$。

2.5 光波的分析

从前面的讨论可以知道,把多个频率相同而有任意振幅和位相的单色光波进行叠加时,所得到的合成波仍然是单色光波。但是,若把两个不同频率的单色光波叠加起来,其结果就不再是单色光波,而是一个**复杂波**,如图 2.16 所示,其波形不再是正弦或余弦曲线。图 2.18(c)所示是另一个复杂波的例子,它由空间角频率或波数为 k 和 $2k$ 的两个单色光波(图 2.18(b)和(a))叠加而成。对于某一个时刻来说,这两个单色光波的叠加可以写成

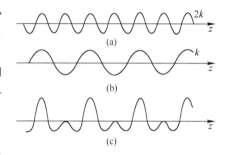

图 2.18 空间角频率为 k 和 $2k$ 的
两个单色光波的叠加

$$E = a_1\cos(kz + \beta_1) + a_2\cos(2kz + \beta_2)$$

式中,β_1 和 β_2 是对应于时间的常数。如果把三个或三个以上的不同频率的单色光波叠加,将得到更为复杂的波。既然两个或多个不同频率的单色光波叠加以后,形成比较复杂的波,很自然地我们就会联想到这样的问题:任意一个复杂波能否用若干个振幅、波长和位相经过适当选择的单色光波组合而成,或者说把复杂波分解成一组单色光波。事实上,这是完全可以做到的。下面我们来讨论复杂波的分析方法——傅里叶分析法,分别对周期性和非周期性复杂波两种情况加以讨论。

2.5.1 周期性波的分析

所谓周期性波,就是在无限连续并相等的时间和空间间隔内运动完全重复一次的波。图 2.18(c)所示的复杂波就是一种周期性波,它虽不具有简谐性,但明显地具有周期性:运动在一个空间周期内重复一次。这类波的分析可以应用数学上的**傅里叶级数定理**:具有空间周期 λ 的函数 $f(z)$ 可以表示成一些空间周期为 λ 的整分数倍(即 $\lambda, \lambda / 2, \lambda / 3$ 等)的简谐函数之和,其数学形式为

$$f(z) = a_0 + a_1\cos\left(\frac{2\pi}{\lambda}z + \beta_1\right) + a_2\cos\left(\frac{2\pi}{\lambda / 2}z + \beta_2\right) + \cdots \tag{2.51a}$$

或者写为

$$f(z) = a_0 + a_1\cos(kz + \beta_1) + a_2\cos(2kz + \beta_2) + \cdots \tag{2.51b}$$

式中,a_0, a_1, a_2 是待定常数,$k = 2\pi / \lambda$ 为空间角频率。

傅里叶级数定理还可以写成更为简洁的形式:由三角等式

$$a_n\cos(nkz + \beta_n) = A_n\cos nkz + B_n\sin nkz$$

式中，$A_n = a_n\cos\beta_n$，$B_n = -a_n\sin\beta_n$，因此式（2.51b）又可以写为

$$f(z) = \frac{A_0}{2} + \sum_{n=1}^{\infty}(A_n\cos nkz + B_n\sin nkz) \tag{2.52}$$

式中，第一项写成 $A_0/2$，纯粹是为了下面结果的统一。式（2.51b）和式（2.52）通常称为**傅里叶级数**，而 A_0,A_n,B_n 称为函数 $f(z)$ 的**傅里叶系数**，它们分别为

$$A_0 = \frac{2}{\lambda}\int_0^{\lambda}f(z)\mathrm{d}z, \quad A_n = \frac{2}{\lambda}\int_0^{\lambda}f(z)\cos nkz\mathrm{d}z, \quad B_n = \frac{2}{\lambda}\int_0^{\lambda}f(z)\sin nkz\mathrm{d}z \tag{2.53}$$

显然，如果 $f(z)$ 代表一个以空间角频率 k 沿 z 方向传播的周期性复杂波，那么式（2.51b）和式（2.52）就可以理解为：这个复杂波可以分解为许多振幅不同且空间角频率分别为 $k,2k,3k,\cdots$ 的单色光波。因此，如果给定某一个复杂波的函数形式，对它进行傅里叶分析，只需由式（2.53）决定它的各个分波的振幅即可。

下面举一个周期性矩形波的例子，矩形波的波形如图 2.19 所示（空间周期为 λ），在一个周期内它可用函数

$$f(z) = \begin{cases} 1 & 0 < z < \dfrac{\lambda}{2} \\[2mm] -1 & \dfrac{\lambda}{2} < z < \lambda \end{cases}$$

表示。因为 $f(z)$ 为一个奇函数，即 $f(z) = -f(-z)$，有 $A_0 = 0, A_n = 0$，而

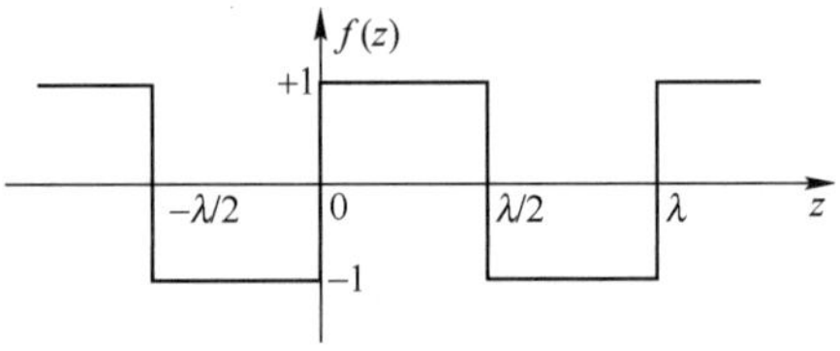

图 2.19 矩形波的波形

$$B_n = \frac{2}{\lambda}\int_0^{\lambda/2}1\times\sin nkz\mathrm{d}z + \frac{2}{\lambda}\int_{\lambda/2}^{\lambda}-1\times\sin nkz\mathrm{d}z$$

$$= \frac{1}{n\pi}\left[-\cos nkz\right]\Big|_0^{\lambda/2} + \frac{1}{\pi n}\left[\cos nkz\right]\Big|_{\lambda/2}^{\lambda} = \frac{2}{n\pi}(1 - \cos n\pi)$$

得到

$$B_1 = \frac{4}{\pi}, B_2 = 0, B_3 = \frac{4}{3\pi}, B_4 = 0, B_5 = \frac{4}{5\pi}, \cdots$$

因此，这个矩形波的傅里叶级数，或者说这个矩形波分解成的傅里叶简谐分波为

$$f(z) = \frac{4}{\pi}\left(\sin kz + \frac{1}{3}\sin 3kz + \frac{1}{5}\sin 5kz + \cdots\right) \tag{2.54}$$

上式右边第一项称为**基波**（它的空间角频率为 $k = 2\pi/\lambda$，空间频率为 $1/\lambda$，是基频），第二、第三项是三次谐波和五次谐波[空间频率 $m/\lambda(m\geqslant 2)$ 是谐频]。图 2.20 画出了基波和几个高次谐波的波形及它们叠加的结果，可以清楚地看出，随着叠加分波数目的增加，合成波的图形越来越接近于图 2.19 所示的矩形波。

通常用一种频谱图解的方法来表示傅里叶分析的结果：以横坐标表示空间角频率，纵坐标表示振幅，在对应于振幅不为零的频率位置引垂直线，使其长度等于相应频率的振幅值（以一定的标度为单位）。上述矩形波的分析，以频谱图解表示，就是一些离散的线，如图 2.21 所示。任何一个周期性复杂波的频谱图，都是一些离散的线谱，所以周期性复杂波的频谱是**离散频谱**。光谱仪器可以看做是一种傅里叶分析器，对入射光进行傅里叶分析，入射光所包含的不同频率的分波显示为光谱线。

傅里叶级数，即式（2.52）也可以表示为复数形式[见附录 B 的式（B.5）]

$$f(z) = \sum_{n=-\infty}^{\infty}C_n\exp(\mathrm{i}nkz) \tag{2.55}$$

其中系数

$$C_n = \frac{1}{\lambda}\int_{-\lambda/2}^{\lambda/2}f(z)\exp(-\mathrm{i}nkz)\mathrm{d}z \quad (n = 0, \pm 1, \pm 2, \cdots) \tag{2.56}$$

显然,级数[式(2.55)]中的每一项也都可以看成一个单色波,所以式(2.55)的意义仍然可以理解为周期性复杂波的分解。

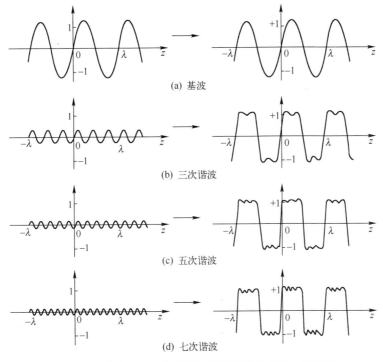

(a) 基波

(b) 三次谐波

(c) 五次谐波

(d) 七次谐波

图 2.20　基波和 n 个高次谐波的波形及它们叠加的结果

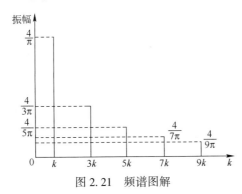

图 2.21　频谱图解

2.5.2　非周期性波的分析

这类波不是无限次地重复它的波形,而是只存在于一定的有限范围之内,在这个范围外,振动为零,因而呈现出**波包**的形状。图 2.22(a)～(c)所示就是三个不同形式的波包。这类波包的分析,不能利用傅里叶级数,必须利用傅里叶积分。分析的结果是,这类波包含无限多个振幅不同的简谐分波,任何两个"相邻"分波的频率相差无穷小,因此以频谱图解表示,将得到一条振幅-空间角频率的连续曲线(**连续频谱**)。图 2.22(d)～(f)就是与图 2.22(a)～(c)三个波包对应的频谱。

数学上的傅里叶积分定理是非周期性波包分析的依据,这个定理可以表述为:当非周期函数 $f(z)$ 满足一定的条件时(见附录 B),它可以用以下积分来表示:

$$f(z) = \frac{1}{2\pi} \int_{-\infty}^{\infty} A(k) \exp(ikz) \, \mathrm{d}k \tag{2.57}$$

其中

$$A(k) = \int_{-\infty}^{\infty} f(z) \exp(-ikz) \, \mathrm{d}z \tag{2.58}$$

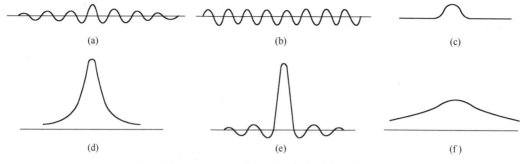

图 2.22　三个不同形式的波包及其频谱

称为非周期函数 $f(z)$ 的**傅里叶变换(频谱)**。显然,如果非周期函数 $f(z)$ 表示一个波包,那么傅里叶积分[式(2.57)]就可以理解为:一个波包可以分解成无限多个频率连续的、振幅随频率变化(频谱)且有式(2.58)所描述函数关系的简谐分波。而反过来也可以说,一个波包能够由这些单色波合成。

　　如果把图 2.22(a)~(c)所示三个波包的函数形式写出来,就可以按照式(2.58)计算它们的频谱。可以证明,它们将分别有图 2.22(d)~(f)所示的形式。现在以第二个波包(图 2.22(b))为例,设这个波的长度为 $2L$,在 $2L$ 长度范围内波的振幅 A_0 为常数,空间角频率 k_0 为常数。这种波与单色波不同,单色波是无限延伸的,而这种波只是单色波的一段,通常也称为**波列**。在 1.4 节中我们曾经指出,这种波列可视为发光原子一次辐射发出的波动的近似模型。根据波列的特征,如选择波列的中点为坐标原点,它的函数形式可以写为

$$f(z)=\begin{cases}A_0\exp(ik_0z) & -L\leqslant z\leqslant L\\ 0 & |z|>L\end{cases}$$

由式(2.58),它的傅里叶变换频谱(振幅函数)为

$$A(k)=A_0\int_{-L}^{L}\exp[-i(k-k_0)z]dz$$

$$=2A_0L\frac{\sin(k-k_0)L}{(k-k_0)L} \tag{2.59}$$

作频谱图解,即可得到如图 2.22(e)所示的曲线。振幅函数 $A(k)$ 的平方是强度函数

$$I(k)=\left[\frac{\sin(k-k_0)L}{(k-k_0)L}\right]^2 \tag{2.60}$$

上式略去了常数因子,它给出波列的傅里叶分波的强度分布,其曲线如图 2.23 所示。强度的第一个零值对应于 $\Delta k=k-k_0=\pm\pi/L$[这时 $\sin(k-k_0)L=0$]。实际上只有在空间角频率 $k_0-\dfrac{\Delta k}{2}\leqslant k\leqslant k_0+\dfrac{\Delta k}{2}$ 范围内(即 k_0 两边第一个零值之间频宽的一半),强度才有较显著的数值。所以可取

$$\Delta k=\pi/L \tag{2.61}$$

作为**有效空间角频率范围**,认为波列包含的诸分波的空间角频率处于这一范围内。又由于 $k=2\pi/\lambda$,因此上式又可以用空间周期(波长)表示为

$$\Delta\lambda=\frac{\lambda^2}{2L} \tag{2.62}$$

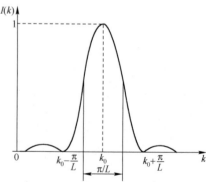

图 2.23　强度函数 $\left[\dfrac{\sin(k-k_0)L}{(k-k_0)L}\right]^2$ 曲线

上式表明,**波列长度 2L 和波列所包含的单色分波的波长范围成反比关系**,波列越短,波列所包含的单色分波的波长范围就越宽;相反,波列越长,波列所包含的单色分波的波长范围就越窄。当波列长度为无穷大时,$\Delta\lambda=0$,这就是单色光波。

由上面的讨论可以看出,由于原子发光近似地可以看成由一段段有限长的波列组成,所以实际光源发出的光波不应是理想单色的,它应含有一定的波长范围。在光学实验中,常常把发光原子发出的某一条谱线的光作为单色光,例如钠原子发出的 D 谱线(589nm 和 589.6nm)或镉原子发出的镉红线(643.8nm)。但是这些谱线都有一定的宽度,因而这种单色光在理论上只能说是"**准单色光**",即波长宽度与中心波长之比 $\Delta\lambda/\lambda\ll1$ 的光波。谱线的波长宽度以它的"半宽度"(如图 2.23 所示)来量度,与之对应的波列长度由式(2.62)表示。谱线宽度表示光波单色性的好坏,同样,光波的波列长度也是光波单色性好坏的量度,两种描述是完全等价的。

上述讨论是对某一时刻空间存在的波列所进行的分析,我们把波列写成空间坐标的函数,因此所做的分析可谓在"空间域"内进行的分析。如果在空间某一固定点考察在一定时间内通过该点的波列,也可以把波列写成时间的函数,并且在"时间域"内对波列进行傅里叶分析,如此我们也会得到类似的结果。设波列的持续时间为 Δt,那么可以证明,波列所包含的单色分波的时间频率范围为(习题 2.19)

$$\Delta\nu=1/\Delta t \tag{2.63}$$

因为 Δt 的大小与波列的长短对应,$\Delta\nu$ 的宽窄与 $\Delta\lambda$ 的宽窄对应,所以上式也可做类似于式(2.62)的解释。因此,波列持续时间 Δt 的大小也是光波单色性好坏的量度。

[**例题 2.7**] 试求图 2.24 所示的周期性锯齿波的傅里叶级数表示式,并绘图表示头 4 个傅里叶分波及其相加对锯齿波的贡献。

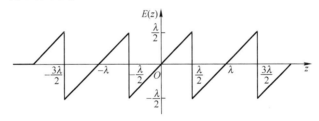

图 2.24 周期性锯齿波

解:图 2.24 所示锯齿波在一个周期 $\left[-\dfrac{\lambda}{2},\dfrac{\lambda}{2}\right]$ 内的函数式为 $E(z)=z$,由于 $E(z)$ 为一个奇函数,故傅里叶系数 $A_0=0,A_n=0$,而

$$B_n=\frac{2}{\lambda}\int_{-\lambda/2}^{\lambda/2}z\sin nkz\mathrm{d}z=\frac{2}{\lambda}\left[\frac{\sin nkz}{(nk)^2}-\frac{z\cos nkz}{nk}\right]\Bigg|_{-\lambda/2}^{\lambda/2}$$

注意到 $k=2\pi/\lambda$,可得到

$$B_n=-\frac{2}{nk}\cos n\pi$$

因此

$$B_1=\frac{2}{k},B_2=-\frac{1}{k},B_3=\frac{2}{3k},B_4=-\frac{1}{2k},\cdots$$

故所求的傅里叶级数表示式为

$$E(z)=\frac{2}{k}\left(\sin kz-\frac{1}{2}\sin 2kz+\frac{1}{3}\sin 3kz-\frac{1}{4}\sin 4kz+\cdots\right)$$

头 4 个傅里叶分波及其相加(Σ_4)的图形如图 2.25 所示。如果所取分波的数目再增加,则它

们相加的结果将越来越接近锯齿波。

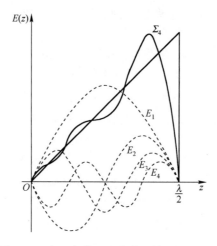

图 2.25　头 4 个傅里叶分波及其相加的图形

[例题 2.8]　试求图 2.26 所示的矩形脉冲的傅里叶分析,并绘出它的频谱图。

解:图 2.26 所示的矩形脉冲可表示为

$$E(z) = \begin{cases} 1 & -L \leqslant z \leqslant L \\ 0 & z < -L, z > L \end{cases}$$

$E(z)$ 为一非周期函数,因而可由如下的傅里叶积分表示:

$$E(z) = \frac{1}{2\pi} \int_{-\infty}^{\infty} A(k) \exp(ikz) \, dk$$

其中频谱(振幅函数)

$$A(k) = \int_{-\infty}^{\infty} E(z) \exp(-ikz) \, dz$$

$$= \int_{-L}^{L} \exp(-ikz) \, dz = 2 \frac{\sin kL}{k}$$

矩形脉冲的频谱是连续频谱,如图 2.27 所示。

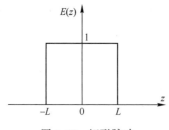

图 2.26　矩形脉冲

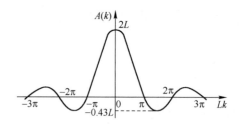

图 2.27　矩形脉冲频谱图

习　题

2.1　两个振动方向相同的单色波在空间某一点产生的振动分别表示为

$$E_1 = a_1 \cos(\alpha_1 - \omega t), \quad E_2 = a_2 \cos(\alpha_2 - \omega t)$$

若 $\omega = 2\pi \times 10^{15}$ Hz, $a_1 = 6$ V/m, $a_2 = 8$ V/m, $\alpha_1 = 0$, $\alpha_2 = \pi/2$,求该点的合振动表示式。

2.2 如图 2.28 所示,从 S_1 和 S_2 发出的电磁波的波长为 10m,两波在彼此相距很近的 P_1 和 P_2 点处的强度分别为 $9W/m^2$ 和 $16W/m^2$。若 $S_1P_1 = 2560m$,$S_1P_2 = 2450m$,$S_2P_1 = 3000m$,$S_2P_2 = 2555m$,问 P_1 和 P_2 两点处的电磁波的强度等于多少?(假设两波从 S_1 和 S_2 发出时同位相)。

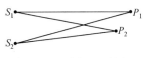

图 2.28 习题 2.2 用图

2.3 两个振动方向相同,沿 x 方向传播的波可表示为

$$E_1 = a\sin[k(x + \Delta x) - \omega t], \quad E_2 = a\sin(kx - \omega t)$$

试证明合成波的表达式为

$$E = 2a\cos\left(\frac{k\Delta x}{2}\right)\sin\left[k\left(x + \frac{\Delta x}{2}\right) - \omega t\right]$$

2.4 利用波的复数表达式求以下两个波的合成

$$E_1 = a\cos(kx + \omega t), \quad E_2 = -a\cos(kx - \omega t)$$

2.5 已知光驻波的电场为 $E_x(z,t) = 2a\sin kz\cos\omega t$,试导出磁场 $B(z,t)$ 的表达式,并绘出该驻波的示意图。

2.6 在维纳光驻波实验中,涂有感光乳胶膜的玻璃片的长度为 1cm。玻璃片一端与反射镜接触,另一端与反射镜相距 $10\mu m$。实验中测量出乳胶膜上两个黑纹的距离为 $250\mu m$,问所用光波的波长是多少?

2.7 有一束沿 z 方向传播的椭圆偏振光可以表示为

$$E(z,t) = \boldsymbol{x}_0 A\cos(kz - \omega t) + \boldsymbol{y}_0 A\cos\left(kz - \omega t - \frac{\pi}{4}\right)$$

试求偏振椭圆的方位角和椭圆长半轴及短半轴的大小。

2.8 一束角频率为 ω 的线偏振光沿 z 方向传播,其电矢量的振动面与 zx 平面成 $30°$ 角,试写出该线偏振光的表示式。

2.9 一个右旋圆偏振光在 $50°$ 角下入射到空气–玻璃界面(玻璃折射率 $n = 1.5$),试决定反射波和透射波的偏振状态。

2.10 确定其正交分量由下面两式表示的光波的偏振态:

$$E_x(z,t) = A\cos\left[\omega\left(\frac{z}{c} - t\right)\right], \quad E_y(z,t) = A\cos\left[\omega\left(\frac{z}{c} - t\right) + \frac{5}{4}\pi\right]$$

2.11 证明在电磁驻波中 E^2 的平均值取决于 z,而在简谐行波中 E^2 与 z 无关。

2.12 设平面波以 θ 角入射到一平面反射面(图 2.29),反射面的反射系数为 $r = r_0\exp(i\delta)$。

(1) 证明入射波和反射波的合成场可以表示为

$$E = (1 - r_0)A\cos\left[\omega\left(\frac{x\cos\theta - y\sin\theta}{c} - t\right) + \varphi\right] + 2r_0 A\cos\left[\omega\left(\frac{y\sin\theta}{c} - t\right) + \varphi + \frac{\delta}{2}\right]\cos\left[\omega\frac{x\cos\theta}{c} + \frac{\delta}{2}\right]$$

式中,A 为入射波的振幅,φ 为入射波的初位相。

(2) 解释该表示式的意义。

2.13 证明群速度可以表示为 $v_g = \dfrac{c}{n + \omega\left(\dfrac{dn}{d\omega}\right)}$。

2.14 试计算下列各情况的群速度:

(1) $v = \sqrt{\dfrac{g\lambda}{2\pi}}$(深水波,$g$ 为重力加速度) (2) $v = \sqrt{\dfrac{2\pi T}{\rho\lambda}}$(浅水波,$T$ 为表面张力,ρ 为质量密度)

(3) $n = a + \dfrac{b}{\lambda^2}$(柯西公式) (4) $\omega = ak^2$(a 为常数,k 为波数)

2.15 求图 2.30 所示的周期性三角波的傅里叶分析表达式,并绘出其频谱图。

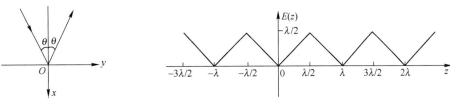

图 2.29 习题 2.12 用图   图 2.30 习题 2.15 用图

2.16 利用复数形式的傅里叶级数对图 2.19 所示的周期性矩形波做傅里叶分析。画出头三个傅里叶分波及其相加的图形。

2.17 试求图 2.31 所示的周期性矩形波的傅里叶级数表达式,并绘出它的频谱图。

2.18 求图 2.32 所示的三角形脉冲的傅里叶变换。

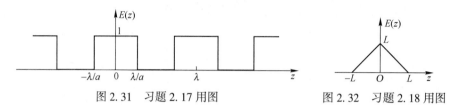

图 2.31 习题 2.17 用图 　　　　　图 2.32 习题 2.18 用图

2.19 原子在发光过程中,本身能量不断衰减,因此原子辐射的是一个衰减的电磁场,如图 2.33 所示,其电场可表示为

$$E(t)=\begin{cases} a\exp(-\alpha t)\exp(-\mathrm{i}\omega_0 t) & t>0 \\ 0 & t<0 \end{cases}$$

式中,α 为衰减因子($\alpha=\pi/\Delta t$)。试求这一衰减波的频谱函数和强度(功率谱)函数,并证明衰减波的频宽 $\Delta\nu=1/\Delta t$(Δt 是原子辐射时间)。

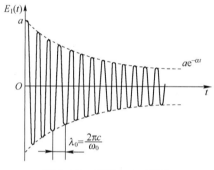

图 2.33 习题 2.19 用图

2.20 氪同位素 Kr^{86} 放电管发出的红光波长为 $\lambda=605.7\mathrm{nm}$,波列长度约为 $700\mathrm{mm}$,试求该光波的波长宽度和频率宽度。

2.21 某种激光的频宽 $\Delta\nu=5.4\times10^4\mathrm{Hz}$,问该激光的波列长度是多少?

第3章 光的干涉和干涉仪

光的干涉现象是指两个或多个光波(光束)在某区域叠加时,在叠加区域内出现的各点光强度稳定的强弱分布现象。光的干涉现象、衍射现象和偏振现象是波动过程的基本特征,是物理光学(波动光学)研究的主要对象。

由第2章的讨论我们已经知道,两个振动方向相同、频率相同的单色光波叠加时将发生干涉现象。但是实际光波不是理想单色光波,要使它们发生干涉必须利用一定的装置并让它们满足相干条件。由于使光波满足相干条件的途径有多种,因此相应地有多种干涉装置(干涉仪)。历史上最早(1802年)用实验方法研究光的干涉现象的人是杨氏(Thomas Young,1773—1829)。其后,菲涅耳等人用波动理论完满地说明了干涉现象的各项细节,至19世纪末干涉理论可谓已相当完善。20世纪30年代后,范西特(P. H. Van Cittert)和泽尼克(F. Zernike)等人发展了部分相干理论,使干涉理论进一步臻于完美。

光的干涉在科学技术上和生产上有着广泛的应用。例如,用干涉方法研究光谱线的超精细结构,精密测量长度、角度,检验光学零件的各种偏差,在光学零件表面镀膜增加或减少反射等。自激光问世后,由于有了亮度大、相干性好的光源,因此干涉方法的应用更为广泛。本章将讨论产生干涉的方法,一些典型干涉装置的原理,以及光干涉的应用。

3.1 实际光波的干涉及实现方法

3.1.1 相干条件

实际光波如何能满足相干条件,从而使它们叠加时能够发生干涉?为了说明这个问题,我们来看下面的实验。

如图3.1所示,S_1和S_2是两个并排的小孔,它们分别由两个貌似相同的光源照明,而从两个小孔发散出来的光在距离小孔不远的观察屏上相遇。实验表明,观察屏上的光强度总是等于每个光源单独照明时的光强度之和,无论如何都看不到光强度的强弱变化(亮暗干涉条纹)的现象。这种情况和我们熟知的将两支蜡烛或两盏电灯并排放在一起,让它们同时照在墙壁上,而永远看不到墙壁上光的亮暗变化的现象是一样的。

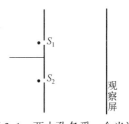

图3.1 两小孔各受一个光源
照明时屏上没有干涉条纹

但是,如果小孔S_1和S_2只受一个很小的"单色"光源(如仅开出一个小孔的钠光灯)照明,就立刻可以发现从两个小孔发散出的光在观察屏上产生亮暗干涉条纹。如果改用日光或白炽灯光先通过一个小孔再照明这两个小孔,在观察屏上会看到一些彩色干涉条纹。上述实验说明:两个独立的、彼此没有关联的普通光源发出的光波不会发生干涉[①];只有当两个光波是来自同一个光源,即由同一个光波分离出来的时候,它们才可能发生干涉。

为什么两个普通光源发出的光波不能产生干涉?这与普通光源的发光机理有关。我们知道,光源发光是由光源中大量原子、分子发射的,而原子、分子的发光过程是间歇的(1.4节)。原子、分子每次发光的持续时间约为10^{-9}s,在这段时间内原子或分子发射出一列光波,停顿若干时间后(停

---

① 普通光源在这里是指非激光光源。对于激光光源,由于它的相干性大大提高,现代已经能够实现两个独立激光束的干涉。

顿时间与持续时间有相同的数量级），再发射另一列光波。原子、分子前后发射的各列光波是独立的，相互间没有固定的位相和偏振关系。不同原子之间发出的波列也是独立的，同样没有固定的位相和偏振关系。这样一来，两个发光原子同时发出的波列所形成的干涉图样只能在极短的时间（$\approx 10^{-9}$s）内存在，另一时刻将代之以对应于另一个位相差的干涉图样，在通常的观察和测量时间内干涉图样的更迭几乎为无穷多次，目前任何一种接收器都不可能反应得这样快以致察觉到这些图样的更迭。接收器记录到的只是光强度 I 的时间平均值，就像人眼不能察觉交流电所供给的白炽灯的亮度变化，只能看到某一不变的平均亮度一样。

为了求出光强度 I 的时间平均值，我们来考察上述实验中两光波叠加区域内的某一点 P 的光强度（图 3.2）。假设两个波的振动方向相同，频率相同，那么在波列通过的极短时间内，P 点的合光强度为[见式(2.5)]

$$I = a_1^2 + a_2^2 + 2a_1a_2\cos\delta$$

式中，a_1 和 a_2 分别为两个波列的振幅，δ 为它们的位相差。在观测时间 τ 内，应该有许多对波列通过 P 点，并且每对波列都可能产生不同的光强度，因此在 P 点观测到的光强度是时间 τ 内的平均光强度，即

$$\langle I \rangle = \frac{1}{\tau} \int_0^\tau I \mathrm{d}\tau$$
$$= \frac{1}{\tau} \int_0^\tau (a_1^2 + a_2^2 + 2a_1a_2\cos\delta) \mathrm{d}\tau$$
$$= a_1^2 + a_2^2 + 2a_1a_2 \frac{1}{\tau} \int_0^\tau \cos\delta \mathrm{d}\tau$$

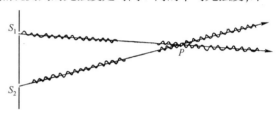

图 3.2　一对波列通过空间某点 P

如果在时间 τ 内各时刻到达的波列的位相差 δ 无规则地变化，那么 δ 将多次经历 0 与 2π 之间的一切数值，这样上式的积分

$$\frac{1}{\tau} \int_0^\tau \cos\delta \mathrm{d}\tau = 0$$

因此

$$\langle I \rangle = a_1^2 + a_2^2 = I_1 + I_2$$

即 P 点的平均光强度恒等于两叠加光波的光强度之和。因为 P 点是任意的，因此叠加区域内光强度处处都等于 $I_1 + I_2$，不发生干涉现象。两个独立光源发出的光波的叠加，便是这种情况。但是，如果在任意 P 点叠加的两个光波的位相是有着紧密联系的，使得在观测时间 τ 内，它们的位相差固定不变，则有

$$\frac{1}{\tau} \int_0^\tau \cos\delta \mathrm{d}\tau = \cos\delta$$

因此

$$\langle I \rangle = a_1^2 + a_2^2 + 2a_1a_2\cos\delta$$

或者写成

$$\langle I \rangle = I_1 + I_2 + 2\sqrt{I_1 I_2}\cos\delta \qquad (3.1)$$

这表示 P 点的平均光强度取决于两光波在 P 点的位相差 δ，它可以大于、小于或等于两光波的光强度之和（$I_1 + I_2$）。因为叠加区域内不同的点有不同的位相差，所以不同的点将有不同的光强度，这正是两光波产生干涉的情况。由此可以得出结论：两叠加光波的**位相差固定不变**，这是产生干涉的**必要条件**。

应该指出，式(3.1)是在假设两叠加光波的振动方向和频率相同的两个条件下得出的。若两叠加光波的振动方向互相垂直或频率不同，根据第 2 章 2.3 节和 2.4 节的讨论，在叠加区域内各点的平均光强度恒等于两光波的光强度之和，不会发生干涉现象[①]。所以，两光波发生干涉的**必要条件也应包括这两个条件**。

---

① 当两叠加光波的频率不同时，据式(2.47a)，合光强度为（设 $a_1 = a_2$）

$$I = 4a^2 \cos^2(k_m z - \omega_m t)$$

平均光强度为

$$\langle I \rangle = \frac{1}{\tau} \int_0^\tau 4a^2 \cos^2(k_m z - \omega_m t) \mathrm{d}t = 2a^2$$

有一种情况值得注意：如图 3.3 所示，两叠加光波的振动方向之间有一夹角 α。根据上述两个光波振动方向相同才能发生干涉的条件，可知只有 E_1 的平行于 E_2 的分量 E_{1p} 才能与 E_2 发生干涉（或 E_2 的平行于 E_1 的分量 E_{2p} 才能与 E_1 干涉），而 E_1 的垂直于 E_2 的分量 E_{1s} 不能与 E_2 发生干涉。E_{1s} 将在观察屏幕上造成均匀照度，不利于干涉图样的观测。不过，一般情况下 α 极小，因而 E_{1s} 的影响极微。

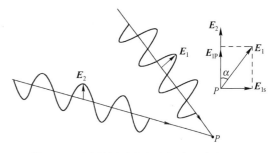

图 3.3　两光波振动方向之间有一夹角 α

以上所述两个光波发生干涉的三个必要条件，即振动方向相同、频率相同和位相差恒定，通常称为**相干条件**，满足这三个条件的光波称为**相干光波**，相应的光源称为**相干光源**。

从前面的讨论我们已经知道，两个独立的光源（即便是两个独立的发光原子）发出的光波不能产生干涉，因为它们无论如何都不能满足相干条件。因此，为获得两个相干光波，只能利用同一个光源，或者确切地说利用同一个发光原子（一般称发光"点"）发出的光波，并通过具体的干涉装置使之分成两个光波，就像本节开头所述的利用一个很小的光源照明两个小孔，从两个小孔发散出两个光波一样。在这种情况下，两个光波是从同一个点光源发出的光波中分离出来的，它们就会满足相干条件。比如，考察它们的位相差：当原子每次辐射的波列的初位相改变时，两个光波的初位相也相应改变，因此两个光波在相遇点的位相差在原子重复辐射时仍保持不变，相干条件得到满足。

3.1.2　光波分离方法

将一个光波分离成两个相干光波，一般有两种方法。一种方法是让光波通过并排的两个小孔（如上述实验）或利用反射和折射方法把光波的波前分割为两个部分（见 3.3 节），这种方法称为**分波前法**。另一种方法是利用两个部分反射的表面通过振幅分割产生两个反射光波或两个透射光波（见 3.6 节），这种方法称为**分振幅法**。根据两种方法的不同，相应地可以把产生干涉的装置分为两类：分波前装置和分振幅装置。前者只容许使用足够小的光源，而后者可以使用扩展光源，因而可获得光强度较大的干涉效应。后一类装置在实际应用中最为重要，几乎所有实用的干涉仪都属于这一类装置。

应该指出，对于从一个光波分离出的两个光波，只有当它们通过的光程差不是太大时，它们才可能满足位相差恒定的条件，从而发生干涉。这是因为光源辐射的光波是一段段有限长的波列，进入干涉装置的每个波列也都分成同样长的两个波列，当它们到达相遇点的光程差大于波列长度时，这两个波列就不能相遇。这时相遇的是对应于光源前一发光时段和后一发光时段发出的波列，这样的一对波列已无固定的位相关系，因此不能发生干涉。由此可见，为了使两光波满足相干条件而发生干涉，必须利用光源同一发光时段发出的波列，具体的干涉装置为了保证这一条件的实现，**必须使光程差小于光波的波列长度**。各种光源发出的光波的波列长度并不相同。在激光出现之前，最好的单色光波是氪同位素 Kr^{86} 放电管发出的橙色光（605.78nm），其波列长度约为 70cm；其次是镉红光（643.8nm），其波列长度约为 30cm。白光的波列长度最短，约为几个可见光波长。因此，若利用氪橙光产生干涉，最大光程差不能大于 70cm。利用镉红光，最大光程差不可大于 30cm。而用白光时，只有在零光程差附近才能发生干涉。激光的波列长度可以比氪橙光和镉红光长得多，所以利用激光器作为光源，就可以在很大的光程差下发生干涉。

本节讨论了产生光波干涉的三个基本条件和一个补充条件(光程差小于波列长度),这个补充条件实际上也是为了保证三个基本条件得以实现。此外,还有一些其他条件,例如对光源大小的限制等,我们将在后面讨论。

3.2　杨氏干涉实验

杨氏干涉实验是利用分波前法产生干涉的最著名的例子。通过对这一实验的分析,可以了解分波前法干涉的一些共同的特点。杨氏干涉实验装置如图 3.4 所示,S 是一个受光源照明的小孔,从 S 发散出的光波射在光屏 A 的两个小孔 S_1 和 S_2 上,S_1 和 S_2 相距很近,且到 S 等距;从 S_1 和 S_2 分别发散出的光波是由同一光波分出来的,所以是相干光波,它们在距离光屏 A 为 D 的屏幕 E 上叠加,形成一定的干涉图样。

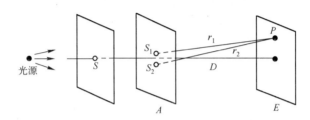

图 3.4　杨氏干涉实验装置

3.2.1　干涉图样的计算

为简化计算,本节先假设 S 及 S_1 和 S_2 是单色点光源,在 3.4 节里再讨论光源不是单色点光源时对干涉图样的影响。考察屏幕 E 上某一点 P,从 S_1 和 S_2 发出的光波在该点叠加产生的光强度,根据式(3.1)有

$$I = I_1 + I_2 + 2\sqrt{I_1 I_2}\cos\delta$$

式中,I_1 和 I_2 分别是两光波在屏幕 E 上的光强度,δ 是位相差。若实验装置中 S_1 和 S_2 两个小孔大小相等,则有 $I_1 = I_2 = I_0$。另外,由于 S_1 和 S_2 到 S 等距,所以 S_1 和 S_2 处光波的振动同位相,在 P 点叠加光波的位相差就只依赖于 S_1 和 S_2 到 P 点的光程差了。设 S_1 和 S_2 到 P 点的距离分别为 r_1 和 r_2,那么 P 点的光程差 $\mathscr{D} = n(r_2 - r_1)$,因而位相差

$$\delta = 2\pi\frac{n(r_2 - r_1)}{\lambda}$$

式中,n 为介质的折射率,λ 为光波在真空中的波长。在空气介质中,$n \approx 1$,上式化为

$$\delta = 2\pi\frac{r_2 - r_1}{\lambda}$$

因此 P 点的光强度表达式可以写为

$$I = 2I_0 + 2I_0\cos\left[2\pi\frac{r_2 - r_1}{\lambda}\right] = 4I_0\cos^2\left[\frac{\pi(r_2 - r_1)}{\lambda}\right] \tag{3.2}$$

可见,P 点的光强度取决于 S_1 和 S_2 到 P 点的光程差。以整个屏幕来说,当一些点满足条件

$$\mathscr{D} = r_2 - r_1 = m\lambda \qquad m = 0, \pm 1, \pm 2, \cdots \tag{3.3}$$

时,它们的光强度有极大值 $I = 4I_0$;当另一些点满足条件

$$\mathscr{D} = r_2 - r_1 = \left(m + \frac{1}{2}\right)\lambda \qquad m = 0, \pm 1, \pm 2, \cdots \tag{3.4}$$

时,这些点的光强度有极小值 $I = 0$。其余的点,光强度在 0 和 $4I_0$ 之间。

为了确定屏幕上极大强度点和极小强度点的位置,选取直角坐标系 $O-xyz$,坐标系的原点 O 位于 S_1 和 S_2 连线的中心,x 轴的方向为 S_1S_2 连线的方向,如图 3.5 所示。假定屏幕上任意点 P 的坐标为 (x, y, D),那么 S_1 和 S_2 到点 P 的距离 r_1 和 r_2 可分别写为

$$r_1 = S_1 P = \sqrt{\left(x - \frac{d}{2}\right)^2 + y^2 + D^2} \tag{3.5a}$$

$$r_2 = S_2 P = \sqrt{\left(x + \frac{d}{2}\right)^2 + y^2 + D^2} \tag{3.5b}$$

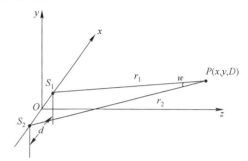

图 3.5 杨氏干涉计算中坐标系的选取

式中,d 是 S_1 和 S_2 之间的距离。由上面两式可以得到

$$r_2^2 - r_1^2 = 2xd$$

因此光程差

$$\mathscr{D} = r_2 - r_1 = \frac{2xd}{r_1 + r_2} \tag{3.6}$$

实际中,$d \ll D$,这时如果 x 和 y 也比 D 小得多(即只在 z 轴附近观察),则可用 $2D$ 代替 $r_1 + r_2$,其误差不会太大。例如,在典型情况下,$d = 0.02\text{cm}$,$D = 50\text{cm}$,$x = 0.5\text{cm}$,$y = 0.5\text{cm}$,有

$$r_1 + r_2 = \left(\sqrt{(0.49)^2 + (0.5)^2 + (50)^2} + \sqrt{(0.51)^2 + (0.5)^2 + (50)^2}\right) \approx 100.005 \text{ cm}$$

可见以 $2D$ 代替 $r_1 + r_2$,误差在 0.005% 以内。在这一近似下,式(3.6)变为

$$\mathscr{D} = r_2 - r_1 = xd/D \tag{3.7}$$

由式(3.3),屏幕上极大强度点的位置取决于条件

$$x = \frac{mD\lambda}{d} \qquad m = 0, \pm 1, \pm 2, \cdots \tag{3.8}$$

而由式(3.4),极小强度点的位置取决于条件

$$x = \left(m + \frac{1}{2}\right)\frac{D\lambda}{d} \qquad m = 0, \pm 1, \pm 2, \cdots \tag{3.9}$$

这表明屏幕上 z 轴附近的干涉图样是由一系列平行等距的亮带和暗带组成的,这些亮带和暗带通常称为**干涉条纹**(图 3.6(a)),条纹的走向与 S_1 和 S_2 的连线方向(x 轴)相垂直。在干涉条纹中,极大强度和极小强度之间是逐渐变化的。由式(3.2)和式(3.7),可以得到条纹的光强度变化规律——光强度分布式

$$I = 4I_0 \cos^2\left[\frac{\pi xd}{\lambda D}\right] \tag{3.10}$$

可见条纹的光强度沿 x 方向做余弦平方变化,其曲线如图 3.6(b)所示。

干涉条纹可以用条纹的**干涉级 m** 表征,其值等于 $\mathscr{D}/\lambda$。亮条纹中最亮点的干涉级为整数,暗

(a)干涉条纹

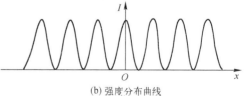

(b)强度分布曲线

图 3.6 杨氏干涉条纹

条纹中最暗点的干涉级为半整数。实际上,常常用整数干涉级代表亮条纹的干涉级,而用半整数干涉级代表暗条纹的干涉级。

相邻两个亮条纹或两个暗条纹之间的距离称为**条纹间距**。由式(3.8),可得到条纹间距

$$e = \frac{mD\lambda}{d} - \frac{(m-1)D\lambda}{d} = \frac{D\lambda}{d} \tag{3.11}$$

r_1 和 r_2 的夹角 w(图3.5)称为相干光束的**会聚角**;在 $d \ll D$,$x,y \ll D$ 的情况下,$w \approx d / D$,因此上式又可以用会聚角表示为

$$e = \lambda / w \tag{3.12}$$

它表明,**条纹间距与会聚角成反比**。因此干涉实验中为了得到间距足够宽的条纹,应使 S_1 和 S_2 之间的距离尽可能小。另外,条纹间距与光波波长成正比,波长较长的光,其条纹较疏。这样,当用白光做实验时,屏幕上只有零级条纹(干涉级 $m=0$,对应于 $x=0$ 的位置)是白色的(各色光都是干涉加强,组合在一起仍为白色),在零级白色条纹的两边各有一条黑色条纹,黑色条纹之外就是彩色条纹。一般可以看到几个彩色条纹。

杨氏干涉实验是测定光波波长的最早期方法之一。根据式(3.11),如在实验中测出 D、d 和 e,便可计算出波长 λ。

3.2.2 等光程差面与干涉条纹形状

应该指出,在屏幕上得到等距的直线干涉条纹是有条件的,即 $d \ll D$,并且在 z 轴附近的小范围内观察。但是,屏幕的位置实际上是可以在 S_1 和 S_2 发出的两个光波的交叠区域内任意放置的;在屏幕任意放置的情况下,一般得不到等距的直线条纹。此时要知道条纹的形状,可以先求出两点光源干涉的那些等光程差点在空间的轨迹,因为干涉条纹实际上就是屏幕与那些等光程差点的空间轨迹的交线[①]。可以证明,两点光源干涉的等光程差点在空间的轨迹是一个回转双曲面,这一结论只要我们写出等光程差的条件便可以看出。参见图3.5,设任意考察点 P 的坐标为 (x,y,z),则有

$$r_1 = \sqrt{\left(x - \frac{d}{2}\right)^2 + y^2 + z^2}, \quad r_2 = \sqrt{\left(x + \frac{d}{2}\right)^2 + y^2 + z^2}$$

因此光程差可以表示为

$$\mathscr{D} = r_2 - r_1 = \sqrt{\left(x + \frac{d}{2}\right)^2 + y^2 + z^2} - \sqrt{\left(x - \frac{d}{2}\right)^2 + y^2 + z^2}$$

消去根号,化简即可得到等光程差点的空间轨迹(等光程差面)的方程式

$$\frac{x^2}{\left(\dfrac{\mathscr{D}}{2}\right)^2} - \frac{y^2 + z^2}{\left(\dfrac{d}{2}\right)^2 - \left(\dfrac{\mathscr{D}}{2}\right)^2} = 1 \tag{3.13}$$

将 $\mathscr{D} = m\lambda$ 代入,得到

$$\frac{x^2}{\left(\dfrac{m\lambda}{2}\right)^2} - \frac{y^2 + z^2}{\left(\dfrac{d}{2}\right)^2 - \left(\dfrac{m\lambda}{2}\right)^2} = 1 \tag{3.14}$$

此式表示等光程差面是一组以 m 为参数的回转双曲面族,x 轴为回转轴。图3.7绘出了 $m=0$,±1,±2,±3 的等光程差面,$m=0$ 的等光程差面就是 $x=0$ 的平面。

---

① 在点光源干涉的情况下,考察点 P 的干涉强度不仅与 $\mathscr{D}$ 有关,还与 I_1 和 I_2 有关,而 I_1 和 I_2 分别与 r_1^2 和 r_2^2 成反比。因此,等光程差点和等光强度点的空间轨迹一般并不相同。但是,如果观察屏幕不大,且它到点光源的距离比两点光源之间的距离大得多,可以认为在屏幕上 $I_1 = I_2$,这时屏幕上的等光程差线就是等光强度线,即干涉条纹。

前面已经指出,在屏幕上见到的干涉条纹就是等光程差面与屏幕的交线。当屏幕设置在 z 轴方向上,且与 xOy 平面平行时,由式(3.14)可得到交线是一组双曲线。若只考察 z 轴附近的条纹,它们近似为直线(图3.8(a))。当屏幕安置在与 S_1 和 S_2 连线成一个角度的方向上时,条纹形状如图3.8(b)所示,它们略为弯曲且间距不等。如果屏幕安置在 S_1 和 S_2 连线的方向上,条纹为一组同心圆环,如图3.8(c)所示。

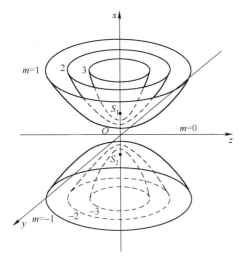

图3.7　等光程差面示意图

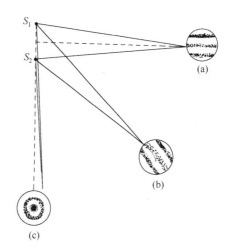

图3.8　条纹形状随屏幕位置的变化

在实际的杨氏干涉实验中,从 S_1 和 S_2 发散出的光波的发散角不大,两相干光波的交叠区域只限于 z 轴附近,所以实际上是在图3.8(a)所示位置观察到干涉条纹,条纹是一些平行等距的直线。

在两相干光波交叠的区域内观察干涉条纹,除了用屏幕,还可以用目镜放大或用照相物镜照相。在干涉仪理论中,常常把屏幕、目镜焦平面或照相底片所在的平面称为**干涉场**。以后在不特别指明观察方式时,我们使用干涉场这个名称。

[例题3.1]　在杨氏干涉实验中,两小孔的距离为0.5mm,观察屏幕离小孔的距离为1m。当以氦氖激光束照射两小孔时,测量出屏幕上干涉条纹的间距为1.26mm。计算氦氖激光的波长。

解:已知 $d=0.5\mathrm{mm}$,$D=1\mathrm{m}$,$e=1.26\mathrm{mm}$,代入式(3.11),得到
$$\lambda = ed/D = 1.26 \times 0.5 / 1000 = 630 \text{ nm}$$
更精确地测定光波波长的实验表明,氦氖激光的波长为632.8nm。

[例题3.2]　两个长100mm的抽成真空的气室置于杨氏干涉实验装置中的两小孔前(图3.9),当以波长为 $\lambda = 589\mathrm{nm}$ 的平行钠光通过气室垂直照明时,在屏幕上观察到一组稳定的干涉条纹。随后缓慢将某种气体注入气室 C_1,观察到条纹移动了50个,试讨论条纹移动的方向并求出注入气体的折射率。

解:(1) 由式(3.3)可以看出,两个相邻亮条纹的光程差之差为1个波长。假定图3.9中的 P_0 点和 P 点分别对应于零级和1级条纹位置,那么 $S_2P - S_1P = \lambda$。当气室 C_1 注入某种气体时,通过 C_1 和 S_1 到达 P 点的一条光路将增大光程,并且当光程增大1个波长时,P 点变成对于两条光路是等光程的。因此,零级条纹将从原来在 P_0 点的位置移至 P 点,我们可以发现条纹向上移动1个条纹。本例给出条纹组的移动量为50个条纹,这表示上光路的光程增大了50个波长,条纹组移动方向应是向上的方向。

(2) C_1 未注入气体时,平行钠光通过 C_1 和 C_2 到达 S_1 和 S_2 是等光程的。C_1 注入气体后,钠光到 S_1 和 S_2 的光程差为

$$\mathscr{D} = (n_g - n_v) \times 100\text{mm}$$

式中，n_g 为注入气体的折射率，n_v 为真空中的折射率，$n_v = 1$。由于 S_1 和 S_2 引入了光程差 $\mathscr{D}$，屏幕上各点的光程差也相应地发生变化。题中给出的条纹移动量为 50 个条纹，表示光程差的变化为

$$\mathscr{D} = 50\lambda$$

因此
$$(n_g - 1) \times 100 = 50 \times 589 \times 10^{-6}$$

$$n_g = \frac{50 \times 589 \times 10^{-6}}{100} + 1 = 1.000\ 294$$

[例题 3.3] 如图 3.10 所示，从 S_1 和 S_2 出发的两列同频平面波在 P 点相遇，试证明在 P 点两波的位相差为 $k\dfrac{xd}{D}$（假设两平面波在 S_1 和 S_2 同相）。

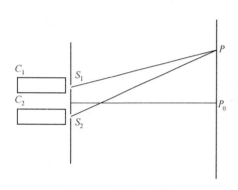

图 3.9　例题 3.2 用图

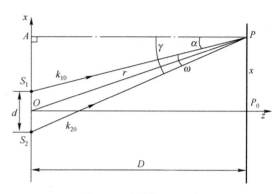

图 3.10　例题 3.3 用图

证: 设 S_1 和 S_2 出发的平面波波矢分别为 $\boldsymbol{k}_1$ 和 $\boldsymbol{k}_2$（图中 $\boldsymbol{k}_{10}$ 和 $\boldsymbol{k}_{20}$ 是它们的单位矢量），P 点的位置矢量为 $\overrightarrow{OP} = \boldsymbol{r}$，因此两平面波到达 P 点的场可以写为

$$E_1 = A_1 \cos(\boldsymbol{k}_1 \cdot \boldsymbol{r} - \omega t), \quad E_2 = A_2 \cos(\boldsymbol{k}_2 \cdot \boldsymbol{r} - \omega t)$$

其在 P 点的位相差
$$\delta = \boldsymbol{k}_2 \cdot \boldsymbol{r} - \boldsymbol{k}_1 \cdot \boldsymbol{r} = (\boldsymbol{k}_2 - \boldsymbol{k}_1) \cdot \boldsymbol{r}$$

因为 $k_1 = k_2 = k$，且 ω 角很小，故

$$|\boldsymbol{k}_2 - \boldsymbol{k}_1| \approx k\omega$$

又因为 $\tan\gamma \approx \gamma$，$\tan\alpha \approx \alpha$，于是

$$\omega = \gamma - \alpha \approx \frac{S_2 A}{D} - \frac{S_1 A}{D} = \frac{d}{D}$$

因此
$$\boldsymbol{k}_2 - \boldsymbol{k}_1 \approx \boldsymbol{x}_0 \frac{kd}{D}$$

式中，$\boldsymbol{x}_0$ 是 x 轴的单位矢量。所以

$$\delta = (\boldsymbol{k}_2 - \boldsymbol{k}_1) \cdot \boldsymbol{r} = \frac{kd}{D}\boldsymbol{x}_0 \cdot (\boldsymbol{x}_0 x + \boldsymbol{z}_0 z) = \frac{kxd}{D}$$

这一结果与本节讨论的 S_1、S_2 发出的球面波的计算结果完全相同。这是因为平面波可以视为所考察的区域不大，且离点光源很远这一情形下与球面波近似。

*3.3　分波前干涉的其他实验装置

分波前干涉装置的共同特点是，它们将点光源（实际上是很小的光源）发出的光波的波前分割

出两个部分,并使之在干涉场内叠加产生干涉。上述的杨氏干涉装置是这样,下面叙述的其他干涉装置也是这样。由干涉装置分割出的两部分光波,可以看做是由两个相干光源发出的,只要确定了这两个相干光源的位置及干涉场的位置,便可以应用上节的计算公式来计算干涉条纹。

1. 菲涅耳双面镜

菲涅耳双面镜由两块夹角很小的平面反射镜 M_1 和 M_2 组成,其装置如图 3.11 所示。由点光源 S 发出的光波受不透明光屏 K 阻挡,不能直接到达屏幕 E 上,光波经 M_1 和 M_2 反射被分为两束相干光波,它们投射到屏幕 E 上产生干涉条纹。所反射的两束相干光,可以看做是从 S 在双面镜中形成的两个虚像 S_1 和 S_2 发出的,因而 S_1 和 S_2 相当于一对相干光源。S_1 和 S_2 的位置可按反射定律确定。设双面镜交线在图面上的投影是 O 点,$SO = l$,则 $S_1O = S_2O = l$,所以 S_1S_2 的垂直平分线也通过 O 点。因此,S_1 和 S_2 之间的距离

$$d = 2l\sin\alpha \tag{3.15}$$

式中,α 是 M_1 和 M_2 的夹角。在确定了相干光源 S_1 和 S_2 的位置之后,即可利用 3.2 节的公式计算屏幕上的干涉条纹。由于双面镜的夹角 α 很小(通常小于 $1°$),所以 d 也很小,这样在屏幕上可得到间距较大的条纹。

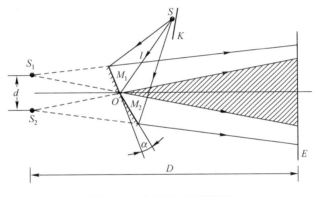

图 3.11 菲涅耳双面镜装置

2. 菲涅耳双棱镜

菲涅耳双棱镜装置如图 3.12 所示,它由两个相同的棱镜组成,两个棱镜的折射角 α 很小,一般约为 $30'$。从点光源 S 发出的光束,经双棱镜折射后分为两束,相互交叠产生干涉。两折射光波如同从棱镜形成的两个虚像 S_1 和 S_2 发出的一样,因而 S_1 和 S_2 可视为相干光源。设棱镜材料的折射率为 n,则棱镜对入射光束产生的角偏转近似为 $(n-1)\alpha$,因此 S_1 和 S_2 之间的距离为

$$d = S_1S_2 = 2l(n-1)\alpha \tag{3.16}$$

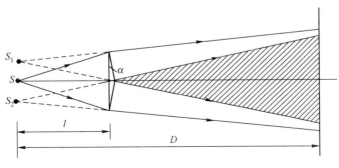

图 3.12 菲涅耳双棱镜装置

式中，l 是 S 到双棱镜的距离。由于棱镜的折射角 α 很小，所以 d 也很小。例如，在典型情况下，$n = 1.5$，$\alpha = 30' \approx 8.7 \times 10^{-3}\,\mathrm{rad}$，$l = 2\,\mathrm{cm}$，得到 $d = 0.017\,\mathrm{cm}$。若 $D = 50\,\mathrm{cm}$，$\lambda = 6 \times 10^{-5}\,\mathrm{cm}$，根据式（3.11），屏幕上条纹的间距

$$e = \frac{D\lambda}{d} = \frac{50 \times 6 \times 10^{-5}}{0.017} \approx 0.18\ \mathrm{cm}$$

3. 洛埃镜

洛埃镜装置比菲涅耳双面镜装置更加简单，仅应用一块平面镜的反射来获得干涉条纹，其装置如图 3.13 所示，点光源 S_1 放在离平面镜 M 相当远但接近镜平面的地方，S_1 发出的光波，一部分直接射到屏幕 E 上，另一部分以很大的入射角（接近于 $90°$）投射到平面镜 M 上，再反射到达屏幕 E。两部分光波是由同一光波分出来的，因而是相干光波，相应的相干光源是 S_1 及其在平面镜 M 中的虚像 S_2。S_1 和 S_2 之间的距离显然等于 S_1 到镜平面垂直距离的两倍。

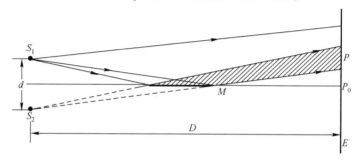

图 3.13　洛埃镜装置

在计算屏幕上的干涉效应时，应该注意洛埃镜装置与上述两个装置的区别：在洛埃镜装置中，两相干光波之一经平面镜反射时有了 π 的位相变化。在 1.7 节里，我们已经指出，这个效应称为"半波损失"。因此，在计算屏幕上某一点 P 对应的两束相干光的光程差时，要把反射光束半波损失引起的附加光程差 $\lambda/2$ 加进去。设 $S_1S_2 = d$，$PP_0 = x$（P_0 点为镜平面与屏幕的交线在图面上的投影），S_1S_2 到屏幕的距离为 D，则根据式（3.7），考虑了附加光程差后 P 点的光程差为[①]

$$\mathscr{D} = S_2P - S_1P = \frac{d}{D}x + \frac{\lambda}{2} \tag{3.17}$$

如果把屏幕移到与平面镜相接触的位置，P_0 点对应的光程差等于 $\lambda/2$，因此 P_0 点是一暗点，实验证实了这一点。这个事实也是光在光疏–光密介质分界面上反射时产生 π 的位相跃变这一结论的最早的实验证据。

4. 比累对切透镜

比累对切透镜是把一块凸透镜沿着直径方向剖开成两半做成的，两半透镜在垂直于光轴方向拉开一些距离，其间的空隙以光屏 K 挡住，如图 3.14 所示。点光源 S 由对切透镜形成两个实像 S_1 和 S_2，通过 S_1 和 S_2 射出的两光束在屏幕 E 上产生干涉条纹。在现在的情况下，S_1 和 S_2 就是一对相干光源。S_1 和 S_2 到对切透镜的距离 l' 可按几何光学中的成像公式

$$\frac{1}{l} + \frac{1}{l'} = \frac{1}{f} \tag{3.18}$$

---

　① 附加光程差可取正号，也可取负号，因为我们不可能确定反射时位相变化是超前或是滞后。以后凡遇到要考虑附加光程差时，我们均取正号。

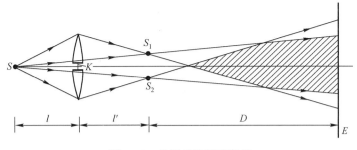

图 3.14　比累对切透镜装置

求出,式中 l 是 S 到透镜的距离,f 是透镜的焦距。S_1 和 S_2 之间的距离则可由下式求出:

$$d = a\frac{l + l'}{l} \tag{3.19}$$

式中,a 是两半透镜分开的距离。

在以上 4 个实验装置中,屏幕均安置成与两个相干光源 S_1 和 S_2 的垂直平分线正交,因此在屏幕上靠近垂直平分线的小范围内的条纹近似为等距直线条纹。不过,在第 4 个实验装置中,如果把对切透镜的安置稍加改变一下,就可以观察到半圆形条纹。如图 3.15(a)所示,把两半透镜沿光轴拉开一些距离,因此两半透镜所成的光源像 S_1 和 S_2 位于光轴上分开一定距离的两点,而通过上半透镜和下半透镜射出的两个相干光束的交叠区域局限在 S_1 和 S_2 之间。在交叠区域内,若屏幕 E 与 S_1S_2 垂直,根据前面关于条纹形状的讨论(见图 3.8),在屏幕上见到的应是同心半圆形条纹(见图 3.15(b))。这一实验装置称为**梅斯林装置**。

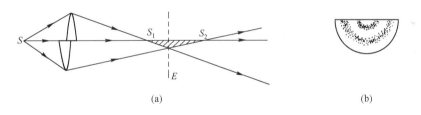

(a)　　　　　　　　　　　　　　　　(b)

图 3.15　梅斯林装置

还可以指出,在上述的几个装置中,除梅斯林装置外,干涉条纹的走向都是垂直于图面的,因此如果点光源沿垂直于图面方向扩展,或者说用一个垂直于图面的线光源代替点光源(实际上是用一个足够窄的狭缝光源代替点光源),应该不影响条纹在平行于 S_1S_2 连线的方向上的强度分布,式(3.10)仍然适用。但是,如果点光源或狭缝光源在 S_1S_2 的连线方向扩展,条纹的强度分布将发生变化,条纹变得越来越不清楚。当光源扩展到一定大小时,条纹完全消失。在 3.4 节我们将讨论条纹的清晰程度与光源大小的关系,以及影响条纹清晰程度的其他因素。

3.4　条纹的对比度

干涉场中某一点 P 附近的条纹的清晰程度用**条纹的对比度**(又称可见度)K 来量度,即

$$K = \frac{I_M - I_m}{I_M + I_m} \tag{3.20}$$

式中,I_M 和 I_m 分别为 P 点附近条纹的强度极大值和极小值。上式表明,对比度与条纹亮暗差别有关,也与条纹背景光强度有关。当 $I_m = 0$ 时,$K = 1$,对比度有最大值,这时条纹最清晰。这种情

况称为**完全相干**,3.3 节讨论的两个单色点光源(或线光源)所产生的条纹就是这种情况。当 $I_M = I_m$ 时,$K = 0$,条纹完全看不见,这是**非相干**情况。一般情况下的干涉,K 介于 0 和 1 之间,为**部分相干**。

条纹的对比度主要与三个因素有关:光源大小、光源非单色性和两相干光波的振幅比。下面分别对每一个因素的影响加以讨论,当论及某一个因素的影响时,把另外两个因素看成是理想的。

3.4.1 光源大小的影响

前面讲过,一个单色点光源通过干涉装置所形成的两个相干光源产生的干涉条纹的光强度分布如图 3.6(b)所示,条纹的对比度 $K = 1$,条纹最清晰。实际上光源不可能是理想的点光源,它总有一定的大小,包含着众多的点光源。每一个点光源在干涉装置中都可形成一对相干点光源,各对相干点光源在干涉场产生各自的一组条纹,并且由于各对点光源有不同的位置,所以各组条纹之间将产生位移。这样,干涉场的总光强度分布(各组条纹叠加的强度总和[①],如图 3.16 所示)就有别于图 3.6(b)所示的理想形状,暗条纹的光强度不再为零,因此条纹的对比度下降。当光源大到一定程度时,对比度可以下降到零,干涉条纹完全消失。下面稍详细分析一下光源大小对条纹对比度的影响。

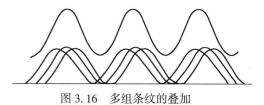

图 3.16 多组条纹的叠加

1. 光源的临界宽度

首先以杨氏干涉实验装置为例,求出对比度下降到零时光源的宽度——**临界宽度**。假设光源只包含两个光强度相等的发光点 S 和 S'(图 3.17),S 和 S' 在屏幕 E 上各自产生一组条纹,两组条纹间距相等,但彼此有位移。S 所产生的一组条纹,在 P_0 点是亮点(P_0 和 S 在 S_1 和 S_2 的垂直平分线上,故 P_0 点对应的两支光的光程差为零),而 S' 所产生的一组条纹,在 P_0 点的光强度取决于光程差 $S'S_2 - S'S_1$。若

$$S'S_2 - S'S_1 = \frac{1}{2}\lambda \qquad (3.21)$$

则 S' 在 P_0 点产生极小光强度,这表明 S' 和 S 两点光源产生的条纹彼此位移了半个条纹间距,如图 3.17 右边的曲线所示,实线表示 S 产生的条纹,虚线表示 S' 产生的条纹。这两组条纹相加,将使屏幕上处处光强度相等,因此不能观察到干涉条纹。

现在假定光源是以 S 为中心的扩展光源 $S'S''$(图 3.18),那么扩展光源所包含的每一个发光

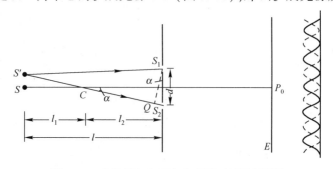

图 3.17 光源只包含两个点光源时的杨氏干涉

---

① 光源上不同的发光点发出的光波互不相干,光源产生的总光强度是各个点源产生的光强度之和。

点都在屏幕上产生自身的一组条纹,整个扩展光源产生的条纹就是每一个点光源产生的条纹相加的结果。如上所述,当扩展光源的边缘点 S' 到 S_1 和 S_2 的光程差等于 $\lambda/2$ 时,S' 和 S 产生的两组条纹相加形成均匀光强度。设这时扩展光源的宽度 $S'S''=b_c$,并且把扩展光源分成许多相距为 $b_c/2$ 的点对,显然每一点对产生的条纹相加都形成均匀光强度。因此整个扩展光源在屏幕上不产生条纹。这时光源的宽度即为**临界宽度**。

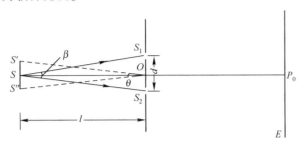

图 3.18 扩展光源的杨氏干涉

由图 3.17 的几何关系,不难求出临界宽度的关系式。因为

$$S'S_2 - S'S_1 \approx S_2Q \approx \alpha d \tag{3.22}$$

式中,Q 是 S_1 到 $S'S_2$ 连线的垂足,α 是 S_1Q 与 S_1S_2 的夹角,又有

$$\alpha \approx \frac{d/2}{l_2} = \frac{b_c/2}{l_1}$$

l_2 是 $S'S_2$ 与 S_1S_2 的垂直平分线的交点 C 到 S_1S_2 所在平面的距离,l_1 是 SC 的距离(图 3.17)。因此

$$l = l_1 + l_2 \approx \left(\frac{b_c}{2} + \frac{d}{2}\right)\frac{1}{\alpha}$$

或者

$$\alpha \approx \frac{b_c + d}{2l}$$

代入式(3.22),得到

$$S'S_2 - S'S_1 \approx \alpha d \approx \left(\frac{b_c + d}{2l}\right)d \approx \frac{b_c d}{2l} \tag{3.23}$$

式中略去了 d 的平方项 $\dfrac{d^2}{2l}$,因为一般干涉装置 $d \ll l$。根据前面的分析,光源的临界宽度 b_c 应满足下式:

$$\frac{b_c d}{2l} = \frac{\lambda}{2}$$

由此得到

$$b_c = \lambda l / d \tag{3.24a}$$

或者

$$b_c = \lambda / \beta \tag{3.24b}$$

式中,$\beta = d/l$(见图 3.18),称为**干涉孔径**,它是 S_1 和 S_2 对 S 的张角(一般地它定义为到达干涉场某一点的两束相干光从发光点发出时的夹角)。式(3.24b)和式(3.12)同样简单,在干涉仪理论中有着重要意义。另外,式(3.24b)虽然是从杨氏干涉实验装置推导出来的,但可以证明它也适用于前述的几种干涉装置,所以它是表示光源临界宽度和干涉孔径关系的一个普遍式子。

2. 条纹对比度随光源大小的变化

光源宽度小于临界宽度时,干涉场上条纹对比度随光源大小变化的总的趋势是,光源越大,条纹对比度越小。具体关系可通过推导扩展光源所产生的条纹的光强度分布公式得到。前面已经指出,扩展光源在干涉场上产生的光强度是它包含的各个发光点在干涉场产生的光强度之和。设想把光源分成许多无穷小的元光源,那么整个扩展光源产生的光强度便是这些无穷小元光源产生的光强度的积分。设每一个元光源的宽度为 dx(图 3.19),它们发出的光波通过 S_1 或 S_2 到达干涉场的光强度都为 $I_0 dx$。考察干涉场某一点 P,按照式(3.2)位于光源中点 S 的元光源在 P 点产生的光强度为

$$dI_s = 2I_0 dx \left(1 + \cos \frac{2\pi}{\lambda} \mathscr{D} \right) \tag{3.25a}$$

式中,$\mathscr{D}$ 是元光源发出的光波经 S_1 和 S_2 到达 P 点的光程差。对于距离 S 为 x 的 C 点处的元光源,它在 P 点产生的光强度为

$$dI = 2I_0 dx \left(1 + \cos \frac{2\pi}{\lambda} \mathscr{D}' \right) \tag{3.25b}$$

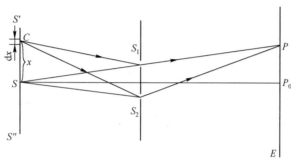

图 3.19 把扩展光源分成许多元光源

式中,$\mathscr{D}'$ 则是由 C 处元光源发出的经 S_1 和 S_2 到达 P 点的两束相干光的光程差。利用式(3.23)的结果,有

$$CS_2 - CS_1 \approx xd / l = x\beta$$

因此

$$\mathscr{D}' = \mathscr{D} + x\beta$$

所以式(3.25b)又可写为

$$dI = 2I_0 dx \left[1 + \cos \frac{2\pi}{\lambda} (\mathscr{D} + x\beta) \right]$$

于是,宽度为 b 的扩展光源在 P 点产生的光强度为

$$I = \int_{-b/2}^{b/2} 2I_0 \left[1 + \cos \frac{2\pi}{\lambda} (\mathscr{D} + x\beta) \right] dx$$

$$= 2I_0 b + 2I_0 \frac{\lambda}{\pi\beta} \sin \frac{\pi b\beta}{\lambda} \cos \frac{2\pi}{\lambda} \mathscr{D} \tag{3.26}$$

式中,第一项与 P 点的位置无关,表示干涉场的平均光强度;第二项表示干涉场的光强度周期性地随 $\mathscr{D}$ 变化。由于第一项表示的平均光强度随着光源宽度的增大而增强,而第二项不超过 $2I_0 \dfrac{\lambda}{\pi\beta}$,所以随着光源宽度的增大,条纹的对比度下降。由式(3.26),干涉场的极大强度为

$$I_M = 2I_0 b + \left| \frac{2I_0 \lambda}{\pi\beta} \sin \frac{\pi b\beta}{\lambda} \right|$$

极小强度为

$$I_m = 2I_0 b - \left| \frac{2I_0 \lambda}{\pi\beta} \sin \frac{\pi b\beta}{\lambda} \right|$$

因此条纹的对比度

$$K = \left| \frac{\lambda}{\pi b\beta} \sin \frac{\pi b\beta}{\lambda} \right| \tag{3.27}$$

图 3.20 给出了 K 随光源宽度 b 变化的曲线。可见随着 b 的增大,K 通过一系列极大值和零值逐渐趋于零(第一个零值后的极大值很小)。第一个零值对应于 $b = \lambda / \beta$,这时的光源宽度正是临界宽

度。这一结果与式(3.24)给出的结果相同。

一般认为,光源宽度不超过临界宽度的 $1/4$[①],条纹的对比度仍是很好的,由式(3.27)可算出这时的 $K \geqslant 0.9$。我们把这时的光源宽度称为**许可宽度**,有

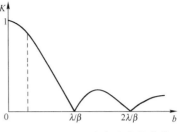

图 3.20　K 随光源宽度变化的曲线

$$b_p = \frac{b_c}{4} = \frac{\lambda}{4\beta} \qquad (3.28)$$

这个式子可用在干涉仪中计算光源宽度的容许值。

3. 空间相干性

考察扩展光源 $S'S''$ 照射与之相距为 l 的平面的情形(图 3.18),若通过平面上 S_1 和 S_2 两点的光在屏幕 E 再度会合时能够发生干涉,则称通过空间这两点的光具有**空间相干性**。显然,光的空间相干性与光源的大小有着密切的联系。当光源是点光源时,所考察平面上各点都是相干的;当光源是扩展光源时,平面上具有空间相干性的各点的范围与光源大小成反比。从前面的讨论已知,当光源宽度等于临界宽度,即

$$b = \lambda l / d \quad \text{或} \quad b = \lambda / \beta$$

时,通过 S_1 和 S_2 两点的光不发生干涉,通过这两点的光没有空间相干性。我们把这时 S_1 和 S_2 之间的距离称为**横向相干宽度**,以 d_t 表示,易见

$$d_t = \lambda l / b \qquad (3.29a)$$

或用扩展光源对 O 点(S_1 和 S_2 连线的中点)的张角 θ 表示(图 3.18)

$$d_t = \lambda / \theta \qquad (3.29b)$$

如果扩展光源是方形的(在垂直图面方向上宽度也为 b),则它照明的平面上的相干范围的面积(**相干面积**)为

$$A = d_t^2 = \left(\frac{\lambda}{\theta}\right)^2 \qquad (3.30)$$

理论证明,对于圆形光源,其照明的平面上的横向相干宽度与式(3.29b)表示的宽度只差一个系数 1.22,即

$$d_t = 1.22\lambda / \theta \qquad (3.31)$$

相应地,相干面积 $\qquad A = \pi\left(\frac{1.22\lambda}{2\theta}\right)^2 = \pi\left(\frac{0.61\lambda}{\theta}\right)^2 \qquad (3.32)$

例如,直径为 1mm 的圆形光源,若 $\lambda = 6 \times 10^{-4}$mm,在距离光源 1m 的地方,由式(3.31)算出的横向相干宽度约为 0.7mm。因此,小孔 S_1 和 S_2 的距离必须小于 0.7mm,S_1 和 S_2 才能产生干涉条纹(具有空间相干性)。与此对应的相干面积 $A \approx 0.38$mm^2。

利用空间相干性的概念,可以测量星体的角直径(星体直径对地面考察点的张角)。图 3.21 所示是为此目的设计的迈克耳孙测星干涉仪,图中 L 是望远镜物镜,D_1 和 D_2 是它的两个阑孔,M_1、M_2、M_3 和 M_4 是反射镜,其中 M_1 和 M_2 可以沿 D_1D_2 连线方向精密移动,它们起着类似于杨氏干涉实验装置中小孔 S_1 和 S_2 的作用。M_3 和 M_4 固定不动,它们把 M_1 和 M_2 反射来的光再向望远镜反射,在其物镜焦平面上两束光发生干涉。当以干涉仪对准某个星体时,如果逐渐增大 M_1 和 M_2 的

---

① 这时光源中两个边缘点在干涉场产生的条纹彼此位移不超过 $1/4$ 条纹间距,以光程差来说,两者对应的光程差相差不超过 $1/4$ 波长。

距离 d，就会发现焦平面上干涉条纹的对比度逐渐降低，并且当 $d = d_t = 1.22\lambda / \theta$ 时，对比度降为零，条纹完全消失。因此，只要测出这时 M_1 和 M_2 的距离 d_t，便可计算出星体的角直径 θ。例如，迈克耳孙（A. A. Michelson，1852—1931）在观察星体参宿四时，在 $\lambda = 570\text{nm}$ 情况下，测得 $d_t = 121\text{in}$（英寸），因此这颗星的角直径

$$\theta = \frac{1.22 \times 5.7 \times 10^{-5}}{121 \times 2.54} \approx 2.26 \times 10^{-7}\text{rad} \approx 0.047''$$

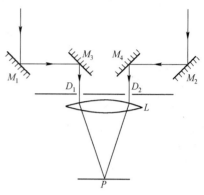

根据这颗星的已知距离，得出它的直径大约是太阳直径的 280 倍。

最后，应该指出，激光束有着极好的空间相干性，一般在激光束的整个横截面内都是空间相干的。因此，如果让激光束直接射到一个双孔（或双缝）装置上，只要光束覆盖两个小孔，在屏幕上就可以观察到清晰的干涉图样。激光束具有极好的空间相干性这一特点，是由产生激光的物理机制与普通光源完全不同所致的。关于这个问题，将在激光课程里阐明。

图 3.21　迈克耳孙测星干涉仪

3.4.2　光源非单色性的影响

前面已经指出，干涉实验中实际使用的所谓单色光源，并不是绝对单色的，它包含有一定的光谱宽度 $\Delta\lambda$。这种情况也会影响条纹的对比度，理由很简单，因为 $\Delta\lambda$ 范围内的每一种波长的光都生成各自的一组干涉条纹，且各组条纹除零干涉级外，相互间均有位移，与光源宽度的影响相仿，各组条纹重叠的结果使条纹对比度下降。

1. 相干长度

波长范围从 λ 到 $\lambda + \Delta\lambda$ 的各种波长的条纹光强度叠加如图 3.22(a) 所示，这里假设各个波长的光强度相等。图 3.22(a) 下部实线表示波长 $\lambda + \Delta\lambda$ 的条纹，虚线表示波长 λ 的条纹，两组条纹的相对移动量随光程差 $\mathscr{D}$ 的增大而增大。λ 到 $\lambda + \Delta\lambda$ 内各种波长条纹的光强度总和如图 3.22(a) 中上部曲线所示。容易看出，条纹对比度随光程差增大而下降，最后降为零，完全看不清条纹。由于光源都有一定的光谱宽度 $\Delta\lambda$，这实际上是限制了所产生清晰条纹的光程差。

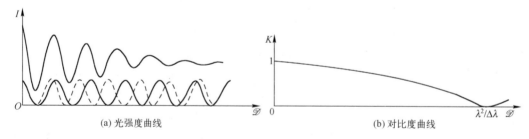

图 3.22　光源非单色性对条纹的影响

对于光谱宽度为 $\Delta\lambda$ 的光源，能产生干涉条纹的最大光程差称为**相干长度**。通过上面的分析，不难求出相干长度与 $\Delta\lambda$ 的关系。假定在某一光程差下，波长为 $\lambda + \Delta\lambda$ 的第 m 级条纹和波长为 λ 的第 $m + 1$ 级条纹重合，即这两种波长条纹的相对移动量达到一个条纹宽度，那么波长为 $\lambda + \Delta\lambda$ 的第 m 级和第 $m - 1$ 级条纹（两极大强度）之间便充满 $\Delta\lambda$ 范围内其他波长的条纹（见图 3.23），因而该处各点光强度相等，条纹对比度降为零，无法看到条纹。但光程差比较小的第 m 级以下的条

纹对比度尚不为零,因为不同波长条纹的极大值还没有发生重叠。所以,波长为 $\lambda + \Delta\lambda$ 的第 m 级条纹和波长为 λ 的第 $m + 1$ 级条纹重合时的光程差就是相干长度,即

$$\mathscr{D}_{\max} = (m + 1)\lambda = m(\lambda + \Delta\lambda)$$

由此得到条纹对比度降为零时的干涉级

$$m = \lambda / \Delta\lambda \qquad (3.33)$$

故

$$\mathscr{D}_{\max} = \lambda^2 / \Delta\lambda \qquad (3.34)$$

上式表明,能够发生干涉的最大光程差(即相干长度)与光源的光谱宽度成反比。光源的光谱宽度越小,就能够在更大的光程差下观察到干涉条纹。例如,用白

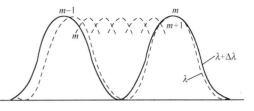

图 3.23 λ 和 $\lambda + \Delta\lambda$ 范围内各个波长的条纹分布

光作为光源时,若用眼睛直接观察干涉条纹,白光源的光谱宽度约为 150nm[①],而由式(3.34)算出的相干长度约为 3~4 个波长。当用氪灯作为光源时,氪橙线的光谱宽度约为 4.7×10^{-4} nm,相干长度约为 700mm。

另外,应该注意到,式(3.34)和波列长度的关系式(2.62)完全相同,这表明相干长度实际上等于波列长度。在 3.1 节里,曾利用波列长度的概念讨论过能够观察到干涉现象的最大光程差,得到最大光程差等于波列长度的结论,现在又利用光谱宽度进行讨论,并得到了同样的结果,这说明利用波列长度和光谱宽度的概念来讨论干涉问题是完全等效的。

2. 条纹对比度与 $\Delta\lambda$ 和 $\mathscr{D}$ 的关系

由前面的分析可知,光源的光谱宽度 $\Delta\lambda$ 将使条纹对比度 K 随光程差 $\mathscr{D}$ 的增大而下降。下面我们来求出 K 与 $\Delta\lambda$ 和 $\mathscr{D}$ 的关系。为简单起见,假设在 $\Delta\lambda$ 内各个波长的光强度相等,或者以波数 $k = 2\pi / \lambda$ 表示(为下面计算方便,以波数表示),在 Δk 宽度内不同波数的光谱成分的光强度相等(见图 3.24)。因此,根据式(3.2),元波数宽度 dk 在干涉场产生的光强度为

$$dI = 2i_0 dk(1 + \cos k\mathscr{D})$$

式中,i_0 表示光强度的谱密度,即单位谱宽光波在干涉场的光强度。在现在的假设条件下,它是常数。$i_0 dk$ 则是一束光在 dk 元宽度内的光强度。因为不同光谱成分的光波是不相干的,它们叠加时要做光强度相加,因此 Δk 宽度内各个光谱成分产生的总光强度为(设 Δk 内各光谱成分的平均波数为 k_0)

$$I = \int_{k_0 - \frac{\Delta k}{2}}^{k_0 + \frac{\Delta k}{2}} 2i_0(1 + \cos k\mathscr{D}) dk$$

$$= 2i_0 \Delta k \left[1 + \frac{\sin\left(\Delta k \dfrac{\mathscr{D}}{2}\right)}{\Delta k \dfrac{\mathscr{D}}{2}} \cos(k_0 \mathscr{D}) \right] \qquad (3.35)$$

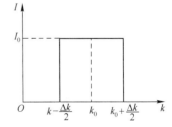

图 3.24 Δk 范围内各光谱成分的光强度相等

上式第一项是常数,表示干涉场的平均光强度;第二项随 $\mathscr{D}$ 大小变化,但变化的幅度越来越小,如图 3.22(a)所示。由上式可得

$$K = \left| \frac{\sin\left(\Delta k \dfrac{\mathscr{D}}{2}\right)}{\Delta k \dfrac{\mathscr{D}}{2}} \right| \qquad (3.36)$$

对比度曲线如图 3.22(b)所示。可以看出，当 $\mathscr{D}$ 由零开始增大时，K 由 1 开始逐渐减小。当 $\mathscr{D}$ 增大到 $\mathscr{D} = \dfrac{2\pi}{\Delta k} = \dfrac{\lambda^2}{\Delta \lambda}$ 时，K 减小到零。这时的 $\mathscr{D}$ 就是能够产生干涉现象的最大光程差，即相干长度。这里得到的结果与前面分析给出的结果[式(3.34)]完全相同。

应该指出，我们这里假定在 $\Delta\lambda$（或 Δk）内的光谱强度分布为等强度分布(矩形分布)是不实际的，通常光源的光谱强度分布有类似于图 2.23 所示的形状。显然，如果知道光谱强度分布的具体函数形式 $I_0(k)$，原则上还是可以把干涉场的光强度分布和对比度求出来的。习题 3.12 表明，采用高斯型的分布函数，求出的对比度曲线与图 3.22(b)的曲线基本相似，最大光程差仍可用式(3.34)表示。

3. 时间相干性

光波在一定光程差下能够发生干涉的事实表明了光波的时间相干性。我们把光通过相干长度所需的时间称为**相干时间**。显然由同一光源在相干时间 Δt 内不同时刻发出的光，经过不同的路径到达干涉场将能产生干涉。光的这种相干性称为**时间相干性**。而相干时间 Δt 是光的时间相干性的量度，它决定于光波的光谱宽度。由式(3.34)，得到

$$\mathscr{D}_{\max} = c \cdot \Delta t = \lambda^2 / \Delta \lambda \tag{3.37}$$

式中，c 为光速。因为波长宽度 $\Delta\lambda$ 和频率宽度 $\Delta\nu$ 有如下关系(习题 3.16)：

$$\frac{\Delta\lambda}{\lambda} = \frac{\Delta\nu}{\nu}$$

所以把上式代入式(3.37)得到

$$\Delta t \cdot \Delta \nu = 1 \tag{3.38}$$

上式表明 $\Delta\nu$ 越小，Δt 越大，光的时间相干性越好。对比上式与式(2.63)，可见相干时间等于波列的持续时间。

我们也可以利用杨氏干涉实验装置来研究光的时间相干性。如图 3.25 所示，让一个非单色的平面波照射不透明屏的两个相隔很近的小孔 S_1 和 S_2，这时总会在屏幕上 P_0 点(它到 S_1 和 S_2 等距)附近看到干涉图样。这是因为从 S_1 和 S_2 到 P_0 附近的点的光程差极小，或者从时间相干性的观点来看，在这些点相遇的光波是同一光源在相干时间 Δt 内发出的，应具有相干性。但是，如果我们在一个小孔前放置一块玻璃片，并且当它产生的通过 S_1 和 S_2 的两束光的附加光程差大于相干长度时，在 P_0 点附近就不可能再看到干涉条纹。因为这时到达屏幕上的两束光是对应于光源在大于相干时间的时间间隔发出的，它们已不存在相干性。设玻璃片的厚度为 h，折射率为 n，容易看出，它引入的两束光的附加光程差为

$$\mathscr{D}' = (n-1)h \tag{3.39}$$

相应地两束光发出的时间差为

$$\Delta t' = \frac{\mathscr{D}'}{c} = \frac{(n-1)h}{c} \tag{3.40}$$

如果 $\Delta t' > \Delta t$(相干时间)，两束光不可能发生干涉。

以上我们着眼于考察通过不同路径到达空间同一点的两个场的时间相干性问题。实际上，我们也可以考察在空间不同点上光波的场的时间相干性。假定 S 是一个非单色点光源(图 3.26)，S_2 和 S_3 是 S 发出的一束光线方向上不同距离的两点。由于 S 发出的光波到达 S_2 和 S_3 对应于不同的时间，所以空间这两点的相干性取决于同相干时间 Δt 相比较到达 S_2 和 S_3 的光波时间差(Δt_{23})的大小。如果 $\Delta t_{23} < \Delta t$，则 S_2 和 S_3 的场是相干的，反之是不相干的。因此，S_2 和 S_3 两点的场的相干性属于场的时间相干性。但是从 S_2 和 S_3 两点的位置看，它们在空间是纵向分开的，所以这两点场的相干性有时也称为纵向空间相干性。在图 3.26 中，在 S 的波前上的 S_1 和 S_2 两点的场的相干性则是

前面已经讨论过的横向空间相干性。

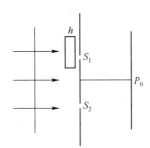

图 3.25　用杨氏干涉实验装置研究光的时间相干性

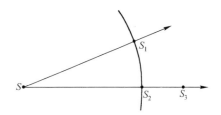

图 3.26　空间不同点的光场相干性

应该指出,在一般情况下,比如对于非单色扩展光源的场,场空间中任意两点的相干性是很难将它归结为两种相干性中的任何一种的。在这种情况下空间两点的场的相干性问题将在 3.5 节中讨论。

3.4.3　两相干光波振幅比的影响

两相干光波的振幅(强度)不等时,也会影响条纹的对比度。根据式(3.1),干涉条纹光强度的极大值和极小值分别为 $(\sqrt{I_1} + \sqrt{I_2})^2$ 和 $(\sqrt{I_1} - \sqrt{I_2})^2$,代入条纹对比度的表达式(3.20),得到

$$K = \frac{2\sqrt{I_1}\sqrt{I_2}}{I_1 + I_2} = \frac{2(I_1/I_2)^{1/2}}{1 + I_1/I_2}$$

或者以振幅比 A_1/A_2 表示,上式可写为

$$K = \frac{2(A_1/A_2)}{1 + (A_1/A_2)^2} \tag{3.41}$$

易见,当 $A_1 = A_2$ 时,$K = 1$;而 A_1 和 A_2 相差越大,K 值越小。这是容易理解的,因为若两相干光波的振幅相差很大,两相干光波所产生的强度实际上与其中较大强度的一个光波单独产生的强度没有多大差别,这时干涉场几乎为一片均匀照度,看不出干涉条纹。

利用式(3.41),可以把两光束干涉公式(3.1)写成如下形式:

$$I = I_t(1 + K\cos\delta) \tag{3.42}$$

式中,$I_t = I_1 + I_2 = A_1^2 + A_2^2$。上式表明,干涉条纹的光强度分布不仅与两相干光波的位相差 δ 有关,也与两相干光波的振幅比有关(K 反映振幅比[①])。因此,若把干涉条纹记录下来,就等于把两相干光波振幅比和位相差这两方面的信息都记录了下来(参阅 5.12 节全息照相)。

[例题 3.4]　在图 3.25 所示的杨氏干涉实验装置中,如果入射光的波长宽度为 0.05nm,平均波长为 500nm,问在小孔 S_1 处贴上多厚的玻璃片可使 P_0 点附近的条纹消失?设玻璃的折射率 $n = 1.5$。

解:在小孔 S_1 处贴上厚度为 h 的玻璃片后,P_0 点对应的光程差为

$$\mathscr{D} = (n-1)h$$

这一光程差若大于入射光的相干长度,在 P_0 点处便观察不到条纹。

入射光的相干长度为 $\mathscr{D}_{max} = \overline{\lambda^2}/\Delta\lambda$,因此,$P_0$ 点附近条纹消失的条件是

$$(n-1)h \geqslant \overline{\lambda^2}/\Delta\lambda$$

---

①　注意,这里讨论的是单色点光源产生的干涉条纹,K 只与两相干光波的振幅比有关。

得到
$$h \geqslant \frac{\overline{\lambda}^2}{(n-1)\Delta\lambda} = \frac{(500 \times 10^{-6}\,\text{mm})^2}{0.5 \times 0.05 \times 10^{-6}\,\text{mm}} = 10 \text{ mm}$$

[**例题 3.5**] 试利用菲涅耳双面镜装置,证明光源的临界宽度 b_c 和干涉孔径 β 的关系为
$$b_c = \lambda / \beta$$

证: 以 SS'' 代表宽度为 b 的扩展光源(图 3.27)。S 在双面镜中的两个像 S_1 和 S_2 为一对相干光源,它们在干涉场产生的条纹如图中正弦实线所示,零级条纹位于 MO 线上的 P 点(M 是 $\widehat{S_1S_2}$ 弧的中点)。扩展光源的中点 S' 的两个像 S_1' 和 S_2' 也是一对相干光源,它们在干涉场产生的条纹如图中正弦虚线所示,零级条纹位于 $M'O$ 线上的 P' 点(M' 是 $\widehat{S_1'S_2'}$ 弧的中点)。因为 $\widehat{S_1S_2}$ 弧等长于 $\widehat{S_1'S_2'}$ 弧,所以两组条纹间距相等,但彼此位移距离 $x = PP'$。以 ϕ 表示 $\angle SOS'$,可见条纹位移量 $x = \phi q$($q = OP$)。显然,当 x 等于条纹间距之半时,扩展光源右半边和左半边相距为 $b/2$ 的两点产生的条纹都做成均匀强度,因而干涉场上条纹消失。据此 x 的临界值是

$$x_c = \frac{1}{2}e = \frac{1}{2}\frac{\lambda(l+q)}{d}$$

式中,$l = SO$,$d = S_1S_2$。而 ϕ 角的临界值是

$$\phi_c = \frac{x_c}{q} = \frac{\lambda(l+q)}{2dq}$$

因此扩展光源的临界宽度
$$b_c = 2l\phi_c = \frac{l\lambda(l+q)}{dq}$$

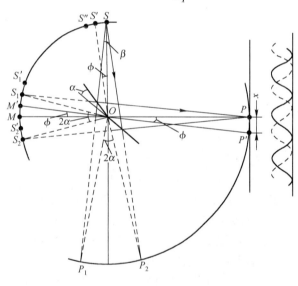

图 3.27 例题 3.5 用图

注意到干涉场 P 点在双面镜中的两个像 P_1 和 P_2 位于以 O 为圆心,以 q 为半径的圆周上,且 $\angle P_1OP_2 = 2\alpha$(α 是双面镜的夹角),故弦长

$$R = P_1P_2 = 2\alpha q$$

又因为 $d = 2\alpha l$,因此
$$b_c = \frac{l\lambda(l+q)}{dq} = \frac{\lambda(l+q)}{2\alpha q} = \frac{\lambda(l+q)}{R}$$

由图见,干涉孔径 $\beta = \dfrac{R}{l+q}$,最后得到 $b_c = \lambda / \beta$。

[**例题 3.6**] 太阳对地球表面的张角约为 32′,太阳光的平均波长为 550nm,试计算太阳光在

地球表面上的相干面积。

解： 据式(3.32)，相干面积 $A = \pi\left(\dfrac{0.61\lambda}{\theta}\right)^2$，已知 $\theta = 32' \approx 0.0093\text{rad}$，所以

$$A = 3.14 \times \left(\frac{0.61 \times 550 \times 10^{-6}\text{mm}}{0.0093}\right)^2 = 4 \times 10^{-3}\ \text{mm}^2$$

*3.5　相干性理论

本节讨论相干性的一般理论。因为在一般情况下，所涉及的是部分相干问题，所以这一理论也称为部分相干理论。

3.5.1　互相干函数和复相干度

首先，我们来看如何表示一个扩展的非单色光源照明的两点 S_1 和 S_2 的光场的相干性。我们仍然利用杨氏干涉实验来讨论问题，不过，这里把照明光源换成一个扩展的非单色光源，如图 3.28 所示。假定在 t 时刻 S_1 和 S_2 的复数光场分别为 $E_1(t)$ 和 $E_2(t)$，那么在同一时刻在屏幕上某一点 P 分别来自 S_1 和 S_2 的场就是 $E_1(t-t_1)$ 和 $E_2(t-t_2)$[①]，其中 $t_1 = r_1/c$ 和 $t_2 = r_2/c$ 分别是光场由 S_1 和 S_2 传播到 P 的时间。因此，在 t 时刻 P 点的总场是

$$E_P(t) = E_1(t-t_1) + E_2(t-t_2) \qquad (3.43)$$

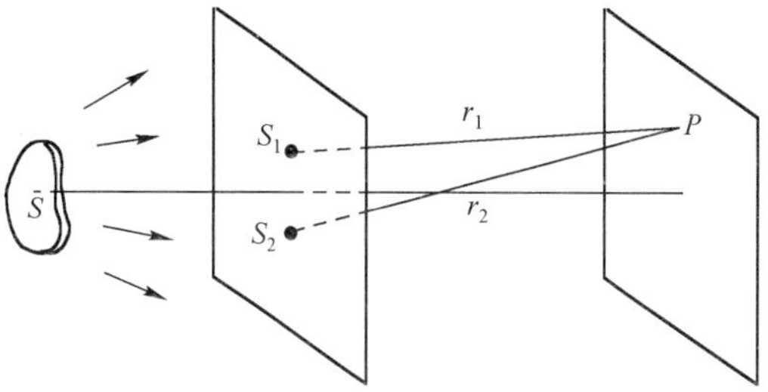

对于实际光场来说，振幅和位相都随时间做极迅速的变化，所以考虑某一点的瞬时光强度实际上没有多大意义，我们能够观测的是某一时间间隔内的平均值，因此应把 P 点的光强度取为

$$I_P(t) = \langle E_P(t)E_P^*(t)\rangle \qquad (3.44)$$

图 3.28　用扩展非单色光源照明的杨氏干涉实验

把式(3.43)代入上式，得到

$$I_P = \langle E_1(t-t_1)E_1^*(t-t_1)\rangle + \langle E_2(t-t_2)E_2^*(t-t_2)\rangle +$$
$$\langle E_1(t-t_1)E_2^*(t-t_2)\rangle + \langle E_1^*(t-t_1)E_2(t-t_2)\rangle \qquad (3.45)$$

另外，实际情况允许我们假定光场是稳定的，即它的统计性质不随时间改变，或者说上式中各个量的时间平均值与时间原点的选择无关。这样，对于式(3.45)等号右边第一项和第二项，若把时间原点分别平移 t_1 和 t_2，可得到

$$\langle E_1(t-t_1)E_1^*(t-t_1)\rangle = \langle E_1(t)E_1^*(t)\rangle = I_1 \qquad (3.46a)$$

和

$$\langle E_2(t-t_2)E_2^*(t-t_2)\rangle = \langle E_2(t)E_2^*(t)\rangle = I_2 \qquad (3.46b)$$

它们是 S_1 和 S_2 分别在 P 点的光强度[②]。对于第三项和第四项，把时间原点平移 t_2，并令 $\tau = t_2 - t_1$，它们可以写成

$$\langle E_1(t+\tau)E_2^*(t)\rangle + \langle E_1^*(t+\tau)E_2(t)\rangle$$

并且有

$$\langle E_1(t+\tau)E_2^*(t)\rangle + \langle E_1^*(t+\tau)E_2(t)\rangle = 2\mathrm{Re}\Gamma_{12}(\tau) \qquad (3.47)$$

式中，$\mathrm{Re}\Gamma_{12}(\tau)$ 是函数

$$\Gamma_{12}(\tau) = \langle E_1(t+\tau)E_2^*(t)\rangle \qquad (3.48)$$

---

①　场穿过小孔是一种衍射效应(参阅第 5 章)，这里我们略去场发生的变化，也略去从 S_1 到 P 和从 S_2 到 P 场发生的变化。

②　由于略去从 S_1 到 P 和 S_2 到 P 场的变化，所以 S_1 和 S_2 点的光强度和它们分别在 P 点造成的光强度相等。实际的情况是，对应的两者之间应相差一个常数因子，不过这对于我们的讨论并不重要。

的实部。$\Gamma_{12}(\tau)$ 称为两个光场 E_1 和 E_2 的**互相干函数**[①]。在相干理论中，它是一个基本的量，表征 S_1 和 S_2 两点光场的互相干性。由式(3.46)和式(3.47)，式(3.45)可以写为

$$I_P = I_1 + I_2 + 2\mathrm{Re}\Gamma_{12}(\tau)\tag{3.49}$$

其中 $2\mathrm{Re}\Gamma_{12}(\tau)$ 称为**干涉项**，表示依赖于 $\Gamma_{12}(\tau)$，I_P 可以大于、小于或等于 $I_1 + I_2$。上式又可以化为另一种形式。注意到当 S_1 和 S_2 两点重合时，互相干函数 $\Gamma_{12}(\tau)$ 变为自相干函数[②]

$$\Gamma_{11}(\tau) = \langle E_1(t+\tau)E_1^*(t) \rangle$$

或

$$\Gamma_{22}(\tau) = \langle E_2(t+\tau)E_2^*(t) \rangle$$

并且，若 $\tau = 0$，有

$$\Gamma_{11}(0) = I_1, \quad \Gamma_{22}(0) = I_2$$

它们是 S_1 和 S_2 点的光强度。再将 $\Gamma_{12}(\tau)$ 归一化：

$$\gamma_{12}(\tau) = \frac{\Gamma_{12}(\tau)}{\sqrt{\Gamma_{11}(0)\Gamma_{22}(0)}} = \frac{\Gamma_{12}(\tau)}{\sqrt{I_1 I_2}}\tag{3.50}$$

归一化互相干函数 $\gamma_{12}(\tau)$ 称为**复相干度**，通常用它来表示光场的相干性较为方便。而利用这一函数时，式(3.49)化为

$$I_P = I_1 + I_2 + 2\sqrt{I_1 I_2}\,\mathrm{Re}\gamma_{12}(\tau)\tag{3.51}$$

上式是稳定光场的普遍的干涉定律。

一般地，复相干度 $\gamma_{12}(\tau)$ 是 τ 的复数周期函数。可以证明，它的模值满足：$0 \leqslant |\gamma_{12}(\tau)| \leqslant 1$。根据 $|\gamma_{12}(\tau)|$ 取值的不同，有如下的几种相干性：$|\gamma_{12}| = 1$，完全相干；$0 \leqslant |\gamma_{12}| \leqslant 1$，部分相干；$|\gamma_{12}| = 0$，不相干。

由式(3.51)可以知道，屏幕上干涉图样的光强度极大值为

$$I_M = I_1 + I_2 + 2\sqrt{I_1 I_2}\,|\gamma_{12}|$$

光强度极小值为

$$I_m = I_1 + I_2 - 2\sqrt{I_1 I_2}\,|\gamma_{12}|$$

因此，条纹的对比度

$$K = \frac{2\sqrt{I_1 I_2}\,|\gamma_{12}|}{I_1 + I_2}\tag{3.52}$$

当 $I_1 = I_2$ 时，得到

$$K = |\gamma_{12}|\tag{3.53}$$

即**复相干度的模等于条纹的对比度**。在完全相干($|\gamma_{12}| = 1$)时，$K = 1$，有最大值。我们在3.4节里已经说明，只有当光场由单色点光源产生时，K 或者 $|\gamma_{12}|$ 对于所有的 τ 和任何一对空间点才等于1，而这种情形实际上是达不到的。在完全不相干的情况下，$K = 0$，完全没有条纹。

3.5.2 时间相干度

现在来看如何用上面的相干性理论来描述光的时间相干性。假定图 3.28 中的光源是一个准单色点光源，并且到 S_1 和 S_2 等距。这样 S_1 和 S_2 点的光场将相同，设它们同为 $E(t)$。按照干涉定律(式(3.51))，P 点的干涉效应取决于 S_1 和 S_2 两点的互相干函数，在现在的情形下，则取决于场的自相干函数，因为

$$\gamma_{12}(\tau) = \gamma(\tau) = \frac{\langle E(t+\tau)E^*(t) \rangle}{I}\tag{3.54}$$

式中，I 是一个小孔单独在 P 点产生的光强度。通常把归一化的自相干函数 $\gamma(\tau)$ 称为 P 点的**时间相干度**，它是经历不同的时间从 S_1 和 S_2 传播到 P 点的两个场之间时间相干性的定量描述。

[①] 在数学上，式(3.48)表示的积分(对时间求平均值)是一个相关函数，参阅附录 C。

[②] 它在数学上是一个自相关函数，参阅附录 C。

我们还可以从另一个角度来考察场的时间相干性,这就是 S_1 和 S_2 合为一点的情况。实际上,可以利用图 3.29(a) 和 (b) 所示的装置来实现:准单色光束入射到平行平板,在 A 点被分成两束,它们经历不同的路程,因而在不同的时间到达 P 点发生干涉(这两个例子属于分振幅干涉,这类干涉将在本章以下几节讨论)。显然,在这种情况下,P 点的干涉效应取决于 A 点处场的归一化自相干函数,即时间相干度。

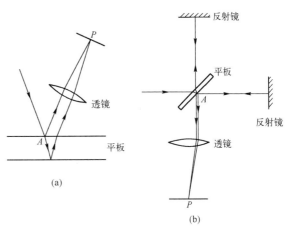

图 3.29　用分振幅装置考察时间相干性

下面讨论怎样计算时间相干度。因为入射光是准单色光,可以把它视为由一段段波列组成的,每一段波列的持续时间约为 Δt(相干时间),在这段时间内场做正弦变化;但是,前后各段波列之间没有固定的位相关系,它们的位相改变在 0 到 2π 之间做无规(随机)变化。根据这一物理图像,可以把准单色光场对时间的依赖关系表示为

$$E(t) = A\exp(-\mathrm{i}\omega t)\exp[\mathrm{i}\varphi(t)]$$
$$\varphi(t) = C_j \quad j\Delta t < t < (j+1)\Delta t \quad j = 0,1,2,\cdots$$

式中,A 是场振动的振幅,ω 是角频率,C_j 是一个无规常数数列,其变化如图 3.30 所示。由式 (3.54) 得

$$\gamma(\tau) = \frac{\langle E(t+\tau)E^*(t)\rangle}{I}$$
$$= \langle \exp(-\mathrm{i}\omega\tau)\exp\{\mathrm{i}[\varphi(t+\tau)-\varphi(t)]\}\rangle$$
$$= \exp(-\mathrm{i}\omega\tau)\frac{1}{T}\int_0^\tau \exp\{\mathrm{i}[\varphi(t+\tau)-\varphi(t)]\}\mathrm{d}t \qquad (3.55)$$

式中,T 是比相干时间 Δt 大得多的观察时间。为了求出上式中的积分,我们来考察第一个相干时间间隔($0 < t < \Delta t$)内的位相差 $\varphi(t+\tau)-\varphi(t)$。如图 3.31 所示,设光波从 S_2 传播到 P 与从 S_1 传播到 P 的时间差为 τ,那么,在 $0 < t < \Delta t - \tau$ 内,$\varphi(t+\tau)-\varphi(t) = 0$(在这段时间内 φ 是常数);而在 $\Delta t - \tau < t < \Delta t$ 时,$\varphi(t+\tau)-\varphi(t) = \delta_{12}$,这里 δ_{12} 是第一个和第二个相干时间间隔的波列的位相差。这样一来,对第一个相干时间间隔求平均值,得到

$$\frac{1}{\Delta t}\int_0^{\Delta t}\exp\{\mathrm{i}[\varphi(t+\tau)-\varphi(t)]\}\mathrm{d}t = \frac{1}{\Delta t}\int_0^{\Delta t-\tau}\mathrm{d}t + \frac{1}{\Delta t}\int_{\Delta t-\tau}^{\Delta\tau}\exp(\mathrm{i}\delta_{12})\mathrm{d}t = \frac{\Delta t-\tau}{\Delta t} + \frac{\tau}{\Delta t}\exp(\mathrm{i}\delta_{12})$$

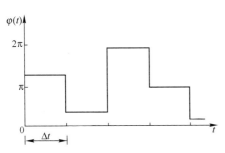

图 3.30　准单色光的位相 $\varphi(t)$
是一个无规常数数列

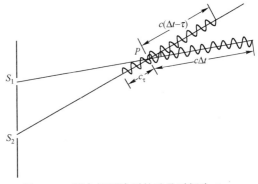

图 3.31　两个相干波列的重叠时间为 $\Delta t - \tau$

同样的结果也适用于继后的各个相干时间间隔,只是相邻波列的位相差 δ 应取 0 和 2π 之间的某一无规值,即 δ 是无规位相差。因此,如果对 0 到 T 求平均值,则包含 $\exp(\mathrm{i}\delta)$ 项的平均值为零;而对于 $\dfrac{\Delta t - \tau}{\Delta t}$ 项,因为对所有时间间隔均相同,所以 0 到 T 的平均值也等于这一项。所以,在 $\tau < \Delta t$ 的情况下,式(3.55)的结果是

$$\gamma(\tau) = \left(1 - \frac{\tau}{\Delta t}\right)\exp(-\mathrm{i}\omega\tau) \tag{3.56}$$

当 $\tau > \Delta t$ 时,由于 $\varphi(t+\tau) - \varphi(t)$ 总是无规的,所以式(3.55)的积分为零,即 $\gamma(\tau) = 0$。

$\gamma(\tau)$ 的模值为

$$|\gamma(\tau)| = \begin{cases} 1 - \dfrac{\tau}{\Delta t} & \tau < \Delta t \\ 0 & \tau \geqslant \Delta t \end{cases} \tag{3.57}$$

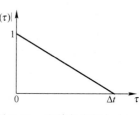

图 3.32 给出了准单色光的 $|\gamma|$ 随 τ 的变化。在两束干涉光束振幅相等的情况下,$|\gamma|$ 等于条纹的对比度。由图 3.32 可见,当 $\tau \geqslant \Delta t$ 时,条纹的对比度降为零。这一结果与我们过去通过简单分析得到的结果完全一致[①]。

图 3.32 准单色光的 $|\gamma|$ 随 τ 的变化

可以指出,对于入射光是严格单色光的情形,由于 $\varphi(t+\tau) - \varphi(t) \equiv 0$,所以

$$\gamma(\tau) = \exp(-\mathrm{i}\omega\tau) \tag{3.58}$$

$|\gamma(\tau)| = 1$,因此我们得到完全相干性。$\gamma(\tau)$ 的辐角为 $-\omega\tau$,正是相隔时间为 τ 的两个场的位相差 δ,它将决定干涉效应加强或减弱的程度。取 $\gamma(\tau)$ 的实部代入式(3.51),得到

$$I_P = 2I(1 + \cos\delta)$$

上式与 3.2 节给出的两个单色点光源产生的条纹图样的强度分布式(3.2)完全相同。

3.5.3 空间相干度

在干涉实验中,当光源是扩展光源时,除了要考虑时间相干性外,还应考虑空间相干性,其道理在 3.5.2 节里已经说明。这里,我们将根据相干性理论给出它的定量描述。

再看图 3.28 所示的杨氏干涉实验。假定扩展光源的光谱宽度很窄,那么空间相干性效应将是主要的。根据普遍的干涉定律[式(3.51)],干涉场的强度分布取决于归一化互相干函数 $\gamma_{12}(\tau)$。如果考察干涉场 P_0 点(它到 S_1 和 S_2 等距)附近的条纹,由于 $S_1P_0 - S_2P_0 = 0,\tau = 0$,因此该处条纹的强度分布取决于

$$\gamma_{12}(0) = \frac{\Gamma_{12}(0)}{\sqrt{\Gamma_{11}(0)\Gamma_{22}(0)}} \tag{3.59}$$

$\gamma_{12}(0)$ 是 S_1 和 S_2 空间相干性的定量量度,称为这两点的**空间相干度**。

当 S_1 和 S_2 的光强度相等时,空间相干度的模 $|\gamma_{12}(0)|$ 等于 P_0 点附近条纹的对比度。

3.6 平行平板产生的干涉

至此,我们只讨论了用分波前法产生的干涉,对于这类干涉现象,考虑到光场的空间相干性,一

---

① 图 3.22(b)所示的对比度曲线与图 3.32 所示的曲线形状不同,原因是两者实际上使用了不同的模型。对于前者,我们假设准单色的光谱强度分布是矩形分布,而对于后者,它有类似于图 2.23 的光谱强度分布。

般地它应采用宽度很小的光源。但是,在实际应用中,这往往不能满足对条纹亮度的要求[①]。在实际应用干涉方法进行测量时,要求干涉条纹有足够的亮度,因而必须采用宽度较大的光源——扩展光源。本节讨论平板的分振幅干涉,这类干涉利用平板的两个表面对入射光的反射和透射,使入射光的振幅分解为两个部分,这两部分光波相遇产生干涉。这类干涉既可以应用扩展光源,又可以获得清晰的条纹,从而解决了前面讨论的分波前干涉发生的亮度(光源大小)和条纹对比度的矛盾。因此,这类干涉广泛应用于干涉计量技术中;许多重要的干涉仪,尽管它们的具体装置并不相同,但大都是以此类干涉为基础的。

平板可理解为受两个表面限制而成的一层透明物质,最常见的情形就是玻璃平板和夹于两块玻璃板间的空气薄层。许多干涉仪还利用了所谓的"虚平板"(见3.10节)。当平板的两个表面是平面且相互平行时,称为平行平板或平行平面板。两个平面相互成一楔角时,称楔形平板。本节先讨论前一种平板产生的干涉。

3.6.1 条纹的定域

设由点光源 S 发出的光照射在平行平板上(图3.33),我们来考察屏幕 E 上发生的干涉。对于 E 上某一点 P,则不管它的位置如何,总有从 S 出发的两束光到达:一束光从平行平板的上表面反射到 P,另一束光经上表面折射,下表面反射,再由上表面折射到 P。只要光波的单色性足够好,这两束光就是相干的,所以在屏幕 E 上会得到清晰的干涉条纹。这组干涉条纹也可以视为由 S 在平行平板的两个表面的虚像 S_1 和 S_2 组成的一对相干光源所产生的。参看图3.8,即会明白所看到的干涉条纹是一组同心圆环条纹(圆心在 S_1S_2 延长线与屏幕 E 的交点)。并且,不论屏幕 E 离平行平板远近如何都会在它上面观察到清晰的条纹。故我们又把这种由点光源照明所产生的条纹称为**非定域条纹**[②]。但是,如果光源以 S 为中心扩展时,由扩展光源上不同点出发的到达 P 点的两束相干光的光程差则不相同,或者说,扩展光源上不同点在 P 点附近产生的条纹之间有位移,因此 P 点附近条纹的对比度将降低。当扩展光源的横向宽度超过一定限度时, P 点附近条纹的对比度降为零,条纹消失。不过,在平行平板的情况下,却可以找到某个平面,在这个平面上的条纹,即使应用扩展光源,其对比度也不降低,因而在这个平面上及其附近仍可观察到清晰的干涉条纹。这个平面称为**定域面**,其上观察到的条纹称为**定域条纹**。

干涉条纹的定域问题,实质上是一个空间相干性问题。对于图3.33所示的情形,如果光源的横向宽度为 b, P 点对应的干涉孔径为 β,则根据空间相干性理论,要在 P 点附近观察到干涉条纹,必须满足条件

$$b\beta < \lambda$$

当 $b = b_c = \lambda/\beta$ 时, P 点的条纹消失。但是,在 $\beta = 0$ 所确定的区域却可以观察到清晰的条纹,因为该处对应的光源的临界宽度为无穷大。由此可见,定域面可由 $\beta = 0$ 作图法来确定。对于平行平板的情况,由 $\beta = 0$ 作图法所确定的定域面离平行平板无穷远(见图3.34,同一束入射光分出来的两束反射光 AD 和 CE 相交在无穷远处),或用望远镜观察时,望远镜的焦平面 F 就是定域面。因为两束反射光 AD 和 CE 是由同一束入射光经平行平板两表面的反射和透

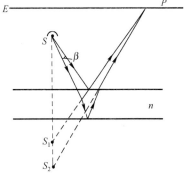

图3.33　点光源照明平行
平板产生的干涉

①　这里指普通光源。激光有亮度大、相干性好的特点,是例外。

②　3.2节和3.3节讨论的各种装置产生的条纹也是非定域条纹。

射,进行振幅分解分出来的,所以,对于平行平板,在无穷远处或在观察望远镜焦平面上发生的干涉是一种分振幅干涉。这种干涉对应于 $\beta = 0$,干涉条纹的对比度不因光源的扩展而降低,这将使我们可以获得足够亮度且又非常清晰的干涉条纹,从而为干涉计量工作提供最为有利的条件。

3.6.2　等倾条纹

下面讨论用望远镜观察时,在望远镜焦平面上形成的干涉条纹。如图 3.34 所示,从光源 S 出发的到达望远镜物镜焦平面上任一点 P 的两束光 $SADP$ 和 $SABCEP$ 是由同一入射光 SA 分出来的,并且离开平行平板时互相平行,它们的光程差是

$$\mathscr{D} = n(AB + BC) - n'AN$$

式中,n 和 n' 分别是平行平板折射率和周围介质的折射率,N 是从 C 点向 AD 所引的垂线的垂足。自 N 点和自 C 点到物镜焦平面上 P 点的光程相等。

设平行平板的厚度为 h,入射光在其上表面的入射角和折射角分别为 θ_1 和 θ_2,由图 3.34 可见

$$AB = BC = \frac{h}{\cos\theta_2}$$

$$AN = AC\sin\theta_1 = 2h\tan\theta_2\sin\theta_1$$

并且　　　　　　　　$n'\sin\theta_1 = n\sin\theta_2$

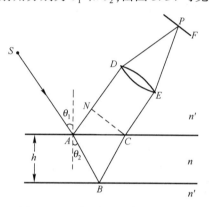

图 3.34　平行平板的分振幅干涉

因此　　　　$\mathscr{D} = 2nh\cos\theta_2$　或　$\mathscr{D} = 2h\sqrt{n^2 - n'^2\sin^2\theta_1}$　（3.60）

上式还不完整,因为两束光都在平行平板表面反射,而平行平板的折射率与周围介质的折射率有别,所以还应考虑光在平行平板表面反射时"半波损失"引起的附加光程差。显然,当平行平板两边介质的折射率小于或大于平行平板的折射率时,从平行平板两表面反射的两束光中有一束光发生"半波损失",此时需要加上附加光程差 $\lambda / 2$,因而

$$\mathscr{D} = 2nh\cos\theta_2 + \frac{\lambda}{2} \tag{3.61}$$

当平行平板的折射率介于两边介质的折射率时(实际上存在平行平板两边介质不同的情况),由于两束反射光都发生或都没有发生"半波损失",因此没有附加光程差,光程差仍用式(3.60)表示。

在知道了两束反射光的光强度和光程差以后,就可以写出焦平面上的光强度表达式

$$I = I_1 + I_2 + 2\sqrt{I_1 I_2}\cos\frac{2\pi\mathscr{D}}{\lambda} \tag{3.62a}$$

式中,I_1 和 I_2 是两束反射光的光强度。可见,随着焦平面上不同位置对应的 $\mathscr{D}$ 的变化,我们将得到一组亮暗条纹。亮暗条纹取决于下列条件:

$$\mathscr{D} = \begin{cases} m\lambda & \text{(为亮条纹)} \\ \left(m + \dfrac{1}{2}\right)\lambda & \text{(为暗条纹)} \end{cases} \qquad m = 0, 1, 2, \cdots \tag{3.62b}$$

如果平行平板是绝对均匀的,折射率 n 和厚度 h 均为常数,那么光程差只取决于入射光在平行平板上的入射角 θ_1(或折射角 θ_2)。因此,具有相同入射角的光束经平行平板两表面反射后形成的反射光在其相遇点有相同的光程差。也就是说,**凡入射角相同的光束就形成同一干涉条纹**。因此,通常把这种干涉条纹称为**等倾条纹**。

因为等倾条纹完全对应于光束的入射角,而与 S 的位置无关,所以在采用扩展光源照明时,条纹的对比度不会降低,条纹如同点光源照明时一样清晰,并且亮度很大。这一结论只在特定的观察

平面——望远镜物镜的焦平面上是正确的,所以条纹是定域条纹。

3.6.3 圆形等倾条纹

等倾条纹的形状与观察望远镜的方位有关。如图 3.34 所示,望远镜的光轴与平行平板法线成某一角度,那么望远镜的焦平面与平行平板表面也成一定角度,由图 3.33 容易看出,这时焦平面上(相当于图 3.33 屏幕 E 离平行平板很远,并且与其成一定角度)的等倾条纹应为椭圆形。当望远镜光轴与平行平板法线平行时,即望远镜焦平面与平行平板表面平行时,等倾条纹是一组同心圆条纹,圆心位于望远镜的焦点。这一情形的等倾条纹通常称为**海定格条纹**。观察海定格条纹的一种简单装置如图 3.35(a)所示,图中 M 是一块玻璃片,它把来自扩展光源 S_1S_3 的光反射向平板 G,并让从平板反射回来的一部分光透过,再射向望远镜物镜 L,L 把光束会聚在它的焦平面 F 上发生干涉。容易看出,在 L 的焦平面上将得到一组等倾圆条纹,每一个条纹与光源各点发出的相同入射角(在不同入射面内)的光线相对应,而圆心则与 $\theta_1 = \theta_2 = 0$ 光线对应。另外,光源大小对条纹对比度没有影响。因为光源上每一点都给出一组等倾圆条纹,它们彼此准确重合,没有位移。例如,光源上 S_1、S_2、S_3(图 3.35(b))各点发出的平行光线 1、2、3 经玻璃片 M 反射后垂直投射到平板 G 上,再从平板 G 两表面反射后通过玻璃片 M 和物镜 L 会聚于物镜的焦点 P_0,P_0 就是焦平面上的等倾圆条纹的圆心。平行光线 1′、2′ 和 2″、3″ 通过系统后分别会聚于焦平面上的 P' 和 P''。可见,等倾条纹的位置只与形成条纹的光束的入射角有关,而与光源的位置无关。因此,光源的扩大,只会增加干涉条纹的强度,并不会影响条纹的对比度。

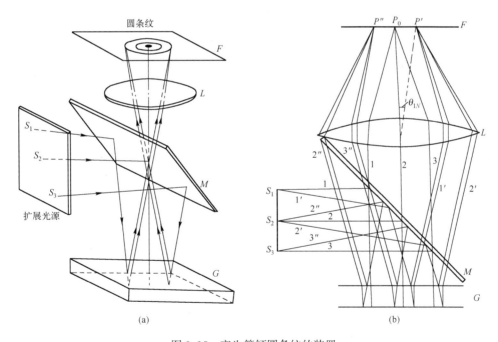

图 3.35 产生等倾圆条纹的装置

下面我们来导出等倾圆条纹的角半径和间距的表达式。由式(3.61)可见,越接近条纹中心,θ_2 越小,但平板上下表面反射出来的两支光的光程差越大,因而干涉级越高。设条纹中心的干涉级为 m_0,则有

$$2nh + \frac{\lambda}{2} = m_0\lambda \tag{3.63}$$

m_0 不一定是整数(即中心未必是最亮点),它可以写成

$$m_0 = m_1 + q$$

式中，m_1 是最靠近中心的亮条纹的整数干涉级，而 q 是小于 1 的分数。从中心向外计算，第 N 个亮条纹的干涉级显然是 $[m_1 - (N-1)]$，因而该条纹的角半径 θ_{1N}（条纹半径对物镜 L 中心的张角，θ_{1N} 乘物镜焦距即为条纹的半径）可由下式求出：

$$2h\sqrt{n^2 - n'^2\sin^2\theta_{1N}} + \frac{\lambda}{2} = [m_1 - (N-1)]\lambda$$

或由式

$$2nh\cos\theta_{2N} + \frac{\lambda}{2} = [m_1 - (N-1)]\lambda \tag{3.64}$$

通过折射定律 $n'\sin\theta_{1N} = n\sin\theta_{2N}$ 的联系求出。用式(3.63)减去式(3.64)，得到

$$2nh(1 - \cos\theta_{2N}) = (N - 1 + q)\lambda$$

一般情况下，θ_{1N} 和 θ_{2N} 都很小，$n \approx n'\theta_{1N}/\theta_{2N}$，而 $1 - \cos\theta_{2N} \approx \frac{\theta_{2N}^2}{2} \approx \frac{1}{2}\left(\frac{n'\theta_{1N}}{n}\right)^2$，由上式可得

$$\theta_{1N} \approx \frac{1}{n'}\sqrt{\frac{n\lambda}{h}}\sqrt{N - 1 + q} \tag{3.65}$$

上式表明，条纹的半径与 $\sqrt{1/h}$ 成比例，因此用较厚的平板产生的圆条纹比用较薄的平板产生的圆条纹半径要小一些（同是用第 N 个亮条纹比较）。根据这个关系，可利用等倾圆条纹来检验平板的质量。检验时，可直接用眼睛观察，眼睛调节到无穷远。检验装置仍如图 3.35 所示，物镜 L 相当于眼睛的晶状体。由于眼睛瞳孔不大（2~4mm），因此只能看到平板一小部分面积所产生的等倾圆条纹。当平板水平移动时（或眼睛水平移动时），平板的另一部分面积发生作用，如果平板是理想的平行平板，各处的折射率和厚度均相同，则在平板移动时人眼看到的圆条纹的直径保持不变。如果平板不均匀，则当平板移往较薄的部分时，条纹直径增大；平板移往较厚的部分时，条纹直径缩小，这样就可以达到检验平板光学厚度（nh）均匀性的目的。若采用单色性很好的光源，我们可以研究厚度很大的平板。

利用式(3.61)，还可以导出等倾条纹的角间距 $\Delta\theta_1$（相邻两条纹对物镜中心的张角）的表达式。将该式等号两边求微分，可得

$$-2nh\sin\theta_2 d\theta_2 = \lambda dm$$

取 $dm = 1$，相应地 $d\theta_2 = \Delta\theta_2$，因此

$$\Delta\theta_2 = -\frac{\lambda}{2nh\sin\theta_2}$$

式中，负号仅表示随 θ_2 增大，$\Delta\theta_2$ 单调减小，故可以只考虑其绝对值。根据折射定律 $n'\sin\theta_1 = n\sin\theta_2$，取微分 $n'\cos\theta_1\Delta\theta_1 = n\cos\theta_2\Delta\theta_2$，当 θ_1 和 θ_2 很小时，$\cos\theta_1 \approx \cos\theta_2 \approx 1$，故有 $\Delta\theta_2 \approx \frac{n'\Delta\theta_1}{n}$。于是，得到条纹的角间距

$$\Delta\theta_1 \approx \frac{n\lambda}{2n'^2\theta_1 h} \tag{3.66}$$

可见，$\Delta\theta_1$ 与 θ_1 成反比，这表示靠近中心的条纹较疏，离中心越远，条纹越密。另外，平板越厚，条纹也越密。

3.6.4 透射光条纹

上述讨论只考虑了反射光的干涉，但是同样的讨论也可以应用到透射光的情况。这时由光源 S 到达望远镜焦平面上某一点 P 的两束光，一束是直接从平板两表面透过的光，另一束是经过平板

两次内反射后透过的光,如图 3.36 所示。当平板两边的介质相同时,这两束光的光程差为

$$\mathscr{D} = 2nh\cos\theta_2 \qquad\qquad (3.67)$$

这时没有反射时位相变化引起的附加光程差,因为在平板两表面的内反射是在相同的条件下发生的。只有当平板两边介质不同且平板折射率介于两边介质的折射率之间时,平板的两次内反射中有一次发生了"半波损失",此时才在式(3.67)表示的光程差中附加上 $\lambda / 2$。不难看出,对于同一入射角的光束来说,两束透射光的光程差和两支反射光的光程差正好相差 $\lambda / 2$,位相差相差 π。因此当对应某一入射角的反射光条纹是亮纹时,透射光条纹便是暗纹,反之亦然。所以,透射光的等倾条纹图样和反射光的等倾条纹图样是**互补的**。

透射光条纹还有一个特点是,当平板表面的反射率很低时,例如对于空气–玻璃分界面,接近正入射时的反射率约为 0.04,这时发生干涉的两束透射光的光强度相差很大(参见例题 3.8),透射光等倾条纹的对比度是很差的。条纹的光强度分布如图 3.37(b)所示。而对于反射光条纹,发生干涉的两束反射光的光强度相差较小,所以反射光条纹(图 3.37(a))的对比度比透射光条纹要好得多。由于这样的原因,在平板反射率很低的情况下,通常利用的是平板的反射光条纹,而不是透射光条纹。

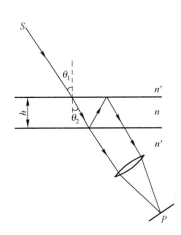

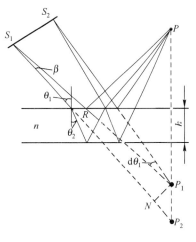

图 3.36　透射光等倾条纹的形成　　图 3.37　平板干涉的反射光条纹和透射光条纹的光强度分布

[**例题 3.7**]　试对于平行平板产生干涉的情况,证明光源的临界宽度 b_c 和干涉孔径 β 有如下关系:$b_c = \lambda / \beta$。

证:如图 3.38 所示,考察离平行平板不很远的 P 点的干涉。设 S_1 和 S_2 是宽度为 b 的光源的边缘两点,由式(3.61),它们在 P 点引起的光程差之差为

$$d\mathscr{D} = -2nh\sin\theta_2 d\theta_2$$

式中,负号仅表示随 θ_2 角增大,$d\mathscr{D}$ 单调减小,故可以只考虑其绝对值。利用折射定律 $\sin\theta_1 = n\sin\theta_2$,并注意到 θ_1 很小时有 $d\theta_1 = nd\theta_2$,因此

$$d\mathscr{D} = 2h\sin\theta_1 \frac{d\theta_1}{n}$$

由图 3.38 可见,$\dfrac{2h}{n} = \overline{P_1P_2}$,且 $\overline{P_1P_2} = \dfrac{\overline{P_1N}}{\sin\theta_1}$,因此

$$d\mathscr{D} = \overline{P_1N}d\theta_1 = \beta(\overline{S_1R} + \overline{RP_1})d\theta_1 = \beta b$$

图 3.38　例题 3.7 用图

显然,当 $\mathrm{d}\mathscr{D}=\beta b=\lambda$ 时,P 点附近没有干涉条纹,故光源的临界宽度满足关系式 $b_\mathrm{c}=\lambda/\beta$。

[例题3.8]　在图3.39所示的平板干涉装置中,平板折射率 $n=1.5$,周围介质为空气,观察望远镜轴线与平板垂直。试计算从反射光方向和透射光方向观察到的条纹的对比度。

解:先计算在接近正入射情况下光束从平板的反射光方向和透射光方向相继射出的头两束光束 $1'$、$2'$ 和 $1''$、$2''$ 的相对强度。光束从空气–平板界面反射的反射率为

$$R=\left(\frac{n-1}{n+1}\right)^2=\left(\frac{1.5-1}{1.5+1}\right)^2=0.04$$

显然光束从平板–空气界面反射的反射率也等于 $R(=0.04)$。设入射光束的光强度为 I,则第一束反射光束的光强度为

$$I_1'=RI=0.04I$$

第2束反射光束的光强度为①

$$I_2'=(1-R)R(1-R)I=(1-R)^2RI=0.037I$$

头两束透射光束的光强度分别为

$$I_1''=(1-R)(1-R)I=(1-R)^2I=(1-0.04)^2I=0.922I$$

$$I_2''=(1-R)RR(1-R)I=(1-0.04)^2(0.04)^2I=0.0015I$$

根据两光束干涉的光强度公式

$$I=I_1+I_2+2\sqrt{I_1I_2}\cos\delta$$

光强度极大值和极小值分别为

$$I_\mathrm{M}=(\sqrt{I_1}+\sqrt{I_2})^2,\quad I_\mathrm{m}=(\sqrt{I_1}-\sqrt{I_2})^2$$

因而干涉条纹的对比度　$K=\dfrac{I_\mathrm{M}-I_\mathrm{m}}{I_\mathrm{M}+I_\mathrm{m}}=\dfrac{2\sqrt{I_1}\sqrt{I_2}}{I_1+I_2}$

对于反射光条纹　$K=\dfrac{2\sqrt{I_1}\sqrt{I_2}}{I_1+I_2}=\dfrac{2\sqrt{0.04I}\sqrt{0.037I}}{(0.04+0.037)I}=0.999$

对于透射光条纹　$K=\dfrac{2\sqrt{0.922I}\sqrt{0.0015I}}{(0.922+0.0015)I}=0.08$

可见,反射光条纹比透射光条纹的对比度大得多,所以在平板反射率很低的情况下,我们总是利用平板的反射光条纹。

[例题3.9]　在图3.40所示的检验平板厚度均匀性的装置中,D 是用来限制平板受照面积的光阑。当平板相对于光阑水平移动时,通过望远镜 T 可观察平板不同部分产生的条纹。

(1)平板由 A 处移到 B 处,观察到有10个暗环向中心收缩并一一消失,试决定 A 处和 B 处对应的平板厚度差。

(2)若所用光源的光谱宽度为 $0.05\mathrm{nm}$,平均波长为 $500\mathrm{nm}$,问只能检验多厚的平板?(平板折射率为1.5。)

解:(1)由平板干涉的光程差公式

$$\mathscr{D}=2nh\cos\theta_2+\frac{\lambda}{2}$$

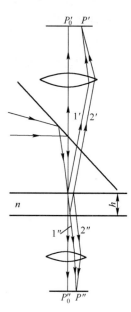

图3.39　例题3.8用图

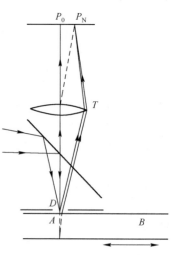

图3.40　平板厚度均匀性检验装置

---

① 从平板两边相继射出的反射光束和透射光束的截面积等于入射光束的截面积,故计算反射率和透射率的能量流可用强度代替。

可知条纹向中心收缩是由于平板的厚度由 A 到 B 在逐渐减小。对于条纹中心，$\theta_2 = 0$，故

$$\mathscr{D} = 2nh + \frac{\lambda}{2} = m\lambda$$

并且

$$\mathrm{d}h = \frac{\lambda}{2n}\mathrm{d}m$$

当 $\mathrm{d}m = 10$ 时，平板厚度变化为

$$\mathrm{d}h = \frac{500 \times 10^{-6}\,\mathrm{mm}}{2 \times 1.5} \times 10 = 1.67 \times 10^{-3}\,\mathrm{mm}$$

（2）按题设，光源的相干长度为

$$\mathscr{D}_{\max} = \frac{\overline{\lambda}^2}{\Delta\lambda} = \frac{(500 \times 10^{-6}\,\mathrm{mm})^2}{0.05 \times 10^{-6}\,\mathrm{mm}} = 5\,\mathrm{mm}$$

因此平板干涉的光程差必须小于 5mm，即 $2nh < 5$mm。可检验的平板厚度为 $h < \dfrac{5}{2n} = 1.67$mm。

3.7 楔形平板产生的干涉

如同平行平板一样，楔形平板也可以产生非定域干涉和定域干涉。图 3.41 所示是一楔形平板，由一个点光源 S 来照明。这时，对于平板外的任一点 P 都有两束发自 S 并经平板两表面反射的相干光到达（假定光源的单色性很好），所以在平板外空间任意地方放置一个观察屏幕，都可在屏幕上观察到干涉条纹，这种条纹是非定域条纹。但是，如果光源是一个以 S 为中心的扩展光源，情况就不同了。这时，由于光源的空间相干性的影响，不再能够在平板外空间的任意平面上看到干涉条纹，而只能在定域面及其附近看到干涉条纹，即干涉条纹是定域的。因此，在楔形平板干涉的情形中，我们也只对定域条纹感兴趣。

3.7.1 定域面的位置及定域深度

楔形平板干涉定域面的位置，同样可以根据表征空间相干性的关系式：$b_c = \lambda / \beta$，由 $\beta = 0$ 的作图法确定。如图 3.42（a）所示，以扩展光源（中心为 S）照明楔形平板，在楔形平板的主截面（垂直于楔形平板棱边的平面）内，入射光 SA_1 和 SA_2 由楔形平板两表面反射形成的两对反射光分别相交于 P_1 和 P_2 点，因此在 P_1 和 P_2 点的干涉对应于 $\beta = 0$。利用同样的作图法，还可以得到对应于不同入射光的交点 $P_3, P_4, P_5, \cdots$（图中未画出），这些点的轨迹一般来说是一个空间曲面，即为所要寻求的楔形平板的干涉定域面。由图可见，当光源与楔形平板的棱边各在一方时，定域面在楔形平板的上方；而当光源与楔形平板棱边在同一方时，定域面在楔形平板的下方（图 3.42（b））。楔形平板两表面的楔角越小，定域面离平楔形平板越远，楔形平板成为平行平板时，定域面过渡到无穷远。在楔形平板两表面的楔角不是太小或者研究对象是厚度变化的薄膜的情况，如果厚度足够小，定域面实际上很接近楔形平板和薄膜的表面。因此，观察薄板产生的定域干涉条纹，通常**把眼睛、放大镜或显微镜调节在薄板的表面**。如用照相机拍摄条纹时，要将照相机对薄板表面调焦，使之成像于底片平面。在日常生活中，当我们注视水面上的油膜或肥皂泡等薄膜的表面时，看到薄膜在日光照射下呈现出五彩缤纷的色彩，就是多色光在薄膜表面形成的彩色干涉条纹。

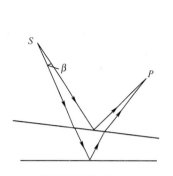
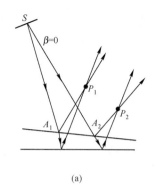
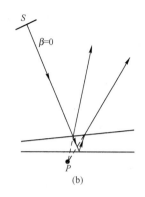

图 3.41 点光源照明楔形平板产生的干涉　　图 3.42 用扩展光源时楔形平板所产生条纹的定域

在实际的干涉装置中,所使用的扩展光源只要有相当的宽度(一般为几厘米),便可满足对所产生条纹的亮度要求。设光源宽度为 5cm,它发出的光波波长为 5×10^{-5} cm,则根据关系式 $b_c = \lambda / \beta, \beta < 2''$ 所确定的区域还是可以看到条纹的。因此,干涉条纹不是仅发生在 $\beta = 0$ 所确定的定域面上,在定域面附近的区域内也能看到条纹,只是条纹的对比度随着离开定域面的距离增大而逐渐降低。如果我们把使用扩展光源时能够看到干涉条纹的整个空间范围叫做定域区域的话,那么**干涉定域是具有一定深度的**。显然,定域深度的大小与光源宽度成反比。光源宽度越大,定域深度越小;反之,光源宽度越小,定域深度越大。光源为点光源时,定域深度无限大,干涉变为非定域的。此外,定域深度也与干涉装置本身有关,例如对于非常薄的平板或薄膜,则不论考察点 P 在何处,它对应的 β 实际上都很小,因此干涉定域的深度很大。这样,即使使用宽度很大的光源,定域区域也包含薄板或薄膜的表面。所以,当我们把眼睛和观察仪器调节在薄板和薄膜表面时,能够看到清晰的干涉条纹。

通常用眼睛直接观察比通过成像仪器观察,更容易找到干涉条纹。这一方面是由于人眼能自动调节,使最清晰的干涉条纹成像在视网膜上,另一方面也与定域深度有关。因为人眼的瞳孔比一般透镜的孔径小许多,它将限制进入眼内的光束宽度。如图 3.43 所示(图中只画出在平板上表面的反射光束),扩展光源 $S_1 S_4$ 只有其中一部分 $S_2 S_3$ 发出的光束经平板表面反射进入眼内,也就是说用眼睛直接观察时,扩展光源的实际宽度要小一些,结果是干涉定域深度增大,用眼睛直接观察更便于找到干涉条纹。

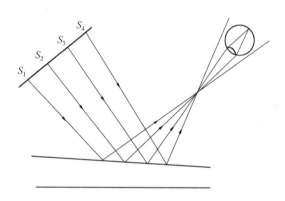

图 3.43 眼睛瞳孔对光束的限制

3.7.2 楔形平板产生的等厚条纹

现在讨论扩展光源照明楔形平板时在定域面上产生的干涉。设光源中心点 S 发出的一束入射光经楔形平板两表面反射后,所分离出的两束光相交于定域面上某一点 P(图 3.44),两束光在 P 点的干涉效应由两束光的光程差决定

$$\mathscr{D} = n(AB + BC) - n'(AP - CP)$$

式中,n 是楔形平板的折射率,n' 是周围介质的折射率。$\mathscr{D}$ 的精确值一般很难计算,但是在实用的干涉系统中,楔形平板的厚度一般都很小,并且楔角不太大,因此可近似地用平行平板的计算公式

来代替,即

$$\mathscr{D} = 2nh\cos\theta_2 \tag{3.67}$$

式中,h 是楔形平板在 B 点的厚度,θ_2 是入射光在 A 点的折射角。考虑到光束在楔形平板上表面和下表面之一反射时的半波损失引起的附加光程差,上式应改写为

$$\mathscr{D} = 2nh\cos\theta_2 + \frac{\lambda}{2} \tag{3.68}$$

如果所研究的楔形平板的折射率是均匀的,且光束的入射角为常数,譬如光源距平板较远或观察干涉条纹用的仪器(眼睛或显微镜)的孔径很小,以致在整个视场内光束的入射角可视为常数,则由式(3.68)可知,两束反射光在相交点 P 的光程差只依赖于反射光反射处楔形平板的厚度 h,因此**干涉条纹与楔形平板上厚度相同点的轨迹(等厚线)相对应**,这种条纹称为**等厚条纹**[①]。前面已经说明,当楔形平板很薄时,定域区域实际上延伸到薄板的表面,因此我们注视薄板的表面就会看到这种沿薄板等厚线分布的干涉条纹。

对于厚度较大的楔形平板,如果光束倾斜入射,定域面离板面较远,干涉定域深度也较小,一般不容易进行条纹观测。在这种情况下,可以利用图 3.45 所示的实用系统让入射光垂直照射楔形平板。这一系统不仅对研究厚板条纹有利,对研究薄板条纹也十分有利。实际应用中,在对等厚条纹进行精密观测时都采用这种系统。图中 S 是扩展光源,位于准直透镜 L_1 的前焦面上,S 发出的光束经 L_1 准直后射向玻璃片 M,再从 M 反射垂直投到楔形平板 G 上(为确定起见,设垂直于上表面)。入射光束在楔形平板上表面的反射光由原路回去,透过 M 后射向观察显微镜 L_2;在楔形平板下表面的反射光透过楔形平板上表面和 M 射向 L_2。按照确定定域面的作图法,可知定域面在楔形平板内部的 BB' 位置。如果楔形平板不是太厚,且其两表面的楔角不是太大时,定域面非常接近下表面,这样如果调节 L_2 对准其下表面,就可在显微镜像平面 E 上观察到楔形平板产生的等厚条纹。

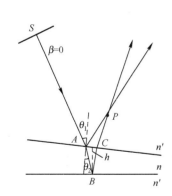

图 3.44 楔形平板在定域面上产生的干涉

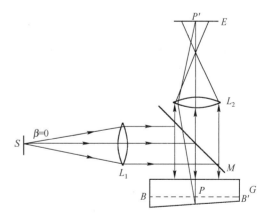

图 3.45 用于等厚条纹观测的一种实用系统

考察定域面上某一点 P,因为 P 点由 $\beta=0$ 的作图法决定,而当 $\beta=0$ 时,光源的临界宽度 b_c 为无穷大,所以从扩展光源上各点发出的在 P 点相交的两束光的光程差之差是微不足道的,可以认为是等光程差的。因此,扩展光源在 P 点产生的干涉效应,可由光源中心点在 P 点的光程差(垂直照明情况下)

---

① 若楔形平板的折射率不均匀,等厚条纹与楔形平板上光学厚度 nh 相同点的轨迹对应。

$$\mathscr{D} = 2nh + \frac{\lambda}{2} \tag{3.69}$$

决定。当光程差 $\mathscr{D}$ 满足条件

$$\mathscr{D} = 2nh + \frac{\lambda}{2} = m\lambda \quad m = 0, 1, 2, \cdots \tag{3.70}$$

时，P 点是光强度极大点（其共轭点 P' 也如此）；而当光程满足条件

$$\mathscr{D} = 2nh + \frac{\lambda}{2} = \left(m + \frac{1}{2} \right)\lambda \quad m = 0, 1, 2, \cdots \tag{3.71}$$

时，P 点是光强度极小点。对于楔形平板，厚度相同点的轨迹是平行于楔棱的直线。所以，楔形平板所产生的等厚条纹是一些平行于楔棱的等距直线，如图 3.46(a) 所示。

利用如图 3.45 所示的系统，除了可以研究楔形平板的等厚条纹，也可以研究任意其他形状平板的等厚条纹。容易看出，在有柱形表面的平板上（图 3.46(b)），可得到平行于柱线的直线条纹，这组条纹中心疏两边密；在有球形表面的平板上（图 3.46(c)），可得到同心圆条纹。对于具有任意形状表面的平板（图 3.46(d)），将得到和地形图上等高线相似的干涉图样。显然，不管是哪一种情况，相邻两亮条纹或暗条纹对应的光程差之差都为 λ，所以从一个条纹过渡到相邻一个条纹，平板的厚度改变 $\frac{\lambda}{2n}$。

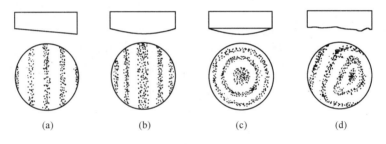

图 3.46　几种不同形状的平板的等厚条纹

参看图 3.47，容易得到楔形平板的相邻两亮条纹或暗条纹之间的距离，即条纹间距

$$e = \frac{\lambda}{2n\alpha} \tag{3.72a}$$

式中，α 是楔形平板的楔角，这里设 α 很小。对于两玻璃平面夹成的空气楔层，$n = 1$，故

$$e = \frac{\lambda}{2\alpha} \tag{3.72b}$$

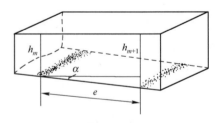

图 3.47　计算楔形平板条纹间距用图

以上两式表明，**条纹间距与楔角 α 成反比**。这一结论不仅适用于楔形平板，也适用于其他形状表面的平板的等厚条纹。如上述的柱形和球形表面的平板，其条纹由中心向外逐渐变密，这是因为柱形和球形表面的平板由中心向外倾角 α 逐渐增大的缘故。

从式(3.72b)可以看出，条纹间距与光波波长有关，波长较长的光形成的条纹间距较大，波长较短的光形成的条纹间距小。因此，使用白光光源时，除光程差等于零的零级条纹为白色外，零级附近的条纹将带有颜色，干涉色如表 3.1 所示。当空气层厚度比较大时（3~4 个波长），由于白光的时间相干性的影响，而使较高级次的条纹消失，成为白色的均匀照明。根据白光条纹的两个特点：① 在零光程差处为白光；② 条纹颜色反映一定光程差的大小，可以利用白光条纹来确定零光程差

位置和按颜色来估计光程差的大小。

表 3.1　白光垂直入射平板时空气层的干涉色

空气层厚度/mm	颜　色		空气层厚度/mm	颜　色	
0.000114	淡黄		0.000520	紫	
0.000148	草黄	第一级	0.000552	绛紫	
0.000168	棕黄		0.000602	蓝绿	第三级
0.000245	红		0.000666	绿	
0.000257	绛		0.000712	浑黄	
0.000276	紫		0.000828	白紫	
0.000360	天蓝	第二级	0.000994	灰紫	第四级
0.000432	黄				
0.000492	红				

注：颜色系统的等级划分是，由一级过渡到另一级，空气层厚度改变约 0.25 μm，即光程差约改变 0.5 μm。

3.7.3　等厚条纹的应用

因为等厚条纹反映了两个表面夹成的薄层的厚度变化情况，所以在精密测量和光学零件加工中，常利用等厚条纹的条纹形状、条纹数目、条纹移动，以及条纹间距等特征，检验零件的表面质量、局部误差（表面粗糙度）、测量微小的角度、长度及其变化等。这里，仅以测量薄片的厚度为例，其他应用在后面几节里介绍。如图 3.48 所示，两块平行平板 G_1 和 G_2 之间，一端完全贴合，另一端垫以厚度为 h 的薄片 F，因而在两块平行平板之间形成一个楔形空气薄层，薄层一端的厚度为零，另一端的厚度为 h。将这一装置置于图 3.45 所示系统中代替楔形平板 G，调节观察显微镜对准平行平板之间的楔形空气层，将可看到空气层所产生的等距直线条纹。若已知光波波长为 λ，测量出楔形空气层的长度为 D，所产生条纹的间距为 e，那么空气层的最大厚度，即薄片 F 的厚度可由下式计算：

$$h = \frac{D}{e} \cdot \frac{\lambda}{2} \tag{3.73}$$

上述测量方法在一些机械工厂被用来检测作为长度标准的端规。端规是一个上下两面经过抛光的平行平面钢块，它的长度由上下两面确定。如图 3.49 所示，D_1 是待检规，D_2 是同一标定长度的标准规，检测时将两端规紧贴在一块钢质平台上，并将一块透明玻璃板 G 放在两端规之上。一般在玻璃板与两块端规之间形成楔形空气层，在单色光垂直照射下产生条纹。两端长度之差可以根据它们的距离和条纹间距由式（3.73）算出。

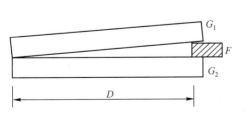

图 3.48　两块平板夹成的楔形空气层

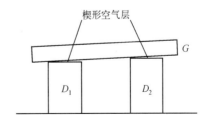

图 3.49　端规的干涉量度比较

［例题 3.10］　试根据干涉条纹许可清晰度的条件求出在等厚干涉中扩展光源的许可宽度。

解：设扩展光源 $S_1 S_2$ 照明楔形薄板 W，扩展光源对观察点 P 的张角为 $2\theta_1$（见图 3.50）。假定扩展光源中点 S_0 发出的垂直于薄板的光线在薄板两表面反射后在 P 点附近相交，因此 P 点对应的光程差为①

$$\mathscr{D}_1 = 2nh$$

式中，h 是 P 处薄板的厚度。在薄板极薄的情况下，由光源边缘点 S_1（或 S_2）发出的以角度 θ_1 入射薄板的光线经薄板两表面反射后也在 P 点附近相交，因此 P 点对应的光程差为

$$\mathscr{D}_2 = 2nh\cos\theta_2$$

式中，θ_2 是以 θ_1 角入射的光线在薄板内的折射角。由于实际上 θ_2 很小，所以上式又可写为

$$\mathscr{D}_2 = 2nh\left(1 - \frac{\theta_2^2}{2}\right) = 2nh - nh\theta_2^2$$

根据干涉条纹许可清晰度的条件，对应于 S_0 和 S_1，在 P 点的光程差之差必须小于 $\lambda/4$，即

$$\mathscr{D}_1 - \mathscr{D}_2 \leqslant \lambda/4$$

由于 $\quad \mathscr{D}_1 - \mathscr{D}_2 = 2nh - (2nh - nh\theta_2^2) = nh\theta_2^2 = nh\left(\frac{n'\theta_1}{n}\right)^2 = \frac{h}{n}n'^2\theta_1^2$

因此有

$$\frac{h}{n}n'^2\theta_1^2 \leqslant \frac{\lambda}{4}$$

于是可求得扩展光源的许可（角）半宽度为

$$\theta_1 \leqslant \frac{1}{2n'}\sqrt{\frac{n\lambda}{h}}$$

在实用的观测等厚干涉的装置中，扩展光源置于准直透镜的焦面上。若透镜焦距为 f，则扩展光源的许可宽度为

$$\overline{S_1 S_2} = 2\theta_1 f \leqslant \frac{f}{n'}\sqrt{\frac{n\lambda}{h}}$$

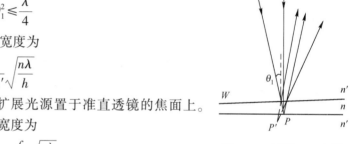

图 3.50　例题 3.10 用图

[**例题 3.11**]　集成光学中的楔形薄膜耦合器如图 3.51 所示。沉积在玻璃衬底上的是氧化钽（Ta_2O_5）薄膜，其楔形端从 A 到 B 厚度逐渐减小为零。为测定薄膜的厚度，用波长 $\lambda = 632.8$nm 的 He-Ne 激光垂直照明，观察到薄膜楔形端共出现 11 个暗纹，且 A 处对应一暗纹，问氧化钽薄膜的厚度是多少？（Ta_2O_5 薄膜对 632.8nm 激光的折射率为 2.21。）

解：Ta_2O_5 薄膜的折射率大于玻璃的折射率，故入射光在楔形薄膜上表面反射有位相突变 π，而在下表面反射没有位相变化，故薄膜产生的暗条纹满足条件

$$\mathscr{D} = 2nh + \frac{\lambda}{2} = (2m + 1)\frac{\lambda}{2} \quad m = 0, 1, 2, \cdots$$

在薄膜 B 处，$h = 0$（$m = 1/2$），$\mathscr{D} = \lambda/2$，所以 B 对应一暗纹。第 11 条暗纹在薄膜 A 处，它对应于 $m = 21/2$，因此

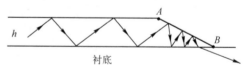

图 3.51　楔形薄膜耦合器

$$\mathscr{D} = 2nh + \frac{\lambda}{2} = \frac{21}{2}\lambda$$

所以 A 处薄膜的厚度为 $\quad h = \frac{10\lambda}{2n} = \frac{10 \times 632.8 \times 10^{-6}\text{mm}}{2 \times 2.21} = 1.43 \times 10^{-3}\ \text{mm}$

---

① 这里未考虑两表面反射的位相变化，它对解没有影响。

3.8 牛 顿 环

另一个应用等厚条纹进行测量的例子,是利用牛顿环条纹测量透镜的曲率半径。在一块平面玻璃板上,放置一个曲率半径 R 很大的平凸透镜(图3.52),在透镜的凸表面和玻璃板的平面之间便形成一个厚度由零逐渐增大的空气薄层。当以单色光垂直照明时,在空气层上形成一组以接触点 O 为中心的中央疏边缘密的圆环条纹,称为**牛顿环**[①]。用读数显微镜测量出牛顿环的半径,便可计算出透镜的曲率半径。这种方法比常用的机械方法(利用球径仪测量)要精确。

3.8.1 测量原理及精确度

下面导出牛顿环半径与平凸透镜曲率半径之间的关系。设测量出由中心向外计算的第 N 个暗环的半径为 r,由图3.52可见

$$r^2 = R^2 - (R - h)^2 = 2Rh - h^2$$

式中,R 是透镜凸表面的曲率半径,h 是该暗环对应的空气层厚度。由于 R 较 h 大得多,上式中可略去 h^2 项,因此

$$h = \frac{r^2}{2R} \qquad (3.74)$$

将上式代入第 N 个暗环满足的光程差条件 $\Big[$ 式(3.71),注意第 N 个暗环的干涉级为 $N + \frac{1}{2} \Big]$

$$2h + \frac{\lambda}{2} = \left(N + \frac{1}{2}\right)\lambda \qquad (3.75a)$$

或

$$h = N\frac{\lambda}{2} \qquad (3.75b)$$

得到

$$R = \frac{r^2}{N\lambda} \qquad (3.76)$$

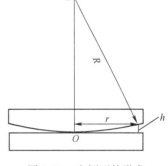

图3.52 牛顿环的形成

由上式可见,若以读数显微镜准确测出第 N 个暗环的半径 r,并已知所用单色光波长,即可计算出透镜的曲率半径。

在牛顿环的中心,即在透镜凸表面和玻璃板的接触点上,因为 $h = 0$,两反射光的光程差 $\mathscr{D} = \lambda / 2$,所以牛顿环中心是一暗点。在透射光方向也可以看到一组定域在空气层上的圆环干涉条纹,并且条纹的亮暗情况与反射光条纹正好相反,因此透射光牛顿环的中心是一个亮点[②]。

在光学车间里,通常是利用球径仪测出透镜的矢高,再按式(3.74)计算透镜的曲率半径,这时式中的 r 是透镜口径之半,h 即为矢高。在球径仪上测量透镜矢高的误差约为 $\pm 1\mu m$,这样的误差在大多数场合都是允许的。但当透镜的焦距很大,例如10m左右时,曲率半径 R 很大而矢高 h 很小,这时相对误差 $\frac{\Delta R}{R} = \frac{\Delta h}{h}$ 就非常大了。利用牛顿环方法测量透镜曲率半径的误差取决于读数显微镜对准干涉条纹的对准误差,一般对准误差约为条纹间距的 $1/10$,即 $\Delta m = 0.1$。由式(3.75b),与此对应的矢高误差为(设单色光波长 $\lambda = 0.6\ \mu m$)

---

① 牛顿环条纹形状与等倾圆条纹相同,但牛顿环内圈的干涉级小,外圈的干涉级大,与等倾圆条纹正好相反。

② 注意,这里的讨论是对图3.52所示的情况而言的。若在某些情况下,当夹层内的折射率介于透镜和玻璃板的折射率之间时,反射光牛顿环中心是亮点,而透射光牛顿环中心是暗点。

$$\Delta h = \Delta m \frac{\lambda}{2} = 0.1 \times 0.3\,\mu m = 0.01\ \mu m$$

这比用球径仪测量的误差小 100 倍,可见用牛顿环方法比用球径仪方法测得的曲率半径要精确得多。

当透镜的曲率半径很大时,透镜凸表面和玻璃板平面之间空气层的厚度很小,如采用白光光源,即可看到彩色的牛顿环条纹。在圆环中心处,对所有波长来说,光程差都等于 $\lambda/2$,所以中心斑点是黑色的。从中心向外,一般能看到三四个彩色圆环,它们的颜色次序一定,如表 3.1 所示。再往外,随着空气层厚度的增大,彩色条纹消失,看到的是均匀的白色照明。

3.8.2 检验光学零件表面质量

牛顿环条纹除了被用来测量透镜的曲率半径,在光学车间里,还广泛地利用它来检验光学零件的表面质量。常用的玻璃样板检验光学零件表面质量的方法,就是利用与牛顿环类似的干涉条纹,这种条纹形成在玻璃样板表面和待检零件表面之间的空气层上,俗称为"**光圈**"。根据光圈的形状、数目,以及用手加压后条纹的移动,就可检验出零件的偏差。例如,当条纹是一些完整的同心圆环时(图 3.53),就表示零件没有局部误差,并且从光圈数的多少,可以确定玻璃样板和零件表面曲率差的大小。设零件表面的曲率半径为 R_1,玻璃样板的曲率半径为 R_2,则零件和样板表面的曲率差 $\Delta C = \dfrac{1}{R_1} - \dfrac{1}{R_2}$。根据图 3.53 的几何关系有

$$h = \frac{D^2}{8}\left(\frac{1}{R_1} - \frac{1}{R_2}\right) = \frac{D^2}{8}\Delta C$$

式中,h 为两表面夹成的空气层的最大厚度,D 是零件的直径。如果直径 D 内包含 N 个光圈,由式(3.75b)

$$h = N\frac{\lambda}{2}$$

所以

$$N = \frac{D^2}{4\lambda}\Delta C \tag{3.77}$$

在透镜设计中,可以按照此式换算光圈数与曲率差之间的关系。

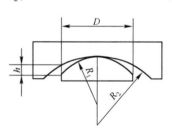

图 3.53 用样板检验光学零件表面质量

【**例题 3.12**】 证明图 3.52 的牛顿环装置产生的牛顿环条纹:

(1) 其间距 e 满足关系:$e = \dfrac{1}{2}\sqrt{\dfrac{R\lambda}{N}}$,式中,$N$ 是由中心向外计算的暗条纹数,λ 是入射光波长;

(2) 若相距 k 个条纹的两个环的半径分别为 r_N 和 r_{N+k},则 $R = \dfrac{r_{N+k}^2 - r_N^2}{k\lambda}$。

证:(1) 由式(3.76)可得

$$r_N^2 = NR\lambda$$

上式取微分,有

$$2r_N\,dr = R\lambda\,dN$$

当 $dN=1$ 时,$dr=e$,故

$$e = \frac{R\lambda}{2r_N} = \frac{1}{2}\sqrt{\frac{R\lambda}{N}} \tag{3.78}$$

(2) 由于 $r_N^2 = NR\lambda$ 和 $r_{N+k}^2 = (N+k)R\lambda$,得到

$$r_{N+k}^2 - r_N^2 = (N+k-N)R\lambda$$

因此

$$R = \frac{r_{N+k}^2 - r_N^2}{k\lambda} \tag{3.79}$$

通常在牛顿环装置中,由于存在灰尘,透镜凸表面和玻璃板表面并不严格密接,因此牛顿环中

心 $h \neq 0$,中心可能是亮点或居于亮暗之间。这时,使用式(3.79)计算曲率半径比使用式(3.76)计算更精确。

*3.9 平面干涉仪

平面干涉仪是利用两个平面(一个标准平面和一个被检平面)之间的楔形空气层产生的等厚干涉条纹来检验平面零件的仪器。如图3.54所示,单色光源 S(实际上是一个被光源照亮的小孔光阑)位于准直透镜 L 的焦点上,光源发出的光束透过玻璃片 M 被透镜 L 准直,垂直投射到标准平板 G_1 和被测平板 G_2 上。标准平板通常做成有很小的楔角,目的是使上表面和下表面的反射光束分开一定角度,使上表面的反射光束移出视场之外。从标准平板下表面和被测平板上表面反射的光(图上仅画出从上表面反射的光)经透镜 L 和玻璃片 M 反射后会聚于透镜 L 焦面的 O 处,反射光形成的干涉条纹定域于标准平板和被测平板之间的空气层表面,将眼睛或照相机置于 O 处,而且调节到空气层表面,就可以看到或拍摄到整个表面上的干涉条纹。被测平板与标准平板之间的楔角大小与方向,可以通过它所在的调节盘进行调节,因而条纹的间距和方向可以随之变化。

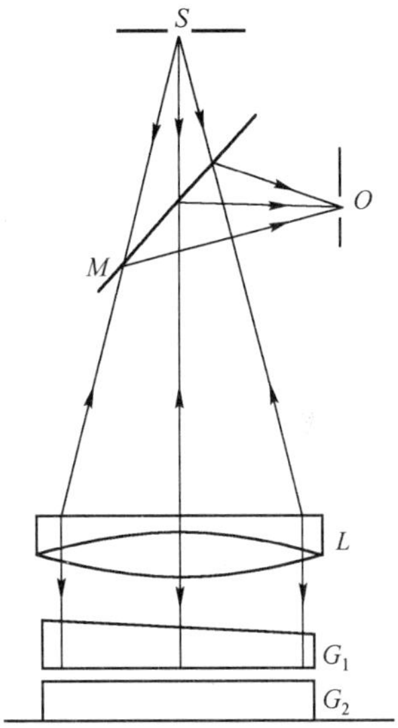

平面干涉仪现在普遍采用激光作为单色光源,干涉条纹亮度大,对比度好,从而提高测量精确度和增大测量范围。

下面介绍平面干涉仪的几种主要用途。

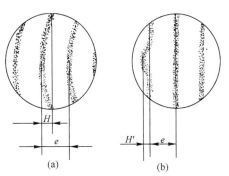

图3.54 平面干涉仪

1. 测定平板表面的平面度及局部误差

如果被测平板表面是理想平面,那么标准平板和被测平板之间的楔形空气层形成的等厚干涉条纹应是一组互相平行的等距直线条纹。如果条纹是弯曲的,这表明被测平板表面不平,弯曲程度越大,表面的平面偏差越大。设在整个表面上观察到的条纹如图3.55(a)所示,条纹弯曲的矢高为 H,条纹间距为 e,则被测平板的**平面度**为

$$P = H / e \qquad (3.80)$$

对应的平面偏差,即凹陷或凸起的厚度[①]

$$h = \frac{H}{e} \cdot \frac{\lambda}{2} \qquad (3.81)$$

对有局部缺陷的情况(图3.55(b)),局部误差 ΔP 用下式计算:

图3.55 平面偏差及局部缺陷引起的条纹弯曲

$$\Delta P = H' / e \qquad (3.82)$$

通常估测条纹弯曲程度所能达到的精确度约为 $1/10$ 条纹,所以平面干涉仪测定平面缺陷的精确度为 $1/20$ 波长,约 $0.03\mu m$。一般光学平面要求平面偏差 $\leq \lambda/4$,即条纹弯曲不超过条纹间距的 $1/2(P \leq 1/2)$,这类平面极容易由平面干涉仪做简单的目视检定。更加精确的光学平面,如上述

[①] 平面偏差是凹陷或凸起,要根据标准平面和被测平面的相对取向及条纹弯曲的方向判断。若条纹向两平面间厚度小的一侧弯曲,则被测平面凹陷;反之凸起。

的"标准平面"和后面将要叙述的迈克耳孙干涉仪及法布里-珀罗干涉仪使用的平面镜,其平面偏差不超过 $1/20$ 波长。对于这一类平面,可以利用平面干涉仪做出精确的定量测定。

2. 测量平行平板的平行度及小角度光楔的楔角

平面干涉仪还可以测量平行平板的平行度。为此,应调节仪器使标准平面上的反射光移出视场之外,并在视场中观察到平行平板上下两表面产生的等厚干涉条纹。条纹的形状和间距与三个因素有关:①平板上下表面的加工质量;②两表面的几何平行度;③玻璃的光学均匀性。严格说来,所测量的平行度是光学平行度。在平板不太厚时,玻璃的不均匀性影响很小,测出的平行度可视为几何平行度。

平行平板的平行度用最大厚度差 Δh 表示(图 3.56),如在直径为 D 的平行平板上观察到条纹的数目为 N,则

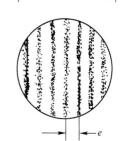

$$\Delta h = \frac{N\lambda}{2n}$$

式中,n 是平行平板的折射率。因为 $N = D/e$,所以

$$\Delta h = \frac{\lambda}{2n} \frac{D}{e} \qquad (3.83)$$

因此,只要测出干涉条纹的间距 e,即可由上式算出在直径 D 内的最大厚度差。设平行平板上下两表面的楔角为 α,有

$$\alpha = \frac{\Delta h}{D} = \frac{\lambda}{2ne} \qquad (3.84)$$

测量小角度光楔的楔角时,可用上式进行计算。

图 3.56　平行平板的平行度及所生条纹

3. 测量透镜的曲率半径

当透镜具有很大的曲率半径,如几十米时,很难利用球径仪进行测量,这时可采用平面干涉仪目测或拍摄照片放大后进行测量,其原理类似于牛顿环测量,这里不再重述。

3.10　迈克耳孙干涉仪

迈克耳孙干涉仪是在 1881 年迈克耳孙为了研究"以太"是否存在而设计的。其结构简图如图 3.57 所示,G_1 和 G_2 是两块折射率和厚度都相同的平行平面玻璃板,分别称为分光板和补偿板。G_1 的背面有镀银或镀铝的半反射面 A;G_1 和 G_2 互相平行。M_1 和 M_2 是两块平面反射镜,它们与 G_1 和 G_2 约成 $45°$ 角。从扩展光源 S 来的光,在 G_1 的半反射面 A 上反射和透射后分为光强度相等的两束光 Ⅰ 和 Ⅱ。光束 Ⅰ 射向 M_1,经 M_1 反射后折回再透过 A 进入观察系统 L(人眼或观察仪器);光束 Ⅱ 通过 G_2 并经 M_2 反射折回到 A,在 A 反射后也进入观察系统 L。光束 Ⅰ 和光束 Ⅱ 相交时发生干涉。

1. 条纹性质

为了研究迈克耳孙干涉仪所形成的干涉图样的性质,可以做出虚平面 M_2',它是 M_2 在 A 中的虚像,位置在 M_1 附近。当在 L 处观察时,直接可看到 M_1 和 M_2 的虚像 M_2',此两表面构成一个虚平板(虚空气层)。容易看

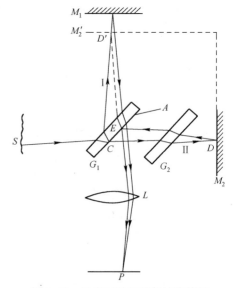

图 3.57　迈克耳孙干涉仪结构简图

出,从 S 沿 $SCDEP$ 路线到达 P 点的光程等于沿 $SCD'EP$ 路线到达 P 点的光程,因此可以认为,观察系统接收到的干涉图样是由实反射面 M_1 和虚反射面 M_2' 构成的虚平板产生的。虚平板的一定的厚度和楔角可以通过调节 M_1 和 M_2 实现:在 M_1 和 M_2 的背面各有三个调节螺钉可用来调节它们的相对位置。M_1 安置在一滑座上,滑座可以借助测微螺杆沿精密导轨平移,以改变虚平板的厚度。这样,利用迈克耳孙干涉仪可以产生厚的或薄的平行平板和楔形平板的干涉现象。

如果调节 M_2,使它的反射像 M_2' 与 M_1 平行,所观察到的干涉图样就与 3.6 节讨论的一样,是一组定域在无穷远的等倾圆环条纹。这时,如果 M_1 移向 M_2'(虚平板厚度减小),条纹则向中心收缩,并在中心一一消失。每当 M_1 移动 $\lambda/2$ 的距离,在中心消失一个条纹。但是,根据式(3.66),虚平板的厚度减小时,条纹的角间距增大,所以条纹将疏松起来。当 M_1 与 M_2' 完全重合时,视场是均匀的,因为这时对于各个方向的入射光,光程差均相等。如果继续移动 M_1,使 M_1 逐渐离开 M_2',则条纹不断由中心冒出,并且随虚平板厚度的增大,条纹又逐渐地密集起来。

如果调节 M_2,使它的反射像 M_2' 与 M_1 相互倾斜成一个很小的角度,并且当 M_2' 与 M_1 比较接近时,所观察到的干涉图样则与 3.7 节中讨论的楔形平板的干涉图样一样,条纹定域在楔表面上或楔表面附近。迈克耳孙干涉仪产生的这种干涉条纹一般不属于等厚条纹,只是当楔形虚平板很薄,且观察面积很小时,可以近似地视为等厚条纹(这时可认为入射光有相同的入射角),它们是一些平行于楔棱的等距直线。在扩展光源照明下,如果 M_1 与 M_2' 的距离增大,干涉条纹与等厚线的偏离程度也随着增大,这时条纹将发生弯曲,弯曲的方向是凸向楔棱一边(见图 3.58),并且条纹的对比度下降。干涉条纹弯曲的原因在于:干涉条纹是等光程差线,当入射光并非平行光时,对于倾角较大的入射光束,它所对应的光程差若与倾角较小的入射光束对应的光程差相等,应以平板厚度的增大来补偿。这一点从光程差公式 $\mathscr{D}=2nh\cos\theta_2$ 可以看出。由图 3.58 可见,靠近楔板边缘的点对应的入射角较大,因此干涉条纹越靠近边缘,越偏离到厚度更大的地方。在楔板很薄的情况下,光束入射角变化引起的光程差变化尚不明显,所以我们可以看到一些直线条纹;但是在厚板的情况下,光束入射角的变化将引起光程差较大的变化,这样条纹的弯曲将显露出来。

对于楔形平板条纹,与平行平板条纹一样,反射镜 M_1 每移动 $\lambda/2$,条纹就移动一个。

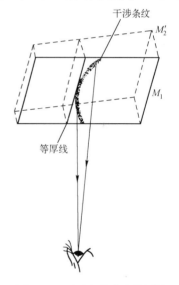

图 3.58　干涉条纹偏离等厚线

2. 白光条纹

当楔形虚平板极薄时(M_1M_2' 距离仅几个波长),如使用白光光源则可以观察到干涉仪产生的白光条纹。条纹是带有彩色的。如果 M_1 和 M_2' 相交错,交线上的条纹对应于虚平板的厚度 $h=0$,它一般是白色的,它的两侧为彩色条纹[①]。

观察白光条纹时干涉仪中的补偿板 G_2 是不可缺少的。如不加 G_2,光束 I 经过玻璃板 G_1 三次,而光束 II 则经过一次;加入 G_2 后光束 II 也经过玻璃板三次,因而得到补偿。这种补偿在单色光照明时并非必要,光束 I 经过玻璃板所增加的光程可以用空气中的行程补偿。但是用白光光源时,因为玻璃有色散,不同波长的光有不同的折射率,因而不同波长的光通过玻璃板时所增加的光程不同,这是无法用空气中的行程来补偿的,这时必须加入与 G_1 全同的 G_2 才能同时补偿各种波长的光程差。

---

①　干涉仪的光束 I 和 II 在半反射金属膜上反射引起的附加光程差与金属材料及其厚度有关,通常接近于零,故交线条纹一般为白色。

白光条纹在迈克耳孙干涉仪中极为有用,它使我们能够准确地确定 M_1 和 M_2 至半反射面 A 的等光程位置,对于干涉仪的一些应用来说,这一点非常必要。例如,迈克耳孙在将标准米尺与镉红线的波长做比较时,需要测量图 3.59 所示的特制标准具的长度 d 中所包含的波长数目。测量的方法是将标准具放在迈克耳孙干涉仪上 M_2 的一旁,而且通过观察系统同时能看到标准具的前后两个镜面 B 和 B';使标准具的前面一块镜子 B 和 M_2 约在同一平面上,而 M_2 调节成与 M_1 在半反射面 A 中的虚像 M_1' 平行,因此在 M_2 一侧可以看到 M_1 和 M_2 反射的镉红光形成的等倾圆环条纹。移动 M_1,使 M_1' 先与标准具的 B 相交,再与 B' 相交,同时数出在两次相交之间从 M_2 一边看到的圆环条纹中从中心冒出来的条纹数,便可以决定标准具的长度 d 中所含有的波长数目。在判断 M_1' 和 B 或 B' 相交时,就需要利用白光条纹。

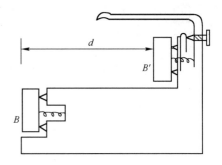

迈克耳孙干涉仪的主要优点是两束相干光完全分开,并且它们的光程差可由一个镜子的平移来改变,因此可以很方便地在光路中安置被测量的样品。利用上述优点,迈克耳孙干涉仪在历史上有过很大的功用,例如直接将波长与标准米尺进行比较,以及研究谱线的精细结构等。今天,它仍有着重要的应用,许多重要的干涉仪都是以它为基础的。

图 3.59 迈克耳孙所用的特制标准具

*3.11 泰曼干涉仪和傅里叶变换光谱仪

3.11.1 泰曼干涉仪

泰曼干涉仪是迈克耳孙干涉仪的一种变型,在光学仪器制造工业中,常用这种仪器产生的等厚条纹对光学零件或光学系统做综合质量检验。

泰曼干涉仪如图 3.60 所示,它与原始的迈克耳孙干涉仪的不同点是,光源是单色点光源①,它置于一个校正像差的透镜 L_1 的前焦点上,而从干涉仪射出的光用另一个校正像差的透镜 L_2 会聚,人眼则处在透镜 L_2 的焦点位置观察,人眼能够看到反射镜 M_1 和 M_2 的整个范围。由于泰曼干涉仪只使用单色光源,所以迈克耳孙干涉仪中的补偿板在这里不再必要。

若作出反射镜 M_1 在半反面 A 中的虚像 M_1'(图中未画出),干涉仪的出射光就相当于 M_2 和 M_1' 所构成的空气楔的反射光,因而泰曼干涉仪实际上等效于图 3.54 所示的平面干涉仪,只是在这里两束光的光路被完全分开。这样,泰曼干涉仪产生等厚干涉的原理就不难理解了。值得注意的是,当光源是点光源时,条纹是非定域的,在两个相干光束重叠区域内的任何平面上,条纹的清晰度都一样。不过,实际上为了获得足够强度的干涉条纹,光源的扩展不能忽略,这时如同平面干涉仪的情况一样,条纹定域于 M_2 和 M_1' 构成的空气楔附近。

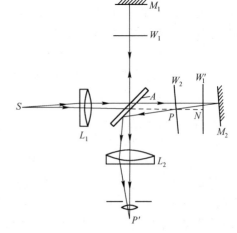

图 3.60 泰曼干涉仪

下面为讨论方便起见,从另一种观点来解释干涉条纹的产生。如图 3.60 所示,设入射平面波

---

① 实际使用的是一个足够小的准单色光源。

经 M_1 反射后的波前是 W_1，经 M_2 反射后的波前是 W_2，W_1 和 W_2 位相相同。引入虚波前 W_1'，它是 W_1 在半反射面 A 中的虚像。图中画出了虚相交于波前 W_2 上 P 点的两束光的光路，这两束光在 P 点的光程差为

$$\mathscr{D} = PN = h$$

即等于 W_1' 到 P 点的法线距离。因为 W_1' 和 W_2 之间介质(空气)的折射率为 1，显然：

$$h = \begin{cases} m\lambda & m = 0, \pm 1, \pm 2, \cdots \quad P \text{ 为亮点}① \\ \left(m + \dfrac{1}{2}\right)\lambda & m = 0, \pm 1, \pm 2, \cdots \quad P \text{ 为暗点} \end{cases}$$

如果 M_1 和 M_2 是理想平面，那么反射回来的波前 W_1(或 W_1')和 W_2 也是平面，这样当眼睛聚焦于 W_2 上时，在 W_1' 和 W_2 之间有一楔角的情况下，将看到一组平行等距的直线条纹(若 W_1' 和 W_2 相互平行，视场是均匀照明的，没有条纹)，它们与 W_1' 和 W_2 所构成的空气楔的楔棱平行。从一个亮条纹(或暗条纹)过渡到相邻的亮条纹(或暗条纹)，W_2 和 W_1' 之间的距离改变 λ。如果在 M_2 前插入有缺陷的光学零件(图 3.61)，从 M_2 反射回来的波前 W_2 将发生变形，这时干涉条纹不再是平行等距的直线，某个检测例子的干涉条纹如图 3.62 所示。我们可以把 W_2 上的各亮条纹(或暗条纹)视为以 W_1' 为基准的 W_2 的等高线，高度间隔为 λ，从等高线的形状、间隔就可以判断光学零件的缺陷。例如，图 3.62 所示的等高线——干涉条纹图，实际上表示 Q 处有一个高峰或低谷，即零件表面相应的地方"高"或"低"了(综合反映零件质量，包括表面质量和折射率的均匀性，不一定指零件表面有高低)。至于这些地方究竟是"高"还是"低"，可从 M_1 相对于分光板移动时条纹的运动方向来判定。应当注意，由于光束两次通过零件，使零件缺陷加倍出现，故应以干涉条纹的数目和变形之半来衡量零件的实际质量。同时，根据缺陷的部位，可以对零件进行精修。

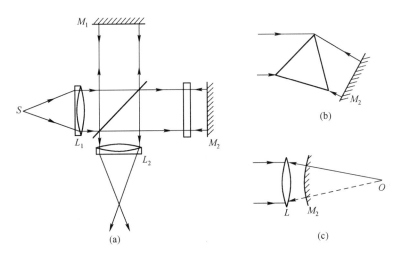

图 3.61　用泰曼干涉仪检验平板、棱镜和透镜的装置

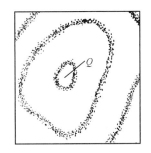

图 3.62　干涉条纹

图 3.61 是利用泰曼干涉仪检验平板、棱镜和透镜的装置，被检零件插入 M_2 前的光路中。在最小偏向位置检验棱镜时(图 3.61(b))，干涉仪的 M_2 要设计成可移动或转动的。当检验透镜的波像差时(图 3.61(c))，M_2 要换成球面反射镜，球面反射镜的球心 O 应与被检透镜 L 的焦点重合。

此外值得一提的是，人类在 2016 年首次正式探测到宇宙涟漪——引力波的信号，正是借助了基于泰曼干涉仪原理构建的激光干涉探测系统。而我国的"天琴"计划和"太极"计划，将在太空构建激光干涉仪，可期为人类研究引力波、探索宇宙奥秘作出举足轻重的贡献。同时我们也看到，每一套大

---

① 这里略去了在半反射面 A 两边反射时位相变化的微小差别。

科学装置,从科学原理到技术实现,都离不开一大批科学家和技术人员坚持不懈的协同配合。

3.11.2 傅里叶变换光谱仪

傅里叶变换光谱仪是利用傅里叶变换技术,根据干涉效应来分析光源的光谱分布的仪器。它主要由两部分组成:一台泰曼干涉仪和一套用于傅里叶变换运算的计算机处理系统,如图 3.63 所示。

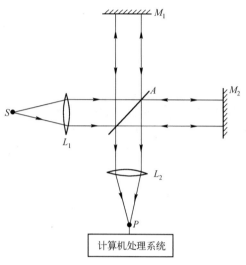

要了解傅里叶变换光谱仪的原理,有必要回忆3.4 节中关于光源的非单色性对干涉效应影响的讨论。我们曾经分析过,当光源的光谱分布是矩形分布时(在 $k_0 - \dfrac{\Delta k}{2}$ 到 $k_0 + \dfrac{\Delta k}{2}$ 波数范围内,谱密度 i_0 为常数,在这一波数范围外谱密度为零),干涉场中光程差等于 $\mathcal{D}$ 的 P 点的干涉结果为[见式(3.35)]

$$I(\mathcal{D}) = \int_{k_0 - \frac{\Delta k}{2}}^{k_0 + \frac{\mathcal{D} k}{2}} 2i_0(1 + \cos k\mathcal{D})\,\mathrm{d}k$$

这里假设发生干涉的两束光的光强度相等。在一般情况下,光谱分布并非矩形分布,即谱密度是 k 的函数 $i_0(k)$。因此,一般地应将上式改写为

图 3.63　傅里叶变换光谱仪

$$
\begin{aligned}
I(\mathcal{D}) &= \int_{-\infty}^{\infty} 2i_0(k)(1 + \cos k\mathcal{D})\,\mathrm{d}k \\
&= \int_{-\infty}^{\infty} 2i_0(k)\,\mathrm{d}k + \int_{-\infty}^{\infty} 2i_0(k)\,\frac{\exp(\mathrm{i}k\mathcal{D}) + \exp(-\mathrm{i}k\mathcal{D})}{2}\,\mathrm{d}k \\
&= \frac{1}{2}I(0) + \int_{-\infty}^{\infty} i_0(k)\exp(\mathrm{i}k\mathcal{D})\,\mathrm{d}k
\end{aligned}
\tag{3.85}
$$

式中,$I(0)$ 是光程差 $\mathcal{D}=0$ 时 P 点的光强度,并且把 $i_0(k)$ 的定义域扩充为从 $-\infty$ 到 $+\infty$,同时设定 $i_0(-k) = i_0(k)$。显然,上式又可写为

$$I'(\mathcal{D}) = I(\mathcal{D}) - \frac{1}{2}I(0) = \int_{-\infty}^{\infty} i_0(k)\exp(\mathrm{i}k\mathcal{D})\,\mathrm{d}k \tag{3.86}$$

由此可见,$I'(\mathcal{D})$ 和 $i_0(k)$ 构成傅里叶变换时,谱密度 $i_0(k)$ 是光强度函数 $I'(\mathcal{D})$ 的傅里叶变换:

$$i_0(k) = \frac{1}{2\pi}\int_{-\infty}^{\infty} I'(\mathcal{D})\exp(-\mathrm{i}k\mathcal{D})\,\mathrm{d}\mathcal{D} \tag{3.87}$$

因此,只要通过泰曼干涉仪记录下随光程差变化的 $I'(\mathcal{D})$,就可以由傅里叶变换获得谱密度 $i_0(k)$。在傅里叶变换光谱仪中,$I'(\mathcal{D})$ 是由泰曼干涉仪给出的(平移 M_2 改变两束光的光程差 $\mathcal{D}$,并记录 P 点的光强度变化),而对 $I'(\mathcal{D})$ 做傅里叶变换则由计算机处理系统来完成。

图 3.64 所示是用钠光灯做光源时,记录下来的光强度函数(示意图)及相应的光谱。这一分析表明,钠黄光包含波长为 589nm 和 589.6nm 的两根谱线,其强度比约为 2:3,这与用其他方法得到的结果相符。另外,由图 3.64(a)可以看出,$I'(\mathcal{D})$ 随 $\mathcal{D}$ 周期性地变化[①],在 A、C 等处,光强度对比大;而在 B、D 等处光强度对比小。因此随 $\mathcal{D}$ 改变,泰曼干涉仪在 P 点附近的干涉图样的对比度将周期性地变化。这就是我们通常用钠光灯作为光源时,在迈克耳孙干涉仪实验中所看到的 $\mathcal{D}$ 改变时条纹对比度时好时坏的原因。不难明白(做类似于 2.4 节的分析),条纹对比度变化的空间周期为

---

① 考虑到每根谱线都有一定的宽度,所以图 3.64(a)的光强度群将随 $\mathcal{D}$ 增大而逐渐减小幅度,从而破坏 $I'(\mathcal{D})$ 的周期性。不过,当谱线宽度很小时,可以认为是周期性变化的。

$$\mathscr{D}' = \frac{\lambda_1 \lambda_2}{\lambda_2 - \lambda_1} \approx \frac{\overline{\lambda}^2}{\Delta\lambda} \tag{3.88}$$

式中,λ_1 和 λ_2 是两根谱线的波长,$\overline{\lambda}$ 是平均波长。

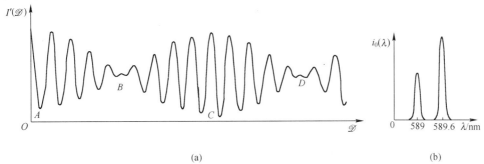

图 3.64 钠光灯的光强度函数及光谱

傅里叶变换光谱仪相对于一般的棱镜和光栅光谱仪的主要优点是,其利用光能的效率高。在有相同分辨本领的情况下,傅里叶变换光谱仪收集到待测光谱的能量比一般光谱仪高两个数量级以上。此外,由于傅里叶变换光谱仪是同时记录所有光谱信息的,所以它将显著地提高测量的信噪比。这些优点使得傅里叶变换光谱仪对于分析气体的极为复杂而光强很弱的红外光谱特别有用。

*3.12 马赫-曾德尔干涉仪

马赫-曾德尔干涉仪是一种大型的光学仪器,适用于研究气体密度迅速变化的状态,如在风洞中试验飞机模型时产生的空气涡流和爆炸过程的冲击波。由于气体折射率的变化与其密度的变化成正比,而折射率的变化将使通过气体的光线有不同的光程,因此,如果让一个平面波和一个通过气体的波发生干涉来获得等厚干涉条纹,这些条纹便能反映出气体折射率和密度的分布状况。

马赫-曾德尔干涉仪如图 3.65 所示,G_1、G_2 是两块分别具有半反射面 A_1、A_2 的平行平面玻璃板,M_1、M_2 是两块平面反射镜,四个反射面通常安排成近乎平行,其中心分别位于一个平行四边形的四个角上,平行四边形长边的典型尺寸是 1~2m。光源 S 置于透镜 L_1 的焦点上,S 发出的光束经 L_1 准直后在 A_1 上分为两束,它们分别由 M_1、A_2 反射和 M_2 反射、A_2 透射,进入透镜 L_2。两束光的干涉图样可用置于 L_2 焦平面位置的照相机拍摄下来,如果采用短时间曝光技术,即可得到条纹的瞬时照片。

为了解仪器所产生的干涉条纹的性质,假设光源 S 是一个单色点光源,因而入射到 A_1 的是单色平面波。设透过 A_1 并经 M_1 反射的平面波的波前为 W_1,而经 A_1 和 M_2 反射的平面波的波前为 W_2;引入虚波前 W_1',它是 W_1 在 A_2 中的虚像。一般情况下,W_1' 和 W_2 是相互倾斜的,形成一空气楔,因此,在 W_2 上将形成平行等距的直线条纹(图中画出了两束出射光线在 W_2 上 P 点虚相交),条纹的走向与 W_2 和 W_1' 所成空气楔的楔棱平行。如果使 W_2 通过被研究的气流,W_2 将发生变形,因而干涉图样不再是平行等距的直线,从干涉图样的变化就可以测量出所研究区域的折射率或气流密度的变化。

因为通常气流密度是迅变的,用照相机记录气流密度的变化情况,必须采用短时间的曝光,这样就要求干涉条纹有很大的亮度,所以,通常在实用上都利用扩展光源。这时条纹是定域的,定

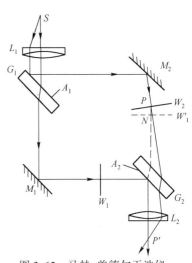

图 3.65 马赫-曾德尔干涉仪

域面可根据干涉孔径 $\beta=0$ 的作图法求出。易见，当4个反射面严格平行时，条纹定域在无穷远处，即在 L_2 的焦平面上；而当 M_2 和 G_2 同时绕自身垂直轴转动时，条纹虚定域于 M_2 和 G_2 之间（见图3.66）。定域位置可任意调节的这一特点，使得这种干涉仪能够用来研究尺寸较大的风洞中任一平面附近的空气涡流。工作时将风洞置于 M_2 和 G_2 之间，并在 M_1 和 G_1 之间的另一光路上放置补偿室，把定域面调节到风洞中任一选定平面上，通过透镜 L_2 和照相机可以把该平面上的干涉图样拍摄下来。只要比较有气流时和无气流时的条纹图样，就可以决定气流所引起的空气密度的变化情况。迈克耳孙类型的干涉仪由于定域面和镜子重合，所以尽管两路相干光束还是分得很开，还是不适用于上述目的。

近年来，国外有些实验室应用马赫-曾德尔干涉仪来研究可控热核反应中等离子区的密度分布。图3.67是所拍摄到的可控热核反应中等离子区密度分布的条纹图样照片。

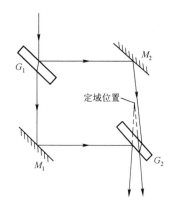

图3.66　马赫-曾德尔干涉仪中条纹的定域

图3.67　可控热核反应中等离子区密度分布的条纹图样照片

马赫-曾德尔干涉仪的另一种重要应用是用来测量光学零件或光学系统的像差，这种测量是通过波前剪切干涉来实现的，而不需要一个基本上没有误差的参考波前。考虑到制造大孔径标准零件的困难，因而这一应用对于检验大孔径光学零件和光学系统特别有意义。图3.68所示是利用马赫-曾德尔干涉仪做波前剪切干涉来检验会聚波前的装置。假设从被检验光学系统射出的会聚光束的主光轴 OA 在水平面内，它的一个波前为 W。会聚光束入射到 G_1 上时，分割成两束，分别在 S_1 和 S_2 会聚成点。若干涉仪的4个反射面处在垂直位置并且相互平行，则两束光的会聚点 S_1 和 S_2 重合；适当调节被检验光学系统和干涉仪的相对位置，可使会聚点位于 G_2 的半反射面 A_2 上。这时，与 W 对应的两束出射光束的虚波前 W_1 和 W_2 完全重合，位于 G_2 之后的人眼将看到亮度均匀的视场。现在把 G_1 和 M_1 同时绕平行于 OA 的一个轴转动，使 O_1S_1 和 O_2S_2 在垂直方向上分开一个很小的距离，对于波前来说，这相当于 W_2 绕一水平轴转成对 W_1 倾斜，因而在视场内可看到水平的等距干涉条纹，且被检光束为白光时，也可以看到条纹。

如果这时把 G_2 绕通过 S_1 和 S_2 的垂直轴转动，则 O_1S_1 绕 S_1 在水平面内旋转，因而波前 W_1 相对于 W_2 错开，我们把这种运动称为**剪切**。当波前 W_1 和 W_2 为理想球面，即被检光学系统没有像差时，剪切后在两球面交叠区域内产生的干涉图样与剪切前相同。而当被检光学系统有像差，即波前不是理想球面时，剪切后两波前重叠区域内的条纹将发生位移，通过位移量的测量，就可以决定波前的非球面偏差（波像差），从而推知光学系统的像差。

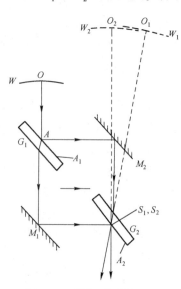

图3.68　马赫-曾德尔干涉仪检验会聚波前的装置

习题

3.1 在杨氏干涉实验中,若两小孔距离为 0.4mm,观察屏至小孔所在平面的距离为 100cm,在观察屏上测得干涉条纹的间距为 1.5mm,试求所用光波的波长。

3.2 波长为 589.3nm 的钠光照射在一个双缝上,在距双缝 100cm 的观察屏上测量 20 个条纹共宽 2.4cm,试计算双缝之间的距离。

3.3 设双缝间距为 1mm,双缝离观察屏为 1m,用钠光灯作为光源,钠光灯发出波长 $\lambda_1 = 589$nm 和 $\lambda_2 = 589.6$nm 的两种单色光。问两种单色光各自的第 10 级亮条纹之间的距离是多少?

3.4 在杨氏干涉实验中,两小孔距离为 1mm,观察屏离小孔的距离为 50cm。当用一片折射率为 1.58 的透明薄片贴住其中一个小孔时(图 3.69),发现观察屏上的条纹系移动了 0.5cm,试确定该透明薄片的厚度。

3.5 一个长 30mm 的充以空气的气室置于杨氏干涉实验装置中的一个小孔前,在观察屏上观察到稳定的干涉条纹系。继后抽去气室中空气,注入某种气体,发现条纹系移动了 25 个条纹。已知照明光波长 $\lambda = 656.28$nm,空气折射率 $n_a = 1.000276$,试求注入气室内的气体的折射率。

3.6 菲涅耳双面镜实验中,单色光波长 $\lambda = 500$nm,光源和观察屏到双面镜交线的距离分别为 0.5m 和 1.5m,双面镜的夹角为 10^{-3}rad。试求:
(1)观察屏上条纹的间距;
(2)屏上最多可看到多少亮条纹?

3.7 菲涅耳双棱镜实验中,光源和观察屏到双棱镜的距离分别为 10cm 和 90cm,观察屏上条纹间距为 2mm,单色光波长为 589.3nm,试计算双棱镜的折射角(已知双棱镜的折射率为 1.52)。

3.8 比累对切透镜实验中,透镜焦距为 20cm,两半透镜横向间距为 0.5mm,光源和观察屏到透镜的距离分别为 40cm 和 1m,光源发出的单色光波长为 500nm,求条纹间距。

3.9 在图 3.13 所示的洛埃镜干涉实验中,光源 S_1 到观察屏的垂直距离为 1.5m,到洛埃镜面的垂直距离为 2mm。洛埃镜长 40cm,置于光源和观察屏之间的中央。
(1)确定观察屏上可以看到条纹的区域大小;
(2)若光波长 $\lambda = 500$nm,条纹间距是多少?在观察屏上看见几个条纹?
(3)写出观察屏上光强度分布的表达式。

3.10 对于洛埃镜装置,试证明光源的临界宽度 b_c 和干涉孔径 β 之间有关系:$b_c = \lambda / \beta$。

3.11 对于菲涅耳双棱镜干涉装置,试证明光源的临界宽度 b_c 和干涉孔径角 β 之间也有关系:$b_c = \lambda / \beta$。

3.12 在点光源的干涉实验中,若光源的光谱强度分布为(参看图 3.70)
$$I = I_0 \exp(-\alpha^2 x^2)$$
式中,$\alpha = 2\sqrt{\ln 2} / \Delta k, x = k - k_0$,试证明干涉条纹对比度的表达式可近似地写为
$$K = \exp\left[-\left(\frac{\mathscr{D}}{2\alpha}\right)^2\right]$$

并绘出对比度 K 随光程差 $\mathscr{D}$ 的变化曲线。

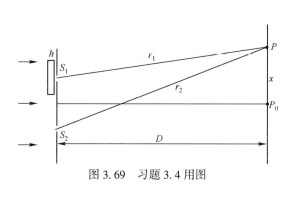

图 3.69 习题 3.4 用图

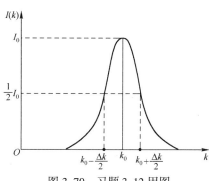

图 3.70 习题 3.12 用图

3.13　在杨氏干涉实验中，照明两小孔的光源是一个直径为 2mm 的圆形光源。光源发光的波长为 500nm，它到小孔的距离为 1.5m。问两小孔能够发生干涉的最大距离是多少？

3.14　菲涅耳双棱镜实验中，光源到双棱镜和观察屏的距离分别为 25cm 和 1m，光的波长为 546nm。问要观察到清晰的干涉条纹，光源的最大横向宽度是多少？（双棱镜的折射率 $n=1.52$，折射角 $\alpha=30'$。）

3.15　月球到地球表面的距离约为 3.8×10^5 km，月球直径为 3477km，若把月球视为光源（光波长取 550nm），试计算地球表面上的相干面积。

3.16　若光波的波长宽度为 $\Delta\lambda$，频率宽度为 $\Delta\nu$，试证明 $\left|\dfrac{\Delta\nu}{\nu}\right|=\left|\dfrac{\Delta\lambda}{\lambda}\right|$。式中，$\nu$ 和 λ 分别为该光波的频率和波长。对于波长为 632.8nm 的氦−氖激光，波长宽度 $\Delta\lambda=2\times10^{-8}$ nm，试计算它的频率宽度和相干长度。

3.17　如图 3.71 所示，光源 S 发出的两束光线 SR 和 SQ 经平行平板上表面和下表面反射后相交于 P 点。光线 SR 的入射角为 i，光线 SQ 在上表面的入射角为 θ_1，折射后在下表面的入射角为 θ_2，SR 和 SQ 的夹角为 β，平板的折射率和厚度分别为 n 和 h。试导出到达 P 点的两束光线光程差的表示式。

3.18　在图 3.35 所示的干涉装置中，若照明光波的波长 $\lambda=600$ nm，平板的厚度 $h=2$ mm，折射率 $n=1.5$，其下表面涂上某种高折射率介质（$n_{\mathrm{H}}>1.5$），问：

（1）在反射光方向观察到的干涉圆环条纹的中心是亮斑还是暗斑？

（2）由中心向外计算，第 10 个亮环的半径是多少？（观察望远镜物镜的焦距为 20cm。）

（3）第 10 个亮环处的条纹间距是多少？

3.19　证明玻璃平板产生的等倾圆条纹的直径，是同一厚度的空气板的等倾圆条纹直径的 $\tan\theta_1/\tan\theta_2$ 倍（θ_1 和 θ_2 分别是光束在玻璃平板表面的入射角和折射角）。

3.20　用氦−氖激光照明迈克耳孙干涉仪，通过望远镜看到视场内有 20 个暗环，且中心是暗斑。然后移动反射镜 M_1，看到环条纹收缩，并一一在中心消失了 20 环，此时视场内只有 10 个暗环。试求：

（1）M_1 移动前中心暗斑的干涉级数（设分光板 G_1 没有镀膜）；

（2）M_1 移动后第 5 个暗环的角半径。

3.21　在图 3.35 所示的干涉装置中，若平板的厚度和折射率分别为 $h=3$ mm 和 $n=1.5$，望远镜的视场角为 $6°$，光的波长 $\lambda=450$ nm，问通过望远镜能够看见几个亮条纹？

3.22　用等厚条纹测一玻璃光楔的楔角时，在长达 5cm 的范围内共有 15 个亮条纹。玻璃折射率 $n=1.52$，所用单色光波长为 $\lambda=600$ nm。问此玻璃光楔的楔角是多少？

3.23　利用牛顿环测透镜的曲率半径时，测量出第 10 个暗环的直径为 2cm，若所用单色光波长为 500nm，透镜的曲率半径是多少？

3.24　牛顿环也可以在两个曲率半径很大的平凸透镜之间的空气层中产生。如图 3.72 所示，平凸透镜 A 和 B 的凸面的曲率半径分别为 R_A 和 R_B，在波长 $\lambda=600$ nm 的单色光垂直照射下，观测到它们之间空气层产生的牛顿环第 10 个暗环的半径 $r_{AB}=4$ mm。若有曲率半径为 R_C 的平凸透镜 C，并且 B、C 组合和 A、C 组合产生的第 10 个暗环的半径分别为 $r_{BC}=4.5$ mm 和 $r_{AC}=5$ mm，试计算 R_A，R_B 和 R_C。

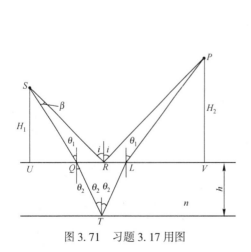

图 3.71　习题 3.17 用图

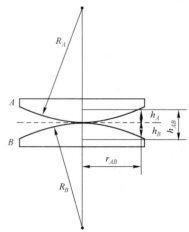

图 3.72　习题 3.24 用图

3.25 在图 3.73 中，A、B 是两块玻璃平板，D 为金属细丝，O 为 A、B 的交棱。

(1) 设计一个测量金属细丝直径的方案；

(2) 若 B 表面有一个半圆柱形凹槽，凹槽方向与 A、B 交棱垂直，问在单色光垂直照射下看到的条纹形状如何？

(3) 若单色光波长 $\lambda = 632.8$nm，条纹的最大弯曲量为条纹间距的 $2/5$，问凹槽的深度是多少？

3.26 在图 3.49 所示的端规测量装置中，单色光波长为 550nm，空气层形成的条纹间距为 1.5mm，两端规之间距离为 50mm，问两端规的长度差为多少？

3.27 如图 3.74 所示，长度为 10cm 的柱面透镜一端与平面玻璃相接触，另一端与平面玻璃相隔 0.1mm，柱面透镜的曲率半径为 1m。问：

(1) 在单色光垂直照射下看到的条纹形状怎样？

(2) 在两个互相垂直的方向上(柱面透镜长度方向及与之垂直的方向)，由接触点向外计算，第 N 个暗条纹到接触点的距离是多少？（设照明光波长 $\lambda = 500$nm。）

3.28 曲率半径为 R_1 的凸透镜和曲率半径为 R_2 的凹透镜相接触，如图 3.75 所示。在 $\lambda = 589.3$nm 的钠光垂直照射下，观察到两透镜之间的空气层形成 10 个暗环。已知凸透镜的直径 $D = 30$mm，曲率半径 $R_1 = 500$mm，试求凹透镜的曲率半径。

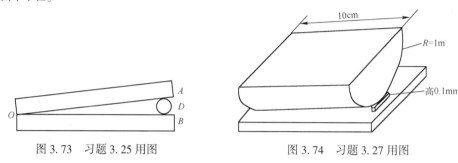

图 3.73　习题 3.25 用图　　　　　　图 3.74　习题 3.27 用图

3.29 假设照明迈克耳孙干涉仪的光源发出两种波长为 λ_1 和 λ_2 的单色光，这样，当平面镜 M_1 移动时，条纹将周期性地消失和再现。

(1) 若以 Δh 表示条纹相继两次消失 M_1 移动的距离，试利用 $\Delta\lambda (= |\lambda_1 - \lambda_2|)$、$\lambda_1$ 和 λ_2 写出 Δh 的表达式；

(2) 如果把钠光包含的 $\lambda_1 = 589.6$nm 和 $\lambda_2 = 589.0$nm 的两个光波视为单色光，问以钠光作为光源时 Δh 是多少？

3.30 图 3.76 是利用泰曼干涉仪测量气体折射率的实验装置示意图。图中 D_1 和 D_2 是两个长度为 10cm 的真空气室，端面分别与光束 I 和 II 垂直。在观察到单色光照明(波长 $\lambda = 589.3$nm)产生的条纹后，缓缓向气室 D_2 注入氧气，最后发现条纹移动了 92 个。

(1) 计算氧气的折射率；

(2) 如果测量条纹变化的误差是 $1/10$ 条纹，折射率测量的精度是多少？

3.31 红宝石激光棒两端面平行差为 $10''$(一般要求 $4'' \sim 10''$)，把激光棒置于泰曼干涉仪的一条光路中，光的波长为 632.8nm，问应该看到间距多大的条纹(激光棒放入光路前干涉仪无条纹，红宝石棒的折射率 $n = 1.76$)？

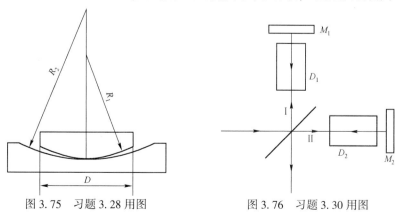

图 3.75　习题 3.28 用图　　　　　　图 3.76　习题 3.30 用图

第4章　多光束干涉与光学薄膜

第3章讨论了平行平板和楔形平板的两光束干涉,但是,这只是近似的处理。事实上,由于光束在平板内不断地反射和透射,必须考虑多光束参与干涉,特别是当平板表面的反射系数比较高时,更应该如此才不会引起过大的误差。本章讨论考虑了多光束干涉后干涉条纹将发生怎样的变化。

多光束干涉原理在激光器谐振腔和光学薄膜理论中有着重要的地位。此外,利用多光束干涉原理制造的干涉装置是光学仪器中最为精密的组成部分之一,它们广泛应用于高精度的检验和测量工作中。

近年来,由于科学技术的飞速发展,使光学薄膜得到了越来越广泛的应用,有关薄膜的理论和研制技术已经构成为现代光学的一些新的领域——薄膜光学、波导光学。本章将简要地讨论光学薄膜在这些方面应用的原理。

4.1　平行平板的多光束干涉

如图 4.1 所示,单色平面波以 θ_0 入射到平行平板(以下简称平板),由于光波不断地在平板内反射和透射,使得在平板的反射光方向产生多光束 1,2,3,4,$\cdots$,在透射光方向产生多光束 1′,2′,3′,$\cdots$①。要精确地计算平板在反射光方向和透射方向产生的干涉,必须考虑多光束效应,而不能像 3.6 节那样仅考虑头两束光的干涉。但是,可以指出,当平板两表面的反射率很低时,只考虑头两束光干涉,这种近似是合理的。例如,当光波接近正入射从空气射入玻璃平板内时,反射率约为 0.04,因此光束 1 的光强度将为入射光强度的 4%,光束 2 的光强度为 3.7%,而光束 3 的光强度不到 0.01%,所以第三束光和继后各束光完全可以略去不予考虑。但是,当光束掠入射或当平板表面镀有金属膜层或电介质膜层使得反射率很高时,就不能仅考虑头两束光的作用。例如,反射率 $R = 0.9$,且假设平板没有吸收作用时,各反射光束的光强度依次为(入射光强度设为 1):

0.9,0.009,0.0073,0.00577,0.00467,0.00318,$\cdots$

各透射光强度依次为:

0.01,0.0081,0.00656,0.00529,0.00431,0.00349,$\cdots$

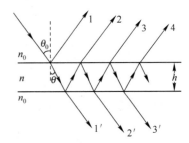

图 4.1　光束在平行平板内的多次反射和透射

可见,在反射光中,除光束 1 外其他各光束的光强度相差很小;在透射光中,各光束的光强度都相差很小。在这种情况下,必须考虑多光束的干涉效应,要按照多光束的叠加精确计算干涉场的光强度分布。

4.1.1　干涉场的光强度公式

如同平行平板产生的两光束干涉一样,若以扩展光源照明平板产生多光束干涉,干涉场也是定域在无穷远处。或者以透镜 L 和 L' 分别将反射光和透射光会聚起来,干涉场定域在透镜 L 和 L' 的焦平面上(见图 4.2)。

现在计算干涉场上任一点 P(在透射光方向相应点为 P')的光强度。与 P 点(和 P' 点)对应的

---

①　实际上是多个波,这些波以光束 1,2,3,4,$\cdots$代表。

多光束的出射角为 θ_0，它们在平板内的入射角为 θ，因而相继两束光的光程差为[①]

$$\mathscr{D} = 2nh\cos\theta$$

位相差为

$$\delta = \frac{4\pi}{\lambda} nh\cos\theta \tag{4.1}$$

式中，nh 是平板的光学厚度，λ 是光波在真空中的波长。假设光束从周围介质射入平板内时，反射系数为 r，透射系数为 t，从平板射出时相应的系数为 r' 和 t'，并设入射光的振幅为 $A^{(i)}$，则从平板反射出来的各光束的振幅依次为

$$rA^{(i)}, \ tt'r'A^{(i)}, \ tt'r'^{3}A^{(i)}, \ tt'r'^{5}A^{(i)}, \cdots$$

从平板透射出来的各光束的振幅依次为

$$tt'A^{(i)}, \ tt'r'^{2}A^{(i)}, \ tt'r'^{4}A^{(i)}, \ tt'r'^{6}A^{(i)}, \cdots$$

因此，可以把诸反射光束在 P 点的场分别写为

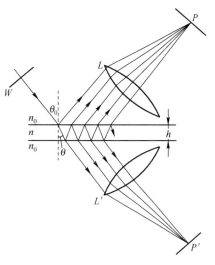

$$\left.\begin{aligned}
E_1^{(r)} &= rA^{(i)}\exp[\mathrm{i}(\delta_0 - \omega t)]\\
E_2^{(r)} &= tt'r'A^{(i)}\exp[\mathrm{i}(\delta_0 + \delta - \omega t)]\\
E_3^{(r)} &= tt'r'^{3}A^{(i)}\exp[\mathrm{i}(\delta_0 + 2\delta - \omega t)]\\
E_4^{(r)} &= tt'r'^{5}A^{(i)}\exp[\mathrm{i}(\delta_0 + 3\delta - \omega t)]\\
&\vdots
\end{aligned}\right\} \tag{4.2}$$

图 4.2 在透镜焦平面上产生的
多光束干涉

式中，ω 是光波的角频率，δ_0 是位相常数。当弃去共同的因子 $\exp[\mathrm{i}(\delta_0 - \omega t)]$ 后，P 点合成场的复振幅为

$$\begin{aligned}
A^{(r)} &= [r + tt'r'\exp(\mathrm{i}\delta) + tt'r'^{3}\exp(\mathrm{i}2\delta) + tt'r'^{5}\exp(\mathrm{i}3\delta) + \cdots]A^{(i)}\\
&= \{r + tt'r'\exp(\mathrm{i}\delta)[1 + r'^{2}\exp(\mathrm{i}\delta) + r'^{4}\exp(\mathrm{i}2\delta) + \cdots]\}A^{(i)}
\end{aligned}$$

上式方括号内是一个递降等比级数，如果平板足够长，反射光束的数目则很大;在光束数趋于无穷大的极限情况下，得到

$$A^{(r)} = \left[r + \frac{tt'r'\exp(\mathrm{i}\delta)}{1 - r'^{2}\exp(\mathrm{i}\delta)}\right]A^{(i)} \tag{4.3}$$

利用菲涅耳公式容易证明(见习题 1.16)，r, r', t, t' 各量之间的关系为

$$r = -r', \quad tt' = 1 - r^{2} \tag{4.4}$$

因此，式(4.3)化为

$$A^{(r)} = -\frac{r'[1 - (r'^{2} + tt')\exp(\mathrm{i}\delta)]}{1 - r'^{2}\exp(\mathrm{i}\delta)}A^{(i)} \tag{4.5}$$

而根据式(1.85)和式(1.87)，r, r', t, t' 各量与平板表面反射率 R 和透射率 T 之间的关系为

$$r^{2} = r'^{2} = R, \quad tt' = 1 - R = T \tag{4.6}$$

因此，若用反射率 R 表示，式(4.5)可简化为

$$A^{(r)} = \frac{[1 - \exp(\mathrm{i}\delta)]\sqrt{R}}{1 - R\exp(\mathrm{i}\delta)}A^{(i)}$$

由此得到反射光在 P 点的光强度为

$$I^{(r)} = A^{(r)} \cdot A^{(r)*} = \frac{(2 - 2\cos\delta)R}{1 + R^{2} - 2R\cos\delta}I^{(i)} = \frac{4R\sin^{2}\dfrac{\delta}{2}}{(1 - R)^{2} + 4R\sin^{2}\dfrac{\delta}{2}}I^{(i)} \tag{4.7}$$

---

① 准确地说应除去光束 1，因为它的反射情况和光束 2 正好相反，两者光程差除 $\mathscr{D}$ 外，还应加上附加光程差 $\lambda / 2$。在下面的计算中，光束 1 的特殊性由反射系数 $r = -r'$ 表征。

式中，$I^{(i)}$ 是入射光的光强度。

用同样的计算方法也可以得到透射光在 P' 点的合成场复振幅

$$A^{(t)} = tt'[1 + r'^2\exp(\mathrm{i}\delta) + r'^4\exp(\mathrm{i}2\delta) + \cdots]A^{(i)}$$

在透射光束的数目趋于无穷大的极限情况下，有

$$A^{(t)} = \frac{tt'}{1 - r'^2\exp(\mathrm{i}\delta)}A^{(i)}$$

利用式(4.6)，上式可改写为

$$A^{(t)} = \frac{T}{1 - R\exp(\mathrm{i}\delta)}A^{(i)}$$

因此，透射光在 P' 点的光强度为

$$I^{(t)} = A^{(t)} \cdot A^{(t)*} = \frac{T^2}{1 + R^2 - 2R\cos\delta}I^{(i)} = \frac{T^2}{(1-R)^2 + 4R\sin^2\dfrac{\delta}{2}}I^{(i)} \tag{4.8}$$

式(4.7)和式(4.8)分别为所求的反射光干涉场和透射光干涉场的**光强度分布公式**。通常也称为**爱里公式**。

4.1.2 多光束干涉图样的特点

下面根据多光束干涉的光强度分布公式来分析干涉图样的特点。

为讨论方便起见，引入**精细度系数**

$$F = \frac{4R}{(1-R)^2} \tag{4.9}$$

这样，式(4.7)和式(4.8)可以写为

$$\frac{I^{(r)}}{I^{(i)}} = \frac{F\sin^2\dfrac{\delta}{2}}{1 + F\sin^2\dfrac{\delta}{2}} \tag{4.10}$$

和

$$\frac{I^{(t)}}{I^{(i)}} = \frac{1}{1 + F\sin^2\dfrac{\delta}{2}} \tag{4.11}$$

并且有

$$\frac{I^{(r)}}{I^{(i)}} + \frac{I^{(t)}}{I^{(i)}} = 1 \tag{4.12}$$

上式表明反射光和透射光的**干涉图样互补**。也就是说，对于任一个方向的入射光，当反射光干涉为亮纹时，透射光干涉则为暗纹，反之亦然。两者光强度之和等于入射光强度。

另外，从式(4.10)和式(4.11)可以看出，干涉场的光强度随 R 和 δ 而变，在特定 R 的情况下，则仅随 δ 而变。因为 $\delta = \dfrac{4\pi}{\lambda}nh\cos\theta$，所以光强度只与光束倾角 θ 有关。倾角相同的光束形成同一个条纹，这是等倾条纹的特征。因此，平行平板在透镜焦平面上产生的多光束干涉条纹，如同两光束干涉条纹一样，是**等倾条纹**。当透镜(望远镜)的光轴垂直于平板观察时，等倾条纹是一组同心圆环。

形成亮、暗条纹的条件和亮、暗条纹的光强度大小可由式(4.10)和式(4.11)求出。在反射光方向，当

$$\delta = (2m+1)\pi \qquad m = 0,1,2,\cdots \tag{4.13}$$

时，形成亮条纹，其光强度为

$$I_M^{(r)} = \frac{F}{1+F} I^{(i)} \tag{4.14}$$

而当
$$\delta = 2m\pi \qquad m = 0, 1, 2, \cdots \tag{4.15}$$

时,形成暗条纹,其光强度为
$$I_m^{(r)} = 0 \tag{4.16}$$

对于透射光,形成亮条纹和暗条纹的条件分别为
$$\delta = 2m\pi \quad \text{和} \quad \delta = (2m+1)\pi \qquad m = 0, 1, 2, \cdots \tag{4.17}$$

而光强度分别为
$$I_M^{(t)} = I^{(i)} \quad \text{和} \quad I_m^{(t)} = \frac{1}{1+F} I^{(i)} \tag{4.18}$$

可见,不论是在反射光方向或透射光方向,形成亮条纹和暗条纹的条件都与3.6节中只考虑头两束光干涉时在相应方向形成亮暗条纹的条件相同,因此条纹的位置也相同。

现在讨论条纹的光强度分布随反射率 R 的变化。当 R 很小时,由式(4.9)可见,$F \ll 1$,因此可将式(4.10)和式(4.11)展开,只保留 F 的一次项

$$\frac{I^{(r)}}{I^{(i)}} \approx F \sin^2 \frac{\delta}{2} = \frac{F}{2}(1 - \cos\delta) \tag{4.19}$$

$$\frac{I^{(t)}}{I^{(i)}} \approx 1 - F \sin^2 \frac{\delta}{2} = 1 - \frac{F}{2}(1 - \cos\delta) \tag{4.20}$$

与式(3.1)比较可知,这正是两光束干涉条纹的光强度分布,表明当 R 很小时可以只考虑头两束光的干涉。但是,当 R 增大时,情况就有很大的不同。图4.3绘出了在不同反射率下透射光条纹的光强度分布曲线,按照式(4.12),图中曲线与水平线 $y = I^{(t)}/I^{(i)} = 1$ 之间的纵坐标则代表反射光条纹的光强度随 δ 的变化。由图可见,R 很小时($R = 0.046$),条纹的光强度分布与3.6节讨论的情况相同:极大到极小的变化缓慢,透射光条纹的对比度很差。但是,随着 R 的增大,透射光暗条纹的光强度降低,亮条纹的宽度变窄,因而条纹的锐度和对比度增大。当 $R \to 1$ 时,透射光干涉图样是由在几乎全黑的背景上的一组很细的亮条纹所组成的[参见图4.6(a)]。至于反射光干涉图样,则和透射光干涉图样互补,是由在均匀明亮背景上的一组很细的暗条纹组成的,这些暗条纹不如透射光图样中暗背景上的亮条纹看起来清楚,所以在实际应用中都采用透射光的干涉条纹。透射光的干涉条纹**极为明锐**,这是多光束的最显著和最重要的特点。

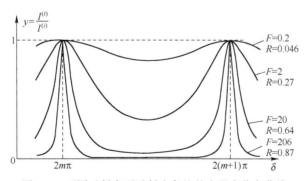

图4.3　不同反射率下透射光条纹的光强度分布曲线

4.1.3　干涉条纹的锐度

为了表示透射多光束干涉条纹极为明锐这一特点,仅用条纹对比度这个量已经不够,还需要引入条纹的**锐度**。条纹的锐度用条纹的位相差半宽度来表示。所谓位相差半宽度就是指条纹中光强度等于峰值一半的两点间的位相差距离,记为 $\Delta\delta$,如图4.4所示。对于第 m 级条纹,两个半光强度

点对应的位相差为

$$\delta = 2m\pi \pm \frac{\Delta\delta}{2}$$

把它们代入式(4.11),得到

$$\frac{1}{1 + F\sin^2\dfrac{\Delta\delta}{4}} = \frac{1}{2}$$

因为 $\Delta\delta$ 很小,有 $\sin\dfrac{\Delta\delta}{4} \approx \dfrac{\Delta\delta}{4}$,将其代入上式立即可以得到条纹的位相差半宽度

$$\Delta\delta = \frac{4}{\sqrt{F}} = \frac{2(1-R)}{\sqrt{R}} \qquad (4.21)$$

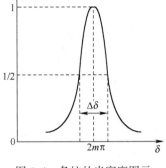

图 4.4　条纹的半宽度图示

除了用 $\Delta\delta$ 表示条纹的锐度,常常也用相邻两条纹间的位相差距离(2π)和条纹的位相差半宽度($\Delta\delta$)之比来表示条纹的锐度,这个比值称为**条纹的精细度**,记为 S,因此

$$S = \frac{2\pi}{\Delta\delta} = \frac{\pi\sqrt{F}}{2} = \frac{\pi\sqrt{R}}{1-R} \qquad (4.22)$$

由式(4.21)和式(4.22)可见,当平板表面的反射率 $R\to1$ 时,条纹的精细度趋于无穷大,条纹将变得极细。这对于利用这种条纹进行测量来说是非常有利的。一般情况下,两光束干涉条纹的读数精确度为条纹间距的 $1/10$,但对于多光束干涉条纹,可以达到条纹间距的 $1/100$ 以至 $1/1000$。因此,在实际工作中常利用多光束干涉进行最精密的测量,如在光谱技术中测量光谱线的超精细结构,在精密光学加工中检验高质量的光学零件等。

4.2　法布里-珀罗干涉仪和陆末-格尔克板

下面介绍两种典型的多光束干涉装置——法布里-珀罗(F-P)干涉仪和陆末-格尔克板,这两种装置分别采用两种不同的方法来提高平板表面的反射率。一种方法是,在平板的两表面镀一层金属膜或多层电介质反射膜(F-P 干涉仪);另一种方法是,适当选择光束的入射角,使光束在平板内的入射角略小于临界角。在这两种情况下,平板表面的反射率都可达 90% 以上,因而可以获得多光束干涉。

4.2.1　法布里-珀罗干涉仪

法布里-珀罗干涉仪由两块互相平行的平面玻璃板或石英板 G_1、G_2 组成(图 4.5),两板的内表面镀一层银或铝膜,或多层介质膜[①],以提高表面的反射率。为了获得锐度大的条纹,对两涂镀表面的平面度要求很高,一般要达到 $1/20$ 到 $1/100$ 波长,同时两表面应严格保持平行。这两个具有很高反射率的表面之间的空气层就是借以产生多光束干涉的平行平板。两块平面玻璃板(或石英板)通常做成有一小楔角(约 $1'\sim10'$),以避免没有涂镀表面反射光的干扰。两块板中的一块固定不动,另一块可以平行移动,以改变两板之间的距离 h。显然,这种结构很难保证两板之间严格保持平行。所以常常采用另一种结构形式,即在两板间放一间隔圈——一种铟钢(膨胀系数很小

---

① 对于金属膜来说,在可见光区使用时,镀银最为适宜。镀银表面对红光反射率约为97%,对蓝光反射率约为90%,蓝光以下反射率迅速降低。在 400nm 以下使用时,通常镀铝。多层介质膜对光的吸收少,在这一点上比金属膜优越。但若光波包含的波长范围较广时,介质膜就不合适。介质膜的讨论参阅 4.3 节。

的镍铁合金钢)制成的空心圆柱形间隔器,使两板间的距离固定不变,这种间隔固定的法布里-珀罗干涉仪通常称为**法布里-珀罗标准具**。

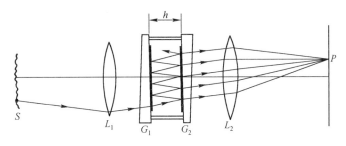

图 4.5 法布里-珀罗干涉仪

F-P 干涉仪用扩展光源发出的发散光束照明,其中一束光的光路如图 4.5 中所示,在透镜 L_2 的焦平面上将形成一系列很窄的等倾亮条纹。若 L_2 的光轴和 F-P 干涉仪的板面垂直,则在 L_2 的焦平面上形成的亮条纹是一组同心圆[图 4.6(a)]。与迈克耳孙干涉仪产生的两光束等倾干涉条纹(图 4.6(b))比较,可见法布里-珀罗干涉仪产生的条纹要精细得多。但是,两种条纹的角半径和角间距同样都可用式(3.65)和式(3.66)计算。条纹的干涉级取决于空气平板的厚度 h。通常法布里-珀罗干涉仪的使用范围是 1~200mm,只在一些特殊的装置中,h 可大到 1m。以 $h=5$mm 计算,中央条纹的干涉级约为20000,可见条纹的干涉级是很高的,因而这种仪器只适用于单色性很好的光源。

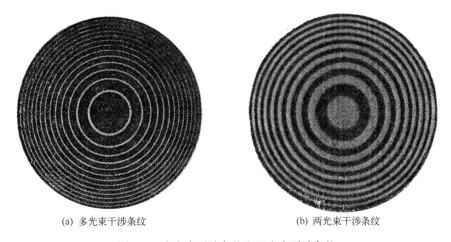

(a) 多光束干涉条纹　　　　　　　　　(b) 两光束干涉条纹

图 4.6　多光束干涉条纹和两光束干涉条纹

应该指出,当 F-P 干涉仪两板的内表面镀金属膜时,光在它的表面反射的情况是比较复杂的。因为金属膜两边交界介质的折射率不同,金属膜两边的反射率和反射相变也将不同,这样,4.1 节里的分析将要修改。不过,可以证明,只要 F-P 干涉仪两板的镀膜层是相同的,式(4.8)仍然成立,只是这时 R 要理解为在金属膜内表面的反射率,而相继两光束的位相差为

$$\delta = \frac{4\pi}{\lambda} h\cos\theta + 2\phi \qquad (4.23)$$

式中,ϕ 是在金属内表面反射时的相变。另外,光通过金属膜时会发生强烈的吸收,使得整个干涉图样的光强度降低。设金属膜的吸收率为 A(吸收光强度与入射光强度之比),根据能量关系应有

$$R + T + A = 1 \qquad (4.24)$$

因此,由上式和式(4.8)可得到考虑膜层吸收时透射光干涉图样的光强度公式为

$$\frac{I^{(t)}}{I^{(i)}} = \left(1 - \frac{A}{1-R}\right)^2 \frac{1}{1 + F\sin^2\dfrac{\delta}{2}} \tag{4.25}$$

与式(4.11)比较可以看出,金属膜的吸收使透射光图样的峰值光强度降低了,严重时峰值光强度只有入射光强度的几十分之一。例如,厚度为 50nm 的金属膜,R 约为 0.94,而 T 和 A 分别为 0.01 和 0.05,这时亮条纹峰值光强度只有入射光强度的 $1/36$。

4.2.2 F-P 干涉仪的应用

1. 研究光谱线的超精细结构

间隔固定的 F-P 干涉仪(标准具)常用来测量波长相差非常小的两条光谱线的波长差,即光谱学中的所谓超精细结构。用一般的光学仪器,如棱镜和光栅光谱仪是不容易把这种结构分开的。用 F-P 标准具测量光谱线的超精细结构的原理如下:设含有两种波长 λ_1 和 λ_2 的光波投射到 F-P 标准具上,由于两种波长的同级条纹的角半径稍有差异,因而将得到对应于波长 λ_1 和 λ_2 的两组条纹,如图 4.7 所示。实线条纹组对应于波长 λ_2,虚线条纹组对应于波长 λ_1,$\lambda_2 > \lambda_1$。对于靠近条纹中心的某一点($\theta \approx 0$),根据式(4.23),对应于两个波长的干涉级差为

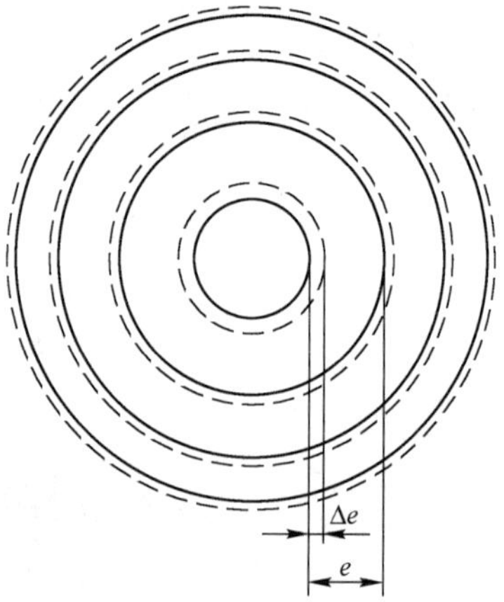

$$\Delta m = m_1 - m_2$$

$$= \left(\frac{2h}{\lambda_1} + \frac{\phi}{\pi}\right) - \left(\frac{2h}{\lambda_2} + \frac{\phi}{\pi}\right) = \frac{2h(\lambda_2 - \lambda_1)}{\lambda_1 \lambda_2}$$

图 4.7 波长 λ_1 和 λ_2 的两组条纹

另外,由图 4.7 可知

$$\Delta m = \Delta e / e$$

式中,Δe 是两个波长的同级条纹的相对位移,e 是同一波长的条纹间距。由以上两式即可得到两个波长的波长差表达式

$$\Delta \lambda = \lambda_2 - \lambda_1 = \frac{\Delta e}{2he}\overline{\lambda}^2 \tag{4.26}$$

式中,$\overline{\lambda}$ 是 λ_1 和 λ_2 的平均波长,其值可由分辨本领较低的仪器预先测出,h 是 F-P 标准具间隔。这样只要测出 e 和 Δe 便可算出 $\Delta \lambda$。

应用上述方法测量时,一般不应使 $\Delta e > e$,否则会发生不同级条纹的重叠现象。我们把 Δe 恰好等于 e 时相应的波长差 $(\Delta \lambda)_{S.R}$ 称为 **F-P 标准具常数**或 **F-P 标准具的自由光谱范围**。由式(4.26)可知

$$(\Delta \lambda)_{S.R} = \frac{\overline{\lambda}^2}{2h} \tag{4.27}$$

标准具的自由光谱范围是标准具所能测量的最大波长差。一般标准具的自由光谱范围很小,例如对于 $h = 5$mm 的标准具,若光波平均波长 $\overline{\lambda} = 500$nm,$(\Delta \lambda)_{S.R} = 0.025$nm。

表征 F-P 标准具的分光特性除了自由光谱范围,还有另一个重要参数,即它能够分辨的最小波长差 $(\Delta \lambda)_m$。这就是说,当两个波长的波长差小于这个值时,两组条纹就不能被分开。$(\Delta \lambda)_m$ 称为标准具的分辨极限,而 $\overline{\lambda}/(\Delta \lambda)_m$ 称为**分辨本领**。在光谱仪器理论中,一般采用**瑞利判据**来判断两条等强度谱线是否被分开。关于瑞利判据,在 5.6 节里再做介绍,这里采用稍为不同的形式来表述这个判据,即认为两个波长的亮条纹只有当它们的合光强度曲线中央的极小值低于两边极大值

的 81% 时才能被分辨开(见图 4.8)[①]。现在按照这个判据来计算标准具的分辨本领。

略去 F-P 标准具的吸收时,由式(4.25),对应于 λ_1 和 λ_2 的两个很靠近条纹的合光强度为

$$I = \frac{I^{(t)}}{1 + F\sin^2\dfrac{\delta_1}{2}} + \frac{I^{(i)}}{1 + F\sin^2\dfrac{\delta_2}{2}}$$

式中,δ_1 和 δ_2 是干涉场上同一点两波长条纹对应的 δ 值。设 $\delta_1 - \delta_2 = \varepsilon$,那么在合光强度曲线中央极小值处(图 4.8 中 F 点),$\delta_1 = 2m\pi + \dfrac{\varepsilon}{2}$,$\delta_2 = 2m\pi - \dfrac{\varepsilon}{2}$,因此光强度极小值为

$$I_{\mathrm{m}} = \frac{I^{(i)}}{1 + F\sin^2\left(m\pi + \dfrac{\varepsilon}{4}\right)} + \frac{I^{(i)}}{1 + F\sin^2\left(m\pi - \dfrac{\varepsilon}{4}\right)} = \frac{2I^{(i)}}{1 + F\sin^2\dfrac{\varepsilon}{4}} \qquad (4.28)$$

在合光强度极大值处(图 4.8 的 G 点),$\delta_1 = 2m\pi$,$\delta_2 = 2m\pi - \varepsilon$,故光强度极大值为

$$I_{\mathrm{M}} = I^{(i)} + \frac{I^{(i)}}{1 + F\sin^2\left(\dfrac{\varepsilon}{2}\right)} \qquad (4.29)$$

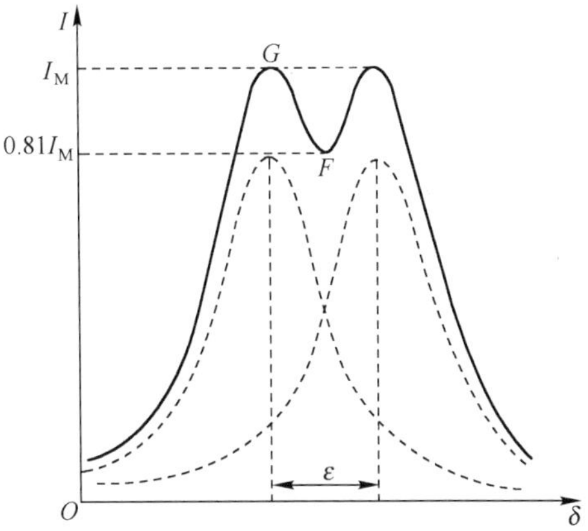

按照瑞利判据,两波长条纹恰可分辨开的条件是

$$I_{\mathrm{m}} = 0.81 I_{\mathrm{M}}$$

因此,由式(4.28)和式(4.29),有

$$\frac{2I^{(i)}}{1 + F\sin^2\dfrac{\varepsilon}{4}} = 0.81\left[I^{(i)} + \frac{I^{(i)}}{1 + F\sin^2\dfrac{\varepsilon}{2}}\right]$$

因为 ε 很小,可用 $\dfrac{\varepsilon}{2}$ 代替 $\sin\dfrac{\varepsilon}{2}$,于是上式化为

$$(F\varepsilon^2)^2 - 15.5(F\varepsilon^2) - 30 = 0$$

图 4.8 两个波长的条纹刚好被分辨时
的光强度分布

这个方程的解 $\quad \varepsilon = 4.15/\sqrt{F} = 2.07\pi/S \quad (4.30)$

其中利用了关系式(4.22)。再由式(4.23),如果 h 较大,以致 ϕ 与 δ 相比可以忽略,则

$$|\Delta\delta| = \frac{4\pi h\cos\theta}{\lambda^2}\Delta\lambda = 2m\pi\frac{\Delta\lambda}{\lambda}$$

在两波长的条纹刚好被分辨开时,$\Delta\delta = \varepsilon = 2.07\pi/S$,因此 F-P 标准具的分辨本领

$$\frac{\lambda}{(\Delta\lambda)_{\mathrm{m}}} = 2m\pi\frac{S}{2.07\pi} = 0.97mS \qquad (4.31)$$

可以看出,F-P 标准具的分辨本领与条纹的干涉级和精细度成正比。由于 F-P 标准具的多光束干涉条纹的宽度极窄,精细度 S 极大,因此 F-P 标准具的分辨本领是很高的。

式(4.31)中的因子 $0.97S$ 有时称为 F-P 标准具的有效光束数,记为 N。这样式(4.31)可以写为

$$\frac{\lambda}{(\Delta\lambda)_{\mathrm{m}}} = mN \qquad (4.32)$$

在 5.9 节可看到,光栅光谱仪的分辨本领也有同样的表达式。对于光栅光谱仪,N 表示光栅的周期数,即干涉光束的数目。

---

① 这一分辨判据是瑞利首先在棱镜和光栅光谱学中引进的。两条谱线在棱镜和光栅光谱仪中刚可分辨开时,合光强度曲线中央的极小值低于两边极大值的 81%。

为了对 F-P 标准具的高分辨本领有一个数量概念,设 F-P 标准具的 $h=5\text{mm}$, $S=30(R\approx0.9)$, $\lambda=500\text{nm}$,则 F-P 标准具在接近正入射时的分辨本领为

$$\frac{\lambda}{(\Delta\lambda)_m}=0.97\frac{2h}{\lambda}S=6\times10^5$$

这相当于在 $\lambda=500\text{nm}$ 时 F-P 标准具能分辨的最小波长差 $(\Delta\lambda)_m=8.3\times10^{-4}\text{nm}$。这样高的分辨本领是一般的光栅光谱仪和棱镜光谱仪所不能达到的。例如,周期数为 25000 的光栅的分辨本领约为 10^{-2}nm,而底边长 5cm 的重火石玻璃棱镜的分辨本领只有 10^{-1}nm(参见 5.6 节)。

应该注意,为便于讨论,这里把两种波长很接近的谱线看做是单色的,但实际上任何谱线本身都有一定的宽度,因此 F-P 标准具实际不会达到这样高的分辨本领。

2. 用做激光器的谐振腔

一台激光器简单地可以用图 4.9(a)表示,图中一对平行平面反射镜 M_1 和 M_2 构成的腔体就是激光器的**谐振腔**。在谐振腔内沿轴线附近传播的光来回反射,通过激活介质不断地被放大,最后形成激光并输出。输出激光的频谱如图 4.9(b)所示。由于输出激光必须同时满足一定的频率条件和振荡阈值条件,所以输出激光实际上只有少数几种频率,如图中 A、B、C 几个点的频率。在激光理论中,每一种输出频率称为一个振荡**纵模**,每一种输出频率的频宽称为**单模线宽**,而相邻两个纵模频率之间的间隔称为**纵模间隔**。

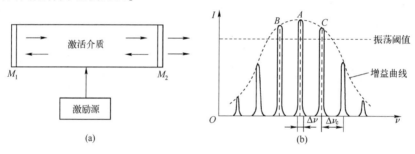

图 4.9 激光器及其纵模

容易看出,激光器的谐振腔完全类似于一个 F-P 标准具,因此激光器纵模的频率、间隔,以及线宽都可以由 F-P 标准具的理论得出。

(1)纵模频率

把谐振腔看做一个标准具时,谐振腔的输出频率必须满足干涉亮纹的条件,在正入射情况下由下式给出[参见式(4.17)]:

$$2nL=m\lambda \qquad m=1,2,3,\cdots$$

式中,n 和 L 分别为谐振腔内介质的折射率和腔体长度,m 是干涉级。由上式可得到谐振腔的输出频率应满足的条件:

$$\nu=m\frac{c}{2nL} \qquad m=1,2,3,\cdots \tag{4.33}$$

(2)纵模间隔

由式(4.33)得,纵模的间隔为

$$\Delta\nu_e=\nu_m-\nu_{m-1}=\frac{c}{2nL} \tag{4.34}$$

(3)单模线宽

在上一节里,我们已经得到多光束干涉条纹的位相差半宽度为[见式(4.21)]

$$\Delta\delta=2(1-R)/\sqrt{R}$$

当光波包含许多波长时,与 $\Delta\delta$ 相应的波长差或谱线宽度可以这样求出:取 δ 因 λ 变化的微分

$$\mathrm{d}\delta = -4\pi nL\frac{\mathrm{d}\lambda}{\lambda^2}$$

或
$$|\Delta\delta| = 4\pi nL\frac{\Delta\lambda}{\lambda^2}$$

因为
$$\Delta\lambda = \frac{\lambda^2}{4\pi nL}|\Delta\delta| = \frac{\lambda^2}{2\pi nL}\frac{1-R}{\sqrt{R}} \tag{4.35a}$$

而以频率表示的线宽为
$$\Delta\nu = \frac{c\Delta\lambda}{\lambda^2} = \frac{c}{2\pi nL}\frac{1-R}{\sqrt{R}} \tag{4.35b}$$

由上式可见,谐振腔的反射率越高,或腔长越长,线宽越小。以 He-Ne 激光器为例,设 $L=1\mathrm{m}$,$R=0.98$,算出 $\Delta\nu\approx 1\mathrm{MHz}$。

应该指出,把激光器谐振腔单纯看做一个 F-P 标准具是不全面的,事实上谐振腔内的激活介质对激光输出的单色性有很大的影响,这将使激光谱线的宽度远大于由式(4.35b)计算出的宽度。这方面的问题留待激光课程详细讲述。

*4.2.3 陆末-格尔克板

陆末-格尔克板是一块均匀的精确度要求很高的平行平面玻璃(或石英)板,它之所以能够产生光强度相近的多光束,不是采用在平板的两表面涂反射膜层的方法,而是采用本节开头所述的第二种方法,即适当选择入射光束,使光束在板内玻璃-空气界面的入射角略小于临界角,这样每次反射只有小部分光从板面透出,而大部分光保留在板内(图 4.10(a))。当平行平面玻璃板相当长时(~30cm),相继从板面射出的光束可达 15~20 条,且各光束的光强度相差很小,用透镜把这些光束会聚起来,在焦平面上就可获得多光束的干涉。陆末-格尔克板有一端常被切去一部分,或安置反射棱镜,其原因是使光线接近垂直地射入板内,以减少光能损失。如果入射到平行平面玻璃板的是扩展光源发出的发散光束,透镜的焦平面上将有与不同入射角对应的一组条纹,它们是一些平行于板面的直线(图 4.10(b)),其光强度分布和 F-P 干涉仪的条纹光强度分布相同。

陆末-格尔克板条纹的干涉级数同样是很大的,当板的厚度是 3~10mm,板内入射角 $\theta\approx 45°$ 时,干涉级数 m 为 10^4 量级。显然,靠近板面条纹的干涉级数较小,离开板面条纹的干涉级数较大。

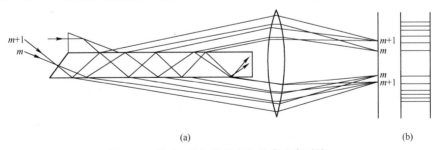

(a)   (b)

图 4.10 陆末-格尔克板产生的多光束干涉

[例题 4.1] F-P 干涉仪中镀金属膜的两玻璃板内表面的反射系数 $r=0.8944$,试求:
(1)条纹的精细度系数; (2)条纹半宽度; (3)条纹精细度。

解:(1)精细度系数
$$F = \frac{4R}{(1-R)^2}$$

其中 R 是反射率,等于反射系数 r 的平方,即 $R=r^2=(0.8944)^2=0.8$。因此
$$F = \frac{4R}{(1-R)^2} = \frac{4\times 0.8}{(1-0.8)^2} = 80$$

（2）据式（4.21），以位相差表示的条纹半宽度为

$$\Delta\delta = 4 / \sqrt{F} = 4 / \sqrt{80} = 0.447 \text{ rad}$$

（3）由式（4.22），条纹精细度

$$S = \pi \sqrt{F} / 2 = \pi \sqrt{80} / 2 \approx 14$$

[例题 4.2] F-P 干涉仪常用来测量波长相差很小的两条谱线的波长差。某 F-P 干涉仪两板的间距为 0.25mm，它产生的 λ_1 谱线的干涉环系中第 2 环和第 5 环的半径分别为 2mm 和 3.8mm，λ_2 谱线的干涉环系中第 2 环和第 5 环的半径分别为 2.1mm 和 3.85mm，两谱线的平均波长为 500nm。试决定两谱线的波长差。

解：设对于 λ_1 谱线的干涉环系中心的干涉级为 m_0，则有

$$2h + \mathscr{D}' = m_0 \lambda_1$$

这里假设干涉仪两板间的介质是空气，且折射率为 1；$\mathscr{D}'$ 是光束在板面金属膜上反射引入的附加光程差。若环系中心不是亮点，m_0 非整数，可写为整数 m_1 和小数 f_1 之和：$m_0 = m_1 + f_1$，m_1 则是最靠近中心的（第 1 个）亮环的干涉级。由中心向外计算，第 N 个亮环的干涉级显然是 $[m_1 - (N-1)]$，而它的角半径 θ_N 由下式决定：

$$2h\cos\theta_N + \mathscr{D}' = [m_1 - (N-1)]\lambda_1$$

把以上两式相减，得到 $\qquad 2h(1 - \cos\theta_N) = (N - 1 + f_1)\lambda_1$

由于 θ_N 很小，$1 - \cos\theta_N \approx \theta_N^2 / 2$，因此

$$\theta_N^2 = \frac{\lambda_1}{h}(N - 1 + f_1)$$

而第 5 环和第 2 环半径平方之比为

$$\frac{r_5^2}{r_2^2} = \frac{5 - 1 + f_1}{2 - 1 + f_1} = \frac{4 + f_1}{1 + f_1}$$

由上式得到 $\qquad f_1 = \frac{4r_2^2 - r_5^2}{r_5^2 - r_2^2} = \frac{4 \times 2^2 - 3.8^2}{3.8^2 - 2^2} = 0.149$

同样地可求出相应于 λ_2 环系中心的干涉级的小数部分

$$f_2 = \frac{4 \times 2.1^2 - 3.85}{3.85^2 - 2.1^2} = 0.270$$

因为 $\qquad (m_1 + f_2) - (m_1 + f_1) = \frac{2h}{\lambda_2} - \frac{2h}{\lambda_1} = \frac{2h(\lambda_1 - \lambda_2)}{\lambda_1\lambda_2} = \frac{2h\Delta\lambda}{\lambda_2}$

所以 $\qquad \Delta\lambda = \frac{\overline{\lambda}^2}{2h}(f_2 - f_1) = \frac{500^2}{2 \times 0.25 \times 10^5} \times (0.27 - 0.149) = 6 \times 10^{-2} \text{ nm}$

[例题 4.3] 已知汞绿线的超精细结构为 546.0753nm，546.0745nm，546.0734nm，546.0728nm，它们分别属于汞的同位素 Hg^{198}，Hg^{200}，Hg^{202}，Hg^{204}。问用 F-P 标准具（板面反射率 $R = 0.9$）分析这一结构时如何选取标准具的间距？

解：用 F-P 标准具分析这一结构时，应选取 F-P 标准具间距使其自由光谱范围大于超精细结构的最大波长差，并使其分辨极限小于超精细结构的最小波长差。

由式（4.27），F-P 标准具的自由光谱范围

$$(\Delta\lambda)_{S.R} = \frac{\overline{\lambda}^2}{2h}$$

而据题中给出的条件 $\qquad \overline{\lambda} = \frac{546.0753 + 546.0745 + 546.0734 + 546.0728}{4} = 546.074 \text{ nm}$

超精细结构的最大波长差 $\qquad (\Delta\lambda)_{max} = 546.0753 - 546.0728 = 0.0025$ nm

因此,要使

$$(\Delta\lambda)_{S.R} = \frac{\overline{\lambda}^2}{2h} > (\Delta\lambda)_{max}$$

必须选取

$$h < \frac{\overline{\lambda}^2}{2(\Delta\lambda)_{max}} = \frac{546.074^2}{2 \times 0.0025} = 59.64 \times 10^6 \text{ nm} = 59.64 \text{ mm}$$

再由式(4.31),分辨本领

$$\frac{\lambda}{(\Delta\lambda)_m} = 0.97mS \approx 0.97\frac{2h}{\overline{\lambda}} \cdot \frac{\pi\sqrt{R}}{1-R}$$

分辨极限

$$(\Delta\lambda)_m = \frac{\overline{\lambda}^2}{0.97 \times 2h} \cdot \frac{1-R}{\pi\sqrt{R}}$$

它必须小于超精细结构的最小波长差

$$(\Delta\lambda)_{min} = 546.0734 - 546.0728 = 0.0006 \text{ nm}$$

即

$$(\Delta\lambda)_m = \frac{\overline{\lambda}^2}{0.97 \times 2h} \cdot \frac{1-R}{\pi\sqrt{R}} < (\Delta\lambda)_{min}$$

因此,必须选取

$$h > \frac{\overline{\lambda}^2}{0.97 \times 2(\Delta\lambda)_{min}} \cdot \frac{1-R}{\pi\sqrt{R}} = \frac{546.074^2}{0.97 \times 2 \times 0.0006} \times \frac{1-0.9}{3.14\sqrt{0.9}}$$

$$= 8.6 \times 10^6 \text{ nm} = 8.6 \text{ mm}$$

所以 F-P 标准具间距的选取应满足:59.64mm>h>8.6mm。

4.3 多光束干涉原理在薄膜理论中的应用

这里所称的薄膜,是指用物理和化学方法涂镀在玻璃或金属光滑表面上的透明介质膜。这种薄膜在近代科学技术,如人造卫星、宇宙航行、激光等尖端科学技术中有着广泛的应用,有关它的理论和研制技术已形成光学中一个专门的领域——薄膜光学。本节不准备讨论薄膜光学的一般理论,仅介绍多光束干涉原理在薄膜理论中的应用,因为以多光束干涉原理为基础的理论,特别便于我们理解薄膜的光学性质。

薄膜的最基本的作用之一是利用它来减少光能在光学元件表面上的反射损失。在 1.6 节里曾经指出,光能在比较复杂的光学系统中的反射损失是严重的,对于一个由六个透镜组成的光学系统,光能的反射损失约占一半。现代的一些复杂的光学系统,如变焦距物镜包括十几个透镜,光能的反射损失就更为严重。此外,光在透镜表面上的反射还造成杂散光,严重地影响光学系统的成像质量。所以,必须设法消除和减少反射光,在光学元件表面上涂镀适当厚度的透明介质膜(称增透膜或减反射膜),就是消除和减少反射光的有效办法。

除了镀增透膜,还可以镀制各种性能的多层高反射膜、彩色分光膜、冷光膜,以及干涉滤光片等。下面我们应用多光束干涉原理分别对这些薄膜系统(简称**膜系**)的光学性质做一简要的讨论。

4.3.1 单层膜

在一玻璃片(薄膜光学中称为基片)的光滑表面上涂镀一层折射率和厚度都均匀的透明介质薄膜,当光束入射到薄膜上时,将在薄膜内产生多次反射,并且从薄膜的两表面有一系列的互相平行的光束射出(图 4.11),计算这些光束的干涉便可以了解薄膜对光的反射和透射性质。这种计算与前述的平行平板的多光束干涉的计算完全相同,只是需要注意的是,在这里薄膜的两表面与不同的介质相邻。

如图 4.11 所示,设薄膜的厚度为 h,折射率为 n,薄膜两边的空气和基片的折射率分别为 n_0 和 n_G。并设光从空气进入薄膜时在界面上的反射系数和透射系数分别为 r_1 和 t_1,而从薄膜进入空气时反射系数和透射系数分别为 r_1' 和 t_1',光从薄膜进入基片时在界面上的反射系数和透射系数分别为 r_2 和 t_2。注意到 $r_1' = -r_1$ 和 $t_1 t_1' = 1 - r_1^2$,则按照 4.1 节所述的计算平板两边射出的光束的合成复振幅的方法,容易算得在薄膜上反射光的复振幅为

$$A^{(r)} = \frac{r_1 + r_2 \exp(\mathrm{i}\delta)}{1 + r_1 r_2 \exp(\mathrm{i}\delta)} A^{(i)} \qquad (4.36)$$

透射光的复振幅为

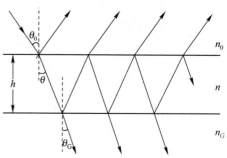

$$A^{(t)} = \frac{t_1 t_2}{1 + r_1 r_2 \exp(\mathrm{i}\delta)} A^{(i)} \qquad (4.37)$$

式中,$A^{(i)}$ 是入射光的振幅,δ 是相继两光束由光程差所引起的位相差,其表达式为

$$\delta = \frac{4\pi}{\lambda} nh\cos\theta$$

图 4.11　单层介质膜的反射与透射

式中,θ 是光束在薄膜中的入射角。因此,由式(4.36)和式(4.37),薄膜的反射系数为

$$r = \frac{r_1 + r_2 \exp(\mathrm{i}\delta)}{1 + r_1 r_2 \exp(\mathrm{i}\delta)} \qquad (4.38)$$

透射系数为
$$t = \frac{t_1 t_2}{1 + r_1 r_2 \exp(\mathrm{i}\delta)} \qquad (4.39)$$

根据式(1.85)和式(1.86),得到薄膜的反射率为

$$R = \frac{r_1^2 + r_2^2 + 2r_1 r_2 \cos\delta}{1 + r_1^2 r_2^2 + 2r_1 r_2 \cos\delta} \qquad (4.40)$$

薄膜的透射率为
$$T = \frac{n_G \cos\theta_G}{n_0 \cos\theta_0} \frac{t_1^2 t_2^2}{1 + r_1^2 r_2^2 + 2r_1 r_2 \cos\delta} \qquad (4.41)$$

式中,θ_0 是光束在薄膜上表面的入射角,θ_G 是光束在基片中的折射角。由于

$$r_1^2 + \frac{n\cos\theta}{n_0 \cos\theta_0} t_1^2 = 1, \quad r_2^2 + \frac{n_G \cos\theta_G}{n\cos\theta} t_2^2 = 1$$

所以式(4.41)又可以写为
$$T = \frac{(1 - r_1^2)(1 - r_2^2)}{1 + r_1^2 r_2^2 + 2r_1 r_2 \cos\delta} \qquad (4.42)$$

由式(4.40)和式(4.42)可得 $R + T = 1$,这是没有考虑薄膜吸收时应有的结果。很明显,若略去薄膜吸收,在讨论薄膜的反射和透射特性时只需讨论其中之一即可。下面我们仅讨论前者。

当光束正入射到薄膜上时,在薄膜两表面上的反射系数分别为

$$r_1 = \frac{n_0 - n}{n_0 + n}, \quad r_2 = \frac{n - n_G}{n + n_G}$$

把它们代入式(4.40),即可得到正入射情况下,以折射率和两相继光束位相差 δ 表示的薄膜的反射率公式

$$R = \frac{(n_0 - n_G)^2 \cos^2 \dfrac{\delta}{2} + \left(\dfrac{n_0 n_G}{n} - n\right)^2 \sin^2 \dfrac{\delta}{2}}{(n_0 + n_G)^2 \cos^2 \dfrac{\delta}{2} + \left(\dfrac{n_0 n_G}{n} + n\right)^2 \sin^2 \dfrac{\delta}{2}} \qquad (4.43)$$

对于一定的基片和介质膜，n_0 和 n_G 都是常数，所以由上式可见，介质膜的反射率将随 δ 而变，因而也将随膜的光学厚度 nh 而变。图 4.12 给出了在 $\theta_0 = 0, n_0 = 1, n_G = 1.5$ 情形下，对于一定的波长 λ_0 和不同折射率的介质膜，反射率 R 随其光学厚度 nh 变化。下面我们根据这些曲线和式(4.43)进一步讨论单层膜的光学性质。

1. 单层增透膜

由图 4.12 立即可以看出在基片上涂镀单层增透膜的可能性。事实上，只要膜的折射率小于基片的折射率，镀膜后膜系的反射率总小于未镀膜的基片的反射率[①]，因而镀膜后有增透作用。当 $nh = \lambda_0 / 4$，即 $\delta = \pi$ 时，增透效果最好。在光束正入射的情况下，把 $nh = \lambda_0 / 4$ 或 $\delta = \pi$ 的条件代入式(4.43)，可得到膜系对波长 λ_0 的反射率为

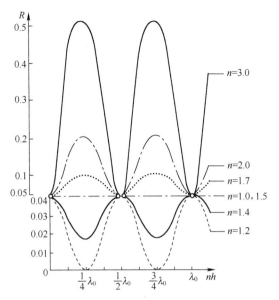

图 4.12 不同折射率的介质膜，反射率随其光学厚度的变化

$$R_{\lambda_0} = \frac{\left(\dfrac{n_0 n_G}{n} - n\right)^2}{\left(\dfrac{n_0 n_G}{n} + n\right)^2} = \left(\frac{n_0 - \dfrac{n^2}{n_G}}{n_0 + \dfrac{n^2}{n_G}}\right)^2 \qquad (4.44)$$

可见，当介质膜的折射率 $$n = \sqrt{n_0 n_G} \qquad (4.45)$$

时，膜系的反射率为零，也就是该波长的光全部透射。对于 $n_0 = 1, n_G = 1.5$ 的典型情况，由式(4.45)算出 $n \approx 1.22$。传统镀制增透膜使用的材料是折射率为 1.38 的氟化镁（MgF_2），不过由于它的折射率比理想值大一些，因而反射率不为零。这时反射率约为 0.013，即仍有 1.3% 的反射。随着工艺进步，现已有更多低折射率材料可供选择。如氟化硅（SiF_4），其折射率可达 1.23，非常接近上述理想值。

应该指出，式(4.44)表示的反射率是在光束正入射情况下对给定波长 λ_0 而言的，对于光束包含的其他波长，反射率不能用该式计算，原因是介质膜的光学厚度并不等于这些波长的 $1/4$ 倍，因而 δ 不等于 π。这时，只能按式(4.43)计算这些波长的反射率，显然，其反射率比波长 λ_0 的反射率要高一些。图 4.13 的曲线 E 便是表示在 $n_G = 1.5$ 的玻璃片上涂镀光学厚度为 $\lambda_0 / 4 (\lambda_0 = 550\text{nm})$ 的单层氟化镁膜时，其反射率随波长的变化。从该曲线可以看出，离开 550nm 较远的红光和蓝光的反射率较大，这一特性就是通常这种膜的表面呈紫红色的原因。

还可以指出，虽然式(4.43)是在光束正入射的情况下推导出来的，但是如果我们赋予 n_0、n 和 n_G 以稍为不同的意义，式(4.43)也可以适用于光束斜入射的情况。根据菲涅耳公式，在折射率为 n_1 和 n_2

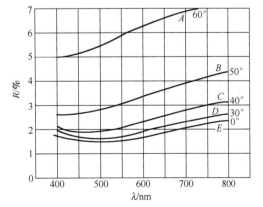

图 4.13 不同入射角下单层氟化镁膜的反射率随波长的变化

[①] 膜系指薄膜和基片组成的系统。前面所说的薄膜的反射率实际是膜系的反射率。

的两介质分界面上,入射光波中电矢量垂直于入射面的 s 波和电矢量平行于入射面的 p 波的反射系数分别为

$$r_s = -\frac{\sin(\theta_1 - \theta_2)}{\sin(\theta_1 + \theta_2)}$$

$$r_p = \frac{\tan(\theta_1 - \theta_2)}{\tan(\theta_1 + \theta_2)}$$

它们又可以分别写成如下形式:

$$r_s = -\frac{n_2 \cos\theta_2 - n_1 \cos\theta_1}{n_2 \cos\theta_2 + n_1 \cos\theta_1} \tag{4.46}$$

和

$$r_p = \frac{\dfrac{n_2}{\cos\theta_2} - \dfrac{n_1}{\cos\theta_1}}{\dfrac{n_2}{\cos\theta_2} + \dfrac{n_1}{\cos\theta_1}} \tag{4.47}$$

易见,若对于 s 波以 $\bar{n}$ 代替 $n\cos\theta$,对于 p 波以 $\bar{n}$ 代替 $\dfrac{n}{\cos\theta}$,上面两式在形式上与正入射时单个界面的反射系数的表达式相同,$\bar{n}$ 称为**等效折射率**。因此,若用等效折射率代替实际折射率 n_0、n 和 n_G,式(4.43)同样适用于光束斜入射的情况。在式(4.43)中对 s 波和 p 波用相应的等效折射率代替 n_0、n 和 n_G,就可以分别计算出光束斜入射时 s 波和 p 波的反射率,取其平均值即为入射自然光的反射率。对于上述的在 $n_G = 1.5$ 的玻璃基片上涂镀光学厚度为 $\lambda_0/4(\lambda_0 = 550\text{nm})$ 的氟化镁增透膜的典型情况,几种入射角下计算出来的反射率随波长的变化如图 4.13 中的 A、B、C、D、E 曲线所示。可以看出,当入射角增大时,反射率上升,同时反射率极小值的位置向短波方向移动。

2. 单层增反膜

从图 4.12 可知,如果单层膜的折射率 n 大于基片的折射率 n_G,则膜系的反射率比未镀膜时基片的反射率要大,单层膜起到增强反射的作用。特别是当单层膜的光学厚度 $nh = \lambda_0/4$ 时,膜系对波长 λ_0 的反射率最大。关于这一点,如果我们近似地用两光束代替多光束,并且以两光束干涉的观点来看是很明显的。当单层膜的折射率大于基片的折射率时,由单层膜上下两表面反射的两束光的光程差,除了由单层膜的光学厚度引起的部分 $2nh = \lambda_0/2$,还有由于两表面反射时的位相变化不同引起的附加光程差 $\lambda_0/2$,所以两束反射光将产生干涉加强,致使反射率有最大值[①]。为求出这时膜系对波长 λ_0 的反射率 R_{λ_0},把条件 $nh = \lambda_0/4$ 代入式(4.43),得到

$$R_{\lambda_0} = \left(\frac{n_0 - \dfrac{n^2}{n_G}}{n_0 + \dfrac{n^2}{n_G}}\right)^2 \tag{4.48}$$

上式与式(4.44)形式上完全一样,但含义却不相同。式(4.44)是膜系反射率在 $n_0 < n < n_G$ 情况下的极小值,而式(4.48)是膜系反射率在 $n_0 < n_G < n$ 情况下的极大值。此外,式(4.48)表明,所选用的单层膜的折射率越高,膜系的反射率越高。对于常用的高反射率镀膜材料硫化锌(ZnS, $n = 2.38$)单层膜,其最大反射率约为33%,这种膜系可作为很好的光束分离器(分光板)。但是,若实际应用中要求得到尽可能高的反射率的话,单层增反膜就不能满足要求,这时必须采用多层高反膜。

3. 半波长膜

半波长膜的光学厚度为 $\lambda_0/2$。由图 4.12 可见,当单层膜的光学厚度为 $\lambda_0/2$ 时,不论单层膜的折射率是否大于或小于基片的折射率,膜系对波长 λ_0 的反射率都与未镀膜时基片的反射率相

---

① 当 $n < n_G$ 时,两束反射光没有附加光程差 $\lambda_0/2$,故产生相消干涉,这时反射率最小。这正是前面讨论的增透膜的情况。

同。因此，膜的光学厚度每增加或减小 $\lambda_0/2$，对波长 λ_0 的反射率没有影响。

4.3.2 双层膜和多层膜

图 4.14 表示在玻璃基片上涂镀的双层膜，与空气相邻膜层的折射率和厚度分别为 n_1 和 h_1，与基片相邻的膜层的折射率和厚度分别为 n_2 和 h_2。首先考察与基片相邻的第 2 层膜，它与基片组成的膜系的反射系数为 $\bar{r}$，根据式（4.38）有

$$\bar{r}=\frac{r_2+r_3\exp(\mathrm{i}\delta_2)}{1+r_2r_3\exp(\mathrm{i}\delta_2)} \tag{4.49}$$

式中，r_2 和 r_3 分别为 n_1、n_2 分界面和 n_2、n_G 分界面的反射系数，δ_2 为两分界面反射的相邻两光束的位相差

$$\delta_2=\frac{4\pi}{\lambda}n_2h_2\cos\theta_2$$

式中，θ_2 是光束在第 2 层膜中的折射角。当光束正入射时，有

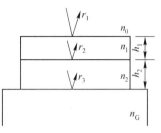

图 4.14　双层膜

$$r_2=\frac{n_1-n_2}{n_1+n_2},\quad r_3=\frac{n_2-n_G}{n_2+n_G}$$

而当光束斜入射时，式中的实际折射率代之以相应的等效折射率 $\bar{n}$。把 r_2、r_3 及 δ_2 代入式（4.49）即可得到第 2 层膜和基片组成的膜系的反射率。

为了求出把第 1 层膜考虑进来时整个膜系的反射率，我们把第 2 层膜和基片的组合用一个反射分界面来等效，该分界面称为**等效分界面**，其反射系数 $\bar{r}$ 由式（4.49）给出。对这个面与空气之间夹着的第 1 层膜再次应用式（4.38），就可以得到光束在双层膜上的反射系数

$$r=\frac{r_1+\bar{r}\exp(\mathrm{i}\delta_1)}{1+r_1\bar{r}\exp(\mathrm{i}\delta_1)} \tag{4.50}$$

式中，r_1 是 n_0、n_1 分界面的反射系数，而 $\delta_1=\frac{4\pi}{\lambda}n_1h_1\cos\theta_1$，其中 θ_1 是光束在第 1 层膜中的折射角。

将式（4.49）表示的 $\bar{r}$ 代入上式，并取 r 与其共轭复数的乘积，便可得到双层膜系的反射率

$$R=\frac{c^2+d^2}{a^2+b^2} \tag{4.51}$$

式中

$$a=(1+r_1r_2+r_2r_3+r_3r_1)\cos\frac{\delta_1}{2}\cos\frac{\delta_2}{2}-(1-r_1r_2+r_2r_3-r_3r_1)\sin\frac{\delta_1}{2}\sin\frac{\delta_2}{2}$$

$$b=(1-r_1r_2-r_2r_3+r_3r_1)\sin\frac{\delta_1}{2}\cos\frac{\delta_2}{2}+(1+r_1r_2-r_2r_3-r_3r_1)\cos\frac{\delta_1}{2}\sin\frac{\delta_2}{2}$$

$$c=(r_1+r_2+r_3+r_1r_2r_3)\cos\frac{\delta_1}{2}\cos\frac{\delta_2}{2}-(r_1-r_2+r_3-r_1r_2r_3)\sin\frac{\delta_1}{2}\sin\frac{\delta_2}{2}$$

$$d=(r_1-r_2-r_3+r_1r_2r_3)\sin\frac{\delta_1}{2}\cos\frac{\delta_2}{2}+(r_1+r_2-r_3-r_1r_2r_3)\cos\frac{\delta_1}{2}\sin\frac{\delta_2}{2}$$

对于两层以上的薄膜系统，计算式将更为复杂，但是利用上述等效分界面的概念，原则上可以计算任意多层膜系的反射率。如图 4.15 所示，有一个 K 层的膜系，各层的折射率为 $n_1,n_2,\cdots,n_K$，厚度为 $h_1,h_2,\cdots,h_K$，分界面的反射系数为 $r_1,r_2,\cdots,r_{K+1}$。采用与处理双层膜相同的办法，从与基片相邻的第 K 层开始，用一个等效分界面来代替它，其反射系数为

$$\bar{r}_K=\frac{r_K+r_{K+1}\exp(\mathrm{i}\delta_K)}{1+r_Kr_{K+1}\exp(\mathrm{i}\delta_K)}$$

式中

$$\delta_K=\frac{4\pi}{\lambda}n_Kh_K\cos\theta_K$$

再把第 $K-1$ 层膜加进去，求出反射系数

$$\bar{r}_{K-1} = \frac{r_{K-1} + \bar{r}_K \exp(i\delta_{K-1})}{1 + r_{K-1}\bar{r}_K \exp(i\delta_{K-1})}$$

式中

$$\delta_{K-1} = \frac{4\pi}{\lambda} n_{K-1} h_{K-1} \cos\theta_{K-1}$$

将此计算过程一直重复到与空气相邻的第 1 层，最终可求得整个膜系的反射系数和反射率。显然，如果多层膜的层数较多时（目前有的多层膜的层数多达上百层），反射率 R 的表达式将非常复杂。在实际计算中它可以不必写出，只需把上述递推公式排成程序，由计算机进行计算。

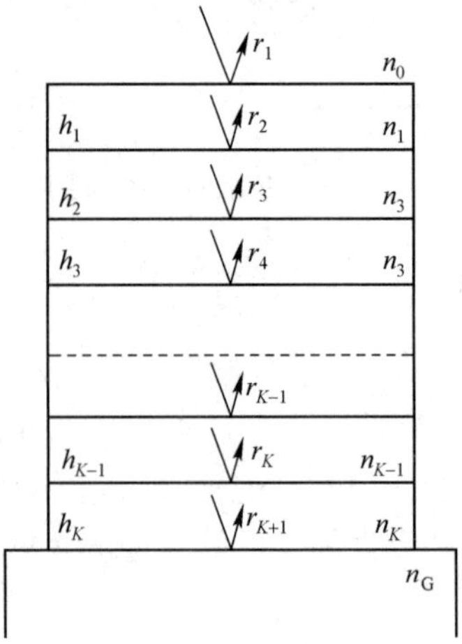

下面简要讨论几种常用的薄膜系统。

1. 双层增透膜

图 4.15　多层膜

根据双层膜反射率的表达式(4.51)，为了使反射损失降低到零，必须令 $c=0$ 和 $d=0$，在光束正入射下可解得

$$\tan^2\frac{\delta_1}{2} = \frac{n_1^2(n_G - n_0)(n_2^2 - n_0 n_G)}{(n_1^2 n_G - n_0 n_2^2)(n_0 n_G - n_1^2)} \tag{4.52}$$

$$\tan^2\frac{\delta_2}{2} = \frac{n_2^2(n_G - n_0)(n_0 n_G - n_1^2)}{(n_1^2 n_G - n_0 n_2^2)(n_2^2 - n_0 n_G)} \tag{4.53}$$

在实际应用中，常用光学厚度均为 $\lambda_0/4$，且第 1 层为低折射率介质（如氟化镁），第 2 层为高折射率介质（如硫化锌）的双层膜来达到对波长 λ_0 全增透的目的。这时，若

$$n_2 = \sqrt{\frac{n_G}{n_0}} n_1 \tag{4.54}$$

则可满足式(4.52)和式(4.53)，使 $R_{\lambda_0}=0$。但是，对其他波长则不然，它们的反射损失比单层膜时更大一些。图 4.16 绘出了这种双层膜在正入射下的反射率随波长的变化曲线，可见在控制波长 λ_0 处 $R=0$，而在 λ_0 的两侧，曲线上升很快，形状如 V 形，所以也称为 V 形增透膜。这种膜一般只有当使用波段很窄时才采用。

满足式(4.52)和式(4.53)的途径可有多种，不限于上述情况。例如，通常也采用 $n_1 h_1 = \lambda_0/4$ 及 $n_2 h_2 = \lambda_0/2$ 的双层膜，这种膜对于波长 λ_0 来说，其反射率与仅镀光学厚度为 $\lambda_0/4$ 的第 1 层膜没有区别，但是对于其他波长的反射率却起了变化。图 4.17 绘出了光束正入射时，与几种不同的 n_2 值对应的 $\lambda_0/4$、$\lambda_0/2$ 双层膜的反射率随波长的变化曲线，可见膜系在较宽的波段上有良好的增透效果。同时当 $n_2 = 1.85$ 时，在波长 $\lambda_1 = 430\text{nm}$ 和 $\lambda_2 = 630\text{nm}$ 处，反射率 $R=0$。图中诸曲线均呈

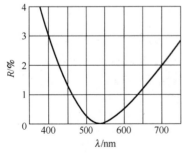

图 4.16　V 形双层增透膜的反射率随波长的
变化曲线（$n_1 = 1.38, n_2 = 1.746, n_G = 1.6$）

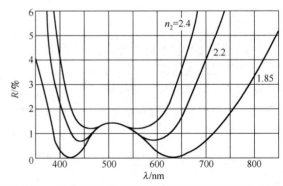

图 4.17　W 形双层增透膜的反射率随波长的变化曲线

W 形,故也称为 W 形增透膜。拍摄彩色电视、彩色电影所用的镜头可涂镀这种双层增透膜。

也有三层以至多层的增透膜,它们可以在更宽的波段内获得更好的增透效果。目前已有在整个可见光区反射率不超过 0.5% 的增透膜。

2. 多层高反射膜

常用的多层高反射膜是一种由光学厚度均为 $\lambda_0/4$ 的高折射率层(硫化锌)和低折射率层(氟化镁)交替叠成的膜系,如图 4.18 所示。这种膜系称为 $\lambda_0/4$ 膜系,通常用下列符号表示:

$$GHLHLH\cdots LHA = G(HL)^p HA \qquad p = 1,2,3,\cdots$$

其中,G 和 A 分别代表玻璃基片和空气,H 和 L 分别代表高折射率层和低折射率层。显然,总的膜层数是 $2p+1$。

这种结构的膜系之所以能获得高反射率,从多光束干涉原理看是容易理解的。根据 4.1 节的讨论[式(4.13)],当膜层两侧介质的折射率大于或小于膜层的折射率时,若膜层的诸反射光束中相继两光束的位相差等于 π(光程差等于 $\lambda_0/2$[①]),则该波长的反射光获得最强烈的反射。图 4.18 所示的膜系正是使它包含的每一层膜满足上述条件,所以入射光在每一膜层上都获得强烈的反射,经过若干层的反射之后,入射光就几乎全部被反射回去。

一般情况下,这种膜系反射率的计算可以利用上述的递推公式由计算机来完成。对于正入射和仅考察波长 λ_0 的情况,反射率的表达式有较简单的形式,由递推法不难求出这种情况下反射率的表达式为

$$R_{\lambda_0} = \left[\frac{n_0 - \left(\dfrac{n_H}{n_L}\right)^{2p}\dfrac{n_H^2}{n_G}}{n_0 + \left(\dfrac{n_H}{n_L}\right)^{2p}\dfrac{n_H^2}{n_G}} \right]^2 \qquad (4.55)$$

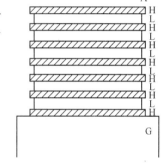

图 4.18 $\lambda_0/4$ 膜系的
多层高反射膜

式中,n_H 和 n_L 分别为高折射率层和低折射率层的折射率。易见,n_H 和 n_L 相差越大,膜层数 $2p+1$ 越多,膜系的反射率就越高。例如,氦氖激光器谐振腔的反射镜涂镀 15~19 层的硫化锌-氟化镁 $\lambda_0/4$ 膜系,λ_0 选为 632.8nm,可使该波长的反射率高达 99.6%。

图 4.19 所示是几种不同层数的硫化锌-氟化镁 $\lambda_0/4(\lambda_0 = 460\text{nm})$ 膜系的反射特性曲线,纵坐标为反射率 R,横坐标以 $g = \lambda_0/\lambda$ 和 λ 标出。由图可见,随着膜层数的增加,高反射率区域趋于一个极限,其对应的波段称为该反射膜系的**反射带宽**。图 4.19 所示的带宽约为 200nm。在实际工作中,若要求更大的带宽,就得对膜系的结构加以改进。例如冷光膜就是一种宽带的高反射膜。

3. 冷光膜和彩色分光膜

冷光膜是一种既高效能地反射可见光又高效能地透射红外光的多层 $\lambda_0/4$ 膜系,它的反射带宽在 300nm 左右。这种膜系通常用做电影放映机的反光镜,以减小电影胶片受热和增强银幕照度。

理论和实践表明,采用两个高反射膜堆中间加一个过渡层的膜系可以成为很好的冷光膜。例如,可采用这样的结构:$G(HL)_1^4 H_1 L_2 (HL)_3^4 H_3 A$,符号中的脚标 1,2,3 表示 $\lambda_1,\lambda_2,\lambda_3$ 三个控制波长,而且 $\lambda_2 = \dfrac{\lambda_1 + \lambda_3}{2}$。高折射率层用硫化锌,低折射率层用氟化镁,三个控制波长为 $\lambda_1 = 650\text{nm}$,$\lambda_2 = 565\text{nm}$,$\lambda_3 = 480\text{nm}$。

还可以镀制在可见光区内有选择反射性能的彩色分光膜,例如,采用膜系

① 只计头两束光时,应加上附加光程差 $\lambda_0/2$,因而总光程差为 λ_0。

$$G0.5HL(HL)^6 0.5HA(0.5H \text{ 表示 } \lambda_0/8 \text{ 硫化锌膜层}, \lambda_0 = 420\text{nm})$$

和
$$G0.5L(HL)^5 H0.5LA(0.5L \text{ 表示 } \lambda_0/8 \text{ 氟化镁膜层}, \lambda_0 = 700\text{nm})$$

分别达到反蓝透红绿和反红透蓝绿的效果。

彩色分光膜广泛应用于彩色电视中,图 4.20 所示是我国生产的一种彩色电视摄像机中所用的彩色分光系统。

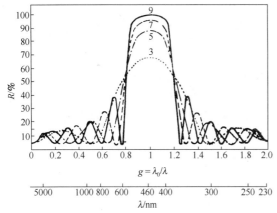

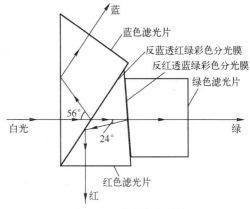

图 4.19 几种不同层数的 $\lambda_0/4$ 膜系的反射率特性曲线

图 4.20 彩色分光系统

4.3.3 干涉滤光片

干涉滤光片是利用多光束干涉原理制成的一种从白光中过滤出波段范围很窄的近单色光的多层膜系。常用的干涉滤光片有两种。一种称为全介质干涉滤光片,其结构如图 4.21 所示(画斜线薄层代表高折射率介质层,空白薄层代表低折射率介质层):在平板玻璃 G 上镀上两组 $\lambda_0/4$ 膜系 $(HL)^p$ 和 $(LH)^p$,再加保护玻璃 G'(G 实际上也起保护膜层的作用)。另一种是金属反射膜干涉滤光片,其结构如图 4.22 所示:在平板玻璃 G 上镀一层高反射率的银膜 S,在银膜之上再镀一层介质薄膜 F,然后再镀一层高反射率的银膜加保护玻璃 G'。全介质干涉滤光片的两组膜系事实上可以看成两组高反射膜 $H(LH)^{p-1}$ 和 $(HL)^{p-1}H$ 中间夹着一个间隔层 LL,因此上述两种滤光片的原理是相同的。对比上节讨论的法布里–珀罗标准具,可知干涉滤光片实际上是一种间隔很小的法布里–珀罗标准具,所以根据平板的多光束干涉原理就能讨论滤光片的光学性能。

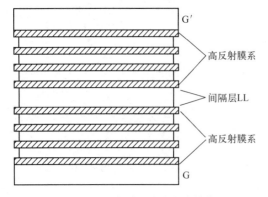

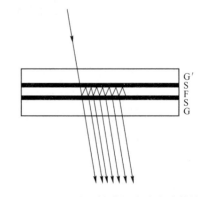

图 4.21 全介质干涉滤光片结构

图 4.22 金属反射膜干涉滤光片结构

干涉滤光片的光学性能主要由三个参数表征:

(1) 干涉滤光片的中心波长,即透射率最大的波长,用 λ_c 表示。根据平板多光束干涉原理,在

正入射情况下,透射光产生光强度极大的条件由下式给出[①]:

$$2nh = m\lambda \qquad m = 1,2,3,\cdots$$

对于干涉滤光片来说,式中 n 和 h 就是间隔层的折射率和厚度。由上式可得到干涉滤光片的中心波长

$$\lambda_c = 2nh / m \qquad (4.56)$$

可见,λ_c 取决于间隔层的光学厚度 nh 和干涉级 m。对于一定的光学厚度,λ_c 只取决于 m。因此,对于一定的干涉滤光片,可有对应于不同 m 值的中心波长 λ_c。例如,干涉滤光片的间隔层 $n = 1.5$, $h = 6 \times 10^{-5}$cm($nh = 9 \times 10^{-5}$cm),则在可见光区有 $\lambda_c = 600$nm($m = 3$)和 $\lambda_c = 450$nm($m = 4$)两个中心波长。间隔层的厚度增大时,中心波长的数目就更多些。为了把不需要的中心波长滤去,可以附加普通的有色玻璃滤光片[②],因此常采用有色玻璃作为干涉滤光片的保护玻璃 G 和 G′。

（2）透射带的波长半宽度。我们在前面曾经把激光器谐振腔单纯看做一个 F-P 标准具并讨论过它的输出线宽,所得结果显然也适用于干涉滤光片。因此,干涉滤光片的透射带的波长半宽度为〔见式（4.35a）〕

$$\Delta\lambda = \frac{\lambda_c^2}{2\pi nh} \frac{1-R}{\sqrt{R}} \qquad (4.57a)$$

或者利用式（4.56）式（4.9）,把上式写为

$$\Delta\lambda = \frac{2\lambda_c}{m\pi\sqrt{F}} \qquad (4.57b)$$

以上两式表明,$\Delta\lambda$ 与干涉级 m 和高反射膜的 F 值（或反射率 R）成反比,m 和 R 越大,$\Delta\lambda$ 越小,干涉滤光片的单色性越好。

（3）峰值透射率 τ。它定义为对应于透射率最大的中心波长的透射光强度与入射光强度之比,即

$$T_{max} = \tau = \left(\frac{I^{(t)}}{I^{(i)}}\right)_{max} \qquad (4.58)$$

若不考虑干涉滤光片的吸收和表面散射损失,由式（4.11）,$I^{(t)}$ 的极大值等于 $I^{(i)}$,即峰值透射率 $\tau = 1$。但实际上由于高反射膜的吸收和散射会造成光能损失,峰值透射率不可能等于 1。特别是金属反射膜干涉滤光片,吸收尤为严重,峰值透射率一般在 30% 以下。表 4.1 列出了几种干涉滤光片的三个主要参数,其中最后一种的透射率曲线如图 4.23 所示。

表 4.1　几种干涉滤光片的三个主要参数

类　型	中心波长/nm	峰值透射率	波长半宽度/nm
M-2L-M	531	0.30	13
M-4L-M	535	0.26	7
MLH-2L-HLM	547	0.43	4.8
M(LH)^2-2L-(HL)^{2}M	605	0.38	2
HLH-2L-HLH	518.5	0.90	38
(HL)^{3}H-2L-H(LH)^3	520	0.70	4
(HL)^5-2H-(LH)^5	660	0.50	2

　　M 代表金属膜;L 代表光学厚度为 $\lambda_0 / 4$ 的低折射率膜层,前四种 L 介质是氟化镁,后三种是冰晶石;H 代表光学厚度为 $\lambda_0 / 4$ 的高折射率膜层,均为硫化锌。

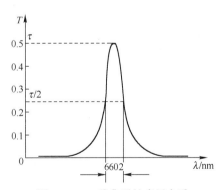

图 4.23　一种典型的多层介质膜干涉滤光片透射率曲线

---

① 对于金属膜干涉滤光片,根据式（4.23）,产生极大的条件应为 $2nh = \left(m - \dfrac{\phi}{\pi}\lambda\right)$。

② 普通有色玻璃滤光片的优点是透射率大,缺点是透过的波长半宽度也大。还有一种用精胶加有机染料制成的精胶滤光片,可以得到很窄的波长半宽度,但透过率很小（1~10%）。干涉滤光片则兼有两者的优点。

[例题 4.4] 在玻璃基片($n_G = 1.6$)上涂镀单层增透膜,膜层材料是氟化镁($n = 1.38$),控制膜厚使得在正入射下对于波长 $\lambda_0 = 500\text{nm}$ 的光给出最小反射率。试求这个单层增透膜在下列条件下的反射率:

(1) 波长 $\lambda_0 = 500\text{nm}$,入射角 $\theta_0 = 0°$;　　(2) 波长 $\lambda = 600\text{nm}$,入射角 $\theta_0 = 0°$;

(3) 波长 $\lambda_0 = 500\text{nm}$,入射角 $\theta_0 = 30°$;　　(4) 波长 $\lambda = 600\text{nm}$,入射角 $\theta_0 = 30°$。

解:(1) 由于对 $\lambda_0 = 500\text{nm}$ 的正入射光给出最小反射率,根据式(4.43)

$$R = \frac{(n_0 - n_G)^2 \cos^2 \dfrac{\delta}{2} + \left(\dfrac{n_0 n_G}{n} - n\right)^2 \sin^2 \dfrac{\delta}{2}}{(n_0 + n_G)^2 \cos^2 \dfrac{\delta}{2} + \left(\dfrac{n_0 n_G}{n} + n\right)^2 \sin^2 \dfrac{\delta}{2}}$$

可知对于波长 $\lambda_0 = 500\text{nm}$ 有 $\delta = \pi$,而膜层的光学厚度 $nh = \lambda_0 / 4$,因此

$$R_{\lambda_0} = \frac{\left(\dfrac{n_0 n_G}{n} - n\right)^2}{\left(\dfrac{n_0 n_G}{n} + n\right)^2} = \frac{\left(\dfrac{1 \times 1.6}{1.38} - 1.38\right)^2}{\left(\dfrac{1 \times 1.6}{1.38} + 1.38\right)^2} = 0.007$$

(2) 对于 $\lambda = 600\text{nm}$,$\delta = \dfrac{4\pi}{\lambda} nh = \dfrac{4\pi}{\lambda} \dfrac{\lambda_0}{4} = \dfrac{5}{6}\pi$,于是由式(4.43)可得

$$R_{\lambda} = \frac{(1 - 1.6)^2 \cos^2\left(\dfrac{5}{12}\pi\right) + \left(\dfrac{1.6}{1.38} - 1.38\right)^2 \sin^2\left(\dfrac{5}{12}\pi\right)}{(1 + 1.6)^2 \cos^2\left(\dfrac{5}{12}\pi\right) + \left(\dfrac{1.6}{1.38} + 1.38\right)^2 \sin^2\left(\dfrac{5}{12}\pi\right)} = 0.01$$

(3) 光束以 $\theta_0 = 30°$ 入射时,根据折射定律有

$$\theta = \arcsin\left(\frac{\sin\theta_0}{n}\right) = \arcsin\left(\frac{0.5}{1.38}\right) = 20°15'$$

光束在玻璃基片内折射角

$$\theta_G = \arcsin\left(\frac{n\sin\theta}{n_G}\right) = \arcsin\left(\frac{1.38 \times \dfrac{0.5}{1.38}}{1.6}\right) = 18°12'$$

因此,对于 s 分量的有效折射率

$$\bar{n}_0 = n_0 \cos\theta_0 = \cos 30° = 0.866$$

$$\bar{n} = n\cos\theta = 1.38 \times \cos 21°15' = 1.286$$

$$\bar{n}_G = n_G \cos\theta_G = 1.6 \times \cos 18°12' = 1.52$$

对于 p 分量的有效折射率

$$\bar{n}_0 = \frac{n_0}{\cos\theta_0} = \frac{1}{\cos 30°} = 1.155$$

$$\bar{n} = \frac{n}{\cos\theta} = \frac{1.38}{\cos 21°15'} = 1.480$$

$$\bar{n}_G = \frac{n_G}{\cos\theta_G} = \frac{1.6}{\cos 18°12'} = 1.684$$

由于在 $30°$ 斜入射下,对于波长 $\lambda_0 = 500\text{nm}$

$$\delta_{\lambda_0} = \frac{4\pi}{\lambda_0} nh\cos\theta = \frac{4\pi}{\lambda_0} \frac{\lambda_0}{4} \cos 21°15' = 0.932\pi$$

故对 s 分量和 p 分量的反射率分别为

$$(R_{\lambda_0})_s = \frac{(\bar{n} - \bar{n}_G)^2 \cos^2 \dfrac{\delta_{\lambda_0}}{2} + \left(\dfrac{\bar{n}_0\,\bar{n}_G}{\bar{n}} - \bar{n}\right)^2 \sin^2 \dfrac{\delta_{\lambda_0}}{2}}{(\bar{n}_0 + \bar{n}_G)^2 \cos^2 \dfrac{\delta_{\lambda_0}}{2} + \left(\dfrac{\bar{n}_0\,\bar{n}_G}{\bar{n}} + \bar{n}\right)^2 \sin^2 \dfrac{\delta_{\lambda_0}}{2}}$$

$$= \frac{(0.866 - 1.52)^2 \cos^2 0.466\pi + \left(\dfrac{0.866 \times 1.52}{1.286} - 1.286\right)^2 \sin^2 0.466\pi}{(0.866 + 1.52)^2 \cos^2 0.466\pi + \left(\dfrac{0.866 \times 1.52}{1.286} + 1.286\right)^2 \sin^2 0.466\pi}$$

$$= 0.014$$

$$(R_{\lambda_0})_p = \frac{(1.155 - 1.684)^2 \cos^2 0.466\pi + \left(\dfrac{1.155 \times 1.684}{1.480} - 1.480\right)^2 \sin^2 0.466\pi}{(1.155 + 1.684)^2 \cos^2 0.466\pi + \left(\dfrac{1.155 \times 1.684}{1.480} + 1.480\right)^2 \sin^2 0.466\pi} = 0.004$$

因为入射光是自然光,所以其反射率

$$R_{\lambda_0} = \frac{1}{2}\left[(R_{\lambda_0})_s + (R_{\lambda_0})_p\right] = \frac{1}{2}(0.014 + 0.004) = 0.009$$

(4) 对于 $\lambda = 600\text{nm}$,且在 $30°$ 斜入射下

$$\delta_\lambda = \frac{4\pi}{\lambda} nh\cos\theta = \frac{4\pi}{600} \times \frac{500}{4}\cos 21°15' = 0.777\pi$$

所以

$$(R_\lambda)_s = \frac{(0.866 - 1.52)^2 \cos^2 0.388\pi + \left(\dfrac{0.866 \times 1.52}{1.286} - 1.286\right)^2 \sin^2 0.388\pi}{(06866 + 1.52)^2 \cos^2 0.388\pi + \left(\dfrac{0.866 \times 1.52}{1.286} + 1.286\right)^2 \sin^2 0.388\pi} = 0.02$$

$$(R_\lambda)_p = \frac{(1.155 - 1.684)^2 \cos^2 0.388\pi + \left(\dfrac{1.155 \times 1.684}{1.480} - 1.480\right)^2 \sin^2 0.388\pi}{(1.155 + 1.684)^2 \cos^2 0.388\pi + \left(\dfrac{1.155 \times 1.684}{1.480} + 1.480\right)^2 \sin^2 0.388\pi} = 0.007$$

$$R_\lambda = \frac{1}{2}\left[(R_\lambda)_s + (R_\lambda)_p\right] = \frac{1}{2}(0.02 + 0.007) = 0.013$$

[例题 4.5] 试利用式(4.44)导出多层高反射膜的反射率公式[式(4.55)]。

解:考虑在玻璃基片(n_G)上镀一层高折射率膜的反射率,据式(4.44),在正入射下有

$$R_1 = \left(\frac{n_0 - \dfrac{n_H^2}{n_G}}{n_0 + \dfrac{n_H^2}{n_G}}\right)^2 \quad \text{或者写为} \quad R_1 = \left(\frac{n_0 - \tilde{n}_1}{n_0 + \tilde{n}_1}\right)^2$$

式中,$\tilde{n}_1 = n_H^2 / n_G$。把上式与光束在折射率分别为 n_0 和 n_1 的两介质分界面上的反射率公式[正入

射下 $R = \left(\dfrac{n_0 - n_1}{n_0 + n_1}\right)^2$]对比,可把单层膜系统当做新的基片,其等效折射率为 $\tilde{n}_1$。

在高折射率膜上再镀一层低折射率膜时,系统的反射率为

$$R_2 = \left(\frac{n_0 - \dfrac{n_L^2}{\tilde{n}_1}}{n_0 + \dfrac{n_L^2}{\tilde{n}_1}} \right)^2 = \left(\frac{n_0 - \tilde{n}_2}{n_0 + \tilde{n}_2} \right)^2$$

式中 $\tilde{n}_2 = n_L^2 / \tilde{n}_1$。同理,也可以把该系统当做一个新的基片,其等效折射率为 $\tilde{n}_2$。在该系统上再镀一层高折射率膜时,反射率为

$$R_3 = \left(\frac{n_0 - \dfrac{n_H^2}{\tilde{n}_2}}{n_0 + \dfrac{n_H^2}{\tilde{n}_2}} \right)^2 = \left(\frac{n_0 - \tilde{n}_3}{n_0 + \tilde{n}_3} \right)^2$$

式中 $\tilde{n}_3 = n_H^2 / \tilde{n}_2$,它又可以写为

$$\tilde{n}_3 = \frac{n_H^2}{\tilde{n}_2} = \frac{n_H^2}{n_L^2 / \tilde{n}_1} = \left(\frac{n_H}{n_L} \right)^2 \frac{n_H^2}{n_G}$$

所以

$$R_3 = \left[\frac{n_0 - \left(\dfrac{n_H}{n_L} \right)^2 \dfrac{n_H^2}{n_G}}{n_0 + \left(\dfrac{n_H}{n_L} \right)^2 \dfrac{n_H^2}{n_G}} \right]^2$$

再交替镀上低折射率和高折射率膜,最后镀成 $2p+1$ 层多层膜。运用数学归纳法可得到多层膜正入射时的反射率公式

$$R_{2p+1} = \left[\frac{n_0 - \left(\dfrac{n_H}{n_L} \right)^{2p} \dfrac{n_H^2}{n_G}}{n_0 + \left(\dfrac{n_H}{n_L} \right)^{2p} \dfrac{n_H^2}{n_G}} \right]^2$$

*4.4　薄膜系统光学特性的矩阵计算方法

上节所述的用多光束干涉原理分析和计算薄膜的反射和透射特性的方法,虽然具有物理图像鲜明、容易理解的优点,但由于它的计算非常烦琐,并且一般情况下很难用一个数学式子来表征薄膜的特性,从而不利于进一步分析研究。所以,在实际中这种方法很少使用,通常采用的是一种矩阵计算方法。这种方法把薄膜的光学特性用一个特征矩阵来表示,而这个矩阵直接与电磁场的麦克斯韦方程的解相联系。

4.4.1　薄膜的特征矩阵

假设平面波以入射角 θ_{i1} 从折射率为 n_0 的介质入射到薄膜上(图 4.24),薄膜的折射率和厚度分别为 n_1 和 h_1,薄膜下面的基片的折射率为 n_G。由于一般情况下入射光中电矢量垂直于入射面的 s 波和电矢量平行于入射面的 p 波的反射本领不同,有必要对这两个波分别予以讨论。先讨论入射波的电矢量垂直于入射面的情况,即假定入射波是一个 s 偏振波;并且,设入射波的电场和磁场为 E_{i1} 和 H_{i1}。由于薄膜两界面的反射,在 n_0 介质中,除入射场外,还有反射场 E_{r1} 和 H_{r1}。在薄膜内,入射场在界面 1 处的透射场为 E_{t1} 和 H_{t1},另外在界面 1 处还有从界面 2 反射回来的场 E'_{r2} 和 H'_{r2};在界面 2 处,入射场为 E_{i2} 和 H_{i2},反射场为 E_{r2} 和 H_{r2}。在基片中,只有界面 2 的透射场 E_{t2} 和 H_{t2}。在图 4.24 中示意了这些场的位置和方向。应该注意,除了入射场 E_{i1} 和 H_{i1},其余的场都是薄

膜界面多次反射和透射造成的总的效应。

下面从电磁场的边值关系寻求薄膜两界面上的场之间的关系。考察薄膜同一截面上的两点 A 和 B 处的场(图 4.25)。按照边值关系(它是麦克斯韦方程在边界面上的解,见 1.5 节),电场和磁场的切向分量在界面两边相等。因此,在界面 1 上(A 处)有

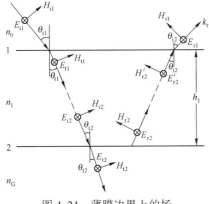

图 4.24　薄膜边界上的场

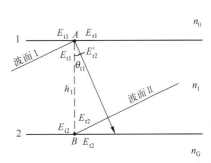

图 4.25　薄膜截面上 A 和 B 两点的场关系

$$E_1 = E_{i1} + E_{r1} = E_{t1} + E'_{r2} \tag{4.59}$$

$$H_1 = H_{i1}\cos\theta_{i1} - H_{r1}\cos\theta_{i1} = H_{t1}\cos\theta_{i2} - H'_{r2}\cos\theta_{i2} \tag{4.60}$$

式中,θ_{i2} 是平面波在界面 1 的折射角,也是对界面 2 的入射角。由于 $H = \sqrt{\dfrac{\varepsilon}{\mu}}\,E$ [见式(1.39)],取 $\mu = \mu_0$,式(4.60)可写为

$$H_1 = \sqrt{\frac{\varepsilon_0}{\mu_0}}\,(E_{i1} - E_{r1})\,n_0\cos\theta_{i1} = \sqrt{\frac{\varepsilon_0}{\mu_0}}\,(E_{t1} - E'_{r2})\,n_1\cos\theta_{i2} \tag{4.61}$$

在界面 2 上(B 处),则有

$$E_2 = E_{i2} + E_{r2} = E_{t2} \tag{4.62}$$

$$H_2 = \sqrt{\frac{\varepsilon_0}{\mu_0}}\,(E_{i2} - E_{r2})\,n_1\cos\theta_{i2} = \sqrt{\frac{\varepsilon_0}{\mu_0}}\,E_{t2}\,n_G\cos\theta_{t2} \tag{4.63}$$

式中,θ_{t2} 是对界面 2 的折射角。在不考虑薄膜对光能的吸收时,E_{i2} 和 E_{t1}、E'_{r2} 和 E_{r2} 的关系如下:

$$E_{i2} = E_{t1}\exp(\mathrm{i}\delta_1) \tag{4.64}$$

$$E'_{r2} = E_{r2}\exp(\mathrm{i}\delta_1) \tag{4.65}$$

式中

$$\delta_1 = \frac{2\pi}{\lambda}n_1 h_1\cos\theta_{i2} \tag{4.66}$$

是平面波通过薄膜一次 A、B 两点的位相变化(参考图 4.25)。这样,式(4.62)和式(4.63)可写成

$$E_2 = E_{t1}\exp(\mathrm{i}\delta_1) + E'_{r2}\exp(-\mathrm{i}\delta_1)$$

$$H_2 = [E_{t1}\exp(\mathrm{i}\delta_1) - E'_{r2}\exp(-\mathrm{i}\delta_1)]\sqrt{\frac{\varepsilon_0}{\mu_0}}\,n_1\cos\theta_{i2}$$

由以上两式可求得

$$E_{t1} = \frac{\exp(-\mathrm{i}\delta_1)}{2}\left(E_2 + \frac{H_2}{\eta_1}\right) \tag{4.67}$$

$$E'_{r2} = \frac{\exp(\mathrm{i}\delta_1)}{2}\left(E_2 - \frac{H_2}{\eta_1}\right) \tag{4.68}$$

式中

$$\eta_1 = \sqrt{\frac{\varepsilon_0}{\mu_0}}\,n_1\cos\theta_{i2} \tag{4.69}$$

把式(4.67)和式(4.68)代入式(4.59)和式(4.61),得到

$$E_1 = E_2\cos\delta_1 - H_2\left(\frac{\mathrm{i}\sin\delta_1}{\eta_1}\right) \tag{4.70}$$

$$H_1 = -E_2\eta_1\mathrm{i}\sin\delta_1 + H_2\cos\delta_1 \tag{4.71}$$

把这两个式子写成矩阵形式:

$$\begin{bmatrix} E_1 \\ H_1 \end{bmatrix} = \begin{bmatrix} \cos\delta_1 & -\dfrac{\mathrm{i}}{\eta_1}\sin\delta_1 \\ -\mathrm{i}\eta_1\sin\delta_1 & \cos\delta_1 \end{bmatrix} \begin{bmatrix} E_2 \\ H_2 \end{bmatrix} = \boldsymbol{M}_1 \begin{bmatrix} E_2 \\ H_2 \end{bmatrix} \tag{4.72}$$

其中
$$\boldsymbol{M}_1 = \begin{bmatrix} \cos\delta_1 & -\dfrac{\mathrm{i}}{\eta_1}\sin\delta_1 \\ -\mathrm{i}\eta_1\sin\delta_1 & \cos\delta_1 \end{bmatrix} \tag{4.73}$$

称为薄膜的**特征矩阵**,它的重要意义在于把薄膜的两个界面的场联系了起来,而它本身却包含了薄膜的一切特征参数。

上面的推导是对单层膜并且假设入射波为 s 偏振波做出的,为了使它适用于更一般的情况,可以做两点推广:

(1)如果入射波是 p 波,做类似的推导则可以证明,只要把参数 η_1 改为

$$\eta_1 = \sqrt{\frac{\varepsilon_0}{\mu_0}}\,\frac{n_1}{\cos\theta_{i2}} \tag{4.74}$$

薄膜的特征矩阵仍然有式(4.73)的形式(见习题4.17)。

(2)对于多层膜的情况,例如双层膜,则有三个界面,而对于第2和第3界面有关系

$$\begin{bmatrix} E_2 \\ H_2 \end{bmatrix} = \boldsymbol{M}_2 \begin{bmatrix} E_3 \\ H_3 \end{bmatrix}$$

式中,$\boldsymbol{M}_2$ 是与基片相邻的第2层膜的特征矩阵。把上式两边乘上矩阵 $\boldsymbol{M}_1$,得到

$$\begin{bmatrix} E_1 \\ H_1 \end{bmatrix} = \boldsymbol{M}_1\boldsymbol{M}_2 \begin{bmatrix} E_3 \\ H_3 \end{bmatrix}$$

如此类推,当膜系包含 N 层膜时,则有

$$\begin{bmatrix} E_1 \\ H_1 \end{bmatrix} = \boldsymbol{M}_1\boldsymbol{M}_2\cdots\boldsymbol{M}_N \begin{bmatrix} E_{N+1} \\ H_{N+1} \end{bmatrix} \tag{4.75}$$

式中,$\boldsymbol{M}_1,\boldsymbol{M}_2,\cdots,\boldsymbol{M}_N$ 代表不同层的特征矩阵,它们都具有式(4.73)所给出的形式,以及相应的 η 和 δ 值。而整个膜系的特征矩阵 $\boldsymbol{M}$ 就是它们的连乘积:

$$\boldsymbol{M} = \boldsymbol{M}_1\boldsymbol{M}_2\cdots\boldsymbol{M}_N \tag{4.76}$$

由于矩阵运算不服从交换律,所以上式中矩阵相乘的次序不能颠倒。

4.4.2　膜系反射率的计算

下面应用特征矩阵来计算膜系的反射率。令 $\boldsymbol{M}$ 的矩阵元为 A,B,C,D,即

$$\boldsymbol{M} = \begin{bmatrix} A & B \\ C & D \end{bmatrix} \tag{4.77}$$

因此式(4.75)可以写为
$$\begin{bmatrix} E_1 \\ H_1 \end{bmatrix} = \begin{bmatrix} A & B \\ C & D \end{bmatrix} \begin{bmatrix} E_{N+1} \\ H_{N+1} \end{bmatrix} \tag{4.78}$$

注意 E_{N+1} 和 H_{N+1} 是基片内位于第 $N+1$ 个界面处的场,参照式(4.63),H_{N+1} 可以写为[①]

---

① 这是对于 s 波而言的,对于 p 波,$\eta_{\mathrm{G}} = \sqrt{\dfrac{\varepsilon_0}{\mu_0}}\,\dfrac{n_{\mathrm{G}}}{\cos\theta_{i(N+1)}}$。

$$H_{N+1} = \sqrt{\frac{\varepsilon_0}{\mu_0}} n_G \cos\theta_{i(N+1)} \cdot E_{t(N+1)} = \eta_G E_{t(N+1)} \qquad (4.79a)$$

式中
$$\eta_G = \sqrt{\frac{\varepsilon_0}{\mu_0}} n_G \cos\theta_{i(N+1)} \qquad (4.79b)$$

E_1 和 H_1 是膜系外位于第 1 界面处的场,根据式(4.61),H_1 可写为

$$H_1 = \sqrt{\frac{\varepsilon_0}{\mu_0}} (E_{i1} - E_{r1}) n_0 \cos\theta_{i1} = (E_{i1} - E_{r1}) \eta_0 \qquad (4.80a)$$

式中[①]
$$\eta_0 = \sqrt{\frac{\varepsilon_0}{\mu_0}} n_0 \cos\theta_{i1} \qquad (4.80b)$$

而根据式(4.59)
$$E_1 = E_{i1} + E_{r1} \qquad (4.81)$$

将式(4.79a)、式(4.80a)、式(4.81)代入式(4.78),得

$$\begin{bmatrix} (E_{i1} + E_{r1}) \\ (E_{i1} - E_{r1})\eta_0 \end{bmatrix} = \begin{bmatrix} A & B \\ C & D \end{bmatrix} \begin{bmatrix} E_{t(N+1)} \\ E_{t(N+1)}\eta_G \end{bmatrix} \qquad (4.82)$$

把上式展开就可以得到膜系的反射系数和透射系数

$$r = \frac{E_{r1}}{E_{i1}} = \frac{A\eta_0 + B\eta_0\eta_G - C - D\eta_G}{A\eta_0 + B\eta_0\eta_G + C + D\eta_G} \qquad (4.83)$$

$$t = \frac{E_{t(N+1)}}{E_{i1}} = \frac{2\eta_0}{A\eta_0 + B\eta_0\eta_G + C + D\eta_G} \qquad (4.84)$$

而反射率为
$$R = r \cdot r^*$$

因此,只要计算出膜系中每一层薄膜的特征矩阵,把它们按照式(4.76)给出的次序相乘,得出整个膜系的特征矩阵,再将其元素代入式(4.83)和式(4.84),就可以求得膜系的反射系数和透射系数。

[例题 4.6] 求基片(折射率为 n_G)上折射率为 n_1、厚度为 h_1 的单层膜的反射率。

解: 由式(4.73),薄膜的特征矩阵为

$$M_1 = \begin{bmatrix} \cos\delta_1 & -\dfrac{i}{\eta_1}\sin\delta_1 \\ -i\eta_1\sin\delta_1 & \cos\delta_1 \end{bmatrix} = \begin{bmatrix} A & B \\ C & D \end{bmatrix}$$

其中,$\delta_1 = \dfrac{2\pi}{\lambda} n_1 h_1 \cos\theta_{i2}$,对于 s 波 $\eta_1 = \sqrt{\dfrac{\varepsilon_0}{\mu_0}} n_1 \cos\theta_{i2}$,对于 p 波 $\eta_1 = \sqrt{\dfrac{\varepsilon_0}{\mu_0}} \dfrac{n_1}{\cos\theta_{i2}}$。因此,根据式(4.83),有

$$r = \frac{\eta_1(\eta_0 - \eta_G)\cos\delta_1 - i(\eta_0\eta_G - \eta_1^2)\sin\delta_1}{\eta_1(\eta_0 + \eta_G)\cos\delta_1 - i(\eta_0\eta_G + \eta_1^2)\sin\delta_1}$$

而反射率
$$R = \frac{(\eta_0 - \eta_G)^2\cos^2\delta_1 + \left(\dfrac{\eta_0\eta_G}{\eta_1} - \eta_1\right)^2\sin^2\delta_1}{(\eta_0 + \eta_G)^2\cos^2\delta_1 + \left(\dfrac{\eta_0\eta_G}{\eta_1} + \eta_1\right)^2\sin^2\delta_1}$$

对于正入射的情况,得到

---

① 对于 p 波,$\eta_0 = \sqrt{\dfrac{\varepsilon_0}{\mu_0}} \dfrac{n_0}{\cos\theta_{i1}}$。

$$R = \frac{(n_0 - n_{\mathrm{G}})^2 \cos^2\delta_1 + \left(\dfrac{n_0 n_{\mathrm{G}}}{n_1} - n_1\right)^2 \sin^2\delta_1}{(n_0 + n_{\mathrm{G}})^2 \cos^2\delta_1 + \left(\dfrac{n_0 n_{\mathrm{G}}}{n_1} - n_1\right)^2 \sin^2\delta_1}$$

所得结果与上节得到的式(4.43)完全一致[式(4.43)中 $\delta = 2\delta_1$]。

[例题4.7] 求多层高反射膜在正入射下对控制波长 λ_0 的反射率。

解:多层高反射膜可以表示为

$$G(HL)^p HA$$

它的一个周期(HL)的特征矩阵为(注意正入射时 $\lambda_0/4$ 膜的 $\delta = \pi/2$)

$$M_{\mathrm{L}}M_{\mathrm{H}} = \begin{bmatrix} 0 & -\dfrac{i}{\eta_{\mathrm{L}}} \\ -i\eta_{\mathrm{L}} & 0 \end{bmatrix} \begin{bmatrix} 0 & -\dfrac{i}{\eta_{\mathrm{H}}} \\ -i\eta_{\mathrm{H}} & 0 \end{bmatrix} = \begin{bmatrix} -\dfrac{\eta_{\mathrm{H}}}{\eta_{\mathrm{L}}} & 0 \\ 0 & -\dfrac{\eta_{\mathrm{L}}}{\eta_{\mathrm{H}}} \end{bmatrix} = \begin{bmatrix} -\dfrac{n_{\mathrm{H}}}{n_{\mathrm{L}}} & 0 \\ 0 & -\dfrac{n_{\mathrm{L}}}{n_{\mathrm{H}}} \end{bmatrix}$$

p 个周期的特征矩阵是上式自乘 p 次,得到

$$(M_{\mathrm{L}}M_{\mathrm{H}})^p = \begin{bmatrix} \left(-\dfrac{n_{\mathrm{H}}}{n_{\mathrm{L}}}\right)^p & 0 \\ 0 & \left(-\dfrac{n_{\mathrm{L}}}{n_{\mathrm{H}}}\right)^p \end{bmatrix}$$

因此,整个膜系的特征矩阵为

$$M = M_{\mathrm{H}}(M_{\mathrm{L}}M_{\mathrm{H}})^p = \begin{bmatrix} 0 & -\dfrac{i}{\eta_{\mathrm{H}}} \\ -i\eta_{\mathrm{H}} & 0 \end{bmatrix} \begin{bmatrix} \left(-\dfrac{n_{\mathrm{H}}}{n_{\mathrm{L}}}\right)^p & 0 \\ 0 & \left(-\dfrac{n_{\mathrm{L}}}{n_{\mathrm{H}}}\right)^p \end{bmatrix} = \begin{bmatrix} 0 & -\dfrac{i}{\eta_{\mathrm{H}}}\left(\dfrac{n_{\mathrm{L}}}{n_{\mathrm{H}}}\right)^p \\ -i\eta_{\mathrm{H}}\left(-\dfrac{n_{\mathrm{H}}}{n_{\mathrm{L}}}\right)^p & 0 \end{bmatrix}$$

把 M 的矩阵元代入式(4.83)得到 r,再平方就得到反射率:

$$R = \left[\frac{n_0 - \left(\dfrac{n_{\mathrm{H}}}{n_{\mathrm{L}}}\right)^{2p}\dfrac{n_{\mathrm{H}}^2}{n_{\mathrm{G}}}}{n_0 + \left(\dfrac{n_{\mathrm{H}}}{n_{\mathrm{L}}}\right)^{2p}\dfrac{n_{\mathrm{H}}^2}{n_{\mathrm{G}}}}\right]^2$$

这一结果也与式(4.55)一致。

*4.5 薄膜波导

上面两节讨论了薄膜对入射光的反射和透射特性,我们看到,薄膜在控制反射和透射方面都有着特殊的应用。这是薄膜光学研究的基本问题。这一节我们来讨论薄膜的另一种用途,即把它作为光波导的问题。这个问题是由于集成光学发展的需要而提出来的。

在1.7.3节里我们曾经提到过,集成光学采用类似于集成电路那样的技术,把一些光学元件,如发光元件、光放大元件、光传输元件、光耦合元件和接收元件,以薄膜形式集成在同一衬底(如同上节的基片)上,构成一个具有独立功能的微型光学系统。这种集成光路具有体积小、性能稳定可靠(对于震动毫不敏感)、效率高、功耗小等优点。事实上它已经打破了传统的光学系统设计与加工的概念,可以预料,它的发展必将在光学和其他科学领域引起深刻的变革。在集成光学发展过程中,首先要解决的问题就是用薄膜来传导光波的问题,即用薄膜做光波导的问题。这方面的理论是集成光学的基础。

4.5.1　薄膜波导的传播模式

薄膜波导如图 4.26 所示,它实际上是沉积在衬底上的一层薄膜。薄膜的上层为覆盖层,一般是空气,也可以是别的介质。波导薄膜的厚度 h 为 $1 \sim 10\,\mu m$,相当于可见光波长或比其大一个量级。薄膜的折射率 n 比覆盖层和衬底的折射率 n_0 和 n_G 要大。覆盖层和衬底的折射率相同的薄膜波导称为**对称型波导**,而覆盖层和衬底折射率不同的薄膜波导是**非对称型波导**,通常非对称型波导使用较多。两种类型薄膜波导的常用材料及折射率见表 4.2。

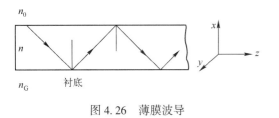

图 4.26　薄膜波导

表 4.2　两种类型薄膜波导的常用材料及折射率

材　料	折　射　率	型　式
GaAs 和 GaAlAs	$n = 3.6, n_0 = 3.55, n_G = 3.55$	对称型
溅射玻璃	$n = 1.62, n = 1(空气), n_G = 1.515$	非对称型
LiNbO$_3$	$n = 2.215, n_0 = 1, n_G = 2.214$	非对称型
LiTaO$_3$	$n = 2.16, n_0 = 1, n_G = 2.15$	非对称型

为了使光在薄膜波导中传播的损耗尽可能小,光在薄膜两表面上的反射必须满足全反射条件[①]。考察薄膜里向下表面传播的光线(图 4.26),因为薄膜折射率 n 比衬底折射率 n_G 大,当入射角大于临界角 $\theta_{c2} = \arcsin \dfrac{n_G}{n}$ 时,光将在薄膜下表面全反射,反射光向上表面传播。同样地,当入射角大于临界角 $\theta_{c1} = \arcsin \dfrac{n_0}{n}$ 时,在上表面又发生全反射。所以,从几何光学看,光在薄膜里将沿着锯齿形路径向 z 方向传播。

从波动光学看,上面讨论的光线代表一个平面波,光线的方向就是平面波波矢 $\boldsymbol{k}$ 的方向。设薄膜在 y 和 z 方向上是无限广延的,光在薄膜中的入射面为 xz 平面,因此可以想象一个在 y 和 z 方向无限大的平面波在薄膜上下表面之间来回反射。考察某一时刻向下表面传播的平面波 A 和向上表面传播的平面波 B,它们的波矢分别为 $\boldsymbol{k}_A$ 和 $\boldsymbol{k}_B$(见图 4.27)。A 和 B 都可以分解为平行于波导和垂直于波导的两个波,平行于波导的波在波导内沿 z 方向传播,垂直于波导的波在上下表面之间来回反射。设 A 波垂直于波导的分波的波矢为 $\boldsymbol{k}_{Ax}$,B 垂直于波导的分波的波矢为 $\boldsymbol{k}_{Bx}$。容易看出,$|\boldsymbol{k}_{Ax}| = |\boldsymbol{k}_{Bx}| = |\boldsymbol{k}|\cos\theta_i$[②],而 $\boldsymbol{k}_{Ax}$ 和 $\boldsymbol{k}_{Bx}$ 方向相反。既然在波导内存在两个方向相反的平面波,它们将形成驻波。这就是说,在波导内每来回一次全反射,都可以在波导横方向上形成一个驻波。并且,如果波在两表面之间来回传播一次的位相变化正好是 2π 的整数倍,则多次来回传播所形成的多个驻波,都可以用同一个驻波方程来描述。这样的驻波场是稳定的。因此,在波导内传播的平面波,要形成稳定的场分布,即形成一定的传播模式时,必须满足波在波导两表面之间来回传播一次,位相差等于 2π 的整数倍的条件。在波导两个表面都发生全反射的情况下,平面波来回传播一次在横方向上的位相差为

$$\delta = |\boldsymbol{k}_{Ax}|2h + \delta_1 + \delta_2 = 2nk_0h\cos\theta_i + \delta_1 + \delta_2 \tag{4.85}$$

式中,$k_0 = 2\pi/\lambda$ 是光波在真空中的波数,θ_i 是光波在薄膜表面的入射角,δ_1 和 δ_2 分别是光波在薄膜上表

---

① 全反射时的损耗主要来自薄膜表面散射。由于薄膜很薄,光沿着薄膜每传播 1cm 就得经历约 1000 多次来回反射。如果表面稍不完善,每次反射都散射一些光,这样总的损耗是很严重的。

② 应注意到 $|\boldsymbol{k}| = |\boldsymbol{k}_A| = |\boldsymbol{k}_B|$。

面和下表面反射时的相变。对于 s 波(在波导理论中通常称为 TE 波),δ_1 由下式决定[见式(1.102)]:

$$\tan\frac{\delta_1}{2} = -\frac{\left[\sin^2\theta_i - \left(\dfrac{n_0}{n}\right)^2\right]^{1/2}}{\cos\theta_i} \quad (4.86)$$

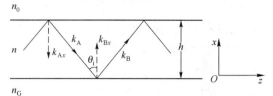

δ_2 也可由上式求得,只要把上式中 n_0 改为 n_G 便可。对于 p 波(也称 TM 波),δ_1 则由下式决定[见式(1.103)]:

图 4.27 波导内平面波的分解

$$\tan\frac{\delta_1}{2} = -\left(\frac{n}{n_0}\right)^2 \frac{\left[\sin^2\theta_i - \left(\dfrac{n_0}{n}\right)^2\right]^{1/2}}{\cos\theta_i} \quad (4.87)$$

当平面波在波导内形成稳定的场分布时

$$\begin{aligned}\delta &= 2nk_0h\cos\theta_i + \delta_1 + \delta_2 \\ &= 2m\pi \quad m=0,1,2,\cdots\end{aligned} \quad (4.88)$$

上式称为**模式方程**,它是波导光学中的基本方程。由上式可以看出,对于一定的波导(n,n_0,n_G 和 h 是常数),对应于不同的 m 值,则有不同的 θ_i。对应于 $m=0,1,2,3$,光波在波导中所走的锯齿形路径如图 4.28 所示(其中 $m=3$ 的图中的虚线表示临界状态)。它们分别与场分布的不同模式相对应,与 $m=0$ 对应的 TE 波模式记为 TE_0,TM 波模式记为 TM_0,与 $m=1$ 对应的 TE 波模式记为 TE_1,TM 波模式记为 TM_1,其余类推。m 就是波在波导中传播的模阶数。另外,从式(4.88)还可以看出,如果在波导中传播的波包含不同的波长(或频率),则对应于某一个 m 值,对不同的波长会有不同的 θ_i。因此,方程(4.88)也称为**色散方程**。

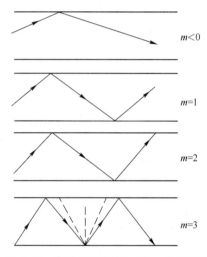

图 4.28 薄膜波导中与不同 m 值对应的锯齿形路径

下面我们利用模式方程来讨论薄膜波导的截止波长、模式数及单模传输条件。这里只讨论 TE 波传播的情形,TM 波的讨论完全类似。仍然假定波导是非对称型的,并且 $n_G > n_0$。这时若入射角 $\theta_i = \theta_{c2}$(波在薄膜下表面的临界角),则波在薄膜下表面处于全反射的临界状态,而在薄膜上表面仍为全反射。因此

$$\delta_2 = 0 \quad (4.89)$$

$$\delta_1 = -2\arctan\frac{\left[\sin^2\theta_i - \left(\dfrac{n_0}{n}\right)^2\right]^{1/2}}{\cos\theta_i} = -2\arctan\left(\frac{n_G^2 - n_0^2}{n^2 - n_G^2}\right)^{1/2} \quad (4.90)$$

上式中利用了关系 $\cos\theta_i = (1-\sin^2\theta_i)^{1/2} = \left[1 - \left(\dfrac{n_G}{n}\right)^2\right]^{1/2}$。这样,模式方程变为

$$k_0h(n^2 - n_0^2)^{1/2} = m\pi + \arctan\left(\frac{n_G^2 - n_0^2}{n^2 - n_G^2}\right)^{1/2} \quad (4.91)$$

由上式决定的 $\lambda_c = 2\pi / k_0$ 即为**截止波长**,因为波长大于 λ_c 的光波在波导中传播将不满足全反射条件。对于基模 $TE_0(m=0)$,截止波长为

$$(\lambda_c)_{m=0} = \frac{2\pi h(n^2 - n_G^2)^{1/2}}{\arctan\left(\dfrac{n_G^2 - n_0^2}{n^2 - n_G^2}\right)^{1/2}} \quad (4.92)$$

其他模式的截止波长比$(\lambda_c)_{m=0}$要小些。显然,当波长小于其他模式的截止波长时,就会发生多模传输。而当波长小于基模的截止波长,但是大于其他模式的截止波长时,可以进行单模传输。

对于对称波导$(n_0=n_G)$,由式(4.92)可见,$(\lambda_c)_{m=0}=\infty$。这表明对称波导的基模没有截止波长,任何波长都可传输。

最后看一下,如果波导尺寸大,或者波长小,发生多模传输时的模式数。最简单是对称波导的情形,这时由式(4.91),有

$$k_0 h(n^2-n_G^2)^{1/2}=m\pi$$

因此模式数为
$$m=\frac{2h}{\lambda}(n^2-n_G^2)^{1/2} \tag{4.93}$$

对于非对称波导,模式数应由式(4.91)计算。但若m的值比较大,式(4.91)右边第二项可以略去,近似地也可用上式计算。

4.5.2 薄膜波导中的场分布

我们已经知道,波导中的模式是光波电磁场在波导中的一种稳定分布。因此,由电磁场的波动方程,结合波导的边界条件,就可以求出各种模式的电磁场的分布形式。

下面只讨论 TE 模,TM 模的讨论与此类似。对于 TE 模,在图 4.29 所示的坐标系中,它的场分量为E_y,H_x,H_z。由于电场和磁场有确定的关系,只要求出电场的表达式就可以立即得到磁场的表达式。

对于单色波,电磁场所满足的波动方程为亥姆霍兹方程[见式(1.143)]

$$\nabla^2\boldsymbol{E}+k^2\boldsymbol{E}=0$$

对于 TE 波,$\boldsymbol{E}=\boldsymbol{y}_0 E_y$,并且$E_y$可以写为
$$E_y=E_y(x)\exp(ik_z z)=E_y(x)\exp(i\beta z)$$

其中,$E_y(x)$表示电场沿x方向的变化,指数因子$\exp(ik_z z)$是电磁场沿z方向传播的传播因子,而$\beta=k_z$是波矢$\boldsymbol{k}$沿z方向的分量,也称**传播常数**。把E_y代入亥姆霍兹方程,得到[1]

$$\frac{\partial^2 E_y(x)}{\partial x^2}+(n^2 k_0^2-\beta^2)E_y(x)=0 \tag{4.94a}$$

同样,在覆盖层和衬底也有方程

$$\frac{\partial^2 E_y(x)}{\partial x^2}+(n_0^2 k_0^2-\beta^2)E_y(x)=0 \tag{4.94b}$$

和
$$\frac{\partial^2 E_y(x)}{\partial x^2}+(n_G^2 k_0^2-\beta^2)E_y(x)=0 \tag{4.94c}$$

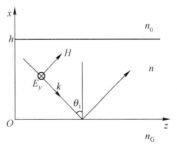

图 4.29 薄膜波导中 TE 波的场分量

对于$n_G>n_0$的非对称型波导,当$n_G k_0<\beta<nk_0$时(波导内传播的波满足这一条件),方程(4.94b)和方程(4.94c)的解$E_y(x)$为指数函数,而方程(4.94a)的解$E_y(x)$为余弦(或正弦)函数。因此,在覆盖层、波导和衬底内,$E_y(x)$可以写为

$$E_y(x)=\begin{cases} A_0\exp[-k'_{0x}(x-h)] & x>h \\ A\cos(k_x x-\varphi) & h>x>0 \\ A_G\exp(k'_{Gx}x) & x<0 \end{cases} \tag{4.95}$$

式中,A_0,A,A_G是对应于三个区域的电场振幅,$k'_{0x}=-ik_{0x}$,$k'_{Gx}=-ik_{Gx}$,而k_{0x}和k_{Gx}分别为覆盖层和

---

[1] 前面已假定波导在y方向很宽,所以场沿y方向的变化与沿x方向的变化相比,要缓慢得多,因此可略去电场对y的二次偏导数。

衬底内波矢沿 x 方向的分量，φ 是位相。从 1.7 节的讨论，我们已经知道 k_{0x} 和 k_{Gx} 是虚数，因而 k'_{0x} 和 k'_{Gx} 都是正实数。所以，式(4.95)中一、三两个解表示覆盖层和衬底里的电磁场随着离开界面距离的增大而指数衰减。这一结果与 1.7 节关于全反射隐失波讨论的结果是一致的。式(4.95)的第二个解则表示在波导内沿 x 方向是一个驻波场分布。这就是说，在波导内沿 z 方向是一个行波，而沿与之垂直的 x 方向是一个驻波。

把式(4.95)代入式(4.94)，得到

$$\left.\begin{aligned} n_0^2 k_0^2 - \beta^2 &= -k'^2_{0x} = k_{0x}^2 \\ n^2 k_0^2 - \beta^2 &= k_x^2 \\ n_G^2 k_0^2 - \beta^2 &= -k'^2_{Gx} = k_{Gx}^2 \end{aligned}\right\} \tag{4.96}$$

由上式及模式方程

$$2k_x h + \delta_1 + \delta_2 = 2m\pi$$

可以求出对于不同的 m 的 $\beta, k_x, k'_{0x}, k'_{Gx}$。而式(4.95)中的 A_0, A, A_G 的相对关系可以从电磁场满足的边界条件求得。对于图 4.29 所取的坐标，边界条件为：在 $x=0, x=h$ 处，电磁场的切向分量连续，对 TE 波来说，E_y 和 H_z 连续。由于 H_z 与 $\dfrac{\partial E_y}{\partial x}$ 成正比，所以又可以看成 E_y 和 $\dfrac{\partial E_y}{\partial x}$ 连续。因此，在 $x=0$ 处有

$$\left.\begin{aligned} A\cos\varphi &= A_G \\ k_x A \sin\varphi &= k'_{Gx} A_G \end{aligned}\right\} \tag{4.97a}$$

在 $x=h$ 处有

$$\left.\begin{aligned} A_0 &= A\cos(k_x h - \varphi) \\ k_{0x} A_0 &= k_x A \sin(k_x h - \varphi) \end{aligned}\right\} \tag{4.97b}$$

并且，由式(4.97a)可以得到

$$\tan\varphi = k'_{Gx} / k_x \tag{4.98}$$

这样，就可以求得覆盖层、波导和衬底内的场分布 $E_{ym}(x)$。图 4.30 给出了 TE_0, TE_1, TE_2, TE_3 四种模式的场分布。可以看出，在波导内，场呈余弦分布，并且对于非对称波导，场的最大值或最小值不在波导的中线。在覆盖层和衬底内，场按指数衰减。通常 $n_0 < n_G$，所以 $k'^2_{0x} = \beta^2 - n_0^2 k_0^2 > k'^2_{Gx}$，场在覆盖层内衰减得要快一些。这就是说，覆盖层与衬底的折射率与薄膜的折射率相差越大，场在覆盖层和衬底内衰减就越快，电磁场就越集中。此外，m 越大，β 越小，k'_{0x} 和 k'_{Gx} 都越小，因而衰减越慢。所以，高次模的电磁场伸到覆盖层和衬底内比较长。这些概念对于矩形波导和圆形波导(光纤)也是适用的。

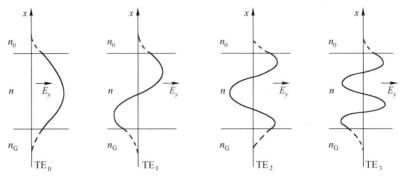

图 4.30 TE_0, TE_1, TE_2, TE_3 四种模式的场分布

4.5.3 薄膜波导的光耦合

上面我们讨论了光波是如何在薄膜里传播的。那么如何将外面的光波耦合到薄膜里面或者在薄膜里传播的光波又如何耦合到外面去呢？在集成光学的发展过程中这是一个相当重要的问题。由于薄膜非常薄，要把外面的光直接对准薄膜的端面射入薄膜（所谓横向耦合，见图4.31），并且使入射光波的场与薄膜波导中一定模式的场相匹配是非常困难的。另外，由于薄膜波导的端面不是完全平直和清洁的，这种耦合方式的效率一般都比较低，因而欠缺可行性。现在普遍采用的耦合方式有以下几种。

1. 棱镜耦合

如图4.32所示，将一个小棱镜放在薄膜上面，让棱镜底面与薄膜上表面之间保持一个很小的空气隙，其厚度为 $\lambda/8 \sim \lambda/4$。选择入射激光束的适当的入射角，使激光束入射到棱镜底面上时发生全反射。这样，将有一个按指数衰减的场（隐失波场）延伸到棱镜底面之下，并且通过这个场的作用，使棱镜中的激光束的能量转换到薄膜中去。反过来，当把薄膜中的能量输出时，也可以通过隐失波场把能量转移到棱镜中。

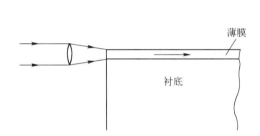

图4.31　薄膜波导的横向光耦合

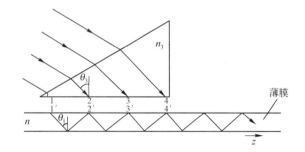

图4.32　棱镜耦合

下面我们来看一下这种耦合器是怎样实现模式耦合的。图4.32画出了射入棱镜的激光束中的四束等间距光线，它们射到棱镜底面上的1,2,3,4四点，假设这四点分别与薄膜波导中以某种模式传播的光波的锯齿形路径的1′,2′,3′,4′点对应。当第一束光线到达点1时，它就在薄膜中正对着的点1′处激起一个在波导中传播的波，这个波沿 z 方向的传播速度为

$$v = \frac{\omega}{\beta} = \frac{c}{n\sin\theta_i} \tag{4.99}$$

当第二束光线到达点2时，也同样在薄膜中正对着的点2′的位置激起一个波。由第一束光线激起的波从点1′传播到点2′需要一段时间，而第二束光线到达点2的时刻也比第一束光线到达点1的时刻滞后了一段时间。如果这两段时间恰好相等，那么在薄膜内传播的波由于不断地有新的同相波加入，它将变得越来越强，因此可以形成某种传播模式[可以证明，这时将满足薄膜波导横方向上的谐振条件即模式方程(4.88)]。设棱镜折射率为 n_3，激光束在棱镜底面上的入射角为 θ_3，点1和点2之间的距离为 d，不难求出光波到达点2比到达点1所滞后的时间是 $dn_3\sin\theta_3/c$；另外，波导内的波从点1′到点2′的时间是 $dn\sin\theta_i/c$。当这两个时间相等时，有

$$n\sin\theta_i = n_3\sin\theta_3 \tag{4.100}$$

这一条件称为**同步条件**，要使棱镜耦合器有效地工作，必须满足这一条件。

对任一波导模，θ_i 都是一定的。因此总可以调整入射到棱镜上的激光束的方向，使得 θ_3 满足同步条件。这样，棱镜中的光波就被耦合到这一波导模中。

棱镜耦合是非常有效的，通常有80%以上的光能量被耦合到薄膜中去。

2. 光栅耦合

如图 4.33 所示,在薄膜表面用全息方法或其他方法形成一个光栅层,当激光束入射到光栅上时将发生衍射。如果某一级衍射波的波矢沿薄膜波导方向的分量与薄膜中某个模式的传播常数 β 相等,则与棱镜耦合的情形相类似,这一级衍射波在薄膜中激起的波就满足同步条件,这一级衍射波就与这个模式发生耦合,光能量被输入薄膜。光栅耦合比较稳定可靠,结构紧凑,耦合效率可达 70%以上。

3. 楔形薄膜耦合

这种耦合方式的原理与上面两种完全不同。它是利用非对称波导的截止特性来实现耦合的。从式(4.91)不难看出,每种模式都存在一个截止膜厚。如果膜厚小于这个值,该模式便不能传播。这时该模式在下表面的入射角小于临界角,光束将折射到衬底里。在图 4.34 中,膜厚从 x_a 到 x_b 逐渐减小到零,在 x_c 处恰好等于截止膜厚,x_a 到 x_b 的距离一般为 $10\sim100$ 个波长。详细的计算表明,在 x_c 附近 8 个波长的范围内,能量逐渐地从薄膜耦合到衬底中。在衬底中 80%以上的能量集中在薄膜表面附近 15°的范围内。利用相反的过程也可以把能量从衬底耦合到薄膜中去。

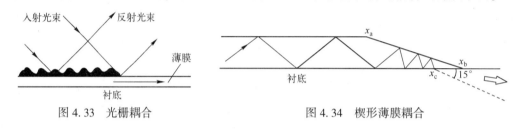

图 4.33 光栅耦合   图 4.34 楔形薄膜耦合

习 题

4.1 分别计算 $R=0.5, 0.8, 0.9, 0.98$ 时,F-P 标准具条纹的精细度。

4.2 F-P 标准具的间隔 $h=2\text{mm}$,所使用的单色光波长 $\lambda=632.8\text{nm}$,聚焦透镜的焦距 $f=30\text{cm}$。试求条纹图样中第 5 个环条纹的半径。(设条纹图样中心正好是一亮点)。

4.3 将一个波长稍小于 600nm 的光波与一个波长为 600nm 的光波在 F-P 干涉仪上进行比较。当 F-P 干涉仪两镜面间距离改变 1.5mm 时,两光波的条纹系就重合一次。试求未知光波的波长。

4.4 F-P 标准具的间隔为 2.5mm,问对于 $\lambda=500\text{nm}$ 的光,条纹系中心的干涉级是多少?如果照明光波包含波长 500nm 和稍小于 500nm 的两种光波,它们的环条纹距离为 $1/100$ 条纹间距,求未知光波的波长。

4.5 在 4.2 题中,如果 F－P 标准具两镜面的反射率 $R=0.98$,求:

(1) F－P 标准具所能测量的最大波长差。

(2) 所能分辨的最小波长差。

4.6 如果把激光器的谐振腔看做一个 F-P 标准具,激光器的腔长 $h=0.5\text{m}$,两反射镜的反射率 $R=0.99$。试求输出激光的频率间隔和线宽(设气体折射率 $n=1$,输出谱线的中心波长 $\lambda=632.8\text{nm}$)。

4.7 F-P 干涉仪两反射镜的反射率为 0.5,试求它的最大透射率和最小透射率。若 F－P 干涉仪两反射镜以折射率 $n=1.6$ 的玻璃平板代替,最大透射率和最小透射率又是多少?(不考虑系统的吸收)

4.8 在上题中,若考虑 F－P 干涉仪镜面的吸收,其吸收为 0.05。试求 F－P 干涉仪的最大透射率和最小透射率。

4.9 如图 4.35 所示,F-P 标准具两镜面的间隔为 1cm,在其两侧各放一个焦距为 15cm 的准直透镜 L_1 和会聚透镜 L_2。直径为 1cm 的光源(中心在光轴上)置于 L_1 的焦平面,光源发射波长为 589.3nm 的单色光,空气的折射率为 1。

(1) 计算 L_2 焦点处的干涉级。在 L_2 的焦面上能观察到多少个亮条纹?其中半径最大条纹的干涉级和半径是多少?

（2）若将一片折射率为 1.5,厚度为 0.5mm 的透明薄片插入 F－P 标准具两镜面之间,插至一半位置,干涉环条纹将发生怎样的变化?

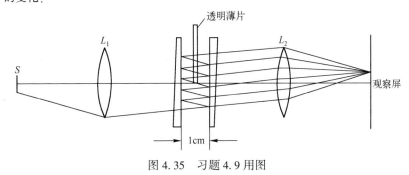

图 4.35　习题 4.9 用图

4.10　在折射率为 1.55 的玻璃表面上镀一层 1/4 波长的氟化镁($n = 1.38$)增透膜。试计算正入射和 $45°$ 角入射时的反射率。

4.11　在玻璃基片($n_G = 1.52$)上涂镀硫化锌薄膜($n = 2.38$),入射光波长 $\lambda = 500\text{nm}$。求正入射时给出最大反射率和最小反射率的膜厚及相应的反射率。

4.12　在照相物镜上镀一层光学厚度为 $\dfrac{5}{4}\lambda_0$($\lambda_0 = 550\text{nm}$)的低折射率膜。试求在可见光区内反射率最大的波长。薄膜应呈什么颜色?

4.13　在玻璃基片上镀两层光学厚度为 $\lambda_0/4$ 的介质薄膜,如果第一层的折射率为 1.35,问为了达到在正入射下膜系对 λ_0 全增透的目的,第二层薄膜的折射率应为多少?（玻璃基片折射率 $n_G = 1.6$。）

4.14　氦氖激光器谐振腔的反射镜是在玻璃基片上镀多层高反射膜制成的。玻璃基片的折射率 $n_G = 1.6$,高折射率层和低折射率层的折射率分别为 $n_H = 2.35$ 和 $n_L = 1.35$。试求膜层分别为 5 层、9 层、15 层时的反射率。

4.15　计算下列两个 7 层高反射膜的反射率:

（1）$n_G = 1.50, n_H = 2.40, n_L = 1.38$;　（2）$n_G = 1.50, n_H = 2.20, n_L = 1.38$。

说明膜系折射率对反射率的影响。

4.16　有一干涉滤光片间隔层的厚度为 $2 \times 10^{-4}\text{mm}$,折射率 $n = 1.5$。试求:

（1）正入射情况下干涉滤光片在可见光区内的中心波长;

（2）透射带的波长半宽度(设高反膜的反射率 $R = 0.9$);

（3）倾斜入射时,入射角分别为 $10°$ 和 $30°$ 的透射光波长。

4.17　证明当入射到薄膜上的光波是 p(TM)波时,薄膜的特征矩阵仍具有式(4.73)的形式,只是式中的 $\eta_1 = \sqrt{\dfrac{\varepsilon_0}{\mu_0}} \dfrac{n_1}{\cos\theta_{i2}}$

4.18　用特征矩阵法证明,下列结构的干涉滤光片:GHLHLLHLHA,对于特定波长 λ_0,正入射下的反射率为

$$R = \left(\dfrac{n_0 - n_G}{n_0 + n_G}\right)^2 。$$

4.19　在一个薄膜波导中,传输着一个 $\beta = 0.8nk_0$ 的模式;波导的 $n = 2.0, h = 3\mu\text{m}$,光波波长 $\lambda = 0.9\mu\text{m}$。问光波在 z 方向每传输 1cm,在波导一个表面上将发生多少次反射?

4.20　对于实用波导,$n + n_G \approx 2n$。试证明厚度为 h 的对称波导传输 m 阶模的必要条件为

$$\Delta n = n - n_G \geq \dfrac{m^2\lambda^2}{8nh^2}$$

式中,λ 是光波在真空中的波长。

4.21　通信光纤芯径为 $50\mu\text{m}$,芯径和包层的折射率分别为 1.52 和 1.5,问此光纤能传输波长为 $1.55\mu\text{m}$ 光波的多少个模式?

第 5 章 光 的 衍 射

光波在传播过程中遇到障碍物时,会偏离原来的传播方向弯入障碍物的几何影区内,并在几何影区和几何照明区内形成光强度的不均匀分布,这种现象称为**光的衍射**。使光波发生衍射的障碍物可以是开有小孔或狭缝的不透明光屏、光栅,也可以是使入射光波的振幅和位相分布发生某种变化的透明光屏,这些光屏统称为**衍射屏**。

典型的衍射实验如图 5.1(a)所示。图中 S 为单色点光源,K 为开有小圆孔的不透明屏,E 是观察屏。按照光的直线传播定律,观察屏 E 上的 AB 区域是被照明的,而其余区域应该绝对黑暗(几何影区)。实验表明,如果圆孔比起波长来不很大,那么几何影区边缘将不是全暗的,AB 区域内的光强也不均匀,呈现出一组亮暗交替的圆环条纹(见图 5.1(b))。当使用白光点光源时,这一衍射图样将带有彩色,这一现象说明光的衍射与光波的波长有关。

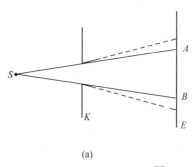

(a)   (b)

图 5.1 光的衍射

光的衍射是光的波动性的主要标志之一。建立在光的直线传播定律基础上的几何光学不能解释光的衍射,这种现象的解释要依赖于波动光学。历史上最早成功地运用波动光学原理解释衍射现象的是菲涅耳(1818 年)。他把惠更斯在 17 世纪提出的惠更斯原理用干涉理论加以补充,发展成为惠更新–菲涅耳原理,从而相当完善地解释了光的衍射。在光的电磁理论出现之后,人们知道光是一种电磁波,因而光波通过小孔之类的衍射问题应该作为电磁场的边值问题来求解。但这种普遍解法很复杂,实际所用的衍射理论都是一些近似解法。本章将介绍基尔霍夫(G. Kirchhoff,1824—1887)的标量衍射理论(一种近似理论。)

衍射现象通常分为两类进行研究:(1)**菲涅耳衍射**,(2)**夫琅禾费**(J. Fraunhofer,1787—1826)**衍射**。菲涅耳衍射是观察屏在距离衍射屏不是太远时观察到的衍射现象,如上述的衍射实验;夫琅禾费衍射是光源和观察屏距离衍射屏都相当于无限远的衍射。夫琅禾费衍射的计算相对简单,并且在光学系统成像理论和现代光学中有着特别重要的意义,因此本章将侧重于讨论夫琅禾费衍射。

5.1 惠更斯–菲涅耳原理

1. 惠更斯原理

1690 年惠更斯为了说明波在空间各点逐步传播的机理,提出一个假设:波前(波阵面)上的每一点都可以看做一个次级扰动中心,发出球面子波;在后一时刻这些子波的包络面就是新的波前。惠更斯的这一假设,通常被称为**惠更斯原理**。我们知道,波前的法线方向就是光波的传播方向(在各向同性介质中也是光线的方向),所以应用惠更斯原理可以决定光波从一个时刻到另一时刻的传播。

利用惠更斯原理可以说明衍射现象的存在。为此,我们再来考察本章开头所述的衍射实验,假定光源是单色点光源,当光源发出的球面波前到达圆孔边缘时,波前只有 DD' 部分暴露在圆孔范围内,其余部分受光屏 K 阻挡(图 5.2)。按照惠更斯原理,暴露在圆孔范围内的波前上的各点可以看做次级扰动中心,它们发出球面子波,并且这些子波的包络面决定圆孔后的新的波前。由图 5.2 可见,新的波前扩展到 SD、SD' 锥体之外,在锥体外光波不再沿原光波方向传播。这就是衍射。

利用惠更斯原理虽然可以说明衍射的存在,但不能确定光波通过圆孔后沿不同方向传播的振幅大小,因而也就无法确定衍射图样中的光强分布。

2. 惠更斯–菲涅耳原理及数学表达式

菲涅耳在研究了光的干涉现象以后,考虑到惠更斯子波来自同一光源,它们应该是相干的,因而波前外任一点的光振动应该是波前上所有子波相干叠加的结果。这样用"子波相干叠加"思想补充的惠更斯原理叫做**惠更斯–菲涅耳原理**。

惠更斯–菲涅耳原理是研究衍射问题的理论基础。为了能够应用这一原理定量地计算衍射问题,下面来导出它的数学表达式。

考察单色点光源 S 对于空间任意一点 P 的光作用(图 5.3)。因为 S 和 P 之间并无任何阻挡物,所以可选取 S 和 P 之间任一个波面 Σ,并以波面上各点发出的子波在 P 相干叠加的结果代替 S 对 P 的作用。我们知道,S 在波面 Σ 上任一点 Q 产生的复振幅为

$$\tilde{E}_Q = \frac{A}{R}\exp(\mathrm{i}kR) \tag{5.1}$$

式中,A 是离 S 单位距离处的振幅,R 是波面 Σ 的半径。在 Q 点取面元 $\mathrm{d}\sigma$,则按照菲涅耳的假设,$\mathrm{d}\sigma$ 发出的子波在 P 点产生的复振幅与入射波在面元上的复振幅 $\tilde{E}_Q$、面元大小和倾斜因子 $K(\theta)$ 成正比;$K(\theta)$ 表示子波的振幅随面元法线与 QP 的夹角 θ 的变化(θ 称为**衍射角**)。因此,面元 $\mathrm{d}\sigma$ 在 P 点产生的复振幅可以表示为

$$\mathrm{d}\tilde{E}(P) = CK(\theta)\frac{A\exp(\mathrm{i}kR)}{R}\frac{\exp(\mathrm{i}kr)}{r}\mathrm{d}\sigma$$

式中,C 为一常数,$r = QP$。菲涅耳还假设,当 $\theta = 0$ 时,倾斜因子 $K(\theta)$ 有最大值;而随着 θ 的增大,K 不断减小,当 $\theta \geqslant \pi/2$ 时,$K(\theta) = 0$。在图 5.3 中,在波面上的 Z 和 Z' 两点,波面法线与这两点到 P 点的连线垂直,即 $\theta = \pi/2$。因此,这两点处面元发出的子波对 P 点的复振幅没有贡献,只有 ZZ' 范围内的波面 Σ 上的面元发出的子波对 P 点产生作用,它们产生的复振幅总和为

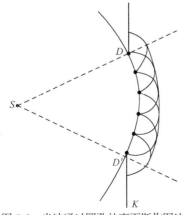

图 5.2 光波通过圆孔的惠更斯作图法

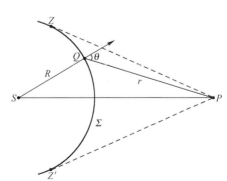

图 5.3 单色点光源 S 对空间任意点 P 的光作用

$$\tilde{E}(P) = \frac{CA\exp(\mathrm{i}kR)}{R} \iint\limits_{\Sigma} \frac{\exp(\mathrm{i}kr)}{r}K(\theta)\mathrm{d}\sigma \qquad (5.2)$$

或者写为

$$\tilde{E}(P) = C\tilde{E}_Q \iint\limits_{\Sigma} \frac{\exp(\mathrm{i}kr)}{r}K(\theta)\mathrm{d}\sigma \qquad (5.3)$$

式中, $\tilde{E}_Q = \dfrac{A}{R}\exp(\mathrm{i}kR)$。

式(5.2)和式(5.3)就是惠更斯–菲涅耳原理的菲涅耳表达式[1]。利用它们原则上可以计算任意形状的孔径或屏障的衍射问题。例如,在单色点光源 S 和 P 点之间放置一个开有任意形状孔径的光屏,则孔径处的波面一部分受到光屏的阻挡对 P 点不发生作用,而只有在孔径范围内的波面 Σ 对 P 点起作用。这部分波面的各面元发出的子波在 P 点的干涉将决定 P 点的振幅和光强度[2],换言之,只要对波面 Σ 完成积分[式(5.2)或式(5.3)],便可求得 P 点的振幅和光强度。但是,这一积分在一般情况下计算起来是很困难的,只有在某些简单的情形下才能精确地求解。

实际上,式(5.3)的积分面可以选取波面,也可以选取 S 和 P 之间的任何一个曲面或平面,这时曲面或平面上各点的振幅和位相是不同的。设所选取的曲面或平面上各点的复振幅分布为 $\tilde{E}(Q)$,则这一曲面或平面上的各点发出的子波在 P 点产生的复振幅就可以表示为

$$\tilde{E}(P) = C\iint\limits_{\Sigma} \tilde{E}(Q)\frac{\exp(\mathrm{i}kr)}{r}K(\theta)\mathrm{d}\sigma \qquad (5.4)$$

上式可以看做惠更斯–菲涅耳原理的推广。

*5.2　基尔霍夫衍射理论

利用式(5.3)或式(5.4)对一些简单形状孔径的衍射现象进行计算,虽然计算出的衍射光强分布与实际结果符合得很好,但是菲涅耳衍射理论本身仍然是不严格的。例如,倾斜因子 $K(\theta)$ 的引入就显得很勉强,缺乏理论依据。基尔霍夫弥补了菲涅耳理论的不足,他从微分波动方程出发,利用场论中的格林(G. Green, 1793—1841)定理,给惠更斯–菲涅耳原理找到了较完善的数学表达式,得到了菲涅耳理论中没有确定的那个倾斜因子的具体形式。基尔霍夫衍射理论只适用于标量波的衍射,故又称**标量衍射理论**。它可用于处理光学工程中遇到的大多数衍射问题。

5.2.1　亥姆霍兹–基尔霍夫积分定理

假定有一单色光波通过闭合曲面 Σ' 传播(图5.4)。我们知道,光波电磁场的任一直角分量的复振幅 $\tilde{E}$ 满足亥姆霍兹方程[式(1.143)]

$$\nabla^2 \tilde{E} + k^2 \tilde{E} = 0 \qquad (5.5)$$

如果不考虑电磁场其他分量的影响,孤立地把 $\tilde{E}$ 看成一个标量场,并用曲面上的 $\tilde{E}$ 和 $\dfrac{\partial \tilde{E}}{\partial n}$ 值表示曲面内任一点的 $\tilde{E}$,这种理论就是标量衍射理论。

利用场论中的格林定理可以把 $\tilde{E}$ 与曲面上的值联系起来。假定 $\tilde{E}$ 和另一个位置坐标的任意复

---

① 在下一节里将给出基尔霍夫定理的表达式。

② 由此可见,衍射问题实质上还是一个干涉问题。只是与前两章讨论的两个或多个相干光束的干涉有别,它所处理的是波面上无数个子波源发出的子波的干涉。

函数 $\tilde{G}$ 在闭合曲面 $\varSigma'$ 上和 $\varSigma'$ 内都有连续的一阶和二阶偏微商,则由格林定理(习题 5.3),有

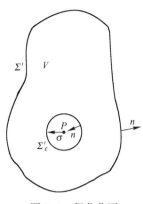

$$\iiint_V (\tilde{G} \nabla^2 \tilde{E} - \tilde{E} \nabla^2 \tilde{G}) \mathrm{d}v = \iint_{\varSigma'} \left(\tilde{G} \frac{\partial \tilde{E}}{\partial n} - \tilde{E} \frac{\partial \tilde{G}}{\partial n}\right) \mathrm{d}\sigma \qquad (5.6)$$

式中,V 是闭合曲面 $\varSigma'$ 所包围的体积,$\dfrac{\partial}{\partial n}$ 表示在 $\varSigma'$ 上每一点沿外法线方向的偏微商。如果 $\tilde{G}$ 也满足亥姆霍兹方程,即

$$\nabla^2 \tilde{G} + k^2 \tilde{G} = 0 \qquad (5.7)$$

图 5.4 积分曲面

则由式(5.5)和式(5.7)可知,式(5.6)左边的被积函数在 V 内处处为零,因而

$$\iint_{\varSigma'} \left(\tilde{G} \frac{\partial \tilde{E}}{\partial n} - \tilde{E} \frac{\partial \tilde{G}}{\partial n}\right) \mathrm{d}\sigma = 0 \qquad (5.8)$$

根据 $\tilde{G}$ 所满足的条件,选取 $\tilde{G}$ 为球面波的波函数①:

$$\tilde{G} = \frac{\exp(\mathrm{i}kr)}{r} \qquad (5.9)$$

其中,r 表示 $\varSigma'$ 内考察点 P 与任一点 Q 之间的距离。但是这一函数在 $r = 0$ 时有一奇异点(不连续),不满足格林定理成立的条件,故必须从积分域中将 P 点除去。为此,以 P 点为圆心作一半径为 ε 的小球,并取积分域为复合曲面 $\varSigma' + \varSigma'_\varepsilon$(见图 5.4)。这样,式(5.8)可改写为

$$\iint_{\varSigma' + \varSigma'_\varepsilon} \left(\tilde{G} \frac{\partial \tilde{E}}{\partial n} - \tilde{E} \frac{\partial \tilde{G}}{\partial n}\right) \mathrm{d}\sigma = 0$$

或者

$$\iint_{\varSigma'} \left(\tilde{G} \frac{\partial \tilde{E}}{\partial n} - \tilde{E} \frac{\partial \tilde{G}}{\partial n}\right) \mathrm{d}\sigma = -\iint_{\varSigma'_\varepsilon} \left(\tilde{G} \frac{\partial \tilde{E}}{\partial n} - \tilde{E} \frac{\partial \tilde{G}}{\partial n}\right) \mathrm{d}\sigma \qquad (5.10)$$

由式(5.9)

$$\frac{\partial \tilde{G}}{\partial n} = \frac{\partial}{\partial n}\left(\frac{\exp(\mathrm{i}kr)}{r}\right) = \cos(\boldsymbol{n}, \boldsymbol{r})\left(\mathrm{i}k - \frac{1}{r}\right)\frac{\exp(\mathrm{i}kr)}{r} \qquad (5.11)$$

式中,$\cos(\boldsymbol{n}, \boldsymbol{r})$ 代表积分面外法线 $\boldsymbol{n}$ 与从 P 到积分面上 Q 的矢量 $\boldsymbol{r}$ 之间夹角的余弦。对于 $\varSigma'_\varepsilon$ 上的 Q 点,$\cos(\boldsymbol{n}, \boldsymbol{r}) = -1$,$\tilde{G} = \dfrac{\exp(\mathrm{i}k\varepsilon)}{\varepsilon}$,故

$$\frac{\partial \tilde{G}}{\partial n} = \frac{\partial}{\partial n}\left(\frac{\exp(\mathrm{i}k\varepsilon)}{\varepsilon}\right) = \frac{\exp(\mathrm{i}k\varepsilon)}{\varepsilon}\left(\frac{1}{\varepsilon} - \mathrm{i}k\right) \qquad (5.12)$$

设 ε 为无穷小量,并且由于已假定函数 $\tilde{E}$ 及其偏微商在 P 点连续,因此可得到

$$\iint_{\varSigma'_\varepsilon} \left(\tilde{G} \frac{\partial \tilde{E}}{\partial n} - \tilde{E} \frac{\partial \tilde{G}}{\partial n}\right) \mathrm{d}\sigma = 4\pi\varepsilon^2 \left[\frac{\partial \tilde{E}(P)}{\partial n}\frac{\exp(\mathrm{i}k\varepsilon)}{\varepsilon} - \tilde{E}(P)\frac{\exp(\mathrm{i}k\varepsilon)}{\varepsilon}\left(\frac{1}{\varepsilon} - \mathrm{i}k\right)\right]_{\varepsilon \to 0}$$

$$= -4\pi \tilde{E}(P)$$

则式(5.10)变为

$$\iint_{\varSigma'} \left(\tilde{G} \frac{\partial \tilde{E}}{\partial n} - \tilde{E} \frac{\partial \tilde{G}}{\partial n}\right) \mathrm{d}\sigma = 4\pi \tilde{E}(P)$$

或者写为

$$\tilde{E}(P) = \frac{1}{4\pi}\iint_{\varSigma'}\left\{\frac{\partial \tilde{E}}{\partial n}\left[\frac{\exp(\mathrm{i}kr)}{r}\right] - \tilde{E}\frac{\partial}{\partial n}\left[\frac{\exp(\mathrm{i}kr)}{r}\right]\right\}\mathrm{d}\sigma \qquad (5.13)$$

———————————

① 这种选择不是唯一的,也可以选择别的函数,见习题 5.4。

这一结果叫做**亥姆霍兹-基尔霍夫积分定理**。它的意义在于把闭合曲面 Σ' 内任一点 P 的电磁场值 $\tilde{E}(P)$ 用曲面上的场值 $\tilde{E}$ 及 $\frac{\partial \tilde{E}}{\partial n}$ 表示出来,因而它也可以看做惠更斯-菲涅耳原理的一种数学表示。

事实上,在上式的被积函数中,因子 $\frac{\exp(ikr)}{r}$ 可视为由闭合曲面 Σ' 上的 Q 点向 Σ' 内空间的 P 点传播的波,波源的强弱由 Q 点的 $\tilde{E}$ 和 $\frac{\partial \tilde{E}}{\partial n}$ 值确定。因此,Σ' 上每一点可以看做一个次级光源,发射出子波,而 Σ' 内空间各点的场值取决于这些子波的叠加。

5.2.2 菲涅耳-基尔霍夫衍射公式

尽管亥姆霍兹-基尔霍夫积分定理表达了惠更斯-菲涅耳原理的基本概念,但是它对于曲面上各点发射出的子波所做的解释比菲涅耳所做的假定要复杂得多,不好理解。下面我们来证明,在某些近似条件下,上述定理可以化为一种与菲涅耳表达式基本相同的形式。

考察单色点光源 S 发出的球面波照明无限大不透明屏上孔径 Σ_a 的情况(图 5.5),我们来计算孔径右边空间(衍射场)P 点的场值。假定孔径的线度比波长大,但比孔径到 S 和到 P 的距离小得多。为应用亥姆霍兹-基尔霍夫积分定理决定 P 点的场值,选取一包围 P 点的闭合曲面,它由三部分面积组成:(1)孔径 Σ_a,(2)不透明屏部分右侧面积 Σ_1,(3)以 P 为中心、R 为半径的大球的部分球面 Σ_2(见图 5.5)。这样,式(5.13)中的积分域 Σ' 便包括这三部分面积,即

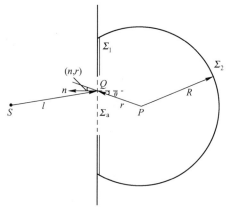

图 5.5　球面波在孔径 Σ 上的衍射

$$\tilde{E}(P) = \frac{1}{4\pi} \iint\limits_{\Sigma_a + \Sigma_1 + \Sigma_2} \left\{ \frac{\partial \tilde{E}}{\partial n}\left[\frac{\exp(ikr)}{r}\right] - \tilde{E}\frac{\partial}{\partial n}\left[\frac{\exp(ikr)}{r}\right] \right\} d\sigma \qquad (5.14)$$

现在的问题是,如何确定在这三个面上的 $\tilde{E}$ 和 $\frac{\partial \tilde{E}}{\partial n}$ 值。对于 Σ_a 和 Σ_1,基尔霍夫假定:

(1)在孔径 Σ_a 上,$\tilde{E}$ 和 $\frac{\partial E}{\partial n}$ 的值由入射波决定,与没有不透明屏时完全相同。因此

$$\left. \begin{aligned} \tilde{E} &= \frac{A\exp(ikl)}{l} \\[2mm] \frac{\partial \tilde{E}}{\partial n} &= \cos(\boldsymbol{n},\boldsymbol{l})\left(ik - \frac{1}{l}\right)\frac{\exp(ikl)}{l} \end{aligned} \right\} \qquad (5.15)$$

式中,A 是离点光源 S 单位距离处的振幅,$\cos(\boldsymbol{n},\boldsymbol{l})$ 表示外法线 $\boldsymbol{n}$ 与从 S 到 Σ_a 上的某点 Q 的矢量 $\boldsymbol{l}$ 之间夹角的余弦。

(2)在 Σ_1 上,$\tilde{E} = \frac{\partial \tilde{E}}{\partial n} = 0$。

这两个假定通常称为**基尔霍夫边界条件**。应该指出,这两个假定都是近似的,因为屏的存在必然会干扰 Σ_a 上的场,特别是孔径边缘附近的场。对于 Σ_1,场值也不是处处绝对为零。严格的衍射理论表明,在孔径边缘附近波长量级的范围内,边界条件与基尔霍夫边界条件有显著不同。但是,由于光波的波长很小,通常孔径的线度又比波长大得多,所以使用基尔霍夫边界条件进行计算,带

来的误差不会很大。

对于 Σ_2，需要做如下的分析：在 Σ_2 上，$r=R$，并且［注意 $\cos(\boldsymbol{n},\boldsymbol{R})=1$］

$$\frac{\partial}{\partial n}\left[\frac{\exp(\mathrm{i}kR)}{R}\right]=\left(\mathrm{i}k-\frac{1}{R}\right)\frac{\exp(\mathrm{i}kR)}{R}\approx\mathrm{i}k\frac{\exp(\mathrm{i}kR)}{R}$$

因此，式(5.14)中对 Σ_2 的积分

$$\frac{1}{4\pi}\iint_{\Sigma_2}\left\{\frac{\partial\tilde{E}}{\partial n}\left[\frac{\exp(\mathrm{i}kR)}{R}\right]-\tilde{E}\,\frac{\partial}{\partial n}\left[\frac{\exp(\mathrm{i}kR)}{R}\right]\right\}\mathrm{d}\sigma$$

$$=\frac{1}{4\pi}\iint_{\Sigma_2}\left\{\frac{\partial\tilde{E}}{\partial n}\left[\frac{\exp(\mathrm{i}kR)}{R}\right]-\mathrm{i}k\tilde{E}\left[\frac{\exp(\mathrm{i}kR)}{R}\right]\right\}\mathrm{d}\sigma$$

$$=\frac{1}{4\pi}\int_{\Omega}\left[\frac{\exp(\mathrm{i}kR)}{R}\right]\left(\frac{\partial\tilde{E}}{\partial n}-\mathrm{i}k\tilde{E}\right)R^2\mathrm{d}\omega \tag{5.16}$$

式中，Ω 是 Σ_2 对 P 点所张的立体角，$\mathrm{d}\omega$ 是元立体角。索末菲(A. Sommerfeld)指出，在辐射场中

$$\lim_{R\to\infty}\left(\frac{\partial\tilde{E}}{\partial n}-\mathrm{i}k\tilde{E}\right)R=0 \tag{5.17}$$

上式称为索末菲辐射条件[①]；而当 $R\to\infty$ 时，$\left[\dfrac{\exp(\mathrm{i}kR)}{R}\right]R$ 是有界的，故式(5.16)在 $R\to\infty$ 时为零。这样，只要选取球面的半径足够大，就可以不考虑 Σ_2 对 P 点的贡献。

通过以上对三个面的讨论，可知式(5.14)中只需考虑对孔径 Σ_a 的积分，即

$$\tilde{E}(P)=\frac{1}{4\pi}\iint_{\Sigma_a}\left\{\frac{\partial\tilde{E}}{\partial n}\left[\frac{\exp(\mathrm{i}kr)}{r}\right]-\tilde{E}\,\frac{\partial}{\partial n}\left[\frac{\exp(\mathrm{i}kr)}{r}\right]\right\}\mathrm{d}\sigma \tag{5.18}$$

把式(5.11)和式(5.15)代入上式，并略去法线微商中的 $\dfrac{1}{r}$ 和 $\dfrac{1}{l}$（它们比 k 要小得多），得到

$$\tilde{E}(P)=\frac{A}{\mathrm{i}\lambda}\iint_{\Sigma_a}\frac{\exp(\mathrm{i}kl)}{l}\frac{\exp(\mathrm{i}kr)}{r}\left[\frac{\cos(\boldsymbol{n},\boldsymbol{r})-\cos(\boldsymbol{n},\boldsymbol{l})}{2}\right]\mathrm{d}\sigma \tag{5.19}$$

此式称为**菲涅耳-基尔霍夫衍射公式**。它是基尔霍夫衍射定理的一种近似形式。在形式上，它已大大简化，并且和菲涅耳对惠更斯-菲涅耳原理的数学表述［式(5.4)］基本相同。事实上，若令

$$C=\frac{1}{\mathrm{i}\lambda},\quad\tilde{E}(\theta)=\frac{A\exp(\mathrm{i}kl)}{l},\quad K(\theta)=\frac{\cos(\boldsymbol{n},\boldsymbol{r})-\cos(\boldsymbol{n},\boldsymbol{l})}{2}$$

式(5.19)就是式(5.4)。因此，式(5.19)也可以按照惠更斯-菲涅耳原理的基本思想给予解释：P 点的场是由孔径 Σ_a 上无穷多个虚设的子波源产生的，子波源的复振幅与入射波在该点的复振幅 $\tilde{E}(Q)$ 和倾斜因子 $K(\theta)$ 成正比，与波长 λ 成反比；并且因子 $\dfrac{1}{\mathrm{i}}\left[=\exp\left(-\mathrm{i}\dfrac{\pi}{2}\right)\right]$ 表明，子波源的振动位相超前于入射波 $90°$。菲涅耳-基尔霍夫公式给出了倾斜因子的具体形式：

$$K(\theta)=\frac{1}{2}\left[\cos(\boldsymbol{n},\boldsymbol{r})-\cos(\boldsymbol{n},\boldsymbol{l})\right]$$

它表示子波的振幅在各个方向上是不同的，其值在 0 与 1 之间。如果点光源 S 离开孔径足够远，使入射光可以看成垂直入射到孔径的平面波，那么对于孔径上各点都有 $\cos(\boldsymbol{n},\boldsymbol{l})=-1,\cos(\boldsymbol{n},\boldsymbol{r})=$

---

① 它的证明留做习题，见习题5.5。

$\cos\theta$(见图 5.5),因而

$$K(\theta) = \frac{1 + \cos\theta}{2}$$

当 $\theta = 0$ 时,$K(\theta) = 1$,有最大值;而当 $\theta = \pi$ 时,$K(\theta) = 0$。这一结论说明菲涅耳关于子波的假设 $K(\pi/2) = 0$ 是不正确的。

5.2.3 巴俾涅原理

由基尔霍夫衍射理论,还可以得出关于互补屏衍射的一个有用的原理。所谓互补屏,是指这样两个衍射屏,其中一个的通光部分正好对应另一个的不透明部分,反之亦然。例如,图 5.6 就是两个互补屏,图(a)表示一个开有圆孔的无穷大不透明屏,图(b)表示一个大小与圆孔相同的不透明圆屏。

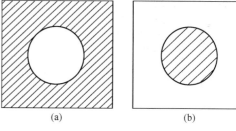

图 5.6　两个互补屏

设 $\tilde{E}_1(P)$ 和 $\tilde{E}_2(P)$ 分别表示两个互补屏单独放在光源和考察点 P 之间时 P 点的复振幅,$\tilde{E}(P)$ 表示两个屏都不存在时 P 点的复振幅。那么,按照式(5.19),$\tilde{E}_1(P)$ 和 $\tilde{E}_2(P)$ 可分别表示为对两个互补屏各自通光部分的积分,而两个屏的通光部分合起来正好和不存在屏时一样,故有

$$\tilde{E}(P) = \tilde{E}_1(P) + \tilde{E}_2(P) \tag{5.20}$$

此式表示两个互补屏单独产生的衍射场的复振幅之和等于没有屏时的复振幅。这一结果称为**巴俾涅原理**。

由巴俾涅原理,如 $\tilde{E}(P) = 0$,则有 $\tilde{E}_1(P) = -\tilde{E}_2(P)$。这表示在 $\tilde{E}(P) = 0$ 的那些点,$\tilde{E}_1(P)$ 和 $\tilde{E}_2(P)$ 的位相相差 π,光强度 $I_1 = |\tilde{E}_1(P)|^2$ 和 $I_2 = |\tilde{E}_2(P)|^2$ 相等,也就是在 $\tilde{E}(P) = 0$ 的那些点,两个互补屏单独产生的光强度相等。

5.3　菲涅耳衍射和夫琅禾费衍射

前面已经指出,光的衍射可以分为菲涅耳衍射和夫琅禾费衍射两类进行研究。本节首先从实验上看一下两类衍射现象的一些特点,然后讨论如何利用衍射公式(5.19)计算这两类衍射问题。

5.3.1　两类衍射现象的特点

考察单色平面光波垂直照明(对应无穷远处点光源)不透明屏上的圆孔发生的衍射现象,实验示意图如图 5.7 所示。实验表明,在圆孔后不同距离上的三个区域内(图 5.7 中以 A,B,C 表示),在观察屏上看到的光波通过圆孔的光强分布,即衍射图样是很不相同的。对于在靠近圆孔的 A 区内的观察屏,看到的是边缘清晰,形状和大小与圆孔基本相同的圆形光斑。它可以看成是圆孔的投影,即光的传播可看成是沿直线进行的,衍射现象不明显。当观察屏向后移动,进入 B

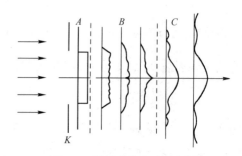

图 5.7　衍射现象实验示意图

区时,我们看到光斑略为变大,边缘逐渐模糊,并且光斑内出现亮暗相间的圆形条纹,衍射现象此时已明显起来。在 B 区内,若观察屏继续后移,光斑将不断扩大,且光斑内圆形条纹数减少,光斑中心有亮暗交替的变化。这表明,在 B 区内随着距离的变化,衍射光强分布的大小范围和形式都发生了变化。在 B 区内发生的衍射即为菲涅耳衍射,上述特点是菲涅耳衍射的基本特征。C 区是距离圆孔很远的区域,观察屏在 C 区内移动时,屏上衍射图样只有大小变化而形式不改变。此时的衍射属于夫琅禾费衍射。

通常,B 区和 C 区分别称为衍射**近场区**和**远场区**,它们距离衍射屏有多远,还要取决于圆孔的大小和入射光的波长。对一定波长的光来说,圆孔越大,相应的距离也越远。例如,对于光波波长为 600nm 和圆孔直径为 2cm 的情形,B 区的起点距离要大于 25cm,而 C 区距离要远大于 160m(参见例题 5.1)。由于 C 区距离远大于衍射圆孔的直径,所以通常我们把夫琅禾费衍射看成是在无穷远处发生的衍射。

5.3.2 两类衍射的近似计算公式

应用式(5.19)来计算衍射问题,由于被积函数的形式比较复杂,即使对于很简单的衍射问题也不易以解析形式求出积分。但是在实际问题中,存在着允许我们对被积函数进行近似处理的条件。下面我们来讨论这个问题,并导出两类衍射的近似计算公式。

1. 傍轴近似

考察无穷大的不透明屏上的孔径 Σ_a 对垂直入射的单色平面波的衍射(图 5.8)。在通常情况下,衍射孔径的线度比观察屏到孔径的距离要小得多,在观察屏上的考察范围也比观察屏到孔径的距离小得多。据此,可做如下两点近似(傍轴近似):

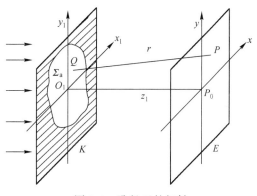

图 5.8　孔径 Σ 的衍射

(1) 取 $\cos(\boldsymbol{n}, \boldsymbol{r}) = \cos\theta \approx 1$,因此倾斜因子

$$K(\theta) = \frac{1 + \cos\theta}{2} \approx 1$$

即近似地把倾斜因子看成常量,不考虑它的影响。

(2) 由于在孔径范围内,任意点 Q 到观察屏上考察点 P 的距离 r 的变化不大,并且在式(5.19)的分母中,r 的变化只影响孔径范围内各子波源发出的球面子波在 P 点的振幅,这种影响是微不足道的,因此可取

$$\frac{1}{r} \approx \frac{1}{z_1}$$

式中,z_1 是观察屏和衍射屏之间的距离。但是,应该注意,对于式(5.19)复指数中的 r,它所影响的是子波的位相,r 每变化光波波长的 $1/2$,位相 kr 就要变化 π,这对于 P 点的子波干涉效应将产生显著影响,所以它不可取为 z_1。

取以上两点近似后,式(5.19)可以写为

$$\tilde{E}(P) = \frac{1}{\mathrm{i}\lambda z_1} \iint\limits_{\Sigma_a} \tilde{E}(Q) \exp(\mathrm{i}kr) \mathrm{d}\sigma \tag{5.21}$$

式中,$\tilde{E}(Q) = \dfrac{A\exp(\mathrm{i}kl)}{l}$,为孔径 Σ_a 内各点的复振幅分布。

2. 菲涅耳近似

式(5.21)被积函数中的 r 虽不可取为 z_1,但对于具体的衍射问题还可以做更精确的近似。为

此,在孔径平面和观察平面分别取直角坐标系(x_1, y_1)和(x, y)(它们的坐标轴互相平行,见图5.8),因而r可以写成

$$r = \sqrt{z_1^2 + (x - x_1)^2 + (y - y_1)^2} = z_1 \left[1 + \left(\frac{x - x_1}{z_1} \right)^2 + \left(\frac{y - y_1}{z_1} \right)^2 \right]^{1/2}$$

式中,(x_1, y_1)和(x, y)分别是孔径上任一点Q和观察屏上考察点P的坐标值。对上式做二项式展开,得到

$$r = z_1 \left\{ 1 + \frac{1}{2} \left[\frac{(x - x_1)^2 + (y - y_1)^2}{z_1^2} \right] - \frac{1}{8} \left[\frac{(x - x_1)^2 + (y - y_1)^2}{z_1^2} \right]^2 + \cdots \right\} \tag{5.22}$$

如果取这一级数的头若干项来近似地表示r,那么近似的精度将不仅取决于项数的多少,还取决于孔径、观察屏上的考察范围和距离z_1的相对大小。显然,z_1越大,就可以用越少的项数来达到足够的近似精度。当z_1大到使得第3项以后各项对位相kr的作用远小于π时,第3项以后各项便可忽略①,因而可只取头两项来表示r,即

$$r = z_1 \left\{ 1 + \frac{1}{2} \left[\frac{(x - x_1)^2 + (y - y_1)^2}{z_1^2} \right] \right\}$$

$$= z_1 + \frac{x^2 + y^2}{2z_1} - \frac{xx_1 + yy_1}{z_1} + \frac{x_1^2 + y_1^2}{2z_1} \tag{5.23a}$$

这一近似称为**菲涅耳近似**。观察屏置于这一近似成立的区域(菲涅耳区)内所观察到的衍射现象就是菲涅耳衍射。

这样,在菲涅耳近似下,球面波位相因子$\exp(\mathrm{i}kr)$取如下形式:

$$\exp(\mathrm{i}kr) \approx \exp \left\{ \mathrm{i}kz_1 + \frac{\mathrm{i}k}{2z_1} [(x - x_1)^2 + (y - y_1)^2] \right\} \tag{5.23b}$$

把这一结果代入式(5.21),即可得到菲涅耳衍射的计算公式:

$$\tilde{E}(x, y) = \frac{\exp(\mathrm{i}kz_1)}{\mathrm{i}\lambda z_1} \iint_{\Sigma_a} \tilde{E}(x_1, y_1) \exp \left\{ \frac{\mathrm{i}k}{2z_1} [(x - x_1)^2 + (y - y_1)^2] \right\} \mathrm{d}x_1 \mathrm{d}y_1 \tag{5.24a}$$

式中已把$\mathrm{d}\sigma$写为$\mathrm{d}x_1 \mathrm{d}y_1$。上式积分域是孔径$\Sigma_a$,由于在$\Sigma_a$之外复振幅$\tilde{E}(x_1, y_1) = 0$,所以上式也可写成对整个$x_1 y_1$平面的积分:

$$\tilde{E}(x, y) = \frac{\exp(\mathrm{i}kz_1)}{\mathrm{i}\lambda z_1} \iint_{-\infty}^{\infty} \tilde{E}(x_1, y_1) \exp \left\{ \frac{\mathrm{i}k}{2z_1} [(x - x_1)^2 + (y - y_1)^2] \right\} \mathrm{d}x_1 \mathrm{d}y_1 \tag{5.24b}$$

3. 夫琅禾费近似

如果将观察屏移到离衍射孔径更远的地方,则在菲涅耳近似的基础上还可以做进一步的处理。我们注意到,在式(5.23a)中,第2项和第4项分别取决于观察屏上的考察范围和孔径线度相对于z_1的大小;当z_1很大而使得第4项对位相的贡献远小于π,即

$$k \frac{(x_1^2 + y_1^2)_{\max}}{2z_1} \ll \pi \tag{5.25}$$

时,第4项便可以略去。第2项也是一个比z_1小得多的量,但它比第4项大很多。这是因为随着z_1的增大,衍射光波的范围将不断扩大,相应的考察范围也随着增大。因此,在满足式(5.25)的条件下,式(5.23a)可以进一步写为

---

① 每当位相改变π时,指数函数反号,这种变化是不可忽略的。

$$r \approx z_1 + \frac{x^2 + y^2}{2z_1} - \frac{xx_1 + yy_1}{z_1} \qquad . \qquad (5.26)$$

这一近似称为**夫琅禾费近似**。在这一近似成立的区域(夫琅禾费区)内观察到的衍射现象就是夫琅禾费衍射。

把式(5.26)代入式(5.21),得到夫琅禾费衍射的计算公式:

$$\tilde{E}(x,y) = \frac{\exp(\mathrm{i}kz_1)}{\mathrm{i}\lambda z_1}\exp\left[\frac{\mathrm{i}k}{2z_1}(x^2+y^2)\right]\iint\limits_{\Sigma}\tilde{E}(x_1,y_1)\exp\left[-\frac{\mathrm{i}k}{z_1}(xx_1+yy_1)\right]\mathrm{d}x_1\mathrm{d}y_1 \qquad (5.27a)$$

或
$$\tilde{E}(x,y) = \frac{\exp(\mathrm{i}kz_1)}{\mathrm{i}\lambda z_1}\exp\left[\frac{\mathrm{i}k}{2z_1}(x^2+y^2)\right]\iint\limits_{-\infty}^{\infty}\tilde{E}(x_1,y_1)\exp\left[-\mathrm{i}2\pi\left(\frac{x}{\lambda z_1}x_1+\frac{y}{\lambda z_1}y_1\right)\right]\mathrm{d}x_1\mathrm{d}y_1$$

$$(5.27b)$$

上式积分号内复指数函数的位相因子是坐标 x_1,y_1 的线性函数,而式(5.24b)中复指数函数的位相因子是坐标 x_1,y_1 的二次函数,这是通常夫琅禾费衍射比菲涅耳衍射计算相对简单的根本原因。另外,顺便指出,按照上述划分衍射区域的方法,菲涅耳衍射区应包含夫琅禾费衍射区,但是习惯上我们所指的菲涅耳衍射只是在近场区(B 区)发生的衍射,不包括夫琅禾费衍射。

[**例题 5.1**] 不透明屏上圆孔的直径为 2cm,受波长为 600nm 的平行光垂直照明,试估算菲涅耳衍射区和夫琅禾费衍射区起点到圆孔的距离。

解:为满足菲涅耳近似的成立条件,要求

$$\frac{k}{8}\frac{\left[(x-x_1)^2+(y-y_1)^2\right]_{\max}^2}{z_1^3} \ll \pi$$

或者

$$z_1^3 \gg \frac{1}{4\lambda}\left[(x-x_1)^2+(y-y_1)^2\right]_{\max}^2$$

由于菲涅耳衍射光斑只略有扩大,如果取 $\left[(x-x_1)^2+(y-y_1)^2\right]$ 的最大值为 $2\mathrm{cm}^2$,则要求

$$z_1^3 \gg \frac{4}{4\times6\times10^{-5}} \approx 16000\mathrm{cm}^3$$

即 $z_1 \gg 25\mathrm{cm}$。

对于夫琅禾费衍射,需满足式(5.25):

$$k\frac{(x_1^2+y_1^2)_{\max}}{2z_1} \ll \pi$$

把 $(x_1^2+y_1^2)_{\max}$ 取为 $1\mathrm{cm}^2$,z_1 必须满足

$$z_1 \gg \frac{(x_1^2+y_1^2)}{\lambda} \approx 160\mathrm{m}$$

5.4 矩孔和单缝的夫琅禾费衍射

从这一节开始,我们用几节的篇幅讨论夫琅禾费衍射。夫琅禾费衍射的计算相对简单,特别是对于简单形状孔径的衍射,通常能够以解析形式求出积分。夫琅禾费衍射又是光学仪器中最常见的衍射现象,所以这几节的讨论是很有实用意义的。

5.4.1 夫琅禾费衍射装置

我们已经知道,观察夫琅禾费衍射需要把观察屏放置在离衍射孔径很远的地方,其垂直距离要满足式(5.25)。例题 5.1 告诉我们,对于光波波长为 600nm 和孔径宽度为 2cm 的夫琅禾费衍射,

z_1 必须远大于 160m,取 10 倍就是 1600m。这一条件在实验室中一般很难实现,所以只好使用透镜来缩短距离。透镜的作用可以用图 5.9 来说明。在图 5.9(a)中,P' 是远离衍射孔径 Σ_a 的观察屏上的任一点,由于 P' 点很远,所以在 P' 点的光振动可以认为是 Σ_a 面上各点向同一方向(θ 方向)发出的光振动。如果在孔径后紧靠孔径处放置一个焦距为 f 的透镜(图 5.9(b))[①],则由透镜的性质,对应于 θ 方向的光波将通过透镜会聚于焦面上的一点 P。所以,图 5.9(b)中的 P 点与图 5.9(a)中的 P' 点对应,在焦面上观察到的衍射图样与没有透镜时在远场观察到的衍射图样相似,只是大小比例缩小为 f/z_1。这对于我们只关心衍射图样的相对光强度分布来说,并无任何影响。

根据以上讨论,夫琅禾费衍射实验装置通常采用图 5.9(c)所示的系统:单色点光源 S 发出的光波经透镜 L_1 准直后垂直投射到孔径 Σ_a 上,孔径 Σ_a 的夫琅禾费衍射在透镜 L_2 的后焦面上观察。

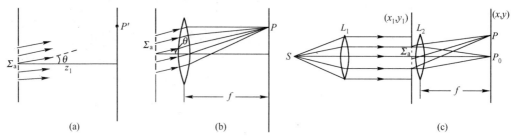

图 5.9　夫琅禾费衍射装置

5.4.2　夫琅禾费衍射公式的意义

把夫琅禾费衍射装置的光路画在图 5.10 中,其中分别在孔径平面和透镜焦平面上建立坐标系 $x_1O_1y_1$ 和 xP_0y,两坐标系的原点 O_1 和 P_0 在透镜光轴上。为了把光路看得清楚,图中把透镜和孔径的距离画得夸大了一些,按照假设透镜应该紧靠孔径。

按照夫琅禾费衍射的计算公式(5.27a),在透镜后焦面上某一观察点 P(坐标值为 x,y)的复振幅为[式(5.27a)中的 z_1 应换成 f]

$$\tilde{E}(x,y) = \frac{C}{f} \exp\left[ik\left(f + \frac{x^2 + y^2}{2f}\right)\right] \iint_{\Sigma_a} \tilde{E}(x_1,y_1) \exp\left[-i\frac{k}{f}(xx_1 + yy_1)\right] dx_1 dy_1 \tag{5.28a}$$

式中
$$C = \frac{1}{i\lambda}$$

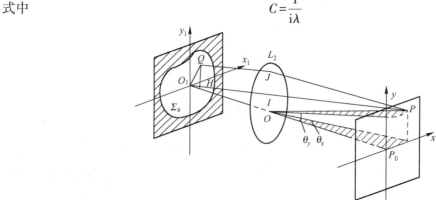

图 5.10　夫琅禾费衍射光路

[①]　实际上观察夫琅禾费衍射不要求透镜紧靠孔径,这里的假设只是为了下面讨论问题的方便。在 6.4 节里,我们将讨论透镜离开孔径时会产生什么影响。

$\tilde{E}(x_1, y_1)$ 是 $x_1 O_1 y_1$ 面上孔径范围内的复振幅分布,由于假定孔径受平面波垂直照明,$\tilde{E}(x_1, y_1)$ 应为常数,设为 1。这样,式(5.28a)又可写为

$$\tilde{E}(x,y) = \frac{C}{f} \exp\left[ik\left(f + \frac{x^2 + y^2}{2f}\right)\right] \iint_{\Sigma_a} \exp\left[-ik\left(\frac{x}{f}x_1 + \frac{y}{f}y_1\right)\right] dx_1 dy_1 \tag{5.28b}$$

下面我们来说明式(5.28)的意义。先看复指数因子 $\exp\left[ik\left(f + \frac{x^2 + y^2}{2f}\right)\right]$,由于在菲涅耳近似下,孔

径面坐标原点 O_1(当透镜紧靠孔径时,O_1 与透镜中心 O 重合)到 P 点的距离 $r \approx f + \frac{x^2 + y^2}{2f}$ [见

式(5.23b)],所以上述因子的位相就是 O_1 处的子波源发出的子波到达 P 点的位相延迟。另一个复指数

因子 $\exp\left[-ik\left(\frac{x}{f}x_1 + \frac{y}{f}y_1\right)\right]$,其辐角实际上是代表孔径内任一点 Q(坐标值为 x_1, y_1)和坐标原点 O_1 发出

的子波到达 P 点的位相差。为了说明这一点,画出由 Q 点和 O_1 点发出的子波到达 P 点的路径,它们分

别为 QJP 和 O_1IP(见图 5.10)。显然,$QJ//O_1I$,且由透镜的性质可知,从 Q 点和从 H 点到 P 点的光程相

等(H 是自 Q 向 O_1I 所引垂线的垂足)。因此 QJP 和 O_1IP 的光程差

$$\mathscr{D} = O_1 H = (O_1IP) - (QJP)$$

(O_1IP) 和 (QJP) 分别表示 O_1、Q 到 P 的光程。当 P 靠近 P_0 时,在傍轴近似下,O_1I 的方向余弦(与

OP 的方向余弦相同)为

$$l = \sin\theta_x = \frac{x}{r} \approx \frac{x}{f}, \quad w = \sin\theta_y = \frac{y}{r} \approx \frac{y}{f}$$

式中,θ_x 和 θ_y 分别是 O_1I 与 x_1 轴和 y_1 轴夹角(方向角)的余角,称为**二维衍射角**。设 $\boldsymbol{q}$ 为 O_1I 方向

的单位矢量,因此上述光程差又可表示为

$$\mathscr{D} = O_1H = \boldsymbol{q} \cdot \overrightarrow{O_1Q} = lx_1 + wy_1 = \frac{x}{f}x_1 + \frac{y}{f}y_1 \tag{5.29}$$

相应的位相差为

$$\delta = k\mathscr{D} = k\left(\frac{x}{f}x_1 + \frac{y}{f}y_1\right) \tag{5.30}$$

可见,式(5.28)正是表示孔径面内各点发出的子波在方向余弦 l 和 w 代表的方向上的叠加,叠加的

结果取决于各点发出的子波和坐标原点 O_1 发出的子波的位相差。由于透镜的作用,l 和 w 代表的

方向上的子波聚焦在透镜焦平面上的 P 点。

夫琅禾费衍射公式(5.28a)还有一个重要的意义,这里先做简要说明,详细的讨论留在下一章

里进行。把式(5.28a)写成如下形式

$$\tilde{E}(x,y) = \frac{C}{f} \exp\left[ik\left(f + \frac{x^2 + y^2}{2f}\right)\right] \iint_{-\infty}^{\infty} \tilde{E}(x_1, y_1) \exp\left[-ik\left(\frac{x}{f}x_1 + \frac{y}{f}y_1\right)\right] dx_1 dy_1 \tag{5.31}$$

同样,这里假设在孔径平面上 Σ_a 之外 $\tilde{E}(x_1, y_1) = 0$。如果令 $u = \frac{x}{\lambda f}, v = \frac{y}{\lambda f}$,式(5.31)又可以写为

$$\tilde{E}(x,y) = \frac{C}{f} \exp\left[ik\left(f + \frac{x^2 + y^2}{2f}\right)\right] \iint_{-\infty}^{\infty} \tilde{E}(x_1, y_1) \exp\left[-i2\pi(ux_1 + vy_1)\right] dx_1 dy_1 \tag{5.32}$$

把上式的积分与式(2.58)对照,可见两者完全类似。它们分别是二维和一维的傅里叶变换式(参见附录

B)。在式(2.58)中,傅里叶变换(频谱)的空间频率为 $1/\lambda$($k = 2\pi/\lambda$),而在式(5.32)中,$u = \frac{x}{\lambda f}$ 和 $v = \frac{y}{\lambda f}$

分别为 x 方向和 y 方向的空间频率。式(5.32)积分号外的因子 $\exp\left[\frac{ik}{2f}(x^2 + y^2)\right]$ 是一个二次位相因子,

与 x,y 有关；另一个因子 $\exp(\mathrm{i}kf)/\mathrm{i}\lambda f$ 与 x,y 无关，在只考虑复振幅的相对分布时可以略去。因此，我们可以说，**除了一个二次位相因子，夫琅禾费衍射的复振幅分布是衍射屏平面上复振幅分布的傅里叶变换**。在计算夫琅禾费衍射的光强度分布时，二次位相因子不起作用(它与自身的复共轭相乘时自动消失)，所以**夫琅禾费衍射的光强度分布可由傅里叶变换式直接求出**。夫琅禾费衍射公式的这一意义，不仅表明可以用傅里叶变换方法来计算夫琅禾费衍射问题，而且表明傅里叶变换的模拟运算可以利用光学方法来实现，在现代光学中十分重要。

5.4.3 夫琅禾费矩孔衍射

在夫琅禾费衍射装置中，若衍射孔径是矩形孔，在透镜 L_2 的后焦面上便可获得矩孔的夫琅禾费衍射图样。图 5.11 所示是一个沿 x_1 方向宽度 a 比沿 y_1 方向宽度 b 小的矩孔的衍射图样。它的主要特征是，衍射亮斑集中分布在互相垂直的两个轴(x 轴和 y 轴)上，并且 x 轴上亮斑的宽度比 y 轴上亮斑的宽度大，这一点与矩孔在两个轴方向上的宽度关系正好相反。下面我们利用夫琅禾费衍射计算公式(5.28b)来计算矩孔衍射图样的光强度分布。

选取矩孔中心作为坐标原点 O_1(图 5.12)，由式(5.28b)，观察平面上 P 点的复振幅为

$$
\begin{aligned}
\tilde{E} &= C'\exp\left[\mathrm{i}k\left(\frac{x^2+y^2}{2f}\right)\right]\int_{-\frac{a}{2}}^{\frac{a}{2}}\int_{-\frac{b}{2}}^{\frac{b}{2}}\exp\left[-\mathrm{i}k(lx_1+wy_1)\right]\mathrm{d}x_1\mathrm{d}y_1 \\
&= C'\exp\left[\mathrm{i}k\left(\frac{x^2+y^2}{2f}\right)\right]\int_{-\frac{a}{2}}^{\frac{a}{2}}\exp(-\mathrm{i}klx_1)\mathrm{d}x_1\int_{-\frac{b}{2}}^{\frac{b}{2}}\exp(-\mathrm{i}kwy_1)\mathrm{d}y_1 \\
&= C'\exp\left[\mathrm{i}k\left(\frac{x^2+y^2}{2f}\right)\right]\left\{-\frac{1}{\mathrm{i}kl}\left[\exp\left(-\mathrm{i}\frac{kla}{2}\right)-\exp\left(\mathrm{i}\frac{kla}{2}\right)\right]\right\}\left\{-\frac{1}{\mathrm{i}kw}\left[\exp\left(-\mathrm{i}\frac{kwb}{2}\right)-\exp\left(\mathrm{i}\frac{kwb}{2}\right)\right]\right\} \\
&= C'ab\frac{\sin\frac{kla}{2}}{\frac{kla}{2}}\frac{\sin\frac{kwb}{2}}{\frac{kwb}{2}}\exp\left[\mathrm{i}k\left(\frac{x^2+y^2}{2f}\right)\right]
\end{aligned}
\tag{5.33}
$$

式中

$$
C'=\frac{C}{f}\exp(\mathrm{i}kf)
$$

对于在透镜光轴上的 P_0 点，$x=y=0$，由式(5.33)，P_0 点的复振幅 $\tilde{E}_0=C'ab$，因此，P 点的复振幅

$$
\tilde{E}=\tilde{E}_0\frac{\sin\frac{kla}{2}}{\frac{kla}{2}}\frac{\sin\frac{kwb}{2}}{\frac{kwb}{2}}\exp\left[\mathrm{i}k\left(\frac{x^2+y^2}{2f}\right)\right]
\tag{5.34}
$$

P 点的光强度

$$
I=\tilde{E}\cdot\tilde{E}^*=I_0\left(\frac{\sin\frac{kla}{2}}{\frac{kla}{2}}\right)^2\left(\frac{\sin\frac{kwb}{2}}{\frac{kwb}{2}}\right)^2
\tag{5.35}
$$

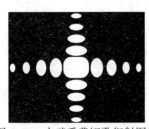

图 5.11　夫琅禾费矩孔衍射图样

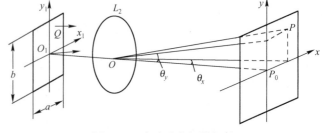

图 5.12　夫琅禾费矩孔衍射

或者简写为
$$I = I_0 \left(\frac{\sin\alpha}{\alpha}\right)^2 \left(\frac{\sin\beta}{\beta}\right)^2 \tag{5.36}$$

式中,I_0 是 P_0 点的光强度,α 和 β 分别为
$$\alpha = kla/2, \quad \beta = kwb/2 \tag{5.37}$$

式(5.35)或式(5.36)就是所求**夫琅禾费矩孔衍射的光强度分布公式**。式中包含两个因子,一个因子依赖于坐标 x 或方向余弦 l,另一个因子依赖于坐标 y 或方向余弦 w,表明所考察的 P 点的光强度与它的两个坐标有关。

现在讨论在 x 轴上的点的光强度分布。这时 $w=0$,因此光强度分布公式(5.36)变为
$$I = I_0 \left(\frac{\sin\alpha}{\alpha}\right)^2 \tag{5.38}$$

根据上式画出的光强度分布曲线如图 5.13 所示。它在 $\alpha=0$ 处(对应于 P_0 点)有主极大值,$I/I_0=1$;而在 $\alpha=\pm\pi,\pm2\pi,\pm3\pi,\cdots$ 处,有极小值 $I=0$。因为 $\alpha=kla/2$,而 $k=2\pi/\lambda$,$l=\sin\theta_x$,所以零光强度点(暗点)满足条件
$$a\sin\theta_x = n\lambda \qquad n = \pm1, \pm2, \cdots \tag{5.39}$$

相邻两个零光强度点之间的距离与宽度 a 成反比。还可以看出,在相邻两个零光强度点之间有一个光强度次级大,这些次级大的位置由下式决定:
$$\frac{\mathrm{d}}{\mathrm{d}\alpha}\left(\frac{\sin\alpha}{\alpha}\right)^2 = 0$$

或
$$\tan\alpha = \alpha \tag{5.40}$$

这一方程可利用图解法求解。如图 5.14 所示,画出曲线 $f_1(\alpha)=\tan\alpha$ 和直线 $f_2(\alpha)=\alpha$,它们的交点对应的 α 值即为方程的根。头几个主极大的 α 值及相应的光强度,见表 5.1。

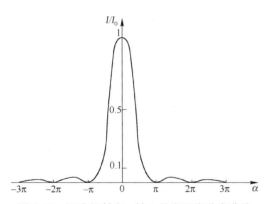

图 5.13　矩孔衍射在 x 轴上的光强度分布曲线

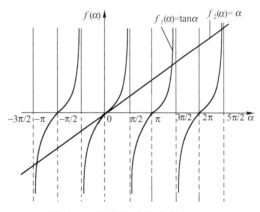

图 5.14　图解法求解方程(5.40)

矩孔衍射在 y 轴上的光强度分布由 $I = I_0 \left(\frac{\sin\beta}{\beta}\right)^2$ 决定,它可利用同样的方法进行讨论。如果矩孔的 a 和 b 不等,那么沿 x 轴和 y 轴相邻暗点的间距不同。若 $b>a$,则沿 y 轴较沿 x 轴的暗点间距为密,如图 5.11 所示。在 x 轴和 y 轴外各点的光强度,要根据它们的坐标按照式(5.36)计算。从上面的分析不难明白,光强度为零的地方是一些和矩孔边平行的直线,亦即平行于 x 轴和 y 轴的直线,如图 5.15 中的虚线所示。在两组正交暗线形成的一个个矩形格子内,各有一个亮斑。图 5.15 表示了一些亮斑的光强度极大点的位置及相对光强度值。可以看出,中央亮斑的光强度最大,其他亮斑的光强度比中央亮斑要小得多,所以绝大部分光能集中在中央亮斑内。中央亮斑可认为是衍射

表 5.1　在 x 轴上头几个主极大的 α 值和光强度

极大序号	α	$\dfrac{I}{I_0} = \left(\dfrac{\sin\alpha}{\alpha}\right)^2$
0	0	1
1	$1.430\pi = 4.493$	0.04718
2	$2.459\pi = 7.725$	0.01694
3	$3.470\pi = 10.90$	0.00834
4	$4.479\pi = 14.07$	0.00503

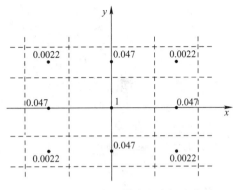

图 5.15　一些亮斑的光强度极大点的
位置及相对光强度值

扩展的主要范围,它的边缘在 x 和 y 轴上分别由条件

$$a\sin\theta_x = \pm\lambda$$

和

$$b\sin\theta_y = \pm\lambda$$

决定。若以坐标表示,则有

$$x_0 = \pm\frac{\lambda}{a}f \qquad y_0 = \pm\frac{\lambda}{b}f \tag{5.41}$$

可见,衍射扩展与矩孔的宽度成反比,而与光波波长成正比。当 λ 远小于孔宽时,衍射扩展趋于零,衍射效应可以忽略,所得结果与几何光学的结果一致。所以,在光学中,几何光学可以看成是波长 $\lambda \to 0$ 的极限情况。

5.4.4　夫琅禾费单缝衍射

如果矩孔一个方向的宽度比另一个方向的宽度大得多,比如 $b \gg a$,矩孔就变成了狭缝。单(狭)缝的夫琅禾费衍射装置如图 5.16(a)所示,由于这一单缝的 $b \gg a$,所以入射光在 y 方向的衍射效应可以忽略,衍射图样只分布在 x 轴上。图 5.16(b)是衍射图样的照片。显然,单缝衍射在 x 轴上的衍射光强度分布公式也是

$$I = I_0\left(\frac{\sin\alpha}{\alpha}\right)^2$$

式中

$$\alpha = \frac{kla}{2} = \frac{ka}{2}\sin\theta$$

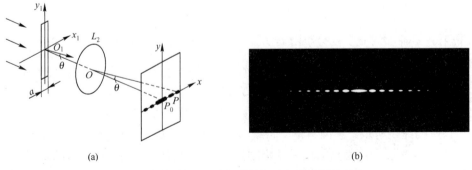

(a)　　　　　　　　　　　　　　　(b)

图 5.16　单缝夫琅禾费衍射装置及衍射图样的照片

θ 是衍射角[①]。式(5.38)中的因子 $\left(\dfrac{\sin\alpha}{\alpha}\right)^2$，在衍射理论中通常称为**单缝衍射因子**。因此，矩孔衍射的相对光强度 I/I_0 是两个单缝衍射因子的乘积。

根据前面对式(5.38)的讨论，可知在单缝衍射图样中，中央亮纹在下式决定的两个暗点范围内：

$$x_0 = \pm\frac{\lambda}{a}f \tag{5.42}$$

这一范围集中了单缝衍射的绝大部分能量。在宽度上，它是其他亮纹宽度的两倍。

在单缝衍射实验中，常常用取向与单缝平行的线光源(实际是一个被光源照亮的狭缝)来代替点光源，如图 5.17(a)所示。这时，在观察平面上将得到一些与单缝平行的直线衍射条纹，它们是线光源上各个不相干点光源产生的图样的总和。图 5.17(b)所示是单缝衍射条纹的照片。

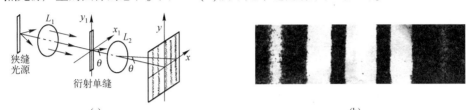

(a)　　　　　　　　　　　　　　　　　(b)

图 5.17　用线光源照明的单缝夫琅禾费衍射装置及衍射条纹的照片

在图 5.16(a)或图 5.17(a)中，如果用一根不透光的细丝(金属丝或纤维丝)来代替单缝，则可获得细丝的夫琅禾费衍射。近年来，细丝衍射有了一些实际的应用，已制成一种激光衍射细丝测径仪来精确测定金属丝或纤维丝的直径。因为直径为 a 的细丝和不透明屏上的宽度为 a 的单缝可看成一对互补屏，所以应用 5.2 节叙述的巴俾涅原理很容易找到细丝衍射图样和单缝衍射图样的关系。设单缝衍射在观察屏上 P 点产生的复振幅为 $\tilde{E}_1(P)$，与之互补的细丝的衍射在同一点产生的复振幅为 $\tilde{E}_2(P)$，则按照巴俾涅原理应有[式(5.20)]

$$\tilde{E}_1(P) + \tilde{E}_2(P) = \tilde{E}(P)$$

式中，$\tilde{E}(P)$ 是单缝衍射屏和细丝都不存在于系统中时 P 点的复振幅。对夫琅禾费衍射，如果考虑到透镜的尺寸很大，可以略去它的衍射作用不计，则显然除轴上的 P_0 点外，其他点的复振幅 $\tilde{E}(P)$ 为零[②]。所以，除 P_0 点外，有

$$\tilde{E}_2(P) = -\tilde{E}_1(P)，I_2(P) = I_1(P)$$

这两个式子表明，在夫琅禾费衍射装置中，除轴上的 P_0 点外，单缝和与之互补的细丝的衍射图样，在复振幅分布上有 π 的位相差，而光强度分布完全相同。上述结论不仅适用于单缝及与之互补的细丝，也适用于夫琅禾费衍射条件下的其他互补屏。

在单缝衍射的讨论中，已经知道衍射条纹的间距(相邻两暗纹之间的距离)

$$e = \Delta x = \frac{\lambda}{a}f$$

因此，直径为 a 的细丝的衍射条纹间距也由上式表示。在实际测量中，只要测量出细丝的衍射条纹间距，便可由上式计算细丝的直径。目前，细丝测径仪已在细丝(比如光纤)生产过程中用做连续的动态监测。

---

①　θ 即 θ_x，单缝衍射是一维衍射，用一个衍射角 θ 表示即可。

②　若光源是线光源，在图 5.17(a)中则应除通过 P_0 点的 y 轴上所有点外，$\tilde{E}(P) = 0$。

[例题 5.2] 波长为 500nm 的平行光垂直照射在宽度为 0.025mm 的单缝上,以焦距为 50cm 的会聚透镜将衍射光聚焦于焦面上进行观察。

(1) 求单缝衍射中央亮纹的角半宽度;

(2) 第 1 亮纹到衍射场中心的距离是多少? 若场中心光强度为 I_0,第 1 亮纹的光强度是多少?

解:(1)由式(5.42),中央亮纹的角半宽度为

$$\theta = \frac{x_0}{f} = \frac{\lambda}{a} = \frac{500 \times 10^{-6}\text{mm}}{0.025\text{mm}} = 0.02\text{rad}$$

(2) 第 1 亮纹最亮点的位置对应于 $\alpha = \pm 1.43\pi$,即

$$\frac{ka}{2}\sin\theta_1 = \pm 1.43\pi$$

故

$$\sin\theta_1 = \frac{\pm 1.43\lambda}{a} = \frac{\pm 1.43 \times 5 \times 10^{-4}\text{mm}}{0.025\text{mm}} = \pm 0.0286$$

或者 $\theta_1 \approx \pm 0.0286\text{rad}$,因此第 1 亮纹到场中心的距离

$$q_1 = \theta_1 f = \pm 0.0286 \times 500\text{mm} = \pm 14.3\text{mm}$$

第 1 亮纹的最大光强度

$$I = I_0\left(\frac{\sin\alpha}{\alpha}\right)^2 = I_0\left(\frac{\sin 1.43\pi}{1.43\pi}\right)^2 = I_0(-0.217)^2 = 0.047I_0$$

[例题 5.3] 边长为 a 和 b 的矩孔的中心有一个边长为 a' 和 b' 的不透明方屏(图 5.18),试导出这种光阑的夫琅禾费衍射光强度公式。

解:边长为 a 和 b 的矩孔衍射在衍射场产生的振幅为

$$E_1 = E_{10}\left(\frac{\sin\alpha_1}{\alpha_1}\right)\left(\frac{\sin\beta_1}{\beta_1}\right) = C'ab\left(\frac{\sin\alpha_1}{\alpha_1}\right)\left(\frac{\sin\beta_1}{\beta_1}\right)$$

根据巴俾涅原理,矩孔中的不透明方屏衍射在衍射场产生的振幅,等于其互补屏(即边长为 a' 和 b' 的矩孔)产生的振幅的负值,即

$$E_2 = -C'a'b'\left(\frac{\sin\alpha_2}{\alpha_2}\right)\left(\frac{\sin\beta_2}{\beta_2}\right)$$

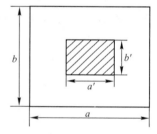

图 5.18 例题 5.3 用图

因此题给衍射屏在衍射场产生的振幅为

$$E = E_1 + E_2 = C'\left[ab\left(\frac{\sin\alpha_1}{\alpha_1}\right)\left(\frac{\sin\beta_1}{\beta_1}\right) - a'b'\left(\frac{\sin\alpha_2}{\alpha_2}\right)\left(\frac{\sin\beta_2}{\beta_2}\right)\right]$$

产生的光强度为

$$I = C'^2\left[ab\left(\frac{\sin\alpha_1}{\alpha_1}\right)\left(\frac{\sin\beta_1}{\beta_1}\right) - a'b'\left(\frac{\sin\alpha_2}{\alpha_2}\right)\left(\frac{\sin\beta_2}{\beta_2}\right)\right]^2$$

因为场中心光强度(对应于 $\alpha_1 = \alpha_2 = \beta_1 = \beta_2 = 0$)为

$$I_0 = C'^2(ab - a'b')^2$$

所以

$$I = \frac{I_0}{(ab - a'b')^2}\left[ab\left(\frac{\sin\alpha_1}{\alpha_1}\right)\left(\frac{\sin\beta_1}{\beta_1}\right) - a'b'\left(\frac{\sin\alpha_2}{\alpha_2}\right)\left(\frac{\sin\beta_2}{\beta_2}\right)\right]^2$$

5.5 夫琅禾费圆孔衍射

光学仪器的光瞳通常是圆形的,所以讨论夫琅禾费圆孔衍射对于分析光学仪器的衍射现象具有特别重要的意义。

5.5.1　光强度分布公式

夫琅禾费圆孔衍射的实验装置仍采用图 5.9(c)所示的系统。假定圆孔的半径为 a，圆孔中心 O_1 位于光轴上。由于圆孔的圆对称性，在计算圆孔的夫琅禾费衍射光强度分布时采用极坐标表示比较方便。圆孔中任意点 Q 的位置，用直角坐标表示时为 x_1, y_1；用极坐标表示时为 r_1, ψ_1（见图 5.19），两种坐标有如下关系：

$$x_1 = r_1\cos\psi_1, \quad y_1 = r_1\sin\psi_1$$

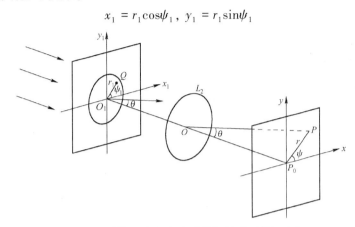

图 5.19　计算圆孔的夫琅禾费衍射采用的极坐标

类似地，也可把观察平面上任意点 P 的位置用极坐标 r, ψ 表示，它们和直角坐标的关系为

$$x = r\cos\psi, \quad y = r\sin\psi$$

式(5.28a)是计算夫琅禾费衍射普遍适用的公式。它用于计算圆孔衍射时，积分域 Σ_a 是圆孔面积。式中的面元 $\mathrm{d}\sigma$，在用极坐标表示时，应为

$$\mathrm{d}\sigma = r_1\mathrm{d}r_1\mathrm{d}\psi_1$$

而

$$\frac{x}{f} = \frac{r\cos\psi}{f} = \theta\cos\psi, \quad \frac{y}{f} = \frac{r\sin\psi}{f} = \theta\sin\psi$$

其中，θ 是衍射角（衍射方向 OP 与光轴的夹角）。用单位振幅单色平面波垂直照明圆孔，把上述关系代入式(5.28b)，得到 P 点的复振幅

$$\tilde{E}(P) = C'\int_0^a\int_0^{2\pi}\exp[-\mathrm{i}k(r_1\theta\cos\psi_1\cos\psi + r_1\theta\sin\psi_1\sin\psi)]r_1\mathrm{d}r_1\mathrm{d}\psi_1$$

$$= C'\int_0^a\int_0^{2\pi}\exp[-\mathrm{i}kr_1\theta\cos(\psi_1 - \psi)]r_1\mathrm{d}r_1\mathrm{d}\psi_1 \tag{5.43}$$

式中，$C' = \dfrac{C}{f}\exp(\mathrm{i}kf)$，另一位相因子 $\exp\left[\mathrm{i}k\left(\dfrac{x^2 + y^2}{2f}\right)\right]$ 在计算光强度时最终将被消去，为使式子简化，该位相因子省略。

根据零阶贝塞尔函数的积分表示式（参阅附录 E）

$$\mathrm{J}_0(Z) = \frac{1}{2\pi}\int_0^{2\pi}\exp(\mathrm{i}Z\cos\psi)\mathrm{d}\psi$$

式(5.43)可用零阶贝塞尔函数来表示：

$$\tilde{E}(P) = C'\int_0^a 2\pi\mathrm{J}_0(-kr_1\theta)r_1\mathrm{d}r_1 = 2\pi C'\int_0^a \mathrm{J}_0(kr_1\theta)r_1\mathrm{d}r_1$$

这里利用了 $\mathrm{J}_0(kr_1\theta)$ 为偶函数的性质。将上式改写为

$$\tilde{E}(P) = \frac{2\pi C'}{(k\theta)^2}\int_0^{ka\theta}(kr_1\theta)\mathrm{J}_0(kr_1\theta)\mathrm{d}(kr_1\theta) \tag{5.44}$$

由贝塞尔函数的递推关系 $\dfrac{\mathrm{d}}{\mathrm{d}Z}[ZJ_1(Z)] = ZJ_0(Z)$

式(5.44)化为 $\tilde{E}(P) = \dfrac{2\pi C'}{(k\theta)^2}[kr_1\theta J_1(kr_1\theta)]\Big|_{r_1=0}^{r_1=a} = \pi a^2 C'\dfrac{2J_1(ka\theta)}{ka\theta}$

因此,P 点的光强度 $I = (\pi a^2)^2|C'|^2\left[\dfrac{2J_1(ka\theta)}{ka\theta}\right]^2 = I_0\left[\dfrac{2J_1(Z)}{Z}\right]^2$ (5.45)

式中,$I_0 = (\pi a^2)^2|C'|^2$ 是轴上点 P_0 的光强度,而 $Z = ka\theta$。式(5.45)就是所求的**夫琅禾费圆孔衍射的光强度分布公式**。在光学仪器理论中,这是一个十分重要的公式。

5.5.2　衍射图样分析

首先,式(5.45)表示 P 点的光强度与它所对应的衍射角 θ 有关,或者由于 $\theta = r/f$,也可以说光强度与 r 有关,而与 ψ 无关。这表明,r 相等处的光强度相同,所以衍射图样是圆环形条纹(图 5.20)。

其次,一阶贝塞尔函数是一个随 Z 做振荡变化的函数,它可用级数表示为

$$J_1(Z) = \sum_{m=0}^{\infty}(-1)^m\dfrac{1}{m!\,(1+m)!}\left(\dfrac{Z}{2}\right)^{2m+1}$$

$$= \dfrac{Z}{2} - \dfrac{1}{2}\left(\dfrac{Z}{2}\right)^3 + \dfrac{1}{2!\,3!}\left(\dfrac{Z}{2}\right)^5 - \cdots \quad (5.46)$$

图 5.20　夫琅禾费圆孔衍射图样

因而 $\dfrac{I}{I_0} = \left[\dfrac{2J_1(Z)}{Z}\right]^2 = \left[1 - \dfrac{Z^2}{2!\,4} + \dfrac{Z^4}{2!\,3!\,2^4} - \cdots\right]^2$

光强度分布曲线如图 5.21 所示。在 $Z = 0$ 处(对应于轴上 P_0 点),$I/I_0 = 1$,有极大(主极大)。当 Z 满足 $J_1(Z) = 0$ 时,$I/I_0 = 0$,有极小。这些 Z 值决定衍射暗环的位置。此外,在相邻两极小之间有一个次极大,其位置由满足下式的 Z 值决定:

$$\dfrac{\mathrm{d}}{\mathrm{d}Z}\left[\dfrac{J_1(Z)}{Z}\right] = -\dfrac{J_2(Z)}{Z} = 0$$

或者 $J_2(Z) = 0$

这些 Z 值决定衍射亮环的位置。在表 5.2 中,列出了头几个衍射暗环和亮环对应的 Z 值和光强度值。

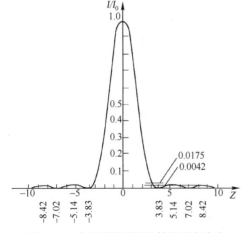

图 5.21　夫琅禾费圆孔衍射光强度分布

表 5.2　Z 值和光强度值

极大和极小	Z	$\dfrac{I}{I_0} = \left[\dfrac{2J_1(Z)}{Z}\right]^2$
主极大	0	1
极小	$1.220\pi = 3.833$	0
次极大	$1.635\pi = 5.136$	0.0175
极小	$2.233\pi = 7.016$	0
次极大	$2.679\pi = 8.417$	0.0042
极小	$3.238\pi = 10.174$	0
次极大	$3.699\pi = 11.620$	0.0016

可以看出,两相邻暗环的间距并不相等,这一点有别于矩孔和单缝。但是,与矩孔和单缝相类似,次极大的光强度都比中央主极大的光强度要小得多。因此,在夫琅禾费圆孔衍射图样中,绝大部分光能也集中在中央亮斑内。这一亮斑通常称为**爱里斑**,它的半径 r_0 由对应于第一个暗环的 Z 值决定:

$$Z = \frac{kar_0}{f} = 1.22\pi$$

因此
$$r_0 = 1.22f\frac{\lambda}{2a} \tag{5.47}$$

或以角半径表示:
$$\theta_0 = r_0 / f = 0.61\lambda / a \tag{5.48}$$

表明衍射大小与圆孔半径成反比,而与光波波长成正比,这些关系与矩孔和单缝衍射完全类似。

生活中常见的光盘产品,CD 光盘存储技术应用的激光束波长在 780~830nm,DVD 光盘对应激光波长约 630~650nm,蓝光光盘则使用波长更短的蓝绿激光器。可以看出,由于受到衍射极限的限制,从 CD 光盘到 DVD 光盘,再到蓝光光盘,一直沿用通过缩短激光器波长、增大孔径、减少焦距的方式减小记录光斑尺寸以提高存储容量的技术路线。上世纪八十年代,上海光机所干福熹院士开创了我国数字光盘存储技术的研究,近年来我国在光存储领域涌现了许多优秀的创新成果,基于双光束超分辨技术和聚焦诱导发光存储介质,已可实现约 1.6Pb 的单盘等效容量。

5.6 光学成像系统的衍射和分辨本领

5.6.1 光学成像系统的衍射现象

在几何光学中,一个理想光学成像系统使点物成点像。但实际上由于任何光学系统都有限制光束的光瞳,它带来的衍射效应是无法消除的,所以光学系统所成的点物的像应是一个衍射像斑。自然,这个衍射像斑非常接近于点像,因为通常光学系统的光瞳都比光波波长大得多,从而使衍射效应极小。但是,若用足够倍数的显微镜来观察光学系统所成的衍射像斑,则还是可以清楚地看到像斑结构的。

图 5.22 所示是望远物镜的星点检验装置,它也是一个成像系统。图中 S 是一个很小的针孔,由单色光源(实际上是水银灯之类的光源)通过聚光镜照明。S 和透镜 L_1 构成平行光管,透镜 L_2 是被检的望远物镜,自平行光管射出的平行光经望远物镜成像于 P_0。不难看出,这一系统也是夫琅禾费衍射系统;如果假定 L_2 的口径小于 L_1 的口径(通常是这样),P_0 将是由 L_2 的孔径光阑产生的夫琅禾费衍射像斑。像斑的大小可以应用式(5.47)计算:设 L_2 的光阑直径 $D = 30\text{mm}$,焦距 $f = 120\text{mm}$,照明光波波长 $\lambda = 546.1\text{nm}$,则衍射像斑的爱里斑半径为

$$r_0 = 1.22\frac{\lambda}{D}f \approx 0.0025\text{mm}$$

这样小的像斑人眼是无法直接看出它的结构细节的,只能通过显微镜放大来观察。

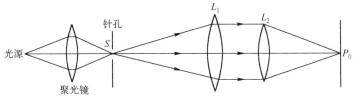

图 5.22 望远物镜的星点检验装置

被检的望远物镜通常或大或小地存在着像差,因而所形成的衍射像斑也反映了像差的影响,使得它与理想系统所成的像斑在衍射条纹形状及光强度分布方面有了差别。在光学工厂中,常常通过比较这种差别来判定被检物镜成像质量的优劣。这种方法称为**星点检验**。

5.6.2　在像面观察的夫琅禾费衍射

到目前为止,我们讨论的是以平行光入射(相当于点光源在无穷远)、在透镜的焦面上观察的夫琅禾费衍射问题。但是,对于光学成像系统,比较多的情形是对近处的点光源(点物)成像(比如照相物镜、显微物镜),这时在像面上观察到的衍射像斑是否可以应用夫琅禾费衍射公式来计算?下面我们来讨论这个问题。

考虑图 5.23 所示的成像装置。图中 S 是点物,L 代表成像系统,S′是成像系统对 S 所成的像,D 是系统的孔径光阑。假定成像系统没有像差,并且略去它的衍射效应,那么像 S′应为点像。用波动光学来描述这一过程,就是 L 将发自 S 的发散球面波改变为会聚于点 S′的会聚球面波。但是,在图 5.23 所示的装置中,尚有孔径光阑 D,它将限制来自 L 的会聚球面波,所以系统所成的像 S′应是会聚球面波在孔径光阑 D 上的衍射像斑。通常光阑面到像面的距离 R 虽比孔径光阑 D 的口径要大很多,但一般还不能用夫琅禾费衍射公式来计算像面上的复振幅分布,我们只能利用菲涅耳衍射的计算公式。如果在孔径光阑面上建立坐标系 $x_1 O_1 y_1$,在像面上建立坐标系 $xS'y$,两坐标系的原点 O_1 和 S′在光轴上,那么按照式(5.24a),像面上的复振幅分布为

$$\tilde{E}(x,y) = \frac{\exp(\mathrm{i}kR)}{\mathrm{i}\lambda R} \iint_{\Sigma} \tilde{E}(x_1,y_1) \exp\left\{ \frac{\mathrm{i}k}{2R}\left[(x-x_1)^2 + (y-y_1)^2 \right] \right\} \mathrm{d}x_1 \mathrm{d}y_1 \tag{5.49}$$

式中,Σ 是孔径光阑面积,$\tilde{E}(x_1,y_1)$ 是光阑面上的复振幅分布。由于光阑受会聚球面波照明,所以在光阑面上的复振幅分布为

$$\tilde{E}(x_1,y_1) = \frac{A\exp(-\mathrm{i}kr)}{r}$$

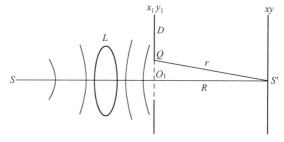

图 5.23　对近处点物成像的成像装置

其中,A 是会聚球面波在离像面坐标原点 S′单位距离处的振幅,r 是光阑面上坐标为 x_1,y_1 的 Q 点到原点 S′的距离。按照 5.3 节对球面波函数所做的处理,在傍轴近似下,上式分母中的 r 在光阑范围内有 $r \approx R$;在菲涅耳近似下,球面波位相因子取为

$$\exp(-\mathrm{i}kr) \approx \exp\left[-\mathrm{i}k\left(R + \frac{x_1^2 + y_1^2}{2R} \right) \right]$$

因此
$$\tilde{E}(x_1,y_1) = \frac{A}{R}\exp(-\mathrm{i}kR)\exp\left[-\frac{\mathrm{i}k}{2R}(x_1^2 + y_1^2) \right]$$

把这一结果代入式(5.49),得到

$$\tilde{E}(x,y) = \frac{A'}{\mathrm{i}\lambda R}\exp\left[\frac{\mathrm{i}k}{2R}(x^2 + y^2) \right] \iint_{\Sigma} \exp\left[-\mathrm{i}k\left(\frac{x}{R}x_1 + \frac{y}{R}y_1 \right) \right] \mathrm{d}x_1 \mathrm{d}y_1 \tag{5.50}$$

式中,$A' = A/R$ 是入射波在光阑面上的振幅。

把式(5.50)和夫琅禾费衍射公式(5.28)相比较,易见两式中的积分是一样的,只是在式(5.50)中用 R 代替了式(5.28)中的 f。因此,式(5.50)也可以解释为单色平面波垂直入射到孔径光阑,并在一个焦距为 R 的透镜的后焦面上产生的夫琅禾费衍射的复振幅分布(不计较积分前

的因子)。这说明在像面上观察到的近处点物的衍射像也是孔径光阑的夫琅禾费衍射图样,它同样可以应用夫琅禾费衍射公式来计算。

至此,我们已经说明了成像系统对无穷远处的点物在焦面上所成的像是夫琅禾费衍射像,也说明了成像系统对近处点物在像面上所成的像是夫琅禾费衍射像。由于无穷远处的点物和系统的焦点是物像关系,所以上述结论统一起来也可以说:**成像系统对点物在它的像面上所成的像是夫琅禾费衍射图样**。

5.6.3 光学成像系统的分辨本领[①]

光学成像系统的分辨本领指的是它能分辨开两个靠近的点物或物体细节的能力。从几何光学的观点看来,一个无像差的理想光学系统的分辨本领是无限的,这是因为即使对于两个非常靠近的点物,光学系统对它们所成的像也是两个点,绝对可以分辨开。但是,我们已经指出,光学系统对点物所成的"像"是一个夫琅禾费衍射图样。这样,对于两个非常靠近的点物,它们的"像"(衍射图样)就有可能分辨不开,因而也无从分辨两个点物。为了说明这个问题,我们来考虑图 5.24 所示的光学系统对两个点物的成像。图中 L 代表成像系统,S_1 和 S_2 是两个发光强度相等的点物,S_1' 和 S_2' 分别是 S_1 和 S_2 的"像",即衍射图样。当 S_1 和 S_2 相距不很近时,得到图 5.24(a)所示的情况:两衍射图样相距较远,可以毫不费力地判断出这是两个点物所成的像。图 5.24(a)的右边画出了相应的光强度分布曲线。如果 S_1 和 S_2 相距很近,以致衍射图样 S_1' 和 S_2' 重叠到图 5.24(b)所示的程度:一个衍射图样的中央极大和另一衍射图样的第一极小重合,这时两衍射图样重叠区中点的光强度约为每个衍射图样中心最亮处光强度的 75%[①](假定两个点物是独立发光的,它们发出的光不相干,见习题 5.13)。

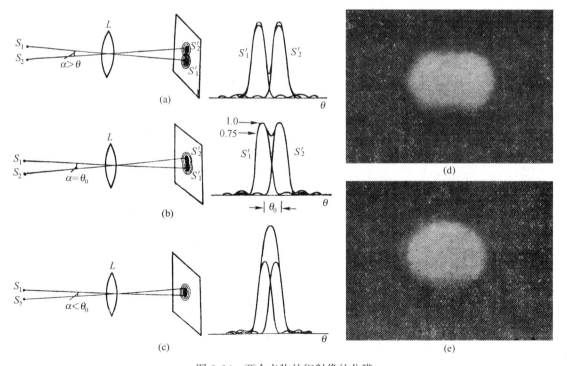

图 5.24　两个点物的衍射像的分辨

① 分辨本领常常也称为分辨率、鉴别率。

多数人的眼睛尚能分辨这种光强度的差别,从而也能判断是两个点物所成的像。但是,如果 S_1 和 S_2 的距离再近些,如图 5.24(c)所示,这时像面上两个衍射图样几乎重叠在一起,从叠加图样中已无法分辨出两个衍射图样,因而也就无法分辨出 S_1 和 S_2 两点。图 5.24(b)和图 5.24(c)两种情况的衍射图样的照片见图 5.24(d)和图 5.24(e)。

瑞利把上述第二种情况,即一个点物衍射图样的中央极大与近旁另一个点物衍射图样的第一极小重合,作为光学成像系统的分辨极限,认为此时系统恰好可以分辨开两个点物。直至现在,人们仍沿用该条件作为分辨标准,称为**瑞利判据**。

不同类型的光学成像系统,其分辨本领有不同的表示方法。对于望远物镜,用两个恰能分辨的点物对物镜的张角表示,称为最小分辨角。对于照相物镜,用像面上每毫米能分辨的直线数表示。而在显微镜中,用恰能分辨的两点物的距离表示。下面分别对这三种系统进行讨论。

1. 望远镜的分辨本领

望远镜是用于对远处物体成像的。设望远镜物镜的圆形通光孔径的直径为 D,则它对远处点物所成的像的爱里斑角半径为 $\theta_0 = 1.22\lambda / D$[见式(5.48)]。如果两点物恰好被望远镜所分辨,根据瑞利判据,两点物对望远物镜的张角为(参见图 5.25)。

$$\alpha = \theta_0 = 1.22\lambda / D \qquad (5.51)$$

这就是望远镜的**最小分辨角**公式。此式表明,D 越大,分辨本领越高。天文望远镜物镜的直径做得很大(现在已有直径达 8m 的物镜),原因就是为了提高分辨本领。

按式(5.51),也可以计算人眼的最小分辨角。在正常照度下,人眼瞳孔的直径约为 2mm,人眼最灵敏的光波波长 $\lambda = 550$nm,因此人眼的最小分辨角

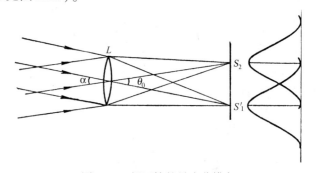

图 5.25　望远镜的最小分辨角

$$\alpha_e = 1.22\lambda / D_e = 1.22 \times 550 \times 10^{-6}\text{mm} / 2\text{mm} \approx 3.3 \times 10^{-4}\text{rad}$$

通常由实验得到的人眼的最小分辨角约为 $1'(= 2.9 \times 10^{-4}\text{rad})$,与上面计算结果基本相符。

因为望远镜的通光孔径总是大于人眼的瞳孔,所以用望远镜来观察远处物体,除了望远镜的放大作用,还提高了对物体的分辨本领,所提高的倍数为 D / D_e。在设计望远镜时,为了充分利用望远物镜的分辨本领,应该使望远镜有足够的放大率,使得望远物镜的最小分辨角经望远镜放大后等于眼睛的最小分辨角,显然其放大率为

$$M = \alpha_e / \alpha = D / D_e$$

天文学领域有众多的望远镜,对于单口径望远镜,人们总是通过设计越来越大口径来提高望远镜性能。例如,2016 年,具有我国自主知识产权、世界上最大、单口径最灵敏的射电望远镜"中国天眼"落成启用。该项目是由我国天文学家南仁东于 1994 年提出构想,历时 22 年建成。"中国天眼"的天线口径为 500 米,与号称"地面最大的机器"德国波恩 100 米望远镜相比,其灵敏度提高约 10 倍。

2. 照相物镜的分辨本领

照相物镜一般用于对较远的物体成像,像面的位置与照相物镜的焦面大致重合。若照相物镜

---

① 对于缝形光阑(单缝或光栅),衍射光强度分布形式为 $I(\alpha) = I_{\max}\left(\dfrac{\sin\alpha}{\alpha}\right)^2$。这时两衍射图样重叠区中点的光强度约为每个衍射图样中心最亮处光强度的 81%。

的孔径为 D，则它能分辨的最靠近的两直线在像面上的距离为

$$\varepsilon' = f\theta_0 = 1.22f\frac{\lambda}{D}$$

式中，f 是照相物镜的焦距。照相物镜的分辨本领以像面上每毫米能分辨的直线数 N 来表示，显然

$$N = \frac{1}{\varepsilon'} = \frac{1}{1.22\lambda}\frac{D}{f} \tag{5.52}$$

若取 $\lambda = 550\mathrm{nm}$，则

$$N \approx 1490\, D/f \tag{5.53}$$

式中，D/f 是物镜的相对孔径。可见，照相物镜的相对孔径越大，其分辨本领越高。

在照相物镜和感光底片或其他接收器件如 CCD 所组成的照相系统中，为了充分利用照相物镜的分辨本领，所使用的感光底片和其他接收器的分辨本领应该大于或等于物镜的分辨本领。

3. 显微镜的分辨本领

显微镜物镜的成像如图 5.26 所示。点物 S_1 和 S_2 位于物镜前焦点附近，由于物镜的焦距极短，所以 S_1 和 S_2 发出的光波以很大的孔径角入射到物镜，而它们的像 S_1' 和 S_2' 则离物镜较远。虽然 S_1 和 S_2 离物镜很近，但根据本节前面的讨论，它们的像也是物镜边框（孔径光阑）的夫琅禾费衍射图样，其中爱里斑的半径为

$$r_0 = l'\theta_0 = 1.22\, l'\lambda/D \tag{5.54}$$

式中，l' 是像距，D 是物镜直径。上式与式（5.47）的区别是以 l' 代替了式（5.47）中的 f。显然，如果两衍射图样的中心 S_1' 和 S_2' 之间的距离 $\varepsilon' = r_0$，则按照瑞利判据，两衍射图样刚好可以分辨，这时两点物之间的距离 ε 就是物镜的**最小分辨距离**。

由几何光学知道，显微镜物镜的成像满足阿贝正弦条件

$$n\varepsilon\sin u = n'\varepsilon'\sin u'$$

式中，n 和 n' 分别为物方和像方折射率。对显微镜 $n'=1$，并且 $\sin u'$ 近似地可表示为（因为 $l' \gg D$）

$$\sin u' \approx u' = \frac{D/2}{l'}$$

所以 $\quad \varepsilon = \dfrac{\varepsilon'\sin u'}{n\sin u} = 1.22\dfrac{l'\lambda}{D}\dfrac{D/2l'}{n\sin u}$

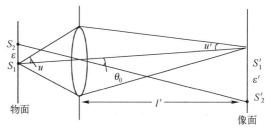

图 5.26　显微镜物镜的成像

最后得到 $\quad \varepsilon = \dfrac{0.61\lambda}{n\sin u} \tag{5.55}$

式中，$n\sin u$ 称为物镜的**数值孔径**，通常以 N.A. 表示。由上式可见，提高显微镜分辨本领的途径是：(1) 增大物镜的数值孔径；(2) 减小波长。增大数值孔径有两种方法，一是减小物镜的焦距，使孔径角 u 增大；二是用油浸没物体和物镜（即油浸物镜）以增大物方折射率。不过，这样也只能把数值孔径增大到 1.5 左右。

应用减小波长的方法，如果被观察的物体不是自身发光的，只要用短波长的光照明即可。一般显微镜的照明设备都附加一块紫色滤光片，就是这个原因。进一步使用波长在 250nm 和 200nm 之间的紫外光，较之用紫光（$\lambda \approx 450\mathrm{nm}$）可以使分辨本领提高一倍。这种紫外光显微镜的光学系统要用石英、萤石等光学材料制造，并且只能照相，不能直接观察。近代电子显微镜利用电子束的波动性来成像，由于电子束的波长比光波要小得多，比如在几百万伏的加速电压下电子束的波长可达 $10^{-3}\mathrm{nm}$ 的数量级，因而电子显微镜的分辨本领比普通光学显微镜高千倍以上（电子显微镜的数值孔径较小）。

这里介绍另外一个例子。2004 年,荷兰阿斯麦公司的浸没式光刻机就是在光刻胶上方抹一层水,对于 193nm 光波,水的折射率约为 1.44,做到了当时 40nm 线程的光刻机。当时尼康等企业选择减小波长的方案,采用 157nm 的光源,最后都没有成功。阿斯麦在 193nm 浸没式光刻机一路做到了 7nm 制程工艺,目前已在极紫外 13.5nm 光源下做到了 3nm 制程工艺。

5.6.4 棱镜光谱仪的色分辨本领

棱镜光谱仪的光学系统如图 5.27 所示。图中 S 是一个被照亮的狭缝,可视为线光源;S 位于透镜 L_1 的焦面上,方向垂直于图面(棱镜的主截面在图面内)。线光源 S 的像 S' 成于透镜 L_2 的焦面上,方向同样垂直于图面。由于成像光束受到光学系统的限制(光束宽度为 a)[①],因此像 S' 在图面内有一定的衍射增宽,其大小可用单缝衍射图样中央亮纹的半角宽度 θ_0 表示:

$$\theta_0 = \lambda / a \tag{5.56}$$

我们知道,从棱镜光谱仪可以获得狭缝 S 的不同位置的光谱像(它们通常称为**光谱线**),如图 5.27 中 S',S'_1,S'_2 等。根据瑞利判据,对应于波长分别为 λ 和 $\lambda + \Delta\lambda$ 的两条光谱线,如果其角距离等于由式(5.56)决定的 θ_0 角,则这两条光谱线刚好可以分辨(见图 5.28)。这时的 $\lambda / \Delta\lambda$ 就是光谱仪的**色分辨本领**,即 $A = \lambda / \Delta\lambda$。

图 5.28 中,假定光波通过棱镜时处于最小偏向角位置,并以虚线表示波长为 λ 的光波,实线表示波长为 $\lambda + \Delta\lambda$ 的光波。画出未入射棱镜时两个波长的光波的波面 FG,以及经棱镜色散后两个光波的波面 HD 和 CD。易见,对于波长为 λ 的光波有

$$2d = nB \tag{5.57}$$

其中,$d = FE = EH$,n 为相对于波长 λ 的棱镜折射率,B 为棱镜底边长度。注意到 $\angle CDH' = \theta_0$(H' 是 DH 延长线与出射光线 EC 的交点),因而 $CH' = \lambda$,故对于波长为 $\lambda + \Delta\lambda$ 的光波有

$$2d - \lambda = (n - \Delta n)B \tag{5.58}$$

式中,$n - \Delta n$ 是相对于波长 $\lambda + \Delta\lambda$ 的棱镜折射率。由式(5.57)和式(5.58),得到

$$\lambda = \Delta n B$$

因此

$$A = \frac{\lambda}{\Delta\lambda} = B \frac{\Delta n}{\Delta\lambda} \tag{5.59}$$

即棱镜的色分辨本领等于它的底边长和棱镜的色散率的乘积。在大型光谱仪中,常常采用多棱镜组合的色散系统,目的就在于增大 B 以获得高分辨本领。

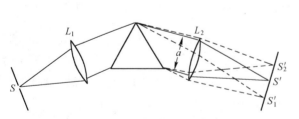

图 5.27　棱镜光谱仪的光学系统

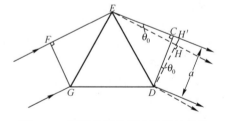

图 5.28　刚好分辨的两个波长的色散

[**例题 5.4**]　一束直径为 2mm 的氦氖激光($\lambda = 632.8$nm)自地面射向月球,已知月球到地面的距离为 376×10^3km,问在月球上接收到的光斑有多大?若把此激光束扩束到直径为 0.2m 再射向月球,则月球上接收到的光斑又有多大?

---

① 相当于一个宽度很宽的单缝对光束的限制。

解：由式(5.48)，激光束的衍射发射角为

$$2\theta = 2.44\lambda / D = 2.44 \times 632.8 \times 10^{-6}\text{mm} / 2\text{mm} = 7.7 \times 10^{-4}\text{rad}$$

因此月球上接收到的激光束的直径为

$$D' = 2\theta L = 7.7 \times 10^{-4} \times 376 \times 10^{3}\text{km} \approx 290\text{km}$$

当把激光束扩束至直径为 0.2m 时

$$2\theta = 2.44 \times 632.8 \times 10^{-6}\text{mm} / 0.2 \times 10^{3}\text{mm} = 7.7 \times 10^{-6}\text{rad}$$

$$D' = 7.7 \times 10^{-6} \times 376 \times 10^{3}\text{km} = 2.9\text{km}$$

[例题 5.5] （1）试利用式(5.45)导出外径和内径分别为 a 和 b 的圆环(图 5.29)的衍射光强度分布公式。

（2）求出当 $b = a / 2$ 时，圆环衍射与半径为 a 的圆孔衍射的中央光强度之比，以及圆环衍射第 1 个光强度零点的角半径。

解：（1）由式(5.45)，半径为 a 的圆孔在衍射场产生的振幅为

$$E_a = E_0 \left[\frac{2\mathrm{J}_1(ka\theta)}{ka\theta} \right] = Ca^2 \left[\frac{2\mathrm{J}_2(ka\theta)}{ka\theta} \right]$$

半径为 b 的圆孔在衍射场产生的振幅为

$$E_b = Cb^2 \left[\frac{2\mathrm{J}_1(kb\theta)}{kb\theta} \right]$$

半径为 b 的圆屏在衍射场产生的振幅 E_s，据巴俾涅原理应等于 $-E_b$。

因此圆环在衍射场产生的振幅

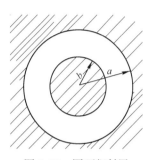

图 5.29　圆环衍射屏

$$E_r = E_a + E_s = 2C \left[\frac{a^2 \mathrm{J}_1(ka\theta)}{ka\theta} - \frac{b^2 \mathrm{J}_1(kb\theta)}{kb\theta} \right]$$

衍射场的光强度为

$$I_r = 4C^2 \left[\frac{a^2 \mathrm{J}_1(ka\theta)}{ka\theta} - \frac{b^2 \mathrm{J}_1(kb\theta)}{kb\theta} \right]^2$$

$$= 4C^2 \left\{ a^4 \left[\frac{\mathrm{J}_1(Z_1)}{Z_1} \right]^2 + b^4 \left[\frac{\mathrm{J}_1(Z_2)}{Z_2} \right]^2 - 2a^2b^2 \left[\frac{\mathrm{J}_1(Z_1)}{Z_1} \right] \left[\frac{\mathrm{J}_1(Z_2)}{Z_2} \right] \right\}$$

式中，$Z_1 = ka\theta$，$Z_2 = kb\theta$。对于衍射场中心，$Z_1 = Z_2 = 0$，相应的光强度为

$$(I_r)_0 = 4C^2 \left(\frac{a^4}{4} + \frac{b^4}{4} - \frac{a^2b^2}{2} \right) = C^2 (a^2 - b^2)^2$$

（2）当 $b = a / 2$ 时　　$(I_r)_0 = C^2 \left[a^2 - \left(\frac{a}{2} \right)^2 \right]^2 = \frac{9}{16} C^2 a^4$

因此

$$\frac{(I_r)_0}{(I_a)_0} = \frac{\frac{9}{16} C^2 a^4}{C^2 a^4} = \frac{9}{16}$$

圆环衍射的第 1 个光强度零点满足

$$\frac{a^2 \mathrm{J}_1(ka\theta)}{ka\theta} - \frac{b^2 \mathrm{J}_1(kb\theta)}{kb\theta} = 0$$

或

$$a\mathrm{J}_1(ka\theta) = b\mathrm{J}_1(kb\theta) = \frac{a}{2} \mathrm{J}_1 \left(\frac{1}{2} ka\theta \right)$$

利用贝塞耳函数表解上式，得到 $Z_1 = ka\theta = 3.144$。因此第 1 个光强度零点(暗环)的角半径

$$\theta = 3.144 \frac{\lambda}{2\pi a} = 0.51 \frac{\lambda}{a}$$

它比半径为 a 的圆孔衍射的爱里斑的角半径要小。在一些大型的天文望远镜中,通光圆孔中心部分设置一个反射镜而形成环孔,其目的就是为了提高望远镜的分辨本领(环孔比圆孔的望远镜有更小的分辨角)。题给圆环的衍射光强度曲线如图 5.30 中实线所示,图中虚线则是半径为 a 的圆孔衍射光强度曲线。

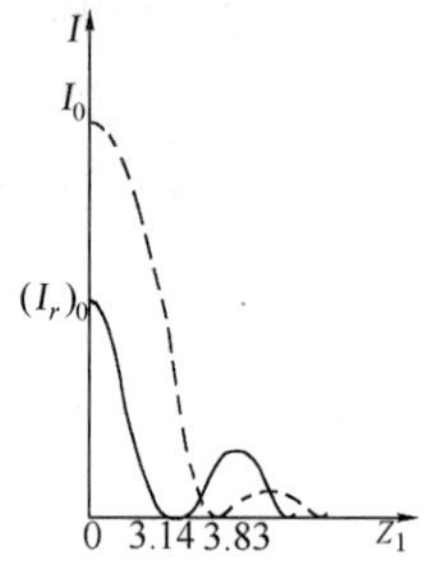

[例题 5.6] 一台显微镜的数值孔径 N. A. $=0.9$,试求:

(1) 它的最小分辨距离;

(2) 利用油浸物镜使数值孔径增大到 1.5,利用紫色滤光片使波长减小为 430mm,问它的分辨本领提高多少倍?

(3) 为利用在(2)中获得的分辨本领,显微镜的放大率应设计成多大?

解:(1) 显微镜的最小分辨距离

$$\varepsilon_1 = \frac{0.61\lambda}{N. A.} = \frac{0.61 \times 550 \times 10^{-6}\text{mm}}{0.9} = 3.73 \times 10^{-4}\text{mm}$$

(2) 当 $\lambda = 430\text{nm}$, N. A. $= 1.5$ 时

$$\varepsilon_2 = \frac{0.61 \times 430 \times 10^{-6}\text{mm}}{1.5} = 1.75 \times 10^{-4}\text{mm}$$

分辨本领提高的倍数是

$$\frac{\varepsilon_1}{\varepsilon_2} = \frac{3.73 \times 10^{-4}\text{mm}}{1.75 \times 10^{-4}\text{mm}} = 2.13$$

(3) 为充分利用显微镜物镜的分辨本领,显微镜目镜应把最小分辨距离 ε_2 放大到人眼在明视距离能够分辨。人眼在明视距离的最小分辨距离为

$$\varepsilon_e = \alpha_e \times 250\text{mm} = 3.3 \times 10^{-4} \times 250\text{mm} = 8.25 \times 10^{-2}\text{mm}$$

所以这台显微镜的放大率至少应为

$$M = \frac{\varepsilon_e}{\varepsilon_2} = \frac{8.25 \times 10^{-2}\text{mm}}{1.75 \times 10^{-4}\text{mm}} \approx 470$$

图 5.30 圆环和圆孔衍射光强度曲线

*5.7 双缝夫琅禾费衍射

5.7.1 双缝衍射光强度分布

在图 5.17 所示的单缝夫琅禾费衍射装置中,将单缝衍射屏换成开有两个平行等宽狭缝的屏,就变成一个研究双缝夫琅禾费衍射的装置,如图 5.31 所示。由于假定狭缝很长,所以只要透镜足够大,就可以认为入射光波在 y_1 方向上不发生衍射,因而在透镜 L_2 焦面(xy 面)上的衍射光强度分布是沿 x 方向变化的,在 y 方向没有变化(假定狭缝光源 S 均匀照明)。这样,我们观察到的衍射图样就是一些平行于 y 轴的亮暗条纹(见图 5.31)。

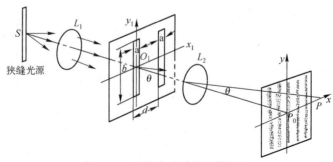

图 5.31 双缝夫琅禾费衍射装置

下面计算双缝衍射图样的光强度分布。为此,只需要考虑狭缝光源的轴上点照明双缝,这相当于双缝受平面波垂直照明,因而也可以运用式(5.28b)来计算观察屏上的复振幅。式(5.28b)中的积分区域,在现在情况下,应包括两个缝露出的两部分波面 Σ_1 和 Σ_2,即

$$\widetilde{E}(P) = C' \iint\limits_{\Sigma_1 + \Sigma_2} \exp[-\mathrm{i}k(lx_1 + wy_1)]\,\mathrm{d}x_1\mathrm{d}y_1$$

上式中略去了积分号外的一个二次位相因子,因为它对计算光强度没有影响。按照在图5.31中选取的坐标系,上式可写为

$$\widetilde{E}(P) = C'\int_{-\frac{a}{2}}^{\frac{a}{2}}\exp(-\mathrm{i}klx_1)\mathrm{d}x_1\int_{-\frac{b}{2}}^{\frac{b}{2}}\exp(-\mathrm{i}kwy_1)\mathrm{d}y_1 + C'\int_{d-\frac{a}{2}}^{d+\frac{a}{2}}\exp(-\mathrm{i}klx_1)\mathrm{d}x_1\int_{-\frac{b}{2}}^{\frac{b}{2}}\exp(-\mathrm{i}kwy_1)\mathrm{d}y_1$$

$$= C'ab\,\frac{\sin\frac{kla}{2}}{\frac{kla}{2}}\frac{\sin\frac{kwb}{2}}{\frac{kwb}{2}} + C'b\,\frac{\sin\frac{kwb}{2}}{\frac{kwb}{2}}\int_{d-\frac{a}{2}}^{d+\frac{a}{2}}\exp(-\mathrm{i}klx_1)\mathrm{d}x_1$$

当只考虑沿 x 轴的复振幅分布时,上式中因子$\dfrac{\sin\frac{kwb}{2}}{\frac{kwb}{2}}=1$,而

$$\int_{d-\frac{a}{2}}^{d+\frac{a}{2}}\exp(-\mathrm{i}klx_1)\mathrm{d}x_1 = a\,\frac{\sin\frac{kla}{2}}{\frac{kla}{2}}\exp(-\mathrm{i}kld)$$

因此,x 轴上任一点 P 的复振幅可以表示为

$$\widetilde{E}(P) = C'ab\left[\frac{\sin\frac{kla}{2}}{\frac{kla}{2}} + \frac{\sin\frac{kla}{2}}{\frac{kla}{2}}\exp(-\mathrm{i}kld)\right] \tag{5.60}$$

上式表明,在 x_1 方向上两个相距为 d 的平行狭缝在 P 点产生的复振幅有一位相差

$$\delta = kld = \frac{2\pi}{\lambda}d\sin\theta \tag{5.61}$$

这一结果与选取的坐标原点位置无关。从图5.32可以看出,δ 正是双缝内对应点发出的子波到达 P 点的位相差。在考虑双缝在 P 点产生的复振幅叠加时,这一位相差起着重要的作用。

由式(5.60),令 $\alpha = \dfrac{kla}{2}$,则 P 点的光强度为

$$I = I_0\left(\frac{\sin\alpha}{\alpha}\right)^2[1 + \exp(-\mathrm{i}kld)][1 + \exp(-\mathrm{i}kld)]^*$$

$$= 4I_0\left(\frac{\sin\alpha}{\alpha}\right)^2\cos kl\frac{d}{2}$$

或者写为

$$I = 4I_0\left(\frac{\sin\alpha}{\alpha}\right)^2\cos^2\frac{\delta}{2} \tag{5.62}$$

式中,$I_0 = (ab)^2|C'|^2$,它是单缝衍射在轴上 P_0 点的光强度。上式就是所求的**双缝夫琅禾费衍射光强度分布公式**。

式(5.62)表明,双缝衍射图样的光强度分布由两个因

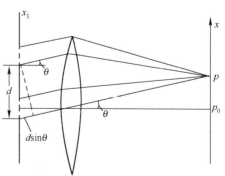

图5.32 双缝衍射光在 θ 方向的位相差

· 181 ·

子决定:一个是单缝衍射因子 $\left(\dfrac{\sin\alpha}{\alpha}\right)^2$,它表示宽为 a 的单缝的夫琅禾费衍射光强度分布;另一个是

$4\cos^2\dfrac{\delta}{2}$,它表示光强度为 1 单位,位相差为 δ 的两束光产生的干涉图样的光强度分布。所以,可以这样来理解双缝的夫琅禾费衍射图样:它是**单缝夫琅禾费衍射图样和双光束干涉图样的组合**,是衍射和干涉两个因素共同作用的结果。

分析上述两个因子的极大和极小条件,可以得到双缝夫琅禾费衍射图样中亮纹和暗纹的位置。对于双光束干涉因子 $4\cos^2\dfrac{\delta}{2}$,其极大的条件为

$$\delta = 2m\pi \qquad m = 0, \pm1, \pm2, \cdots \qquad\qquad (5.63a)$$

或
$$\mathscr{D} = d\sin\theta = m\lambda \qquad m = 0, \pm1, \pm2, \cdots \qquad\qquad (5.63b)$$

式中,$\mathscr{D}$ 是与 δ 对应的光程差。极小条件为

$$\delta = \left(m + \frac{1}{2}\right)2\pi \qquad m = 0, \pm1, \pm2, \cdots \qquad\qquad (5.64a)$$

或
$$\mathscr{D} = d\sin\theta = \left(m + \frac{1}{2}\right)\lambda \qquad m = 0, \pm1, \pm2, \cdots \qquad\qquad (5.64b)$$

双光束干涉因子的曲线如图 5.33(a) 所示。对于单缝衍射因子 $\left(\dfrac{\sin\alpha}{\alpha}\right)^2$,我们已经分析过,它对应于 $\theta=0$,有主极大(中央极大),而极小条件为

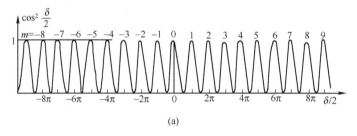

(a)

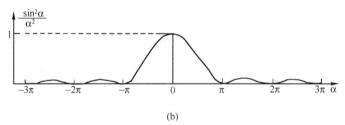

(b)

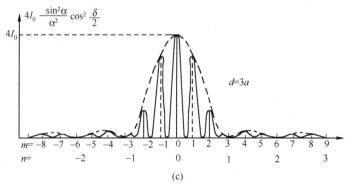

(c)

图 5.33　双缝衍射光强度分布曲线

$$a\sin\theta = n\lambda \qquad n = \pm 1, \pm 2, \cdots \qquad (5.65)$$

衍射因子的曲线如图 5.33(b) 所示。干涉因子乘上衍射因子,就得到如图 5.33(c) 所示的双缝夫琅禾费衍射光强度分布曲线。可以看出,干涉因子乘上单缝衍射因子后各级干涉极大的大小不同,这表明亮纹的光强度受到衍射因子的调制。当干涉极大正好和衍射因子极小 $\left(\dfrac{\sin\alpha}{\alpha} = 0\right)$ 的位置重合时,这些级次极大的光强度被调制为零,对应的亮纹也就消失了,该现象叫做**缺级**。易见,当

$$\frac{d}{a} = K$$

K 为整数时,$\pm K, \pm 2K, \pm 3K, \cdots$ 各级是缺级。图 5.33(c) 是对 $d = 3a$ 的情况画出的,因而缺级是 ± 3,$\pm 6, \cdots$ 各级。

　　通常只有包含在单缝衍射中央亮纹区域内的各级极大才有比较大的光强度,而落在单缝衍射其他亮纹内的极大的光强度很小。从图 5.34 所示的双缝衍射条纹的照片上可以清楚地看到这一点。因此,在分析双缝衍射现象时,一般只需考虑单缝衍射中央亮纹区域内的干涉亮纹。

  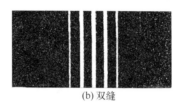

(a) 单缝　　　　　　　　　　　(b) 双缝

图 5.34　单缝和双缝衍射条纹比较

　　有一种情况值得注意,当双缝的距离比缝宽大得多,即 $d \gg a$ 时,单缝衍射中央亮纹区域内包含的干涉条纹数目将是很多的,因而衍射条纹的光强度随级次增大的衰减缓慢,这时的条纹与杨氏双缝干涉条纹类似(图 5.35)。

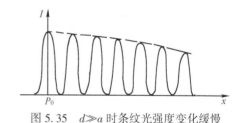

图 5.35　$d \gg a$ 时条纹光强度变化缓慢

5.7.2　瑞利干涉仪

　　双缝衍射有多种应用,瑞利干涉仪就是基于双缝衍射和干涉原理制成的用来测定气体和液体折射率的仪器。图 5.36 是它的结构示意图,一个被照亮的狭缝 S 作为光源,置于透镜 L_1 的焦面上;透镜后是双缝衍射屏 D,双缝的方向与光源 S 平行。从 L_1 射出的平行光经双缝衍射后在透镜 L_2 的焦面上得到双缝衍射条纹,零级条纹位于光轴上(图 5.36(a))。两支长度相同的管子 B_1 和 B_2 放置在两透镜之间,并只占据透镜的下半部(图 5.36(b))。一支管中装入已知折射率的物质,另一支管中装入待测物质,二者折射率相差很小。这样两光路的光程不同,因此在下半个视场中衍射条纹相对于上半个视场将发生移动(图 5.36(c))。若 B_2 中物质的折射率大于 B_1 中物质的折射率,则零级条纹移向 B_2 一边。只要测出条纹移动的数目 Δm,就可以由下式算出两管内物质的折射率差 Δn:

$$\Delta n l = (n_1 - n_2)l = \Delta m\lambda$$

式中,l 为管子长度,λ 为所用光波波长。

　　瑞利干涉仪的测量精度很高。设能读出条纹最小的移动数 Δm 为 $1/10$ 个条纹,管长 $l = 100\text{cm}$,$\lambda = 500\text{nm}$,那么测量精度为

$$\Delta n = \Delta m\lambda / l = 500 \times 10^{-7}\text{cm} / 10 \times 100\text{cm} = 5 \times 10^{-8}$$

由于瑞利干涉仪有这样高的测量精度,所以它常用来测定许多折射率与 1 相差甚微的气体的折射率。

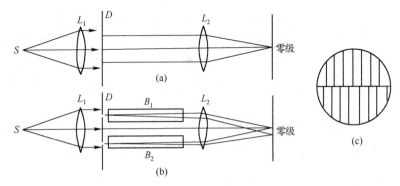

图 5.36　瑞利干涉仪结构示意图

5.8　多缝夫琅禾费衍射

多缝夫琅禾费衍射装置如图 5.37 所示,图中 S 是与图面垂直的线光源,位于透镜 L_1 的焦面上;G 是开有多个等宽等间距狭缝(缝距为 d)的衍射屏,多缝的方向与线光源平行。多缝夫琅禾费衍射图样在透镜 L_2 的焦面上观察。假定多缝的取向是 y_1 方向,那么很显然,多缝衍射图样的光强度分布只沿 x 方向变化,衍射条纹是一些平行于 y 轴的亮暗条纹。

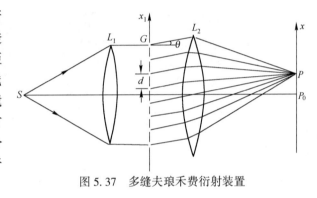

图 5.37　多缝夫琅禾费衍射装置

5.8.1　光强度分布公式

多缝衍射图样的光强度分布同样应该用夫琅禾费衍射公式(5.28b)进行计算,这时积分区域是多个狭缝露出的波面。不过,我们也可以利用上节得到的结果来简化计算,无须逐个缝进行积分运算。在上节里已经证明,在 x_1 方向上两个相距为 d 的平行等宽狭缝在 P 点产生的复振幅有一位相差 $\delta = \dfrac{2\pi}{\lambda} d\sin\theta$,而单缝在 P 点产生的振幅为

$$|\tilde{E}_S(P)| = |\tilde{E}_0| \frac{\sin\alpha}{\alpha}$$

式中,$|\tilde{E}_0|$ 是单缝在 P_0 点产生的振幅。因此,若选定多缝衍射屏边缘第 1 个缝在 P 点产生的复振幅的位相为零,即

$$\tilde{E}_1(P) = |\tilde{E}_0| \frac{\sin\alpha}{\alpha}$$

那么,第 $2,3,\cdots$ 各缝在 P 点产生的复振幅依次为

$$|\tilde{E}_0| \frac{\sin\alpha}{\alpha}\exp(\mathrm{i}\delta),\ |\tilde{E}_0| \frac{\sin\alpha}{\alpha}\exp(\mathrm{i}2\delta),\cdots$$

假设多缝的数目为 N,则多缝在 P 点产生的复振幅就是上述各个缝产生的复振幅之和,即

$$\tilde{E}(P) = |\tilde{E}_0| \frac{\sin\alpha}{\alpha} + |\tilde{E}_0| \frac{\sin\alpha}{\alpha}\exp(\mathrm{i}\delta) + |\tilde{E}_0| \frac{\sin\alpha}{\alpha}\exp(\mathrm{i}2\delta) + \cdots + |\tilde{E}_0| \frac{\sin\alpha}{\alpha}\exp[\mathrm{i}(N-1)\delta]$$

$$= |\tilde{E}_0| \frac{\sin\alpha}{\alpha}\{1 + \exp(\mathrm{i}\delta) + \exp(\mathrm{i}2\delta) + \cdots + \exp[\mathrm{i}(N-1)\delta]\}$$

$$= |\tilde{E}_0| \frac{\sin\alpha}{\alpha} \frac{[1 - \exp(\mathrm{i}N\delta)]}{[1 - \exp(\mathrm{i}\delta)]}$$

$$= |\tilde{E}_0| \frac{\sin\alpha}{\alpha} \frac{\exp\left(\mathrm{i}N\frac{\delta}{2}\right)\left[\exp\left(-\mathrm{i}N\frac{\delta}{2}\right) - \exp\left(\mathrm{i}N\frac{\delta}{2}\right)\right]}{\exp\left(\mathrm{i}\frac{\delta}{2}\right)\left[\exp\left(-\mathrm{i}\frac{\delta}{2}\right) - \exp\left(\mathrm{i}\frac{\delta}{2}\right)\right]}$$

$$= |\tilde{E}_0| \frac{\sin\alpha}{\alpha} \frac{\sin\dfrac{N\delta}{2}}{\sin\dfrac{\delta}{2}}\exp\left[\mathrm{i}(N-1)\frac{\delta}{2}\right]$$

因此,P 点的光强度为

$$I = I_0\left(\frac{\sin\alpha}{\alpha}\right)^2\left(\frac{\sin\dfrac{N\delta}{2}}{\sin\dfrac{\delta}{2}}\right)^2 \tag{5.66}$$

式中,$I_0 = |\tilde{E}_0|^2$,是单缝在 P_0 点产生的光强度。上式便是 **N 缝衍射**的光强度分布公式。容易看出,当 $N=2$ 时,上式化为双缝衍射的光强度公式(5.62)。

式(5.66)包含两个因子:单缝衍射因子 $\left(\dfrac{\sin\alpha}{\alpha}\right)^2$ 和多光束干涉因子 $\left(\dfrac{\sin\dfrac{N\delta}{2}}{\sin\dfrac{\delta}{2}}\right)^2$,表明多缝衍射也是衍射和干涉两种效应共同作用的结果。单缝衍射因子只与单缝本身的性质(包括缝宽乃至单缝范围内引入的振幅和位相的变化)有关[①],而多光束干涉因子来源于狭缝的周期性排列,与单缝本身的性质无关。因此,如果有 N 个性质相同的缝在一个方向上周期性地排列起来,或者 N 个性质相同的其他形状的孔径在一个方向上周期地排列起来,它们的夫琅禾费衍射图样的光强度分布式中就将出现这个因子。这样,只要把单个衍射孔径的衍射因子求出来,将它乘上多光束干涉因子,便可以得到这种孔径周期排列的衍射图样的光强度分布。这一规律对于求多个周期排列的孔径的衍射是很有用的。

5.8.2　多缝衍射图样

多缝衍射图样中的亮纹和暗纹位置可以通过分析多光束干涉因子和单缝衍射因子的极大值和极小值条件得到。从多光束干涉因子可知,当

$$\delta = \frac{2\pi}{\lambda}d\sin\theta = 2m\pi \qquad m = 0, \pm 1, \pm 2, \cdots$$

或

$$d\sin\theta = m\lambda \qquad m = 0, \pm 1, \pm 2, \cdots \tag{5.67}$$

时,它有**极大值,其数值为 N^2**。这些极大值称为**主极大**。当 $N\dfrac{\delta}{2}$ 等于 π 的整数倍而 $\dfrac{\delta}{2}$ 非 π 的整数倍,即

[①]　到此为止,讨论的衍射屏都是在孔径范围内透射系数为1(孔径不引起入射光振幅和位相的变化),孔径范围外透射系数为零。但也可以设想,在孔径范围内透射系数不均匀的情况,如后面将叙述的正弦光栅的情况。

$$\frac{\delta}{2} = \left(m + \frac{m'}{N}\right)\pi \qquad m = 0, \pm 1, \pm 2, \cdots; m' = 1, 2, \cdots, N-1$$

或
$$d\sin\theta = \left(m + \frac{m'}{N}\right)\lambda \qquad m = 0, \pm 1, \pm 2, \cdots; m' = 1, 2, \cdots, N-1 \tag{5.68}$$

时,它有极小值,其数值为零。不难看出,在两个相邻主极大之间有 $N-1$ 个零值。相邻两个零值之间($\Delta m' = 1$)的角距离 $\Delta\theta$,由式(5.68)可得:

$$\Delta\theta = \frac{\lambda}{Nd\cos\theta}$$

主极大与相邻的一个零值之间的角距离也是 $\Delta\theta$,所以主极大的半角宽度为

$$\Delta\theta = \frac{\lambda}{Nd\cos\theta} \tag{5.69}$$

表明缝数 N 越大,主极大的宽度越小。

此外,在相邻两个零值之间也有一个极大值。这些极大叫做**次极大**,它们的光强度比主极大要弱得多。可以证明,次级大的光强度与它离开主极大的远近有关,但主极大旁边的最强的次极大,其光强度也只有主极大光强度的4%左右。显然,次级大的宽度也随 N 增大而减小,当 N 是一个很大的数目时(如下节讨论的光栅),它们将与光强度零点混成一片,成为衍射图样的背景。

图5.38(a)给出了对应于4个缝的干涉因子的曲线。这时在两相邻主极大之间有3个零点,2个次极大。图5.38(b)所示是单缝夫琅禾费衍射因子的曲线。上述两个因子相乘的曲线就是4个缝衍射的光强度分布曲线,如图5.38(c)所示。可以看出,与双缝夫琅禾费衍射的情况相类似,各级主极大的光强度也受到单缝夫琅禾费衍射因子的调制。各级主极大的光强度为

$$I_m = N^2 I_0 \left(\frac{\sin\alpha}{\alpha}\right)^2 \tag{5.70}$$

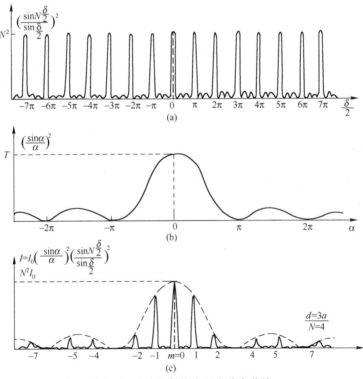

图 5.38 4 缝衍射的光强度分布曲线

它们是单缝衍射在各级主极大位置上产生的强度的 N^2 倍。其中零级主极大的光强度最大,等于 $N^2 I_0$。

在式(5.69)中,如果对应于某一级主极大的位置,$\left(\dfrac{\sin\alpha}{\alpha}\right)^2 = 0$,那么该级主极大的光强度也降为零,该级主极大就消失了,我们知道这就是缺级。缺级的规律如上节所述。从式(5.70)还可以看出,各级主极大的相对光强度与缝数 N 无关,它只依赖于缝距 d 与缝宽 a 之比。

多缝夫琅禾费衍射图样的照片如图 5.39(c)~(f)所示。为了对比,也给出了单缝和双缝的图样(图(a)和(b))。可以看出,当缝数 N 增大时,衍射图样最显著的改变是亮纹变成很细的亮线。

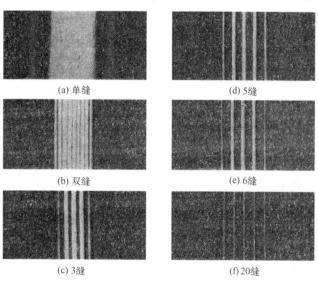

(a) 单缝   (d) 5缝

(b) 双缝   (e) 6缝

(c) 3缝   (f) 20缝

图 5.39 单缝,双缝和多缝衍射图样的照片

[例题 5.7] 在多缝(包括双缝)夫琅禾费衍射的实验中,所用光波的波长 $\lambda = 632.8\text{nm}$,透镜焦距 $f = 50\text{cm}$,观察到两相邻亮纹之间的距离 $e = 1.5\text{mm}$,并且第 4 级亮纹缺级。试求多缝的缝距和缝宽。

解:多缝夫琅禾费衍射的亮纹条件是

$$d\sin\theta = m\lambda \qquad m = 0, \pm 1, \pm 2, \cdots$$

上式两边取微分,得到 $\qquad d\cos\theta\Delta\theta = \lambda\Delta m$

当 $\Delta m = 1$ 时,$\Delta\theta$ 就是两相邻亮纹之间的角距离。并且一般 θ 很小,$\cos\theta \approx 1$,故

$$\Delta\theta = \lambda / d$$

而亮纹间距 $\qquad e = f\Delta\theta = f\lambda / d$

所以 $\qquad d = f\lambda / e = 500\text{mm} \times 632.8 \times 10^{-6}\text{mm} / 1.5\text{mm} = 0.21\text{mm}$

再由第 4 级亮纹缺级的条件知

$$a = d / 4 = 0.21\text{mm} / 4 = 0.05\text{mm} 。$$

[例题 5.8] 计算:(1) 上题中第 1,2,3 级亮纹的相对光强度;

(2) $d = 10a$ 的多缝的第 1,2,3 级亮纹的相对光强度。

解:(1) 第 1,2,3 级亮纹分别对应于

$$d\sin\theta = \pm\lambda, \pm 2\lambda, \pm 3\lambda$$

或者 $\qquad \delta = \dfrac{2\pi}{\lambda}d\sin\theta = \pm 2\pi, \pm 4\pi, \pm 6\pi$

并且由于 $d = 4a$,所以当 $d\sin\theta = \pm\lambda, \pm 2\lambda, \pm 3\lambda$ 时,$a\sin\theta = \pm\dfrac{1}{4}\lambda, \pm\dfrac{2}{4}\lambda, \pm\dfrac{3}{4}\lambda$。因此,由式(5.69),第

1,2,3 级亮纹的相对光强度为

$$\frac{I_1}{N^2 I_0} = \left(\frac{\sin\alpha_1}{\alpha_1}\right)^2 = \left(\frac{\sin\dfrac{\pi a\sin\theta_1}{\lambda}}{\dfrac{\pi a\sin\theta_1}{\lambda}}\right)^2 = \left(\frac{\sin\dfrac{\pi}{4}}{\dfrac{\pi}{4}}\right)^2 = 0.81$$

$$\frac{I_2}{N^2 I_0} = \left(\frac{\sin\alpha_2}{\alpha_2}\right)^2 = \left(\frac{\sin\dfrac{\pi}{2}}{\dfrac{\pi}{2}}\right)^2 = 0.4, \quad \frac{I_3}{N^2 I_0} = \left(\frac{\sin\alpha_3}{\alpha_3}\right)^2 = \left(\frac{\sin\dfrac{3\pi}{4}}{\dfrac{3\pi}{4}}\right)^2 = 0.09$$

（2）当 $d = 10a$ 时，第 1,2,3 级亮纹对应于 $a\sin\theta = \pm\dfrac{\lambda}{10}, \pm\dfrac{2\lambda}{10}, \pm\dfrac{3\lambda}{10}$。因此，其相对光强度为

$$\frac{I_1}{N^2 I_0} = \left(\frac{\sin\dfrac{\pi}{10}}{\dfrac{\pi}{10}}\right)^2 = 0.968, \quad \frac{I_2}{N^2 I_0} = \left(\frac{\sin\dfrac{2\pi}{10}}{\dfrac{2\pi}{10}}\right)^2 = 0.874, \quad \frac{I_3}{N^2 I_0} = \left(\frac{\sin\dfrac{3\pi}{10}}{\dfrac{3\pi}{10}}\right)^2 = 0.738$$

可见，d/a 越大，亮纹光强度随级数增大而下降得越慢。各级亮纹的相对光强度与缝数无关，只依赖于 d/a。

[**例题 5.9**] 导出多缝干涉因子次极大位置的表示式，并求最靠近主极大的一个次极大的光强度值。

解：次极大的位置由多缝干涉因子对 δ 的一阶导数等于零的条件确定：

$$\left(\frac{\sin N\dfrac{\delta}{2}}{\sin\dfrac{\delta}{2}}\right)' = \frac{\dfrac{N}{2}\sin\dfrac{\delta}{2}\cos N\dfrac{\delta}{2} - \dfrac{1}{2}\sin N\dfrac{\delta}{2}\cos\dfrac{\delta}{2}}{\sin^2\dfrac{\delta}{2}} = 0$$

得到

$$\tan\frac{N\delta}{2} = N\tan\frac{\delta}{2}$$

这一超越方程的近似解为

$$\delta \approx (2m+1)\frac{\pi}{N} \qquad m = \pm 1, \pm 2 \cdots$$

或写为

$$d\sin\theta \approx \left(m + \frac{1}{2}\right)\frac{\lambda}{N} \qquad m = \pm 1, \pm 2, \cdots$$

即次极大约在两个极小的中央位置。

由于 $\tan N\dfrac{\delta}{2} = N\tan\dfrac{\delta}{2}$，于是

$$\sin^2 N\frac{\delta}{2} = \frac{N^2\tan^2\dfrac{\delta}{2}}{1 + N^2\tan^2\dfrac{\delta}{2}} = \frac{N^2\sin^2\dfrac{\delta}{2}}{1 + (N^2 - 1)\sin^2\dfrac{\delta}{2}}$$

因此，干涉因子

$$\left(\frac{\sin N\dfrac{\delta}{2}}{\sin\dfrac{\delta}{2}}\right)^2 = \frac{N^2}{1 + (N^2 - 1)\sin^2\dfrac{\delta}{2}}$$

对于零级主极大($\delta = 0$)

$$\left(\frac{\sin N\dfrac{\delta}{2}}{\sin\dfrac{\delta}{2}}\right)^2 = \frac{N^2}{1 + (N^2 - 1)\sin^2\dfrac{\delta}{2}} = N^2$$

与它相邻的次极大$\left(\delta = 3\dfrac{\pi}{N}\right)$,当缝数 N 很大时

$$\left(\frac{\sin N\dfrac{\delta}{2}}{\sin\dfrac{\delta}{2}}\right)^2 \approx \frac{N^2}{1 + (N^2 - 1)\left(\dfrac{3}{2}\dfrac{\pi}{N}\right)} \approx \frac{1}{23}N^2$$

即与零级主极大相邻的次极大的光强度只有主极大的约 $1/23$,离主极大再远一些的次极大的光强度值则更小。

5.9 衍 射 光 栅

通常把由大量(数千个乃至数万个)等宽等间距的狭缝构成的光学元件叫做**衍射光栅**。不过,近代光栅的种类已经很多,有些光栅的衍射单元已经不是在通常意义下的狭缝。因此,为了使衍射光栅的定义也包括这些光栅在内,可以把光栅定义为:能使入射光的振幅或位相,或者两者同时产生周期性空间调制的光学元件。

根据用于透射光还是用于反射光来分类时,光栅可以分为透射光栅和反射光栅两类,分别如图 5.40(a)和(b)所示。透射光栅是在光学平板

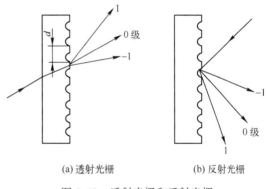

(a) 透射光栅   (b) 反射光栅

图 5.40   透射光栅和反射光栅

玻璃上刻划出一道道等宽等间距的刻痕制成的;刻痕处不透光,未刻处则是透光的狭缝。反射光栅是在金属反射镜上刻划出一道道刻痕制成的;刻痕上发生漫反射,未刻处在反射光方向发生衍射,相当于一组衍射狭缝。在反射光栅中,按反射镜的形状是平面或凹面,有平面反射光栅和凹面反射光栅之分。光栅如果按它对入射光的调制作用来分类,又可分为振幅光栅和位相光栅。此外,还有矩形光栅和余弦光栅,一维、二维和三维光栅等。总之,光栅的种类较多,这一节只介绍几种常用光栅。

光栅最重要的应用是用做**分光元件**;使用光栅作为分光元件的光谱仪称为**光栅光谱仪**。下面先介绍光栅在这方面的性能。

5.9.1 光栅的分光性能

1. 光栅方程

光栅的分光原理可以从多缝夫琅禾费衍射图样中亮线位置的公式(式(5.67))

$$d\sin\theta = m\lambda \qquad m = 0, \pm 1, \pm 2, \cdots$$

看出。上式表明,对应于亮线的衍射角 θ 与波长 λ 有关。因此,对于给定间距 d(通常又称**光栅常数**)的光栅,当用多色光照明时,不同波长的同一级亮线,除零级外,均不重合,即发生色散。这就是光栅的**分光原理**。对应于不同波长的各级亮线称为光栅光谱线。图 5.41 表示了波长 $\lambda_1 =$

400nm 和 $\lambda_2 = 500$nm 两种光波的光谱线,可见它们的零级谱线重合,而其他级的谱线彼此分开,分开的程度随级次增大而增大。对于同一级谱线而言,波长长的(λ_2)衍射角大,波长短的(λ_1)衍射角小。

在光栅理论中,式(5.67)称为**光栅方程**。它是使用光栅的基本方程。但是,光栅方程(5.67)只适用于入射光垂直入射到光栅面的情况,对于更普遍的斜入射的情形,该式要加以修正。

下面以反射光栅为例,导出斜入射情形的光栅方程。设平行光束以入射角 i 斜入射到反射光栅上,并且所考察的衍射光与入射光分别处于光栅法线的两侧(图5.42(a))。当光束到达光栅时,光束 R_1 比与之相邻的 R_2 超前 $d\sin i$;在离开光栅时,R_2 比 R_1 超前 $d\sin\theta$。所以两束相邻光束的光程差为

$$\mathscr{D} = d\sin i - d\sin\theta$$

但当考察与入射光同在光栅法线一侧的衍射光谱时(图5.42(b)),R_1 总比 R_2 超前,故光程差为

$$\mathscr{D} = d\sin i + d\sin\theta$$

因此,光栅方程的普遍形式可写为

$$d(\sin i \pm \sin\theta) = m\lambda \qquad m = 0, \pm 1, \pm 2, \cdots \tag{5.71}$$

在考察与入射光同一侧的衍射光谱时,上式取正号;在考察与入射光异侧的衍射光谱时,上式取负号。容易证明,上式对于透射光栅同样适用。

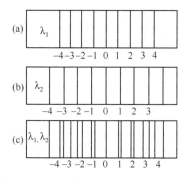

图5.41 光栅光谱线

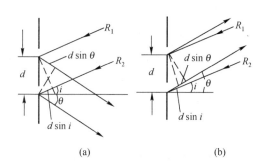

图5.42 光束斜入射到反射光栅上发生的衍射

2. 光栅的色散本领

光栅的色散本领通常用角色散和线色散来表示。波长相差 1 Å(0.1nm)的两条谱线分开的角距离称为**角色散**。它与光栅常数 d 和谱线所属的级次 m 的关系可从光栅方程(5.71)求得:光栅方程两边取微分,得到

$$\frac{\mathrm{d}\theta}{\mathrm{d}\lambda} = \frac{m}{d\cos\theta} \tag{5.72}$$

表明光栅的角色散与光栅常数 d 成反比,与级次 m 成正比。

光栅的**线色散**是聚焦物镜焦面上波长相差 1 Å 的两条谱线分开的距离,显然有

$$\frac{\mathrm{d}l}{\mathrm{d}\lambda} = f\frac{\mathrm{d}\theta}{\mathrm{d}\lambda} = f\frac{m}{d\cos\theta} \tag{5.73}$$

式中,f 是物镜的焦距。

角色散和线色散是光谱仪的重要质量指标,光谱仪的色散越大,就越容易将两条靠近的谱线分开。由于实用光栅通常每毫米有几百条刻线以至上千条刻线,即光栅常数 d 通常很小,所以光栅具

有很大的色散本领。这一特性使光栅光谱仪成为一种优良的光谱仪器。

如果我们在 θ 不大的地方记录光栅光谱，$\cos\theta$ 几乎不随 θ 而变化，所以色散是均匀的，这种光谱称为**匀排光谱**。测定这种光谱的波长时，可用线性内插法。这一点也是光栅光谱相对于棱镜光谱的优点之一。

3. 光栅的色分辨本领

色分辨本领是光谱仪的又一个重要质量指标。光谱仪的色分辨本领是指光谱仪分辨两条波长差很小的谱线的能力，如棱镜光谱仪、光栅光谱仪。

考察两条波长分别为 λ 和 $\lambda + \Delta\lambda$ 的谱线。如果它们由于色散所分开的距离正好使一条谱线的光强度极大值和另一条谱线极大值边上的极小值重合（图 5.43），那么根据瑞利判据，这两条谱线刚好可以分辨。这时的波长差 $\Delta\lambda$ 就是光栅所能分辨的最小波长差，而光栅的色分辨本领

$$A = \lambda / \Delta\lambda$$

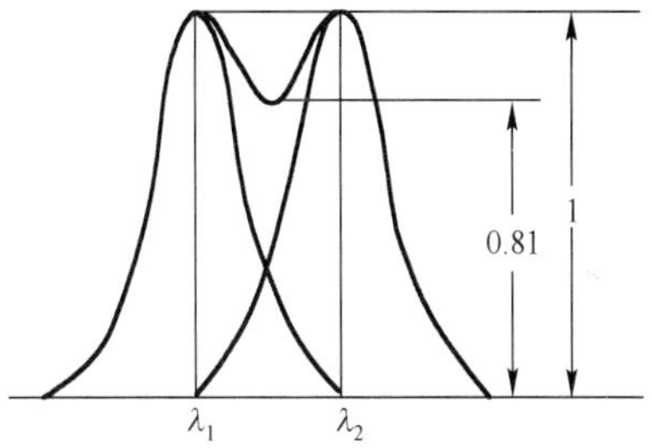

按照式（5.69），谱线的半角宽度（即谱线光强度极大值到极小值的角宽度）为

$$\Delta\theta = \frac{\lambda}{Nd\cos\theta}$$

再由角色散的表达式（5.72），与角距离 $\Delta\theta$ 对应的波长差为

$$\Delta\lambda = \left(\frac{\mathrm{d}\lambda}{\mathrm{d}\theta}\right)\Delta\theta = \frac{d\cos\theta}{m} \cdot \frac{\lambda}{Nd\cos\theta} = \frac{\lambda}{mN}$$

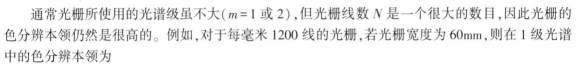

因此，光栅的色分辨本领　　　$A = \lambda / \Delta\lambda = mN$ 　　　(5.74)

图 5.43　光栅的色分辨极限

式 5.74 表明，光栅的色分辨本领正比于光谱级次 m 和光栅线数 N，与光栅常数 d 无关。

通常光栅所使用的光谱级虽不大（$m=1$ 或 2），但光栅线数 N 是一个很大的数目，因此光栅的色分辨本领仍然是很高的。例如，对于每毫米 1200 线的光栅，若光栅宽度为 60mm，则在 1 级光谱中的色分辨本领为

$$A = mN = 1 \times 60 \times 1200 = 72000$$

它对于 $\lambda = 600$nm 的红光，所能分辨的最小波长差为

$$\Delta\lambda = 600\text{nm} / 72000 \approx 0.008\text{nm}$$

这样高的色分辨本领，棱镜光谱仪是达不到的。所以在分辨本领方面，光栅也优于棱镜。

光栅与法布里－珀罗标准具的色分辨本领都很高，但它们的高分辨本领来自不同的途径：光栅来源于刻线数 N 很大，而法布里－珀罗标准具则来源于高干涉级，它的有效光束数 N 并不大。

4. 光栅的自由光谱范围

图 5.44 所示是一种光源在可见光区的光栅光谱。除零级光谱线外，各级光谱都是按紫色谱线在内，红色谱线在外排列的。可以看出，从 2 级光谱开始，发生了邻级光谱之间的重叠现象。这是容易理解的，因为由光栅方程，2 级光谱中红端极限波长为 780nm 的谱线位置，和 3 级光谱中紫端520nm 的谱线位置重合；3 级光谱中紫端极限波长为 390nm 的谱线和 2 级光谱中黄光 585nm 的谱线

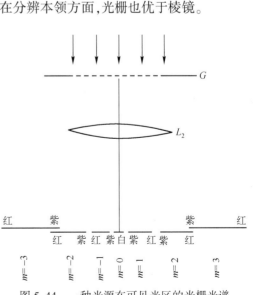

图 5.44　一种光源在可见光区的光栅光谱

位置重合。所以两列光谱将有一部分重叠。这一情况在应用光栅来进行光谱分析时是不允许的。因此,有必要分析光谱的不重叠区,即**自由光谱范围**。

容易理解,在波长为 λ 的 $m+1$ 级谱线和波长为 $\lambda+\Delta\lambda$ 的 m 级谱线重叠时,是不会发生波长在 λ 到 $\lambda+\Delta\lambda$ 之内的不同级谱线重叠的(参阅 3.4 节)。因此,光谱不重叠区 $\Delta\lambda$ 可由下式确定:

$$m(\lambda+\Delta\lambda)=(m+1)\lambda$$

得到
$$\Delta\lambda=\lambda/m \tag{5.75}$$

由于光栅使用的光谱级 m 很小,所以它的自由光谱范围比较大。这一点和法布里–珀罗标准具形成鲜明对照。

5.9.2 闪耀光栅

从前面的讨论可知,光谱的级次越高,分辨本领和色散本领也越大。但是,光强度的分布却是级次越低光强度越大。特别是没有色散的零级占了总能量的很大一部分,这对于光栅的应用是很不利的。下面介绍的闪耀光栅可以克服上述缺点,它能使光能量几乎全部集中到所需的那一级光谱上去。

闪耀光栅是平面反射光栅,其截面如图 5.45 所示。这种光栅以磨光的金属板为坯子,用楔形钻石刀头在其表面上刻划出一系列等间距的锯齿形槽面制成的。槽面与光栅平面之间的夹角称为**闪耀角**,在图 5.45 中以 γ 表示。由于金属铝反射率高,工作波段宽,也比较容易加工,所以闪耀光栅通常以金属铝板来制造。

闪耀光栅的巧妙之处是它的刻槽面与光栅面不平行,两者之间有一角度 γ。这一点正好使单槽面衍射的零级主极大和诸槽面间干涉的零级主极大分开,从而使光能量从干涉零级主极大转移并集中到某一级光谱上去。为具体说明这个问题,我们来分析入射光垂直于槽面照射光栅的情况(这是常用的照明方式,见图 5.45)。这时单槽面衍射的零级主极大对应于入射光的反方向,即几何光学的反射方向。但对于光栅平面来说,入射光是以角度 $i=\gamma$ 入射的,因而根据光栅方程(5.71),相邻两个槽面之间在入射光的反方向($\theta=\gamma$)上的光程差为

$$\mathscr{D}=d(\sin i+\sin\theta)=d(\sin\gamma+\sin\gamma)=2d\sin\gamma$$

方程(5.71)在这里取+号是因为考察方向与入射光在光栅面法线同侧。如果上述光程差等于 λ_B,即

$$2d\sin\gamma=\lambda_B \tag{5.76}$$

那么,波长为 λ_B 的 1 级光谱就在所考察的方向上,并且与单槽面衍射的零级主极大重合(参见图 5.46),这一级光谱将获得最大的光强度。λ_B 称为 1 级闪耀波长。又因为闪耀光栅的槽面宽度 $a\approx d$,所以波长 λ_B 的其他级次(包括零级)的光谱都几乎和单槽面衍射的极小位置重合,致使这些级次光谱的光强度很小。这就是说,在总能量中它们所占比例甚小,而大部分能量(80%以上)都转移并集中到波长为 λ_B 的 1 级光谱上了。

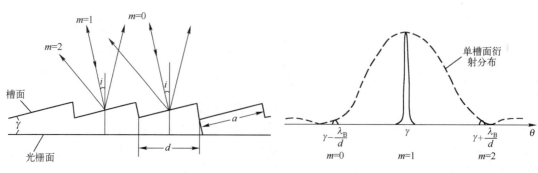

图 5.45　闪耀光栅截面　　　　　　　图 5.46　λ_B 的 1 级光谱的闪耀

由式(5.76)可以看出,对波长 λ_B 的 1 级光谱闪耀的光栅,也对 $\lambda_B / 2$、$\lambda_B / 3$ 的 2 级、3 级光谱闪耀$\left(\text{此时 } \mathscr{D} = 2 \dfrac{\lambda_B}{2} \text{ 和 } \mathscr{D} = 3 \dfrac{\lambda_B}{3}\right)$。不过,通常所称某光栅的闪耀波长是指在上述照明条件下的 1 级闪耀波长 λ_B。

显然,闪耀光栅在同一级光谱中只对闪耀波长产生极大光强度,而对其他波长不能产生极大光强度。但是,由于单槽面衍射的零级主极大到极小有一定的宽度,所以闪耀波长附近一定的波长范围内的谱线也有相当大的光强度,因而闪耀光栅可用于一定的波长范围。

在现代的光栅光谱仪中,已经很少利用透射光栅作为分光元件了。大量使用的是反射光栅,尤其是闪耀光栅。闪耀光栅的装置通常采用利特罗自准直装置,如图 5.47 所示。在图 5.47(a) 中透镜 L 起准直和会聚双重作用,光栅 G 的槽面受准直平行光垂直照明。图 5.47(b) 与图 5.47(a) 类似,只是用凹面反射镜替换了透镜 L,使得光谱仪可用于红外光区和紫外光区。

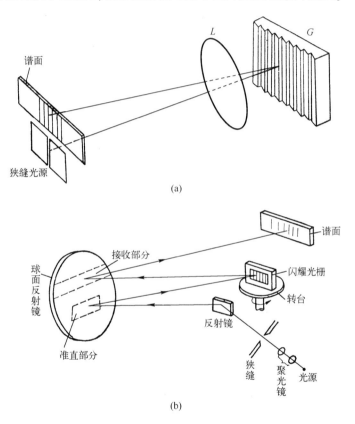

图 5.47 利特罗自准直装置

由于光栅的刻制和复制技术已经相当先进,因而已经能够制造出质量极好的各种光栅,它们适用于很宽的光谱范围,所以在各种光谱仪器中光栅正逐步取代古老的分光元件——三棱镜。

由我国自主创新、中国科学院国家天文台承担研制的大天区面积多目标光纤光谱天文望远镜(简称"LAMOST"),是世界上口径最大、光谱获取率最高的大视场兼大口径望远镜。LAMOST 于 1997 年立项,2001 年动工,2009 年 6 月通过国家验收,2010 年 4 月被冠名为"郭守敬望远镜",2012 年 9 月启动正式巡天。它的视场达 5°,在焦面上放置了四千根光纤,将遥远天体的光分别传输到多台光谱仪中以同时获取它们的光谱。该望远镜共配置了 16 台低分辨率多目标光纤光谱仪和 1 台高分辨率阶梯光栅光谱仪。这里的阶梯光栅实质上是一种粗刻线闪耀光栅(区别于下文的迈克尔孙阶梯光栅),具有较大的闪耀角,可用于很高的干涉级次(通常 10~100 级),因此可获得极高的光谱分辨率。郭守敬望远镜是我国在大规模光学光谱观测以及大视场天文学研究上居于国际领先地位的大科学装置。

*5.9.3 迈克耳孙阶梯光栅

迈克耳孙阶梯光栅是由许多平面平行厚玻璃板(厚度达 $1\sim2$ cm)组成的一段阶梯,如图 5.48 所示。组成阶梯的玻璃板厚度相同,折射率相同,且每块玻璃板凸出的高度相等(0.1 cm)。当平行光束通过光栅时,便在各玻璃板的凸出部分(阶梯)发生衍射,相当于前面讨论的多缝衍射。

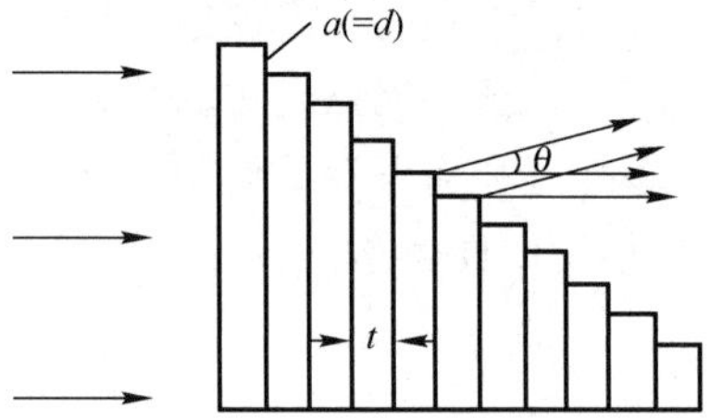

迈克耳孙阶梯光栅也是一种高分辨本领的器件。它的高分辨本领来源于高光谱级,而衍射阶梯数 N 不大(通常 $N=20\sim30$)。在衍射角 θ 不大的情况下,由图 5.48 容易得到相邻两阶梯衍射光在 θ 方向的光程差为

$$\mathscr{D}=(n-1)t+\theta d$$

因此,光栅方程为

$$(n-1)t+\theta d=m\lambda \tag{5.77}$$

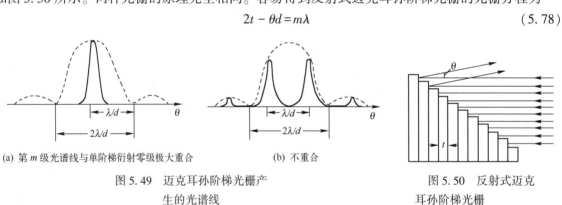

图 5.48 透射式迈克耳孙阶梯光栅

式中,n 是玻璃板折射率,t 是玻璃板厚度,d 为阶梯高度。设 $t=1$ cm,$n=1.5$,$\lambda=500$ nm,则光栅最低的光谱级(对应于 $\theta=0$)为

$$m=(n-1)t/\lambda=0.5\text{ cm}/500\times10^{-7}\text{ cm}=10000$$

由于迈克耳孙阶梯光栅的光谱级 m 很大,它的自由光谱范围是很小的,因而这种光栅适于分析光谱线的精细结构。又由于这种光栅的 $d=a$,所以只有落在单阶梯衍射零级极大范围内的一个或两个光谱线才有较大的光强度(见图 5.49)。这一点与闪耀光栅极为类似,也可以认为迈克耳孙阶梯光栅就是一种闪耀光栅。

迈克耳孙阶梯光栅有透射式和反射式两种。图 5.48 所示是透射式阶梯光栅,反射式阶梯光栅如图 5.50 所示。两种光栅的原理完全相同。容易得到反射式迈克耳孙阶梯光栅的光栅方程为

$$2t-\theta d=m\lambda \tag{5.78}$$

(a) 第 m 级光谱线与单阶梯衍射零级极大重合

(b) 不重合

图 5.49 迈克耳孙阶梯光栅产生的光谱线

图 5.50 反射式迈克耳孙阶梯光栅

*5.9.4 凹面光栅

凹面光栅是在凹球面反射镜上刻划一系列等宽等间距的线条制成的。凹面光栅除产生衍射作用外,还兼有准光和聚焦作用,因此不用附加任何光学系统便可以产生光栅光谱,这是凹面光栅最大的优点。图 5.51 所示是常用的凹面光栅光谱仪的一种结构形式,称为帕邢(F. Paschen)装置。在这种装置中,狭缝光源 S,凹面光栅 G 和照相底片三者都放在同一圆周上。

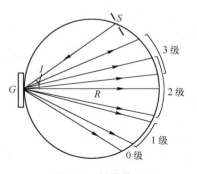

图 5.51 帕邢装置

这个圆的直径等于凹面光栅的曲率半径,这个圆常称为罗兰圆。帕邢装置之所以把照相底片放在罗兰圆上来记录光谱,是因为理论上可以证明:由罗兰圆上的狭缝光源发出的光,经凹面光栅(其中央点与罗兰圆相切)所产生的光谱都会聚在罗兰圆上。按照光栅方程,各级光谱具有确定的位置,所以在记录时,根据所需的波段将照相底片放在相应的一段圆周上即可。

凹面光栅的曲率半径通常很大,达 3～5m,因此上述装置要设置在一个很大的暗室内。此外,凹面光栅的刻制要比平面光栅困难得多,并且谱线质量不够理想。这些都是凹面光栅的缺点。

5.9.5 正弦(振幅)光栅

前面讨论的由大量狭缝组成的透射光栅,如果考察它的透射系数在光栅面上的变化,可以用图 5.52(a)所示的曲线表示。由于这种光栅对入射光波振幅的调制是按矩形函数变化的,所以把这种光栅称为矩形(振幅)光栅。相应地,透射系数按余弦或正弦函数变化的光栅(图 5.52(b))称为**正弦(振幅)光栅**。我们记得,两光束干涉图样的光强度分布具有余弦函数的形式,因此把一张记录了两光束干涉条纹的底片进行"线性冲洗"后[①],它的透射系数的分布就具有余弦函数的形式,这样一张底片就是一块正弦光栅。下面讨论正弦光栅的夫琅禾费衍射图样。

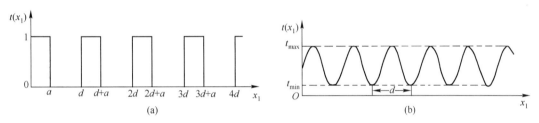

图 5.52 矩形光栅和正弦光栅的透射系数

假设正弦光栅包含有 N 个干涉条纹,条纹的间距(即光栅周期)为 d。那么,当单位振幅的单色平面波垂直照明光栅时,在光栅后紧靠着光栅的平面上的振幅分布可以写为(设光栅透射系数沿 x_1 方向变化)

$$|\widetilde{E}(x_1)| = \begin{cases} 1 + B\cos\dfrac{2\pi}{d}x_1 & \text{在光栅范围内} \\ 0 & \text{在光栅范围外} \end{cases} \tag{5.79}$$

式中,B 是一个小于 1 的常数。

根据在 5.8 节的讨论,求这类 N 个单元(每一个条纹可看做一个衍射单元)的光栅的衍射光强度分布,只需求出单元的衍射因子,再把它乘上多光束干涉因子 $\left(\dfrac{\sin\dfrac{N\delta}{2}}{\sin\dfrac{\delta}{2}}\right)^2$ 即可。对于这里所讨论的正弦光栅,单元衍射产生的复振幅为

$$\widetilde{E}_s = \int_{-\frac{d}{2}}^{\frac{d}{2}} \widetilde{E}(x_1)\exp(-iklx_1)\,dx_1$$

上式略去了积分号前的常系数和二次位相因子,它们对所求的光强度分布没有影响。把式(5.79)代入上式,得到

---

① 所谓线性冲洗,就是冲洗后底片的透射系数 t 与底片原来记录的光强度 I 有如下线性关系:$t=t_0+\gamma I$,式中 t_0 和 γ 为常数。

$$\tilde{E}_s = \int_{-\frac{d}{2}}^{\frac{d}{2}} \left(1 + B\cos\frac{2\pi}{d}x_1\right)\exp(-iklx_1)\,\mathrm{d}x_1$$

$$= \int_{-\frac{d}{2}}^{\frac{d}{2}} \left[1 + \frac{B}{2}\exp\left(i\frac{2\pi}{d}x_1\right) + \frac{B}{2}\exp\left(-i\frac{2\pi}{d}x_1\right)\right]\exp(-iklx_1)\,\mathrm{d}x_1$$

$$= \frac{\sin\alpha}{\alpha} + \frac{B}{2}\frac{\sin(\alpha+\pi)}{\alpha+\pi} + \frac{B}{2}\frac{\sin(\alpha-\pi)}{\alpha-\pi} \tag{5.80}$$

其中 $\alpha = \dfrac{kld}{2} = \dfrac{\pi d}{\lambda}\sin\theta$。所以,正弦光栅衍射图样的光强度分布为

$$I = I_0\left[\frac{\sin\alpha}{\alpha} + \frac{B}{2}\frac{\sin(\alpha+\pi)}{\alpha+\pi} + \frac{B}{2}\frac{\sin(\alpha-\pi)}{\alpha-\pi}\right]^2\left(\frac{\sin\frac{N\delta}{2}}{\sin\frac{\delta}{2}}\right)^2 \tag{5.81a}$$

注意到 $\delta = \dfrac{2\pi}{\lambda}d\sin\theta = 2\alpha$,故上式又可以写为

$$I = I_0\left[\frac{\sin\alpha}{\alpha} + \frac{B}{2}\frac{\sin(\alpha+\pi)}{\alpha+\pi} + \frac{B}{2}\frac{\sin(\alpha-\pi)}{\alpha-\pi}\right]^2\left(\frac{\sin N\alpha}{\sin\alpha}\right)^2 \tag{5.81b}$$

式中,衍射光强度包含的项数较多。在图 5.53 中画出了它们的振幅分布图,图(a)和图(b)分别属于衍射因子和干涉因子,图(c)是它们的乘积。可以看出,正弦光栅的衍射图样仅包含零级和±1级谱线。同样,谱线的宽度与光栅的周期数 N 成反比。当 $N \to \infty$ 时,谱线宽度减小到零,在数学上可用 3 个 δ 函数表示[①]。

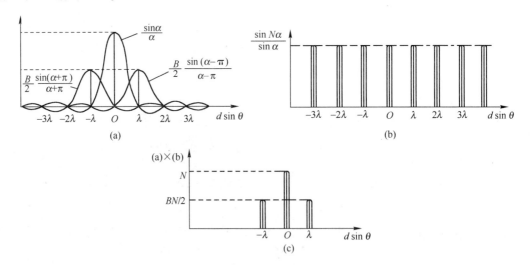

图 5.53 正弦光栅衍射的振幅分布

5.9.6 三维超声光栅

当波长为 d 的超声波在均匀介质(比如水、熔融石英)中传播时,会引起介质内的密度周期性变化,从而导致介质的折射率也周期性变化(见图5.54(a))。于是,这个超声场形成一个以 d 为周期的三维超声光栅。当光波入射到这个三维超声光栅上时,也会发生衍射。图 5.54(b)是三维超声光栅

---

① 见例题 6.4。有关 δ 函数的内容,参阅附录 D。

衍射的示意图,图中间距为 d 的水平线代替三维超声光栅的周期结构。根据光栅方程(5.67),显然当入射光的入射角 i 满足下列条件

$$2d\sin i = \lambda_n \qquad (5.82)$$

时,将在 $\theta = i$ 的方向得到衍射极大。式中 λ_n 为光波在介质中的波长。这一条件称为**布拉格(W. L. Bragg, 1890—1977)条件**。为了对超声场衍射的布拉格条件有一个数量上的概念,让我们考虑熔融石英中传播的超声波。设其频率为 $4 \times 10^7 \text{Hz}$,传播速度为 $6 \times 10^5 \text{mm/s}$,因此波长 $d = 1.5 \times 10^{-2} \text{mm}$。当以波长 $\lambda = 1.06 \mu\text{m}$ 的激光入射时,满足布拉格条件的入射角应为

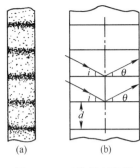

图 5.54 三维超声光栅

$$i = \arcsin \frac{\lambda_n}{2d} = \arcsin \frac{\lambda}{2nd} = 1.4^\circ$$

式中,$n = 1.45$,为熔融石英的折射率。

三维超声光栅在激光技术中有着重要的应用,其中最主要的应用是,作为声光偏转器和声光调制器。声光器件的结构如图 5.55 所示,电源产生的射频电压加在换能器上,获得射频超声波。换能器由压电材料(如石英、铌酸锂等)制成。换能器产生的超声波耦合到声光介质中,形成超声场。如果改变加在换能器上的电压的频率,超声波的频率和波长也随之改变,这时布拉格条件虽不能满足,但衍射光可在满足光栅方程 $d(\sin i + \sin\theta) = \lambda_n$ 的方向上得到极大,因而衍射光从 $\theta = i$ 方向偏转到该方向。这就是声光偏转器的原理。

在自然界中,晶体是一种适合于 X 射线的天然三维光栅。晶体由有规则排列的微粒(原子、离子或分子)组成,可以想象这些微粒构成一系列平行的层面(称为晶面),如图 5.56 所示。晶面之间的距离(晶体间距)为 d,其大小是 10^{-10}m 的数量级,与 X 射线的波长相当。当一束单色的平行 X 射线以 i 角掠射到晶面上时,在各晶面所散射的射线中,只有按反射定律反射的射线强度为最大,即它满足布拉格条件:$2d\sin i = \lambda$,式中 λ 为 X 射线波长。

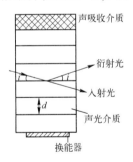

图 5.55 声光器件的结构

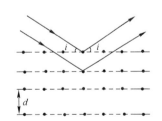

图 5.56 晶体光栅衍射的布拉格条件

[**例题 5.10**] 设计一块光栅,要求:(1)使波长 $\lambda = 600\text{nm}$ 的第 2 级谱线的衍射角 $\theta \leqslant 30^\circ$;(2)色散尽可能大;(3)第 3 级谱线缺级;(4)对波长 $\lambda = 600\text{nm}$ 的 2 级谱线能分辨 0.02nm 的波长差。在选定光栅的参数后,问当光波正入射时在透镜的焦面上只可能看到波长 600nm 的几条谱线?

解:(1) 为使波长 $\lambda = 600\text{nm}$ 的 2 级谱线的衍射角 $\theta \leqslant 30^\circ$,光栅常数 d 必须满足

$$d = \frac{m\lambda}{\sin\theta} \geqslant \frac{2 \times 600 \times 10^{-6}\text{mm}}{\sin 30^\circ} = 2.4 \times 10^{-3}\text{mm}$$

(2) 应选择 d 尽可能小,故 $d = 2.4 \times 10^{-3}\text{mm}$。

(3) 光栅缝宽应为 $a = d/3 = 2.4 \times 10^{-3}\text{mm}/3 = 8 \times 10^{-4}\text{mm}$。

（4）光栅缝数至少应为 $N = \dfrac{\lambda}{m\Delta\lambda} = \dfrac{600\text{nm}}{2 \times 0.02\text{nm}} = 15000$。

所以光栅的宽度至少为 $W = Nd = 15000 \times 2.4 \times 10^{-3}\text{mm} = 36\text{mm}$。

光栅形成的谱线应在 $|\theta| < 90°$ 的范围内；当 $\theta = \pm 90°$ 时

$$m = \frac{d\sin\theta}{\lambda} = \frac{\pm 2.4 \times 10^{-3}\text{mm}}{6 \times 10^{-4}\text{mm}} = \pm 4$$

即第 4 级谱线对应于衍射角 $\theta = 90°$，实际上不可能看见。此外第 3 级缺级，所以只能看见 $0, \pm 1, \pm 2$ 级共 5 条谱线。

[例题 5.11] 一块每毫米 1000 个刻槽的闪耀光栅，以平行光垂直于槽面入射，1 级闪耀波长为 546nm。问：

（1）光栅的闪耀角为多大？

（2）若不考虑缺级，有可能看见该波长的几级光谱？

（3）各级光谱的衍射角是多少？

解：（1）由式(5.76) $2d\sin\gamma = \lambda_B$

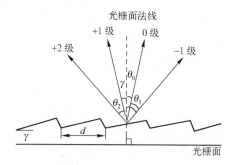
图 5.57 例题 5.11 用图

得到 $\gamma = \arcsin\left(\dfrac{\lambda_B}{2d}\right) = \arcsin\left(\dfrac{546 \times 10^{-6}\text{mm}}{2 \times \dfrac{1}{1000}\text{mm}}\right) = 15°50'$

（2）按普遍形式的光栅方程(5.71)

$$d(\sin\gamma \pm \sin\theta) = m\lambda \qquad m = 0, \pm 1, \pm 2, \cdots$$

对于光栅面法线的右侧（图 5.57），与 $\theta_{\max} = 90°$ 对应的槽面间干涉的干涉级为

$$m = \frac{d(\sin\gamma - \sin 90°)}{\lambda_B} = \frac{\dfrac{1}{1000} \times (0.273 - 1)\,\text{mm}}{546 \times 10^{-6}\text{mm}} = -1.33$$

对于光栅面法线的左侧，与 $\theta_{\max} = 90°$ 对应的干涉级为

$$m = \frac{d(\sin\gamma + \sin 90°)}{\lambda_B} = \frac{\dfrac{1}{1000} \times (0.273 + 1)\,\text{mm}}{546 \times 10^{-6}\text{mm}} = 2.33$$

所以，可能看见 546nm 的谱线为 $-1, 0, +1, +2$ 等级[①]。

（3）光栅面右侧零级光谱满足条件

$$d(\sin\gamma - \sin\theta_0) = 0$$

故零级光谱的衍射角 $\theta_0 = \gamma = 15°50'$。

-1 级光谱满足条件 $d(\sin\gamma - \sin\theta_{-1}) = -\lambda$

因此 $\theta_{-1} = \arcsin\left(\dfrac{d\sin\gamma + \lambda}{d}\right) = \arcsin\left(\dfrac{\dfrac{1}{1000}\text{mm} \times 0.273 + 546 \times 10^{-6}\text{mm}}{\dfrac{1}{1000}\text{mm}}\right) = 55°$

光栅面左侧 $+1$ 级光谱满足条件 $d(\sin\gamma + \sin\theta_1) = \lambda$

---

① 通常闪耀光栅的 $d \approx a$，因此本例中的零级和 $+2$ 级接近单槽衍射的极小位置，形成缺级。

故
$$\theta_1 = \arcsin\left(\frac{\lambda - d\sin\gamma}{d}\right) = \arcsin\left(\frac{546 \times 10^{-6}\,\mathrm{mm} - \dfrac{1}{1000}\mathrm{mm} \times 0.273}{\dfrac{1}{1000}\mathrm{mm}}\right) = 15°50'$$

+2 级的衍射角
$$\theta_2 = \arcsin\left(\frac{2\lambda - d\sin\gamma}{d}\right)$$

$$= \arcsin\left(\frac{2 \times 546 \times 10^{-6}\,\mathrm{mm} - \dfrac{1}{1000}\mathrm{mm} \times 0.273}{\dfrac{1}{1000}\mathrm{mm}}\right) = 55°$$

各级光谱的位置如图 5.57 所示。

5.10　圆孔和圆屏的菲涅耳衍射

5.10.1　菲涅耳衍射

根据 5.3 节的讨论,菲涅耳衍射是在菲涅耳近似成立的距离上观察到的衍射现象。相对于观察夫琅禾费衍射而言,观察菲涅耳衍射是在离衍射屏比较近的地方。仍以例题 5.1 的数据为例:衍射屏上圆孔直径为 2cm,光波波长为 600nm,这时为满足菲涅耳近似,要求观察屏到衍射屏的距离远大于 25cm,而夫琅禾费衍射却要求距离远大于 160m。由于菲涅耳衍射条件比较容易实现,所以这类衍射现象在历史上是最先被观察和研究的。

尽管如此,菲涅耳衍射问题的定量解决仍然很困难。在许多情况下,需要利用定性和半定量的分析、估算来解决问题。在方法上,本节和下一节分别介绍**菲涅耳波带法**和**菲涅耳积分法**。

菲涅耳衍射装置如图 5.58 所示。其中 S 是点光源,K 是开有某种形状孔径 Σ 的衍射屏(也可以是一个很小的不透明屏),M 是观察屏,在距离衍射屏不太远的地方。通常点光源离衍射屏的距离都要比衍射屏上的孔径大得多,为处理简便起见,可以认为点光源发出的光波垂直照射在孔径上。在某些特别需要精确的情况下,可以不用这一假设,借助计算机定量计算解决菲涅耳衍射问题。

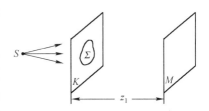

图 5.58　菲涅耳衍射装置

5.10.2　**菲涅耳波带法**

考察单色平面波垂直照射圆孔衍射屏的情形(图 5.59)。我们利用菲涅耳波带法来决定 P_0 点的光强度,P_0 点位于通过圆孔中心 C 且垂直于圆孔平面的轴上。

假设单色平面波在圆孔范围内的波面为 Σ,根据惠更斯–菲涅耳原理,衍射屏后任一点 P 的复振幅,应是 Σ 上所有面元发出的惠更斯子波在 P 点叠加的结果。为了决定波面 Σ 在 P_0 点产生的复振幅的大小,可以按如下的方法画图:以 P_0 为中心,以 $z_1 + \dfrac{\lambda}{2}$,$z_1 + \lambda$,$\cdots$,

$z_1 + \dfrac{j\lambda}{2}$,$\cdots$ 为半径分别画出一系列球面,每个

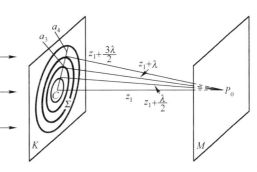

图 5.59　菲涅耳波带

球面都与 Σ 相交成圆,而 Σ 则被分为一个个环带,如图 5.59 所示。在这些环带中,两相邻带的相应点到 P_0 点的光程差为半个波长,这些环带因此叫做**菲涅耳半波带**或**菲涅耳波带**。显然,P_0 点的复振幅就是波面 Σ 上所有波带发出的子波在 P_0 点产生的复振幅的叠加。

下面先看如何表示一个波带在 P_0 点产生的振幅。由惠更斯-菲涅耳原理得知,各个波带在 P_0 点产生的振幅正比于该波带的面积,反比于该波带到 P_0 点的距离,并且依赖于倾斜因子 $\frac{1}{2}(1+\cos\theta)$。因此,第 j 波带(圆心 C 所在的为第 1 波带,向外依次为第 $2,3,\cdots,j,\cdots$ 波带)在 P_0 点产生的振幅可以表示为

$$|\tilde{E}_j| = C\frac{A_j}{r_j}\cdot\frac{1+\cos\theta}{2}$$

式中,C 是比例常数,r_j 是第 j 波带到 P_0 点的距离,A_j 是第 j 波带的面积。由图 5.59 容易看出,A_j 是波面上半径分别为 a_j 和 a_{j-1} 的两个圆的面积之差,而 a_j 由下式给出:

$$a_j = \left[\left(z_1 + j\frac{\lambda}{2}\right)^2 - z_1^2\right]^{1/2} = \sqrt{jz_1\lambda}\left[1 + \frac{j\lambda}{4z_1}\right]^{1/2}$$

由于 $z_1 \gg \lambda$,故可取

$$a_j = \sqrt{jz_1\lambda} \tag{5.83}$$

因此

$$A_j = \pi a_j^2 - \pi a_{j-1}^2 = \pi z_1\lambda \tag{5.84}$$

表明各个波带的面积相等。这样一来,各波带在 P_0 点所产生的振幅就只与各波带到 P_0 点的距离和倾斜因子有关了。波带的序数 j 越大,距离 r_j 和倾角 θ_j 也越大,因而各波带在 P_0 点产生的振动的振幅将随 j 的增大而单调减小,即

$$|\tilde{E}_1| > |\tilde{E}_2| > |\tilde{E}_3| > \cdots$$

再考虑到自相邻波带的相应点到 P_0 点的光程差为半波长,它们发出的子波到达 P_0 点的位相差为 π。因此,若把奇数波带在 P_0 点产生的复振幅的位相取为零,则偶数波带在 P_0 点产生的复振幅的位相就是 π;相邻波带产生的复振幅分别为一正一负。这样,各波带在 P_0 点产生的复振幅总和为

$$\tilde{E} = \tilde{E}_1 + \tilde{E}_2 + \tilde{E}_3 + \tilde{E}_4 + \cdots + \tilde{E}_n$$

$$= |\tilde{E}_1| - |\tilde{E}_2| + |\tilde{E}_3| - |\tilde{E}_4| + \cdots - (-1)^n|\tilde{E}_n|$$

这里假定圆孔范围内的波面 Σ 包含有 n 个波带。当 n 为奇数时,上式又可写为

$$\tilde{E} = \frac{|\tilde{E}_1|}{2} + \left(\frac{|\tilde{E}_1|}{2} - |\tilde{E}_2| + \frac{|\tilde{E}_3|}{2}\right) + \left(\frac{|\tilde{E}_3|}{2} - |\tilde{E}_4| + \frac{|\tilde{E}_5|}{2}\right) + \cdots +$$

$$\left(\frac{|\tilde{E}_{n-2}|}{2} - |\tilde{E}_{n-1}| + \frac{|\tilde{E}_n|}{2}\right) + \frac{|\tilde{E}_n|}{2} \tag{5.85a}$$

当 n 为偶数时

$$\tilde{E} = \frac{|\tilde{E}_1|}{2} + \left(\frac{|\tilde{E}_1|}{2} - |\tilde{E}_2| + \frac{|\tilde{E}_3|}{2}\right) + \left(\frac{|\tilde{E}_3|}{2} - |\tilde{E}_4| + \frac{|\tilde{E}_5|}{2}\right) + \cdots +$$

$$\left(\frac{|\tilde{E}_{n-3}|}{2} - |\tilde{E}_{n-2}| + \frac{|\tilde{E}_{n-1}|}{2}\right) + \frac{|\tilde{E}_{n-1}|}{2} - |\tilde{E}_n| \tag{5.85b}$$

由于 $|\tilde{E}_1|,|\tilde{E}_2|,|\tilde{E}_3|,\cdots$ 单调下降,且变化缓慢,所以近似有

$$|\tilde{E}_2| = \frac{|\tilde{E}_1|}{2} + \frac{|\tilde{E}_3|}{2}, \quad |\tilde{E}_4| = \frac{|\tilde{E}_3|}{2} + \frac{|\tilde{E}_5|}{2}, \quad \cdots$$

因此,式(5.85a)和式(5.85b)括号内的项为零,得到

$$\tilde{E} = \begin{cases} \dfrac{|\tilde{E}_1|}{2} + \dfrac{|\tilde{E}_n|}{2} & (n \text{ 为奇数}) \\[3mm] \dfrac{|\tilde{E}_1|}{2} + \dfrac{|\tilde{E}_{n-1}|}{2} - |\tilde{E}_n| & (n \text{ 为偶数}) \end{cases} \tag{5.86}$$

在波带数 n 足够大时,$|\tilde{E}_{n-1}|$ 和 $|\tilde{E}_n|$ 相差很小,有

$$\frac{|\tilde{E}_{n-1}|}{2} - |\tilde{E}_n| = -\frac{|\tilde{E}_n|}{2}$$

于是,式(5.86)又可写为
$$\tilde{E} = \frac{|\tilde{E}_1|}{2} \pm \frac{|\tilde{E}_n|}{2} \tag{5.87}$$

式中,当 n 为奇数时取+号,n 为偶数时取-号。

由式(5.87)可见,P_0 点的振幅和光强度与圆孔包含的波带数 n 有关。当 n 为奇数时,$\tilde{E} = \dfrac{|\tilde{E}_1|}{2} + \dfrac{|\tilde{E}_n|}{2}$,$P_0$ 点的光强度较大;当 n 为偶数时,$\tilde{E} = \dfrac{|\tilde{E}_1|}{2} - \dfrac{|\tilde{E}_n|}{2}$,$P_0$ 点的光强度较小。而不论 n 是奇数或偶数,如果 n 不大,则可以认为 $|\tilde{E}_1| \approx |\tilde{E}_n|$。因此

$$\tilde{E} = \begin{cases} \dfrac{|\tilde{E}_1|}{2} + \dfrac{|\tilde{E}_n|}{2} \approx |\tilde{E}_1| & (n \text{ 为奇数}) \\[3mm] \dfrac{|\tilde{E}_1|}{2} - \dfrac{|\tilde{E}_n|}{2} \approx 0 & (n \text{ 为偶数}) \end{cases}$$

与此相应的 P_0 点分别是光强度约等于 $|\tilde{E}_1|^2$ 的亮点和光强度接近于零的暗点。这样一来,若逐渐开大或缩小圆孔,在 P_0 点将可以看到明暗交替的变化。

另一方面,对于一定的圆孔大小和光波波长,波带数 n 取决于圆孔与 P_0 点的距离 z_1,即 z_1 不同的 P_0 点对应不同的波带数 n。因此,当把观察屏沿光轴 CP_0 平移时,同样可以看到 P_0 点忽明忽暗地交替变化。利用菲涅耳衍射的计算公式可以证明,P_0 点的光强度随 z_1 的变化是一个正弦函数的关系(见习题5.35)。

以上两种情况都是假定圆孔包含的波带数不是非常大时得出的结果。如果圆孔非常大,或者根本不存在圆孔衍射屏,则 $|\tilde{E}_n| \to 0$(波带到 P_0 点的距离和倾角 θ 增大所致)。因此,由式(5.87),得到

$$\tilde{E} = \tilde{E}_1/2 \tag{5.88}$$

表明这时 P_0 点的复振幅等于第 1 个波带产生的复振幅的一半,光强度为第 1 波带产生的光强度的 1/4。由此可见,当圆孔包含的波带数很大时,圆孔的大小不再影响 P_0 点的光强度。这实际上也是从光的直线传播定律出发所得出的结论。所以我们可以说:从波动概念和从光的直线传播概念得出的结论,当圆孔包含的波带数很大时开始吻合。

下面举个例子说明上述情况。设圆孔的半径 $a = 0.5\mathrm{cm}$,入射光波长 $\lambda = 500\mathrm{nm}$,则对于与圆孔距离为 $z_1 = 50\mathrm{cm}$ 的 P_0 点,圆孔包含的波带数(也称**菲涅耳数**)为

$$n = \frac{\pi a^2}{\pi z_1 \lambda} = \frac{(0.5)^2 \mathrm{cm}^2}{50 \times 500 \times 10^{-7}\mathrm{cm}^2} = 100$$

在此情况下,圆孔包含的波带数甚大,即使继续增大圆孔,对 P_0 点的光强度也不会产生影响,这与

几何光学的结论一致。但若考察与圆孔距离为 $z_1 = 50\text{m}$ 的 P_0 点,这时圆孔正好包含一个波带,P_0 点的光强度是衍射屏不存在时 P_0 点光强度的 4 倍,这就强烈地表现了光的衍射作用。在圆孔与 P_0 点的距离更远时,圆孔已不足以包含一个波带,则 P_0 点始终是亮点,实际上这时已开始进入夫琅禾费衍射区了。

5.10.3 圆孔的菲涅耳衍射图样

前面讨论了观察屏上轴上点 P_0 的光强度。对于轴外点的光强度原则上也可以用同样的方法来分析。例如,我们来考察 P 点(图 5.60),这时应以 P 点为中心,分别以 $z_1 + \dfrac{\lambda}{2}, z_1 + \lambda, \cdots$ 为半径在

圆孔露出的波面 Σ 上画波带(z_1 为 P 点到圆孔衍射屏的垂直距离)。由于 P 点在圆孔面上垂线的垂足 C' 偏离圆孔中心 C,所以波带对圆孔中心不再对称,一些序号较高的波带将部分地受到圆孔光屏的遮蔽,只有或多或少一部分在圆孔范围内露出来。这些波带在 P 点产生的光强度,不仅取决于它们的数目,而且也取决于每个波带露出部分的面积。精确地计算 P 点的光强度是不容易的,但可以预料,随着 P 点离开 P_0 点逐渐往外,其光强度将时大时小地变化。例如,对于图 5.61(a) 所示的情形,露出的

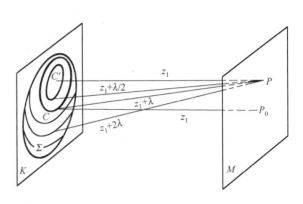

图 5.60 对轴外点画的波带

波带共有 6 个,其中头 4 个波带的作用基本上相互抵消掉,剩下的 2 个波带由于面积不完全相同,它们的作用不能完全抵消掉,但作用已经很小,所以对应于这一情形的 P 点的光强度很小,P 点是暗点。

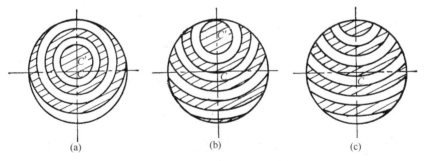

图 5.61 对应于不同考察点的波带形状

如果 P 点再往上移动,到达几何投影边缘附近,这时的波带形状如图 5.61(b) 所示。可见,除第一波带外,其余波带均或多或少地受到光屏阻挡,它们的作用大部分互相抵消,加上第一波带的作用后,P 点的光强度是较大的。当 P 点移到离 P_0 点更远时,比如露出的波带形状如图 5.61(c) 所示,这时圆孔范围内没有一个完整的波带,并且奇数带和偶数带受光屏阻挡的情况差不多,因此离 P_0 点较远的地方都是暗的。

另外,由于整个装置的轴对称性,在观察屏上离 P_0 点距离相同的 P 点都应有同样的光强。因此,圆孔的菲涅耳衍射图样是一组亮暗交替的同心圆环条纹,中心可能是亮点也可能是暗点(见图 5.1(b) 和图 5.62)。

图 5.62 圆孔菲涅耳衍射
图样的照片

5.10.4 圆屏的菲涅耳衍射

用一个很小的不透明圆屏代替图 5.59 中的圆孔衍射屏,就是圆屏的菲涅耳衍射装置。为了求得观察屏上轴上点 P_0 的光强度,也可以采用波带法。为此,以 P_0 点为中心,分别以 $r_0 + \dfrac{\lambda}{2}, r_0 + \lambda, \cdots$ 为半径(r_0 是圆屏边缘点到 P_0 点的距离)在到达圆屏的波面上画波带(见图 5.63(a))。按照式(5.88),全部波带在 P_0 点产生的复振幅应为第 1 波带产生的复振幅的一半,而光强度为第 1 波带在 P_0 点产生的光强度的 $1/4$。因此,可以断言,**轴上点 P_0 总是亮点**。对于轴外点,也可以用与讨论圆孔衍射类似的方法来讨论。轴外点随着离开 P_0 点距离的增大,也有光强度大小的变化。因此,圆屏的衍射图样是:中心为亮点,周围有一些亮暗相间的圆环条纹(图 5.63(b))。

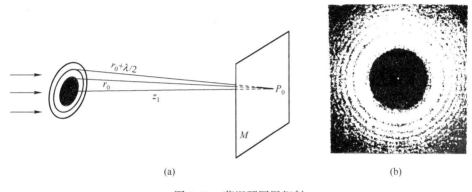

(a)   (b)

图 5.63　菲涅耳圆屏衍射

应该指出,上述讨论是对小圆屏而言的。当圆屏较大时,由于从圆屏边缘开始画出的第 1 波带对 P_0 点的作用甚微,所以,P_0 点的光强度实际上接近于零,不再能够看出是一个亮点。

其次,当我们把圆屏和同样大小的圆孔作为互补屏来考虑时,不再存在夫琅禾费衍射条件下得出的除轴上点外,两个互补屏的衍射图样光强度分布相同的结论。原因是,对于菲涅耳衍射,无穷大波面在观察屏上产生一个均匀的振幅分布,而不像夫琅禾费衍射那样,除轴上点外振幅处处为零。

5.10.5 菲涅耳波带片

从圆孔衍射的讨论可知,在对于 P_0 点划分的波带中,奇数波带(或偶数波带)在 P_0 点产生的复振幅是同位相的。因此,如果设想制成一个特殊的光阑,使得奇数波带畅通无阻,而偶数波带完全被阻挡,或者使奇数波带被阻挡而偶数波带畅通,那么各通光波带产生的复振幅将在 P_0 点同位相叠加,P_0 点的振幅和光强度会大大增加。例如,设上述光阑包含 20 个波带,让 $1, 3, 5, \cdots, 19$ 等 10 个奇数波带通光,而 $2, 4, 6, \cdots, 20$ 等 10 个偶数波带不通光,则 P_0 点的振幅为

$$|\tilde{E}| = |\tilde{E}_1| + |\tilde{E}_3| + \cdots + |\tilde{E}_{19}| \approx 10|\tilde{E}_1| = 20|\tilde{E}_\infty|$$

式中,$|\tilde{E}_\infty|$ 是波面无穷大即光阑不存在时 P_0 点的振幅。光强度为

$$I \approx (20|\tilde{E}_\infty|)^2 = 400 I_\infty$$

即光强度约为光阑不存在时的 400 倍。

这种将奇数波带或偶数波带挡住的特殊光阑称为**菲涅耳波带片**。由于它的聚光作用类似一个普通的透镜,所以又称为**菲涅耳透镜**。图 5.64(a)和(b)所示分别是将奇数波带和偶数波带挡住

(涂黑)的两块菲涅耳波带片。

菲涅耳波带片不仅在聚光方面类似于普通透镜,而且在成像方面也类似于普通透镜。下面讨论菲涅尔波带片(以下简称波带片)在这方面的性质。

假设图 5.64(a)(或(b))所示的波带片是对应于其后距离为 z_1 的轴上点 P_0 的,那么当用单色平面波垂直照射波带片时,将在 P_0 呈现一亮点。与普通透镜的作用相类似,这个亮点称为波带片的焦点,而距离 z_1 就是波带片的焦距。同样,波带片的焦点也可以理解为波带片对无穷远的轴上点光源所成的像,而 z_1 则是对应于物距无穷大的像距。

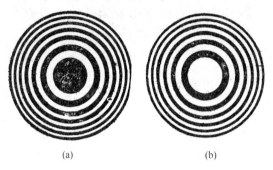

$$(a) \qquad\qquad (b)$$

图 5.64　菲涅耳波带片

由式(5.83)可知,波带片第 j 波带的外圆半径为

$$a_j = \sqrt{jz_1\lambda} \tag{5.89}$$

因此,波带片的焦距

$$f = z_1 = \frac{a_j^2}{j\lambda} \tag{5.90}$$

波带片除了对无穷远的点光源有类似于普通透镜那样的成像关系,对有限远的轴上点光源也有一个类似于普通薄透镜那样的成像关系式。设有一个距离波带片为 l 的轴上点光源 S 照明波带片(图 5.65),波带片的焦点为 P_0,焦距 $f = CP_0$。显然,这时波带片平面上的子波不再同位相,因而波带片上奇数环带(假定此波带片的奇数环带通光)在 P_0 点产生的复振幅也不再同位相,所以 P_0 点不再是亮点。此时的亮点应在 S',它满足条件

$$SQ + QS' - SS' = j\lambda / 2 \tag{5.91}$$

式中,Q 是波带片上第 j 环带的外边缘点。在这一条件下,由 S 经过波带片相邻奇数环带的对应点到达 S' 的光是同位相的,因此在 S' 将形成明亮的像点,CS' 就是像距 l'。

由图 5.65 可知 $\qquad SQ = (SC^2 + CQ^2)^{1/2} = (l^2 + a_j^2)^{1/2}$

并且 $\qquad\qquad\qquad QS' = (l'^2 + a_j^2)^{1/2}$

利用二项式级数把这两个式子展开,由于 a_j 很小,只保留前两项,分别得到

$$SQ = l\left(1 + \frac{a_j^2}{2l^2}\right), \quad QS' = l'\left(1 + \frac{a_j^2}{2l'^2}\right)$$

在满足式(5.91)时,有

$$l\left(1 + \frac{a_j^2}{2l^2}\right) + l'\left(1 + \frac{a_j^2}{2l'^2}\right) - (l + l') = \frac{j\lambda}{2}$$

由于 $a_j = \sqrt{jf\lambda}$,由上式得

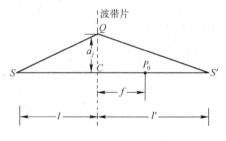

图 5.65　点光源在有限距离照明波带片

$$\frac{1}{l'} + \frac{1}{l} = \frac{1}{f} \tag{5.92}$$

上式表明波带片的物距 l，像距 l' 和焦距 f 三者的关系与普通薄透镜的成像公式完全一样。

波带片和普通透镜在成像方面除了有类似的一面，也有不同之处。主要的不同是，波带片不仅有上面指出的一个焦点 P_0（也称**主焦点**），还有一系列光强度较小的次焦点 $P_1,P_2,P_3,\cdots$，它们距离波带片分别为 $f/3,f/5,f/7,\cdots$（图 5.66）。波带片具有多个次焦点这一事实，不难利用波带法来说明。此外，从波带片作为一个类似光栅的衍射屏来考虑，波带片除有上述实焦点外，还应有一系列与实焦点位置对称的虚焦点（见图 5.66 中的 $P_0',P_1',P_2',\cdots$）。

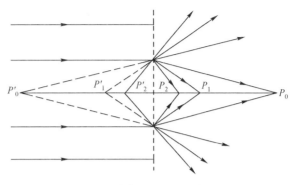

图 5.66　波带片的焦点和虚焦点

其次，由式（5.90）可见，波带片的焦距和波长 λ 成反比，正好与普通透镜的焦距色差相反。色差较大是波带片的重要缺点。

波带片的优点是，它的适用波段范围广。比如用金属薄片制作的波带片，由于透明环带没有任何材料，这种波带片可以在从紫外到软 X 射线的波段内作为透镜使用，而普通玻璃透镜只能在可见光内使用。此外，还有声波和微波的波带片。

波带片可以用照相复制法制作。先在一张白纸上画出放大了的波带片图案，再用照相方法精缩，得到底片后翻印在胶片或玻璃感光板上，也可以在金属薄片上蚀刻出空心环带。

波带片除了有上述环带状的，还可以制作成长条形的（图 5.67(a)），条带宽度也取决于相邻两长条形波带到焦点 P_0 的光程差为 $\lambda/2$ 这一原则。这种波带片的特点是，在焦点处会聚成一条明亮的直线，其方向与波带片的条带平行。波带片也可以做成方形的（图 5.67(b)），它可看成两个正交的长条形波带片的组合。这种波带片将使入射平行光会聚成一个明亮的十字线。把这种波带片用在激光准直仪中，可以提高对准精度。

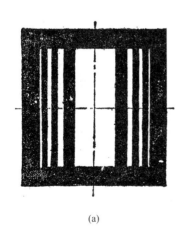

(a)

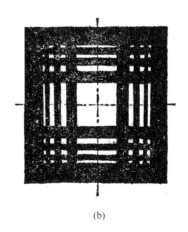

(b)

图 5.67　长条形和方形波带片

[**例题 5.12**]　考察点光源 S 在近距离对圆孔产生的菲涅耳衍射。这时，以处在光源和圆孔中心连线上的 P_0 点为中心，在点光源 S 到达圆孔的波面上画出的菲涅耳波带如图 5.68 所示。试推导半径为 ρ 的圆孔包含的波带数的表示式。

解:如图 5.69 所示,设第 j 个波带在 Q 点位置,其半径为 ρ_j,因此

$$\rho_j^2 = R^2 - (R-h)^2 = r_j^2 - (r_0 + h)^2$$

得到

$$h = \frac{r_j^2 - r_0^2}{2(R + r_0)}$$

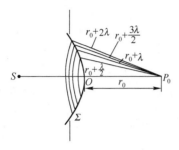

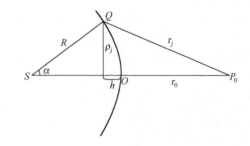

图 5.68　例 5.12 用图 1　　　　　　图 5.69　例题 5.12 用图 2

由于 $r_j = r_0 + j\dfrac{\lambda}{2}$,所以

$$r_j^2 - r_0^2 = jr_0\lambda + j^2\left(\frac{\lambda}{2}\right)^2$$

在 $\lambda \ll r_0$ 的情况下,有

$$r_j^2 - r_0^2 = jr_0\lambda$$

所以

$$h = \frac{jr_0\lambda}{2(R + r_0)}$$

$$\rho_j^2 = r_j^2 - (r_0 + h)^2 = r_j^2 - r_0^2 - 2r_0h + h^2$$

一般情况下,$h \ll r_0$,因而可略去 h^2,得到

$$\rho_j^2 = r_j^2 - r_0^2 - 2r_0h$$

或者

$$\rho_j^2 = jr_0\lambda - 2r_0\frac{jr_0\lambda}{2(R + r_0)} = j\frac{r_0R}{R + r_0}\lambda$$

由此得到

$$j = \frac{\rho_j^2(R + r_0)}{r_0R\lambda}$$

因此半径为 ρ 的圆孔包含的波带数为

$$n = \frac{\rho^2(R + r_0)}{r_0R\lambda}$$

若点光源 S 移至距离圆孔无穷远(以平行光照明),上式化为

$$n = \frac{\rho^2}{r_0\lambda}$$

与本节给出的菲涅耳数的计算式相同。

[例题 5.13]　利用基尔霍夫公式计算第 j 个波带在考察点 P_0(见图 5.68)产生的复振幅,并比较光波自由传播情形和第 1 个波带在 P_0 点产生的复振幅。

解:(1)由于波带的面积很小,可认为同一个波带内各点发出的次波的倾斜因子相同,第 j 个波带的倾斜因子记为 K_j。由基尔霍夫公式,第 j 个波带在 P_0 点产生的复振幅为

$$\tilde{E}_j(P_0) = \frac{1}{i\lambda}K_j\iint\limits_{\Sigma_j} \tilde{E}(Q)\frac{e^{ikr}}{r}d\sigma$$

其中
$$\tilde{E}(Q) = \frac{A e^{ikR}}{R}$$

式中，A 是离点光源 S 单位距离处的振幅。对于波面上的点，$\tilde{E}(Q)$ 是常量，因此

$$\tilde{E}_j(P_0) = \frac{1}{i\lambda} K_j \frac{A e^{ikR}}{R} \iint_{\Sigma_j} \frac{e^{ikr}}{r} d\sigma$$

为计算上式中的积分，采用如图 5.70 所示的球坐标系。由图可见，波面元 $d\sigma$ 可以表示为

$$d\sigma = R^2 \sin\alpha\, d\alpha\, d\phi$$

又由图 5.69 可知，利用余弦定理

$$\begin{aligned} r^2 &= (R + r_0)^2 - R^2 - 2R(R + r_0)\cos\alpha \\ &= r_0^2 + 2Rr_0 - 2R(R + r_0)\cos\alpha \end{aligned}$$

两边取微分，得到　　$2r\,dr = 2R(R + r_0)\sin\alpha\, d\alpha$

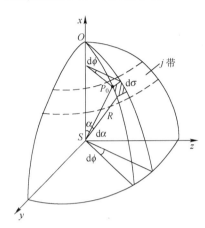

图 5.70　例题 5.13 用图

因此
$$d\sigma = \frac{Rr}{(R + r_0)} dr\, d\phi$$

于是
$$\begin{aligned} \tilde{E}_j(P_0) &= \frac{K_j}{i\lambda} \frac{A e^{ikR}}{R} \int_0^{2\pi} d\phi \int_{r_0+(j-1)\frac{\lambda}{2}}^{r_0+j\frac{\lambda}{2}} \frac{e^{ikr}}{r} \frac{Rr}{(R + r_0)} dr \\ &= \frac{2\pi K_j}{i\lambda} \frac{A e^{ikR}}{R + r_0} \int_{r_0+(j-1)\frac{\lambda}{2}}^{r_0+j\frac{\lambda}{2}} e^{ikr}\, dr \\ &= \frac{-2\pi K_j}{k\lambda} \frac{A e^{ikR}}{R + r_0} e^{ikj\frac{\lambda}{2}} (1 - e^{-ik\frac{\lambda}{2}}) \end{aligned}$$

由于
$$e^{ikj\frac{\lambda}{2}}(1 - e^{-ik\frac{\lambda}{2}}) = e^{i\pi j}(1 - e^{-i\pi}) = (-1)^j 2$$

所以
$$\tilde{E}_j(P_0) = 2(-1)^{j+1} K_j \frac{A e^{ik(R+r_0)}}{R + r_0}$$

（2）由上式得到第 1 个波带在 P_0 点产生的复振幅为

$$\tilde{E}_j(P_0) = 2K_1 \frac{A e^{ik(R+r_0)}}{R + r_0}$$

对于第 1 个波带，衍射角 θ 很小，可认为 $K_1 \approx 1$。因此

$$\tilde{E}_j(P_0) = 2\frac{A e^{ik(R+r_0)}}{R + r_0}$$

我们知道，在自由传播情况下，S 在 P_0 点产生的复振幅为

$$\tilde{E}_j(P_0) = \frac{A e^{ik(R+r_0)}}{R + r_0}$$

可见，自由传播时 P_0 点的复振幅是第 1 个波带在 P_0 点产生的复振幅之半。

*5.11　直边的菲涅耳衍射

上节讨论了圆形孔径的菲涅耳衍射，对于这类衍射问题采用菲涅耳波带法做定性和半定量分析是适宜的。本节讨论另一类孔径的菲涅耳衍射，这类孔径的边缘都是平行于坐标轴的直边，如半平面屏、狭缝和矩孔等。这类孔径的衍射可以直接应用菲涅耳衍射的计算公式进行计算。

5.11.1 菲涅耳积分及其图解

仍然假设在开有孔径的衍射屏上建立的坐标系为 $x_1 O_1 y_1$，在观察屏上建立的坐标系为 $x P_0 y$（参见图5.8）。因此，根据式(5.24a)，观察屏上孔径 Σ 的菲涅耳衍射的复振幅分布为

$$\tilde{E}(x,y) = \frac{\exp(ikz_1)}{i\lambda z_1} \iint_{\Sigma} \tilde{E}(x_1,y_1) \exp\left\{\frac{ik}{2z_1}\left[(x-x_1)^2 + (y-y_1)^2\right]\right\} dx_1 dy_1$$

式中，z_1 为观察屏到衍射屏的距离。当用单位振幅的单色平面波垂直照明孔径时，在孔径范围内，$\tilde{E}(x_1,y_1) = 1$，故上式可写为

$$\tilde{E}(x,y) = \frac{\exp(ikz_1)}{i\lambda z_1} \iint_{\Sigma} \exp\left\{\frac{ik}{2z_1}\left[(x-x_1)^2 + (y-y_1)^2\right]\right\} dx_1 dy_1 \tag{5.93}$$

做变量代换

$$\mu = \sqrt{\frac{2}{\lambda z_1}}(x-x_1), \quad \nu = \sqrt{\frac{2}{\lambda z_1}}(y-y_1) \tag{5.94}$$

并且，对于直边衍射，考虑到孔径的边缘与 x_1 和 y_1 平行，式(5.93)可分解为两个积分的乘积，它们各自有独立的积分限：

$$\tilde{E}(\mu,\nu) = \frac{\exp(ikz_1)}{2i} \int_{\mu_1}^{\mu_2} \exp\left(i\frac{\pi\mu^2}{2}\right) d\mu \int_{\nu_1}^{\nu_2} \exp\left(i\frac{\pi\nu^2}{2}\right) d\nu \tag{5.95}$$

由上式可见，为求出 $\tilde{E}(\mu,\nu)$，需要计算下列形式的积分：

$$F(\omega) = \int_0^{\omega} \exp\left(i\frac{\pi t^2}{2}\right) dt \tag{5.96}$$

这个积分叫做**菲涅耳积分**。它包含有实部和虚部，即

$$F(\omega) = C(\omega) + iS(\omega)$$

其中

$$C(\omega) = \int_0^{\omega} \cos\frac{\pi t^2}{2} dt, \quad S(\omega) = \int_0^{\omega} \sin\frac{\pi t^2}{2} dt \tag{5.97}$$

分别称为**菲涅耳余弦积分和正弦积分**。这些积分不易以解析函数的形式求出，需进行数值计算。根据计算结果，以 $C(\omega)$ 为横坐标，$S(\omega)$ 为纵坐标，画出的曲线如图5.71(a)所示，这一曲线通常称为**科纽蜷线**。

由式(5.97)可以看出，$(dC)^2 + (dS)^2 = (d\omega)^2$，因此 $d\omega$ 的值表示科纽蜷线上的一小段弧长，并且从坐标原点 O 算起的科纽蜷线弧长与变量 ω 的值相等。在图5.71(a)中，标出了科纽蜷线上某些点对应的 ω 值。此外，还可注意到，在第一象限中 $\omega > 0$，在第三象限中 $\omega < 0$；当 $\omega \to \pm\infty$ 时，科纽蜷线分别趋向渐近点 $M(0.5, 0.5)$ 和 $M'(-0.5, -0.5)$。

如同一个复数在复平面上可用一个矢量表示一样，菲涅耳积分也可用一个矢量来表示。例如，对于 $F(\omega_1) = \int_0^{\omega_1} \exp\left(i\frac{\pi t^2}{2}\right) dt$，可在科纽蜷线上找到对应于 ω_1 的 A 点，做出矢量 $\overrightarrow{OA}$，则 $\overrightarrow{OA}$ 就代表复数 $F(\omega_1)$（见图5.71(b)）。$\overrightarrow{OA}$ 的长度等于 $F(\omega_1)$ 的模值，$\overrightarrow{OA}$ 与 C 轴的夹角则等于 $F(\omega_1)$ 的辐角。

为了求出式(5.95)的积分值，利用科纽蜷线是很方便的。式(5.95)的积分与积分 $\int_{\omega_1}^{\omega_2} \exp\left(i\frac{\pi t^2}{2}\right) dt$ 的形式相同，而

$$\int_{\omega_1}^{\omega_2} \exp\left(i\frac{\pi t^2}{2}\right) dt = \int_0^{\omega_2} \exp\left(i\frac{\pi t^2}{2}\right) dt - \int_0^{\omega_1} \exp\left(i\frac{\pi t^2}{2}\right) dt$$

$$= F(\omega_2) - F(\omega_1) \tag{5.98}$$

因此,只要在科纽蜷线上找出对应于 ω_1 和 ω_2 的两点 A 和 B,做出矢量 $\overrightarrow{AB}$(图 5.71(b)),它就代表积分 $\int_{\omega_1}^{\omega_2} \exp\left(\mathrm{i}\,\dfrac{\pi t^2}{2}\right)\mathrm{d}t$ 的复数值。

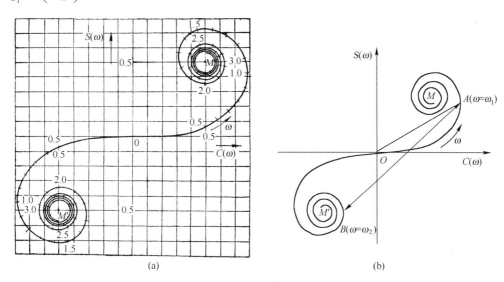

图 5.71　科纽蜷线及菲涅尔积分的矢量表示

5.11.2　半平面屏的菲涅耳衍射

如图 5.72 所示,设半平面屏为 $x_1 O_1 y_1$ 坐标系的 y_1 轴左面半平面,y_1 轴与半平面屏尖锐的直边重合。半平面屏的菲涅尔衍射常常也叫做**直边衍射**。对于这种衍射,式(5.93)化为

$$\tilde{E}(x,y) = \frac{\exp(\mathrm{i}kz_1)}{\mathrm{i}\lambda z_1} \int_0^\infty \exp\left[\frac{\mathrm{i}k}{2z_1}(x-x_1)^2\right]\mathrm{d}x_1 \int_{-\infty}^\infty \exp\left[\frac{\mathrm{i}k}{2z_1}(y-y_1)^2\right]\mathrm{d}y_1$$

利用式(5.94),得到

$$\tilde{E}(x,y) = \frac{\exp(\mathrm{i}kz_1)}{2\mathrm{i}} \int_{x\sqrt{\frac{2}{\lambda z_1}}}^{-\infty} \exp\left(\mathrm{i}\,\frac{\pi\mu^2}{2}\right)\mathrm{d}\mu \int_{-\infty}^\infty \exp\left(\mathrm{i}\,\frac{\pi\nu^2}{2}\right)\mathrm{d}\nu$$

$$= \frac{\exp(\mathrm{i}kz_1)}{2\mathrm{i}} \int_{-\infty}^{x\sqrt{\frac{2}{\lambda z_1}}} \exp\left(\mathrm{i}\,\frac{\pi\mu^2}{2}\right)\mathrm{d}\mu \int_{\infty}^{-\infty} \exp\left(\mathrm{i}\,\frac{\pi\nu^2}{2}\right)\mathrm{d}\nu$$

$$= \frac{\exp(\mathrm{i}kz_1)}{2\mathrm{i}} \left[F\left(x\sqrt{\frac{2}{\lambda z_1}}\right) - F(-\infty)\right]\left[F(\infty) - F(-\infty)\right]$$

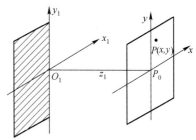

图 5.72　半平面屏的菲涅尔衍射

因为

$$F(\infty) = \frac{\sqrt{2}}{2}\mathrm{e}^{\mathrm{i}\frac{\pi}{4}} = \frac{1}{2}(1+\mathrm{i})$$

$$F(-\infty) = -\frac{\sqrt{2}}{2}\mathrm{e}^{\mathrm{i}\frac{\pi}{4}} = -\frac{1}{2}(1+\mathrm{i})$$

所以

$$\tilde{E}(x,y) = \frac{(1+\mathrm{i})\exp(\mathrm{i}kz_1)}{2\mathrm{i}}\left[F\left(x\sqrt{\frac{2}{\lambda z_1}}\right) - F(-\infty)\right] \tag{5.99}$$

注意到半平面屏不存在(波面无穷大)时

$$\tilde{E} = \tilde{E}_\infty = \frac{\exp(ikz_1)}{2i}(1+i)\big[F(\infty) - F(-\infty)\big] = \frac{\exp(ikz_1)}{2i}(1+i)^2$$

因此式(5.99)又可写为

$$\tilde{E}(x,y) = \frac{\tilde{E}_\infty}{(1+i)}\left[F\left(x\sqrt{\frac{2}{\lambda z_1}}\right) - F(-\infty)\right] \qquad (5.100)$$

上式就是半平面屏的菲涅耳衍射公式。由上式可见,衍射图样的复振幅和光强度只随 x 坐标变化,因此衍射图样是平行于 y 轴的直线条纹,如图5.73(a)所示。条纹的光强度分布可以通过求菲涅耳积分的数值得到,或者利用科纽蜷线进行分析得到。因为类似于对式(5.98)的图解表示,式(5.100)中括号内的复数也可以在图5.68(b)中用一个矢量表示,这个矢量以渐近点 M' 为起点,以科纽蜷线上 $\omega = x\sqrt{\frac{2}{\lambda z_1}}$ 的点为终点。并且,当我们只考察观察屏上的光强度分布时,可以只考虑这个矢量的长度,而不必顾及它的方向(它与 C 轴的夹角是复数的辐角)。

下面利用科纽蜷线分析半平面屏衍射图样的光强度分布,其结果见图5.73(b)。首先考察半平面屏几何影区边缘上的 P_0 点。由于 $x=0$,$\omega=0$,所以上述矢量的终点在坐标原点 O(见图5.73(c))。矢量的长度为 $\sqrt{2}/2$,它等于矢量 $\overrightarrow{M'M}$ 长度的 $1/2$,而矢量 $\overrightarrow{M'M}$ 代表 $F(\infty) - F(-\infty)$,所以 P_0 点的振幅是半平面屏不存在时振幅的 $1/2$[①],光强度是半平面屏不存在时光强度 I_∞ 的 $1/4$。再看几何影区内的点,这时 $x<0$,$\omega<0$,因此随着这些点离开 P_0 点的距离的增大,矢

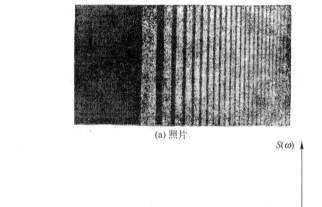

(a) 照片

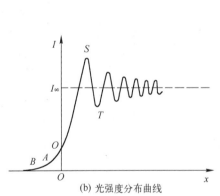

(b) 光强度分布曲线

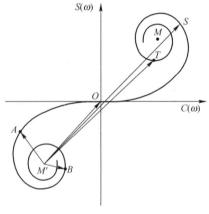

(c) 与某些考察点对应的科纽蜷线上的点

图5.73 半平面屏衍射图样

① 从式(5.100)看,这一点也是很明显的。事实上,当 $x=0$ 时,$\omega=0$,因此

$$\tilde{E}(0,y) = \frac{\tilde{E}_\infty}{1+i}\big[F(0) - F(-\infty)\big] = \frac{\tilde{E}_\infty}{1+i}\left[\frac{1}{2}(1+i)\right] = \frac{\tilde{E}_\infty}{2}$$

量终点沿第三象限科纽蜷线由 O 点开始逆时针转动,矢量长度(因而光强度)迅速且单调下降(在图 5.73(c)中标出了 A,B 两点,显然 $|\overrightarrow{M'B}| < |\overrightarrow{M'A}|$)。最后,当考察点离 P_0 点很远时,矢量长度趋于零。此外,对于几何影区外的点,$x>0,\omega>0$,因此随着这些点离开 P_0 点,矢量终点沿第一象限科纽蜷线逐渐上升;当终点到达 S 处时($\omega = x\sqrt{\dfrac{2}{\lambda z_1}} \approx 1.25$),矢量长度有最大值。继后,矢量终点绕科纽蜷线逆时针旋转,最后到达 M 点,而矢量长度则经过一系列极小值和极大值(极小值和极大值的变化幅度逐渐减小;在图 5.73(c)中标出的 T 点,对应第一个极小值),最终趋于 $|\overrightarrow{M'M}|$。由此可见,随着在 x 正方向离开 P_0 点,光强度做减幅振荡,渐渐趋于 I_∞,如图 5.73(b)所示。光强度最大点对应于 $\omega \approx 1.25$,其值约为 $1.37 I_\infty$,与此相应的是几何影区边缘旁的最亮的亮条纹(图 5.73(a))。

5.11.3 单缝菲涅耳衍射

如图 5.74 所示,单缝宽度为 a,缝长为无穷大,缝长方向平行于 y_1 轴。当选取坐标原点 O_1 通过单缝中心时,根据式(5.93),观察屏上的复振幅分布为

$$
\tilde{E}(x,y) = \frac{\exp(\mathrm{i}kz_1)}{\mathrm{i}\lambda z_1} \int_{-\frac{a}{2}}^{\frac{a}{2}} \exp\left[\frac{\mathrm{i}k}{2z_1}(x-x_1)^2\right] \mathrm{d}x_1 \int_{-\infty}^{\infty} \exp\left[\frac{\mathrm{i}k}{2z_1}(y-y_1)^2\right] \mathrm{d}y_1
$$

$$
= \frac{(1+\mathrm{i})\exp(\mathrm{i}kz_1)}{2\mathrm{i}} \left\{ F\left[\left(x+\frac{a}{2}\right)\sqrt{\frac{2}{\lambda z_1}}\right] - F\left[\left(x-\frac{a}{2}\right)\sqrt{\frac{2}{\lambda z_1}}\right] \right\}
$$

或者写成

$$
\tilde{E}(x,y) = \frac{\tilde{E}_\infty}{(1+\mathrm{i})} \left\{ F\left[\left(x+\frac{a}{2}\right)\sqrt{\frac{2}{\lambda z_1}}\right] - F\left[\left(x-\frac{a}{2}\right)\sqrt{\frac{2}{\lambda z_1}}\right] \right\} \tag{5.101}
$$

这就是单缝的菲涅耳衍射公式。它表示单缝菲涅耳衍射同样可以利用菲涅耳积分和科纽蜷线来计算。在科纽蜷线图上,上式大括号内的两个复数差也由一个矢量表示,矢量起点在 $\omega_1 = \left(x-\dfrac{a}{2}\right)\sqrt{\dfrac{2}{\lambda z_1}}$,终点在 $\omega_2 = \left(x+\dfrac{a}{2}\right)\sqrt{\dfrac{2}{\lambda z_1}}$。由于

$$
\Delta\omega = \omega_2 - \omega_1 = a\sqrt{\frac{2}{\lambda z_1}}
$$

对于一个特定的装置,它是常数,与 x 无关,所以不管考察观察屏上 x 坐标为何值的点,这个矢量两端点之间的曲线长度相等。这样一来,当矢量两端点在科纽蜷线上 $\omega=0$ 附近时(两端点位置取决于 x 值,当 $x=0$ 时,两端点对称地位于原点两边),一般地矢量长度较大;而当矢量两端点离开原点,进入科纽蜷线的蜷曲部分时,矢量长度较短。不过,矢量实际的长短变化与缝宽 a(因而 $\Delta\omega$)很有关系,不能一概而论。图 5.75 所示是在几种不同缝宽下,利用科纽蜷线求出的单缝的衍射光强度分布曲线(横坐标为 $\dfrac{\omega_1+\omega_2}{2}$)。可以看出,当缝宽很小时,光强度分布类似于夫琅禾费衍射情形;当缝宽较大时,中央出现暗纹(图 5.75(c)和(d)),这是夫琅禾费衍射所没有的特点。缝宽更大时,衍射图样类似

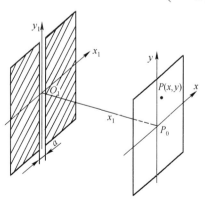

图 5.74 单缝菲涅耳衍射

于两个遥遥相对的半平面屏的图样的组合(图5.75(e))。

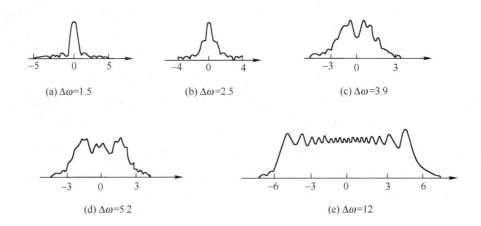

(a) $\Delta\omega=1.5$ (b) $\Delta\omega=2.5$ (c) $\Delta\omega=3.9$

(d) $\Delta\omega=5.2$ (e) $\Delta\omega=12$

图5.75 单缝的衍射光强度分布曲线

5.11.4 矩孔菲涅耳衍射

设矩孔在 x_1 方向的宽度为 a,在 y_1 方向的宽度为 b。选取矩孔中心为坐标原点,由式(5.93)得到矩孔衍射公式

$$\widetilde{E}(x,y) = \frac{\exp(\mathrm{i}kz_1)}{\mathrm{i}\lambda z_1} \int_{-\frac{a}{2}}^{\frac{a}{2}} \exp\left[\frac{\mathrm{i}k}{2z_1}(x-x_1)^2\right]\mathrm{d}x_1 \int_{-\frac{b}{2}}^{\frac{b}{2}} \exp\left[\frac{\mathrm{i}k}{2z_1}(y-y_1)^2\right]\mathrm{d}y_1$$

$$= \frac{\widetilde{E}_\infty}{(1+\mathrm{i})^2}\left\{F\left[\left(x+\frac{a}{2}\right)\sqrt{\frac{2}{\lambda z_1}}\right] - F\left[\left(x-\frac{a}{2}\right)\sqrt{\frac{2}{\lambda z_1}}\right]\right\} \times$$

$$\left\{F\left[\left(y+\frac{b}{2}\right)\sqrt{\frac{2}{\lambda z_1}}\right] - F\left[\left(y-\frac{b}{2}\right)\sqrt{\frac{2}{\lambda z_1}}\right]\right\} \tag{5.102}$$

式(5.102)表明,矩孔衍射图样的振幅(强度)分布是两个互相垂直的单缝衍射图样振幅(强度)分布的乘积。因此,矩孔衍射图样的分析方法与单缝衍射图样的分析方法相同。

5.12 全息照相

5.12.1 什么是全息照相

全息照相是利用干涉和衍射方法来获得物体的完全逼真的立体像的一种成像技术。其原理是伽伯(D. Gabor,1900—1979)在1948年提出来的,由于当时没有相干性很优良的光源,这项技术的进展缓慢。在20世纪60年代初激光问世后,全息照相才有了非常迅速的发展。目前,它已成为科学技术的一个十分活跃的领域,在实际中有着广泛的应用。

1. 全息照相和普通照相的区别

普通照相一般通过照相物镜成像,在底片平面上将物体发出的或散射的光波的光强度分布记录下来。由于底片上的感光物质只对光强度有响应,对位相分布不起作用,所以在照相过程中把光波的位相分布这个重要的光信息丢失了。这样,在所得到的照片中,物体的三维特征不复存在:不再存在视差;改变观察角度时,不能看到像的不同侧面。全息照相则完全不同,它可以记录物体散射的光波(物光波)在一个平面上的复振幅分布,即可以记录物光波的全部信息——振幅和位相。根据惠更斯-菲涅耳原理,光波在传播途中一个平面上的复振幅分布唯一地确定它后面空间的光场,或者说,该平面上的复振幅分布完全代表散射光波对平面后面空间任一点的作用。因此,只要设法将一个平面上的复振幅分布记录下来,并再现出来,这时即使物体不存在,光场中的一切效应,包括对物体的观察,也将完全与物体存在时一样。所以,由全息照相所产生的像是完全逼真的立体像,当以不同的角度观察时,就像观察一个真实的物体一样,能够看到像的不同侧面,也能在不同的距离聚焦。

2. 全息照相的过程

全息照相的过程分为两步:第一步记录,第二步再现。

记录是利用干涉方法把物光波在某个平面上的复振幅分布记录下来。这是通过将物光波和一个参考光波发生干涉,从而使物光波的位相分布转换成照相底片可以记录的光强度分布来实现的。因为我们知道,两个干涉光波的振幅比和位相差完全决定干涉条纹的光强度分布,所以在干涉条纹中就包含了物光波的振幅和位相信息。典型的全息记录装置如图 5.76(a)所示。由激光器发出的光束经扩束后,一部分照明物体,经物体反射或散射后射向照相底片,这就是物光波;另一部分经反射镜反射后射向照相底片,这就是参考光波。在照相底片上,物光波和参考光波将发生干涉,形成一定的干涉图样。将记录下干涉图样的照相底片适当曝光与冲洗,就得到一张**全息图(全息照片)**。所以全息图不是别的,正是物光波和参考光波的干涉图。图 5.76(b)是全息图照片,可以看出其上布满了亮暗的干涉条纹。显然,全息图和原物是没有任何相像之处的。

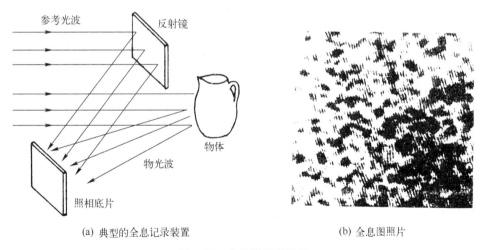

(a) 典型的全息记录装置 (b) 全息图照片

图 5.76 全息照相的记录

全息照相过程的第二步是利用衍射原理进行物光波的再现。如图 5.77 所示,用一个照明光波(在大多数情况下它与记录全息图时用的参考光波完全相同)再照明全息图,光波在全息图上就好像在一块复杂光栅上一样发生衍射。衍射光波中将包含原来的物光波,因此当观察者迎着物光波方向观察时,便可看到物体的再现像。它是一个虚像,具有原物的一切特征。当观察者移动眼睛通过全息图从不同角度观察它时,就像面对原物一样能看到它的不同侧面。另外,还有一个实像,称为**共轭像**,与原物对称地位于全息图前后两边,其三维结构与原物不完全相似。

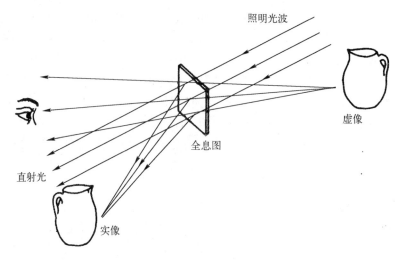

图 5.77 全息图的再现

3. 全息图主要类型

由于全息图的记录可以有多种光路安排,所以也有多种类型的全息图。主要有菲涅耳全息图、夫琅禾费全息图、像面全息图、彩虹全息图、体全息图等。另外,还有利用计算机绘制的全息图。这里,我们仅讨论菲涅耳全息图和夫琅禾费全息图。

菲涅耳全息图是对近处物体记录的全息图,因此来自物体上各点的光波为球面波。图 5.76 的记录装置拍摄到的就是菲涅耳全息图。**夫琅禾费全息图**对应于物体和参考光源都等效处在无穷远的情况,其记录装置如图 5.78 所示。将平面物体置于透镜的前焦面,因此到达照相底片与物上一点对应的光波是平面波。参考光波也是平面波,它与物光波以不同的角度投射到照相底片。通常又把底片放在透镜的后焦面上,这时被记录的物光

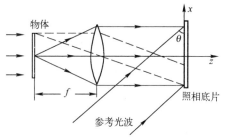

图 5.78 夫琅禾费全息图的记录装置

波是物体面上光波复振幅分布的傅里叶变换,所以这种全息图也称为**傅里叶变换全息图**。

5.12.2 全息照相原理

1. 基本公式

设照相底片平面为 xy 平面,物光波和参考光波在该平面上的复振幅分布分别为

$$\tilde{E}_0(x, y) = O(x, y) \exp[\mathrm{i}\varphi_0(x, y)] \tag{5.103}$$

和
$$\tilde{E}_R(x, y) = R(x, y) \exp[\mathrm{i}\varphi_R(x, y)] \tag{5.104}$$

其中 $O(x, y)$ 和 $\varphi_0(x, y)$ 为物光波的振幅分布和位相分布,$R(x, y)$ 和 $\varphi_R(x, y)$ 为参考光波的振幅分布和位相分布。在照相底片平面上两光波干涉产生的光强度分布为

$$I(x, y) = (\tilde{E}_0 + \tilde{E}_R)(\tilde{E}_0^* + \tilde{E}_R^*) = (\tilde{E}_0\tilde{E}_0^* + \tilde{E}_R\tilde{E}_R^* + \tilde{E}_0\tilde{E}_R^* + \tilde{E}_0^*\tilde{E}_R)$$
$$= O^2 + R^2 + OR\exp[\mathrm{i}(\varphi_0 - \varphi_R)] + OR\exp[-\mathrm{i}(\varphi_0 - \varphi_R)] \tag{5.105}$$

将照相底片适当曝光和冲洗后,便得到一张全息图。所谓适当曝光和冲洗,就是要求冲洗后底片的振幅透射函数与曝光时底片上的光强度呈线性关系,即 $t(x, y) = a + bI(x, y)$。为简单起见,设 $a =$

$0, b = 1$,因此全息图的振幅透射函数为

$$t(x,y) = I(x,y) = O^2 + R^2 + OR\exp[i(\varphi_0 - \varphi_R)] + OR\exp[-i(\varphi_0 - \varphi_R)]$$

当再现物光波时,用一光波照明全息图。假设照明光波在全息图平面上的复振幅分布为

$$\tilde{E}_C = C(x,y)\exp[i\varphi_C(x,y)] \tag{5.106}$$

那么,透过全息图的光波在 xy 平面上的复振幅分布为

$$\begin{aligned}\tilde{E}_D(x,y) &= \tilde{E}_C(x,y) \cdot t(x,y) \\ &= (O^2 + R^2)C\exp(i\varphi_C) + ORC\exp[i(\varphi_0 + \varphi_C - \varphi_R)] + \\ &\quad ORC\exp[i(\varphi_C - \varphi_0 + \varphi_R)]\end{aligned} \tag{5.107}$$

式(5.107)是再现时衍射光波的表达式,也是**全息照相的基本公式**。上式中的三项代表衍射光波的三个成分。

如果再现时照明光波和参考光波完全相同,即

$$\tilde{E}_C(x,y) = \tilde{E}_R(x,y) = R(x,y)\exp[i\varphi_R(x,y)]$$

那么,式(5.107)变为

$$\tilde{E}_D(x,y) = (O^2 + R^2)R\exp(i\varphi_R) + R^2 O\exp(i\varphi_0) + R^2\exp(i2\varphi_R)O\exp(-i\varphi_0) \tag{5.108}$$

式中,第一项显然是照明光波本身,只是它的振幅受到 $(O^2 + R^2)$ 的调制。如果照明光波是均匀的,R^2 在整个全息图上可认为是常数,那么振幅只受 O^2 的影响。在三部分衍射光波中,这一部分仍沿着照明光波方向传播。上式第二项除常数因子 R^2 外,和物光波的表达式完全相同,故它代表原来的物光波。物光波是发散的,当迎着它观察时,就会看到一个和原物一模一样的虚像。这就是前面所述的全息照相产生的和原物全同的再现像。上式第三项包含波函数 $O\exp(-i\varphi_0)$ 和位相因子 $\exp(i2\varphi_R)$,前者代表物光波的共轭波,它的波面曲率和物光波相反。因为物光波是发散的,所以其共轭波是会聚的。共轭波形成物体的"实像",即前述的共轭像。共轭像与原物的三维结构不同,凹凸相反,这就是共轭波的位相与物光波的位相相差 π 的缘故。位相因子 $\exp(i2\varphi_R)$ 对共轭波的影响通常是转动它的传播方向,这样共轭波将沿着不同于物光波和照明光波的方向传播,观察者则可以不受干扰地观察物体的像。

2. 两个特例的讨论

两个特例分别属于傅里叶变换全息和菲涅耳全息,并且为了讨论简单起见,假定物体是一个点。因为复杂物体由许多物点组成,每一物点在全息图记录时都形成各自的全息图,这样,许多元全息图的叠加就构成复杂物体的全息图。因此,了解单个物点的记录和再现的原理后,复杂物体的记录和再现也就清楚了。

[**例1**] 物光波和参考光波都是平面波。傅里叶变换全息图的记录装置如图5.79所示,物体是一个点,和针孔同处在透镜的前焦面上。设物光波和参考光波的波矢平行于 xz 平面,并分别与 z 轴成 θ_0 和 θ_R 角,那么它们在照相底片平面(xy 面)上的复振幅分布分别为

$$\tilde{E}_0(x,y) = O(x,y)\exp(ikx\sin\theta_0) \tag{5.109}$$

和

$$\tilde{E}_R(x,y) = R(x,y)\exp(ikx\sin\theta_R) \tag{5.110}$$

将以上两式代入式(5.105),得到底片上两光波干涉光强度为

$$I(x,y) = O^2 + R^2 + 2OR\cos[kx(\sin\theta_0 - \sin\theta_R)] \tag{5.111}$$

底片曝光和冲洗后,其透射函数 $t(x,y) = I(x,y)$。可见,这个全息图就是5.9节所述的正弦光栅。

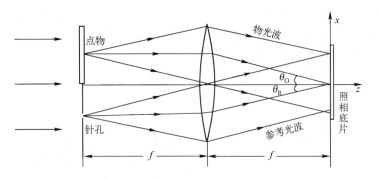

图 5.79 傅里叶变换全息图的记录装置

在再现时,若用与参考光波完全相同的光波照明,那么全息图的衍射波的复振幅分布为

$$\tilde{E}_D(x,y) = (O^2 + R^2)R\exp(\mathrm{i}kx\sin\theta_R) + R^2 O\exp(\mathrm{i}kx\sin\theta_O) +$$
$$R^2\exp[\mathrm{i}kx(2\sin\theta_R)] \cdot O\exp(-\mathrm{i}kx\sin\theta_O) \tag{5.112}$$

它包含三个沿不同方向传播的平面波。第一项代表直射的照明光波;第二项是物光波;第三项是共轭光波,其传播方向与 z 轴的夹角为:$\arcsin(2\sin\theta_R - \sin\theta_O) \approx 2\theta_R - \theta_O$(见图 5.80(a))。

在参考光波(和照明光波)沿 z 轴传播的特殊情况下,$\theta_R = \theta_C = 0$,因此

$$\tilde{E}_D(x,y) = (O^2 + R^2)E_R(x,y) + R^2 O\exp(\mathrm{i}kx\sin\theta_O) + R^2 O\exp(-\mathrm{i}kx\sin\theta_O) \tag{5.113}$$

衍射光波包含沿 z 轴传播的直射光波,沿与 z 轴成 θ_O 角传播的物光波和与 z 轴成 $-\theta_O$ 角传播的共轭光波(图 5.80(b))。这三个光波正是上一节讨论过的正弦光栅的零级和正、负一级衍射光波。

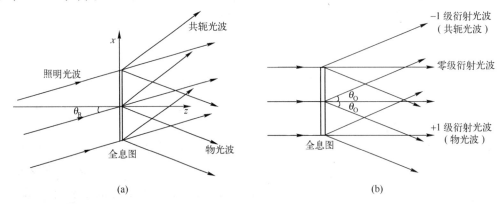

图 5.80 平面波全息图的再现

[例 2] 物光波是球面波,参考光波为平面波。记录装置如图 5.81(a)所示,单色平面波垂直照射透明片 M,其上只有一物点 S。这时由 S 散射的物光波是球面波,而直接透过 M 的光波(参考光波)是平面波。两光波产生的干涉图样由照相底片记录下来成为物点的全息图。

在底片上取坐标系 $Oxyz$,令 z 轴垂直于底片平面,并假定物点 S 在 z 轴上,离原点 O 的距离为 d。那么,物点散射的球面物光波在底片上的复振幅分布为(取菲涅耳近似,参见 5.2 节)

$$\tilde{E}_O(x,y) = O\exp\left[\mathrm{i}\frac{\pi}{\lambda d}(x^2 + y^2)\right] \tag{5.114}$$

式中,O 可近似地视为常数。参考光波在底片上的复振幅分布为常数,可设为 1,即

$$\tilde{E}_R(x,y) = 1 \tag{5.115}$$

因此,底片上的光强度分布函数等于冲洗后的透射函数,即

$$t(x,y) = I(x,y) = O^2 + O\exp\left[\mathrm{i}\,\frac{\pi}{\lambda d}(x^2 + y^2)\right] + O\exp\left[-\mathrm{i}\,\frac{\pi}{\lambda d}(x^2 + y^2)\right] \tag{5.116}$$

再现时,若用与参考光波相同的光波照明全息图(图 5.81(b)),那么衍射光波为

$$\tilde{E}_{\mathrm{D}}(x,y) = O^2 + O\exp\left[\mathrm{i}\,\frac{\pi}{\lambda d}(x^2 + y^2)\right] + O\exp\left[-\mathrm{i}\,\frac{\pi}{\lambda d}(x^2 + y^2)\right] \tag{5.117}$$

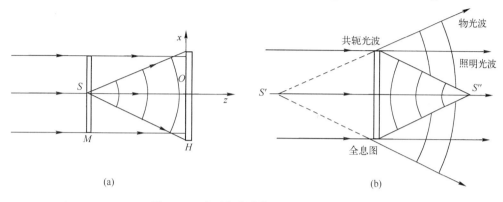

图 5.81 球面物光波的记录和再现装置

等式右边第一项代表与全息图垂直的平面波,即直射光光。第二项是物光波,一个发散的球面波。当迎着它观察时,即可看到在原物位置的 S 的虚像 S'。第三项是共轭光波,一个球心在 z 轴上距原点为 d 的会聚球面波,在球心形成物点 S 的实像 S''。

不难看出,本例的全息图的再现与菲涅耳波带片的衍射极为相似。这是因为实际上式(5.116)表示的干涉图样类似于菲涅耳波带片的环带。为了说明这一点,把式(5.116)改写为

$$I(x,y) = O^2 + 2O\cos\left[\frac{\pi}{\lambda d}(x^2 + y^2)\right] \tag{5.118}$$

可见,全息图上的干涉图样是一些以原点为中心的亮暗圆环,亮环的半径为

$$r_j = \left[\frac{\lambda d}{\pi}2j\pi\right]^{1/2} = \sqrt{2}\sqrt{j\lambda d} \tag{5.119}$$

即亮环的半径正比于偶数的平方根。类似地,可得到暗环的半径正比于奇数的平方根。对照菲涅耳波带片环带的半径表达式(5.83),可以看到全息图亮暗环半径的比例与菲涅耳波带片一致。因此,上述全息图也可以看成一个波带片,但与菲涅耳波带片不同,它的透射系数沿径向是余弦变化的,它的衍射只出现一对焦点(S' 和 S''),而菲涅耳波带片有一系列虚的和实的焦点。

5.12.3 全息照相的特点和要求

通过前面的讨论,我们可以看出全息照相的一些显著的特点及对实验条件的要求。

(1)全息照相能够记录物光波的全部信息,并能把它再现出来。因此,应用全息照相可以获得与原物完全相同的立体像。

(2)全息照相实质上是一种干涉和衍射现象。全息图的记录和再现一般需利用单色光源,如果要获得物体的彩色信息,需用不同波长的单色光做多次记录。单色光的相干长度应大于物光波和参考光波之间的光程差,单色光的空间相干性应保证从物体上不同部分散射的物光波和参考光波能够发生干涉。此外,在全息图记录时,由于一般物体的散射光波比较弱,所以为了提高物光波的光强度,应采用光强度大的光源。显然,最理想的光源就是激光器。常用的激光器有:氦-氖激光器(波长 632.8nm)、氩离子激光器(波长 688nm 和 514.5nm)和红宝石激光器(波长 694.3nm)。

（3）在前面的理论分析中，虽然没有说明全息图的大小，但可以理解只有全息图的尺寸足够大时才能使再现像完全与原物等同，这是由于再现是一个衍射过程的缘故。前述的物光波和参考光波都是以平面波所记录的全息图为例的，我们知道，这张全息图实际上是一块正弦光栅，并且只有当它的宽度比其上的条纹间距极大时，它的零级和±1级衍射斑才接近于一个点。但是，实际的全息图都是有限尺寸的，因此其衍射斑将有一定的扩展，即点物所成的像并不是点像。这对一个有一定大小的物体来说，它的像将引起模糊，细节分辨不清，或者说分辨本领降低。所以，若要求全息像有很高的分辨本领，应尽可能采用大面积的照相底片来制造全息图。

通常，全息图的尺寸总比其上记录的干涉条纹的间距大得多。例如，与光轴分别成 $+\theta$ 和 $-\theta$ 角的两个平面波产生的干涉条纹，其间距为 $e=\dfrac{\lambda}{2\sin\theta}$；若 $\theta=15°$，$\lambda=632.8\mathrm{nm}$（氦-氖激光器），算出 $e=1.22\times10^{-3}\mathrm{mm}$。所以，普通大小的全息图，或者即使它被破碎成许多小块，都可以很好地再现出原物的像。

（4）无论是用一块正的还是负的照相底片来制作全息图，观察者看到的总是正像。其理由是，一个负的全息图的再现光波和一个正的全息图的再现光波只不过在位相上改变了 $180°$，因为人眼对这一恒定位相差是不灵敏的，因而观察者在这两种情况下所看到的物体的像是一样的。

全息照相对照相底片的正负虽无要求，但是如前所述，对照相底片必须进行线性处理。此外，对底片的分辨本领也有比较高的要求。根据前面的计算，当物光波和参考光波的夹角为 $30°$ 时，底片记录的干涉条纹的间距约为 $1\mu\mathrm{m}$，相应地，底板的分辨本领应在 1000 线/毫米左右。如果物光波和参考光波的夹角更大些，对底片分辨本领的要求就更高。通常全息照相使用的底片的分辨本领为 1000～4000 线/毫米。

由于底片记录的干涉条纹的间距很小（λ 的数量级），所以为了得到清晰的全息图，对整个全息装置的稳定性要求是很高的，它应保证干涉条纹的漂移量远小于 λ 的数量级。这样，全息实验必须在防震台上进行。

5.12.4 全息照相应用举例

1. 制作全息光栅

最简单的全息图是前面讨论过的记录两列有一定夹角的平面波干涉条纹的全息图。我们知道它实际上是一块正弦光栅，由于这种光栅是以全息方法制作的，所以通常又称为**全息光栅**。除了这种最简单的光栅，目前还利用全息方法制作闪耀光栅。

全息光栅与机械刻划光栅相比，它的优点是没有周期性误差，杂散光少；对环境条件，如防震、温度及湿度控制的要求比刻划光栅低。

2. 通过像差介质成像

在许多实际情况下，物体和成像光学系统（如照相机）之间存在某种会引起位相严重畸变的介质（称**像差介质**），例如存在毛玻璃、像差很大的透镜或严重的大气湍流等，这时光学系统所成的像将变得模糊不清。但是，利用全息术可以消除这种干扰（称为**像差补偿**），从而获得清晰的物体像。下面介绍三种情况下的像差补偿方法。

（1）记录时物光波通过像差介质

如图 5.82（a）所示，让一个通过像差介质的物光波和一个没有通过像差介质的参考光波发生干涉形成全息图。设像差介质的透射系数为 $\exp[i\varphi(x,y)]$，则在照相底片 H 上物光波和参考光波分别为

$$\tilde{E}'_0(x,y) = \tilde{E}_0(x,y)\exp[i\varphi(x,y)]$$

和
$$\tilde{E}'_R(x,y) = \tilde{E}_R(x,y)$$

其中 $\tilde{E}_0(x,y)$ 和 $\tilde{E}_R(x,y)$ 分别是未受干扰的物光波和参考光波。$\tilde{E}'_0(x,y)$ 和 $\tilde{E}'_R(x,y)$ 形成的全息图的透射系数为

$$\tilde{t}(x,y) = |\tilde{E}'_0|^2 + |\tilde{E}_R|^2 + \tilde{E}_0\exp(i\varphi)\tilde{E}_R^* + \tilde{E}_R\tilde{E}_0^*\exp(-i\varphi)$$

再现时,用与参考光波共轭的光波照明全息图,即

$$\tilde{E}_C(x,y) = \tilde{E}_R^*(x,y)$$

那么,在再现光波中与上面透射系数表达式右边最后一项对应的一个成分为 $\tilde{E}_0^*\exp(-i\varphi)$,亦即物光波的共轭光波。如果使它通过像差介质消去位相畸变因子(图 5.82(b)),便可得到原来物体的共轭像。它是一个实像,当物体是平面物体时,共轭像与原物完全相似。

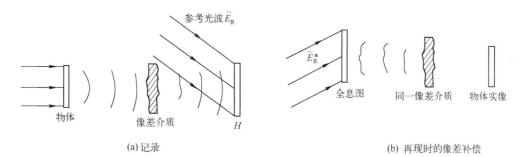

图 5.82　物光波通过像差介质

如果再现时,没有完全相同的像差介质,再现光波中的共轭物光波将无法消去畸变因子,因而物体的像也无法复原,再现像仍然是模糊不清的。显然,上述方法可以用于秘密通信。

(2) 记录时物光波和参考光波二者都通过同一像差介质

如图 5.83 所示,参考光源和物体很靠近,并设像差介质紧靠照相底片平面。于是,可认为像差介质对物光波和参考光波的影响近似相同。在照相底片上,两光波可分别写为

$$\tilde{E}'_0(x,y) = \tilde{E}_0(x,y)\exp[i\varphi(x,y)]$$

和
$$\tilde{E}'_R(x,y) = \tilde{E}_R(x,y)\exp[i\varphi(x,y)]$$

因此,照相底片上的光强度分布为

$$I(x,y) = |\tilde{E}_0|^2 + |\tilde{E}_R|^2 + \tilde{E}_0\tilde{E}_R^* + \tilde{E}_0^*\tilde{E}_R$$

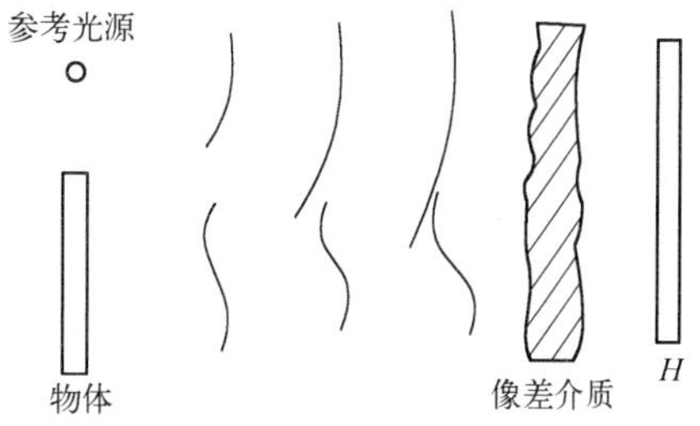

图 5.83　物光波和参考光波
通过同一像差介质

所得结果与像差介质不存在时一样,因而再现像不受像差介质干扰,它仍然是清晰的。这种方法可以用于通过大气湍流时的照相。

(3) 透镜像差补偿

设透镜 L_1 有较大像差,为了补偿这一像差,可按图 5.84(a)先拍摄全息图。图中 S 是点光源,位于透镜 L_1 的前焦点上,以 S 发出的通过透镜 L_1 的光波作为物光波。由于 L_1 有像差,故这一光波不是一个平面波,设它在照相底片 H 上的复振幅分布为

$$\tilde{E}_0(x,y) = \exp[i\varphi(x,y)]$$

参考光波是一列平面波,它在 H 上的复振幅分布以 $\tilde{E}_R(x,y)$ 表示。因此,在 H 上记录到的光强度分布为

$$I(x,y) = |\tilde{E}_O|^2 + |\tilde{E}_R|^2 + \tilde{E}_O\tilde{E}_R^* + \tilde{E}_O^*\tilde{E}_R$$

$$= 1 + |\tilde{E}_R|^2 + \tilde{E}_R^*\exp(i\varphi) + \tilde{E}_R\exp(-i\varphi)$$

易见,如果将这一张全息图按通常的方式再现,则产生实像的那一部分光波(上式末项)正比于 $\exp[-i\varphi(x,y)]$。但是,如果把这张全息图放回原来记录此全息图时的同一位置,并让原来的物光波照明全息图(图 5.84(b)),那么与上式末项对应的光波成分由 $\tilde{E}_R$ 表示,与记录时的参考光波相同,是一个平面波,它经透镜 L_2 后在焦点处得到 S 的点像 S'(假定 L_2 是校正了像差的透镜)。因此,透镜 L_1 的像差得到了补偿。通常上述方法不仅对点物可以得到清晰的像,对于一个不太大的物体,也可以得到良好的效果。因为物上各点发出的光波经透镜 L_1 后其位相畸变近似地与物点 S 发出的光波相同,它们再经过全息图补偿后将变成不同方向传播的平面波,然后由透镜 L_2 形成一个清晰的像。

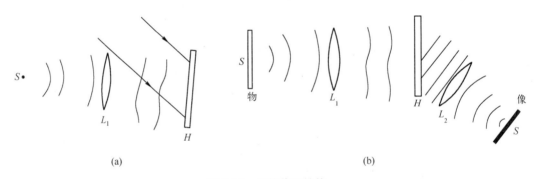

(a)　　　　　　　　　　　　　　　　(b)

图 5.84　透镜像差补偿

3. 全息干涉计量

全息照相最成功和最广泛的应用之一是在干涉计量方面,有关的理论和技术可参见一些专著[①]。全息干涉计量技术具有许多普通干涉计量所不能比拟的优点,例如它可以用于各种材料的无损检验,非抛光表面和形状复杂表面的检验,可以研究物体的微小变形、振动和高速运动等。这项技术采用单次曝光(实时法)、二次曝光及多次曝光等多种方法。

（1）单次曝光法

这种方法可以实时地研究物体状态的变化过程。为此,先拍摄一张物体变形前的全息图(例如利用图 5.85 所示的装置),然后将此全息图放回到原来记录时的位置。如果保持记录光路中所有元件的位置不变,并用原来的参考光波照明全息图,那么在原来物体所在处就会出现一个再现虚像。这时,

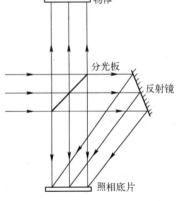

图 5.85　一种全息干涉计量装置

①　例如参考文献[12]。

若同时照明物体,并且使物体保持原来的状态不变,则再现像与物体完全重合,或者说再现物光波和实际物光波完全相同,它们的叠加将不产生干涉条纹。当物体由于外界原因,例如加载、加热等使之产生微小的位移或变形时,再现物光波和实际物光波之间就会发生与位移和变形大小相应的位相差,此时两光波的叠加将产生干涉条纹。根据干涉条纹的分布情况,可以推知物体的位移和变形大小。如果物体的状态是逐渐变化的,则干涉条纹也相应地随之变化,因此物体状态的变化过程可以通过干涉条纹的变化"实时"地加以研究。

(2)二次曝光法

二次曝光法是指,在同一张照相底片上,先让来自变形前物体的物光波和参考光波曝光一次,然后再让来自变形后物体的物光波和同一参考光波第二次曝光。照相底片在显影定影后形成全息图。当再现这张全息图时,将同时得到两个物光波,它们分别对应于变形前和变形后的物体。由于两个物光波的位相分布已经不同,所以它们叠加后将产生干涉条纹。通过这些干涉条纹便可以研究物体的变形。

二次曝光法可以避免单次曝光法中要求把全息图精确地恢复原位的困难,但是它不能对物体状态的变化进行"实时"研究。

习　　题

5.1　点光源 S 以速度 V 沿一方向运动,它发出的光波在介质中的传播速度为 v,试用惠更斯原理证明:当 $V>v$ 时,光波具有圆锥形波前,其半圆锥角为

$$\alpha = \arcsin\left(\frac{v}{V}\right)$$

5.2　点光源 S 向平面镜 M 发出球面波,用惠更斯作图法求出反射波的波前。

5.3　试从场论中的散度公式 $\oiint \boldsymbol{F} \cdot \mathrm{d}\sigma = \iiint \nabla \cdot \boldsymbol{F} \mathrm{d}v$,导出格林公式(式(5.6))。

[提示:令 $\boldsymbol{F} = \widetilde{G} \nabla\widetilde{E}$,并利用恒等式:$\nabla \cdot (\widetilde{G} \nabla\widetilde{E}) = \nabla\widetilde{G} \cdot \nabla\widetilde{E} + G \nabla^2\widetilde{E}$]

5.4　对图 5.86 所示的平面屏上孔径 Σ 的衍射,证明:若选取格林函数

$$\widetilde{G} = \frac{\exp(\mathrm{i}kr)}{r} - \frac{\exp(\mathrm{i}kr')}{r'}$$

($r=r'$,P 和 P' 对衍射屏成镜像关系),则 P 点的场值为

$$\widetilde{E}(P) = \frac{A}{\mathrm{i}\lambda} \iint_{\Sigma} \frac{\exp(\mathrm{i}kl)}{l} \frac{\exp(\mathrm{i}kr)}{r} \cos(\boldsymbol{n},\boldsymbol{r}) \mathrm{d}\sigma$$

5.5　在图 5.5 中,设 Σ_2 上的场是由发散球面波产生的,证明它满足菲涅耳衍射条件。

5.6　波长 $\lambda = 500\mathrm{nm}$ 的单色光垂直入射到边长为 3cm 的方孔,在光轴(它通过方孔中心并垂直方孔平面)附近离孔 z 处观察衍射,试求出夫琅禾费衍射区的大致范围。

5.7　求矩孔夫琅禾费衍射图样中,沿图样对角线方向第一个次极大和第二个次极大相对于图样中心的光强度。

5.8　在白光形成的单缝夫琅禾费衍射图样中,某色光的第 3 极大与 600nm 的第 2 极大重合,问该色光的波长是多少?

5.9　证明:(1)平行光斜入射到单缝上时,单缝夫琅禾费衍射光强度公式为

$$I = I_0 \left\{ \frac{\sin\left[\dfrac{\pi a}{\lambda}(\sin\theta - \sin i)\right]}{\dfrac{\pi a}{\lambda}(\sin\theta - \sin i)} \right\}^2$$

式中，I_0 是中央亮纹中心的光强度，a 是缝宽，θ 是衍射角，i 是入射角（见图 5.87）。

（2）中央亮纹的角半宽度为 $\Delta\theta = \dfrac{\lambda}{a\cos i}$。

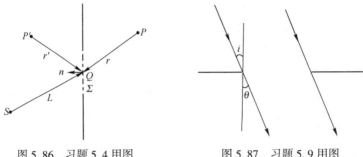

图 5.86　习题 5.4 用图　　　　　图 5.87　习题 5.9 用图

5.10　在不透明细丝的夫琅禾费衍射图样中，测得暗条纹的间距为 1.5mm，所用透镜的焦距为 300mm，光波波长为 632.8nm。问细丝直径是多少？

5.11　用物镜直径为 4cm 的望远镜来观察 10km 远的两个相距 0.5m 的光源。在望远镜前置一可变宽度的狭缝，缝宽方向与两光源连线平行。让狭缝宽度逐渐减小，发现当狭缝宽度减小到某一宽度时，两光源产生的衍射像不能分辨，问这时狭缝宽度是多少？（设光波波长 $\lambda = 550$nm。）

5.12　在一些大型的天文望远镜中，把通光圆孔做成环孔。若环孔外径和内径分别为 a 和 $a/2$，问环孔的分辨本领比半径为 a 的圆孔的分辨本领提高了多少？

5.13　用望远镜观察远处两个等光强度的发光点 S_1 和 S_2。当 S_1 的像（衍射图样）中央和 S_2 的像的第一个光强度零点相重合时，两像之间的光强度极小值与两个像中央光强度之比是多少？

5.14　（1）一束直径为 2mm 的氩离子激光（$\lambda = 514.5$nm）自地面射向月球，已知地面和月球相距 3.76×10^5km，问在月球上得到的光斑有多大？

（2）如果将望远镜反向作为扩束器将该光束扩展成直径为 2m 的光束，该用多大倍数的望远镜？将扩束后的光束再射向月球，在月球上的光斑为多大？

5.15　人造卫星上的宇航员声称，他恰好能够分辨离他 100km 地面上的两个点光源。设光波的波长为 550nm，宇航员眼瞳直径为 4mm，问这两个点光源的距离为多大？

5.16　若望远镜能分辨角距离为 3×10^{-7}rad 的两颗星，它的物镜的最小直径是多少？同时为了充分利用望远镜的分辨本领，望远镜应有多大的放大率？

5.17　若要使照相机感光胶片能分辨 2μm 的线距：

（1）感光胶片的分辨本领至少是每毫米多少线数；

（2）照相机镜头的相对孔径 D/f 至少有多大？（设光波波长为 550nm。）

5.18　一台显微镜的数值孔径为 0.85，问：

（1）它用于波长 $\lambda = 400$nm 时的最小分辨距离是多少？

（2）若利用油浸物镜使数值孔径增大到 1.45，分辨本领提高了多少倍？

（3）显微镜的放大率应设计成多大？（设人眼的最小分辨角为 1′）

5.19　一块光学玻璃对谱线 435.8nm 和 546.1nm 的折射率分别为 1.6525 和 1.6245。试计算用这种玻璃制造的棱镜刚好能分辨钠 D 双线时底边的长度。钠 D 双线的波长分别为 589.0nm 和 589.6nm。

5.20　在双缝夫琅禾费衍射实验中，所用光波波长 $\lambda = 632.8$nm，透镜焦距 $f = 50$cm，观察到两相邻亮条纹之间的距离 $e = 1.5$mm，并且第 4 级亮纹缺级。试求：

（1）双缝的缝距和缝宽；（2）第 1，2，3 级亮纹的相对强度。

5.21　在双缝的一个缝前贴一块厚 0.001mm，折射率为 1.5 的玻璃片。设双缝间距为 1.5μm，缝宽为 0.5μm，用波长 500nm 的平行光垂直入射。试分析该双缝的夫琅禾费衍射图样。

5.22 一块光栅的宽度为 10cm，每毫米内有 500 条缝，光栅后面放置的透镜焦距为 500mm。问：

（1）它产生的波长 $\lambda = 632.8$nm 的单色光的 1 级和 2 级谱线的半宽度是多少？

（2）若入射光是波长为 632.8nm 和波长与之相差 0.5nm 的两种单色光，它们的 1 级和 2 级谱线之间的距离是多少？

5.23 计算栅距（光栅常数）是缝宽 5 倍的光栅的第 0，1，2，3，4，5 级亮纹的相对光强度。并对 $N = 5$ 的情形画出光栅衍射的光强度分布曲线。

5.24 一块宽度为 5cm 的光栅，在 2 级光谱中可分辨 500nm 附近的波长差为 0.01nm 的两条谱线，试求这一光栅的栅距和 500nm 的 2 级谱线处的角色散。

5.25 为在一块每毫米 1200 条刻线的光栅的 1 级光谱中分辨波长为 632.8nm 的一束氦氖激光的模结构（两个模之间的频率差为 450MHz），光栅需要有多宽？

5.26 证明：（1）光束斜入射时，光栅衍射光强度分布公式为

$$I = I_0 \left(\frac{\sin\alpha}{\alpha}\right)^2 \left(\frac{\sin N\beta}{\sin\beta}\right)^2$$

式中

$$\alpha = \frac{\pi a}{\lambda}(\sin\theta - \sin i), \qquad \beta = \frac{\pi d}{\lambda}(\sin\theta - \sin i)$$

θ 为衍射角，i 为入射角（见图 5.88），N 为光栅缝数。

（2）若光栅常数 $d \gg \lambda$，光栅形成主极大的条件可以写为

$$(d\cos i)(\theta - i) = m\lambda \qquad m = 0, \pm 1, \pm 2, \cdots$$

5.27 有一多缝衍射屏如图 5.89 所示，缝数为 $2N$，缝宽为 a，缝间不透明部分的宽度依次为 a 和 $3a$。试求正入射情况下，这一衍射屏的夫琅禾费衍射光强度分布公式。

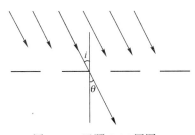

图 5.88 习题 5.26 用图

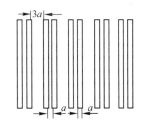

图 5.89 习题 5.27 用图

5.28 对于例题 5.11 所述光栅，若以平行白光垂直于光栅面入射，问 1 级光谱中哪个波长的光具有最大光强度？（设入射光各波长等光强度）

5.29 一块闪耀光栅宽 260mm，每毫米有 300 个刻槽，闪耀角为 $77°12'$。

（1）求光束垂直于槽面入射时，对于波长 $\lambda = 500$nm 的光的分辨本领；

（2）光栅的自由光谱范围有多大？

（3）试将其与空气间隔为 1cm，精细度为 25 的法布里-珀罗标准具的分辨本领和自由光谱范围做一比较。

5.30 一透射式阶梯光栅由 20 块玻璃板叠成，板厚 $t = 1$cm，玻璃折射率 $n = 1.5$，阶梯高度 $d = 0.1$cm。以波长 $\lambda = 500$nm 的单色光垂直照射，试计算：

（1）入射光方向上干涉主极大的级数；

（2）光栅的角色散和分辨本领（假定玻璃折射率不随波长变化）。

5.31 一块位相光栅如图 5.90 所示，在透明介质薄板上做成栅距为 d 的刻槽，刻槽的宽度与凸面宽度相等，且都是透明的。设刻槽深度为 t，介质折射率为 n，平行光正入射。试导出这一光栅的夫琅禾费衍射光强度分布公式，并讨论它的光强度分布图样。

5.32 对于图 5.68 所示的菲涅耳波带,证明当考察点 P_0 到波面的距离比光波波长大得多时,各菲涅耳波带的面积相等。

5.33 如图 5.91 所示,单色点光源(波长 $\lambda = 500\text{nm}$)安放在离光阑 1m 远的地方,光阑上有一个内外半径分别为 0.5mm 和 1mm 的通光圆环。考察点 P 离光阑 1m(SP 连线通过圆环中心并垂直于圆环平面)。问在 P 点的光强度和没有光阑时的光强度之比是多少?

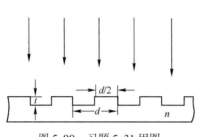 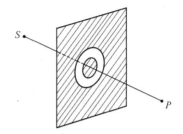

图 5.90 习题 5.31 用图   图 5.91 习题 5.33 用图

5.34 波长 $\lambda = 563.3\text{nm}$ 的平行光正入射直径 $D = 2.6\text{mm}$ 的圆孔,与圆孔相距 $r_0 = 1\text{m}$ 处放一屏幕。问:
(1) 屏幕上正对圆孔中心的 P 点是亮点还是暗点?
(2) 要使 P 点变成与(1)相反的情况,至少要把屏幕向前(同时求出向后)移动多远距离?

5.35 单位振幅的单色平面波垂直照明半径为 1 的圆孔,试利用式(5.24)证明,圆孔后通过圆孔中心的光轴上的点的光强度分布为

$$I = 4\sin^2 \frac{\pi}{2\lambda z}$$

式中,z 是考察点到圆孔中心的距离。

5.36 一波带片离点光源 2m,点光源发光的波长 $\lambda = 546\text{nm}$,波带片成点光源的像于 2.5m 远的地方,问波带片第一个波带和第二个波带的半径是多少?

5.37 一波带片主焦点的光强度约为入射光强度的 10^3 倍,在 400nm 的紫光照明下的主焦距为 80cm。问:
(1) 波带片应有几个开带? (2) 波带片半径是多少?

5.38 两个同频的平面波同时射向一张全息底片(设为 xOy 平面),它们的方向余弦分别为 $\cos\alpha_1, \cos\beta_1, \cos\gamma_1$ 和 $\cos\alpha_2, \cos\beta_2, \cos\gamma_2$,振幅分别为 A_1 和 A_2。
(1) 写出全息底片上干涉条纹光强度分布的表达式;
(2) 说明干涉条纹的形状;
(3) 写出 x 方向和 y 方向上条纹间距的表达式。

5.39 在图 5.79 所示的全息记录装置中,若 $\theta_0 = -\theta_R$,试证明全息图上干涉条纹的间距为

$$e = \frac{\lambda}{2\sin\left(\dfrac{\theta}{2}\right)}$$

式中,θ 是两平行光束的夹角。当采用氦氖激光记录($\lambda = 632.8\text{nm}$),并且 θ 为 $10°$ 和 $60°$ 时,条纹间距分别是多少?

5.40 试对上题条件下所获得的全息图,讨论分别采用下面两种再现照明方式时衍射光波的变化:
(1) 再现光波的波长和方向与参考光波相同;
(2) 再现光波(波长仍与参考光波相同)正入射于全息图。

5.41 如图 5.92(a)所示,全息底片 H 上记录的是参考点源 S_R(坐标为 x_R, y_R, z_R)和物点源 S_O(坐标为 x_0, y_0, z_0)发出的球面波(波长为 λ_1)的干涉图样。
(1) 写出 H 平面上干涉条纹光强度分布的表达式;
(2) 记录下的全息图,若以位于点(x_P, y_P, z_P)的点光源发出的球面波(波长为 λ_2)来再现(图 5.92(b)),试决

定像点的位置坐标。

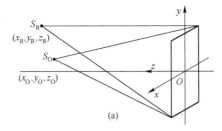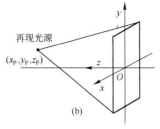

图 5.92　习题 5.41 用图

第6章 傅里叶光学

傅里叶光学是20世纪中叶人们把通信理论,特别是其中的傅里叶分析(频谱分析)方法引入到光学中来逐步形成的一个光学分支。它是现代物理光学的重要组成部分。

我们知道,通信系统是用来收集或传递信息的。这种信息一般是时间性的,例如一个被调制的电压或电流的波形。我们所熟悉的光学系统通常是用来成像的,从物平面上的复振幅分布或光强度分布得到像平面上的复振幅分布或光强度分布。从通信理论的观点来看,可以把物平面上的复振幅分布或光强度分布看成输入信息,把物平面叫做输入平面;把像平面上的复振幅分布或光强度分布看成输出信息,把像平面叫做输出平面。光学系统的作用在于把输入信息转变为输出信息,只不过光学系统所传递和处理的信息是随空间变化的函数,而通信系统传递和处理的信息是随时间变化的函数。从数学的角度来看,这一差别不是实质性的。

光学系统和通信系统的相似,不仅在于两者都是用来传递和变换信息的,而且在于这两种系统都具有一些相同的基本性质,如线性性和不变性,因此都可以用傅里叶分析(频谱分析)方法来处理。对于通信系统,这种分析方法已用得非常普遍,例如在电子学中,一个放大器的性能总是用它的频率响应来描述。如何把这种方法引入到光学系统中来,是本章讨论的重点。

在物理内容上,傅里叶光学所讨论的仍然是有关光波的传播、叠加(干涉、衍射)和成像等现象的规律,但由于傅里叶分析(变换)方法的引入,使我们对这些现象的内在规律获得了更深入的理解。

在激光技术发展的推动下,傅里叶光学在应用方面开辟了一些崭新的领域,例如光学传递函数、光学信息处理及全息术等。这些方面已成为当今科学技术特别引人注目的课题,今后无疑会有更为丰硕的成果。

6.1 单色平面波的复振幅及空间频率

光波的复振幅分布和光强度分布的空间频率是傅里叶光学中基本的物理量,透彻地理解这个概念及其物理意义是很重要的。

频率本来是时间域里的一个概念,指的是随时间做正弦或余弦变化的信号在单位时间内重复的次数;或者用复函数来表示,指的是一个形如 $\exp(\mathrm{i}2\pi\nu t)$ 的函数的周期的倒数。与此类似,可以把一个在空间呈正弦或余弦分布的物理量在某个方向上单位长度内重复的次数称为在该方向上的**空间频率**。下面分别讨论几种不同情况的单色平面波的复振幅分布及其空间频率。

6.1.1 单色平面波沿传播方向的复振幅分布

在第1章里已经指出,波矢为 $\boldsymbol{k}$ 的单色平面波在空间的复振幅分布可以表示为

$$\tilde{E}(x,y,z) = A\exp\left[\,\mathrm{i}k(x\cos\alpha + y\cos\beta + z\cos\gamma)\,\right]$$

$$= A\exp\left[\,\mathrm{i}\frac{2\pi}{\lambda}(x\cos\alpha + y\cos\beta + z\cos\gamma)\,\right] \tag{6.1}$$

式中,$\cos\alpha,\cos\beta,\cos\gamma$ 是 $\boldsymbol{k}$ 的方向余弦。考察一个特殊情况,假设单色平面波沿 z 方向传播,这时 $\cos\alpha = \cos\beta = 0, \cos\gamma = 1$,于是单色平面波沿传播方向的复振幅分布为

$$\tilde{E}(z) = A\exp\left(\mathrm{i}\frac{2\pi}{\lambda}z\right) \tag{6.2}$$

这是周期分布,周期就等于波长 λ,而周期的倒数 $1/\lambda$ 表示复振幅在传播方向上单位长度内

重复的次数,因此可以把它称为沿传播方向的空间频率。这正是第1章中已经引入的概念。显然,如果两个单色平面波沿同一传播方向有不同的空间频率,就意味着它们有不同的波长。

6.1.2　单色平面波在一个平面上的复振幅分布

在光学系统中,我们处理的往往是一个平面上的复振幅分布(或光强分布)问题,所以这里的讨论特别有意义。

1. 单色平面波的波矢 k 平行于 xz 平面

先看一种较简单的情况。如图6.1所示,我们来考察单色平面波在 $z=z_0$ 平面上的复振幅分布。对于这一单色平面波,$\cos\beta=0$;由式(6.1),在 $z=z_0$ 平面上,这一单色平面波的复振幅分布为

$$\tilde{E}(x)=A\exp\left(\mathrm{i}\,\frac{2\pi}{\lambda}z_0\cos\gamma\right)\cdot\exp\left(\mathrm{i}\,\frac{2\pi}{\lambda}x\cos\alpha\right)$$
$$=A'\exp\left(\mathrm{i}\,\frac{2\pi}{\lambda}x\cos\alpha\right)\qquad(6.3)$$

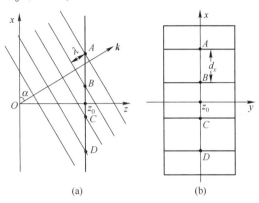

式中,$A'=A\exp\left(\mathrm{i}\,\dfrac{2\pi}{\lambda}z_0\cos\gamma\right)$ 是一个复常数。把式(6.3)与式(1.31)($z=0$ 平面上的复振幅分布)对照,可见两者只差一个常数位相因子,而位相分布都是余弦式的周期分布。同样,等位相点的轨迹是 x 为常数的直线,其中位相依次相差 2π 的一些等位相线如图6.1(b)所示。

图6.1　波矢 k 平行于 xz 平面的单色平面波

这些等位相线间的距离就是复振幅在 $z=z_0$(或 $z=0$)平面上变化的空间周期。由于复振幅只沿 x 方向变化,我们把这一空间周期记为 d_x。由图6.1容易看出

$$d_x=\lambda/\cos\alpha\qquad(6.4a)$$

它的倒数 $1/d_x$ 就是复振幅分布在 x 方向上单位长度内重复的次数,即在 x 方向上的空间频率

$$u=\frac{1}{d_x}=\frac{\cos\alpha}{\lambda}\qquad(6.4b)$$

在 y 方向上,复振幅没有变化,或认为它沿 y 方向变化的空间周期为无穷大,因而复振幅分布在 y 方向上的空间频率为 $v=1/d_y=0$。

在一个平面上的复振幅周期分布可以用空间周期来表示,自然也可以用空间频率来表示。例如,对于所讨论的方向余弦为 $(\cos\alpha,0)$ 的单色平面波在 $z=z_0$ 平面上的复振幅周期分布,就可以用一组空间频率 $\left(u=\dfrac{\cos\alpha}{\lambda},v=0\right)$ 来表示;把 $u=\dfrac{\cos\alpha}{\lambda}$ 代入式(6.3),得到直接用空间频率表示的单色平面波在 $z=z_0$ 平面上的复振幅分布

$$\tilde{E}(x)=A'\exp(\mathrm{i}2\pi ux)\qquad(6.5)$$

由空间频率与传播方向余弦之间的对应关系,可以认为式(6.5)也代表一个传播方向余弦为 $(\cos\alpha=\lambda u,\cos\beta=0)$ 的单色平面波。

对于图6.1所示的情形,α 为锐角,$\cos\alpha>0$,空间频率 $u=\dfrac{\cos\alpha}{\lambda}$ 为正值,xy 平面($z=z_0$ 或 $z=0$ 平面)上的位相值沿 x 正向增加。如果单色平面波传播方向与 x 轴成钝角,如图6.2所示,

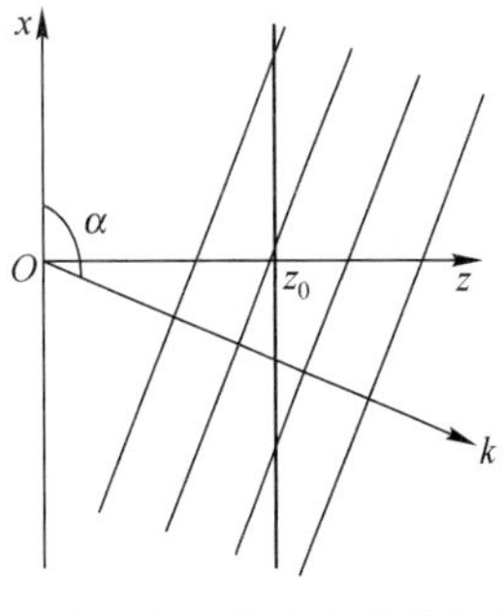

图6.2　空间频率为负值的单色平面波

$\cos\alpha<0$，空间频率 $u=\dfrac{\cos\alpha}{\lambda}$ 为负值，xy 平面上的位相值沿 x 正向减小（这是因为在以上两种情况下，单色平面波到达 xy 平面时，沿 x 方向各点光振动发生的先后次序是相反的）。因此，空间频率的正负，仅表示平面波有不同的传播方向。

2. 单色平面波传播方向余弦为 $\cos\alpha,\cos\beta$ 的情况

这是一种普遍的情况。如图 6.3(a) 所示，这时单色平面波在 $z=z_0$ 平面上的复振幅分布为

$$\tilde{E}(x,y)=A\exp\left(\mathrm{i}\frac{2\pi}{\lambda}z_0\cos\gamma\right)\exp\left[\mathrm{i}\frac{2\pi}{\lambda}(x\cos\alpha+y\cos\beta)\right]$$

$$=A'\exp\left[\mathrm{i}\frac{2\pi}{\lambda}(x\cos\alpha+y\cos\beta)\right] \tag{6.6}$$

可见，在 $z=z_0$ 平面上等位相线的方程为

$$x\cos\alpha+y\cos\beta=C \tag{6.7}$$

式中，C 是一常数，不同 C 值对应的等位相线是一些平行斜线。

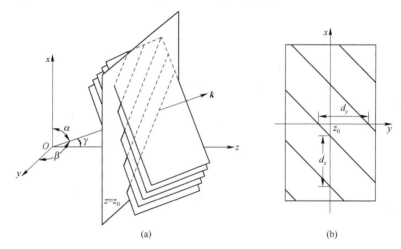

图 6.3 单色平面波在 $z=z_0$ 平面上的等位相线

在图 6.3(a) 中，用虚线表示位相依次相差 2π 的一些等位相线，它们实际上就是单色平面波的位相依次相差 2π 的波面与 $z=z_0$ 平面的交线。由于位相相差 2π 的点的光振动相同，所以在 $z=z_0$ 平面上的复振幅分布是周期性分布。在现在的情形下，沿 x 方向和沿 y 方向的复振幅分布都是周期性的，其空间周期 d_x 和 d_y 分别为（见图 6.3(b)，图中斜线是位相依次相差 2π 的等位相线）

$$d_x=\frac{\lambda}{\cos\alpha}, \quad d_y=\frac{\lambda}{\cos\beta} \tag{6.8}$$

在 x 和 y 方向相应的空间频率为

$$u=\frac{1}{d_x}=\frac{\cos\alpha}{\lambda}, \quad v=\frac{1}{d_y}=\frac{\cos\beta}{\lambda} \tag{6.9}$$

把式(6.9)代入式(6.6)，得到直接用空间频率 (u,v) 表示的 $z=z_0$ 平面上的复振幅分布

$$\tilde{E}(x,y)=A'\exp\left[\mathrm{i}2\pi(ux+vy)\right] \tag{6.10}$$

显然，也可认为上式代表一个传播方向余弦为 $(\cos\alpha=\lambda u,\cos\beta=\lambda v)$ 的单色平面波。

空间频率有时也通过空间角频率或者 α,β 的余角来表示。空间角频率 k_x 和 k_y 定义为

$$k_x=2\pi u, \quad k_y=2\pi v \tag{6.11}$$

利用 k_x 和 k_y 可把式(6.10)写为

$$\tilde{E}(x,y) = A'\exp\left[i(k_x x + k_y y)\right] \tag{6.12}$$

图 6.4 表示了 α, β 的余角为 $\theta_x = \dfrac{\pi}{2} - \alpha, \theta_y = \dfrac{\pi}{2} - \beta$, 利用 θ_x 和 θ_y 来表示空间频率, 则有

$$u = \frac{\sin\theta_x}{\lambda}, \qquad v = \frac{\sin\theta_y}{\lambda} \tag{6.13}$$

当单色平面波的波矢在 xz 平面内时, θ_x 就是传播方向与 z 轴的夹角。我们在分析光波在共轴球面光学系统中传播时, 通常把 z 轴作为系统的光轴。对于波矢在子午面内传播的单色平面波, 其传播方向用波矢与光轴的夹角 θ_x 来表示是很方便的, 这时有

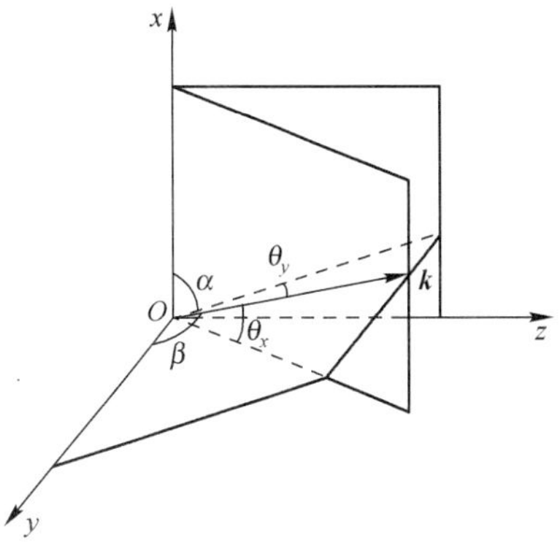

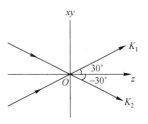

图 6.4　α, β 及其余角 θ_x, θ_y

$$u = \frac{\sin\theta_x}{\lambda}, \qquad v = 0$$

上面通过考察单色平面波波场中 xy 平面上的复振幅分布, 提出了空间频率的概念。可以看出, 空间频率 (u,v) 是用来描述波场中 xy 平面上复振幅的一种基本的周期分布的两个特征量, 这一基本周期分布的数学形式是复指数函数 $\exp\left[i2\pi(ux+vy)\right]$。不同的一组 (u,v) 值, 对应不同的复振幅周期分布, 也对应着沿不同方向传播的单色平面波。根据光波的叠加与分解性质, 如果光场中 xy 平面上的复振幅是一种复杂的分布, 则它可以分解为许多种这样的基本周期分布, 我们也可以说该平面上的复杂的复振幅分布包含有许多种空间频率成分, 并可认为有许多个沿不同方向传播的单色平面波通过该平面。

在研究光波在光学系统中的传播时, 空间频率的概念不仅可以用来描述复振幅的周期分布, 也可以用来描述平面上光强度的周期分布, 这要视光学系统受相干光照明还是非相干光照明而定。但当以空间频率 (u,v) 表示平面上光强度的周期分布 $\exp\left[i2\pi(ux+vy)\right]$ 时, 不再意味着有向某个方向传播的单色平面波通过该平面。

[例题 6.1]　振幅为 A, 波长为 $\dfrac{2}{3}\times10^{-3}\mathrm{mm}$ 的单色平面波的波矢的方向余弦为 $\cos\alpha = 2/3$, $\cos\beta = 1/3, \cos\gamma = 2/3$, 试求它在 xy 平面上 $(z=0)$ 的复振幅分布及空间频率。

解: 单色平面波在 xy 平面上复振幅分布的空间频率为

$$u = \frac{\cos\alpha}{\lambda} = \frac{2}{3\lambda} = 10^3\,\mathrm{mm}^{-1}, \qquad v = \frac{\cos\beta}{\lambda} = \frac{1}{3\lambda} = 5\times10^2\,\mathrm{mm}^{-1}$$

因此, 由式 (6.10), xy 平面上的复振幅分布为

$$\tilde{E}(x,y) = A\exp\left[i2\pi(x+0.5y)\times10^3\right]$$

[例题 6.2]　振动方向相同的两列波长同为 500nm 的单色平面波照射在 xy 平面上。它们的振幅为 A, 传播方向与 xz 平面平行, 与 z 轴的夹角分别为 $30°$ 和 $-30°$ (图 6.5)。试求 xy 平面上的合复振幅分布及空间频率。

解: 两列波波矢的方向余弦分别为

$$\cos\alpha_1 = \cos60°, \quad \cos\beta_1 = 0, \quad \cos\gamma_1 = \cos30°$$

和　　　　$$\cos\alpha_2 = \cos120°, \quad \cos\beta_2 = 0, \quad \cos\gamma_2 = \cos(-30°)$$

图 6.5　例题 6.2 用图

因此,两列波在 xy 平面上的复振幅分布分别为

$$\widetilde{E}_1(x,y)=A\exp\left(\mathrm{i}\frac{2\pi}{\lambda}x\cos60^\circ\right)=A\exp\left(\mathrm{i}\frac{2\pi}{\lambda}x\sin30^\circ\right)$$

和
$$\widetilde{E}_2(x,y)=A\exp\left(\mathrm{i}\frac{2\pi}{\lambda}x\cos120^\circ\right)=A\exp\left(-\mathrm{i}\frac{2\pi}{\lambda}x\sin30^\circ\right)$$

在 xy 平面上的合复振幅分布为

$$\begin{aligned}
\widetilde{E}(x,y)&=\widetilde{E}_1(x,y)+\widetilde{E}_2(x,y)\\
&=A\exp\left(\mathrm{i}\frac{2\pi}{\lambda}x\sin30^\circ\right)+A\exp\left(-\mathrm{i}\frac{2\pi}{\lambda}x\sin30^\circ\right)\\
&=2A\cos\left(\frac{2\pi}{\lambda}x\sin30^\circ\right)=2A\cos\frac{\pi x}{5\times10^{-4}}
\end{aligned}$$

可见,合复振幅分布在 x 方向变化的空间周期为 $d_x=2\times5\times10^{-4}\mathrm{mm}=10^{-3}\mathrm{mm}$。
于是,合复振幅分布的空间频率 $u=1/d_x=10^3\mathrm{mm}^{-1}$。

[**例题 6.3**] 两列振动方向和波长相同的单色平面波照射在 xOy 平面上,它们的振幅分别为 A_1 和 A_2,传播方向的方向余弦分别为 $(\cos\alpha_1,\cos\beta_1,\cos\gamma_1)$ 和 $(\cos\alpha_2,\cos\beta_2,\cos\gamma_2)$,试求 xOy 平面上的光强度分布及空间频率。

解: 设两列波的波长为 λ,则两列波在 xOy 平面上的复振幅分布可以表示为

$$\widetilde{E}_1(x,y)=A_1\exp\left[\mathrm{i}\frac{2\pi}{\lambda}(x\cos\alpha_1+y\cos\beta_1)\right]$$

和
$$\widetilde{E}_2(x,y)=A_2\exp\left[\mathrm{i}\frac{2\pi}{\lambda}(x\cos\alpha_2+y\cos\beta_2)\right]$$

因此,两列波在 xOy 平面上发生干涉的光强度为

$$\begin{aligned}
I(x,y)&=A_1^2+A_2^2+2A_1A_2\cos\left[\frac{2\pi}{\lambda}(x\cos\alpha_2+y\cos\beta_2)-\frac{2\pi}{\lambda}(x\cos\alpha_1+y\cos\beta_1)\right]\\
&=A_1^2+A_2^2+2A_1A_2\cos\left[\frac{2\pi}{\lambda}(\cos\alpha_2-\cos\alpha_1)x+\frac{2\pi}{\lambda}(\cos\beta_2-\cos\beta_1)y\right]
\end{aligned}$$

这一光强度分布具有空间周期性,在 x 方向和 y 方向的空间周期(也是在两个方向上的条纹间距,见图 6.6)分别为

$$d_x=\frac{\lambda}{\cos\alpha_2-\cos\alpha_1}\ ,\quad d_y=\frac{\lambda}{\cos\beta_2-\cos\beta_1}$$

因此,在 x,y 两个方向上的空间频率为

$$u=\frac{\cos\alpha_2-\cos\alpha_1}{\lambda}\ ,\quad v=\frac{\cos\beta_2-\cos\beta_1}{\lambda}$$

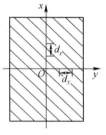

图 6.6 例题 6.3 用图

6.2 单色波场中复杂的复振幅分布及其分解

6.2.1 单色波场中复杂的复振幅分布

如上节所述,在自由传播情况下,在单色(平面波)波场中一个平面上的复振幅分布是一种简单的周期分布,它可以用复指数函数 $\exp[\mathrm{i}2\pi(ux+vy)]$ 来表示。但是,当光波通过一个光屏,例如有限大小的孔径或者光栅传播时,它的复振幅(振幅或空间位相)将受到光屏的透射能力的调制,

因此透射光波的复振幅分布一般是很复杂的,并且这将会导致衍射现象。本章我们将试图从傅里叶光学的观点再来研究衍射问题,而问题的关键仍然是衍射屏怎样改变和调制入射光波的振幅和位相分布。

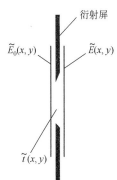

图 6.7　紧靠衍射屏前后平面的复振幅分布

衍射屏对入射光波的调制作用决定于衍射屏的复振幅透射系数 $\tilde{t}(x,y)$。如果入射到衍射屏的光波的复振幅分布为 $\tilde{E}_0(x,y)$,透射光波(在紧靠衍射屏后的平面上)的复振幅分布为 $\tilde{E}(x,y)$(参见图 6.7),则按透射系数的定义

$$\tilde{t}(x,y) = \tilde{E}(x,y) \,/\, \tilde{E}_0(x,y) \tag{6.14}$$

一般地,$\tilde{t}(x,y)$ 是复函数,包括模和辐角两部分。$\tilde{t}(x,y)$ 的辐角为常数的衍射屏是振幅型衍射屏,它只对入射光波的振幅产生调制;$\tilde{t}(x,y)$ 的模为常数的衍射屏是属于位相型的,它只对入射光波的位相产生调制。

图 6.8 所示的几种我们所熟悉的衍射屏属于振幅型衍射屏。其中单缝(图 6.8(a))的透射系数可以用矩形函数来表示:

$$\tilde{t}(x,y) = \mathrm{rect}\left(\frac{x}{a}\right) \tag{6.15a}$$

其定义为

$$\mathrm{rect}\left(\frac{x}{a}\right) = \begin{cases} 1 & |x| \leqslant a\,/\,2 \\ 0 & 其他 \end{cases} \tag{6.15b}$$

矩孔(图 6.8(b))的透射系数可以表示为

$$\tilde{t}(x,y) = \mathrm{rect}\left(\frac{x}{a}\right)\mathrm{rect}\left(\frac{y}{b}\right) \tag{6.16}$$

圆孔(图 6.8(c))的透射系数可用圆域函数来表示:

$$t(x,y) = \mathrm{circ}\left(\frac{\sqrt{x^2+y^2}}{a}\right) \tag{6.17a}$$

其定义为

$$\mathrm{circ}\left(\frac{\sqrt{x^2+y^2}}{a}\right) = \begin{cases} 1 & \sqrt{x^2+y^2} \leqslant a \\ 0 & 其他 \end{cases} \tag{6.17b}$$

式中,a 是圆孔的半径。图 6.8(d)是矩形光栅,设光栅常数为 d,缝宽为 a,并且缝数 N 是奇数[①],那么它的透射系数可以表示为

$$\tilde{t}(x,y) = \sum_{n=-(N-1)/2}^{(N-1)/2} \mathrm{rect}\left(\frac{x+nd}{a}\right) \tag{6.18}$$

正弦光栅(图 6.8(e))的透射系数一般可表示为

$$\tilde{t}(x,y) = \left[\frac{1}{2} + \frac{m}{2}\cos(2\pi u_0 x)\right]\mathrm{rect}\left(\frac{x}{w}\right) \tag{6.19}$$

式中,w 是光栅的总宽度,m 是光栅振幅透射系数的极大值与极小值之差,u_0 是光栅透射系数变化的频率。

当光波透过上述衍射屏时,光波的复振幅将受到衍射屏透射系数的调制。例如,对于单位振幅的单色平面波垂直入射到正弦光栅的情况,紧靠正弦光栅之前的平面上的复振幅分布 $\tilde{E}_0(x,y) = 1$,

---

① N 为偶数时,透射系数表示式稍有不同。

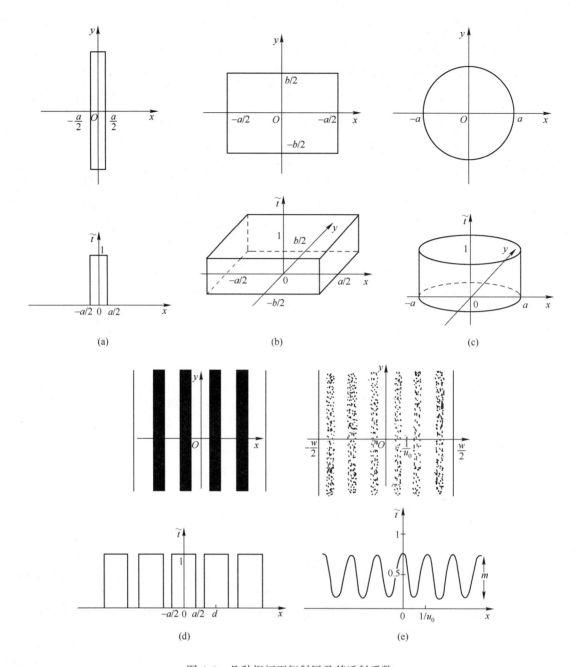

图 6.8　几种振幅型衍射屏及其透射系数

而透过正弦光栅在紧靠正弦光栅后的平面上的复振幅分布是

$$\widetilde{E}(x,y) = \widetilde{E}_0(x,y)\,\widetilde{t}(x,y) = \left[\frac{1}{2} + \frac{m}{2}\cos(2\pi u_0 x)\right]\mathrm{rect}\left(\frac{x}{w}\right)$$

这是一个复杂的复振幅分布,它不再能够简单地用复指数函数 $\exp[\,\mathrm{i}2\pi(ux+vy)\,]$ 来表示。

6.2.2　透镜的透射系数

不论从传统光学的观点看,还是从傅里叶光学的观点看,透镜都是最重要的光学元件。透镜由透明物质制成,如果我们略去透镜对光能量的吸收和反射损失,透镜则只改变入射光波的空间位相分布,因而它可以看成位相型衍射屏。下面我们来求出它的透射系数的函数形式。

如图 6.9 所示,设单色光波自左方入射到透镜,光波在紧靠透镜之前的平面上和紧靠透镜之后的平面上的复振幅分布分别为

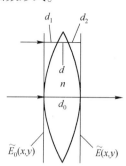

$$\left.\begin{aligned}\tilde{E}_0(x,y) &= A\exp[\,\mathrm{i}\varphi_1(x,y)\,]\\ \tilde{E}(x,y) &= A\exp[\,\mathrm{i}\varphi_2(x,y)\,]\end{aligned}\right\} \qquad (6.20)$$

显然,透镜对入射光波的位相改变就是

$$\varphi(x,y) = \varphi_2(x,y) - \varphi_1(x,y)$$

为了求出 $\varphi(x,y)$,我们来考察在位置坐标 (x,y) 处光波通过透镜产生的位相变化。假定透镜是薄透镜;对于薄透镜,可以认为光线在透镜之前平面上的入射点的坐标等同于在透镜之后平面上的出射点的坐标,即可以近似地认为光线平行于光轴通过透镜。因此,光波在 (x,y) 处通过透镜产生的位相变化是(参见图 6.9)

图 6.9　透镜改变入射光波位相的空间分布

$$\varphi(x,y) = k[\,d_1 + d_2 + nd(x,y)\,]$$

式中, d_1 和 d_2 分别是透镜与前后两个平面之间的距离, $d(x,y)$ 是透镜的厚度(它随位置而变,因而 $d_1 + d_2$ 也随位置而变), n 是透镜折射率,而 $k = 2\pi/\lambda$。由于

$$\begin{aligned}d_1 + d_2 + nd(x,y) &= d_1 + d_2 + n[\,d_0 - (d_1 + d_2)\,]\\ &= nd_0 - (n-1)(d_1 + d_2)\end{aligned}$$

因此

$$\varphi(x,y) = knd_0 - k(n-1)(d_1 + d_2) \qquad (6.21)$$

上式等号右边第一项是与 x,y 无关的常数,它不影响位相的空间分布(因而也不会影响光波波面的形状),常常略去不予考虑。第二项随 $d_1 + d_2$ 变化,由于 $d_1 + d_2$ 是位置坐标 (x,y) 的函数,因而 $\varphi(x,y)$ 也是位置坐标的函数。从图 6.10 的几何关系,易见有

$$d_1 = R_1 - \sqrt{R_1^2 - (x^2 + y^2)}, \quad d_2 = (-R_2) - \sqrt{(-R_2)^2 - (x^2 + y^2)}$$

式中, R_1 和 R_2 分别是透镜前后两表面的曲率半径,并且根据几何光学中常用的符号规则, R_1 为正, R_2 为负。如果我们只考虑傍轴光束,以上二式可近似地写为

$$d_1 \approx \frac{x^2 + y^2}{2R_1}, \quad d_2 \approx -\frac{x^2 + y^2}{2R_2} \qquad (6.22)$$

把近似式(6.22)代入式(6.21),得到(略去常数 knd_0)

$$\varphi(x,y) = -k(n-1)\left(\frac{1}{R_1} - \frac{1}{R_2}\right)\frac{x^2 + y^2}{2} \qquad (6.23a)$$

或者利用几何光学中的薄透镜焦距的公式

$$\frac{1}{f} = (n-1)\left(\frac{1}{R_1} - \frac{1}{R_2}\right)$$

可以把式(6.23a)写为

$$\varphi(x,y) = -k\frac{x^2 + y^2}{2f} \qquad (6.23b)$$

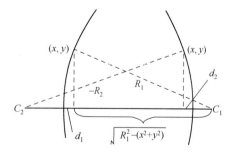

图 6.10　d_1 和 d_2 的计算

因此,由式(6.20),薄透镜的透射系数

$$\tilde{t}(x,y) = \frac{\tilde{E}(x,y)}{\tilde{E}_0(x,y)} = \exp[\,\mathrm{i}\varphi(x,y)\,] = \exp\left(-\mathrm{i}k\frac{x^2 + y^2}{2f}\right) \qquad (6.24)$$

值得注意的是,上述讨论没有考虑到透镜的有限孔径。实际上透镜总是有一定的孔径大小的,

为了表示透镜的有限孔径效应,可以引入**光瞳函数** $P(x,y)$,其定义为

$$P(x,y) = \begin{cases} 1 & \text{透镜孔径内} \\ 0 & \text{其他} \end{cases} \tag{6.25}$$

在考虑了透镜的有限孔径效应之后,透镜的透射系数可以表示为[①]

$$\tilde{t}(x,y) = P(x,y)\exp\left(-ik\frac{x^2+y^2}{2f}\right) \tag{6.26}$$

同样,单色平面波通过透镜后,透射光波的复振幅分布也是一个复杂的分布。

6.2.3 复杂复振幅分布的分解

单色光波通过衍射屏引起的复杂的复振幅分布,可以利用傅里叶积分进行分解,其方法与 2.5 节讨论的方法类似。不过,现在涉及的是二维的傅里叶积分及其变换。假设在 x,y 平面上的复杂复振幅分布为 $\tilde{E}(x,y)$,根据傅里叶积分定理,$\tilde{E}(x,y)$ 可以分解成无数个形式为 $\exp[i2\pi(ux+vy)]$ 的基元函数(基本的周期函数)的线性组合(参见 2.5 节和附录 B):

$$\tilde{E}(x,y) = \iint\limits_{-\infty}^{\infty} \tilde{\mathscr{E}}(u,v)\exp[i2\pi(ux+vy)]\,\mathrm{d}u\mathrm{d}v \tag{6.27a}$$

其中

$$\tilde{\mathscr{E}}(u,v) = \iint\limits_{-\infty}^{\infty} \tilde{E}(x,y)\exp[-i2\pi(ux+vy)]\,\mathrm{d}x\mathrm{d}y \tag{6.27b}$$

是函数 $\tilde{E}(x,y)$ 的**二维傅里叶变换**,通常简记为

$$\tilde{\mathscr{E}}(u,v) = \mathscr{F}\{\tilde{E}(x,y)\}$$

而 $\tilde{E}(x,y)$ 是 $\tilde{\mathscr{E}}(u,v)$ 的**傅里叶逆变换**,简记为

$$\tilde{E}(x,y) = \mathscr{F}^{-1}\{\tilde{\mathscr{E}}(u,v)\}$$

$\tilde{\mathscr{E}}(u,v)$ 表征空间频率为 (u,v) 的基元函数所占相对比例(权重)的大小,而 u,v 分别是基元函数沿 x 方向和 y 方向的空间频率。$\tilde{\mathscr{E}}(u,v)$ 也称为**空间频谱**或**频谱**。

在上节里已经指出,$\exp[i2\pi(ux+vy)]$ 代表一个传播方向余弦为 $(\cos\alpha=\lambda u,\cos\beta=\lambda v)$ 的单色平面波。因此,式(6.27)的物理含义是,复振幅分布 $\tilde{E}(x,y)$ 可以看成不同方向传播的单色平面波分量的线性叠加,这些单色平面波分量的传播方向和频率 (u,v) 相对应,而振幅和相对位相取决于频谱 $\tilde{\mathscr{E}}(u,v)$。

在传统的物理光学中,讨论光波的传播、衍射、叠加及成像等现象时,都是研究在一定的物理条件下,光场中各处的复振幅或光强度与空间坐标的函数关系,这种分析方法称为**在空间域中的分析**。本节对于一个平面上的复振幅分布,利用傅里叶分析方法把它分解成向空间不同方向传播的单色平面波,这些单色平面波对应着不同的空间频率。因此,对于光波的各种现象的分析也可以在**频率域**中进行,研究在这些现象中光波的单色平面波成分的组成或空间频谱的变化。两种分析方法是完全等效的,视方便而定,有时从空间域进行分析,有时从频率域进行分析,而后者体现了傅里叶光学的基本分析方法。

---

① 考虑了透镜的有限孔径效应之后,透镜实际上不是一个纯粹的位相型衍射屏,因为它不仅改变入射光波在平面上的位相分布,也改变振幅在平面上的分布(透镜孔径内 $P=1$,孔径外 $P=0$)。

6.3 衍射现象的傅里叶分析方法

在上一章中,根据惠更斯-菲涅耳原理及基尔霍夫衍射公式得出了夫琅禾费衍射和菲涅耳衍射的计算公式,并且利用它们分别讨论了两种衍射图样。前面已经指出,基尔霍夫衍射公式的基本含义是,把衍射场的复振幅看成衍射孔径上各点发出的球面子波在衍射场产生的复振幅的线性叠加。现在,我们采用傅里叶分析方法,也就是通过频率域中的分析来讨论衍射问题。

6.3.1 夫琅禾费近似下衍射场与孔径场的变换关系

在夫琅禾费近似下,衍射场(观察平面)上的复振幅分布由(5.27b)式计算

$$\widetilde{\mathscr{E}}(x,y) = \frac{\exp(ikz_1)}{i\lambda z_1}\exp\left[\frac{ik}{2z_1}(x^2+y^2)\right]\iint_{-\infty}^{\infty}\widetilde{E}(x_1,y_1)\exp\left[-i2\pi\left(\frac{x}{\lambda z_1}x_1+\frac{y}{\lambda z_1}y_1\right)\right]dx_1dy_1$$

令 $u=\dfrac{x}{\lambda z_1}, v=\dfrac{y}{\lambda z_1}$,则有

$$\widetilde{\mathscr{E}}(x,y) = \frac{\exp(ikz_1)}{i\lambda z_1}\exp\left[\frac{ik}{2z_1}(x^2+y^2)\right]\iint_{-\infty}^{\infty}\widetilde{E}(x_1,y_1)\exp\left[-i2\pi(ux+vy)\right]dx_1dy_1 \tag{6.28}$$

式中,$\widetilde{E}(x_1,y_1)$ 代表孔径面上的复振幅分布(指紧靠孔径平面后方的透射光场的分布)。该式表明,除了积分号前的相乘因子,夫琅禾费衍射场的复振幅分布就是孔径平面上复振幅分布的傅里叶变换,而变换在空间频率 $\left(u=\dfrac{x}{\lambda z_1}, v=\dfrac{y}{\lambda z_1}\right)$ 上取值。式(6.28)积分号外的因子,包括一个与 x 和 y 无关的常数,以及一个空间位相因子,在我们只关心衍射场的相对光强度分布时,它们不起作用,因此夫琅禾费衍射图样的光强度分布可直接由 $\widetilde{E}(x_1,y_1)$ 的傅里叶变换求出:

$$I(x,y) = |\widetilde{\mathscr{E}}(x,y)|^2 = |\mathscr{F}\{\widetilde{E}(x_1,y_1)\}|^2\Big|_{u=\frac{x}{\lambda z_1},v=\frac{y}{\lambda z_1}}$$

$$= |\widetilde{\mathscr{E}}(u,v)|^2\Big|_{u=\frac{x}{\lambda z_1},v=\frac{y}{\lambda z_1}} \tag{6.29}$$

式中,$\widetilde{\mathscr{E}}(u,v)$ 表示孔径平面复振幅分布的频谱。

用上一节讨论的单色光波的复振幅分解的观点来看,夫琅禾费衍射场和孔径场之间的傅里叶变换关系是容易理解的。因为孔径面上的复振幅可以分解为

$$\widetilde{E}(x_1,y_1) = \iint_{-\infty}^{\infty}\widetilde{\mathscr{E}}(u,v)\exp[i2\pi(ux_1+vy_1)]dudv$$

这表示可以把衍射波看成沿不同方向传播的对应于不同空间频率的单色平面波的线性叠加。而在夫琅禾费衍射条件下(在无限远的严格的夫琅禾费衍射平面上),空间频率为 u,v 的单色平面波将会聚在 $x=u\lambda z_1, y=v\lambda z_1$ 的点上(如图 6.11 所示),该点的振幅和相对位相取决于 $\widetilde{\mathscr{E}}(u,v)$,这表明夫琅禾费衍射场的复振幅分布与孔径面上的复振幅分布存在傅里叶变换关系。

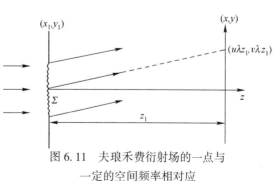

图 6.11 夫琅禾费衍射场的一点与
一定的空间频率相对应

6.3.2 夫琅禾费衍射的计算实例

上述傅里叶变换关系,为我们提供了计算夫琅禾费衍射的一种简便的数学方法。下面具体计算几种衍射屏的夫琅禾费衍射,将发现,由于应用了傅里叶变换及其性质(见附录 B),计算大大简化,而计算结果与上一章得到的结果完全一致。

1. 矩孔衍射和单缝衍射

设有一个单位振幅的单色平面波垂直照明矩孔,那么矩孔平面上的复振幅分布为

$$\tilde{E}(x_1, y_1) = \mathrm{rect}\left(\frac{x_1}{a}\right)\mathrm{rect}\left(\frac{y_1}{b}\right)$$

式中,a 和 b 分别为矩孔在 x_1 和 y_1 方向上的宽度(见图 6.8(b))。利用傅里叶变换的相似性定理,求得 $\tilde{E}(x_1, y_1)$ 的傅里叶变换为

$$\tilde{\mathcal{E}}(u, v) = \mathscr{F}\{\tilde{E}(x_1, y_1)\} = ab\,\mathrm{sinc}(au)\,\mathrm{sinc}(bv) \tag{6.30}$$

式中,sinc 函数的定义是 $\qquad \mathrm{sinc}(u) = \dfrac{\sin(\pi u)}{\pi u}$

因此,由式(6.29),夫琅禾费矩孔衍射的光强度分布为

$$I(x, y) = |\tilde{\mathcal{E}}(u, v)|^2 \bigg|_{u = \frac{x}{\lambda z_1}, v = \frac{y}{\lambda z_1}} = I(0)\,\mathrm{sinc}^2\left(\frac{ax}{\lambda z_1}\right)\mathrm{sinc}^2\left(\frac{by}{\lambda z_1}\right) \tag{6.31}$$

式中,$I(0)$ 是衍射图样中心的光强度。

如果 $b \gg a$,矩孔就成了平行于 y_1 轴的狭缝(见图 6.8(a))。这时,式(6.30)的因子 $\mathrm{sinc}(bv)$ 在 x 轴之外实际上为零,衍射图样将集中在 x 轴上,即衍射光只沿垂直于单缝的方向扩展。因此,对于单缝衍射有

$$\tilde{\mathcal{E}}(u) = a\,\mathrm{sinc}(au) \tag{6.32a}$$

和 $\qquad\qquad I(x) = I(0)\,\mathrm{sinc}^2\left(\dfrac{ax}{\lambda z_1}\right) \tag{6.32b}$

图 6.12 的虚线和实线分别给出上两式表示的频谱和光强度分布,可见光能量主要集中在中央亮斑内,亮斑的半宽度为

$$\Delta x = \lambda z_1 / a \tag{6.33}$$

与此对应的频谱宽度为 $\qquad \Delta u = \dfrac{\Delta x}{\lambda z_1} = \dfrac{1}{a} \tag{6.34}$

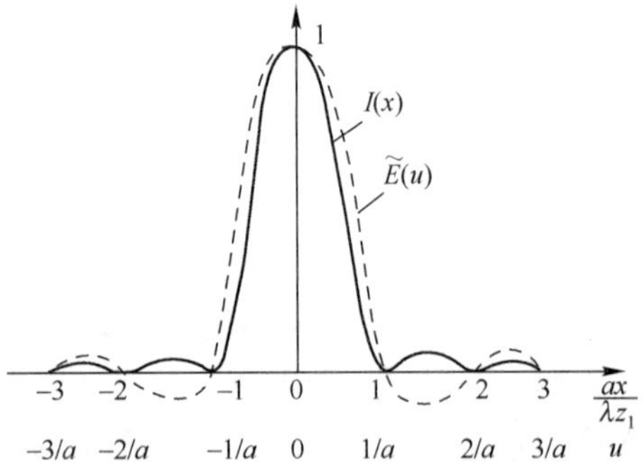

图 6.12 单缝衍射的频谱和光强度分布

对于单色平面波垂直入射的情形,入射光场的频率 $u = v = 0$;因此,从频率域来看衍射现象,衍射孔径的作用是,使入射光场的频谱增宽,其宽度与衍射孔径的大小成反比,孔径线宽度减小 m 倍,频谱增宽 m 倍。这一结果可以看成傅里叶变换相似性定理的物理解释。

2. 圆孔衍射

单色平面波垂直照明圆孔时,在圆孔平面上的复振幅分布为

$$\tilde{E}(x_1, y_1) = \mathrm{circ}\left(\frac{\sqrt{x_1^2 + y_1^2}}{a}\right)$$

或以极坐标表示为 $\qquad\qquad \tilde{E}(r_1) = \mathrm{circ}\left(\dfrac{r_1}{a}\right)$

式中,a 为圆孔半径,r_1 表示孔径平面的径向坐标(见图 6.13)。利用圆域函数的傅里叶变换结果

及相似性定理,得到

$$\mathscr{F}\{\tilde{E}(r_1)\} = \mathscr{F}\left\{\mathrm{circ}\left(\frac{r_1}{a}\right)\right\}\Bigg|_{\rho=\frac{r}{\lambda z_1}} = \pi a^2\left[\frac{2\mathrm{J}_1(2\pi a\rho)}{2\pi a\rho}\right] \tag{6.35}$$

式中,J_1 是一阶第一类贝塞尔函数,r 是观察平面(xy 平面)的径向坐标,ρ 是沿径向空间频率,它与 r 的关系为 $\rho = \dfrac{r}{\lambda z_1}$。由式(6.29)得到夫琅禾费圆孔衍射的光强度分布为

$$I(r) = \left|\mathscr{F}\left\{\mathrm{circ}\left(\frac{r_1}{a}\right)\right\}\right|^2\Bigg|_{\rho=\frac{r}{\lambda z_1}} = (\pi a^2)^2\left[\frac{2\mathrm{J}_1\left(\dfrac{2\pi ar}{\lambda z_1}\right)}{\dfrac{2\pi ar}{\lambda z_1}}\right]^2$$

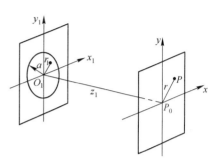

令 $Z = \dfrac{2\pi ar}{\lambda z_1}$,并由于 $\lim\limits_{z\to 0}\dfrac{\mathrm{J}_1(Z)}{Z} = \dfrac{1}{2}$,所以观察平面上轴上点 P_0 的光强度 $I(0) = (\pi a^2)^2$。因此,圆孔衍射的光强度分布为

$$I(Z) = I(0)\left[\frac{2\mathrm{J}_1(Z)}{Z}\right]^2 \tag{6.36}$$

图 6.13　圆孔衍射

这一结果与上一章得到的结果完全相同。

3. 双缝和多缝衍射

在讨论双缝和多缝衍射之前,我们先来说明一个衍射孔径在孔径平面上平移时,它的夫琅禾费衍射图样的复振幅分布所发生的变化。假定衍射孔径原先位于 $x_1 y_1$ 坐标系的原点 O_1 处(图 6.14),它的夫琅禾费衍射图样的复振幅分布可以写为(弃去积分前的因子)

$$\tilde{\mathscr{E}}(x,y) = \iint\limits_{-\infty}^{\infty}\tilde{E}(x_1,y_1)\exp[-\mathrm{i}2\pi(ux+vy)]\,\mathrm{d}x_1\mathrm{d}y_1 \tag{6.37}$$

式中,$\tilde{E}(x_1,y_1)$ 是孔径面上的复振幅分布,频率取值 u,v 与观察平面坐标的关系为:$u = \dfrac{x}{\lambda z_1}, v = \dfrac{y}{\lambda z_1}$。现在孔径从 O_1 平移到 O_1',O_1' 相对于 $x_1 O_1 y_1$ 坐标系的坐标为 α_1 和 β_1。以 O_1' 为原点,建立新坐标系 $x_1' O_1' y_1'$,其坐标轴与 x_1, y_1 坐标轴平行;若孔径内任一点 M 相对于新坐标系的坐标为 x_1', y_1',那么 M 相对于旧坐标系的坐标就是

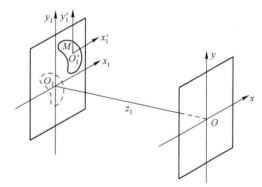

$$x_1 = x_1' + \alpha_1,\qquad y_1 = y_1' + \beta_1$$

图 6.14　衍射孔径从 O_1 平移到 O_1'

孔径平移后,在观察平面上产生的复振幅分布为

$$\tilde{\mathscr{E}}'(x,y) = \iint\limits_{-\infty}^{\infty}\tilde{E}(x_1-\alpha_1,y_1-\beta_1)\exp[-\mathrm{i}2\pi(ux_1+vy_1)]\,\mathrm{d}x_1\mathrm{d}y_1$$

式中,$\tilde{E}(x_1-\alpha_1,y_1-\beta_1)$ 是孔径平移后孔径平面上的复振幅分布。由于 $\tilde{E}(x_1-\alpha_1,y_1-\beta_1) = \tilde{E}(x_1',y_1')$,所以上式又可以写为

$$\tilde{\mathscr{E}}'(x,y) = \iint\limits_{-\infty}^{\infty}\tilde{E}(x_1',y_1')\exp\{-\mathrm{i}2\pi[u(x_1'+\alpha_1)+v(y_1'+\beta_1)]\}\,\mathrm{d}x_1'\mathrm{d}y_1'$$

$$= \exp[-\mathrm{i}2\pi(u\alpha_1+\beta_1)]\iint\limits_{-\infty}^{\infty}\tilde{E}(x_1',y_1')\exp[-\mathrm{i}2\pi(ux_1'+vy_1')]\,\mathrm{d}x_1'\mathrm{d}y_1'$$

式中的积分与式(6.37)的积分相同,于是得到$\tilde{\mathscr{E}}'(x,y)$和$\tilde{\mathscr{E}}(x,y)$的关系为

$$\tilde{\mathscr{E}}'(x,y) = \exp[-i2\pi(u\alpha_1 + v\beta_1)]\tilde{\mathscr{E}}(x,y) \tag{6.38}$$

式(6.38)表明,当衍射孔径在孔径平面上平移时,它的夫琅禾费衍射图样的复振幅分布将引起一个相移。不过,位相变化并不影响衍射图样的光强度分布,所以孔径平移时,衍射图样的光强度分布不变。式(6.38)称为**傅里叶变换的相移定理**。

下面我们利用相移定理来讨论双缝和多缝衍射。对于图6.15所示的双缝衍射屏及所选取的坐标系,孔径平面的复振幅分布可以写为

$$\tilde{E}(x_1) = \mathrm{rect}\left(\frac{x_1 - \dfrac{d}{2}}{a}\right) + \mathrm{rect}\left(\frac{x_1 + \dfrac{d}{2}}{a}\right)$$

式中,a是缝宽,d是两缝中心的距离。同样,双缝产生的夫琅禾费衍射图样的光强度分布也可由$\tilde{E}(x_1)$的傅里叶变换求出,即

$$\tilde{\mathscr{E}}(x) = \mathscr{F}\{\tilde{E}(x_1)\}\Big|_{u=\frac{x}{\lambda z_1}}$$

$$= \mathscr{F}\left\{\mathrm{rect}\left(\frac{x_1 - \dfrac{d}{2}}{a}\right)\right\}\Big|_{u=\frac{x}{\lambda z_1}} + \mathscr{F}\left\{\mathrm{rect}\left(\frac{x_1 + \dfrac{d}{2}}{a}\right)\right\}\Big|_{u=\frac{x}{\lambda z_1}}$$

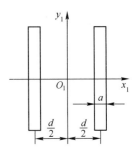

图6.15 双缝衍射屏

由傅里叶变换的相移定理[式(6.38)],上式两项表示的两个偏离中心的狭缝光场的傅里叶变换,可以用位于中心的一个狭缝光场的傅里叶变换乘上一个相移因子来代替。因此,上式可以写为

$$\tilde{\mathscr{E}}(x) = \exp\left[-i2\pi u\left(\frac{d}{2}\right)\right]\mathscr{F}\left\{\mathrm{rect}\left(\frac{x_1}{a}\right)\right\}\Big|_{u=\frac{x}{\lambda z_1}} + \exp\left[-i2\pi u\left(-\frac{d}{2}\right)\right]\mathscr{F}\left\{\mathrm{rect}\left(\frac{x_1}{a}\right)\right\}\Big|_{u=\frac{x}{\lambda z_1}}$$

$$= [\exp(-i\pi ud) + \exp(i\pi ud)]a\,\mathrm{sinc}(au)\Big|_{u=\frac{x}{\lambda z_1}}$$

$$= 2a\,\mathrm{sinc}\left(\frac{ax}{\lambda z_1}\right)\cos\left(\frac{\pi xd}{\lambda z_1}\right) \tag{6.39a}$$

而双缝产生的夫琅禾费衍射图样的光强度分布为

$$I(x) = |\tilde{\mathscr{E}}(x)|^2 = I(0)\,\mathrm{sinc}^2\left(\frac{ax}{\lambda z_1}\right)\cos^2\left(\frac{\pi xd}{\lambda z_1}\right) \tag{6.39b}$$

式中,$I(0)$是衍射图样中心的光强度。

图6.16所示是三缝衍射屏,在单色平面波垂直照明下,孔径平面的复振幅分布可以写为

$$\tilde{E}(x_1) = \mathrm{rect}\left(\frac{x_1}{a}\right) + \mathrm{rect}\left(\frac{x_1 - d}{a}\right) + \mathrm{rect}\left(\frac{x_1 + d}{a}\right)$$

用同样的方法可以求出三缝孔径衍射的复振幅分布为

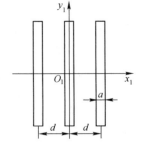

图6.16 三缝衍射屏

$$\tilde{\mathscr{E}}(x) = [1 + \exp(-i2\pi ud) + \exp(i2\pi rd)] \times a\,\mathrm{sinc}(au)\Big|_{u=\frac{x}{\lambda z_1}}$$

$$= a\,\mathrm{sinc}\left(\frac{ax}{\lambda z_1}\right)\left[\frac{\sin 3\left(\dfrac{\pi xd}{\lambda z_1}\right)}{\sin\left(\dfrac{\pi xd}{\lambda z_1}\right)}\right] \tag{6.40a}$$

光强度分布为
$$I(x) = I(0)\,\mathrm{sinc}^2\!\left(\frac{ax}{\lambda z_1}\right)\left[\frac{\sin 3\left(\dfrac{\pi xd}{\lambda z_1}\right)}{\sin\left(\dfrac{\pi xd}{\lambda z_1}\right)}\right]^2 \tag{6.40b}$$

式中，$I(0)$ 是单个狭缝在衍射图样中心产生的光强度。

容易推知，对于 N 个狭缝等距排列组成的孔径（光栅）的衍射，其复振幅分布为

$$\widetilde{\mathscr{E}}(x) = a\,\mathrm{sinc}(au)\{1 + \exp(-\mathrm{i}2\pi ud) + \exp(\mathrm{i}2\pi ud) + \exp(-\mathrm{i}4\pi ud) +$$

$$\exp(\mathrm{i}4\pi ud) + \cdots + \exp[-\mathrm{i}\pi u(N-1)d] + \exp[\mathrm{i}\pi u(N-1)d]\}\Big|_{u=\frac{x}{\lambda z_1}}$$

$$= a\,\mathrm{sinc}\!\left(\frac{ax}{\lambda z_1}\right)\left[\frac{\sin N\left(\dfrac{\pi xd}{\lambda z_1}\right)}{\sin\left(\dfrac{\pi xd}{\lambda z_1}\right)}\right] \tag{6.41a}$$

光强度分布为
$$I(x) = I(0)\,\mathrm{sinc}^2\!\left(\frac{ax}{\lambda z_1}\right)\left[\frac{\sin N\left(\dfrac{\pi xd}{\lambda z_1}\right)}{\sin\left(\dfrac{\pi xd}{\lambda z_1}\right)}\right]^2 \tag{6.41b}$$

式中，$I(0)$ 也是单个狭缝在衍射图样中心产生的光强度。

*6.3.3　菲涅耳衍射的傅里叶变换表达式

菲涅耳衍射是观察屏幕位于离衍射孔径比较近的区域内观察到的衍射现象。在第 5 章里已经得到菲涅耳衍射的计算公式[式(5.24b)]：

$$\widetilde{\mathscr{E}}(x,y) = \frac{\exp(\mathrm{i}kz_1)}{\mathrm{i}\lambda z_1}\iint_{-\infty}^{\infty}\widetilde{E}(x_1,y_1)\exp\left\{\frac{\mathrm{i}k}{2z_1}\big[(x-x_1)^2 + (y-y_1)^2\big]\right\}\mathrm{d}x_1\mathrm{d}y_1$$

式中，$\widetilde{E}(x_1,y_1)$ 是孔径平面的复振幅分布，z_1 是观察屏幕到孔径平面的距离。如果把上式指数中的二次项展开，上式可以写成

$$\widetilde{\mathscr{E}}(x,y) = \frac{\exp(\mathrm{i}kz_1)}{\mathrm{i}\lambda z_1}\exp\left[\frac{\mathrm{i}k}{2z_1}(x^2 + y^2)\right]\iint_{-\infty}^{\infty}\widetilde{E}(x_1,y_1)\exp\left[\frac{\mathrm{i}k}{2z_1}(x_1^2 + y_1^2)\right]\times$$

$$\exp\left[-\mathrm{i}2\pi\left(\frac{x}{\lambda z_1}x_1 + \frac{y}{\lambda z_1}y_1\right)\right]\mathrm{d}x_1\mathrm{d}y_1$$

$$= \frac{\exp(\mathrm{i}kz_1)}{\mathrm{i}\lambda z_1}\exp\left[\frac{\mathrm{i}k}{2z_1}(x^2 + y^2)\right]\mathscr{F}\left\{\widetilde{E}(x_1,y_1)\exp\left[\frac{\mathrm{i}k}{2z_1}(x_1^2 + y_1^2)\right]\right\}_{u=\frac{x}{\lambda z_1},v=\frac{y}{\lambda z_1}} \tag{6.42}$$

上式就是菲涅耳衍射的傅里叶变换表达式，它表明除了积分号前的一个与 x_1,y_1 无关的振幅和位相因子，菲涅耳衍射的复振幅分布是孔径平面复振幅分布和一个二次位相因子 $\exp\left[\dfrac{\mathrm{i}k}{2z_1}(x_1^2 + y_1^2)\right]$ 乘积的傅里叶变换，变换在空间频率 $\left(u=\dfrac{x}{\lambda z_1},v=\dfrac{y}{\lambda z_1}\right)$ 上取值。

由于参与傅里叶变换的二次位相因子 $\exp\left[\dfrac{\mathrm{i}k}{2z_1}(x_1^2 + y_1^2)\right]$ 与 z_1 有关，因而菲涅耳衍射的场分布也与 z_1 有关。所以在菲涅耳衍射区域内，位于不同 z_1 位置的观察屏幕将接收到不同的衍射图样。从频谱分析的观点来看，孔径平面上的场分布可以看成具有不同空间频率 (u,v) 的单色平面波的线性叠加，这些单色平面波分量在传播到菲涅耳衍射区的观察平面上时，将产生一个与频率和距离

z_1 有关的相移,这些变化了位相的单色平面波分量的线性叠加就是观察平面上的场分布,因而菲涅耳衍射的场分布与距离 z_1 有关。相反地,夫琅禾费衍射的场分布与 z_1 无关,因为在夫琅禾费近似下可以认为对应于一种空间频率 (u,v) 的单色平面波会聚于衍射场中的一点,这样在夫琅禾费衍射区内,不同 z_1 处的场分布是相同的。两类衍射的这种不同的性质,实际上通过上一章的讨论我们已经知道了,而现在则用傅里叶变换(频谱分析)的形式表达出来。

[例题 6.4] 单色平面波垂直入射一块宽度为 L 的正弦光栅,光栅的振幅透射系数为 $t(x_1) = \left(\dfrac{1}{2} + \dfrac{1}{2}\cos 2\pi u_0 x_1\right)\mathrm{rect}\left(\dfrac{x_1}{L}\right)$。试求正弦光栅的夫琅禾费衍射图样的光强度分布。

解:设单色平面波的振幅为 1,则光栅面上的复振幅分布为

$$\widetilde{E}(x_1) = t(x_1) = \frac{1}{2}(1 + \cos 2\pi u_0 x_1)\,\mathrm{rect}\left(\frac{x_1}{L}\right)$$

光栅的夫琅禾费衍射图样的光强度分布可由 $\widetilde{E}(x_1)$ 的傅里叶变换求出:

$$\widetilde{\mathscr{E}}(u) = \int_{-\infty}^{\infty} \widetilde{E}(x_1)\exp(-\mathrm{i}2\pi ux)\,\mathrm{d}x$$

或写成

$$\widetilde{\mathscr{E}}(u) = \mathscr{F}\{\widetilde{E}(x_1)\} = \mathscr{F}\left\{\frac{1}{2}(1 + \cos 2\pi u_0 x_1)\,\mathrm{rect}\left(\frac{x_1}{L}\right)\right\}$$

利用傅里叶变换的卷积定理(见附录 B),有

$$\widetilde{\mathscr{E}}(u) = \mathscr{F}\left\{\frac{1}{2}(1 + \cos 2\pi u_0 x_1)\right\} * \mathscr{F}\left\{\mathrm{rect}\left(\frac{x_1}{L}\right)\right\}$$

$$= \left[\frac{1}{2}\delta(u) + \frac{1}{4}\delta(u - u_0) + \frac{1}{4}\delta(u + u_0)\right] * L\mathrm{sinc}(uL)$$

卷积服从分配律,所以

$$\widetilde{\mathscr{E}}(u) = \frac{1}{2}\delta(u) * L\mathrm{sinc}(uL) + \frac{1}{4}\delta(u - u_0) * L\mathrm{sinc}(uL) + \frac{1}{4}\delta(u + u_0) * L\mathrm{sinc}(uL)$$

由 δ 函数的卷积性质(附录 D)

$$\delta(u - u_0) * L\mathrm{sinc}(uL) = L\mathrm{sinc}[(u - u_0)L]$$

得到

$$\widetilde{\mathscr{E}}(u) = \frac{1}{2}L\mathrm{sinc}(uL) + \frac{1}{4}L\mathrm{sinc}[(u - u_0)L] + \frac{1}{4}L\mathrm{sinc}[(u + u_0)L]$$

以衍射场的坐标 x 表示:

$$\widetilde{\mathscr{E}}(x) = \frac{L}{2}\mathrm{sinc}\left(\frac{xL}{\lambda z_1}\right) + \frac{L}{4}\mathrm{sinc}\left(\frac{xL}{\lambda z_1} - u_0 L\right) + \frac{L}{4}\mathrm{sinc}\left(\frac{xL}{\lambda z_1} + u_0 L\right)$$

上式的平方就是衍射场的光强度分布。如果光栅宽度 L 比光栅周期 $1/u_0$ 大得多,则上式中 3 个 sinc 函数之间的重叠可以忽略,于是

$$I(x) = |\widetilde{\mathscr{E}}(x)|^2 = \frac{L^2}{4}\left\{\mathrm{sinc}^2\left(\frac{xL}{\lambda z_1}\right) + \frac{1}{4}\mathrm{sinc}^2\left[L\left(\frac{x}{\lambda z_1} - u_0\right)\right] + \frac{1}{4}\mathrm{sinc}^2\left[L\left(\frac{x}{\lambda z_1} + u_0\right)\right]\right\}$$

光强度曲线如图 6.17 所示,所得结果与 5.9 节以衍射原理分析得到的结果相同。当 $L \to \infty$ 时,sinc 函数化为 δ 函数,3 个衍射条纹的宽度趋于零。

[例题 6.5] 单色平面波垂直照射在开有两个平行狭缝的衍射屏 $(x_1 y_1)$ 平面上,两狭缝之间的距离为 d,狭缝宽度极小(图 6.18)。试求此衍射屏的夫琅禾费衍射的光强度分布。

解:狭缝宽度极小,狭缝的透射系数可用 δ 函数表示。设两狭缝沿 y_1 方向,位置分别为 $x_1 = \pm\dfrac{d}{2}$,则单色平面波透过两狭缝后的复振幅分布为(假设单色平面波的振幅为 1)

$$\widetilde{E}(x_1) = \delta\left(x_1 - \frac{d}{2}\right) + \delta\left(x_1 + \frac{d}{2}\right)$$

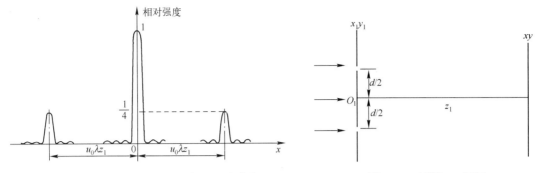

图 6.17　正弦光栅夫琅禾费衍射光强度曲线　　　　图 6.18　例题 6.5 用图

两狭缝的夫琅禾费衍射的光强度分布可由 $\tilde{E}(x_1)$ 的傅里叶变换求出：

$$\tilde{\mathscr{E}}(u) = \mathscr{F}\{\tilde{E}(x_1)\} = \int_{-\infty}^{\infty}\left[\delta\left(x_1 - \frac{d}{2}\right) + \delta\left(x_1 + \frac{d}{2}\right)\right]\exp(-\mathrm{i}2\pi ux_1)\,\mathrm{d}x_1$$

利用傅里叶变换的相移定理，上式可写为

$$\tilde{\mathscr{E}}(u) = \left\{\exp\left(-\mathrm{i}2\pi u\frac{d}{2}\right) + \exp\left[-\mathrm{i}2\pi u\left(-\frac{d}{2}\right)\right]\right\}\int_{-\infty}^{\infty}\delta(x_1)\exp(-\mathrm{i}2\pi ux_1)\,\mathrm{d}x_1$$

$$= \exp(-\mathrm{i}\pi ud) + \exp(\mathrm{i}\pi ud)$$

$$= 2\cos(\pi ud)$$

以衍射场的坐标表示　　　　$$\tilde{\mathscr{E}}(x) = 2\cos\left(\frac{\pi xd}{\lambda z_1}\right)$$

则光强分布为　　　　$$I(x) = |\tilde{\mathscr{E}}(x)|^2 = 4\cos^2\left(\frac{\pi xd}{\lambda z_1}\right)$$

显然，这就是杨氏干涉的光强度分布。

[例题 6.6]　求图 6.19 所示衍射屏的夫琅禾费衍射图样的光强度分布。图中斜线所示区域不透明。

解：图示衍射屏的振幅透射函数为大小正方形的透射函数相减：

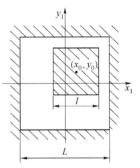

图 6.19　例题 6.6 用图

$$t(x_1, y_1) = \mathrm{rect}\left(\frac{x_1}{L}\right)\mathrm{rect}\left(\frac{y_1}{L}\right) - \mathrm{rect}\left(\frac{x_1 - x_0}{l}\right)\mathrm{rect}\left(\frac{y_1 - y_0}{l}\right)$$

单位振幅的单色平面波垂直通过该衍射屏时，在衍射屏平面上的复振幅分布为

$$\tilde{E}(x_1, y_1) = t(x_1, y_1)$$

$\tilde{E}(x_1, y_1)$ 的傅里叶变换为

$$\tilde{\mathscr{E}}(u, v) = \iint_{-\infty}^{\infty}\left[\mathrm{rect}\left(\frac{x_1}{L}\right)\mathrm{rect}\left(\frac{y_1}{L}\right) - \mathrm{rect}\left(\frac{x_1 - x_0}{l}\right)\mathrm{rect}\left(\frac{y_1 - y_0}{l}\right)\right]\exp[-\mathrm{i}2\pi(ux_1 + vy_1)]\,\mathrm{d}x_1\,\mathrm{d}y_1$$

$$= L^2\mathrm{sinc}(uL)\mathrm{sinc}(vL) - l^2\mathrm{sinc}(ul)\mathrm{sinc}(vl)\exp[-\mathrm{i}2\pi(ux_0 + vy_0)]$$

以衍射场坐标表示为

$$\tilde{\mathscr{E}}(x, y) = L^2\mathrm{sinc}\left(\frac{xL}{\lambda z_1}\right)\mathrm{sinc}\left(\frac{yL}{\lambda z_1}\right) - l^2\mathrm{sinc}\left(\frac{xl}{\lambda z_1}\right)\mathrm{sinc}\left(\frac{yl}{\lambda z_1}\right)\exp\left[-\mathrm{i}2\pi\left(\frac{xx_0}{\lambda z_1} + \frac{yy_0}{\lambda z_1}\right)\right]$$

因此光强度分布为

$$I(x, y) = \left\{L^2\mathrm{sinc}\left(\frac{xL}{\lambda z_1}\right)\mathrm{sinc}\left(\frac{yL}{\lambda z_1}\right) - l^2\mathrm{sinc}\left(\frac{xl}{\lambda z_1}\right)\mathrm{sinc}\left(\frac{yl}{\lambda z_1}\right)\exp\left[-\mathrm{i}2\pi\left(\frac{xx_0}{\lambda z_1} + \frac{yy_0}{\lambda z_1}\right)\right]\right\}^2$$

6.4 透镜的傅里叶变换性质和成像性质

我们知道,为了能在比较近的距离观察到衍射屏的夫琅禾费衍射图样,可以采用透镜把衍射光会聚在透镜的后焦面上进行观察。这就是说,利用透镜可以实现傅里叶变换,或者说,透镜具有傅里叶变换的性质。另外,透镜还具有成像的性质。透镜的这两个性质,使它成为光学成像系统,以及光学信息处理系统的最基本、最重要的元件。下面我们分别对透镜的这两个性质进行讨论。

6.4.1 傅里叶变换性质

透镜的傅里叶变换性质与衍射屏(衍射物体[①])和透镜的相对位置有关,也与照明光波有关。这里我们仅对常用的单色平面波垂直照明下的两种傅里叶变换光路进行讨论。

1. 衍射屏紧靠透镜

首先考察图 6.20 所示的衍射屏紧靠透镜放置的情况,这是我们熟知的观察夫琅禾费衍射的典型装置。现在我们来求透镜后焦面上的复振幅分布 $\widetilde{\mathscr{E}}(x,y)$。容易看出,为了求出 $\widetilde{\mathscr{E}}(x,y)$,可以逐面求出光波透过衍射屏和透镜后的场分布(紧靠透镜后平面上的场分布),再由这一场分布通过求近场的菲涅耳衍射,最后得到 $\widetilde{\mathscr{E}}(x,y)$。假设光波透过衍射

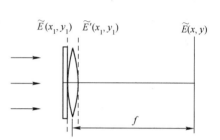

图 6.20　衍射屏紧靠透镜的傅里叶
变换光路

屏后的场分布为 $\widetilde{E}(x_1,y_1)$,由于衍射屏紧靠透镜,所以光波透过透镜后的场分布为

$$\widetilde{E}'(x_1,y_1) = \widetilde{E}(x_1,y_1) \cdot \widetilde{t}(x_1,y_1)$$

式中,$\widetilde{t}(x_1,y_1)$ 是透镜的透射函数。在不考虑透镜有限孔径的情况下,由式(6.24)

$$\widetilde{E}'(x_1,y_1) = \widetilde{E}(x_1,y_1) \exp\left(-ik\frac{x_1^2+y_1^2}{2f}\right) \tag{6.43}$$

光波从紧靠透镜的平面传播到后焦面,这是菲涅耳衍射问题。由式(6.42),令 $z_1 = f$,即得

$$\begin{aligned}
\widetilde{\mathscr{E}}(x,y) &= \frac{\exp(ikf)}{i\lambda f}\exp\left(ik\frac{x^2+y^2}{2f}\right)\iint\limits_{-\infty}^{\infty} \widetilde{E}'(x_1,y_1)\exp\left(ik\frac{x_1^2+y_1^2}{2f}\right)\times \\
&\quad \exp\left[-i2\pi\left(\frac{x}{\lambda f}x_1 + \frac{y}{\lambda f}y_1\right)\right]dx_1dy_1 \\
&= \frac{\exp(ikf)}{i\lambda f}\exp\left(ik\frac{x^2+y^2}{2f}\right)\mathscr{F}\left\{\widetilde{E}'(x_1,y_1)\exp\left(ik\frac{x_1^2+y_1^2}{2f}\right)\right\}\Bigg|_{u=\frac{x}{\lambda f},v=\frac{y}{\lambda f}}
\end{aligned}$$

代入式(6.43),透镜的二次位相因子和变换函数中的二次位相因子相消,得到

$$\widetilde{\mathscr{E}}(x,y) = \frac{\exp(ikf)}{i\lambda f}\exp\left(ik\frac{x^2+y^2}{2f}\right)\mathscr{F}\left\{\widetilde{E}(x_1,y_1)\right\}\Bigg|_{u=\frac{x}{\lambda f},v=\frac{y}{\lambda f}} \tag{6.44}$$

[①]　这里说的衍射屏(衍射物体)是指透射型的平面物体。凡能改变透射光波的振幅和位相分布的物体都属所指,不一定是衍射开孔。

式(6.44)表明,除了一个振幅和位相因子,透镜后焦面上的复振幅分布是衍射屏平面的复振幅分布的傅里叶变换,频率取值与后焦面坐标的关系为 $u=\dfrac{x}{\lambda f}$,$v=\dfrac{y}{\lambda f}$。这就是说,后焦面上 (x,y) 点的振幅和位相,由透过衍射屏光波的空间频率为 $u=\dfrac{x}{\lambda f}$,$v=\dfrac{y}{\lambda f}$ 的傅里叶分量的振幅和位相决定。因为透镜可以使单色平面波会聚到它的后焦面上的一点,所以上述性质是容易理解的。

另外,我们曾经指出,式(6.44)中变换式前的振幅和位相因子并不影响衍射图样的光强度分布,因此利用图6.20的光路可以在近处(透镜后焦面上)得到衍射屏的远场夫琅禾费衍射图样。

2. 衍射屏置于透镜前一定距离

图6.21所示是更一般的光路。衍射屏放置在透镜之前距离为 d_0 处,由单色平面波垂直照明。在这种情况下,为了得到透镜后焦面上的光场分布 $\tilde{\mathscr{E}}(x,y)$,只要知道紧靠透镜之前平面上的光场分布 $\tilde{E}(x_2,y_2)$ 的频谱(傅里叶变换),就可以利用上面导出的式(6.44)进行计算。$\tilde{E}(x_2,y_2)$ 的频谱可以从下

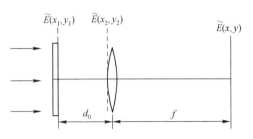

图6.21 衍射屏置于透镜前方的傅里叶变换光路

面简单的考虑得到:我们知道,衍射屏平面上场分布的频谱和透镜前平面上场分布的频谱都表征通过各自平面的沿不同方向传播的单色平面波的振幅和相对位相;对于空间频率为 u,v 的单色平面波分量,从衍射屏平面传播到透镜前平面应产生一个与频率和距离 d_0 有关的相移,其相应的位相因子是

$$\exp(\mathrm{i}kd_0\cos\gamma)=\exp\left[\mathrm{i}kd_0\sqrt{1-(\cos^2\alpha+\cos^2\beta)}\,\right]$$

式中,$\cos\alpha,\cos\beta,\cos\gamma$ 是单色平面波的传播方向余弦,且有 $\cos^2\alpha+\cos^2\beta+\cos^2\gamma=1$。由于 $u=\dfrac{\cos\alpha}{\lambda}$,$v=\dfrac{\cos\beta}{\lambda}$[1],所以上式又可以写为

$$\exp(\mathrm{i}kd_0\cos\gamma)=\exp\left[\mathrm{i}k\sqrt{1-\lambda^2(u^2+v^2)}\,d_0\right]$$

假定光波从衍射屏平面到透镜前平面的传播满足菲涅耳近似条件,因此上式指数中的根号做二项式展开可只取前两项,即

$$\sqrt{1-\lambda^2(u^2+v^2)}\approx 1-\frac{1}{2}\lambda^2(u^2+v^2)$$

这样一来,频率为 u,v 的单色平面波分量从衍射屏平面传播到透镜前平面引入的位相因子就是

$$\exp(\mathrm{i}kd_0\cos\gamma)=\exp\left\{\mathrm{i}kd_0\left[1-\frac{\lambda^2}{2}(u^2+v^2)\right]\right\}$$

$$=\exp(\mathrm{i}kd_0)\exp\left[-\mathrm{i}\pi\lambda d_0(u^2+v^2)\right] \tag{6.45}$$

式中,第一个指数因子代表与 u,v 无关的常数位相变化,通常可以不写。第二个因子对于我们的讨论才是重要的。

既然在上述两个平面之间傅里叶分量的变化只是引入一个与频率有关的位相因子 $\exp\left[-\mathrm{i}\pi\lambda d_0(u^2+v^2)\right]$,那么两个平面的场分布的频谱之间的关系就可以写为

---

① 透镜前平面光场分布傅里叶变换的频率取值是 $u=\dfrac{x}{\lambda f}$,$v=\dfrac{y}{\lambda f}$[见式(6.44)],与 u,v 对应的单色平面波经透镜后会聚于后焦面上的 (x,y) 点。在傍轴近似下,$\dfrac{x}{f}\approx\cos\alpha$,$\dfrac{x}{f}\approx\cos\beta$,所以透镜前平面上光场分布的频率分量也可以表示为 $u=\dfrac{\cos\alpha}{\lambda}$,$v=\dfrac{\cos\beta}{\lambda}$。

$$\mathscr{F}\{\tilde{E}(x_2,y_2)\} = \mathscr{F}\{\tilde{E}(x_1,y_1)\}\exp[-i\pi\lambda d_0(u^2+v^2)] \tag{6.46}$$

把这一结果代入式(6.44)[注意式(6.44)中的 $\tilde{E}(x_1,y_1)$ 现在是 $\tilde{E}(x_2,y_2)$],得到透镜后焦面上的光场分布

$$\tilde{\mathscr{E}}(x,y) = \frac{\exp(ikf)}{i\lambda f}\exp\left[\frac{ik}{2f}(x^2+y^2)\right]\mathscr{F}\{\tilde{E}(x_2,y_2)\}\bigg|_{u=\frac{x}{\lambda f},v=\frac{y}{\lambda f}}$$

$$= \frac{\exp(ikf)}{i\lambda f}\exp\left[\frac{ik}{2f}\left(1-\frac{d_0}{f}\right)(x^2+y^2)\right]\mathscr{F}\{\tilde{E}(x_1,y_1)\}\bigg|_{u=\frac{x}{\lambda f},v=\frac{y}{\lambda f}}$$

或者弃去与 x,y 无关的常数因子 $\exp(ikf)$,把上式写为

$$\tilde{\mathscr{E}}(x,y) = \frac{1}{i\lambda f}\exp\left[\frac{ik}{2f}\left(1-\frac{d_0}{f}\right)(x^2+y^2)\right]\mathscr{F}\{\tilde{E}(x_1,y_1)\}\bigg|_{u=\frac{x}{\lambda f},v=\frac{y}{\lambda f}} \tag{6.47}$$

式(6.47)表明,透镜后焦面上的复振幅分布,除了一个位相因子,仍然是衍射屏平面复振幅分布的傅里叶变换。应该注意,由于位相因子的存在,衍射屏平面和后焦面复振幅分布之间的傅里叶变换关系不是准确的,或者说,后焦面上的复振幅分布并不完全是衍射屏平面复振幅分布的频谱函数,两者相差一个位相因子。我们已经指出,这一位相因子在接收一次衍射的光强度分布时不起作用。但是在本章后面将要讨论的相干光学处理系统中,要涉及二次衍射,这时若不消除这一位相因子,它将在第二次衍射中起作用,这样问题将会变得复杂。

由式(6.47)容易看出,如果把衍射屏置于透镜的前焦面(图6.22),即当 $d_0=f$ 时,有

$$\tilde{E}(x,y) = \frac{1}{i\lambda f}\cdot\mathscr{F}\{\tilde{E}(x_1,y_1)\}\bigg|_{u=\frac{x}{\lambda f},v=\frac{y}{\lambda f}} \tag{6.48}$$

这时变换式前的位相因子消失,**透镜后焦面的复振幅分布准确地为衍射屏平面复振幅分布的傅里叶变换**。在相干光学处理系统中,我们将利用透镜的这一变换特性。

应该指出,在我们所采用的单色平面波垂直照明衍射屏(平面物体)的情况下,紧靠衍射屏后平面上的复振幅分布实际上就是物体的透射函数,因而衍射屏平面的复振幅分布的傅里叶变换也就是物体函数的傅里叶变换(频谱)。因此,透镜后焦面通常称为**傅里叶变换平面或频谱面**,而利用图6.22的光路就可以准确地得到物体的频谱。

另外,上面的讨论并没有考虑透镜的有限孔径,它是基于透镜孔径无限大的假设做出的。事实上,由于透镜的孔径有限,它将限制物体的较高频率成分(对应于与 z 轴夹角较大的单色平面波)的传播,如图6.22所示。这种现象称为**渐晕效应**。显然,物体越靠近透镜或透镜孔径越大,渐晕效应越弱。渐晕效应的存在,将使后焦面上得不到完全的物体频谱。

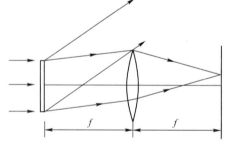

图6.22　衍射屏置于透镜前焦面的光路

6.4.2　成像性质

本节我们只讨论透镜对点物成像,扩展平面物体的成像留在后面两节讨论。对点物成像,我们考虑以下几种情况:

1. 点物距透镜无穷远

如图6.23所示,点物位于距透镜无穷远的光轴上,假设它发出单色光波,这样透镜将受到单色平面波垂直照明。显然,在这种情况下,在紧靠透镜前平面上的光场分布为一常数,设为1。光波

透过透镜后,如果不考虑透镜的有限孔径,在紧靠透镜后平面上的光场分布则是

$$\widetilde{E}'(x_1,y_1) = \widetilde{t}(x_1,y_1) = \exp\left[-i\frac{k}{2f}(x_1^2+y_1^2)\right] \tag{6.49}$$

式(6.49)表示一个以透镜后焦点为中心的会聚球面波。这就表明,单色平面波经过透镜后,变成了会聚球面波;这个球面波会聚于透镜的焦点,因而透镜的焦点就是对应于点物在无穷远的透镜的像点。这一结果与几何光学理论的结果一致。

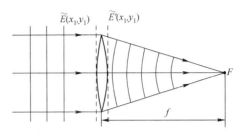

图 6.23　透镜对无穷远点物成像

容易看出,透镜的成像本领是透镜对入射光波的位相产生调制作用的结果,正是透镜的二次位相因子改变了入射波的位相分布,使得入射单色平面波变成会聚单色球面波。从这一点看,我们也容易明白,在透镜用于傅里叶变换时,正是透镜的位相调制作用使得物体平面场分布的各个频率分量会聚于透镜后焦面,从而在后焦面上得到物体(或物体平面场分布)的频谱。所以,透镜的位相调制作用不仅是透镜具有成像本领的根本原因,也是透镜能够用于傅里叶变换的根本原因。

2. 点物在距透镜有限远的光轴上

设点物 S 位于距透镜为 l 的光轴上(图6.24),那么投射到透镜上的光波就是从 S 发出的发散球面波。在傍轴近似下,它在透镜前平面上的场分布为

$$\widetilde{E}(x_1,y_1) = A\exp\left(ik\frac{x_1^2+y_1^2}{2l}\right)$$

式中,A 代表振幅因子。通过透镜后,场分布变为

$$\begin{aligned}
\widetilde{E}'(x_1,y_1) &= \widetilde{E}(x_1,y_1)\exp\left(-ik\frac{x_1^2+y_1^2}{2f}\right)\\
&= A\exp\left(ik\frac{x_1^2+y_1^2}{2l}\right)\exp\left(-ik\frac{x_1^2+y_1^2}{2f}\right)\\
&= A\exp\left[-i\frac{k}{2}(x_1^2+y_1^2)\left(\frac{1}{f}-\frac{1}{l}\right)\right]
\end{aligned} \tag{6.50}$$

令

$$\frac{1}{l'} = \frac{1}{f}-\frac{1}{l} \tag{6.51}$$

式(6.50)化为

$$\widetilde{E}'(x_1,y_1) = A\exp\left[-i\frac{k}{2l'}(x_1^2+y_1^2)\right] \tag{6.52}$$

上式也表示一个会聚球面波,其会聚中心是在距离透镜 l' 的 S' 点,这就是透镜对 S 成像的像点。显然,关系式(6.51)与几何光学中的透镜成像公式一致。

3. 点物在距透镜有限远的光轴外

如图6.25所示,设点物 S 位于透镜光轴外,其坐标为 $(x_0,y_0,-l)$。这时 S 发出的发散球面波在透镜前平面上的场分布,取傍轴近似为

$$\begin{aligned}
\widetilde{E}(x_1,y_1) &= A\exp\left\{\frac{ik}{2l}\left[(x_1-x_0)^2+(y_1-y_0)^2\right]\right\}\\
&= A\exp\left[\frac{ik}{2l}(x_0^2+y_0^2)\right]\exp\left[ik\left(\frac{x_1^2+y_1^2}{2l}-\frac{x_1x_0+y_1y_0}{l}\right)\right]
\end{aligned}$$

式中,第一个位相因子 $\exp\left[\frac{ik}{2l}(x_0^2+y_0^2)\right]$ 与透镜前平面的坐标 (x_1,y_1) 无关,是一个常数位相因子。因

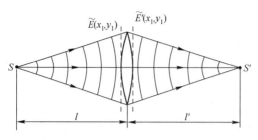

图 6.24 透镜对有限远轴上点物成像

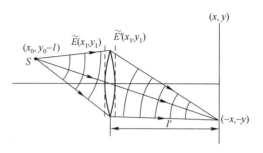

图 6.25 透镜对有限远轴外点物成像

此,若令 $A' = A\exp\left[\dfrac{ik}{2l}(x_0^2 + y_0^2)\right]$,$S$ 发出的球面波在 $x_1 y_1$ 平面场分布的傍轴近似就是

$$\widetilde{E}(x_1, y_1) = A'\exp\left[ik\left(\frac{x_1^2 + y_1^2}{2l} - \frac{x_1 x_0 + y_1 y_0}{l}\right)\right] \qquad (6.53)$$

球面波通过透镜后,场分布变为

$$\widetilde{E}'(x_1, y_1) = \widetilde{E}(x_1, y_1)\exp\left(-ik\frac{x_1^2 + y_1^2}{2f}\right)$$

$$= A'\exp\left\{-ik\left[\frac{(x_1^2 + y_1^2)}{2}\left(\frac{1}{f} - \frac{1}{l}\right) + \frac{x_1 x_0 + y_1 y_0}{l}\right]\right\} \qquad (6.54)$$

令 $\dfrac{1}{l'} = \dfrac{1}{f} - \dfrac{1}{l}$,并注意对于距透镜 l' 的 xy 平面上的点,若它满足条件 $\dfrac{x_0}{l} = \dfrac{x}{l'}$,$\dfrac{y_0}{l} = \dfrac{y}{l'}$,那么式(6.54)可以化为

$$\widetilde{E}'(x_1, y_1) = A'\exp\left[-ik\left(\frac{x_1^2 + y_1^2}{2l'} + \frac{x_1 x + y_1 y}{l'}\right)\right] \qquad (6.55)$$

对比式(6.53),可见上式表示一个向距离透镜为 l' 的平面上的 $(-x, -y)$ 点会聚的球面波。$(-x, -y)$ 点就是透镜对于点物 S 的像点。这一结果与几何光学的结论也是吻合的。

4. 考虑透镜有限孔径时的成像

上述讨论,我们都没有考虑透镜的有限孔径,也就是把透镜看成无限大,从而得到与几何光学相一致的结果。当考虑透镜的有限孔径时,由于透镜孔径对入射波前的限制,将产生衍射效应。这时透射光波不再是会聚球面波,因而透镜对点物所成的"像"也不再是点像,而是一个衍射像斑。下面我们来导出衍射像斑的光场分布表达式。易见,6.4.2 节中第一种情况正是 6.4.1 节讨论的傅里叶变换光路,其衍射像斑的场分布可由透镜孔径的夫琅禾费衍射图样给出,这种情况不必再讨论。需要讨论的是 6.4.2 节中第二和第三情况,这两种情况的讨论完全类似,为简单起见,这里我们只讨论第二种情况。

我们已经指出,透镜的有限孔径可以用光瞳函数 $P(x_1, y_1)$ [式(6.25)]来表征。考虑到透镜的有限孔径,透镜的透射函数表示为

$$\widetilde{t}(x_1, y_1) = P(x_1, y_1)\exp\left(-ik\frac{x_1^2 + y_1^2}{2f}\right)$$

对于上述第二种情况,入射球面波通过透镜后其场分布变为

$$\widetilde{E}'(x_1, y_1) = \widetilde{E}(x_1, y_1)\widetilde{t}(x_1, y_1) = A\exp\left(ik\frac{x_1^2 + y_1^2}{2l}\right)P(x_1, y_1)\exp\left(-ik\frac{x_1^2 + y_1^2}{2f}\right)$$

$$= AP(x_1, y_1)\exp\left(-ik\frac{x_1^2 + y_1^2}{2l'}\right) \qquad (6.56)$$

式中, l' 满足透镜定律[式(6.51)], 即像距。$\tilde{E}'(x_1, y_1)$ 通过距离 l' 的传播, 在 xy 面(像面)上的场分布 $\tilde{\mathcal{E}}(x, y)$ 可由菲涅耳衍射公式来计算:

$$\tilde{\mathcal{E}}(x, y) = \iint\limits_{-\infty}^{\infty} \tilde{E}'(x_1, y_1) \exp\left[ik \frac{(x - x_1)^2 + (y - y_1)^2}{2l'}\right] dx_1 dy_1 \tag{6.57}$$

式中已弃去积分号外的常数因子。把式(6.56)代入上式, 得到

$$
\begin{aligned}
\tilde{\mathcal{E}}(x, y) &= A \iint\limits_{-\infty}^{\infty} P(x_1, y_1) \exp\left(ik \frac{x^2 + y^2}{2l'}\right) \exp\left(-ik \frac{xx_1 + yy_1}{l'}\right) dx_1 dy_1 \\
&= A \exp\left(ik \frac{x^2 + y^2}{2l'}\right) \iint\limits_{-\infty}^{\infty} P(x_1, y_1) \exp\left[-i2\pi\left(\frac{x}{\lambda l'} x_1 + \frac{y}{\lambda l'} y_1\right)\right] dx_1 dy_1 \\
&= A \exp\left(ik \frac{x^2 + y^2}{2l'}\right) \mathscr{F}\{P(x_1, y_1)\} \Big|_{u = \frac{x}{\lambda l'}, v = \frac{y}{\lambda l'}}
\end{aligned}
\tag{6.58}
$$

式(6.58)表明, 当考虑透镜的有限孔径时, 在像面上的场分布由透镜孔径的夫琅禾费衍射图样给出, 其中心在几何像点。这一结论, 我们不应感到陌生, 事实上在5.6节里曾经得到过这个结果。另外, 联系到透镜的傅里叶变换性质, 这里的讨论也表明, 在采用球面波照明时, 透镜仍然可起傅里叶变换作用, 只是这时频谱面不在后焦面, 而位于点光源的像面。

最后, 还要指出, 在实际的成像光学系统中, 成像透镜一般都不是单个薄透镜, 而是多个透镜组合成的复杂透镜。这样, 似乎不能再用根据薄透镜推导出来的透射函数来讨论成像问题了。但事实上并不是这样, 容易证明, 只要成像透镜具有把一个发散球面波变换为一个会聚球面波的性能, 它就应该有一个与薄透镜相同的透射函数。因此, 我们前面的讨论, 不仅适用于薄透镜这样的成像透镜, 也适用于其他复杂的透镜系统。当然, 我们都假定它们是理想的, 没有像差。

[例题6.7] 一块透明片的振幅透射函数为 $t(r_1) = \exp(-\pi r_1^2)$ (高斯分布), r_1 为径向坐标。将透明片置于透镜前并紧靠透镜, 透镜镜框半径为 a, 以单位振幅的单色光垂直照明, 求透镜后焦面上的衍射复振幅分布。

解: 单色平面波通过透明片和透镜镜框后, 在透镜前平面的光场分布为

$$\tilde{E}(r_1) = \exp(-\pi r_1^2) \operatorname{circ}\left(\frac{r_1}{a}\right)$$

根据式(6.44), 透镜后焦面上的复振幅分布为

$$\tilde{\mathcal{E}}(\rho) = \frac{\exp(ikf)}{i\lambda f} \exp\left(ik \frac{r^2}{2f}\right) \mathscr{F}\{\tilde{E}(r_1)\} \Big|_{\rho = \frac{r}{\lambda f}}$$

r 和 ρ 分别是透镜后焦面的径向坐标和空间频率。$\tilde{E}(r_1)$ 的傅里叶变换为

$$
\begin{aligned}
\mathscr{F}\{\tilde{E}(r_1)\} &= \mathscr{F}\left\{\exp(-\pi r_1^2) \operatorname{circ}\left(\frac{r_1}{a}\right)\right\} \\
&= \mathscr{F}\{\exp(-\pi r_1^2)\} * \mathscr{F}\left\{\operatorname{circ}\left(\frac{r_1}{a}\right)\right\}
\end{aligned}
$$

其中高斯函数的傅里叶变换为

$$
\begin{aligned}
\mathscr{F}\{\exp(-\pi r_1^2)\} &= \int_0^\infty \exp(-\pi r_1^2) \exp(-i2\pi \rho r_1) dr_1 \\
&= \int_0^\infty \exp[-\pi(r_1^2 + 2i\rho r_1)] dr_1 \\
&= \int_0^\infty \exp\{-\pi[r_1^2 + 2i\rho r_1 + (i\rho)^2 - (i\rho)^2]\} dr_1
\end{aligned}
$$

$$= \exp(-\pi\rho^2) \int_0^\infty \exp[-\pi(r_1+i\rho)^2] \mathrm{d}(r_1+i\rho)$$

$$= \exp(-\pi\rho^2)$$

表明高斯函数的傅里叶变换仍然是一个高斯函数。而圆域函数的傅里叶变换

$$\mathscr{F}\left\{\mathrm{circ}\left(\frac{r_1}{a}\right)\right\} = \pi a^2\left[\frac{2\mathrm{J}_1(2\pi a\rho)}{2\pi a\rho}\right]$$

因此

$$\mathscr{F}\{\widetilde{E}(r_1)\} = \exp(-\pi\rho^2) * \pi a^2\left[\frac{2\mathrm{J}_1(2\pi a\rho)}{2\pi a\rho}\right]$$

*是卷积符号。当透镜及其镜框很大时(看成 $a\to\infty$),上式第 2 项可用 δ 函数表示(见附录 D),于是

$$\mathscr{F}\{\widetilde{E}(r_1)\} = \exp(-\pi\rho^2) * \delta(\rho) = \exp(-\pi\rho^2)$$

最后得到透镜后焦面上的复振幅分布

$$\widetilde{\mathscr{E}}(\rho) = \frac{\exp(\mathrm{i}kf)}{\mathrm{i}\lambda f}\exp\left(\mathrm{i}k\frac{r^2}{2f}\right)\exp(-\pi\rho^2)$$

或写成

$$\widetilde{\mathscr{E}}(r) = \frac{\exp(\mathrm{i}kf)}{\mathrm{i}\lambda f}\exp\left(\mathrm{i}k\frac{r^2}{2f}\right)\exp\left[-\pi\left(\frac{r}{\lambda f}\right)^2\right]$$

[例题 6.8]　半径为 a 的小圆屏置于透镜前焦面(中心在光轴上),以单位振幅的单色光垂直照明,求透镜后焦面上夫琅禾费衍射图样的复振幅分布和光强度分布(不考虑透镜有限孔径引起的渐晕效应)。

解:据式(6.48),此时透镜后焦面的复振幅分布准确地为小圆屏平面复振幅分布的傅里叶变换。小圆屏平面的复振幅分布为

$$\widetilde{E}(r_1) = 1 - \mathrm{circ}\left(\frac{r_1}{a}\right)$$

因此透镜后焦面上的复振幅分布为

$$\widetilde{\mathscr{E}}(\rho) = \frac{1}{\mathrm{i}\lambda f}\mathscr{F}\{\widetilde{E}(r_1)\}\Big|_{\rho=\frac{r}{\lambda f}} = \frac{1}{\mathrm{i}\lambda f}\mathscr{F}\left\{1 - \mathrm{circ}\left(\frac{r_1}{a}\right)\right\}\Big|_{\rho=\frac{r}{\lambda f}}$$

$$= \frac{1}{\mathrm{i}\lambda f}\left[\delta(\rho) - a\frac{\mathrm{J}_1(2\pi a\rho)}{\rho}\right]$$

光强度分布(弃去方括号前常量)为　　$I(\rho) = \left[\delta(\rho) - a\frac{\mathrm{J}_1(2\pi a\rho)}{\rho}\right]^2\Big|_{\rho=\frac{r}{\lambda f}}$

可见,除 $r=0$ 点外,后焦面上的光强度分布与半径为 a 的小圆孔的夫琅禾费衍射光强度分布相同。这正是我们在 5.2 节从巴俾涅原理得到的结论。

6.5　相干成像系统分析及相干传递函数

　　下面两节讨论光学系统对扩展平面物体的成像及其质量评价函数——传递函数,分别对相干照明和非相干照明两种情况进行讨论。

　　光学系统的成像及其质量评价是传统光学研究的一个中心问题。我们知道,即使一个没有像差的完善的光学系统,由于系统对光束的限制,它对点物所成的像也不是一个理想的几何点像,而是一个由系统孔径决定的衍射斑。光学系统对扩展物体所成的像,则是对应于构成物体的所有点的衍射斑的叠加。对于相干成像系统,像的复振幅分布是所有衍射斑的复振幅分布的线性叠加;对于非相干成像系统,像的光强度分布是衍射斑光强度分布的线性叠加。正是由于光学系统的衍射效应,使理想光学系统所成的像不能完全与物体本身相似。对于一个有像差的实际光学系统,还会

因像差的存在而影响衍射斑中的能量分布,从而降低光学系统的成像质量。在传统的像质评价方法中,应用得最广泛的是鉴别率法和星点法。用鉴别率法评价像质,简便易行,并能用一个数字表征像质的好坏。但它仅能评价光学系统分辨物体细节的能力,而不能评价在可分辨范围内的像质好坏,并且鉴别率的等级完全由检验者主观判断,往往因人而异。星点法也有类似的缺点,它虽然可以保证系统有较高的成像质量,但像质的好坏也由检验者主观判断,并且很难给出定量描述。

随着傅里叶分析方法和线性系统理论在光学系统成像研究中的应用,相应地产生了光学传递函数理论。光学传递函数可以定量描述物体频谱中各个频率成分经过光学系统的传播情况,因而它可以从本质上反映物像之间的变化,比较科学地对像质做出评价。现在,光学传递函数的概念和理论已经普遍应用于光学设计结果的评价、控制光学零件的自动设计过程、光学镜头质量的检验、光学系统总体设计,以及光学信息处理等方面。这些应用的成功表明,傅里叶光学对于光学工程、光信息科学有着广阔的应用前景。

6.5.1 成像系统的普遍模型

首先,把我们的讨论推广到不限于单个会聚透镜成像的情况。假定所研究的成像系统不仅包含一个单透镜,还可以包含多个透镜,并且它们也不一定是"薄"的。并假定这个系统最终将产生一个实像。这后一个假定,实际上并不是一个限制,因为如果是虚像,它最后总可以被眼睛或其他透镜转换成实像。这时,只要将最后这个透镜也包括在系统之中即可。

光学系统的成像普遍地可以用图 6.26 来表示。图中显示了成像的三个过程:(1)光波由物平面到入瞳(平面);(2)由入瞳到出瞳(平面);(3)由出瞳到像平面。这一图示实际上表明,只要知道成像系统的边端性质(成像系统的边端由一个入瞳和一个出瞳组成),可以不必计及成像系统内部的结构和工作情况,就能够说明系统的性质。例

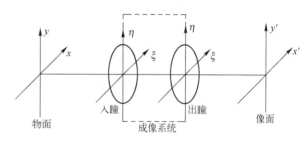

图 6.26　成像系统成像的普遍模型

如,对于无像差的理想成像系统(也称为**衍射受限成像系统**),它所表现出的边端性质是,可以将投射到入瞳的发散球面波变换成出瞳上的会聚球面波。而对于有像差的成像系统,表现出出瞳上的波前将偏离理想球面波,产生波像差。

6.5.2 成像系统的线性和空间不变性

在"线性系统"理论中,把一个对输入信号的变换作用具有线性叠加性质的系统称为**线性系统**。所谓线性叠加性质就是,如果线性系统对任意两个输入信号 $f_1(x,y)$ 和 $f_2(x,y)$ 分别有输出

在"线性系统"理论中,把一个对输入信号的变换作用具有线性叠加性质的系统称为线性系统。所谓线性叠加性质就是,如果线性系统对任意两个输入信号 $f_1(x,y)$ 和 $f_2(x,y)$ 分别有输出

$$g_1(x',y') = \mathcal{L}\{f_1(x,y)\},$$
$$g_2(x',y') = \mathcal{L}\{f_2(x,y)\},$$

其中,算符 $\mathcal{L}\{\}$ 表示线性系统的变换作用。如果当输入信号为 $af_1(x,y) + bf_2(x,y)$,则输出信号应为 $ag_1(x',y') + bg_2(x',y')$,即总输出为各单个输出的线性组合。

前面已经指出,成像系统对扩展物体所成的像是对应于构成物体的所有点的像斑的线性叠加:对于相干成像系统,像的复振幅分布是各像斑的复振幅分布的线性叠加(光强度则没有线性叠加关系);对于非相干成像系统,像的光强度分布是各像斑的光强度分布的线性叠加(复振幅

分布则不是线性关系）。因此，**相干成像系统对光复振幅分布而言是线性系统，而非相干成像系统对光强度分布而言是线性系统**。

对于本节讨论的相干成像系统，为了利用系统的线性性质，我们应该考察物面和像面的复振幅分布的关系。设 $o(x,y)$ 和 $g(x',y')$ 分别代表物面和像面的复振幅分布，那么根据系统的线性性质，可以把物函数 $o(x,y)$ 分解为物面上各点光场的叠加①。成像系统对每一点的输入光场都产生相应的输出，而总的输出 $g(x',y')$ 就是各点输出的线性叠加。这样一来，研究成像系统对扩展物体的成像问题就变成研究点物的成像问题。

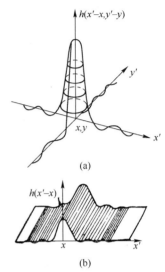

一个点物的光场可以用一个 δ 函数（参阅附录 D）表示，这一输入函数通过成像系统的"变换"，在像平面上产生的输出函数 $h(x',y')$（即像斑的复振幅分布函数）称为**点扩展函数**。对于衍射受限的成像系统，这个函数反映系统的衍射效应（系统的入瞳或出瞳对光束限制产生的衍射）。对于有像差的成像系统，这个函数则反映系统的衍射和像差的共同效应。图 6.27(a) 所示是光瞳为圆形的理想系统的点扩展函数，它实际上就是圆孔夫琅禾费衍射的复振幅分布图。

如果成像系统的输入是物面上一条与 y 轴平行的线，则把像面上相应的输出函数 $h(x')$ 称为**线扩展函数**。理想系统的线扩展函数如图 6.27(b) 所示。当所研究的物分布是一维情况时，可以利用线扩展函数讨论问题。

图 6.27 点扩展函数和线扩展函数

应该注意，对于物面上不同位置的点物，其点扩展函数一般并不相同，所以 h 除了是 x',y' 的函数，还与 x,y 有关，它应该写为 $h(x,y;x',y')$。另外，由于 h 函数与位置有关，要完全确定系统所成的像，就需要知道所有位置的 h 函数。显然，要做到这一点是困难的。为了简化分析，下面讨论成像系统的一种近似性质——空间不变性。

空间不变性是指系统的点扩展函数与点物位置无关，它仅是观察点与几何光学像点坐标在 x 和 y 方向的相对距离的函数。不失一般性，如果我们设成像系统的横向放大率为 1②，那么几何光学像点的坐标值就等于点物在物面上的坐标值 (x,y)。因此，空间不变成像系统的点扩展函数是 $x'-x$ 和 $y'-y$ 的函数，写为 $h(x'-x,y'-y)$，它与物点的位置 x,y 无关。当然，光学成像系统的空间不变性是一种理想化的情况，实际成像系统不可能对整个物面上不同位置的物点产生相同场分布的像斑。但是，作为一种近似，如果我们仅考察像面上近轴的一个小区域，则可以把这个小区域内不同位置的像斑看做是相同的。也就是在这个小区域内（等晕区内），可以把光学成像系统看做是空间不变的。利用系统的空间不变性，将使成像问题的分析大大简化。

6.5.3 扩展物体的成像

假设物面上扩展物体的复振幅分布为 $o(x,y)$。由于物体可以看做是由一系列点物组成的，所以 $o(x,y)$ 可以写为一系列代表点物场分布的 δ 函数的线性组合，这一点只要利用 δ 函数的筛选性质（见附录 D）就可以做到：

---

① 这种分解方法也称为点基元法，而 6.2 节讨论的分解法称为余弦基元法。

② 系统放大率不为 1 时，可以对物面和像面坐标取不同的单位，使得放大率仍然为 1。这实际上表明，我们只关心像的场分布形式，而不关心像的大小或正倒。

$$o(x,y) = \int_{-\infty}^{\infty} \int_{-\infty}^{\infty} o(s,t)\delta(x-s,y-t)\,ds\,dt \tag{6.59}$$

式(6.59)从数学上看,它是 δ 函数筛选性质的直接结果,但从物理上看,它清楚地表示扩展物体是由大量点物组成的。前已定义,当输入信号是 δ 函数时,成像系统的输出信号为点扩展函数,并且在把系统看做空间不变系统时,点扩展函数为 $h(x'-s,y'-t)$,它与 δ 函数的位置坐标 (s,t) 无关。由此,根据相干成像系统的线性性质,式(6.59)表示的输入函数在像面上产生的输出函数 $g(x',y')$(像的复振幅分布)就是与各个 δ 函数相对应的点扩展函数的线性组合,即

$$g(x',y') = \int_{-\infty}^{\infty} \int_{-\infty}^{\infty} o(s,t)h(x'-s,y'-t)\,ds\,dt$$

改变上式中积分变量的符号,仍以 (x,y) 代表物面坐标,上式变为

$$g(x',y') = \int_{-\infty}^{\infty} \int_{-\infty}^{\infty} o(x,y)h(x'-x,y'-y)\,dx\,dy \tag{6.60a}$$

式(6.60a)在数学上表示函数 $g(x',y')$ 是 $o(x',y')$ 和 $h(x',y')$ 两个函数的卷积,它可以简单表示为(参阅附录 C)

$$g(x',y') = o(x',y') * h(x',y') \tag{6.60b}$$

式中,$*$ 是卷积符号。式(6.60)表明,对于相干成像系统,在满足空间不变的条件下,扩展物体的**像的复振幅分布等于系统的点扩展函数和物的几何光学像的复振幅分布函数的卷积**[①]。这个结果在光学系统的成像分析中非常重要,它将为我们运用傅里叶分析方法来研究光学系统的成像问题带来方便。

扩展物体的卷积成像过程如图 6.28 所示。为简单起见,设物的复振幅呈一维的余弦分布。由图可见,获得像函数的卷积过程是,将点(线)扩展函数的曲线在 x 轴上平移,乘上各处的 $o(x)$ 值,得到一系列高度受 $o(x)$ 调制的曲线图形,最后把所有这些图形叠加起来。这一过程表明,像函数变化的幅度和位相取决于点扩展函数的形状。点扩展函数图形的宽窄,决定像函数变化幅度的大小,像对比度的好坏(见图 6.28(a)和(b))。当点扩展函数宽度为零时(相当于点物成点像),像函数与物函数相同,像与物完全一致。另外,当点扩展函数不对称时(图 6.28(c)),像函数要发生相移。但是,不论点扩展函数的形状如何,像分布仍然保持物分布的余弦变化形式;在放大率等于 1 的系统中,物余弦变化的空间频率与像余弦变化的空间频率相同。

6.5.4 相干传递函数(CTF)

由式(6.60b),相干成像系统的像的复振幅分布可表示为

$$g(x',y') = o(x',y') * h(x',y')$$

分别取式中 g,o,h 三个函数的傅里叶变换,并记为

$$G_c(u,v) = \mathscr{F}\{g(x',y')\},\ O_c(u,v) = \mathscr{F}\{o(x',y')\},\ H_c(u,v) = \mathscr{F}\{h(x',y')\} \tag{6.61}$$

$h(x',y')$ 的傅里叶变换 $H_c(u,v)$ 称为**相干传递函数**(CTF)。利用傅里叶变换的卷积定理(见附录 B),由式(6.60b),得到

$$G_c(u,v) = O_c(u,v)H_c(u,v) \tag{6.62a}$$

或者

$$H_c(u,v) = G_c(u,v) / O_c(u,v) \tag{6.62b}$$

这表示相干传递函数等于像的复振幅分布的频谱与物的复振幅分布的频谱之比。这就是说,如果给出物的分布函数,求出它的频谱,再乘以相干传递函数,就得到像的频谱。这样一来,系统的成像

[①] 式(6.60b)中的 $o(x',y')$ 是扩展物几何光学像的分布函数,它与物分布函数相同。对于放大率 $M \neq 1$ 的系统,$o(x',y') = o(Mx,My)$。因此,式(6.60b)对于放大率是否为 1 的系统都成立。

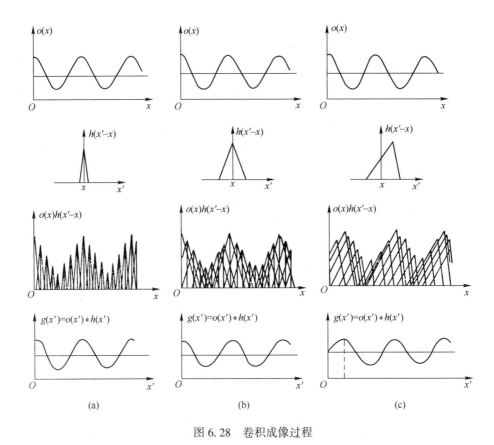

图 6.28 卷积成像过程

关系在频率域中比在空间域中(卷积成像)变得要简单得多。在空间域中,点扩展函数反映系统的成像特性(质量),而在频率域中,则由相干传递函数描述系统的成像特性。由于在频率域中成像关系简单,所以这种描述将使系统的成像分析大大简化。

一般情况下(比如对于有像差的系统),相干传递函数是复数,物和像的频谱函数也是复数,它们都可以写成模和辐角两个因子相乘的形式。因此,由式(6.62b)

$$|H_c(u,v)|e^{i\varphi_h(u,v)} = \frac{|G_c(u,v)|e^{i\varphi_g(u,v)}}{|O_c(u,v)|e^{i\varphi_o(u,v)}} = \frac{|G_c(u,v)|}{|O_c(u,v)|}e^{i[\varphi_g(u,v)-\varphi_o(u,v)]} \tag{6.63}$$

由于 $|G_c(u,v)|$ 和 $\varphi_g(u,v)$ 表示像复振幅分布中空间频率为 (u,v) 的傅里叶分量的变化幅度和位相,$|O_c(u,v)|$ 和 $\varphi_o(u,v)$ 表示物或它的几何光学像中频率为 (u,v) 的傅里叶分量的幅度和位相,所以由上式可见,相干传递函数的模值表示像与物中频率为 (u,v) 的傅里叶分量的变化幅度之比,而相干传递函数的辐角表示实际像与几何光学像之间的相移(图形位移)。显然,对于某些空间频率,$H_c=1$,这些空间频率的傅里叶分量成像时其幅度和位相都不受影响;而如果对另一些空间频率,$H_c=0$,则这些空间频率的傅里叶分量不能通过系统成像,它们对于形成物体的像没有贡献。

按照定义,相干传递函数是点扩展函数的傅里叶变换,而点扩展函数由系统的衍射、像差等效应决定。在上一节里我们已经证明,对于衍射受限的成像系统(假定系统没有像差),一个点物的像斑(其复振幅分布是点扩展函数)正是系统的孔径(在图 6.26 中由出瞳表示)的夫琅禾费衍射图样。设出瞳处的光瞳函数为 $P(\xi,\eta)$,其中 ξ,η 是出瞳面的坐标,那么由式(6.58),点物的像斑的复振幅分布,即点扩展函数为(换用本节的符号)

$$h(x',y') = A\exp\left(ik\frac{x'^2+y'^2}{2l'}\right)\iint_{-\infty}^{\infty}P(\xi,\eta)\exp\left[-i2\pi\left(\frac{x'}{\lambda l'}\xi+\frac{y'}{\lambda l'}\eta\right)\right]d\xi d\eta \tag{6.64}$$

式中, l' 是出瞳面到像面的距离。如果令

$$u = \frac{\xi}{\lambda l'}, \quad v = \frac{\eta}{\lambda l'} \tag{6.65}$$

式 (6.64) 化为 $h(x', y') = A' \exp\left(\mathrm{i}k\frac{x'^2 + y'^2}{2l'}\right) \iint\limits_{-\infty}^{\infty} P(\lambda l'u, \lambda l'v) \exp[-\mathrm{i}2\pi(ux' + vy')] \mathrm{d}u\mathrm{d}v$

$$= A' \exp\left(\mathrm{i}k\frac{x'^2 + y'^2}{2l'}\right) \mathscr{F}\{P(\lambda l'u, \lambda l'v)\}$$

这里 u, v 是像面的空间频率。在放大率 $M = 1$ 的系统中,它们与物面相应的空间频率相同;在 $M \neq 1$ 的系统中,与 u, v 相应的物面的空间频率为 $u_0 = Mu, v_0 = Mv$。另外,A' 是常系数;又由于一般情况下衍射像斑极小,而 l' 比像斑要大得多,所以上式的指数因子可看做是 1。这样,上式可写为

$$h(x', y') = \mathscr{F}\{P(\lambda l'u, \lambda l'v)\} \tag{6.66}$$

而相干传递函数 $\qquad H_c(u, v) = \mathscr{F}\{h(x', y')\} = \mathscr{F}\{\mathscr{F}[P(\lambda l'u, \lambda l'v)]\}$

可以证明(参阅 6.8 节),两次傅里叶变换后,函数的形式复原,只是函数的自变量改变符号。因此

$$H_c(u, v) = P(-\lambda l'u, -\lambda l'v) \tag{6.67}$$

表明相干传递函数与光瞳函数形式相同,只要用 $\lambda l'u, \lambda l'v$ 置换光瞳函数的自变量就可得到相干传递函数。上式中的负号并不重要,如果将光瞳坐标轴都取反方向(通常光瞳具有对称性),即可消去负号。所以,一般也把上式写为

$$H_c(u, v) = P(\lambda l'u, \lambda l'v) \tag{6.68}$$

我们知道,光瞳函数之值在出瞳范围内等于 1,在出瞳范围外等于 0,因此相干传递函数之值也是如此。这意味着衍射受限的相干成像系统在频率域中存在一个有限的通频带,物(理想像)的频谱中在这个通频带内的全部频率分量可以没有畸变地通过系统成像,而这个通频带外的高频成分将被系统"过滤"(在这个意义上,可以把光学成像系统看做一个**低通滤波器**)。我们把通频带内的最高频率称为**截止频率**,显然截止频率(和通频带)的存在是系统的有限出瞳产生衍射的结果。

下面我们对两种常见的出瞳形状写出相干传递函数的表达式,并求出相应的截止频率。

(1) 出瞳是边长为 a 的正方形(图 6.29(a))。其光瞳函数可以表示为

$$P(\xi, \eta) = \mathrm{rect}\left(\frac{\xi}{a}\right)\mathrm{rect}\left(\frac{\eta}{a}\right)$$

根据式 (6.68),把光瞳函数的自变量 (ξ, η) 换成 $(\lambda l'u, \lambda l'v)$,即得到相干传递函数

$$H_c(u, v) = \mathrm{rect}\left(\frac{\lambda l'u}{a}\right)\mathrm{rect}\left(\frac{\lambda l'v}{a}\right) = \mathrm{rect}\left(\frac{u}{a/\lambda l'}\right)\mathrm{rect}\left(\frac{v}{a/\lambda l'}\right) \tag{6.69}$$

或者等价地写为 $\qquad H_c(u, v) = \begin{cases} 1 & \text{当} |u| \leqslant \dfrac{a}{2\lambda l'}, |v| \leqslant \dfrac{a}{2\lambda l'} \text{时} \\ 0 & \text{当} |u| > \dfrac{a}{2\lambda l'}, |v| > \dfrac{a}{2\lambda l'} \text{时} \end{cases}$

其图形如图 6.29(b) 所示。不难看出,沿正方形的两个互相垂直的边长方向,系统的截止频率为

$$u_{\max} = v_{\max} = \frac{a}{2\lambda l'} \tag{6.70}$$

(2) 出瞳是直径为 D 的圆孔(图 6.30(a))。其光瞳函数可写为

$$P(\xi, \eta) = \mathrm{circ}\left(\frac{\sqrt{\xi^2 + \eta^2}}{D/2}\right)$$

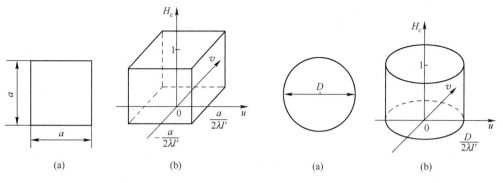

图 6.29　方形出瞳及其 CTF 图形　　　　图 6.30　圆孔出瞳及其 CTF 图形

因此,相应地有

$$H_{c}(u,v) = \text{circ}\left(\frac{\sqrt{u^2+v^2}}{D/2\lambda l'}\right) \tag{6.71}$$

其图形如图 6.30(b)所示。可见,当 $\sqrt{u^2+v^2} \leqslant \dfrac{D}{2\lambda l'}$ 时,$H_c(u,v) = 1$,因此沿圆孔任一径向方向,系统的截止频率都是

$$\rho_{\max} = (\sqrt{u^2+v^2})_{\max} = \frac{D}{2\lambda l'} \tag{6.72}$$

如图 6.31 所示,照相机对距离为 l 的物体拍照。假定物体受相干光照明,并且认为照相镜头已校正好像差,因此该照相机是衍射受限的相干成像系统,而系统的相干传递函数由照相镜头的

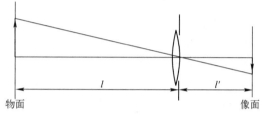

图 6.31　照相机的 CTF 计算

圆形孔径决定。由式(6.71)和式(6.72)得 $H_c(\rho) = \text{circ}\left(\dfrac{\rho}{D/2\lambda l'}\right)$,像面的截止频率为 $\rho_{\max} = \dfrac{D}{2\lambda l'}$。另外,此系统的放大率等于 l'/l,不等于 1,因此物面的截止频率与像面的截止频率不同,它应为

$$\rho_{\text{omax}} = \rho_{\max}\frac{l'}{l} = \frac{D}{2\lambda l}$$

例如,设照相镜头的口径 $D = 24\text{mm}$,物体的距离 $l = 2\text{m}$,照明光波长 $\lambda = 0.6 \times 10^{-3}\text{mm}$,则

$$\rho_{\text{omax}} = \frac{D}{2\lambda l} = \frac{24\text{mm}}{2 \times 0.6 \times 10^{-3}\text{mm} \times 2000\text{mm}} = 10\text{mm}^{-1}$$

这就是说,物体频谱中高于 10mm^{-1} 的空间频率将不能通过照相镜头传递到像面。若物体是一个每毫米刻有多于 10 条线的光栅,那么在像面上将不会出现光栅的像。

6.6　非相干成像系统分析及光学传递函数

本节讨论非相干系统的成像及传递函数——**光学传递函数**(OTF)。如同相干传递函数是表示相干成像系统在频率域中的成像特性一样,光学传递函数表示非相干成像系统在频率域中的成像特性。

6.6.1　非相干系统的成像

我们已经指出,非相干成像系统与相干成像系统不同,它是光强度的线性系统,而不是复振幅

的线性系统。因此,为利用非相干系统的线性性质,我们应考察物和像的光强度分布关系。类似地,可以把物的光强度分布函数看做一系列 δ 函数的线性组合,而每一个 δ 函数都代表一个点物的光强度。如果定义这些 δ 函数通过系统在像面上产生的输出函数为(光强度)点扩展函数(即点物产生的像斑的光强度分布函数),那么物体像的光强度分布函数就是这些点扩展函数的线性组合。当假定点扩展函数的分布形式也是空间不变时,非相干成像系统的物像光强度分布之间的关系与相干成像系统的物像复振幅分布之间的关系完全类似。即如果以 $I(x',y')$ 和 $I_0(x,y)$ 分别表示像和物的光强度分布,以 $h_I(x'-x,y'-y)$ 表示(光强度)点扩展函数,那么 $I(x',y')$ 和 $I_0(x,y)$ 之间也有类似于式(6.60)的关系:

$$I(x',y') = \iint_{-\infty}^{\infty} I_0(x,y) h_I(x'-x,y'-y) \mathrm{d}x \mathrm{d}y \tag{6.73a}$$

或

$$I(x',y') = I_0(x',y') * h_I(x',y') \tag{6.73b}$$

上式表明,对于非相干成像系统,在空间域内的成像关系仍然是一种卷积关系。

6.6.2　光学传递函数(OTF)

将式(6.73b)两边进行傅里叶变换,则有

$$\mathscr{F}\{I(x',y')\} = \mathscr{F}\{I_0(x',y')\}\mathscr{F}\{h_I(x',y')\}$$

或者写成

$$G_I(u,v) = O_I(u,v) H_I(u,v) \tag{6.74}$$

而　　　$G_I(u,v) = \mathscr{F}\{I(x',y')\}$, $O_I(u,v) = \mathscr{F}\{I_0(x',y')\}$, $H_I(u,v) = \mathscr{F}\{h_I(x',y')\}$ 　　(6.75)

即 G_I, O_I, H_I 分别是 I, I_0, h_I 的频谱。定义 $H_I(u,v)$ 为非相干成像系统的传递函数,则由式(6.74)可见,物体像光强度分布的频谱等于物体几何光学理想像光强度分布的频谱与传递函数的乘积。

式(6.74)与相干成像系统的关系式(6.62)形式相同,如果说式(6.62)是相干成像系统在频率域中的物像关系式,那么式(6.74)就是非相干成像系统在频率域中的物像关系式,而传递函数 $H_I(u,v)$ 则表示物光强度频谱由物面传递到像面的变化情况。

函数 I, I_0 和 h_I 是光强度的分布函数,尽管它们都是实函数,但一般情况下,它们的傅里叶变换——频谱函数 G_I, O_I 和 H_I 仍为复函数。并且,对传递函数 $H_I(u,v)$ 可做与相干传递函数 $H_c(u,v)$ 相类似的解释,即 $H_I(u,v)$ 的模值表示像光强度分布与物光强度分布中频率为 (u,v) 的频谱成分的变化幅度之比,而 $H_I(u,v)$ 的辐角指示频率 (u,v) 成分的实际像与几何光学像之间的相移。因此,如果找出系统的传递函数 $H_I(u,v)$,就可以了解物光强度分布的各个频谱分量通过系统后其幅度和位相的变化,这似乎对于说明系统的成像特性已经相当充分了。但是, $H_I(u,v)$ 并不能完全反映各种频谱成分成像的清晰情况,因为每一个频谱成分成像是否清晰,不仅由该频谱成分的幅度决定,还与平均光强度有关。例如,对于下式表示的空间频率为 u 的光强度分布:

$$I(x) = a + b\cos 2\pi u x$$

其清晰程度由对比度(也称**调制度**)表示:

$$K = \frac{I_{\mathrm{M}} - I_{\mathrm{m}}}{I_{\mathrm{M}} + I_{\mathrm{m}}} = \frac{(a+b)-(a-b)}{(a+b)+(a-b)} = \frac{b}{a} \tag{6.76}$$

式中, b 是余弦光强度分布变化的幅度, a 是平均光强度,与零频分量(直流成分)对应。这就表明,清晰程度不仅与频率 u 的分量的幅度有关,而且也与零频分量的大小有关。图6.32给出了两种 a 值不同而 b 值相同的余弦光强度分布,可见图6.32(b)的清晰度较好。

上述讨论说明,从观察的效果看,一个图像的光强度分布中每一个频谱成分的作用,应由它的对比度来描述,而光学系统的成像质量也应以它是否"忠实地"反映物光强度分布的各频谱成分的对比度来判断。所以,考虑一个规范化的频谱可以更确切地表示所讨论的图像的特征。即讨论物

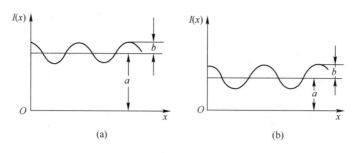

图 6.32 两种不同对比度的光强度分布

(几何光学理想像)光强度分布的频谱时,用

$$O(u,v) = \frac{O_I(u,v)}{O_I(0,0)} = \frac{\displaystyle\iint_{-\infty}^{\infty} I_0(x',y')\exp[-\mathrm{i}2\pi(ux'+vy')]\mathrm{d}x'\mathrm{d}y'}{\displaystyle\iint_{-\infty}^{\infty} I_0(x',y')\mathrm{d}x'\mathrm{d}y'} \qquad (6.77)$$

而讨论像光强度分布的频谱时,用

$$G(u,v) = \frac{G_I(u,v)}{G_I(0,0)} = \frac{\displaystyle\iint_{-\infty}^{\infty} I(x',y')\exp[-\mathrm{i}2\pi(ux'+vy')]\mathrm{d}x'\mathrm{d}y'}{\displaystyle\iint_{-\infty}^{\infty} I(x',y')\mathrm{d}x'\mathrm{d}y'} \qquad (6.78)$$

相应地,如果也把 $H_I(u,v)$ 规范化:

$$H(u,v) = \frac{H_I(u,v)}{H_I(0,0)} = \frac{\displaystyle\iint_{-\infty}^{\infty} h_I(x',y')\exp[-\mathrm{i}2\pi(ux'+vy')]\mathrm{d}x'\mathrm{d}y'}{\displaystyle\iint_{-\infty}^{\infty} h_I(x',y')\mathrm{d}x'\mathrm{d}y'} \qquad (6.79)$$

则由式(6.74)
$$G_I(u,v) = H_I(u,v) \cdot O_I(u,v)$$
$$G_I(0,0) = H_I(0,0) \cdot O_I(0,0)$$

得到
$$G(u,v) = H(u,v)O(u,v) \qquad (6.80\mathrm{a})$$

或
$$H(u,v) = G(u,v) / O(u,v) \qquad (6.80\mathrm{b})$$

把规范化的传递函数 $H(u,v)$ 称为**光学传递函数**(OTF)。由式(6.79)可见,当把 $\displaystyle\iint_{-\infty}^{\infty} h_I(x',y')\mathrm{d}x'\mathrm{d}y'$ 归一化为 1 时,光学传递函数就是光强度点扩展函数的傅里叶变换。一般地,$H(u,v)$ 为复函数,它可以写为

$$H(u,v) = |H(u,v)|\exp[\mathrm{i}\varphi(u,v)] \qquad (6.81)$$

由于 $G(u,v)$ 和 $O(u,v)$ 的模值表示像分布和物分布中 (u,v) 成分的对比度,所以 $H(u,v)$ 的模值就是像分布和物分布中同一成分的对比度之比。因此,$|H(u,v)|$ 称为**对比传递函数**(MTF)[①],$H(u,v)$ 的辐角 $\varphi(u,v)$ 则称为**位相传递函数**(PTF),它表示像分布和物分布中 (u,v) 成分的相移。

　　显然,如果要求成像系统所成的像与物完全相同,必须有 MTF 等于 1 和 PTF 等于零。但实际上只有后者可以达到,而前者是不可能达到的。

---

　　① 对比传递函数也叫调制传递函数。

6.6.3　OTF 与 CTF 的关系

由式(6.79)
$$H(u,v) = \frac{H_I(u,v)}{H_I(0,0)} = \frac{\mathscr{F}\{h_I(x',y')\}}{H_I(0,0)} \tag{6.82}$$

首先我们来考察上式中的分子,并注意到 $h_I(x',y')$ 是光强度点扩展函数,它与振幅点扩展函数 $h(x',y')$ 的关系为

$$h_I(x',y') = h(x',y') \cdot h^*(x',y')$$

因此
$$H_I(u,v) = \mathscr{F}\{h_I(x',y')\} = \mathscr{F}\{h(x',y')h^*(x',y')\}$$

由于
$$H_c(u,v) = \mathscr{F}\{h(x',y')\}, \quad H_c^*(-u,-v) = \mathscr{F}\{h^*(x',y')\}$$

所以
$$H_I(u,v) = \mathscr{F}\{h(x',y') \cdot h^*(x',y')\} = H_c(u,v) * H_c^*(-u,-v)$$

$$= \iint_{-\infty}^{\infty} H_c^*(-\alpha,-\beta) H_c(u-\alpha,v-\beta) \mathrm{d}\alpha \mathrm{d}\beta$$

$$= \iint_{-\infty}^{\infty} H_c^*(\alpha',\beta') H_c(u+\alpha',v+\beta') \mathrm{d}\alpha' \mathrm{d}\beta' \tag{6.83a}$$

对照自相关函数的定义式(附录C),可见上式表示 $H_I(u,v)$ 是相干传递函数 $H_c(u,v)$ 的自相关函数,即

$$H_I(u,v) = H_c(u,v) \circledast H_c(u,v) \tag{6.83b}$$

式中,$\circledast$ 是自相关符号。

再看式(6.82)的分母,由式(6.83a),有

$$H_I(0,0) = \iint_{-\infty}^{\infty} H_c^*(\alpha',\beta') H_c(\alpha',\beta') \mathrm{d}\alpha' \mathrm{d}\beta' = \iint_{-\infty}^{\infty} |H_c(\alpha',\beta')|^2 \mathrm{d}\alpha' \mathrm{d}\beta' \tag{6.84}$$

把式(6.83b)和式(6.84)代入式(6.82),得到 OTF 与 CTF 的关系式

$$H(u,v) = \frac{H_c(u,v) \circledast H_c(u,v)}{\displaystyle\iint_{-\infty}^{\infty} |H_c(\alpha',\beta')|^2 \mathrm{d}\alpha' \mathrm{d}\beta'} \tag{6.85}$$

上式中的分母是一个常数,所以 $H(u,v)$ 与 $H_c(u,v)$ 的自相关函数仅相差一个常数因子。而当把上式分母归一化为 1 时,$H(u,v)$ 就是 $H_c(u,v)$ 的自相关函数。另外,上式的推导是从点扩展函数 $h_1(x',y')$ 出发的,没有涉及系统是否有像差,所以上式对于有像差的成像系统仍然适用。

6.6.4　衍射受限系统的 OTF

对于衍射受限系统,相干传递函数 $H_c(u,v)$ 与光瞳函数 $P(\xi,\eta)$ 的关系为

$$H_c(u,v) = P(\lambda l'u, \lambda l'v)$$

并且,P 只有 1 和 0 两个取值。因此,由式(6.85)

$$H(u,v) = \frac{\displaystyle\iint_{-\infty}^{\infty} P(\lambda l'\alpha', \lambda l'\beta') P[\lambda l'(u+\alpha'), \lambda l'(v+\beta')] \mathrm{d}\alpha' \mathrm{d}\beta'}{\displaystyle\iint_{\infty} [P(\lambda l'\alpha', \lambda l'\beta')]^2 \mathrm{d}\alpha' \mathrm{d}\beta'} \tag{6.86}$$

做变量变换 $\xi = \lambda l'\alpha', \eta = \lambda l'\beta'$,式(6.86)化为

$$H(u,v) = \frac{\iint\limits_{-\infty}^{\infty} P(\xi,\eta)P(\xi + \lambda l'u, \eta + \lambda l'v)\,\mathrm{d}\xi\mathrm{d}\eta}{\iint\limits_{-\infty}^{\infty} [P(\xi,\eta)]^2 \mathrm{d}\xi\mathrm{d}\eta} \tag{6.87}$$

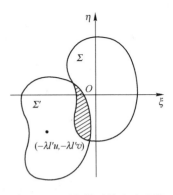

图 6.33 两个错开的光瞳函数

式(6.87)把 OTF 与光瞳函数 $P(\xi,\eta)$ 联系起来,提供了由光瞳函数直接计算 OTF 的方法。

式(6.87)可以利用图形进行计算。如图 6.33 所示,设图形 Σ 代表出瞳的光瞳函数,图形 Σ' 代表坐标原点位移到 $(-\lambda l'u, -\lambda l'v)$ 的出瞳的光瞳函数。由于光瞳函数 $P(\xi,\eta)$ 和 $P(\xi + \lambda l'u, \eta + \lambda l'v)$ 分别在 Σ 和 Σ' 内为 1,在 Σ 和 Σ' 外为零,所以式(6.87)分子中的被积函数 $P(\xi,\eta)P(\xi + \lambda l'u, \eta + \lambda l'v)$ 只在 Σ 和 Σ' 重叠的区域(图中画斜线的区域)内为 1,而在重叠区域外为零。因此,式(6.87)分子的积分在数值上等于**两个错开的光瞳函数相互重叠的面积**,而式(6.87)分母的积分等于**光瞳函数的总面积**。这样一来,OTF 的计算就可以变为下式表示的出瞳几何图形的计算:

$$H(u,v) = \frac{\text{两个错开的光瞳函数相互重叠的面积}}{\text{光瞳函数的总面积}} \tag{6.88}$$

当光瞳具有简单的几何形状时,可直接按照上式求出 $H(u,v)$ 的完整表达式(见下面的例子)。当光瞳的形状很复杂时,可用面积仪或计算机算出 OTF 在一系列分立频率上的值。

上述关于 OTF 的几何意义的讨论表明,衍射受限系统的 OTF 为小于或等于 1 的正实数。并且,当 u 或 v 大于一定数值后,两错开光瞳函数相互的重叠面积等于零,因此 $H(u,v)$ 也等于零。这时所对应的空间频率就是系统的**截止频率**。

下面举两个利用几何图形计算 OTF 的例子。

[例题 6.9] 设成像系统出瞳为边长等于 a 的正方形(图 6.34(a))。这时中心在 $\xi=0, \eta=0$ 和 $\xi=-\lambda l'u, \eta=-\lambda l'v$ 的两个正方形的重叠面积为(见图 6.34(b))

$$S(u,v) = \begin{cases} (a - \lambda l'|u|)(a - \lambda l'|v|) & |u| \leqslant a/\lambda l', |v| \leqslant a/\lambda l' \\ 0 & |u| > a/\lambda l', |v| > a/\lambda l' \end{cases}$$

用正方形出瞳的面积 a^2 去除上述重叠面积,便得到 OTF 的表达式

$$H(u,v) = \begin{cases} \left(1 - \frac{\lambda l'|u|}{a}\right)\left(1 - \frac{\lambda l'|v|}{a}\right) & |u| \leqslant a/\lambda l', |v| \leqslant a/\lambda l' \\ 0 & |u| > a/\lambda l', |v| > a/\lambda l' \end{cases}$$

其图形如图 6.35 所示。OTF 下降到零时所对应的空间频率是截止频率,在 u 和 v 轴方向上截止频率都是

$$u_{\max} = v_{\max} = \frac{a}{\lambda l'} \tag{6.89}$$

与同一系统在相干照明下的截止频率[式(6.70)]比较,可见非相干照明的截止频率是相干照明时截止频率的两倍。

[例题 6.10] 设非相干成像系统的出瞳是直径为 D 的圆孔(图 6.36(a))。这时,由图 6.36(b)可见,中心在 $\xi=0, \eta=0$ 和 $\xi=-\lambda l'u, \eta=-\lambda l'v$ 的两个圆的重叠面积是扇形 OAB 面积减去三角形 OAB 面积的两倍,即

$$S = 2\left[\frac{\theta}{\pi} \cdot \pi\left(\frac{D}{2}\right)^2 - \frac{D^2}{4}\sin\theta\cos\theta\right] = \frac{D^2}{2}(\theta - \sin\theta\cos\theta) \tag{6.90}$$

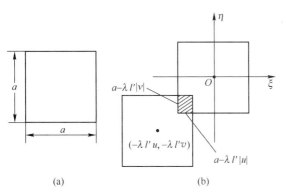

(a)   (b)

图 6.34 正方形出瞳的重叠面积计算

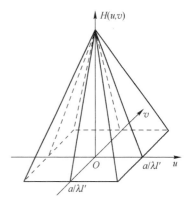

图 6.35 具有正方形出瞳的系统的 OTF

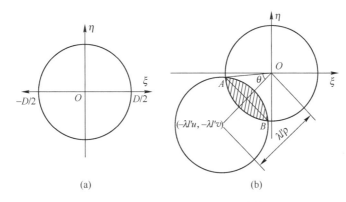

(a)   (b)

图 6.36 圆形出瞳的重叠面积计算

由于

$$\cos\theta = \frac{\dfrac{\sqrt{(\lambda l'u)^2 + (\lambda l'v)^2}}{2}}{D/2} = \frac{\lambda l'\sqrt{u^2+v^2}}{D} = \frac{\lambda l'\rho}{D} \tag{6.91}$$

式中,$\rho = \sqrt{u^2+v^2}$ 是频率平面上沿径向的频率。把式(6.91)代入式(6.90),得到

$$S = \begin{cases} \dfrac{D^2}{2}\left[\arccos\left(\dfrac{\lambda l'\rho}{D}\right) - \dfrac{\lambda l'\rho}{D}\sqrt{1 - \left(\dfrac{\lambda l'\rho}{D}\right)^2}\right], & \rho \leqslant \dfrac{D}{\lambda l'} \\ 0, & \rho > \dfrac{D}{\lambda l'} \end{cases}$$

再除以圆形出瞳的面积 $\pi\left(\dfrac{D}{2}\right)^2$,得到 OTF 的表达式

$$H(\rho) = \begin{cases} \dfrac{2}{\pi}\left[\arccos\left(\dfrac{\rho}{D/\lambda l'}\right) - \dfrac{\rho}{D/\lambda l'}\sqrt{1 - \left(\dfrac{\rho}{D/\lambda l'}\right)^2}\right], & \rho \leqslant \dfrac{D}{\lambda l'} \\ 0, & \rho > \dfrac{D}{\lambda l'} \end{cases}$$

$$(6.92)$$

式(6.92)表明,系统的截止频率 $\rho_{\max} = \dfrac{D}{\lambda l'}$,它也是相干照明情况下截

止频率的两倍。

图 6.37 给出了具有圆形出瞳的系统的 OTF 的图形。与相干

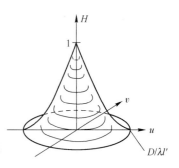

图 6.37 具有圆形出瞳的系统的 OTF 的图形

系统的 CTF 图形(图 6.30)比较,可见在截止频率之内相干系统的传递函数都等于 1,而非相干系统的传递函数随着频率的增大从 1 逐渐下降到零。另外还应该注意,相干系统的截止频率指的是像的复振幅的最高空间频率,而非相干系统的截止频率指的是像的光强度的最高空间频率,两者不是一回事。因此,我们不能根据非相干系统的截止频率是相干系统截止频率的两倍,就简单地认为对于同一个成像系统,使用非相干照明一定比相干照明有更好的像质。

在衍射受限成像系统中,相干传递函数和光学传递函数都是正实数,这意味着系统在相干和非相干照明两种情况下,成像都只改变空间频率成分的对比度,而不产生相移。但是,在下面将要讨论的有像差的系统中,相干传递函数和光学传递函数一般为复数。这时,系统将同时改变空间频率成分的对比度和位相。

*6.6.5 有像差系统的传递函数

1. 广义光瞳函数

我们已经知道,对于衍射受限的成像系统,物面上一点发出的球面波经光学系统传播后,自出瞳射出时是一个会聚球面波。如图 6.38 的球面 S_0 所示,其会聚中心在理想像点 P'。这个球面波由于受到出瞳有限孔径的限制,传播到 P' 时,在 P' 周围形成出瞳的夫琅禾费衍射斑。但是,如果系统存在像差,自出瞳射出的光波就不再是球面波,其波面变成如图 6.38 所示的非球面 S',它在 P' 周围则形成更为复杂的像斑。显然,S'(实际光波)和 S_0(理想球面波)在出瞳平面上产生的光振动的位相分布是不同的。我们用函数 $\Phi(\xi,\eta)$ 来表示两种位相分布之差,并且 $\Phi(\xi,\eta)$ 可以写为

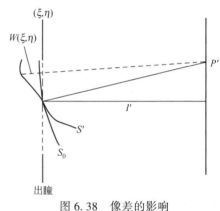

图 6.38 像差的影响

$$\Phi(\xi,\eta)=kW(\xi,\eta)$$

式中,k 是波数,$W(\xi,\eta)$ 代表实际光波 S' 和理想球面波 S_0 之间的偏差,称为**波像差**。因此,像差的影响,相当于在出瞳孔径范围内放置了一块复振幅透射系数为 $\exp[ikW(\xi,\eta)]$ 的相移板,它使出瞳处的理想球面波 S_0 变形为 S'。这样一来,对于有像差的系统,我们也可以设想,自出瞳射出的光波仍然是一个理想球面波,但是由于在出瞳孔径内放置了一块相移板,所以光瞳函数变为

$$\tilde{P}(\xi,\eta)=P(\xi,\eta)\exp[ikW(\xi,\eta)] \tag{6.93}$$

式中,$P(\xi,\eta)$ 是系统没有像差时的光瞳函数,$\exp[ikW(\xi,\eta)]$ 代表系统有像差时在光瞳面上引入的光振动的位相变化。$\tilde{P}(\xi,\eta)$ 称为**广义光瞳函数**。因此,只要用 $\tilde{P}(\xi,\eta)$ 代替 $P(\xi,\eta)$,一个有像差的系统的传递函数的计算就完全和衍射受限系统的计算一样。

2. 有像差系统的相干传递函数

对于衍射受限的成像系统,相干传递函数与光瞳函数 $P(\xi,\eta)$ 的关系如式(6.68)所示,即

$$H_c(u,v)=P(\lambda l'u,\lambda l'v)$$

对于有像差的系统,$H_c(u,v)$ 则与广义光瞳函数 $\tilde{P}(\xi,\eta)$ 有相同的形式:

$$H_c(u,v)=\tilde{P}(\lambda l'u,\lambda l'v)=P(\lambda l'u,\lambda l'v)\exp[ikW(\lambda l'u,\lambda l'v)] \tag{6.94}$$

这一结果表明,像差对系统的通频带没有影响,在通频带内 $H_c(u,v)$ 的模值仍为 1。像差的唯一影响是在通频带内引入了位相畸变,结果会使系统所成的像失真。

3. 有像差系统的 OTF

无像差系统的 OTF 与光瞳函数 $P(\xi,\eta)$ 的关系如式(6.87)所示;根据自相关关系,式中分子的 $P(\xi,\eta)$ 应为其共轭复数 $P^*(\xi,\eta)$,只是由于 $P(\xi,\eta)$ 仅取 1 和 0 两个值,是实函数,我们把 $P^*(\xi,\eta)$ 写为 $P(\xi,\eta)$。对于有像差的系统,广义光瞳函数 $\tilde{P}(\xi,\eta)$ 是复函数,相应地,它与 OTF 的关系为

$$
\begin{aligned}
H(u,v) &= \frac{\displaystyle\iint_{-\infty}^{\infty} \tilde{P}^*(\xi,\eta)\, \tilde{P}(\xi + \lambda l'u,\eta + \lambda l'v)\,\mathrm{d}\xi\mathrm{d}\eta}{\displaystyle\iint_{-\infty}^{\infty} [P(\xi,\eta)]^2\mathrm{d}\xi\mathrm{d}\eta} \\[3mm]
&= \frac{\displaystyle\iint_{-\infty}^{\infty} \tilde{P}(\xi,\eta)\, \tilde{P}(\xi + \lambda l'u,\eta + \lambda l'v)\exp\{\mathrm{i}k[W(\xi + \lambda l'u,\eta + \lambda l'v) - W(\xi,\eta)]\}\mathrm{d}\xi\mathrm{d}\eta}{\displaystyle\iint_{-\infty}^{\infty} [P(\xi,\eta)]^2\mathrm{d}\xi\mathrm{d}\eta}
\end{aligned} \tag{6.95a}
$$

上式分子中被积函数只有在两光瞳函数的重叠区域内才不为零,若用 σ 来表示重叠区,用 Σ 来表示出瞳孔径范围,则上式也可以写为

$$
H(u,v) = \frac{\displaystyle\iint_{\sigma} \exp\{\mathrm{i}k[W(\xi + \lambda l'u,\eta + \lambda l'v) - W(\xi,\eta)]\}\mathrm{d}\xi\mathrm{d}\eta}{\displaystyle\iint_{\Sigma} \mathrm{d}\xi\mathrm{d}\eta} \tag{6.95b}
$$

一般地,$H(u,v)$ 是一个复函数,它可表示为

$$
H(u,v) = |H(u,v)|\exp[\mathrm{i}\varphi(u,v)]
$$

我们已经知道,$|H(u,v)|$ 和 $\varphi(u,v)$ 分别是对比传递函数和位相传递函数。理论和实验证明,在有像差的情况下,对比传递函数只会下降,而不会增大,这表明像差会使像面光强度分布的各个空间频率成分的对比度降低。在像差比较严重的情况下,通频带内高频成分的对比度可以下降到接近于零,这相当于通频带的宽度减小,有效截止频率降低。另外,由于 $\varphi(u,v)$ 不为零,像差将使各个频率成分产生相移。

由式(6.95b)可见,只要知道波像差 $W(\xi,\eta)$[①]原则上就可以计算出系统的 OTF,因而可以在频率域上了解像差对系统成像的影响。下面我们举一个系统存在聚焦误差时 OTF 的计算例子。

设系统的出瞳为正方形,边长为 a。以 b 表示聚焦误差,它与波像差的关系为

$$
W(\xi,\eta) = \frac{b(\xi^2 + \eta^2)}{2}
$$

把上式代入式(6.95b),算出 OTF 为

$$
H(u,v) = \left(1 - \frac{\lambda l'|u|}{a}\right)\mathrm{sinc}\left[bl'au\left(1 - \frac{\lambda l'|u|}{a}\right)\right]\left(1 - \frac{\lambda l'|v|}{a}\right)\mathrm{sinc}\left[bl'av\left(1 - \frac{\lambda l'|v|}{a}\right)\right] \tag{6.96}
$$

---

① 波像差与几何像差有密切关系,如何从几何像差来计算波像差是一个关于像差研究的专门问题,这里不做讨论。

易见，$H(u,v)$沿 u 轴和 v 轴的变化规律相同。图 6.39 给出了不同聚焦误差的正方形出瞳的 OTF,图中 W_M 是 $W(\xi,0)$ 的最大值(最大波象差),对应于出瞳边缘($\xi=a/2$):

$$W_M = \frac{b}{2}\left(\frac{a}{2}\right)^2 = \frac{ba^2}{8}$$

由图可见,当 $W_M>\lambda/2$ 时,某些区域的 OTF 为负值,这表示该区域的对比度要发生反转。图 6.40(a) 和(b) 分别是系统正确聚焦和有聚焦误差时"辐条靶"的像,由图(b) 可以看出,随着空间频率的增大(辐条半径的减小),对比度逐渐减小,并且出现对比度反转现象。

光学传递函数可以进行计算、测量,能够定量表示出来,因此,用光学传递函数来描述光学成像系统的成像质量是当今最令人满意的方法。

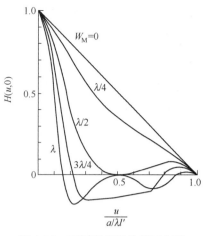

图 6.39 不同聚焦误差的正方形出瞳的 OTF

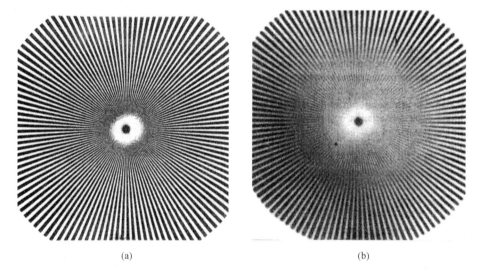

(a)   (b)

图 6.40 正确聚焦和有聚焦误差时"辐条靶"的像

6.7 阿贝成像理论和阿贝-波特实验

1873 年,阿贝(E.Abbe,1840—1905)在关于显微镜成像理论的论述中首次提出了频谱和二次衍射成像的概念和理论。后来,阿贝本人和波特(A.B.Porter)分别用实验验证了阿贝成像理论。阿贝的理论和阿贝-波特实验,可以看做傅里叶光学的开端。今天,由于激光的出现,我们来重复这些实验已经非常容易。这些实验将使我们清楚地看到,物的频谱对于它所成的像是何等重要:当使用某些方法改变频谱时,所成的像也随之变化。现在,这样的一类问题归并在光学信息处理这一大课题中,在 6.8 节里我们将看到通过改变频谱来获得所需要像的一些非常成功的例子。

6.7.1 阿贝成像理论

阿贝成像理论是阿贝在研究如何提高显微镜的分辨本领时提出来的,它与传统几何光学的成像概念完全不同。这个理论的核心是:**相干成像过程是二次衍射成像**。因此,阿贝成像理论又称为

二次衍射成像理论。

按照阿贝理论,被观察的物体可以看做一个复杂的二维衍射光栅,当用单色平面波照明该物体时(这时整个系统成为相干成像系统),会发生夫琅禾费衍射,在显微物镜的后焦面上形成物体的夫琅禾费衍射图样。在图 6.41 中,为说明方便起见,假定物体是一个正确的一维矩形光栅,因而在显微物镜后焦面上的衍射图样是一些分离的点,如 $M_{-2},M_{-1},M_0,M_1,M_2$ 所示。由物面到后焦面的这一次衍射是成像过程的第一次衍射。第二次衍射则是从后焦面到像面的衍射(当然也可以理解为诸如 $M_{-2},M_{-1},M_0,\cdots$,这些点的干涉)。由于被观察的物体通常总放置在物镜前焦面附近,因而像面到物镜的距离(像距)比起物镜焦距要大得多,像距比起置于焦面位置的孔径光阑(出瞳)也要大得多,所以第二次衍射近似地也可以看成再一次的夫琅禾费衍射。

从傅里叶光学的观点来看,在相干照明条件下两次夫琅禾费衍射就是物体复振幅分布的两次傅里叶变换。结果物体复振幅分布函数复原,自变量加负号,也就是得到物体的倒像。显然,要使物和像完全相似,两次变换必须是准确的,但实际上由于显微镜物镜的孔径有限,这不可能完全得到满足,或者说由于渐晕效应,物体的频谱不能全部参与成像,所以要获得一个与原物完全相同的像是不可能的。只有当物镜孔径和出瞳足够大,以致物频谱中被"丢失"的那些成分的贡献可以忽略不计时,才可以认为像和物基本相同。相反,如果物镜孔径或出瞳很小,使物频谱中过多的高频成分受到限制,这时像的结构将发生较大的变化,甚至完全没有像。

由阿贝成像理论,可以直接得到显微镜分辨本领的表达式。仍然假定被观察物是一个正确的矩形光栅,周期为 d。在单色平面波垂直照明下,矩形光栅分解为零频、基频和 2 倍频、3 倍频等一系列单色平面波,这些单色平面波对应于焦面上零级谱 M_0、± 1 级谱 M_1 和 M_{-1}、± 2 级谱 M_2 和 M_{-2} 等(见图 6.42)。基波的空间频率与光栅频率同为 $1/d$,基波波矢与系统光轴夹角的正弦为 $\sin\theta_1=\lambda/d$。二次谐波、三次谐波和更高次谐波与光轴的夹角约为 θ_1 的整数倍。实验表明,物镜和出瞳孔径越大,让更多的谱成分参与成像,像就越与物相似。如果减小出瞳孔径,使参与成像的谱成分越来越少,那么像的边缘将越来越模糊。但是,只要让零级谱和± 1级谱参与成像,就可以形成一个周期为 d 的周期性结构的像。只有当± 1级谱都受到阻挡时,才最后没有像。因此,可以把出瞳孔径包含± 1级谱作为显微镜成像的必要条件,或者视为显微镜可以"分辨"光栅物的条件。这样,出瞳孔径的直径 D 必须满足

$$\frac{D}{2f}\geqslant\frac{\lambda}{d} \quad 或者 \quad D\geqslant\frac{2\lambda f}{d}$$

而显微镜能够分辨的最小周期(最小分辨距)为

$$d=2\lambda f/D \tag{6.97}$$

$1/d$ 则为频率,易见上式与式(6.72)一致[用f代替式(6.72)中的l']。由于显微镜物镜的有效尺寸和孔径光阑大小相同,并且物镜孔径角的正弦为$\sin u=D/2f$。再考虑到物方空间的折射率可能不

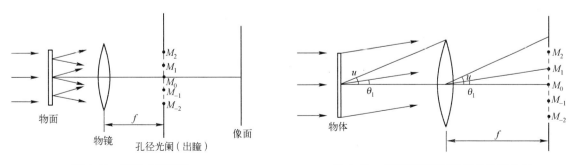

图 6.41　阿贝成像理论　　　　　图 6.42　相干照明下显微镜的分辨本领

为 1,有 $\lambda = \lambda_0 / n$，λ_0 是真空中光波波长。所以,式(6.97)又可以化为

$$d = \frac{\lambda_0}{n \sin u} \qquad (6.98)$$

上式便是**相干照明条件下,显微镜分辨本领的表达式**[①]。

阿贝成像理论对傅里叶光学的意义,不仅是它可以直接得出相干成像系统的分辨本领,更具有深远意义的是,它揭示了相干成像系统的频谱分解和频谱综合的作用,为我们进行光学信息处理,用改变频谱的方法来处理光学信息提供了理论和实验基础。

6.7.2 阿贝-波特实验

下面我们通过实验来看一下改变物频谱对于光学信息(图像)的影响。阿贝—波特的实验如图 6.43 所示。用相干光源照明一张细丝网格,在成像透镜的后焦面上出现周期性网格的傅里叶频谱,最后将这些频谱进行综合而在像面上复现网格的像。如果在频谱面(透镜的后焦面)上放置各种拦截物,如狭缝、小圆孔、圆环或小圆屏,就能够以各种方式直接改变频谱,从而使像发生相应的变化。这些拦截物或与它们有相同性能的光学元件统称为**空间滤波器**。

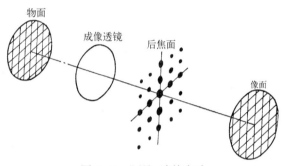

图 6.43　阿贝-波特实验

图 6.44(a)和(b)分别是网格的频谱和相应的像的照片。物的周期性结构在焦平面上产生一系列分离的频谱分量,由于网格受所在平面的有限孔径的限制,使得每个频谱分量都有一定的扩展。现在我们在频谱面上,用空间滤波器来改变频谱的成分,并观察它对像结构的影响。首先,在频谱面上放置一个水平方向的狭缝,使它只通过水平方向的一排频谱分量,结果像只包含网格的垂直结构,而完全没有水平结构(见图 6.45(a)和(b))。这说明,对像的垂直结构起作用的是沿水平方向的频谱分量。如果把水平方向的狭缝旋转 90° 成为垂直方向的狭缝,并只让一列垂直方向的频谱分量通过,则所成的像只有水平结构(见图 6.46(a)和(b)),表明对像的水平结构起作用的是沿垂直方向的频谱分量。其次,在频谱面上放置一个可变圆形光阑,当光阑很小,并只允许中央亮点代表的分量通过时,在像

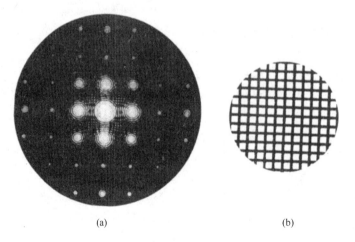

(a)　　　　　　　　　　　　(b)

图 6.44　网格的频谱及像的照片

---

① 观察自发光物体时,显微镜分辨本领的表达式是式(5.55)。

面上只看到一片均匀亮度、没有网格的像；如果光阑逐渐增大，使通过的频谱分量增多，便可以看到网格的像，并且像由模糊逐渐变得清晰起来。这一实验可以使我们看到网格清晰的像是怎样由各频谱分量一步步综合出来的。此外，如果在频谱面内用一个小圆屏挡住中央亮点的频谱分量，让其余频谱分量都通过，我们将会看到一个对比度反转的网格像，如图 6.47(b)所示。

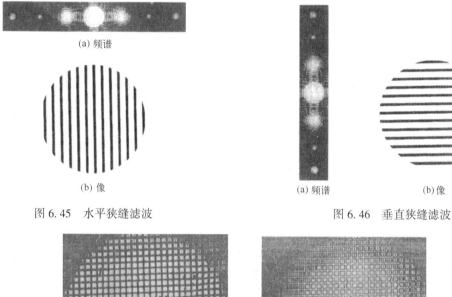

(a) 频谱

(b) 像

图 6.45　水平狭缝滤波

(a) 频谱

(b) 像

图 6.46　垂直狭缝滤波

(a) 正常网格像

(b) 对比度反转网格像

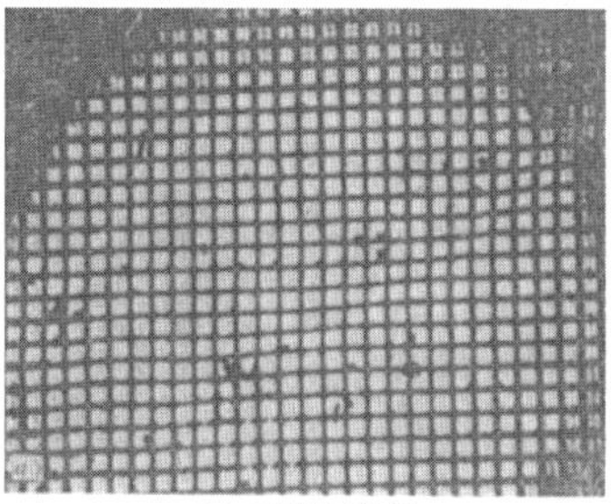

图 6.47　对比度反转现象

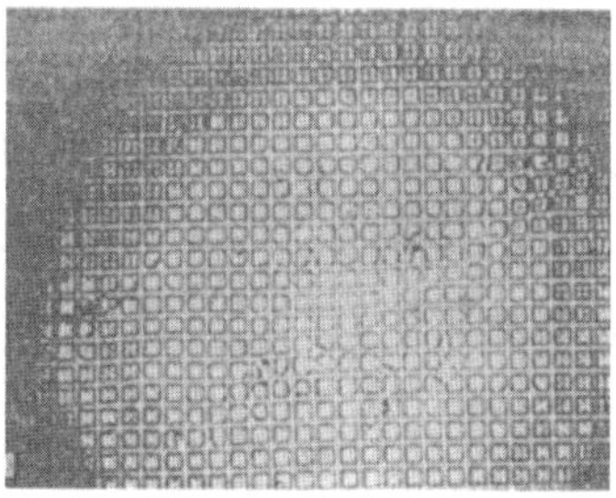

还可以使用其他空间滤波器来进一步改变像的结构和性质。例如，对于图 6.45 所示的情形，如果进一步使用光阑挡住奇数级频谱，只让偶数频谱通过，那么将看到像频率比图 6.45(b)所示的像频率增大一倍。图 6.48(a)和(b)所示分别是原始像和倍频像。

以上实验结果，很容易利用阿贝成像理论或相干传递函数理论做定量解释（见习题 6.20、习题 6.22和习题 6.24）。

(a)

(b)

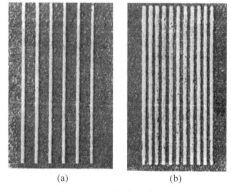

图 6.48　原始像和倍频像

6.8　相干光学信息处理

光学信息处理根据照明光波相干性的不同，可以分为“相干处理”和“非相干处理”①。本节主要讨论相干处理，下一节再讨论非相干处理。

---

① 光学信息处理还可根据其他方面进行分类，比如根据处理是在空间域进行或在频率域进行，分为“空间域处理”和“频率域处理”。通常，相干处理是频率域处理，而非相干处理是空间域处理。

6.8.1　相干光学处理系统

在阿贝–波特实验中,利用各种空间滤波器改变物和像的频谱从而改变像的结构,这就是一个简单的光学信息处理过程,即对输入图像(光学信息)进行了光学处理,因而阿贝–波特实验系统本身就是一个相干光学处理系统。不过,为分析方便起见,一般在进行相干光学处理时,采用图 6.49 所示的**双透镜系统**(也称 **4f 系统**)。这时输入图像(物)被置于透镜 L_1 的前焦面,图像以相干光垂直照明。若透镜 L_1 足够大,在 L_1 的后焦面上即得到图像的准确的傅里叶变换(频谱);并且因为输入图像在 L_1 的前焦面,需要利用透镜 L_2 使像形成在有限远处。在 4f 系统中,L_1 的后焦面正好是 L_2 的前焦面,因此系统的像面在 L_2 的后焦面,并且像面的复振幅分布是图像频谱的傅里叶变换。

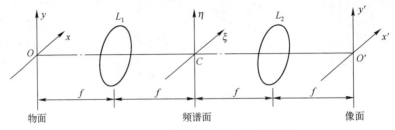

图 6.49　相干光学处理的双透镜系统

从几何光学看,4f 系统是两个透镜成共焦组合且放大率为−1 的成像系统。在理想情况下,它的成像特性是我们所熟悉的。下面从傅里叶光学的角度来分析一下系统的成像。

根据 6.4 节的讨论,在单色平面波垂直照明下(相干照明),当输入图像置于透镜 L_1 的前焦面时,在 L_1 的后焦面上得到图像函数 $\tilde{E}(x,y)$ 的准确的傅里叶变换

$$\mathscr{E}(\xi,\eta) = \iint_{-\infty}^{\infty} \tilde{E}(x,y)\exp[-i2\pi(ux+vy)]dxdy \qquad (6.99)$$

式中,略去了积分号前的常数因子,变量 $\xi=\lambda fu, \eta=\lambda fv$ 是 L_1 后焦面(频谱面)的坐标。由于 L_1 的后焦面与 L_2 的前焦面重合,所以在 L_2 的后焦面上可得到频谱函数 $\mathscr{E}(\xi,\eta)$ 的傅里叶变换

$$\tilde{E}'(x',y') = \iint_{-\infty}^{\infty} \mathscr{E}(\xi,\eta)\exp[-i2\pi(u'\xi+v'\eta)]d\xi d\eta$$

$x'=\lambda fu', y'=\lambda fv'$ 是 L_2 后焦面(像面)的坐标。将式(6.99)代入上式,得到

$$\tilde{E}'(x',y') = \iiint_{-\infty}^{\infty} \tilde{E}(x,y)\exp\left\{-i\frac{2\pi}{\lambda f}[\xi(x+x')+\eta(y+y')]\right\}d\xi d\eta dxdy$$

$$= \iint_{-\infty}^{\infty} \tilde{E}(x,y)\left\{\iint \exp\{-i2\pi[u(x+x')+v(y+y')]\}dudv\right\}dxdy$$

上式大括号内的积分可以表示成 δ 函数(参阅附录 D),因此上式可以写为

$$\tilde{E}'(x',y') = \iint_{-\infty}^{\infty} \tilde{E}(x,y)\delta(x+x',y+y')dxdy = \tilde{E}(-x',-y') \qquad (6.100)$$

上式表示通过两次傅里叶变换,函数复原,只是自变量改变符号,这意味着输出图像与输入图像完全相同,只是变成了一个倒像。因为对函数做一次傅里叶变换和一次傅里叶逆变换就得到原函数本身,所以上述第二次傅里叶变换也可以视为傅里叶逆变换加图像倒转。如果像面坐标反向选取,则第二次傅里叶变换可用傅里叶逆变换代替,即

$$\tilde{E}'(x',y') = \mathscr{F}^{-1}\left\{\mathscr{E}\left(\frac{\xi}{\lambda f}, \frac{\eta}{\lambda f}\right)\right\} \qquad (6.101)$$

相干光学信息处理一般是在频率域内进行的,通过在频谱面上加入各种空间滤波器改变频谱而达到处理图像信息的目的。假设空间滤波器的复振幅透射系数为 $\tilde{t}\left(\dfrac{\xi}{\lambda f},\dfrac{\eta}{\lambda f}\right)$,那么通过空间滤波器的频谱函数就是

$$\tilde{\mathscr{E}}'\left(\frac{\xi}{\lambda f},\frac{\eta}{\lambda f}\right)=\tilde{\mathscr{E}}\left(\frac{\xi}{\lambda f},\frac{\eta}{\lambda f}\right)\cdot\tilde{t}\left(\frac{\xi}{\lambda f},\frac{\eta}{\lambda f}\right) \tag{6.102}$$

在不考虑透镜的孔径效应时,$\tilde{\mathscr{E}}'\left(\dfrac{\xi}{\lambda f},\dfrac{\eta}{\lambda f}\right)$ 即为像的频谱,而 $\tilde{\mathscr{E}}\left(\dfrac{\xi}{\lambda f},\dfrac{\eta}{\lambda f}\right)$ 是物(图像)的频谱。把式(6.102)和式(6.62)进行对照[在式(6.62)中物和像的频谱分别记为 $O_{\mathrm{c}}(u,v)$ 和 $G_{\mathrm{c}}(u,v)$],可以看出,空间滤波器的振幅透射系数在目前情况下就是系统的相干传递函数。在光学信息处理系统中,它又称为**滤波函数**。显然,在频率域内物像关系取决于滤波函数 $\tilde{t}\left(\dfrac{\xi}{\lambda f},\dfrac{\eta}{\lambda f}\right)$,因此按照处理要求设计和制作出具有所需滤波函数的滤波器是光学信息处理的关键所在。

6.8.2 处理举例

1. 激光输出的处理

在激光器的输出光束中,往往由于光学镜面的缺陷或附有灰尘,使激光发生衍射,结果在激光光斑上出现一些局部的衍射花纹,如图 6.50(a)所示。这种光斑有花纹的光束用于全息技术和干涉计量技术是有害的。为了消除这些花纹,可以用一个小孔作为滤波器滤去花纹的频谱。因为光斑有花纹的光束可以看成由两部分组成:呈高斯分布的光束(光束在横截面内的振幅分布是高斯分布)和产生花纹的衍射光束;由于高斯分布函数的傅里叶变换仍然是一个高斯函数(见例题6.7),因而它在图 6.50(c)中扩束透镜 L_1 的后焦面上的频谱分布主要位于光轴附近,即以低频成分为主,而那些花纹的频谱主要属于高频成分,它们位于远离光轴的位置。因此,在频谱面(L_1 后焦面)中心放置一个小孔滤波器就可以滤去属于花纹的高频成分,最后在输出光束中将没有这些花纹的干扰(见图 6.50(b))。

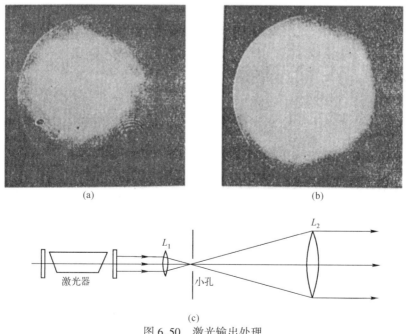

(a)　　　　　　　　　　　　　　　(b)

(c)

图 6.50　激光输出处理

2. 集成电路疵病检查

图 6.51(a)是一张集成电路的放大照片。为了检查集成电路是否有疵病,比如斑点缺陷,可以用信息处理方法将它识别出来。先将一张没有缺陷的集成电路的照片(掩模)放在相干处理系统的物面位置,并在频谱面上将它的频谱拍摄下来,得到一张负片。再以此负片作为空间滤波器,安置在频谱面上。这时,将被检查的集成电路掩模放在处理系统的物面上,如果它没有斑点缺陷,它的频谱就和标准掩模的频谱完全一样,因而被空间滤波器全部滤去,在像面上没有信息。如果被检掩模有斑点缺陷,这些斑点的频谱将不会或绝大部分不会受到滤波器的阻挡,因此在像面上将留下这些斑点的信息,如图 6.51(b)中左上角的一个斑点。这样一来,我们就可以一目了然地看出集成电路的疵病。

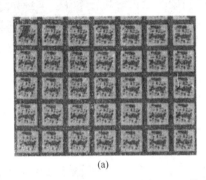
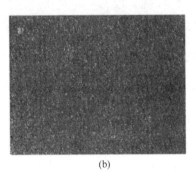

(a)　　　　　　　　　　　　　(b)

图 6.51　集成电路庇病检查

3. 位相物体的观察

有一些物体,如显微术中所观察的一些生物切片,未染色的细菌、细胞或者光学玻璃片,它们对光的吸收很小,因此其上各处的振幅透射系数的模值可以看做 1。但由于厚度或折射率的不均匀,其透射系数有一个位相分布:

$$\tilde{t}(x,y) = \exp[i\varphi(x,y)] \tag{6.103}$$

这些物体称为**位相物体**。直接观察位相物体时,很难看出其轮廓,更无法看到其结构(厚度或折射率的变化),因为人眼只能感受和辨别物体上光强度的一定的差别,而并不能辨别物体引入的位相的差别。所以,为了"看到"物体,必须设法把物体引入的位相变化转变为光强度的变化。观察位相物体,已经有了一些传统的方法,如干涉方法。这里我们不讨论这些方法,而讨论下面两种在频率域内处理的方法。

（1）暗场法(亦称纹影法)

把位相物体置于相干光学处理系统中的物面位置。当单色平面波通过物体时,由式(6.103),其复振幅分布为

$$\tilde{E}(x,y) = \tilde{t}(x,y) = \exp[i\varphi(x,y)]$$
$$= 1 + i\varphi(x,y) - \frac{1}{2}\varphi^2(x,y) - \frac{i}{6}\varphi^3(x,y) + \cdots$$

如果 $\varphi(x,y)$ 很小,可以略去 $\varphi^2(x,y)$ 以上的项,有

$$\tilde{E}(x,y) = 1 + i\varphi(x,y)$$

在透镜 L_1 的后焦面上得到 $\tilde{E}(x,y)$ 的频谱为

$$\tilde{\mathscr{E}}(u,v) = \mathscr{F}\{1 + i\varphi(x,y)\} = \delta(u,v) + i\Phi(u,v) \tag{6.104}$$

式中,$\delta(u,v)$ 和 $\Phi(u,v)$ 分别为 1 和 $\varphi(x,y)$ 的傅里叶变换。$\delta(u,v)$ 对应于零级谱(L_1 焦点上的一

个亮点);$\Phi(u,v)$有一定的扩展范围,它可以看做位相物体产生的衍射图样。如果在频谱面上光轴处放置一个小圆屏,作为空间滤波器,滤去零级谱$\delta(u,v)$,则由频谱面透过的频谱为

$$\tilde{\mathscr{E}}'(u,v) = \mathrm{i}\Phi(u,v)$$

再经L_2进行一次逆变换(像面坐标反向选取),在像面上得到的复振幅分布为

$$\tilde{E}'(x',y') = \mathscr{F}^{-1}\{\mathrm{i}\Phi(u,v)\} = \mathrm{i}\varphi(x',y')$$

光强度分布为

$$I'(x',y') = |\varphi(x',y')|^2 \tag{6.105}$$

可见,在像面上得到了正比于物体位相分布平方的光强度,使我们可以通过观察到的光强度分布来分析物体的位相分布。

上述把物体上位相分布转变为光强度分布的方法称为**暗场法或纹影法**。这是因为它用一个小圆屏滤波器挡住零级谱$\delta(u,v)$,致使在像面上观察到的是在一个暗背景上出现的反映物体位相变化的纹影。当物体没有引起位相变化时,像面上将是一片暗视场。

在暗场法中,除了使用只挡住零级谱的小圆屏滤波器,还可使用刀口光阑(见图6.52),将它在频谱面上逐渐切入,直到挡住下半部和中央零级谱,让剩下的上半部非零级谱在像面上产生一定的光强度分布。

图 6.52 刀口光阑滤波

暗场法广泛应用于检验光学零件加工质量,以及在弹道学和空气动力学中研究冲击波等方面。不过,从位相分布转换成光强度分布这个角度看来,这个方法也有不足之处,其最后得到的光强度分布不是位相分布的线性函数,这将给分析带来不便。

(2)泽尼克相衬法

从上面的讨论不难看出,如果不对位相物体的频谱做任何处理,位相物体所成的像的光强度分布为

$$I'(x',y') = |1 + \mathrm{i}\varphi(x',y')|^2 \approx 1$$

式中,$\varphi^2(x',y')$项用零代替。上式表明,像面上的光强度没有变化。泽尼克认为,之所以没有光强度变化是由于位相物体产生的衍射光与很强的直射光之间位相差为$90°$;如果能够改变这个位相正交关系,那么这两部分光就会有效地干涉,产生可观察的像强度变化。为此,他使用的空间滤波器(泽尼克相板)既使零级谱透射系数的模值衰减,又使零级谱的位相引入一个额外的位相延迟$\pi/4$。泽尼克相板如图6.53(a)所示,它是在一块平玻璃板上,在与零级谱相应的中心位置镀上$\lambda/4$或$3\lambda/4$厚度的膜层制成。泽尼克相板的透射系数可以表示为

$$\tilde{t}(u,v) = \begin{cases} \pm \mathrm{i}A & \text{零级谱} \\ 1 & \text{其他频谱} \end{cases}$$

式中,$0<A<1$。在频谱面加入相板后,透出的频谱函数为[利用式(6.104)]

$$\begin{aligned} \tilde{\mathscr{E}}'(u,v) &= \tilde{\mathscr{E}}(u,v) \cdot \tilde{t}(u,v) \\ &= \pm \mathrm{i}A\delta(u,v) + \mathrm{i}\Phi(u,v) \end{aligned}$$

因此,像面的复振幅分布为

$$\tilde{E}'(x',y') = \mathscr{F}^{-1}\{\tilde{\varepsilon}'(u,v)\} = \pm \mathrm{i}A + \mathrm{i}\varphi(x',y')$$

光强度分布为

$$I'(x'y') = A^2 \pm 2A\varphi(x',y') + \varphi^2(x',y') \approx A^2 \pm 2A\varphi(x',y') \tag{6.106}$$

这样,原来看不见的物体出现了光强度分布,并且它与物体的位相分布呈线性关系,因而光强度分布可作为物体引入的位相分布的直接指示。图6.53(b)所示是一个透镜的相衬照片,透镜折射

率变化引起的位相变化可以清楚地看出来。

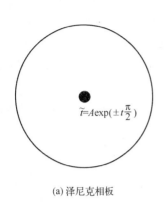

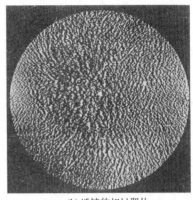

(a) 泽尼克相板　　　　　　　　　　　　　　　　(b) 透镜的相衬照片

图 6.53　泽尼克相衬法

　　用相衬法所能观测的物体引入的最小位相变化,与泽尼克相板上零级谱位置的透射系数的模值 A 有直接关系。设物体上不对入射光引入位相变化($\varphi=0$)的部分所对应的像面光强度为 I'_0,那么由式(6.106),$I'_0=A^2$,而像面上光强度分布的对比度为

$$K = \frac{I'_0 - I'_{\min}(x',y')}{I'_0} = \frac{A^2 - [A^2 - 2A\varphi(x',y')]}{A^2} = \frac{2\varphi(x',y')}{A} \qquad (6.107)$$

可见,光强度分布的对比度与 A 成反比,A 较小时可以得到对比度较大的物体像分布。一般人眼可分辨的最小对比度约为 0.1[①],由式(6.107),当 $A=1$ 时可观测的最小位相变化为

$$\varphi = KA / 2 = 0.1 / 2 = 0.05 \text{ rad}$$

若光波波长 $\lambda = 600\text{nm}$,这相当于光程差

$$\mathscr{D} = \frac{\lambda \varphi}{2\pi} = \frac{(600\text{nm}) \times 0.05}{2 \times 3.14} \approx 4.8 \text{ nm}$$

当 $A=0.01$ 时,可观测的最小位相变化为

$$\varphi = \frac{0.1 \times 0.01}{2} = 0.0005 \text{ rad}$$

相当于光程差 $\mathscr{D} \approx 0.05\text{nm}$。

　　虽然泽尼克相板零级谱处透射系数模值 A 很小时,可得到对比度较大的像分布,且可以观测物体更小位相变化,但是当 A 值太小($A \approx 0$)时,式(6.106)中 φ 的二次项将不可忽略,并且 $I'(x', y') \approx \varphi^2(x',y')$,这时,实际上相衬法就变成暗场法了。

　　根据相衬法原理制作的相衬显微镜,在生物学、医学等方面有着广泛的应用。图 6.54 所示是一种常见的相衬显微镜及其照明系统的光路图。图中 D_1 和 D_2 是两个附加光阑,D_1 位于透镜 L_2 的前焦面,它成环形;D_2 位于显微镜物镜 L_3 的后焦面,它是相板。光源 S 经透镜 L_1 成像于 D_1,透过 D_1 环形孔的光束由透镜 L_2 准直成为平行光束,倾斜地照明位相物体 P[②]。在显微镜物镜 L_3 的后焦面上将得到物体的频谱,其中零级谱对应于直射光,较高级次谱对应于衍射光。显然,现在零级谱在谱面上成环状,其位置与 D_1 的环孔共轭。因此,相板 D_2 也应制作成环状,在零级谱的环内镀 $\lambda / 4$ 或 $3 / 4\lambda$ 膜,以产生一定的振幅透射系数 A 和 $\pi / 2$ 的位相延迟。一般相衬显微镜配备有

① 参阅 5.6 节瑞利判据。

② 倾斜照明比垂直照明有较高的分辨本领,见习题 6.21。

不同直径的环形光阑 D_1 和环形相板 D_2，它们分别与不同放大倍数的物镜相匹配。

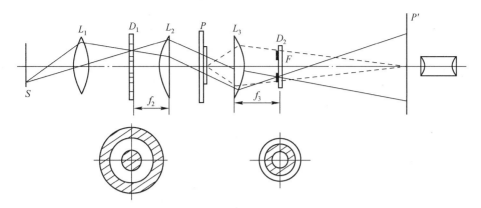

图 6.54 一种常见的相衬显微镜及其照明系统的光路图

4. 利用正弦光栅对图像进行相加和相减

如图 6.55(a)所示，把图像 $\tilde{E}_1$ 和 $\tilde{E}_2$（$\tilde{E}_1$ 是十字，$\tilde{E}_2$ 是田字）放置在相干光学处理系统物面的 x 轴上，其中心点与坐标原点的距离为 $b = \pm\lambda f u_0$，式中，u_0 是所利用的正弦光栅的空间频率，f 是透镜焦距。因此，物面的复振幅分布可以写为（为简便起见，写成一维形式）

$$\tilde{E}(x) = \tilde{E}_1(x - b) + \tilde{E}_2(x + b)$$

在透镜 L_1 的后焦面上得到物分布的频谱为

$$\tilde{\mathscr{E}}(u) = \tilde{\mathscr{E}}_1(u)\exp(-\mathrm{i}2\pi ub) + \tilde{\mathscr{E}}_2(u)\exp(\mathrm{i}2\pi ub)$$

式中，$\tilde{\mathscr{E}}_1(u)$ 和 $\tilde{\mathscr{E}}_2(u)$ 分别是 $\tilde{E}_1(x)$ 和 $\tilde{E}_2(x)$ 的频谱，u 与频谱面坐标 ξ 的关系为 $u = \dfrac{\xi}{\lambda f}$。

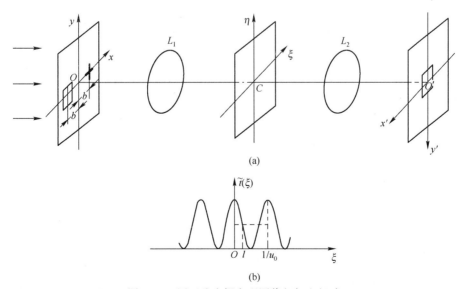

(a)

(b)

图 6.55 用正弦光栅实现图像相加和相减

将正弦光栅放置在频谱面上，当它的复振幅透射系数的极大值与频谱面坐标原点重合时（如图 6.55(b)所示），它的透射系数可以表示为

$$\tilde{t}(u) = \frac{1}{2} + \frac{1}{2}\cos 2\pi \frac{b}{\lambda f}\xi = \frac{1}{2} + \frac{1}{2}\cos 2\pi u b$$

$$= \frac{1}{2} + \frac{1}{4}\exp(\mathrm{i}2\pi u b) + \frac{1}{4}\exp(-\mathrm{i}2\pi u b)$$

而图像频谱通过光栅以后为(弃去一个常数因子)

$$\tilde{\mathcal{E}}'(u) = \tilde{\mathcal{E}}(u) \cdot \tilde{t}(u)$$

$$= \tilde{\mathcal{E}}_1(u)\exp(-\mathrm{i}4\pi u b) + 2\,\tilde{\mathcal{E}}_1(u)\exp(-\mathrm{i}2\pi u b) + \tilde{\mathcal{E}}_1(u) + \tilde{\mathcal{E}}_2(u) +$$

$$2\,\tilde{\mathcal{E}}_2(u)\exp(\mathrm{i}2\pi u b) + \tilde{\mathcal{E}}_2(u)\exp(\mathrm{i}4\pi u b)$$

在像面上的复振幅分布是上式的傅里叶逆变换

$$\tilde{E}'(x') = \tilde{E}_1(x'-2b) + 2\,\tilde{E}_1(x'-b) + \tilde{E}_1(x') + \tilde{E}_2(x') + 2\,\tilde{E}_2(x'+b) + \tilde{E}_2(x'+2b)$$

$$(6.108)$$

可以看出,在像面的中心得到了图像 $\tilde{E}_1$ 和 $\tilde{E}_2$ 的相加。

如果按图 6.55(b)所示的光栅位置(光栅透射系数的极大值与频谱面坐标原点重合),将光栅沿 x 轴方向平移 1/4 周期,即平移距离 $l = \dfrac{\lambda f}{4b}$,那么光栅的透射系数为

$$\tilde{t}_l(u) = \frac{1}{2} + \frac{1}{4}\exp\left(\mathrm{i}2\pi \frac{\xi - l}{\lambda f}b\right) + \frac{1}{4}\exp\left(-\mathrm{i}2\pi \frac{\xi - l}{\lambda f}b\right)$$

这时光栅后的频谱为

$$\tilde{\mathcal{E}}'_l(u) = \tilde{\mathcal{E}}(u) \cdot \tilde{t}_l(u)$$

$$= \tilde{\mathcal{E}}_1(u)\exp\left(-\mathrm{i}2\pi \frac{l}{\lambda f}b\right) + \tilde{\mathcal{E}}_2(u)\exp\left(\mathrm{i}2\pi \frac{l}{\lambda f}b\right) + 其余四项$$

像面上的复振幅分布为

$$\tilde{E}'_l(x') = \mathscr{F}^{-1}\{\tilde{\mathcal{E}}'_l(u)\}$$

$$= \tilde{E}_1(x')\exp\left(-\mathrm{i}2\pi \frac{l}{\lambda}b\right) + \tilde{E}_2(x')\exp\left(\mathrm{i}2\pi \frac{l}{\lambda f}b\right) + 其余四项$$

上式头两项代表像面中心处的输出,其余四项在 x 轴上偏离中心分别为 $\pm b$,$\pm 2b$。再注意到 $l = \dfrac{\lambda f}{4b}$,上式头两项可以化为

$$\tilde{E}_1(x')\exp\left(-\mathrm{i}2\pi \frac{l}{\lambda f}b\right) + \tilde{E}_2(x')\exp\left(\mathrm{i}2\pi \frac{l}{\lambda f}b\right) = \tilde{E}_1(x')\exp\left(-\mathrm{i}\frac{\pi}{2}\right) + \tilde{E}_2(x')\exp\left(\mathrm{i}\frac{\pi}{2}\right)$$

$$= \mathrm{i}[\tilde{E}_2(x') - \tilde{E}_1(x')] \qquad (6.109)$$

这表示在像面中心实现了两个图像相减(见图 6.55(a),田字中间已没有十字)。

应用图像相减技术可以迅速、准确地探查出两个图像的差异,因此这项技术可以用于军事侦察、病变研究等方面。例如,把两个不同时间从空中拍摄到的某一军事区域的照片,做图像相减处理后,便可知道该军事区域内的变动情况。

5. 图像识别

图像识别是指用光学信息处理方法从许多图像中检测出某一特征图像或从给定的图像中检测出某一特定信息。这里我们只讨论前一种情况(两种情况原理完全相同)。

图像识别处理需要使用**匹配滤波器**。所谓匹配滤波器就是振幅透射系数与输入图像的频谱成

复数共轭的滤波器。如果图像$\tilde{E}_A(x,y)$的频谱为$\tilde{\mathscr{E}}_A(u,v)$,那么匹配滤波器的振幅透射系数就是$\tilde{t}(u,v)=\tilde{\mathscr{E}}_A^*(u,v)$。在相干光学处理系统中,当使用匹配滤波器时,在紧靠滤波器后平面上的场分布就是$\tilde{\mathscr{E}}_A(u,v)\cdot\tilde{\mathscr{E}}_A^*(u,v)$,这表示在该平面上光波的位相相同,也就是说透过滤波器的光波变成了单色平面波(见图6.56)。因此,在像面(透镜L_2的后焦面)上将形成一个亮点。如果输入图像不再是$\tilde{E}_A(x,y)$,而是与$\tilde{E}_A(x,y)$有一定差别的另一图像,那么透过滤波器的光波将不能成为单色平面波,在像面上将产生一个扩展的像斑。根据这一区别,我们便可以从众多不同的图像中识别出特征图像$\tilde{E}_A(x,y)$。例如,从许多人的指纹照片中,识别出某人的指纹照片。

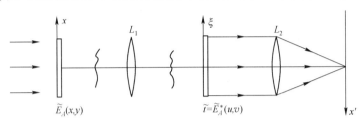

图 6.56　匹配滤波器的作用

显而易见,这里问题的关键是如何制作匹配滤波器。匹配滤波器需要利用傅里叶变换全息装置(见图5.79)来制作,其原理如下。

设在图5.79中,参考点源在物平面的坐标原点,图像$\tilde{E}_A$的中心在x轴上与原点距离为b(换用本节符号,物面为xy平面)。因此,参考点源和图像的场分布可以分别写为$\delta(x,y)$和$\tilde{E}_A(x-b,y)$,它们的频谱分别为

$$\mathscr{F}\{\delta(x,y)\}=1,\quad\mathscr{F}\{\tilde{E}_A(x-b,y)\}=\tilde{\mathscr{E}}_A(u,v)\exp(-\mathrm{i}2\pi ub)$$

全息底片上的光强度分布则是这两个频谱干涉的结果:

$$I(u,v)=[1+\tilde{\mathscr{E}}_A(u,v)\exp(-\mathrm{i}2\pi ub)][1+\tilde{\mathscr{E}}_A^*(u,v)\exp(\mathrm{i}2\pi ub)]$$

$$=1+\tilde{\mathscr{E}}_A(u,v)\tilde{\mathscr{E}}_A^*(u,v)+\tilde{\mathscr{E}}_A(u,v)\exp(-\mathrm{i}2\pi ub)+\tilde{\mathscr{E}}_A^*(u,v)\exp(\mathrm{i}2\pi ub)$$

全息底片经线性冲洗后,其透射系数正比于$I(u,v)$,因此傅里叶变换全息图的透射系数为

$$\tilde{t}(u,v)\propto1+\tilde{\mathscr{E}}_A(u,v)\tilde{\mathscr{E}}_A^*(u,v)+\tilde{\mathscr{E}}_A(u,v)\exp(-\mathrm{i}2\pi ub)+\tilde{\mathscr{E}}_A^*(u,v)\exp(\mathrm{i}2\pi ub)\quad(6.110)$$

可以看出,在上式最后一项中得到了$\tilde{E}_A(x,y)$频谱的复数共轭函数$\tilde{\mathscr{E}}_A^*(u,v)$;至于因子$\exp(\mathrm{i}2\pi ub)$,它是一个常数位相因子。

这样一来,如果以这一全息图作为滤波器(匹配滤波器)放置于相干光学处理系统的频谱面上,当输入图像是$\tilde{E}_A(x,y)$时,便可在输出像面得到一个亮像点,以及对应于式(6.110)前三项的像,它们各自有不同的位置。而当输入图像有别于$\tilde{E}_A(x,y)$时,则得不到亮像点。这样,我们就可以识别图像$\tilde{E}_A(x,y)$。

[例题 6.11]　在图6.49所示的相干光学信息处理系统中,在物面(xy平面)上放置一正弦光栅,其振幅透射函数为$t(x)=\dfrac{1}{2}+\dfrac{1}{2}\cos2\pi u_0x$。

(1) 在频谱面中央设置一小圆屏挡住光栅的零级谱,求这时像面上的光强度;

(2) 移动小圆屏,挡住光栅的-1级谱,像面的光强度分布又如何?

解:（1）在相干光垂直照明下，正弦光栅的频谱为（弃去常数因子）

$$\tilde{\mathscr{E}}(u) = \delta(u) + \frac{1}{2}\delta(u - u_0) + \frac{1}{2}\delta(u + u_0)$$

挡住零级谱后

$$\tilde{\mathscr{E}}'(u) = \frac{1}{2}\delta(u - u_0) + \frac{1}{2}\delta(u + u_0)$$

因此，像面上的复振幅分布为

$$\tilde{E}'(x') = \mathscr{F}\{\tilde{\mathscr{E}}'(u)\} = \frac{1}{2}\mathscr{F}\{\delta(u - u_0)\} + \frac{1}{2}\mathscr{F}\{\delta(u + u_0)\}$$

利用 δ 函数的傅里叶变换性质

$$\tilde{E}'(x') = \frac{1}{2}[\exp(-\mathrm{i}2\pi u_0 x') + \exp(\mathrm{i}2\pi u_0 x')] = \cos 2\pi u_0 x'$$

光强度分布为

$$I(x') = |\tilde{E}'(x')|^2 = \cos^2 2\pi u_0 x' = \frac{1}{2}(1 + \cos 4\pi u_0 x')$$

像面上的光强度分布仍是一个正弦分布，但空间频率为物分布的 2 倍。

（2）当小圆屏挡住 -1 级谱时

$$\tilde{\mathscr{E}}'(u) = \delta(u) + \frac{1}{2}\delta(u - u_0)$$

这时像面上的光强度分布为

$$I(x') = |\mathscr{F}\{\tilde{\mathscr{E}}(u)\}|^2 = \left|\mathscr{F}\left\{\delta(u) + \frac{1}{2}\delta(u - u_0)\right\}\right|^2$$

$$= \left|\left[1 + \frac{1}{2}\exp(-\mathrm{i}2\pi u_0 x')\right]\right|^2 = \frac{5}{4} + \cos 2\pi u_0 x'$$

这也是一个正弦分布，且空间频率与物相同。与物分布不同的是像分布的对比度降低了。

[例题 6.12]　在相干光学信息处理系统中，为了在像面上得到输入图像的微分图像，问在频谱面上应该使用怎样的空间滤波器？

解:设输入图像的复振幅分布为 $\tilde{E}(x)$，其频谱为 $\tilde{\mathscr{E}}(u)$，有

$$\tilde{E}(x) = \int_{-\infty}^{\infty} \tilde{\mathscr{E}}(u)\exp(\mathrm{i}2\pi ux)\mathrm{d}u$$

在没有设置空间滤波器的情况下，像面上的复振幅分布为 $\tilde{E}'(x') = \tilde{E}(x)$，为使

$$\tilde{E}'(x') = \frac{\mathrm{d}}{\mathrm{d}x'}\tilde{E}(x') = \frac{\mathrm{d}}{\mathrm{d}x'}\int_{-\infty}^{\infty} \tilde{\mathscr{E}}(u)\exp(\mathrm{i}2\pi ux')\mathrm{d}u$$

$$= \int_{-\infty}^{\infty} \mathrm{i}2\pi u\,\tilde{\mathscr{E}}(u)\exp(\mathrm{i}2\pi ux')\mathrm{d}u$$

通过频谱面的频谱应为

$$\tilde{\mathscr{E}}'(u) = \tilde{\mathscr{E}}(u) \cdot \tilde{t}(u) = \mathrm{i}2\pi u\,\tilde{\mathscr{E}}(u)$$

所以滤波器的透射函数为

$$\tilde{t}(u) = \mathrm{i}2\pi u$$

这种滤波器可由两块模片叠合而成。一块模片（振幅模片）的透射函数为

$$\tilde{t}_1(u) = |2\pi u|$$

另一块模片（位相模片）的透射函数为

$$\tilde{t}_2(u) = \begin{cases} \mathrm{i} & u > 0 \\ -\mathrm{i} & u < 0 \end{cases}$$

6.9 非相干光学信息处理

许多成像光学仪器通常是对非相干光成像的,如望远镜、照相机和投影仪器等。对于这些成像系统,也可以通过一些处理手段来提高它们的成像质量和改善它们的性能。下面我们举三个例子来说明。

1. 切趾术

在上一章里我们已经知道,光学仪器的理论分辨本领由衍射效应决定,其值可以根据瑞利判据求出。瑞利判据主要考虑了衍射像中央亮斑的影响[因为中央亮斑占有绝大部分(80%以上)的光能量],而忽略了其他次极大的影响。瑞利判据对于两个等光强度的点物所成的像来说是合适的。但是,如果被观察的两个点物光强度相差悬殊,例如,在天文学中观察天狼星及其很弱的伴星,在光谱学中观察强谱线旁边的弱谱线,或者在显微镜中观察高对比度的细节等,那么光强度大的观察物产生的衍射次极大相对于光强度弱的观察物产生的衍射中央亮斑来说是不可忽视的,这些较强的次极大将会妨碍对两个物体的分辨。这时,为了提高观察系统的分辨本领,可以设法"切除"上述那些次极大,这就是所谓的**切趾术**。

图 6.57(a)表示一个望远镜对远处物体的成像,图中 L 是望远镜物镜,D 是孔径光阑。远处物体在 L 后焦面上产生的像正是 D 的夫琅禾费衍射图样,其光强度分布如图 6.57(b)曲线 1 所示。为把曲线 1 的次极大切除,可以在 D 处放置一块振幅透射系数从中心到边缘呈高斯分布的薄片 Q;因为后焦面上衍射图样的场分布正比于 D 上的场分布的傅里叶变换,而高斯分布函数的傅里叶变换仍然是高斯函数,所以放置薄片 Q 之后,衍射图样中的次极大将消失,这时光强度分布如图 6.51(b)曲线 2 所示。

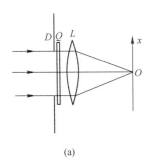
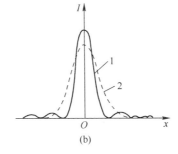
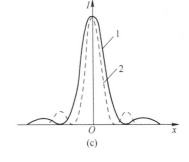

图 6.57 切趾术和变迹术

2. 变迹术

变迹术也是一种改变衍射图样光强度分布,以提高光学系统分辨本领的方法。按照瑞利判据,只要使衍射图样中央亮斑的宽度变窄,如图 6.57(c)中曲线 1 变为曲线 2,就可以提高分辨本领。通常中央亮斑宽度变窄,要以次极大略有提高为代价。最简单的变迹术是在图 6.57(a)中使用圆环孔径光阑。圆环的衍射图样比同样大小的圆孔衍射图样,中央亮斑宽度要小,但次极大稍强(见例题 5.5)。

3. 用黑白感光片记录和存储彩色图像

彩色胶片的资料存储是胶片工业中长期没有得到解决的问题,其原因是彩色胶片所用的染料不稳定而造成逐渐褪色。1980 年杨振寰(F.T.S.Yu)等人利用黑白感光片完成了记录和存储彩色图像的工作,从而解决了彩色胶片的资料存储问题。图 6.58 所示为彩色图像的记录过程,将彩色胶片通过伦奇光栅(即矩形光栅)分三次记录在黑白感光片上,每次记录时通过不同的基色滤光片(即红、绿、蓝三色),而对应的光栅方位角也不相同。第一次曝光用红色滤光片,第二次和第三次分别用绿色和蓝色滤光片,而对应的光栅方位角分别旋转了 60° 和 120°。如此记录了彩色图像的黑白感光片,经冲洗后就是一张空间编码的黑白透明片,可以长期保存。为了从编码的黑白透明片中再现逼真的彩色像(即解码),可采用白光处理技术。如图 6.59 所示,将黑白透明片放置在白光信息处理系统(即白光照明的 $4f$ 系统)的物面位置,则在傅里叶频谱面上就得到黑白透明片的傅里叶频谱,取平行于光栅方位的三个方向上的正一级频谱,并以红、绿、蓝滤光片滤波,在系统的像平面上即得到复原的彩色图像。

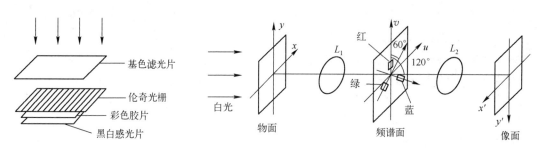

图 6.58　彩色图像的记录过程　　　　图 6.59　白光信息处理系统

上述工作虽然解决了彩色胶片的资料存储问题,但是由于需要三次图像位置准确的记录,使得它不能用于普通摄影。我国著名光学专家母国光院士提出把三次彩色图像的分解和光栅编码用一块三色光栅来代替,从而一次曝光即可完成黑白感光片对彩色图像的记录。这种方法因此也能够为普通摄影所采用。三色光栅如图 6.60 所示,由取向不同的红黑相间、绿黑相间和蓝黑相间的光栅相加而成。将三色光栅与黑白感光片叠合,放置于普通照相机的像面上对实际景物或彩色照片进行拍摄,即可使黑白感光片一次记录下彩色图像。而从黑白底片复原彩色图像,同样可利用上述白光处理技术来完成。我国的这项成果,目前已得到实际的应用。

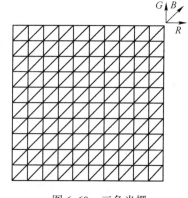

图 6.60　三色光栅

习　题

6.1　振幅为 A,波长为 λ 的单色平面波的波矢平行于 xz 平面,与 z 轴夹角为 θ。试求它在 xy 平面上的复振幅分布和空间频率。

6.2　波长为 500nm 的单色平面波在 xy 平面上的复振幅分布为(空间频率单位为 mm^{-1})

$$\tilde{E}(x,y) = \exp[\,\mathrm{i}2 \times 10^3 \pi(x + 1.5y)\,]$$

试求该单色平面波的传播方向。

6.3　振动方向相同的两列波长同为 400nm 的单色平面波照射在 xy 平面上。两单色平面波的振幅为 A,传播方向与 xz 平面平行,与 z 轴的夹角分别为 $10°$ 和 $-10°$(图 6.61)。求:

（1）xy 平面上的复振幅分布及空间频率;

（2）xy 平面上的光强度分布及空间频率。

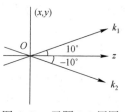

图 6.61　习题 6.3 用图

6.4 写出题 5.38 中,在全息底片平面上光强度分布的空间频率的表达式。

6.5 求下列函数的傅里叶频谱,并画出原函数及频谱的图形。

$(1)\ E(x)=\begin{cases}A\sin(2\pi u_0 x) & |x|\leqslant L \\ 0 & |x|>L\end{cases}$ $(2)\ E(x)=\begin{cases}A\sin^2(2\pi u_0 x) & |x|\leqslant L \\ 0 & |x|>L\end{cases}$

$(3)\ E(x)=\begin{cases}\exp(-\alpha x) & \alpha>0,x>0 \\ 0 & x<0\end{cases}$ $(4)\ E(x)=\exp(-\pi x^2)$(高斯函数)

6.6 试用傅里叶变换方法,求出单色平面波以入射角 i 斜入射到光栅上(见图 5.88),光栅的夫琅禾费衍射图样的光强度分布。

6.7 求出图 6.62 所示的衍射屏的夫琅禾费衍射图样的光强度分布。设衍射屏由单位振幅的单色平面波垂直照明。

6.8 求出图 6.63 所示的衍射屏的夫琅禾费衍射图样的光强度分布。设衍射屏由单位振幅的单色平面波垂直照明。

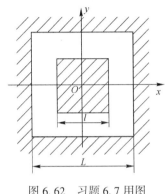

图 6.62 习题 6.7 用图

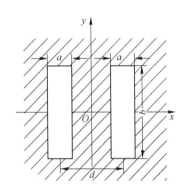

图 6.63 习题 6.8 用图

6.9 将上题中的衍射屏换成两块正交叠合的光栅,它们的振幅透射系数分别为

$$t_1(x)=1+\cos(2\pi u_0 x) \qquad |x|\leqslant L$$
$$t_2(y)=1+\cos(2\pi v_0 y) \qquad |y|\leqslant L$$

试求这一光栅组合的夫琅禾费衍射图样的光强度分布。

6.10 振幅透射系数为 $t(x)=\dfrac{1}{2}+\dfrac{1}{2}\cos 2\pi u_0 x$ 的正弦光栅置于透镜前焦面,以单色平面波倾斜照射,单色平面波的传播方向与 xz 面平行,与 z 轴夹角为 θ。求透镜后焦面上的复振幅分布。

6.11 一个衍射屏具有圆对称的振幅透射系数

$$t(r)=\left[\frac{1}{2}+\frac{1}{2}\cos(ar^2)\right]\mathrm{circ}\left(\frac{r}{a}\right)$$

(1)试说明这一衍射屏有类似透镜的性质;

(2)给出此屏的焦距的表达式。

6.12 将一个受直径 $d=2\mathrm{cm}$ 的圆孔限制的物体置于透镜的前焦面上(图 6.64),透镜的直径 $D=4\mathrm{cm}$,焦距 $f=50\mathrm{cm}$。照明光波波长 $\lambda=600\mathrm{nm}$。问:

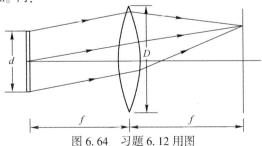

图 6.64 习题 6.12 用图

（1）在透镜后焦面上，光强度准确代表物体的傅里叶频谱模平方的最大空间频率是多少？

（2）在多大的空间频率以上，其频谱为零？尽管物体可以在更高的空间频率上有不为零的傅里叶分量。

6.13　假定透过一个衍射物体的光场分布的最低空间频率是 $20mm^{-1}$，最高空间频率是 $200mm^{-1}$。采用单个透镜作为空间频谱分析系统，要使最高频和最低频的 1 级频谱分量在频谱平面上相距 90mm，问透镜的焦距需要多大？设工作波长为 500nm。

6.14　用一架镜头直径 $D=2cm$，焦距 $f=7cm$ 的照相机拍摄 2m 远受相干光照明的物体的照片，求照相机的相干传递函数，以及像和物的截止空间频率。设照明光波长 $\lambda=600nm$。

6.15　在上题中，若被成像的物是周期为 d 的矩形光栅，问当 d 分别为 0.4mm，0.2mm，0.1mm 时，像的光强度分布的大致情形是怎样的？

6.16　一个单透镜成像系统，对 1m 远的矩形光栅成像，光栅的基频为 $100cm^{-1}$。若分别用相干光和非相干光照明，要使像面出现光强度的变化，透镜的直径至少应为多大？设照明光波的波长为 500nm，成像系统的放大率 $M=-1$。

6.17　一个非相干成像系统的出瞳是直径为 D 的半圆孔，如图 6.65 所示。求频域 u 方向和 v 方向的光学传递函数的表达式。

6.18　一个非相干成像系统的光瞳如图 6.66 所示，它包含两个直径为 D 的圆孔，两圆孔的中心距离为 3D。试求这一光瞳沿频域 v 方向的光学传递函数的表达式。

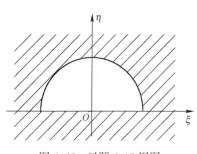

图 6.65　习题 6.17 用图

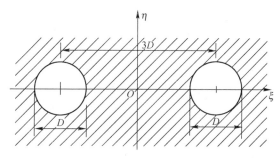

图 6.66　习题 6.18 用图

6.19　一个非相干成像系统的光瞳包含两个边长为 1cm 的正方形开孔，开孔中心距离为 3cm（见图 6.67）。试求这一光瞳的光学传递函数。若入射光的波长为 500nm，光瞳面与像面的距离为 10cm。在频域 u 方向和 v 方向的截止频率是多少？

6.20　在相干光学处理系统中（图 6.49），输入图像是一块空间频率为 u 的矩形光栅。如果在频谱面上放置一个滤波器，把光栅的奇数级频谱滤去，试证明在像面上将得到空间频率为 $2u$ 的光栅像。

6.21　利用阿贝成像理论证明，当物体受相干光倾斜照明时，显微镜的最小分辨距离可以达到 $d=\dfrac{0.5\lambda}{n\sin u}$。

（提示：显微镜能够分辨周期为 d 的物体结构，至少其衍射的零级和 1 级谱可进入显微镜物镜）

6.22　一个物体有如图 6.68 所示的周期性振幅透射系数，如将它置于相干光学处理系统的物面位置，并在频谱面上用一小圆屏把零级谱挡住，试说明在像面上将得到对比度反转的物体像。

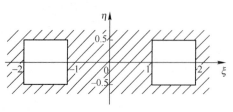

图 6.67　习题 6.19 用图

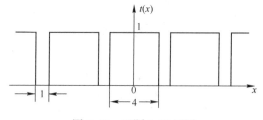

图 6.68　习题 6.22 用图

6.23　用相衬法来检测一块玻璃片的不平度时，若用波长 $\lambda=500nm$ 的光照明，并且分别使用：（1）完全透明的位相板；（2）光强度透射率减小到 $1/25$ 的位相板。试求两种情况能检测玻璃片的最小不平度。设能够观测的最小对比度为 0.03,玻璃的折射率为 1.5。

6.24　在阿贝-波特实验中,若物体是图 6.69(a)所示的图形,经过空间滤波后,在像面得到的输出图像变为图 6.69(b)所示的图形,试描述空间滤波器的形状,并解释它是怎样产生这个输出图像的。

6.25　用全息法将图 6.70 所示的房顶、墙壁和天空三部分制成互成 120°的余弦光栅并置于一块玻璃片上,把此片放在 4f 系统的物平面上。试用白光信息处理方法使原来没有颜色的房顶、墙壁和天空分别变成红色、黄色和蓝色。

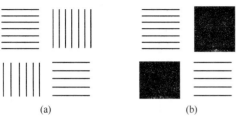

(a)　　　　　(b)

图 6.69　习题 6.24 用图

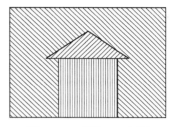

图 6.70　习题 6.25 用图

第7章　光的偏振与晶体光学基础

光的干涉现象和衍射现象充分显示了光的波动性质,但是它们不涉及光是横波还是纵波的问题,因为不管是横波还是纵波都能产生干涉和衍射现象。光的偏振现象则从实验上证实了光波是横波。我们知道,这正是麦克斯韦电磁理论所预言的结果。

光的偏振现象与各向异性晶体有着密切联系:一束非偏振光入射到各向异性晶体中,一般地将分解为两束偏振光(双折射);最为重要的偏振器件是由晶体制成的。因此,本章将用相当的篇幅来讨论晶体的光学性质。

如同光的干涉和衍射现象一样,光的偏振现象(以及与之相联系的晶体)在科学技术中,特别是激光技术、光信息处理、光通信等领域有着重要的应用。

7.1　偏振光和自然光

7.1.1　偏振光和自然光的特点

麦克斯韦的电磁理论,阐明了光波是一种横波,即它的光矢量始终是与传播方向垂直的。如果在光波中,光矢量的振动方向在传播过程中(指在自由空间中传播)保持不变,只是它的大小随位相改变,这种光称为**线偏振光**。线偏振光的光矢量与传播方向组成的面就是线偏振光的**振动面**。在本书前两章中,我们曾经多次提到过线偏振光。

线偏振光是偏振光的一种,此外还有**圆偏振光和椭圆偏振光**(见2.3节)。圆偏振光的特点是,在传播过程中,它的光矢量的大小不变,而方向绕传播轴均匀转动,端点的轨迹是一个圆。椭圆偏振光的光矢量的大小和方向在传播过程中都有规律地变化,光矢量端点沿着一个椭圆轨迹转动。

我们已经知道,从普通光源发出的光不是偏振光[①],而是自然光。自然光可以看做具有一切可能的振动方向的许多光波的总和,各个方向的振动同时存在或迅速且无规则地互相替代。因此,自然光的特点是振动方向的无规则性,但总体来说,对于光的传播方向是对称的,在与传播方向垂直的平面上,无论哪一个方向的振动都不比其他方向更占优势(图7.1(a))。在任何实验中,如果用两个光矢量互相垂直,且位相没有关联的线偏振光来代替自然光,并且让这两个线偏振光的光强度都等于自然光总光强度的一半,可以得到完全相同的结果。因此,

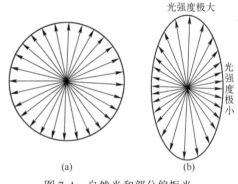

图7.1　自然光和部分偏振光

自然光可以用互相垂直的两个光矢量表示,这两个光矢量的振幅相同,但位相关系是不确定的,是瞬息万变的,我们不可能用这两个光矢量来表示一个稳定的线偏振光或圆偏振光。

自然光在传播过程中,如果受到外界的作用,造成各个振动方向上的光强度不等,使某一方向的振动比其他方向占优势,所造成的这种光叫做**部分偏振光**。部分偏振光可以看做由一个线偏振光和一个自然光混合组成。图7.1(b)示意地画出了部分偏振光的光强度随光矢量方向的变化。

---

① 某些带布儒斯特窗的激光器发出的光是线偏振光,属于例外。

其中光矢量沿垂直方向的振动比其他方向占优势,其光强度用 I_{max} 表示;光矢量沿水平方向的振动较之其他方向处于劣势,其强度用 I_{min} 表示。对于部分偏振光,其中线偏振光的光强度为 $I_p = I_{max} - I_{min}$,它在部分偏振光的总光强度 $I_t(I_{max} + I_{min})$ 中所占的比率 P 叫做**偏振度**,即

$$P = \frac{I_p}{I_t} = \frac{I_{max} - I_{min}}{I_{max} + I_{min}} \tag{7.1}$$

对于自然光,各方向的光强度相等,$I_{max} = I_{min}$,故 $P = 0$。对于线偏振光,$I_p = I_t$,$P = 1$。部分偏振光的 P 值介于 0 与 1 之间。偏振度的数值越接近 1,光束的偏振化程度越高。

7.1.2 从自然光获得线偏振光的方法

线偏振光不能从光源直接获得,可通过某些途径从光源发出的自然光中获取。从自然光获得线偏振光的方法归纳起来有四种:(1) 利用反射和折射;(2) 利用二向色性;(3) 利用晶体的双折射;(4) 利用散射。其中第(4)种方法在 1.9 节里已经阐述过。本节只讨论前两种方法,第(3)种方法留在下一节讨论。

1. 由反射和折射产生线偏振光

从 1.6 节的讨论我们知道,考虑自然光在介质分界面上的反射和折射时,可以把它分解为两部分,一部分是光矢量平行于入射面的 p 波,另一部分是光矢量垂直于入射面的 s 波。由于这两个波的反射系数不同,因此反射光和折射光一般为部分偏振光。当入射光的入射角等于布儒斯特角时,反射光成为线偏振光。

根据这一原理,可以利用玻璃片的反射来获得线偏振光。例如,在外腔式气体激光器中,激光管两端的透明窗(通常称布儒斯特窗)B_1、B_2 就被安置成使入射光的入射角成为布儒斯特角(图 7.2)。在这种情况下,光矢量垂直于入射面的光(s 波),在一个窗上的一次反射损失约占 s 波的 15%,虽然 s 波在激光管内会得到能量补充,但由于损失大于增益,所以谐振腔(反射镜 M_1 和 M_2 之间的腔体)不能对 s 波起振。而对于光矢量平行于入射面的 p 波,它在布儒斯特窗上没有反射损失,因而衰减很小,可以在腔内形成稳定的振荡,并从反射镜射出。这样,外腔式气体激光器输出的激光是线偏振光。

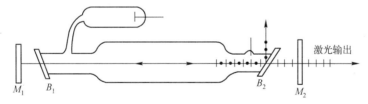

图 7.2　布儒斯特窗的作用

一般情况下,只用一片玻璃的反射和折射来获得线偏振光,缺点是很明显的:在以布儒斯特角入射时,反射光虽是线偏振光,但光强度太小。透射光的光强度虽大,但偏振度太小。为了解决这个矛盾,可以让光通过一个由多片玻璃叠合而成的玻璃片堆(见图 7.3),并使入射角等于布儒斯特角。这样,经过多次的反射和折射,可以使折射光有很高的偏振度,并且反射偏振光的光强度也比较大。

按照玻璃片堆的原理,可以制成一种叫做偏振分光镜的器件。如图 7.4(a)所示,偏振分光镜是把

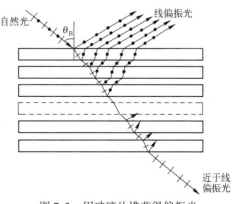

图 7.3　用玻璃片堆获得偏振光

一块立方棱镜沿着对角面切开,并在两个切面上交替地镀上高折射率的膜层(如 ZnS)和低折射率的膜层(如冰晶石),再胶合成立方棱镜。其中,高折射率膜层相当于图 7.3 中的玻璃片,低折射率膜层则相当于玻璃片之间的空气层(膜层放大图见图 7.4(b))。为了使透射光获得最大的偏振度,应适当选择膜层的折射率,使光线在相邻膜层界面上的入射角等于布儒斯特角。从图 7.4(b) 容易看出

$$n_3\sin45° = n_2\sin\theta, \quad \tan\theta = n_1/n_2$$

式中,n_3 是玻璃的折射率,n_1 和 n_2 分别是冰晶石和硫化锌的折射率,θ 是光线在硫化锌膜层中的折射角,即在硫化锌和冰晶石界面上的入射角。

从以上两式得到
$$n_3^2 = \frac{2n_1^2 n_2^2}{n_1^2 + n_2^2} \tag{7.2}$$

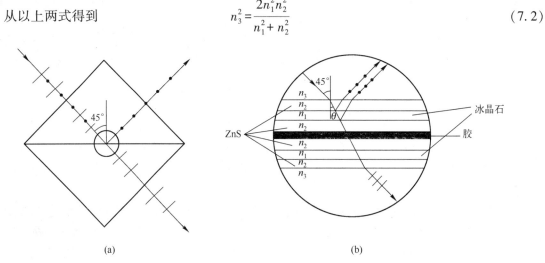

图 7.4 偏振分光镜(a)及膜层放大图(b)

这是玻璃的折射率 n_3 和两种介质膜的折射率 n_1、n_2 之间应当满足的关系式。我们知道,玻璃和介质膜的折射率是随光的波长改变的。在用白光时,为了使各种波长的光都获得最大的偏振度,应当让各种波长的折射率都满足式(7.2),这就要求玻璃的色散必须与介质膜的色散适当配合。在可见光范围内,冰晶石的色散极小,可以把 n_1 看做不随波长变化的常数。对式(7.2)两边求微分得到

$$dn_3 = \frac{\sqrt{2}\,n_1^3}{(n_1^2 + n_2^2)^{3/2}}dn_2 \tag{7.3}$$

上式是玻璃的色散和硫化锌的色散之间应满足的关系式。玻璃和介质膜的色散常常用色散系数(阿贝常数)ν 来描述,ν 定义为

$$\nu = \frac{n_D - 1}{n_F - n_C}$$

式中,n_D 是该物质对钠 D 线(589.3nm)的折射率,n_F、n_C 是对氢的 F 线(486.1nm)和 C 线(656.3nm)的折射率。由于 $n_F - n_C$ 很小,可以用微分来代替,这样玻璃的色散系数 ν_3 和硫化锌的色散系数 ν_2 分别为

$$\nu_3 = \frac{n_3 - 1}{dn_3}, \quad \nu_2 = \frac{n_2 - 1}{dn_2}$$

代入式(7.3)并整理后得到
$$\nu_3 = \frac{n_2(n_1^2 + n_2^2)(n_3 - 1)}{n_1^2 n_3(n_2 - 1)}\nu_2$$

将 $n_1 = 1.25$，$n_2 = 2.3$，$\nu_2 = 17$ 代入式（7.2）和上式，得到选用玻璃材料的基本参数 $n_3 = 1.55$，$\nu_3 = 46.8$。

在偏振分光镜中，如果镀膜的层数很多，分光镜产生的反射光和透射光的偏振度是很高的。

2. 由二向色性产生线偏振光

二向色性本来是指某些各向异性的晶体对不同振动方向的偏振光有不同的吸收系数的性质。在天然晶体中，电气石具有最强烈的二向色性。1mm 厚的电气石可以把一个方向振动的光全部吸收掉，使透射光成为振动方向与该方向垂直的线偏振光。

一般地，晶体的二向色性还与光波波长有关，因此，当振动方向互相垂直的两束线偏振白光通过晶体后会呈现出不同的颜色。这就是二向色性这个名称的由来。

研究发现，有些本来各向同性的介质在受到外界作用时会产生各向异性，它们对光的吸收本领也随着光矢量的方向而变。我们把介质的这种性质也叫做二向色性。

目前广泛使用的获得偏振光的器件，是一种人造的偏振片，叫做 H 偏振片，它就是利用二向色性来获得偏振光的。其制作方法是，把聚乙烯醇薄膜在碘溶液中浸泡后，在较高的温度下拉伸 3~4 倍，再烘干制成。浸泡过的聚乙烯醇薄膜经过拉伸后，碘-聚乙烯醇分子沿着拉伸方向规则地排列起来，形成一条条导电的长链。碘中具有导电能力的电子能够沿着长链方向运动。入射光波电场的沿着长链方向的分量推动电子，对电子做功，因而被强烈地吸收；而垂直于长链方向的分量不对电子做功，能够透过。这样，透射光就成为线偏振光。偏振片（或其他偏振器件）允许透过的电矢量的方向称为它的**透光轴**；显然，H 偏振片的透光轴垂直于拉伸方向。

图 7.5 画出了 H 偏振片的透射率曲线。曲线 1 表示单片 H 偏振片的透射率；曲线 2 表示两片 H 偏振片的透光轴互相平行时的透射率；曲线 3 表示两片 H 偏振片当它们的透光轴互相垂直时的透射率。由图可见，当波长为 500nm 的自然光通过两片叠合的 H 偏振片时，如果它们的透光轴互相平行，透射率可达 36%；如果它们的透光轴互相垂直，透射率不到 1%。

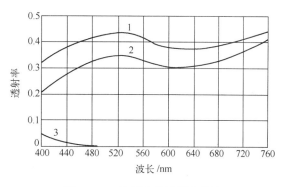

图 7.5　H 偏振片的透射率曲线

除了 H 偏振片，还有一种 K 偏振片也用得很广。它是把聚乙烯醇薄膜放在高温炉中，通以氯化氢作为催化剂，除掉聚乙烯醇分子中的若干个水分子，形成聚乙烯的细长分子，再单方向拉伸而制成。这种偏振片的最大特点是性能稳定，能耐高温。

人造偏振片的面积可以做得很大，厚度很薄，通光孔径允许的入射角范围非常大，几乎是 $180°$，而且造价低廉。因此，尽管透射率较低且随波长改变，但它还是获得了广泛的应用。

7.1.3　马吕斯定律和消光比

上面介绍了几种产生偏振光的器件，如何来检验这些器件的质量？或者说，当自然光通过这些器件后是否产生完全的线偏振光？我们可以再取一个同样的器件，让光相继通过两个器件。例如，在图 7.6 所示的实验装置中，P_1 和 P_2 就是两片相同的偏振片，前者用来产生偏振光，后者用来检验偏振光。当它们相对转动时，透过两片偏振片的光强度就随着两偏振片的透光轴的夹角 θ 而变化。如果偏振片是理想的（即自然光通过偏振片后成为完全的线偏振光），当它们的透光轴互相垂

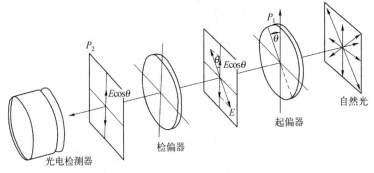

图7.6 验证马吕斯定律和测定消光比的实验装置

直时,透射光强度应该为零。当夹角 θ 为其他值时,透射光强度由下式决定

$$I = I_0 \cos^2\theta \qquad (7.4)$$

式中,I_0 是两偏振片透光轴平行($\theta = 0$)时的透射光强度。式(7.4)所表示的关系称为**马吕斯定律**。式(7.4)的证明很简单,读者可自行证明(习题7.5)。

实际的偏振器件往往不是理想的,自然光透过后得到的不是完全的线偏振光,而是部分偏振光。因此,即使两个偏振器件的透光轴互相垂直,透射光强度也不为零。我们把这时的最小透射光强度与两偏振器件透光轴互相平行时的最大透射光强度之比称为**消光比**。它是衡量偏振器件质量的重要参数,消光比越小,偏振器件产生的偏振光的偏振度越大。人造偏振片的消光比约为 10^{-3}。

从上述实验可以看到,用来产生偏振光的器件都可以用来检验偏振光。通常把产生偏振光这一步叫做"起偏",把产生偏振光的器件(如图7.6中偏振片 P_1)叫做**起偏器**。而把检验偏振光这一步叫做"检偏",把检验偏振光的器件(如图7.6中偏振片 P_2)叫做**检偏器**。

[**例题 7.1**] 一束自然光以57°入射到空气-玻璃界面,玻璃折射率 $n = 1.54$,求:
(1) 反射光的偏振度;(2) 透射光的偏振度。

解:(1) 空气玻璃界面的布儒斯特角为

$$\theta_B = \arctan n = \arctan 1.54 = 57°$$

故自然光以57°入射时,其反射光为线偏振光,偏振度为1。

(2) 对于透射光,由菲涅耳公式,s波的透射系数为[①]

$$t_s = \frac{2\sin\theta_2\cos\theta_1}{\sin(\theta_1 + \theta_2)}$$

式中,$\theta_1 = 57°$,$\theta_2 = \arcsin\left(\frac{\sin 57°}{1.54}\right) = \arcsin 0.5446 = 33°$。故

$$t_s = \frac{2\sin 33°\cos 57°}{\sin(57° + 33°)} = 0.5932$$

因此,透射光中 s 波的光强度[参见式(1.57)]为

$$I_s(t_s)^2 n I_0 = (0.5932)^2 n I_0 = 0.3519 n I_0$$

式中,I_0 为入射光中 s 波和 p 波的光强度。p 波的透射系数为

$$t_p = \frac{2\sin\theta_2\cos\theta_1}{\sin(\theta_1 + \theta_2)\cos(\theta_1 - \theta_2)} = \frac{2\sin 33°\cos 57°}{\sin 90°\cos(57° - 33°)} = \frac{0.5932}{0.9135} = 0.6494$$

故透射光中 p 波的光强度为 $I_p = (t_p)^2 n I_0 = (0.6494)^2 n I_0 = 0.4217 n I_0$

---

① 入射自然光可以分解为振动方向互相垂直的 s 波和 p 波,它们的光强度相等。

于是透射光的偏振度为
$$P = \frac{0.4217nI_0 - 0.3519nI_0}{0.4217nI_0 + 0.3519nI_0} = 0.09$$

[**例题 7.2**] 设计一块适用于氩离子激光($\lambda = 514.5\text{nm}$)的偏振分光镜,选定 $n_H = 2.38$ 的硫化锌和 $n_L = 1.25$ 的冰晶石作为高折射率和低折射率膜层的材料。试求:

(1)分光棱镜折射率;(2)膜层厚度。

解:(1)分光棱镜的折射率 n 可以应用式(7.2)计算(式中 n_1 和 n_2 在这里是 n_L 和 n_H):
$$n = \frac{\sqrt{2}\,n_L n_H}{\sqrt{n_L^2 + n_H^2}} = \frac{\sqrt{2} \times 1625 \times 2.38}{\sqrt{1.25^2 + 2.38^2}} = 1.56$$

(2)膜层厚度的选择应使膜层上下表面反射的光束满足干涉加强条件,从而使透射光中 s 波的成分最大限度地减少。因此,硫化锌膜和冰晶石膜分别满足条件
$$2n_H h_H \cos\theta_H + \frac{\lambda}{2} = \lambda , \quad 2n_L h_L \cos\theta_L + \frac{\lambda}{2} = \lambda$$

式中,h_H 和 h_L 分别为硫化锌膜和冰晶石膜的厚度,θ_H 和 θ_L 分别为光束在硫化锌膜和冰晶石膜中的折射角。由于(参见图 7.4(b))
$$\sin\theta_H = \frac{n}{n_H}\sin 45° = \frac{1.56}{2.38} \times 0.7071 = 0.4635$$
$$\sin\theta_L = \frac{n}{n_L}\sin 45° = \frac{1.56}{1.25} \times 0.7071 = 0.8825$$

所以
$$\cos\theta_H = \sqrt{1 - (0.4635)^2} = 0.8861$$
$$\cos\theta_L = \sqrt{1 - (0.8825)^2} = 0.4703$$

于是得到
$$h_H = \frac{\lambda}{4n_H \cos\theta_H} = \frac{514.5\text{nm}}{4 \times 2.38 \times 0.8861} = 61\text{nm}$$
$$h_L = \frac{\lambda}{4n_L \cos\theta_L} = \frac{514.5\text{nm}}{4 \times 1.25 \times 0.4703} = 219\text{nm}$$

7.2 晶体的双折射

当一束单色光在各向同性介质(例如空气和玻璃)的界面折射时,折射光只有一束,而且遵守折射定律,这是我们所熟知的。但是,当一束单色光在各向异性晶体的界面折射时,一般可以产生两束折射光,这种现象叫做**双折射**。下面以双折射现象比较显著的方解石为例,讨论晶体的双折射现象。

方解石的化学成分是碳酸钙(CaCO$_3$)[①]。天然方解石晶体的外形为平行六面体(图 7.7),每个表面都是锐角为 $78°8'$、钝角为 $101°52'$ 的平行四边形。六面体共有八个顶角,其中两个由三面钝角组成,称为钝隅。其余六个顶角都由一个钝角和两个锐角组成。方解石很容易解理成小块,开料时必须留意,防止碎裂。因为方解石能产生双折射,所以如果透过它去看纸上的一行字,每个字都变成了互相错开的两个字。

1. 寻常光和非常光

对方解石的双折射现象的进一步研究表明,两束折射光

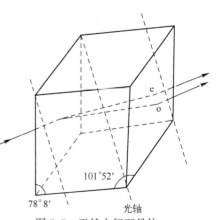

图 7.7 天然方解石晶体

---

① 无色透明纯净的方解石也称为冰洲石,因最早在冰岛发现而命名。

中,有一束总是遵守折射定律,即不论入射光束的方位如何,这束折射光总是在入射面内,并且折射角的正弦与入射角的正弦之比等于常数。我们把这束折射光称为**寻常光**,或 o 光。另一束折射光一般情况下不遵守折射定律:一般不在入射面内,折射角与入射角的正弦之比不为常数。这束折射光称为**非常光**,或 e 光。如图 7.8 所示,光束垂直于方解石表面入射,不偏折地穿过方解石的一束光即为 o 光,而在晶体内偏离入射方向(违背折射定律)的一束光就是 e 光。

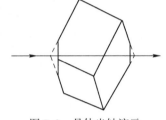

图 7.8　方解石晶体双折射

2. 晶体光轴

方解石晶体有一个重要特性,就是存在一个(而且只有一个)特殊的方向,当光在晶体中沿着这个方向传播时不发生双折射。晶体内这个特殊的方向称为**晶体光轴**。

实验证明,方解石晶体的光轴方向就是从它的一个钝隅所做的等分角线方向,即与钝隅的三条棱成相等角度的那个方向。当方解石晶体的各棱都等长时,钝隅的等分角线刚好就是相对的那两个钝隅的连线(见图 7.7)。因此,如果把方解石的这两个钝隅磨平,并使平表面与两个钝隅连线(光轴方向)垂直,那么当平行光垂直于平表面入射时,光在晶体中将沿光轴方向传播,不发生双折射(见图 7.9)。必须着重指出,光轴并不是经过晶体的某一条特定的直线,而是一个方向。在晶体内的每一点,都可以画出一条光轴来。

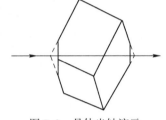

图 7.9　晶体光轴演示

方解石、石英、KDP[①] 一类晶体只有一个光轴方向,称为**单轴晶体**。自然界的大多数晶体有两个光轴方向(如云母、石膏、蓝宝石等),称为**双轴晶体**。另外,像岩盐($NaCl$)、萤石(CaF_2)这类属于立方晶系的晶体,是各向同性的,不产生双折射,这类晶体不必再讨论。下面我们在提到晶体时,都是指的各向异性晶体。

3. 主平面和主截面

在单轴晶体内,由 o 光线和光轴组成的面称为 o 主平面;由 e 光线和光轴组成的面称为 e 主平面。一般情况下, o 主平面和 e 主平面是不重合的。但是,实验和理论都指出,若光线在由光轴和晶体表面法线组成的平面内入射,则 o 光和 e 光都在这个平面内,这个平面也就是 o 光和 e 光共同的主平面。这个由光轴和晶体表面法线组成的面称为晶体的**主截面**。在实用上,都有意选择入射面与主截面重合,以使所研究的双折射现象大为简化。对于天然方解石晶体来说,如果它的各棱等长,通过组成钝隅的每一条棱(如图 7.10 中的 AB、AC 或 AD)的对角面就是它的主截面。自然,与这些主截面平行的截面也是方解石的主截面。方解石天然晶体的主截面总是与晶面交成一个角度为 $70°53'$ 和 $109°7'$ 的平行四边形(见图 7.10)。

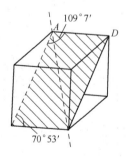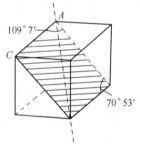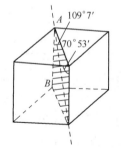

图 7.10　方解石晶体的主截面

---

① 即磷酸二氢钾(KH_2PO_4)。

如果用检偏器来检验晶体双折射产生的 o 光和 e 光的偏振状态,就会发现 o 光和 e 光都是线偏振光。并且,o 光的电矢量与 o 主平面垂直,因而总是与光轴垂直;e 光的电矢量在 e 平面内,因而它与光轴的夹角就随着传播方向的不同而改变。由于 o 主平面和 e 主平面在一般情况下并不重合,所以 o 光和 e 光的电矢量方向一般也不互相垂直;只有当主截面是 o 和 e 光的共同主平面时,o 光和 e 光的电矢量才互相垂直。

*7.3　双折射的电磁理论

7.3.1　晶体的各向异性及介电张量

1. 晶体的各向异性

晶体的双折射现象,表示晶体在光学上是各向异性的,即它对不同方向的光振动表现出不同的性质。更具体地说,对于振动方向互相垂直的两个线偏振光,在晶体中有着不同的传播速度(或折射率),因而会产生双折射现象。

从光的电磁理论的观点来看,晶体的这种特殊的光学性质是光波电磁场与晶体相互作用的结果。晶体在光学上的各向异性,实质上表示晶体与入射光电磁场相互作用的各向异性。我们已经知道(见 1.4 节),物质在外界电磁场的作用下将产生极化。如果物质结构本身呈现出各向异性,物质的极化也将是各向异性的。以方解石($CaCO_3$)晶体来说,它的分子结构中,三个氧离子排列成三角形,碳离子在其中央位置,钙离子离氧离子集团比较远(见图 7.11(a))。因为碳原子和钙原子失去了价电子成为正离子状态,可以不考虑它们在光波电磁场作用下的极化(光波电磁场只对原子中外层的束缚电子起作用)。这样,方解石的极化就取决于氧离子集团的极化状况。在光波场的作用下,三个氧离子都将产生一个电偶极矩,并且由于每个电偶极矩都与结构紧密的另外两个氧离子发生相互作用,因而每个氧离子都产生一个附加的电偶极矩。容易看出,对于不同的外电场方向,这个附加电偶极矩是不同的。图 7.11(b)和(c)分别表示光波场方向平行于三个氧离子所在平面和垂直于三个氧离子所在平面时,氧离子 O_1^- 的极化场对氧离子 O_2^- 和 O_3^- 的影响。可见在两种情况下,O_2^- 和 O_3^- 处于 O_1^- 电力线族中的不同位置,因此,O_2^- 和 O_3^- 所产生的附加电偶极矩,在这两种情况下是不同的。由于氧离子的附加电偶极矩与外电场方向有关,所以氧离子集团(方解石)的极化也与外电场方向有关。

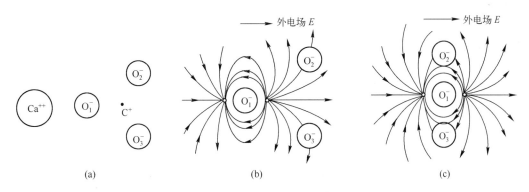

图 7.11　方解石的分子结构及各向异性

应该指出,许多非晶体物质,其分子、原子也具有不对称的方向性,但由于它们在物质中的无规则排列和运动,在整体上仍呈现出宏观的各向同性。只是在外界一定方向的力(电磁力或应力)的作用下,它们的取向可能出现一定的规则性,从而呈现出各向异性。这就是人为的各向异性(见 7.10 节和 7.11 节)。

2. 晶体的介电张量

在麦克斯韦电磁场理论中,用介电常数 ε 来表征物质的极化状况。对于各向同性物质,ε 是一个标量常数,并且由于电感强度 D 和电场强度 E 有关系

$$D = \varepsilon E$$

所以 D 和 E 两个矢量的方向是一致的。但是,在各向异性晶体中,极化是各向异性的,因而 ε 的取值也与方向有关,这样势必导致 D 和 E 有比较复杂的关系。这时 D 在任意直角坐标系 $x'y'z'$ 中的各个分量都与 E 的分量有关

$$\left.\begin{array}{l} D_{x'} = \varepsilon_{x'x'}E_{x'} + \varepsilon_{x'y'}E_{y'} + \varepsilon_{x'z'}E_{z'} \\ D_{y'} = \varepsilon_{y'x'}E_{x'} + \varepsilon_{y'y'}E_{y'} + \varepsilon_{y'z'}E_{z'} \\ D_{z'} = \varepsilon_{z'x'}E_{x'} + \varepsilon_{z'y'}E_{y'} + \varepsilon_{z'z'}E_{z'} \end{array}\right\} \tag{7.5}$$

$\varepsilon_{x'y'}, \varepsilon_{y'y'}, \cdots$ 等九个量都是物质常数,组成介电张量 $[\varepsilon]$。因此,矢量 D 是介电张量 $[\varepsilon]$ 与 E 的乘积

$$D = [\varepsilon]E \tag{7.6}$$

将式(7.5)和式(7.6)用矩阵形式写出,就是

$$\begin{bmatrix} D_{x'} \\ D_{y'} \\ D_{z'} \end{bmatrix} = \begin{bmatrix} \varepsilon_{x'x'} & \varepsilon_{x'y'} & \varepsilon_{x'z'} \\ \varepsilon_{y'x'} & \varepsilon_{y'y'} & \varepsilon_{y'z'} \\ \varepsilon_{z'x'} & \varepsilon_{z'y'} & \varepsilon_{z'z'} \end{bmatrix} \begin{bmatrix} E_{x'} \\ E_{y'} \\ E_{z'} \end{bmatrix} \tag{7.7}$$

在晶体中,总可以找到一个直角坐标系 xyz,在这个坐标系中,$[\varepsilon]$ 呈对角矩阵形式,因此上式写为

$$\begin{bmatrix} D_x \\ D_y \\ D_z \end{bmatrix} = \begin{bmatrix} \varepsilon_x & 0 & 0 \\ 0 & \varepsilon_y & 0 \\ 0 & 0 & \varepsilon_z \end{bmatrix} \begin{bmatrix} E_x \\ E_y \\ E_z \end{bmatrix} \tag{7.8}$$

x, y, z 三个互相垂直的方向称为晶体的**主轴方向**;$\varepsilon_x, \varepsilon_y, \varepsilon_z$ 称为晶体的**主介电常数**。由式(7.8)可见,若 $\varepsilon_x \neq \varepsilon_y \neq \varepsilon_z$,则只有当 E 的方向沿主轴方向时,D 和 E 才有相同的方向。一般地 D 和 E 有不同的方向(见图7.12)。

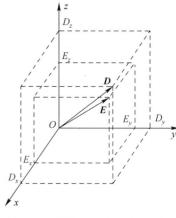

图 7.12 晶体中 D 与 E 的关系

各向异性晶体按光学性质可以分成两类:双轴晶体和单轴晶体。上述 $\varepsilon_x \neq \varepsilon_y \neq \varepsilon_z$ 的情况所对应的是双轴晶体。而单轴晶体对应于 $\varepsilon_x = \varepsilon_y \neq \varepsilon_z$ 的情况,这时晶体光轴平行于 z 方向(理由在后面说明),并且当 E 的方向沿 z 轴方向或沿垂直于 z 轴的任一方向时,D 和 E 都同方向。

7.3.2 单色平面波在晶体中的传播

光波是一种电磁波,光波在物质中的传播过程可以用麦克斯韦方程组和物质方程来描述。在透明非磁性各向同性介质中,我们已经知道,它们可写成如下形式

$$\left.\begin{array}{l} \nabla \cdot D = 0 \\ \nabla \cdot H = 0 \\ \nabla \times E = -\mu_0 \dfrac{\partial H}{\partial t} \\ \nabla \times H = \dfrac{\partial D}{\partial t} \\ D = \varepsilon E \end{array}\right\} \tag{7.9}$$

在各向异性晶体中,麦克斯韦方程组仍然适用,但物质方程[式(7.9)第5式]要代之以式(7.6),即

介电常数不再是一个标量常数,而是一个二阶张量。下面我们利用麦克斯韦方程组和晶体中的物质方程来分析单色平面波在晶体中传播的特点。

1. 光波与光线

设晶体中传播着一单色平面波,其波矢为 k(k 的方向为平面波的法线方向)。这个单色平面波可以写为

$$\begin{bmatrix} E \\ D \\ H \end{bmatrix} = \begin{bmatrix} E_0 \\ D_0 \\ H_0 \end{bmatrix} \exp[\,i(k \cdot r - \omega t)\,]$$

式中,E_0,D_0,H_0 分别为 E,D,H 的振幅。把 E,D,H 代入式(7.9)第 3 式和第 4 式,得到

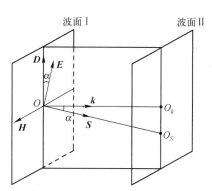

图 7.13　晶体中单色平面波的各矢量关系

$$\frac{1}{\omega} k \times E = \mu_0 H \tag{7.10a}$$

$$\frac{1}{\omega} k \times H = - D \tag{7.10b}$$

由这两式可以看出:(1)D 垂直于 H 和 k;(2)H 垂直于 E 和 k。因此,D、H、k 构成右手螺旋正交关系(见图 7.13)。另外,代表能量传播方向即光线方向的坡印亭矢量由

$$S = E \times H$$

决定[见式(1.55)],这表示 E、H 和代表光线方向的 S 也构成右手螺旋正交关系。由于 D、E、k 和 S 都与 H 垂直,因此 D、E、k 和 S 是共面的;再注意到在一般情况下 D 和 E 不同向,所以 k 与 S 一般也不同向,如图 7.13 所示。

假设 E 和 D 的夹角为 α,那么 k 和 S 的夹角也为 α。另外,由图 7.13 可以看出,当单色平面波从波面 I 位置传播到波面 II 位置时,光线就从 O 点传播到 O_S 点。因此,晶体中光波的相速度(在晶体光学中又称**法线速度**)v_k 和光线速度 v_S 也不相等,它们之间有如下关系

$$v_k = v_S \cos\alpha \tag{7.11}$$

2. 菲涅耳方程及其解的意义

把式(7.10a)代入式(7.10b)并消去 H,得到

$$D = -\frac{1}{\mu_0 \omega^2} k \times (k \times E)$$

因为 $k = k k_0 = \dfrac{\omega}{c} n k_0$,式中 ω 是角频率,c 是光速,n 是折射率($n = c / v_k$),k_0 是 k 方向单位矢量,所以上式又可以写为

$$D = -\frac{n^2}{\mu_0 c^2} k_0 \times (k_0 \times E) = -\varepsilon_0 n^2 k_0 \times (k_0 \times E) \tag{7.12a}$$

应用矢量恒等式　　　　　　$A \times (B \times C) = B(A \cdot C) - C(A \cdot B)$

式(7.12a)可写成　　　　　$D = \varepsilon_0 n^2 [E - k_0(k_0 \cdot E)] \tag{7.12b}$

把式(7.12b)按照在晶体三个主轴上的分量写出,并代入关系:$\varepsilon_i = \varepsilon_0 \varepsilon_{ri}$($i = x, y, z$,$\varepsilon_{ri}$ 是相对主介电常数),得到

$$D_x = \frac{\varepsilon_0 k_{0x}(k_0 \cdot E)}{\dfrac{1}{\varepsilon_{rx}} - \dfrac{1}{n^2}}, \quad D_y = \frac{\varepsilon_0 k_{0y}(k_0 \cdot E)}{\dfrac{1}{\varepsilon_{ry}} - \dfrac{1}{n^2}}, \quad D_z = \frac{\varepsilon_0 k_{0z}(k_0 \cdot E)}{\dfrac{1}{\varepsilon_{rz}} - \dfrac{1}{n^2}} \tag{7.13}$$

由于 $D \perp k_0$,因此 $D \cdot k_0 = 0$,或者

$$D_x k_{0x} + D_y k_{0y} + D_z k_{0z} = 0$$

把 D_x, D_y, D_z 的表达式代入上式,便可得到

$$\frac{k_{0x}^2}{\dfrac{1}{n^2} - \dfrac{1}{\varepsilon_{rx}}} + \frac{k_{0y}^2}{\dfrac{1}{n^2} - \dfrac{1}{\varepsilon_{ry}}} + \frac{k_{0z}^2}{\dfrac{1}{n^2} - \dfrac{1}{\varepsilon_{rz}}} = 0 \tag{7.14}$$

这一方程称为**菲涅耳方程**,它给出了单色平面波在晶体中传播时,光波折射率 n 与光波法线方向 $\boldsymbol{k}_0$ 之间所满足的关系。将菲涅耳方程通分后可以化为一个 n^2 的二次方程,如果 $\boldsymbol{k}_0$ 已知,一般地由这个方程可解得 n^2 的两个不相等的实根 n_1^2 和 n_2^2,而其中有意义的只有 n 等于 n_1 和 n_2 的两个正根(负根没有意义)。这表明在晶体中对应于光波的一个传播方向 $\boldsymbol{k}_0$,可以有两种不同的光波折射率或两种不同的光波相速度。把 $n = n_1$ 和 $n = n_2$ 两个根分别代入式(7.13),便可以确定对应于 n_1 和 n_2 的两个光波的 $\boldsymbol{D}$ 矢量的方向。分析表明,两个光波都是线偏振光,且它们的 $\boldsymbol{D}$ 矢量互相垂直(见习题7.7)。

以上讨论了在晶体中,对于一个给定的 $\boldsymbol{k}_0$,可以有两种不同折射率或不同相速度的光波传播,这两种光波的振动方向是特定的,其 $\boldsymbol{D}$ 矢量互相垂直。而且,由于一般情况下,两个光波中的 $\boldsymbol{D}$ 矢量与 $\boldsymbol{E}$ 矢量不平行,所以这两个光波有不同的光线方向(见图7.14)。这样,我们便从理论上阐明了双折射的存在。

3. 单轴晶体的双折射

前面已经指出,对于单轴晶体 $\varepsilon_x = \varepsilon_y \neq \varepsilon_z$,或者 $\varepsilon_{rx} = \varepsilon_{ry} \neq \varepsilon_{rz}$。按照折射率与介电常数的关系式(1.12b),可以定义三个主折射率

$$n_x = \sqrt{\varepsilon_{rx}}, \quad n_y = \sqrt{\varepsilon_{ry}}, \quad n_z = \sqrt{\varepsilon_{rz}} \tag{7.15}$$

对于单轴晶体,如果令 $n_x = n_y = n_o$,$n_z = n_e$(n_o 和 n_e 分别称为单轴晶体的 o **折射率**和 e **折射率**),则 $n_o^2 \neq n_e^2$。此外,单轴晶体主轴 x 和 y 可以在垂直于 z 轴的平面上任意选择,为方便起见,选择 y 轴方向使给定的光波法线方向 $\boldsymbol{k}_0$ 位于 yz 平面内,如图7.15所示。设 $\boldsymbol{k}_0$ 与 z 轴的夹角为 θ,则由图7.15可见

$$k_{0x} = 0, \quad k_{0y} = \sin\theta, \quad k_{0z} = \cos\theta$$

把这些关系代入菲涅耳方程[①],得到

$$(n^2 - n_o^2)\left[n^2(n_o^2 \sin^2\theta + n_e^2 \cos^2\theta) - n_o^2 n_e^2 \right] = 0$$

由上式可解得两个不相等的实根

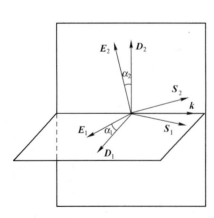

图 7.14 对应于 $\boldsymbol{k}_0$ 方向的 $\boldsymbol{D}$ 和 $\boldsymbol{S}$ 的两个可能方向

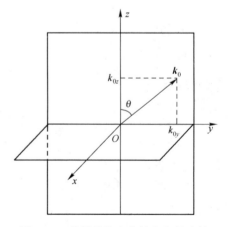

图 7.15 单轴晶体中主轴方向的选择

---

① 实际上可代入由菲涅耳方程化成的 n^2 的二次方程。

$$n_1^2 = n_o^2 \tag{7.16a}$$

$$n_2^2 = \frac{n_o^2 n_e^2}{n_o^2 \sin^2\theta + n_e^2 \cos^2\theta} \tag{7.16b}$$

这表示在单轴晶体中,对于给定的 $\boldsymbol{k}_0$,可以有两种不同折射率的光波。一种光波的折射率 n_1 与 $\boldsymbol{k}_0$ 无关,恒等于 n_o。这个光波就是寻常光,即 o 光,与这个光波对应的光线是 o 光线。另一种光波的折射率随 $\boldsymbol{k}_0$ 与 z 轴的夹角 θ 而变,是非常光,即 e 光;与这个光波对应的光线是非常光线,即 e 光线。由式(7.16b)容易看出,第二个光波(非常光波),当 $\theta = 90°$ 时,其折射率 $n_2 = n_e$;而当 $\theta = 0°$ 时,$n_2 = n_o$。这就是说,当光波沿 z 轴方向传播时,只可能存在一种折射率的光波,光波在这个方向上传播时不发生双折射。因此,对于单轴晶体来说,z 轴方向就是光轴方向。

下面我们来确定 o 光和 e 光的振动方向。

先看 o 光。把 $n = n_o$ 代入式(7.13),得到

$$\left.\begin{array}{r}(n_o^2 - n_o^2)E_x = 0 \\ (n_o^2 - n_o^2\cos^2\theta)E_y + n_o^2\sin\theta\cos\theta E_z = 0 \\ n_o^2\sin\theta\cos\theta E_y + (n_o^2 - n_o^2\sin^2\theta)E_z = 0\end{array}\right\}$$

该方程组中第2、第3两个方程的系数行列式不为零,因此 $E_y = E_z = 0$。这样,为了使 $\boldsymbol{E}$ 有非零解,只有 $E_x \neq 0$。对于 $\boldsymbol{D}$ 矢量,有 $D_y = D_z = 0, D_x = \varepsilon_0\varepsilon_{rx}E_x \neq 0$。这表示 o 光 $\boldsymbol{D}$ 矢量平行于 $\boldsymbol{E}$ 矢量,两者同时垂直于 yz 平面,即波法线(或光线)与光轴组成的平面。

再看 e 光。把 $n = n_2$ 代入式(7.13),得到

$$\left.\begin{array}{r}(n_o^2 - n_2^2)E_x = 0 \\ (n_o^2 - n_2^2\cos^2\theta)E_y + n_2^2\sin\theta\cos\theta E_z = 0 \\ n_2^2\sin\theta\cos\theta E_y + (n_e^2 - n_2^2\sin^2\theta)E_z = 0\end{array}\right\}$$

其中第2和第3两个方程的系数行列式为零,故 E_y 和 E_z 有非零解。由第1个方程,易见 $E_x = 0$,因此也有 $D_x = 0$,说明 e 光的 $\boldsymbol{D}$ 矢量和 $\boldsymbol{E}$ 矢量都在 yz 平面内,它们与 o 光的 $\boldsymbol{D}$ 矢量或 $\boldsymbol{E}$ 矢量垂直(见图7.16)。$\boldsymbol{E}$ 矢量在 yz 平面内的具体指向,可由第2或第3方程通过求 E_z 与 E_y 之比来确定。把式(7.16b)代入第2个方程,可得到

$$\frac{E_z}{E_y} = \frac{n_o^2\sin\theta}{n_e^2\cos\theta} \tag{7.17a}$$

并且
$$\frac{D_z}{D_y} = \frac{\varepsilon_{rz}E_z}{\varepsilon_{ry}E_y} = -\frac{n_e^2 n_o^2\sin\theta}{n_o^2 n_e^2\cos\theta} = -\frac{\sin\theta}{\cos\theta} \tag{7.17b}$$

由以上两式可见,e 光 $\boldsymbol{D}$ 矢量和 $\boldsymbol{E}$ 矢量的方向一般不一致,因而 e 光的波法线方向与光线方向一般也不一致。

晶体光学中把波法线方向与光线方向的夹角称为**离散角**(图7.16中 α 为 e 光离散角)。在实际问题中,如果已知波法线方向,通过求离散角就可以确定相应的光线方向。对于单轴晶体,o 光的离散角恒等于零,而 e 光的离散角 α 可由上面得到的关系求出。由图7.16可见,$\alpha = \theta - \theta'$,其中 θ' 是 e 光线 S_e 与 z 轴(光轴)的夹角。并且

$$\tan\theta' = \frac{(S_e)_y}{(S_e)_z} = -\frac{E_z}{E_y}$$

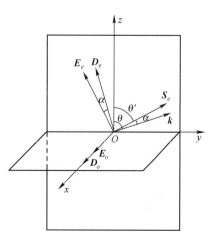

图7.16 单轴晶体内 o 光和 e 光的矢量方向

利用式(7.17a),上式可写为

$$\tan\theta' = \frac{n_o^2 \sin\theta}{n_e^2 \cos\theta} = \frac{n_o^2}{n_e^2}\tan\theta \tag{7.18}$$

由于 $\alpha = \theta - \theta'$,所以

$$\tan\alpha = \tan(\theta - \theta') = \frac{\tan\theta - \tan\theta'}{1 + \tan\theta\tan\theta'}$$

$$= \left(1 - \frac{n_o^2}{n_e^2}\right)\frac{\tan\theta}{1 + \frac{n_o^2}{n_e^2}\tan^2\theta} \tag{7.19}$$

以上我们用普遍理论讨论了单轴晶体的双折射现象。对于双轴晶体(这时 $\varepsilon_x \ne \varepsilon_y \ne \varepsilon_z$),可以如法炮制,只是比单轴晶体情形的处理要复杂,这里就不详细讨论了。

7.4 晶体光学性质的图形表示

由于晶体光学问题的复杂性,在实际工作中,常常要使用一些表示晶体光学性质的几何图形来帮助说明问题,常用的几何图形有折射率椭球、波矢面、法线面和光线面等。利用这些图形,再结合一定的作图法,可以比较简便、有效地解决光波在晶体中传播的问题。

7.4.1 折射率椭球

我们已经知道,在晶体的介电主轴坐标系中,物质方程有如下简单形式

$$D_x = \varepsilon_0 \varepsilon_{rx} E_x, \quad D_y = \varepsilon_0 \varepsilon_{ry} E_y, \quad D_z = \varepsilon_0 \varepsilon_{rz} E_z$$

因此,光波中电能密度的表达式[式(1.54)]可以写为

$$w_e = \frac{1}{2}\boldsymbol{E} \cdot \boldsymbol{D} = \frac{1}{2\varepsilon_0}\left(\frac{D_x^2}{\varepsilon_{rx}} + \frac{D_y^2}{\varepsilon_{ry}} + \frac{D_z^2}{\varepsilon_{rz}}\right)$$

在不考虑光波在晶体中传播被吸收的情况下,w_e 是一定的,故有

$$\frac{D_x^2}{\varepsilon_{rx}} + \frac{D_y^2}{\varepsilon_{ry}} + \frac{D_z^2}{\varepsilon_{rz}} = A$$

或者

$$\frac{D_x^2}{n_x^2} + \frac{D_y^2}{n_y^2} + \frac{D_z^2}{n_z^2} = A$$

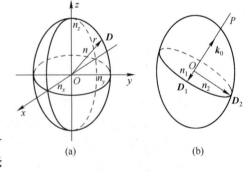

其中,常数 $A = 2\varepsilon_0 w_e$。若用 x, y, z 代替 $D_x/\sqrt{A}$, $D_y/\sqrt{A}$, $D_z/\sqrt{A}$,并把它取为空间直角坐标系,则可得到

$$\frac{x^2}{n_x^2} + \frac{y^2}{n_y^2} + \frac{z^2}{n_z^2} = 1 \tag{7.20}$$

这个方程代表一个椭球,它的半轴等于主折射率,并与介电主轴的方向重合。这个椭球称为**折射率椭球**(又称**光率体**),如图7.17(a)所示。

图 7.17 折射率椭球

折射率椭球有下列两个重要性质,它们是利用折射率椭球的主要依据。

第一,折射率椭球任意一条矢径的方向,表示光波 $\boldsymbol{D}$ 矢量的一个方向,矢径的长度表示 $\boldsymbol{D}$ 矢量沿矢径方向振动的光波的折射率。因此,折射率椭球的矢径 $\boldsymbol{r}$ 可以表示为

$$\boldsymbol{r} = n\boldsymbol{d} \tag{7.21}$$

式中,$\boldsymbol{d}$ 是 $\boldsymbol{D}$ 矢量方向的单位矢量。

第二,从折射率椭球的原点 O 出发,画平行于给定波法线方向 k_0 的直线 OP(图 7.17(b)),再通过原点 O 画一平面与 OP 垂直,该平面与椭球的截线为一椭圆。椭圆的长轴方向和短轴方向就是对应于波法线方向 k_0 的两个允许存在的光波的 D 矢量(D_1 和 D_2)方向,而长、短半轴的长度则分别等于两个光波的折射率 n_1 和 n_2。

第一个性质的证明,我们留做习题(见习题 7.9);第二个性质的证明,可参阅参考文献[1]。

下面利用折射率椭球来讨论光波在晶体中传播的性质。

1. 单轴晶体

对于单轴晶体,$n_x = n_y = n_o$,$n_z = n_e$,所以其折射率椭球的方程为

$$\frac{x^2}{n_o^2} + \frac{y^2}{n_o^2} + \frac{z^2}{n_e^2} = 1 \tag{7.22}$$

这一方程表示一个旋转轴为光轴(z 轴)的旋转椭球。图 7.18(a)和(b)分别给出了负单轴晶体($n_o > n_e$ 的晶体,如方解石)和正单轴晶体($n_o < n_e$ 的晶体,如石英)的折射率椭球形状。

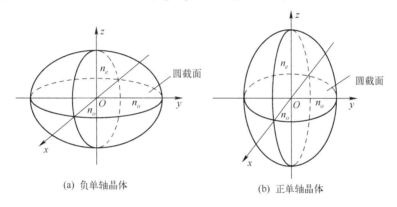

(a) 负单轴晶体　　　　　　　(b) 正单轴晶体

图 7.18　单轴晶体的折射率椭球形状

由单轴晶体的折射率椭球,可以看出:

(1)椭球在 xy 平面上的截线是一个圆,其半径为 n_o。根据前述折射率椭球的两个重要性质,我们知道这是表示当光波沿 z 轴方向传播时,只有一种折射率($n = n_o$)的光波,其 D 矢量可取垂直于 z 轴的任意方向。所以,z 轴就是单轴晶体的光轴。

(2)椭球在 xz、yz 或其他包含 z 轴的平面内的截线是一个椭圆,它的两个半轴长度分别为 n_o 和 n_e。这表示当波法线方向 k_0 垂直于光轴方向时,可以允许两个线偏振光波传播,一个光波的 D 矢量平行于光轴方向,折射率为 n_e,另一个光波的 D 矢量垂直于光轴和 k_0,折射率为 n_o。显然,前者就是 e 光,而后者是 o 光。

(3)当 k_0 与光轴成 θ 角时(为确定起见,设 k_0 在 yz 平面内,如图 7.19 所示),通过椭球中心 O 的垂直于 k_0 的平面与椭球的截线也是一个椭圆,它的两个半轴长度,一个为 $n_1 = n_o$,另一个介于 n_o 和 n_e 之间,由简单的几何关系,便可以证明它为

$$n_2 = \frac{n_o n_e}{\sqrt{n_o^2 \sin^2\theta + n_e^2 \cos^2\theta}}$$

椭圆截线的两个半轴的方向,是对应于 k_0 的两个允许的线偏振光波的 D 矢量方向。其中一个光波的 D 矢量(D_o)沿 x 轴方向,相应折射率为 $n_1 = n_o$,这就是 o 光;而另一个光波是 e 光,相应的折射率为 n_2。

以上几个结果与上一节由理论分析得出的结果完全一致,但这里的结果是根据折射率椭球的

图形得出的,具有直观、形象的优点。

2. 双轴晶体

双轴晶体的 $n_x \neq n_y \neq n_z$,因此普遍方程(7.20)就是双轴晶体的折射率椭球方程。习惯上,常选择 x,y,z 使得 $n_x < n_y < n_z$。下面我们来研究折射率椭球的 xz 截面,其方程为

$$\frac{x^2}{n_x^2} + \frac{z^2}{n_z^2} = 1 \tag{7.23}$$

这是一个椭圆,如图7.20(a)所示。如果从中心 O 向椭圆引矢径 r,易见 r 的长度随 r 与 x 轴的夹角 ψ 而变:当 $\psi = 0$ 时,$|r| = n_x$;当 $\psi = \pi/2$ 时,$|r| = n_z$。由于 $n_x < n_y < n_z$,所以必有一矢径 r_o,其长度 $|r| = n_y$。这时 r_o 与 y 轴所决定的平面与椭球相截的截面是一个圆(见图7.20(b))。因此,当波法线方向 k_0 垂直于圆截面时,只有一种折射率($n = n_y$)的光波,其 D 矢量在圆截面内振动,方向不受限制。显然,晶体内与圆截面的法线方向对应的方向就是光轴方向。由折射率椭球的对称性可知,晶体内存在这样两个方向 C_1 和 C_2(晶体光轴),故把这种晶体称为双轴晶体。

由图7.20(a)可见,晶体光轴 C_1 与 z 轴的夹角 γ 等于矢径 r_o 与 x 轴的夹角 ψ_o。利用式(7.23),可以得到

$$\frac{(n_y \cos\psi_o)^2}{n_x^2} + \frac{(n_y \sin\psi_o)^2}{n_z^2} = 1$$

由此可得

$$\tan\psi_o = \tan\gamma = \pm \frac{n_z}{n_x} \sqrt{\frac{n_y^2 - n_x^2}{n_z^2 - n_y^2}} \tag{7.24}$$

式中,正负号表示 C_1 和 C_2 对称地位于 z 轴的两侧。

利用折射率椭球还可以直观地讨论双轴晶体的其他一些性质。例如,从折射率椭球容易看出,在双轴晶体中,除了波法线方向 k_0 沿着主轴 x、y、z 的光波,其波法线方向与光线方向一致,波法线方向沿其他方向的光波,光线方向与波法线方向都不一致。因此,**在双轴晶体中双折射的两个光波都是非常光。**

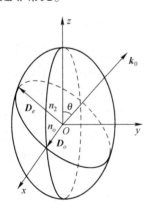

图7.19 对应于 k_0 的
单轴晶体折射率椭球截面

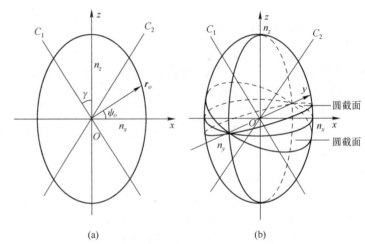

(a)　　　　　　　　(b)

图7.20 双轴晶体折射率椭球的 xz 截面及光轴

*7.4.2　波矢面

波矢面定义为这样一个双层曲面:它的矢径 $r = k$(波矢),或者 $r = |k| k_0 = \dfrac{\omega n}{c} k_0$,即矢径平行于某个给定的波法线方向 k_0,矢径长度等于相应的两个光波的波数 k。

根据波矢面的定义,由菲涅耳方程可以求得波矢面的方程。把矢径长度

$$|\boldsymbol{r}| = (x^2 + y^2 + z^2)^{1/2} = \frac{\omega n}{c}$$

和矢径分量关系 $\quad x = k_x = \dfrac{\omega n}{c} k_{ox}, \quad y = k_y = \dfrac{\omega n}{c} k_{oy}, \quad z = k_z = \dfrac{\omega n}{c} k_{oz}$

代入菲涅耳方程(7.14),得到

$$(n_x'^2 x^2 + n_y'^2 y^2 + n_z'^2 z^2)(x^2 + y^2 + z^2) - [n_x'^2(n_y'^2 + n_z'^2)x^2 + n_y'^2(n_z'^2 +$$
$$n_x'^2)y^2 + n_z'^2(n_x'^2 + n_y'^2)z^2] + n_x'^2 + n_y'^2 + n_z'^2 = 0 \tag{7.25}$$

式中,$n_x' = \dfrac{\omega}{c} n_x$,$n_y' = \dfrac{\omega}{c} n_y$,$n_z' = \dfrac{\omega}{c} n_z$。上式就是波矢面方程,它的图形如图 7.21(a)所示。图 7.21(b)是它的立体模型。

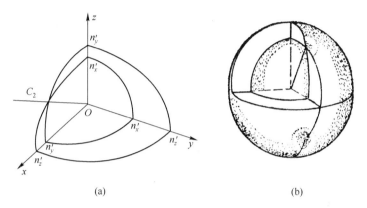

(a)　　　　　　　　　(b)

图 7.21　波矢面

波矢面与三个坐标面的截线都是一个圆和一个椭圆,如图 7.22 所示。由图 7.22(b)可见,双层波矢面有四个交点,而通过坐标原点 O 的两对交点的连线方向就是双轴晶体光轴的方向。

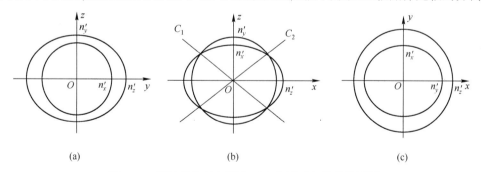

(a)　　　　　　　　(b)　　　　　　　　(c)

图 7.22　双轴晶体波矢面在三个坐标面上的截线图形

对于单轴晶体,波矢面的图形比较简单。把 $n_x = n_y = n_o$,$n_z = n_e$ 代入方程(7.25),可以得到两个方程

$$x^2 + y^2 + z^2 = \frac{\omega^2}{c^2} n_o^2, \qquad \frac{x^2 + y^2}{\left(\dfrac{\omega}{c} n_e\right)^2} + \frac{z^2}{\left(\dfrac{\omega}{c} n_o\right)^2} = 1 \tag{7.26}$$

第一个方程的图形是半径为 $\dfrac{\omega}{c} n_o$ 的球面,第二个方程是旋转椭球面,旋转轴为 z 轴(光轴)。两个波矢面在 z 轴上相切,如图 7.23 所示。显然,第一个波矢面对应于 o 光,而第二个波矢面对应于 e 光。一

般单轴晶体的 o 光折射率 n_o 与 e 光折射率 n_e 相差很小(见表 7.1),因此两个波矢面实际相差很小。

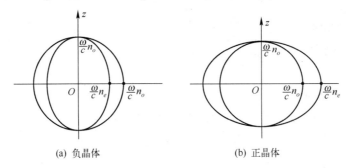

(a) 负晶体　　　　　　　　　(b) 正晶体

图 7.23　单轴晶体波矢面

表 7.1　几种单轴晶体的折射率

方解石(负晶体)			KDP(负晶体)			石英(正晶体)		
波长 / nm	n_o	n_e	波长 / nm	n_o	n_e	波长 / nm	n_o	n_e
656.3	1.6544	1.4846	1500	1.482	1.458	1946	1.52184	1.53004
589.3	1.6584	1.4864	1000	1.498	1.463	589.3	1.54424	1.55335
486.1	1.6679	1.4908	546.1	1.512	1.47	340	1.56747	1.57737
404.7	1.6864	1.4969	365.3	1.529	1.484	185	1.65751	1.68988

*7.4.3　法线面

法线面也叫法线速度面或相速度面。从晶体中任一点 O 出发,引各个方向的法线速度矢量 $\boldsymbol{v}_k$,其端点的轨迹就是法线面。因此,法线面的矢径方向平行于某个给定的波法线方向 $\boldsymbol{k}_0$,而矢径长度等于相应的两个光波的相速度 v_k,即 $\boldsymbol{r}=v_k\boldsymbol{k}_0=\dfrac{c}{n}\boldsymbol{k}_0$。法线面也是双层曲面。

下面我们来求出法线面的方程。由于 $\boldsymbol{r}=\dfrac{c}{n}\boldsymbol{k}_0$ 和 $\boldsymbol{r}=\dfrac{1}{n}\boldsymbol{k}_0$ 给出的曲面的形状相同[①],为书写简便起见,我们用 $\boldsymbol{r}=\dfrac{1}{n}\boldsymbol{k}_0$ 来给出法线面。把 $\boldsymbol{r}$ 的三个分量

$$x=\frac{1}{n}k_{0x}, \quad y=\frac{1}{n}k_{0y}, \quad z=\frac{1}{n}k_{0z}$$

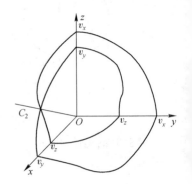

及矢径长度的平方　$|\boldsymbol{r}|^2=x^2+y^2+z^2=\dfrac{k_{0x}^2}{n^2}+\dfrac{k_{0y}^2}{n^2}+\dfrac{k_{0z}^2}{n^2}$

代入菲涅耳方程(7.14),即可得到法线面方程

$$n_x^2 n_y^2 n_z^2 (x^2+y^2+z^2)^3 - [n_x^2(n_y^2+n_z^2)x^2 + n_y^2(n_x^2+n_z^2)y^2 + n_z^2(n_x^2+n_y^2)z^2] \times$$
$$(x^2+y^2+z^2) + (n_x^2 x^2 + n_y^2 y^2 + n_z^2 z^2) = 0 \qquad (7.27)$$

这也是一个双层曲面,一般形状如图 7.24 所示。

法线面与三个坐标面的交线都是由圆和卵形线组成的,如图 7.25 所示。这一点只要从式(7.27)写出三个坐标面上的交线方

图 7.24　法线面的一般形状

---

① $\boldsymbol{r}=n\boldsymbol{k}_0$ 给出的面和 $\boldsymbol{r}=\dfrac{\omega}{c}n\boldsymbol{k}_0$ 给出的波矢面形状也相同。前者通常称为折射率面。法线面的 $\boldsymbol{r}=\dfrac{1}{n}\boldsymbol{k}_0$,它是折射率面或波矢面的倒数面。

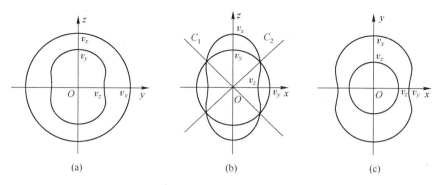

图 7.25 法线面与三个坐标面的交线图形

程便可以看出。例如,由式(7.27)可得到 xz 面上的交线方程为

$$[n_y^2(x^2+z^2)-1][n_x^2n_z^2(x^2+z^2)^2-(n_x^2x^2+n_z^2z^2)]=0$$

或者写成

$$x^2+z^2=\frac{1}{n_y^2} \tag{7.28a}$$

$$n_x^2n_z^2(x^2+z^2)^2-(n_x^2x^2+n_z^2z^2)=0 \tag{7.28b}$$

第一个方程是圆,第二个方程是四次卵形线。可以注意到,双层法线面有四个交点,都位于 xz 面上,通过原点 O 把两对交点连接起来,连线方向就是双轴晶体的光轴方向。

对于单轴晶体,法线面对于 z 轴(光轴)也是轴对称的。所以,要知道法线面的空间图形,只要知道它在包含光轴的任一平面上的交线图形即可。我们来看它在 xz 面上的交线图形:由式(7.28),对于单轴晶体($n_x=n_y=n_o,n_z=n_e$)得到

$$x^2+z^2=1/n_o^2 \tag{7.29a}$$

$$n_o^2n_e^2(x^2+z^2)^2-(n_o^2x^2+n_e^2z^2)=0 \tag{7.29b}$$

其中第一个方程表示交线是一个圆,与之对应的空间图形是球面。显然,这就是 o 光的法线面。第二个方程若以

$$x=\frac{1}{n_o}k_{0x}=\frac{1}{n_o}\sin\theta,\quad z=\frac{1}{n_o}\cos\theta$$

(θ 为 $\boldsymbol{k}_0$ 与光轴的夹角)代换,又可以化为如下形式

$$\frac{\sin^2\theta}{n_e^2}+\frac{\cos^2\theta}{n_o^2}=\left(\frac{v_{ke}}{c}\right)^2 \tag{7.30}$$

它表示 e 光的法线面是一个旋转卵形面。图 7.26 给出了 o 光和 e 光的法线面图形。由于实际上 n_o 和 n_e 相差不大,因此卵形面非常接近于椭球面。

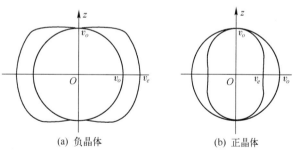

(a) 负晶体   (b) 正晶体

图 7.26 单轴晶体的法线面

7.4.4 光线面

光线面就是光线速度面。从晶体中任一点 O 引各方向的光线速度矢量 $\boldsymbol{v}_S$,其端点的轨迹构成光线面。

前面讨论的几个曲面都没有直接涉及光线方向和光线速度。我们知道,在晶体中一般地光线

方向和波法线方向是不相同的,光线速度和法线速度也是不相同的。不过,它们之间存在一定的关系[例如,关系式(7.11)],对于单轴晶体还有式[(7.19)],因此原则上可以利用法线面通过作图法来确定光线面。但是要得到光线面的方程仍然是困难的。比较方便的方法是,从晶体中电磁场的基本方程出发,导出与光线方向和光线速度有关的方程来获得光线面。

由式(7.12b),$\boldsymbol{D}$ 矢量和 $\boldsymbol{E}$ 矢量的关系为

$$\boldsymbol{D}=\varepsilon_0 n^2[\boldsymbol{E}-\boldsymbol{k}_0(\boldsymbol{k}_0\cdot\boldsymbol{E})]$$

参看图7.27,可见它们的数量关系为

$$|\boldsymbol{D}|=\varepsilon_0 n^2|\boldsymbol{E}_\perp|=\varepsilon_0 n^2|\boldsymbol{E}|\cos\alpha \qquad (7.31)$$

定义光线折射率 $\qquad n_S=c/v_S \qquad (7.32)$

由于 $\qquad n=c/v_k \qquad (7.33)$

所以有 $\qquad n^2\cos\alpha=\dfrac{n_S^2}{\cos\alpha}$

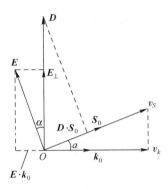

图 7.27 晶体中 $\boldsymbol{D},\boldsymbol{E},\boldsymbol{k}_0,\boldsymbol{S}_0$ 等矢量的关系

于是由式(7.31)和上式得到

$$|\boldsymbol{E}|=\frac{|\boldsymbol{D}|\cos\alpha}{\varepsilon_0 n_S^2}=\varepsilon_0^{-1}n_S^{-2}|\boldsymbol{D}|\cos\alpha$$

根据图7.27,上式也可写成矢量形式

$$\boldsymbol{E}=\varepsilon_0^{-1}n_S^{-2}[\boldsymbol{D}_0-\boldsymbol{S}_0(\boldsymbol{S}_0\cdot\boldsymbol{D})] \qquad (7.34)$$

式中,$\boldsymbol{S}_0$ 是光线方向的单位矢量。

在7.3.2节中,由式(7.12b)出发,利用关系 $\boldsymbol{D}\cdot\boldsymbol{k}_0=0$,导出了关于波法线的菲涅耳方程(7.14)。类似地,从式(7.34)出发,利用关系 $\boldsymbol{E}\cdot\boldsymbol{S}_0=0$,也可以导出一个关于光线的方程[1]

$$\frac{S_{0x}^2}{\dfrac{1}{v_S^2}-\dfrac{1}{v_x^2}}+\frac{S_{0y}^2}{\dfrac{1}{v_S^2}-\dfrac{1}{v_y^2}}+\frac{S_{0z}^2}{\dfrac{1}{v_S^2}-\dfrac{1}{v_z^2}}=0 \qquad (7.35)$$

这一方程称为光线方程,它规定了晶体中光线速度 v_S 与光线方向 $\boldsymbol{S}_0$ 之间所满足的关系。这个方程形式上与菲涅耳方程(7.14)相同,因此晶体中对应于某一给定的光线方向 $\boldsymbol{S}_0$,一般地 v_S 有两个不相等的实根。这就是说,对应于一个光线方向,可以允许光线速度不同的两个光波传播,自然这两个光波的波法线一般是不相同的。既然一个光线方向可以有两种光线速度,光线面也应该是一个双层曲面。从光线面的定义($\boldsymbol{r}=v_S\boldsymbol{S}_0$)出发,将关系

$$x=v_S S_{0x}, \qquad y=v_S S_{0y}, \qquad z=v_S S_{0z}$$

和

$$x^2+y^2+z^2=v_S^2$$

代入光线方程(7.35),即可得到光线面方程

$$(v_x^2 x^2+v_y^2 y^2+v_z^2 z^2)(x^2+y^2+z^2)-[v_x^2(v_y^2+v_z^2)x^2+v_y^2(v_x^2+v_z^2)y^2+v_z^2(v_x^2+v_y^2)z^2]+v_x^2 v_y^2 v_z^2=0 \quad (7.36)$$

光线面如图7.28所示,它与三个坐标面的交线都是一个圆和一个椭圆(图7.29),并且在 xz 面上也有四个交点,这些都与波矢面类似。

但是,值得注意的是,光线面每一条矢径的方向是代表光线方向的。因此,它在 xz 面上四个交点通过原点 O 的连线方向,是两个光波光线速度相同的方向,而不是法线速度(相速度)相同的方向,我们把这两个方向称为晶体的光线轴(图7.29(b)中 B_1 和 B_2)。在双轴晶体中,光线轴与光轴方向都平行于 xz 面,但它们的方向不同,不过它们之间的角度一般很小(见习题7.11)。

---

[1] 方程中 $v_x=\dfrac{c}{n_x},v_y=\dfrac{c}{n_y},v_z=\dfrac{c}{n_z}$。应该注意,它们不是光波或光线沿 x,y,z 三个主轴传播时的速度,正如 n_x,n_y,n_z 不是光波或光线沿 x,y,z 三个主轴传播时的折射率一样。

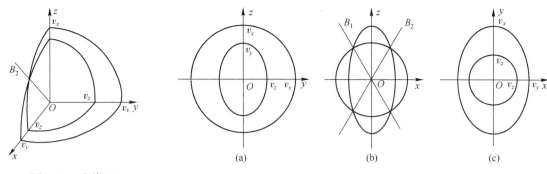

图 7.28　光线面

图 7.29　光线面与三个坐标面的交线图形

对于单轴晶体，$v_x = v_y = v_o$，$v_z = v_e$，代入光线方程(7.36)，可得到下面两个方程

$$x^2 + y^2 + z^2 = v_o^2 \tag{7.37a}$$

$$\frac{x^2 + y^2}{v_e^2} + \frac{z^2}{v_o^2} = 1 \tag{7.37b}$$

前者表示半径为 v_o 的球面，后者表示一个以 z 轴(光轴[①])为旋转轴的旋转椭球面。两面在 z 轴上相切，如图 7.30 所示。球面是单轴晶体中 o 光的光线面，旋转椭球面是 e 光的光线面。

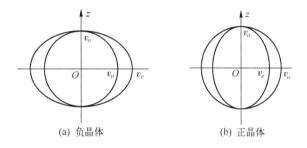

(a) 负晶体　　　　　　　(b) 正晶体

图 7.30　单轴晶体光线面(波面)

为了与法线面[式(7.30)]相比较，也可以导出一个 e 光光线面的不同形式的方程：将关系 $x = v_S \sin\theta'$，$y = 0$，$z = v_S \cos\theta'$(θ' 为光线方向 $\boldsymbol{S}_0$ 与光轴的夹角)代入式(7.37b)，即可得到方程

$$n_e^2 \sin^2\theta' + n_o^2 \cos^2\theta' = \left(\frac{c}{v_{Se}}\right)^2 \tag{7.38}$$

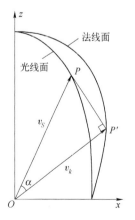

图 7.31　光线面与法线面
的几何关系

光线面与法线面的几何关系如图 7.31 所示。通过光线面上任一点 P 画光线面的切面，再从原点 O 向这个平面引垂线 OP'，OP' 的方向就是与光线方向 OP 相应的波法线方向，而 $OP' = v_k = v_S \cos\alpha$。由此可见，法线面是光线面的垂足曲面。或者反过来，通过法线面上每一点画对应波法线方向的垂面，这些垂面的包络就是光线面。

在下一节里我们将会看到，利用法线面来计算光波在晶体中的传播问题比较方便，因为它本质上与波的传播($\boldsymbol{k}$ 矢)联系在一起。但是光线面的物理意义却比较具体，因为它与光能量的传播直接相联系，我们能够探测到的也是能量的传播。如果设想在晶体内部放置一个单色点光源，考察经过某段时间后点光源发出的光波到达的位置(即波面)，显然

---

① 单轴晶体的光轴与光线轴重合，并且都平行 z 轴方向。

它应该是一个双层的曲面,并且与光线面一致。这就是说,**点光源发出的光波的实际波面是光线面**,除单轴晶体的 o 光波面外,这个波面不是等相面。**点光源发出的光波的等相面是法线面。**晶体中波面和等相面一般情况下不重合,这也是晶体的特殊光学性质之一。

[**例题 7.3**] 利用 e 光光线面(波面)方程,证明单轴晶体中 e 光线与光轴的夹角 θ' 和 e 光波法线与光轴的夹角 θ 之间有如下关系

$$\tan\theta' = \frac{n_o^2}{n_e^2}\tan\theta$$

证:式(7.38)是 e 光椭球波面方程,波面与任一坐标面(如图7.32中的 yOz)的截线都是椭圆。把式(7.38)写为

$$\frac{v_{Se}^2\sin^2\theta'}{\left(\dfrac{c}{n_e}\right)^2} + \frac{v_{Se}^2\cos^2\theta'}{\left(\dfrac{c}{n_o}\right)^2} = 1$$

令 $z = v_{Se}\cos\theta'$,$y = v_{Se}\sin\theta'$,则 yOz 面上的椭圆方程为

$$\frac{y^2}{\left(\dfrac{c}{n_e}\right)^2} + \frac{z^2}{\left(\dfrac{c}{n_o}\right)^2} = 1$$

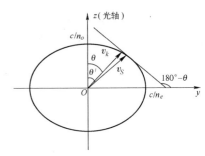

图 7.32　例题 7.3 用图

取微分,得到

$$\frac{\mathrm{d}z}{\mathrm{d}y} = -\frac{n_e^2 y}{n_o^2 z}$$

由图7.32可见,$y/z = \tan\theta'$,$\dfrac{\mathrm{d}z}{\mathrm{d}y} = \tan(180° - \theta) = -\tan\theta$,代入上式得到

$$\tan\theta' = \frac{n_o^2}{n_e^2}\tan\theta$$

这一结果和上一节我们从电磁场的普遍理论得出的结果一致[见式(7.18)]。

[**例题 7.4**] 证明当 $\tan\theta = \dfrac{n_e}{n_o}$ 时,晶体中 e 光线与波法线间的夹角(离散角)α 有最大值。对于钠黄光求出方解石晶体中 α 角的最大值。

证:(1)根据约定,离散角 $\alpha = \theta - \theta'$,对 θ 求导,得到 $\dfrac{\mathrm{d}\alpha}{\mathrm{d}\theta} = 1 - \dfrac{\mathrm{d}\theta'}{\mathrm{d}\theta}$。

由于 $\theta' = \arctan\left(\dfrac{n_o^2}{n_e^2}\tan\theta\right)$,故

$$\frac{\mathrm{d}\alpha}{\mathrm{d}\theta} = 1 - \frac{\mathrm{d}\theta'}{\mathrm{d}\theta} = 1 - \frac{1}{1 + \dfrac{n_o^4}{n_e^4}\tan^2\theta} \cdot \frac{n_o^2}{n_e^2}\sec^2\theta = 1 - \frac{n_o^2 n_e^2}{n_e^4 + n_o^4\tan^2\theta}(1 + \tan^2\theta)$$

当 α 取最大值时,有

$$\frac{\mathrm{d}\alpha}{\mathrm{d}\theta} = 1 - \frac{n_o^2 n_e^2}{n_e^4 + n_o^4\tan^2\theta}(1 + \tan^2\theta) = 0$$

由上式可得

$$n_e^4 + n_o^4\tan^2\theta - n_o^2 n_e^2 - n_o^2 n_e^2\tan^2\theta = 0$$

或写成

$$n_e^2(n_e^2 - n_o^2) - n_o^2(n_e^2 - n_o^2)\tan^2\theta = 0$$

于是得到 $\tan\theta = n_e/n_o$。

(2)当 $\tan\theta = \dfrac{n_e}{n_o}$ 时

$$\tan\theta' = \frac{n_o^2}{n_e^2}\tan\theta = \frac{n_o}{n_e}$$

因此

$$\tan\alpha_{\max} = \tan(\theta - \theta') = \frac{\tan\theta - \tan\theta'}{1 + \tan\theta\tan\theta'} = \frac{n_e^2 - n_o^2}{2 n_o n_e}$$

所以

$$\alpha_{max} = \arctan\left(\frac{n_e^2 - n_o^2}{2n_o n_e}\right)$$

对于方解石晶体，$n_o = 1.658$，$n_e = 1.486$，故

$$\alpha_{max} = \arctan\left[\frac{(1.486)^2 - (1.658)^2}{2 \times 1.658 \times 1.486}\right] = -6°16'$$

离散角 α 取负值表示光线比波法线更加远离光轴（如图 7.32）。对于正晶体，$n_e > n_o$，α 为正值，表示波法线比光线更加远离光轴。

7.5 光波在晶体表面的反射和折射

用上面两节讨论的结果来直接说明晶体的双折射现象，事实上只在特殊情况下才有可能。这是因为前面的讨论都是对于晶体内某一个给定的波法线方向做出的（除光线面外）。在一般情况下，对于一定方向入射的平面波，在晶体内有两个不同波法线方向的折射波，它们的方向并不是已知的。只有在入射光波垂直入射到晶体表面这一特殊情况下，晶体内的两个折射光波的波法线方向才与入射光波相同（理由后面说明）。也就是说，只有在这一特殊情况下，折射光波的方向才是已知的，因而可以直接利用前面讨论的结果。在这一节里，我们来讨论在一般情况下如何确定折射光波和反射光波的波法线方向和光线方向。

7.5.1 波法线方向的确定

1. 反射和折射定律

1.6 节中讨论平面波在两种不同介质分界面上的反射和折射时，得到了波矢 k 在界面上的投影大小不变的结果，即[见式(1.68)]

$$k_1 \cdot r = k_1' \cdot r = k_2 \cdot r$$

式中，r 是界面上的位置矢量，k_1、k_1' 和 k_2 分别是入射波、反射波和折射波的波矢。前面已经指出，这一结果是平面波在界面上的反射和折射定律的数学表示。这个结果不仅对两种各向同性介质的界面是正确的，对各向异性介质（晶体）的界面也是正确的。因此，对光波在晶体界面（表面）上的反射和折射问题，也可以用上述反射定律和折射定律来处理。

2. 斯涅耳作图法

以反射和折射定律为依据的一种利用波矢面的作图法——斯涅耳作图法，可以很方便地确定光波在晶体表面的反射波和折射波的方向。这里我们只讨论如何确定折射波的方向。

斯涅耳作图法如图 7.33 所示。假定平面光波从各向同性介质射向晶体表面。以晶体表面上一点 O 为原点，在晶体内分别画出光波在入射介质中的波矢面 Σ_1（它是一个单层球面）和光波在晶体中的波矢面 Σ_2' 和 Σ_2''（它是双层面）。将入射光线自 O 延长，与 Σ_1 交于 A 点；过 A 点作垂直晶体表面的直线，与晶体波矢面 Σ_2' 和 Σ_2'' 分别相交于 B 和 C 点，则 $\overrightarrow{OB}$ 和 $\overrightarrow{OC}$ 就是所求的两个折射光波的波矢 k_2' 和 k_2''。这是因为对于自 O 点向波矢面 Σ_2' 和 Σ_2'' 可以引的所有矢径中，只有 k_2' 和 k_2'' 满足折射定律

$$k_1 \cdot r = k_2' \cdot r \tag{7.39a}$$

$$k_1 \cdot r = k_2'' \cdot r \tag{7.39b}$$

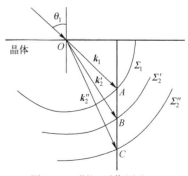

图 7.33 斯涅耳作图法

利用斯涅耳作图法来确定折射波的方向时应注意以下几点：

（1）由于折射定律［式(7.39)］规定的两个折射波的波矢总是在入射面内，因此，斯涅耳作图法只利用一张平面图就可以确定两个折射波的波法线方向。这是该作图法的便利之处。

（2）把式(7.39a)和式(7.39b)改写为

$$k_1\sin\theta_1 = k_2'\sin\theta_2' \tag{7.40a}$$

$$k_1\sin\theta_1 = k_2''\sin\theta_2'' \tag{7.40b}$$

式中，θ_1 是入射角，θ_2' 和 θ_2'' 分别是两个折射波矢 $\boldsymbol{k}_2'$ 和 $\boldsymbol{k}_2''$ 与界面法线的夹角。由于一般 $\boldsymbol{k}_2'$ 和 $\boldsymbol{k}_2''$ 并非常数，所以 $\dfrac{\sin\theta_1}{\sin\theta_2}$ 也不是恒量，这一点与在各向同性介质中的折射是不同的。正是由于这点不同，我们把晶体中的折射光称为非常光。不过，对于单轴晶体内的其中一个折射光，它的 k 值却是常数，因而 $\dfrac{\sin\theta_1}{\sin\theta_2}$ 为恒量，所以把它称为寻常光。

（3）一般 $\boldsymbol{k}_2'$ 和 $\boldsymbol{k}_2''$ 并非常数，并且波矢面的面形复杂，所以从给定的 θ_1 精确地确定 θ_2' 和 θ_2''，并不容易。只是对于单轴晶体，或者双轴晶体在一些特殊的方向上才比较容易求出 θ_2' 和 θ_2''。此外，确定了 $\boldsymbol{k}_2'$ 和 $\boldsymbol{k}_2''$ 的方向后，还需经过转换才可知道折射光线的传播方向。

3. 两个实例

［例题 7.5］　平行钠光正入射到一片方解石（负单轴晶体）晶片上，晶片如图 7.34 所示：光轴在图面内，并与晶体表面成 30°角。求：

（1）晶片内 o 光线与 e 光线的夹角；

（2）当晶片厚度 $d=1\text{mm}$ 时，o 光和 e 光射出晶片后的位相差。

解：（1）这一情形的斯涅耳作图法如图 7.34 所示。可见晶体内 o 光的波法线和 e 光的波法线方向相同，并且都与晶面垂直。由于 o 光线与 o 光波法线同向，所以 o 光线方向与晶面垂直。

对于 e 光线，它与 e 光波法线方向的夹角 α 由式(7.19)计算：

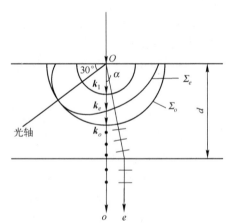

图 7.34　例题 7.5 用图

$$
\begin{aligned}
\tan\alpha &= \left(1 - \frac{n_o^2}{n_e^2}\right)\frac{\tan\theta}{1 + \frac{n_o^2}{n_e^2}\tan^2\theta} \\[2mm]
&= \left[1 - \frac{(1.6584)^2}{(1.4864)^2}\right]\frac{\tan 60^\circ}{1 + \left(\frac{1.6584}{1.4864}\tan 60^\circ\right)^2} \\[2mm]
&= -0.0896
\end{aligned}
$$

得到 $\alpha = \theta - \theta' = -5^\circ 7'$，所以 e 光线较其波法线远离光轴。由于 e 光波法线方向与 o 光波法线相同，因而与 o 光线方向相同，所以 α 角也是 e 光线与 o 光线的夹角。

（2）位相差 δ 与光程差 $\mathscr{D}$ 的关系为

$$\delta = \frac{2\pi}{\lambda}\mathscr{D}$$

可按两种途径计算光程差：

① 按法线折射率即折射率 n 计算。e 光在与光轴成 60°角方向的折射率为［由式(7.16b)］

$$n(60^\circ) = \frac{1.6584 \times 1.4864}{\sqrt{(1.6584)^2\sin^2 60^\circ + (1.4864)^2\cos^2 60^\circ}} = 1.5246$$

故得 e 光和 o 光的光程差为

$$\mathscr{D}=[n_o - n(60°)]d=[1.6584-1.5246]\times 1\text{mm}=0.1338\text{mm}$$

② 按光线折射率 n_S 计算。e 光线与光轴夹角 $\theta'=65°7'$,由光线面方程(7.38),在这一方向上的折射率可由下式计算:

$$n_S^2=\left(\frac{c}{v_{Se}}\right)^2=n_e^2\sin^2\theta'+n_o^2\cos^2\theta'$$

由此得到 $\qquad n_S(65°7')=\sqrt{(1.4864)^2\sin^2 65°7'+(1.6584)^2\cos^2 65°7'}=1.5185$

因此,按光线方向计算,o 光和 e 光的光程差为

$$\mathscr{D}=\left[n_o d-n_S(65°7')\frac{d}{\cos\alpha}\right]=1.6584\times 1\text{mm}-1.5185\times\frac{1\text{mm}}{\cos 5°7'}=0.1338\text{mm}$$

可见,按两种途径算得的光程差完全相同。

再由光程差计算位相差:

$$\delta=\frac{2\pi}{\lambda}\mathscr{D}=2\pi\times\frac{0.1338\text{mm}}{589.3\times 10^{-6}\text{mm}}=454\pi$$

o 光和 e 光的 $\boldsymbol{E}$ 矢量振动方向如图 7.34 所示。

[例题 7.6] 如图 7.35 所示,一块单轴晶片的光轴垂直于表面。晶体的两个主折射率分别为 n_o 和 n_e,证明当平面波以入射角 θ_1 入射到晶体时,晶体内非常光的折射角 θ'_e 可由下式计算

$$\tan\theta'_e=\frac{n_o\sin\theta_1}{n_e\sqrt{n_e^2-\sin^2\theta_1}}$$

证:按斯涅耳作图法确定的 e 光波矢 $\boldsymbol{k}_e$ 如图 7.35 所示(此图按正晶体画的)。$\boldsymbol{k}_e$ 与光轴的夹角设为 θ_e,这一夹角和入射角 θ_1 两者由式(7.40)联系:

$$k_1\sin\theta_1=k_e\sin\theta_e$$

或写成($n_1=1$) $\qquad n_1\sin\theta_1=\sin\theta_1=n(\theta_e)\sin\theta_e$

式中,$n(\theta_e)$ 是 e 光在波矢 $\boldsymbol{k}_e$ 方向上的折射率,它可利用式(7.16b)求出,即

$$n^2(\theta_e)=\frac{n_o^2 n_e^2}{n_o^2\sin^2\theta_e+n_e^2\cos^2\theta_e}$$

由以上两式消去 $n(\theta_e)$,即可得到

$$\tan\theta_e=\frac{n_e\sin\theta_1}{n_o\sqrt{n_e^2-\sin^2\theta_1}}$$

把 θ_e 转换成 e 光与光轴的夹角 θ'_e(在本例情况下 θ'_e 也是折射角),可利用式(7.18):

$$\tan\theta'_e=\frac{n_o^2}{n_e^2}\tan\theta=\frac{n_o\sin\theta_1}{n_e\sqrt{n_e^2-\sin^2\theta_1}}$$

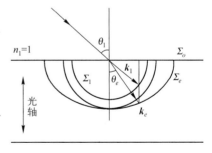

图 7.35 例题 7.6 用图

因此本题得证。

7.5.2 惠更斯作图法

我们知道,在各向同性介质中,可以利用惠更斯原理(作图法)来求折射光线的方向。这个方法也可以应用到晶体中来,从而直接得到晶体中两个折射光波的光线方向。

如图 7.36 所示,设有一束平行光垂直入射到单轴晶体(设为负晶体)的表面上。晶体的光轴

在图面内,并与晶面成某一角度。根据惠更斯原理,波前上的每一点都可视为一个子波源。在平行光束到达晶面时选取 A、A' 两点代表这些子波源,并以 AA' 表示入射光束的波前。经过一小段时间间隔后,从这些点射入晶体内的子波如图 7.36 所示。其中,圆代表 o 光的子波波面(球面)与图面的截线,椭圆代表 e 光的子波波面(即 e 光光线面,它为椭球面)与图面的截线。如果画出 A、A' 间所有点的子波波面,那么 o 光的新的波前就是所有球面子波的包络面(图中由公切线 OO' 表示),而 e 光的新的波前就是所有椭球子波的包络面(图中由公切线

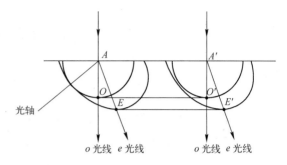

图 7.36 惠更斯作图法:光波垂直入射

EE' 表示)。把 A 点与切点 O 和 E(或 A' 与切点 O' 和 E')连接起来便得到晶体内 o 光线和 e 光线的方向。

由惠更斯作图法可见,入射光束在晶体内分成了两束,其中 o 光束 OO' 仍沿着原来的方向传播,而 e 光束 EE' 则偏离原方向。不过,它们的波前都与入射波前平行,因此波法线方向不变。这一结果与例题 7.5 的斯涅耳作图法结果一致。

对于垂直入射的平行光,有两种很有实际意义的特殊情形。这两种情形如图 7.37 所示。图 7.37(a)表示晶体表面切成与光轴垂直(对单轴晶体言),这时光线沿光轴方向传播,不发生双折射现象,晶体内没有 o 光和 e 光之分[1]。图 7.37(b)和(c)表示晶体表面切成与光轴平行,这种情形的折射光线尽管只有一束,但是却包括 o 光和 e 光,它们的传播速度不同,E 矢量(或 D 矢量)方向互相垂直[例如在图 7.37(c)中,o 光的 E(和 D)矢量垂直于图面,e 光的 E(和 D)矢量平行于图面]。透过晶片后,o 光和 e 光有一个固定的位相差。这种晶片的用处以后再讨论。

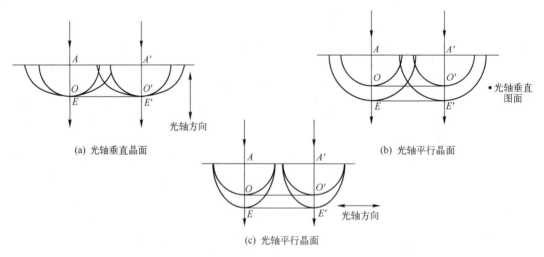

(a) 光轴垂直晶面

(b) 光轴平行晶面

(c) 光轴平行晶面

图 7.37 两种特殊情形

如果平行光是倾斜入射的,同样可以利用惠更斯作图法求出它的两束折射光。如图 7.38(a)所示,设光轴在入射面内(晶体为单轴负晶体),从晶面上光波 AA' 最先到达的 A 点画出 o 波面(在图面内用圆表示),取它的半径为 $A'O'/n_o$,再画出 e 波面(在图面内用椭圆表示),使它和 o 波面在光轴方向相切。从 O' 点向圆和椭圆分别画切线,定出切点 O 和 E,那么 OO' 和 EO' 分别就是晶体内

---

[1] 晶体内光波折射率为 n_o。

o 光和 e 光的波前,而 AO 和 AE 则分别是 o 光线和 e 光线的方向。一般情况下,e 光的波法线方向与 e 光线方向不一致。

图 7.38(b) 所示是晶体光轴垂直于入射面的情形。这时,不仅 o 光波法线方向与 o 光线方向一致,e 光波法线方向与 e 光线方向也一致。并且 e 光线的折射角 θ_e 满足下式[①]

$$\frac{\sin\theta_1}{\sin\theta_e} = n_e \tag{7.41}$$

因此,在这种情形下确定 e 光线的方向特别简单。

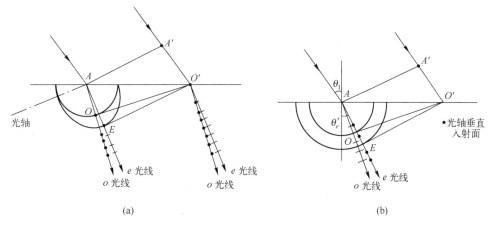

(a)　　　　　　　　　　　　　　(b)

图 7.38　惠更斯作图法:光波斜入射

在一般情况下,光轴既不与入射面平行也不与入射面垂直,这时 e 光线不在入射面内,只在一个平面上作图已不够了。这种情况下的 e 光线计算,见参考文献[26]和[27]。

对于双轴晶体,原则上也可以利用光线面和惠更斯作图法来求折射光的方向。但是,由于双轴晶体的光线面复杂,作图并不容易。只是在某些特殊情况下,作图才比较简单。图 7.39(a) 所示就是一种比较简单的情况:晶体的光线轴(以及光轴)在入射面内,这时晶体的光线面(子波波面)与入射面的截线是一个圆和一个椭圆,用惠更斯作图法很容易定出两束折射光的方向。

特别有趣的是图 7.39(b) 所示的情况,这时由 B 点向圆和椭圆所引的切线正好重合,该切线所代表的垂直于入射面的平面就是晶体内折射波的波前,这时只有一个折射波前,并且波前的法线方

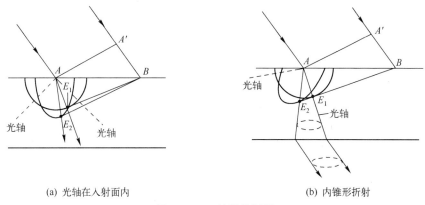

(a) 光轴在入射面内　　　　　　　(b) 内锥形折射

图 7.39　双轴晶体折射

---

① o 光折射角满足 $\dfrac{\sin\theta_1}{\sin\theta_o} = n_o$。

向就是晶体的光轴方向。从三维空间看,这一波前与光线面的交点不只图7.39上所示 E_1 和 E_2 两点,而是有无数点,它们构成一个以 E_1E_2 为直径的圆。由 A 点向这个圆上各点所引的直线都是光线方向。因此,如果入射光束较细,则晶体内的光线形成一个圆锥,射出晶片后成为一个圆筒。这一折射情形称为**内锥形折射**。

除内锥形折射外,双轴晶体还可产生另一种有趣的折射情形——**外锥形折射**。当自然光射入晶体后沿光线轴 AB 方向传播时(图7.40(a)),由于 B 点处光线面的切平面也不只两个,其法线方向也构成一个圆锥面。因此,当光束自晶体射出后,便沿着与各法线对应的折射方向传播,形成外锥形折射。外锥形折射的实验如图7.40(b)所示,入射光是一束实心的锥形光束,小孔 A 和 B 选择出在晶体内沿光线轴传播的光线,它出射后形成外锥形折射。

7.5.3 双反射现象

图7.41所示是一块方解石棱镜,光轴与棱镜表面垂直,当一束自然光正入射于此棱镜时,在棱镜斜面上将发生双反射现象,两束反射光都是线偏振光。利用斯涅耳作图法或惠更斯作图法都可以确定两支反射光的传播方向和振动方向。

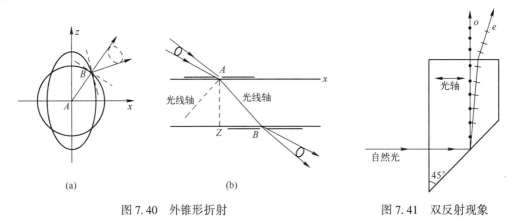

图7.40 外锥形折射   图7.41 双反射现象

7.6 晶体光学器件

7.6.1 偏振棱镜

利用晶体的双折射现象,可以制成各种偏振棱镜。这里只介绍比较常用的尼科耳棱镜、格兰棱镜和渥拉斯顿棱镜。

1. 尼科耳棱镜

尼科耳棱镜的制法大致如图7.42(a)所示。取一块长度约为宽度三倍的优质方解石晶体,将两端磨去约3°,使其主截面的角度由70°53′变为68°,然后将晶体沿垂直于主截面及两端面的平面 $ABCD$ 切开,把切开的面磨成光学平面,再用加拿大树胶胶合起来,并将周围涂黑,就成了尼科耳棱镜。

加拿大树胶是一种各向同性的物质,它的折射率 n_B 比寻常光的折射率小,但比非常光的折射率要大。例如对于 $\lambda = 589.3\text{nm}$ 的钠黄光来说, $n_o = 1.6584$, $n_B = 1.55$, $n'_e = 1.5159$ (n'_e 是 e 光沿图7.42(b)中的纵长方向传播时的折射率)。因此, o 光和 e 光在胶合层反射的情况是不同的。对于 o 光来说,当它由光密介质(方解石)射到光疏介质(胶层)时有可能发生全反射。发生全反射的临界角为

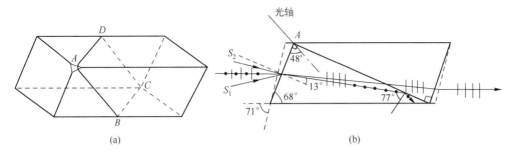

图 7.42　尼科耳棱镜

$$\theta_c = \arcsin \frac{n_B}{n_o} = \arcsin \frac{1.55}{1.6584} \approx 69°$$

当自然光沿棱镜的纵长方向入射时,入射角 $\theta_1 = 22°$,o 光的折射角 $\theta_{2o} \approx 13°$,因此在胶层的入射角约为 $77°$,比临界角大,就发生全反射,被棱镜壁吸收。至于 e 光,由于 $n'_e < n_B$,不发生全反射,可以透过胶层从棱镜的另一端射出。显然,所透出的偏振光的光矢量与入射面平行。

尼科耳棱镜的孔径角约为 $\pm 14°$。如图 7.42(b) 所示,虚线表示未磨之前的端面位置,当入射光在 S_1 一侧超过 $14°$ 时,o 光在胶层上的入射角小于临界角,不发生全反射;当入射光在 S_2 一侧超过 $14°$ 时,由于 e 光的折射率增大而与 o 光同时发生全反射,结果没有光从棱镜射出。因此尼科耳棱镜不适合用于高度会聚或发散的光束。再说,晶莹纯粹的方解石天然晶体都比较小,制成的尼科耳棱镜的有效使用截面都很小,而价格却十分昂贵。由于它对可见光的透明度很高,并且能产生完善的线偏振光,所以尽管有上述缺点,对于可见的平行光束(特别是激光)来说,尼科耳棱镜仍然是一种比较优良的偏振器。

2. 格兰棱镜

尼科耳棱镜的出射光束与入射光束不在一条直线上,这在使用中会带来不便。例如,当尼科耳棱镜作为检偏器绕光的传播方向旋转时,出射光束也在打圈子。格兰棱镜是为改进尼科耳棱镜的这个缺点而设计的。图 7.43 是它的示意图。它也用方解石制成,不同之处是端面与底面垂直,光轴既平行于端面也平行于斜面,亦即与图面垂直。当光垂直于端面入射时,o 光和 e 光均不发生偏折,它们在斜面上的入射角就等于棱镜斜面与直角面的夹角 θ。选择 θ 角使得对于 o 光来说入射角大于临界角,发生全反射而被棱镜壁的涂层吸收;对于 e 光来说入射角小于临界角能够透过,从而射出一束线偏振光。

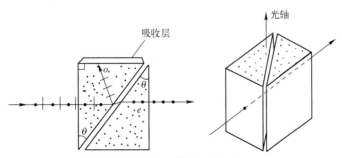

图 7.43　格兰棱镜示意图

组成格兰棱镜的两块直角棱镜之间可以用加拿大树胶胶合,这时 $\theta \approx 76°30'$,孔径角约为 $\pm 13°$。但是用加拿大树胶胶合有两个缺点,一是加拿大树胶对紫外光吸收强烈,二是胶合层易被大功率的激光束所破坏。在这两种情形下往往用空气层来代替胶合层。这时 $\theta \approx 38.5°$,孔径角约为 $\pm 7.5°$。这种棱镜能够透过波长短到 210nm 的紫外光。

3. 渥拉斯顿棱镜

渥拉斯顿棱镜能产生两束互相分开的光矢量互相垂直的线偏振光。如图 7.44 所示,它是由两块直角方解石棱镜胶合而成的。这两个直角棱镜的光轴互相垂直,又都平行于各自的表面。

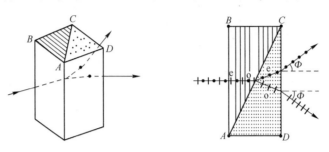

图 7.44 渥拉斯顿棱镜

当一束很细的自然光垂直入射到 AB 面上时,由第一块棱镜产生的 o 光和 e 光并不分开,但以不同的速度前进。由于第二块棱镜的光轴相对于第一块棱镜转过了 90°,因此在界面 AC 处,o 光与 e 光发生了转化。先看光矢量垂直于图面的这束偏振光,它在第一块棱镜里是 o 光,在第二块棱镜里却成了 e 光。由于方解石的 $n_o > n_e$,这束光在通过界面时由光密介质进入光疏介质,因此将远离界面法线传播。再看光矢量平行于图面的这束光,它在第一块棱镜里是 e 光,在第二块棱镜里却成了 o 光,因此在通过界面时由光疏介质进入光密介质,将靠近法线传播。这样,从渥拉斯顿棱镜射出来的是两束夹有一定角度的光矢量互相垂直的线偏振光。不难证明,当棱镜顶角 θ 不很大时,这两束光差不多对称地分开,它们与出射面的法线的夹角 Φ 为

$$\Phi = \arcsin\left[\, (n_o - n_e) \tan\theta \,\right] \tag{7.42}$$

制造渥拉斯顿棱镜的材料也可以用水晶(即石英)。水晶比方解石容易加工成完善的光学平面,但分出的两束光的夹角要小得多。

7.6.2 波片

波片是由晶体制成的平行平面薄片。如图 7.45 所示,起偏器获得的线偏振光垂直入射到由单轴晶体制成的波片上,波片的光轴与其表面平行,设为 y 轴方向。从上一节的讨论不难明白,这时入射波片的线偏振光将分解为 o 光和 e 光,它们的光矢量分别沿 x 轴和 y 轴。习惯上把两轴中的一个称为**快轴**,另一个称为**慢轴**,意为光矢量沿着快轴的那束光传播得快,光矢量沿着慢轴的那束光传播得慢。例如,对于负单轴波片,e 光比 o 光速度快,所以光轴方向是快轴,与之垂直的方向是慢轴。由于 o 光和 e 光在波片中速度不同,它们通过波片后产生一定的位相差。设波片的厚度为 d,在波片中 o 光的光程是 $n_o d$,e 光的光程是 $n_e d$,两者的光程差就是

$$\mathscr{D} = |\, n_o - n_e \,| d \tag{7.43a}$$

位相差是

$$\delta = \frac{2\pi}{\lambda} |\, n_o - n_e \,| d \tag{7.43b}$$

可见波片能使光矢量互相垂直的两束线偏振光产生位相相对延迟,故波片也称为**位相延迟片**。由 2.3 节的讨论知道,这样两束光矢量互相垂直且有一定位相差的线偏振光,叠加结果一般为椭圆偏振光,椭圆的形状、方位、旋向随位相差 δ 改变。下面介绍几种特殊的波片。

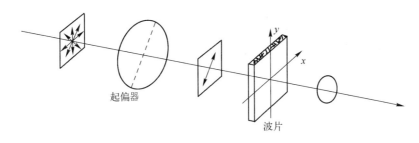

图 7.45 线偏振光通过波片

1. 1/4 波片

如果波片产生的光程差

$$\mathscr{D} = |n_o - n_e| d = \left(m + \frac{1}{4}\right)\lambda \tag{7.44}$$

式中,m 为整数,这样的波片叫作 **1/4 波片**。当入射的线偏振光的光矢量与波片的快轴或慢轴成 $\pm 45°$ 角时,通过 1/4 波片后得到圆偏振光。反过来,1/4 波片可以使圆偏振光或椭圆偏振光变成线偏振光。

2. 半波片

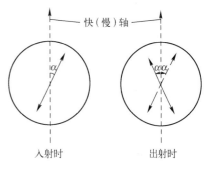

图 7.46 线偏振光通过半波片后光矢量的转动

如果波片产生的光程差为

$$\mathscr{D} = \left(m + \frac{1}{2}\right)\lambda \tag{7.45}$$

式中,m 为整数,这样的波片叫**半波片或 1/2 波片**。圆偏振光通过半波片后仍为圆偏振光,但旋向改变(见习题 7.31)。线偏振光通过半波片后仍然是线偏振光,但光矢量的方向改变。设入射的线偏振光的光矢量与波片快轴(或慢轴)的夹角为 α,通过波片后光矢量向着快轴(或慢轴)的方向转过 2α 角(见图 7.46)。

3. 全波片

如果波片产生的光程差为

$$\mathscr{D} = m\lambda \tag{7.46}$$

式中,m 为整数,则称为**全波片**。

值得注意的是,所谓 1/4 波片、半波片或全波片都是针对某一特定的波长而言的。这是因为一个波片所产生的光程差 $|n_o - n_e| d$ 基本上是不随波长改变的[①],因此式(7.44)、式(7.45)和式(7.46)都只对某一特定的波长才成立。例如,若波片产生的光程差 $\mathscr{D} = 560\text{nm}$,那么对波长为 560nm 的光来说,它是全波片。这种波长的线偏振光通过全波片以后仍为线偏振光。但对其他波长来说,它不是全波片,其他波长的线偏振光通过它后一般得到椭圆偏振光。

目前制造波片的材料多为云母。云母是双轴晶体,当光垂直入射时,也分解成光矢量互相垂直的两个分量。由于这两个分量的折射率不同,将产生一定的光程差。云母容易解理成很薄的薄片,而且厚度容易控制,所以用来制造波片是很适宜的。另外,经过拉伸的聚乙烯醇薄膜也可以用来制造波片。

*7.6.3 补偿器

波片只能产生固定的位相差,补偿器可以产生连续改变的位相差。这里只讨论比较重要的巴

[①] 一般晶体的 n_o 和 n_e 与波长有关,这是晶体的色散作用(见表 7.1),严格说来 $|n_o - n_e| d$ 与波长有关。

巴俾涅补偿器。如图 7.47 所示,它由两块方解石或石英制成的光楔组成,这两块光楔的光轴互相垂直,图中用若干线条和点表示光轴。对照图 7.44 可见,巴俾涅补偿器与渥拉斯顿棱镜很相似。当光垂直入射时,分成光矢量互相垂直的两个分量。不过巴俾涅补偿器的楔角很小(约 $2°\sim3°$),厚度也不大,所以这两个分量的传播方向基本上一致。设光在第 1 块光楔中通过的厚度为 d_1,在第 2 块光楔中通过的厚度为 d_2。光矢量沿第 1 块光楔的光轴方向的那个分量在第 1 块光楔中属于 e 光,在第 2 块光楔中却属于 o 光。它在补偿器中的总光程为 $(n_e d_1 + n_o d_2)$,用同样方法可以得出,

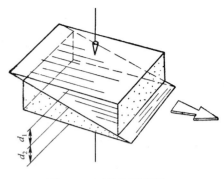

图 7.47 巴俾涅补偿器

光矢量沿第 2 块光楔的光轴方向的那个分量在该补偿器中的总光程为 $(n_o d_1 + n_e d_2)$,两个分量之间的位相差为

$$\delta = \frac{2\pi}{\lambda}[(n_e d_1 + n_o d_2) - (n_o d_1 + n_e d_2)] = \frac{2\pi}{\lambda}(n_e - n_o)(d_1 - d_2) \tag{7.47}$$

当用测微丝杆推动第 2 块光楔沿箭头方向移动时,$(d_1 - d_2)$ 的值变小,δ 也随之改变。根据光楔移动的数值可以知道所产生的 δ 值。利用该补偿器可以精确地测定波片产生的光程差(见习题 7.36)。

[**例题 7.7**] 构成渥拉斯顿棱镜的直角方解石棱镜的顶角 $\theta = 30°$,试求当一束自然光垂直入射时,从棱镜出射的 o 光和 e 光的夹角。

解:如图 7.48 所示,光束通过第 1 块棱镜时,o 光和 e 光不分开,但传播速度不同。o 光振动垂直于图面,e 光振动平行于图面。振动垂直于图面的 o 光进入第 2 块棱镜后为 e 光,传播速度与在第 1 块棱镜内不同,因而在界面上发生折射,折射角可由折射定律求出(注意只有在第 2 块棱镜的光轴垂直于入射面的特殊情形下,才可应用普通的折射定律):

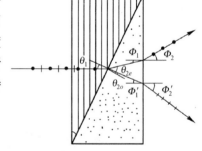

图 7.48 渥拉斯顿棱镜的计算

$$\frac{\sin\theta_1}{\sin\theta_{2e}} = \frac{n_e}{n_o}$$

得到 $\quad \theta_{2e} = \arcsin\left(\frac{n_o \sin\theta_1}{n_e}\right) = \arcsin\left(\frac{1.658 \times \sin 30°}{1.486}\right) = 33°55'$

这束光在渥拉斯顿棱镜后表面的折射角

$$\Phi_2 = \arcsin\left(\frac{n_e \sin\Phi_1}{n_a}\right)$$

式中,n_a 为空气折射率,Φ_1 为入射角。由图易见 $\Phi_1 = \theta_{2e} - \theta_1 = 3°55'$,因此

$$\Phi_2 = \arcsin(1.486 \times \sin 3°55') = 5°49'$$

再看振动方向平行于图面的那束光。它在第 1 块棱镜内是 e 光,进入第 2 块棱镜后为 o 光,在两块棱镜界面上的折射角由下式决定:

$$\frac{\sin\theta_1}{\sin\theta_{2o}} = \frac{n_o}{n_e}$$

得到 $\quad \theta_{2o} = \arcsin\left(\frac{n_e \sin\theta_1}{n_o}\right) = \arcsin\left(\frac{1.486 \times \sin 30°}{1.658}\right) = 26°37'$

这束光在渥拉斯顿棱镜后表面的折射角

$$\Phi_2' = \arcsin\left(\frac{n_o \sin\Phi_1'}{n_a}\right) = \arcsin\left(\frac{n_o \sin(\theta_1 - \theta_{2o})}{n_a}\right) = \arcsin(1.658 \times \sin3°23') = 5°37'$$

由渥拉斯顿棱镜出射的 o 光和 e 光的夹角为

$$\Phi = \Phi_2 + \Phi_2' = 5°49' + 5°37' = 11°26'$$

[例题 7.8]　一束线偏振的钠黄光（$\lambda = 589.3$nm）垂直通过一块厚度为 1.618×10^{-2}mm 的石英波片。该波片折射率 $n_o = 1.54424$，$n_e = 1.55335$，光轴沿 x 轴方向（图 7.49）。试讨论入射线偏振光的振动方向与 x 轴分别成 $45°$、$-45°$ 和 $30°$ 时出射光的偏振态。

解:（1）线偏振光在波片内分解为 o 光和 e 光，它们的振动方向分别垂直于光轴和平行于光轴。若入射光振幅为 A，则 o 光和 e 光的振幅分别为 $A_o = A\sin45°$，$A_e = A\cos45°$，可见两者相等，即 $A_o = A_e = A'$。不过，o 光和 e 光在波片内速度不等，e 光比 o 光慢。从波片出射时，e 光对 o 光的位相延迟（位相差）为

$$\delta = \frac{2\pi}{\lambda}(n_e - n_o)d = \frac{2\pi \times (1.55335 - 1.54424) \times 1.618 \times 10^{-2}\text{mm}}{589.3 \times 10^{-6}\text{mm}} = \frac{\pi}{2}$$

因此在波片后表面 o 光和 e 光的叠加可表示为

$$\boldsymbol{E} = \boldsymbol{E}_e + \boldsymbol{E}_o = \boldsymbol{x}_o A'\cos(k_e d - \omega t) + \boldsymbol{y}_o A'\cos\left(k_e d - \frac{\pi}{2} - \omega t\right)$$

这是右旋圆偏振光（参阅 2.3 节）。

（2）入射线偏振光的振动方向与 x 轴成 $-45°$ 角时，波片内 o 和 e 光的振幅仍相等（$=A'$），且波片产生的位相延迟角也为 $\pi / 2$。但区别于情形（1），o 光和 e 光有一附加位相差 π：在波片前表面，当 e 光振动取 x 轴正向时，o 光振动取 y 轴负向（见图 7.50）。因此在波片后表面 o 光和 e 光的合成光表示为

$$\boldsymbol{E} = \boldsymbol{x}_o A'\cos(k_e d - \omega t) + (-\boldsymbol{y}_o)A'\cos\left(k_e d - \frac{\pi}{2} - \omega t\right)$$

$$= \boldsymbol{x}_o A'\cos(k_e d - \omega t) + \boldsymbol{y}_o A'\cos\left(k_e d - \frac{3\pi}{2} - \omega t\right)$$

这是左旋圆偏振光。

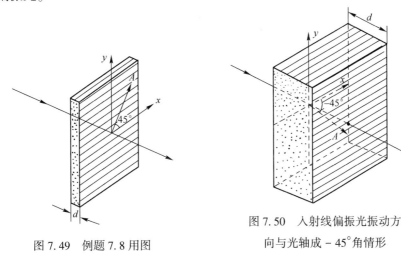

图 7.49　例题 7.8 用图

图 7.50　入射线偏振光振动方向与光轴成 $-45°$ 角情形

（3）其实本例波片是对应于钠黄光的 $1/4$ 波片，位相延迟角为 $\pi / 2$。当入射线偏振光振动方向与光轴成 $30°$ 角时，o 光和 e 光振幅不再相等，它们分别为

$$A_o = A\sin30° = 0.5A，\quad A_e = A\cos30° = 0.866A$$

因此,从波片出射时,o 光和 e 光的合成光是一个右旋椭圆偏振光,偏振椭圆的长轴沿光轴方向,长半轴与短半轴之比为 $0.866/0.5$。

7.7 偏振光和偏振器件的矩阵表示

7.7.1 偏振光的矩阵表示

由 2.3 节的讨论可知,沿 z 方向传播的任何一种偏振光,不管是线偏振光、圆偏振光还是椭圆偏振光,都可以表示为光矢量分别沿 x 轴和 y 轴的两个线偏振光的叠加:

$$\boldsymbol{E} = E_x \boldsymbol{x}_0 + E_y \boldsymbol{y}_0$$
$$= \boldsymbol{x}_0 a_1 \exp[\,\mathrm{i}(\alpha_1 - \omega t)\,] + \boldsymbol{y}_0 a_2 \exp[\,\mathrm{i}(\alpha_2 - \omega t)\,] \tag{7.48}$$

这两个线偏振光有确定的振幅比 a_2/a_1 和位相差 $\delta = \alpha_2 - \alpha_1$。这就是说,任一种偏振光的光矢量都可以用沿 x 轴和 y 轴的两个分量来表示:

$$E_x = a_1 \exp[\,\mathrm{i}(\alpha_1 - \omega t)\,], \quad E_y = a_2 \exp[\,\mathrm{i}(\alpha_2 - \omega t)\,] \tag{7.49}$$

这两个分量的振幅比和位相差决定该偏振光的偏振态。当省去上式中的公共位相因子 $\exp(\mathrm{i}\omega t)$ 时,上式可用复振幅表示为

$$\tilde{E}_x = a_1 \exp(\mathrm{i}\alpha_1), \quad \tilde{E}_y = a_2 \exp(\mathrm{i}\alpha_2) \tag{7.50}$$

这样一来,任一偏振光可以用由它的光矢量的两个分量构成的一列矩阵表示,正像普通二维矢量可以用由它的两个直角分量构成的一列矩阵表示一样。这一列矩阵称为**琼斯矢量**,记为

$$\boldsymbol{E} = \begin{bmatrix} \tilde{E}_x \\ \tilde{E}_y \end{bmatrix} = \begin{bmatrix} a_1 \exp(\mathrm{i}\alpha_1) \\ a_2 \exp(\mathrm{i}\alpha_2) \end{bmatrix} \tag{7.51}$$

我们知道,偏振光的光强度是它的两个分量的光强度之和,即

$$I = |\tilde{E}_x|^2 + |\tilde{E}_y|^2 = a_1^2 + a_2^2$$

一般我们研究的是光强度的相对变化,所以可以把表示偏振光的琼斯矢量归一化,即用 $\sqrt{a_1^2 + a_2^2}$ 除式(7.51)中的两个分量,得到

$$\boldsymbol{E} = \frac{1}{\sqrt{a_1^2 + a_2^2}} \begin{bmatrix} a_1 \exp(\mathrm{i}\alpha_1) \\ a_2 \exp(\mathrm{i}\alpha_2) \end{bmatrix}$$

此外,为了使琼斯矢量能够表示两个分量的振幅比和位相差,把上式中两个分量的共同因子提到矩阵外:

$$\boldsymbol{E} = \frac{a_1 \exp(\mathrm{i}\alpha_1)}{\sqrt{a_1^2 + a_2^2}} \begin{bmatrix} 1 \\ \dfrac{a_2}{a_1} \exp[\,\mathrm{i}(\alpha_2 - \alpha_1)\,] \end{bmatrix} = \frac{a_1 \exp(\mathrm{i}\alpha_1)}{\sqrt{a_1^2 + a_2^2}} \begin{bmatrix} 1 \\ a \exp(\mathrm{i}\delta) \end{bmatrix}$$

式中,$a = a_2/a_1$,$\delta = \alpha_2 - \alpha_1$。通常我们只关心相对位相(位相差),因而上式中的公共位相因子 $\exp(\mathrm{i}\alpha_1)$ 可以弃去不写。于是,得到归一化形式的琼斯矢量为

$$\boldsymbol{E} = \frac{a_1}{\sqrt{a_1^2 + a_2^2}} \begin{bmatrix} 1 \\ a \exp(\mathrm{i}\delta) \end{bmatrix} \tag{7.52}$$

下面举几个求取偏振光的归一化琼斯矢量的例子。

(1) 光矢量沿 x 轴,振幅为 a_1 的线偏振光:$\tilde{E}_x = a_1$,$\tilde{E}_y = 0$。归一化的琼斯矢量为

$$\boldsymbol{E} = \frac{1}{a_1} \begin{bmatrix} a_1 \\ 0 \end{bmatrix} = \begin{bmatrix} 1 \\ 0 \end{bmatrix}$$

（2）光矢量与 x 轴成 θ 角，振幅为 a_1 的线偏振光：$\tilde{E}_x = a_1\cos\theta$，$\tilde{E}_y = a_1\sin\theta$。则 $|\tilde{E}_x|^2 + |\tilde{E}_y|^2 = a_1^2$。归一化的琼斯矢量为

$$E = \frac{1}{a_1}\begin{bmatrix} a_1\cos\theta \\ a_1\sin\theta \end{bmatrix} = \begin{bmatrix} \cos\theta \\ \sin\theta \end{bmatrix}$$

（3）左旋圆偏振光：$\tilde{E}_x = a_1$，$\tilde{E}_y = a_1\exp\left(\mathrm{i}\dfrac{\pi}{2}\right)$。

则 $|\tilde{E}_x|^2 + |\tilde{E}_y|^2 = 2a_1^2$。归一化的琼斯矢量为

$$E = \frac{1}{\sqrt{2}\,a_1}\begin{bmatrix} a_1 \\ a_1\exp\left(\mathrm{i}\dfrac{\pi}{2}\right) \end{bmatrix} = \frac{1}{\sqrt{2}}\begin{bmatrix} 1 \\ \mathrm{i} \end{bmatrix}$$

用同样的方法可以求出其他偏振态的琼斯矢量，结果列于表 7.2 中。

把偏振光用琼斯矢量表示，特别方便于计算两个或多个给定的偏振光叠加的结果。将琼斯矢量简单相加便得到这种结果。例如，两个振幅和位相相同，光矢量分别沿 x 轴和 y 轴的线偏振光的叠加，可以表示为

$$\begin{bmatrix} 1 \\ 0 \end{bmatrix} + \begin{bmatrix} 0 \\ 1 \end{bmatrix} = \begin{bmatrix} 1 \\ 1 \end{bmatrix}$$

结果表明合成光波是一个光矢量与 x 轴成 45° 角的线偏振光波，它的振幅是叠加的单个光波振幅的 $\sqrt{2}$ 倍。又如，两个振幅相等、一个是右旋圆偏振光而另一个是左旋圆偏振光的叠加，可以表示为

$$\frac{1}{\sqrt{2}}\begin{bmatrix} 1 \\ -\mathrm{i} \end{bmatrix} + \frac{1}{\sqrt{2}}\begin{bmatrix} 1 \\ \mathrm{i} \end{bmatrix} = \frac{1}{\sqrt{2}}\begin{bmatrix} 1+1 \\ -\mathrm{i}+\mathrm{i} \end{bmatrix} = \frac{2}{\sqrt{2}}\begin{bmatrix} 1 \\ 0 \end{bmatrix}$$

立即可以看出，合成光波是光矢量沿 x 轴方向的线偏振波，其振幅为圆偏振波振幅的两倍。

表 7.2　一些偏振态的琼斯矢量

偏振态		琼斯矢量
线偏振光	光矢量沿 x 轴	$\begin{bmatrix} 1 \\ 0 \end{bmatrix}$
	光矢量沿 y 轴	$\begin{bmatrix} 0 \\ 1 \end{bmatrix}$
	光矢量与 x 轴成 ±45° 角	$\dfrac{1}{\sqrt{2}}\begin{bmatrix} 1 \\ \pm 1 \end{bmatrix}$
	光矢量与 x 轴成 ±θ 角	$\begin{bmatrix} \cos\theta \\ \pm\sin\theta \end{bmatrix}$
圆偏振光	右旋	$\dfrac{1}{\sqrt{2}}\begin{bmatrix} 1 \\ -\mathrm{i} \end{bmatrix}$
	左旋	$\dfrac{1}{\sqrt{2}}\begin{bmatrix} 1 \\ \mathrm{i} \end{bmatrix}$

*7.7.2　正交偏振

在偏振光的研究中，有时需要用到正交偏振的概念。设有两列偏振光，其偏振态由复振幅 $\tilde{E}_1$ 和 $\tilde{E}_2$ 表示，如果 $\tilde{E}_1 \cdot \tilde{E}_2^* = 0$，则称这两列偏振光是**正交偏振的**，式中星号"$*$"表示复数共轭。

用琼斯矢量来表示正交偏振时，按定义式，如果

$$A_1 A_2^* + B_1 B_2^* = 0 \tag{7.53}$$

则 $E_1 = \begin{bmatrix} A_1 \\ B_1 \end{bmatrix}$ 和 $E_2 = \begin{bmatrix} A_2 \\ B_2 \end{bmatrix}$ 是正交偏振的。因此，对于两列线偏振光，如果它们的光矢量的振动方向互相垂直，那么它们的偏振态是正交的。而在圆偏振情况下，右旋圆偏振和左旋圆偏振是一对正交偏振态（见图 7.51（b））。椭圆偏振态 $\begin{bmatrix} 2 \\ \mathrm{i} \end{bmatrix}$ 与 $\begin{bmatrix} 1 \\ -2\mathrm{i} \end{bmatrix}$ 也是一对正交偏振态（图 7.51（c））。

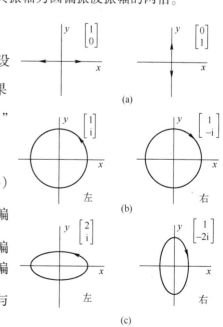

图 7.51　几对正交偏振态

可以证明,任一种偏振态都可以分解为两个正交的偏振态。例如,它可以分解为两个正交的线偏振态:

$$\begin{bmatrix} A \\ B \end{bmatrix} = A \begin{bmatrix} 1 \\ 0 \end{bmatrix} + B \begin{bmatrix} 0 \\ 1 \end{bmatrix}$$

也可以分解为两个正交的圆偏振态:

$$\begin{bmatrix} A \\ B \end{bmatrix} = \frac{1}{2}(A + \mathrm{i}B) \begin{bmatrix} 1 \\ -\mathrm{i} \end{bmatrix} + \frac{1}{2}(A - \mathrm{i}B) \begin{bmatrix} 1 \\ \mathrm{i} \end{bmatrix}$$

7.7.3 偏振器件的矩阵表示

偏振光通过偏振器件后,它的偏振态会发生变化。如图 7.52 所示,入射光的偏振态用 $\boldsymbol{E}_\mathrm{i} = \begin{bmatrix} A_1 \\ B_1 \end{bmatrix}$ 表示,透射光的偏振态用 $\boldsymbol{E}_\mathrm{t} = \begin{bmatrix} A_2 \\ B_2 \end{bmatrix}$ 表示。偏振器件 G 起着 $\boldsymbol{E}_\mathrm{i}$ 与 $\boldsymbol{E}_\mathrm{t}$ 之间的变换作用。假定这种变换是线性的(在线性光学范围内均可满足),即透射光的两个分量 A_2、B_2 是入射光的两个分量 A_1 和 B_1 的线性组合:

$$\left. \begin{array}{l} A_2 = g_{11}A_1 + g_{12}B_1 \\ B_2 = g_{21}A_1 + g_{22}B_1 \end{array} \right\} \tag{7.54}$$

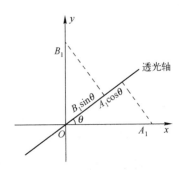

式中,g_{11},g_{12},g_{21},g_{22} 是复常数。把上式写成矩阵形式:

$$\begin{bmatrix} A_2 \\ B_2 \end{bmatrix} = \begin{bmatrix} g_{11} & g_{12} \\ g_{21} & g_{22} \end{bmatrix} \begin{bmatrix} A_1 \\ B_1 \end{bmatrix} \tag{7.55a}$$

或写成

$$\boldsymbol{E}_\mathrm{t} = \boldsymbol{G}\boldsymbol{E}_\mathrm{i} \tag{7.55b}$$

式中

$$\boldsymbol{G} = \begin{bmatrix} g_{11} & g_{12} \\ g_{21} & g_{22} \end{bmatrix} \tag{7.56}$$

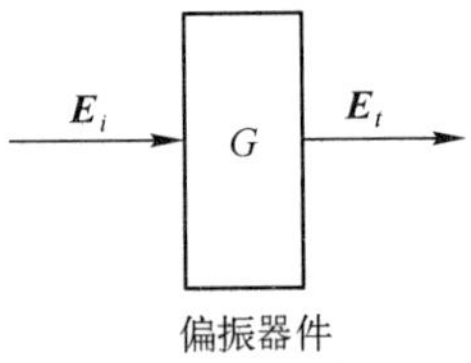

图 7.52 偏振器件对偏振态的变换

因此一个偏振器件的特性可以用矩阵 $\boldsymbol{G}$ 来描述。矩阵 $\boldsymbol{G}$ 称为该器件的**琼斯矩阵**。

下面举几个求偏振器件的琼斯矩阵的例子。

1. 透光轴与 x 轴成 θ 角的线偏振器

入射光 $\begin{bmatrix} A_1 \\ B_1 \end{bmatrix}$ 在 x 轴和 y 轴上的两个分量分别为 A_1 和 B_1(见图 7.53)。入射光通过线偏振器后,A_1 和 B_1 透出的部分分别为 $A_1\cos\theta$ 和 $B_1\sin\theta$,它们在 x 轴上和 y 轴上的线性组合就是 A_2 和 B_2,即

$$A_2 = A_1\cos\theta\cos\theta + B_1\sin\theta\cos\theta = (\cos^2\theta)A_1 + \left(\frac{1}{2}\sin 2\theta\right)B_1$$

$$B_2 = A_1\cos\theta\sin\theta + B_1\sin\theta\sin\theta = \left(\frac{1}{2}\sin 2\theta\right)A_1 + (\sin^2\theta)B_1$$

写成矩阵形式:

$$\begin{bmatrix} A_2 \\ B_2 \end{bmatrix} = \begin{bmatrix} \cos^2\theta & \dfrac{1}{2}\sin 2\theta \\ \dfrac{1}{2}\sin 2\theta & \sin^2\theta \end{bmatrix} \begin{bmatrix} A_1 \\ B_1 \end{bmatrix}$$

所以该线偏振器的矩阵形式为

图 7.53 线偏振器琼斯矩阵的求取

$$G = \begin{bmatrix} \cos^2\theta & \dfrac{1}{2}\sin 2\theta \\ \dfrac{1}{2}\sin 2\theta & \sin^2\theta \end{bmatrix}$$

2. 快轴在 x 方向的 1/4 波片

这种波片对入射光 $\begin{bmatrix} A_1 \\ B_1 \end{bmatrix}$ 的作用是使其 y 轴分量相对于 x 轴分量产生 $\pi/2$ 的位相延迟,因此透射光的两个分量为

$$A_2 = A_1$$

$$B_2 = B_1 \exp\left(\mathrm{i}\,\frac{\pi}{2}\right) = \mathrm{i}B_1$$

写成矩阵形式

$$\begin{bmatrix} A_2 \\ B_2 \end{bmatrix} = \begin{bmatrix} 1 & 0 \\ 0 & \mathrm{i} \end{bmatrix} \begin{bmatrix} A_1 \\ B_1 \end{bmatrix}$$

故所求波片的琼斯矩阵为 $G = \begin{bmatrix} 1 & 0 \\ 0 & \mathrm{i} \end{bmatrix}$。

3. 快轴与 x 轴成 θ 角,产生的位相差为 δ 的波片

设入射光为 $\begin{bmatrix} A_1 \\ B_1 \end{bmatrix}$,$A_1$、$B_1$ 在波片快轴和慢轴上的分量和为(见图 7.54)

$$A_1' = A_1\cos\theta + B_1\sin\theta$$

$$B_1' = A_1\sin\theta - B_1\cos\theta$$

写成矩阵形式 $\begin{bmatrix} A_1' \\ B_1' \end{bmatrix} = \begin{bmatrix} \cos\theta & \sin\theta \\ \sin\theta & -\cos\theta \end{bmatrix} \begin{bmatrix} A_1 \\ B_1 \end{bmatrix}$

因此,入射光透过波片后,在快轴和慢轴上的复振幅分别为

$$A_1'' = A_1'$$

$$B_1'' = B_1'\exp(\mathrm{i}\delta)$$

或者写成 $\begin{bmatrix} A_1'' \\ B_1'' \end{bmatrix} = \begin{bmatrix} 1 & 0 \\ 0 & \exp(\mathrm{i}\delta) \end{bmatrix} \begin{bmatrix} A_1'' \\ B_1'' \end{bmatrix}$

$$= \begin{bmatrix} 1 & 0 \\ 0 & \exp(\mathrm{i}\delta) \end{bmatrix} \begin{bmatrix} \cos\theta & \sin\theta \\ \sin\theta & -\cos\theta \end{bmatrix} \begin{bmatrix} A_1 \\ B_1 \end{bmatrix}$$

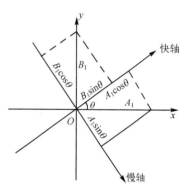

图 7.54 波片琼斯矩阵的求取

这样一来,透射光的琼斯矢量 $\begin{bmatrix} A_2 \\ B_2 \end{bmatrix}$ 的分量为

$$A_2 = A_1''\cos\theta + B_1''\sin\theta$$

$$B_2 = A_1''\sin\theta - B_1''\cos\theta$$

写成矩阵形式 $\begin{bmatrix} A_2 \\ B_2 \end{bmatrix} = \begin{bmatrix} \cos\theta & \sin\theta \\ \sin\theta & -\cos\theta \end{bmatrix} \begin{bmatrix} A_1'' \\ B_1'' \end{bmatrix}$

代入列矩阵 $\begin{bmatrix} A_1'' \\ B_1'' \end{bmatrix}$ 的表达式,得到

$$\begin{bmatrix} A_2 \\ B_2 \end{bmatrix} = \begin{bmatrix} \cos\theta & \sin\theta \\ \sin\theta & -\cos\theta \end{bmatrix} \begin{bmatrix} 1 & 0 \\ 0 & \exp(\mathrm{i}\delta) \end{bmatrix} \begin{bmatrix} \cos\theta & \sin\theta \\ \sin\theta & -\cos\theta \end{bmatrix} \begin{bmatrix} A_1 \\ B_1 \end{bmatrix}$$

$$= \cos\frac{\delta}{2}\begin{bmatrix} 1 - \mathrm{i}\tan\dfrac{\delta}{2}\cos2\theta & -\mathrm{i}\tan\dfrac{\delta}{2}\sin2\theta \\ -\mathrm{i}\tan\dfrac{\delta}{2}\sin2\theta & 1 + \mathrm{i}\tan\dfrac{\delta}{2}\cos2\theta \end{bmatrix}\begin{bmatrix} A_1 \\ B_1 \end{bmatrix}\exp\!\left(\mathrm{i}\frac{\delta}{2}\right)$$

因此,所求波片的琼斯矩阵为 $\left[弃去公共位相因子\ \exp\!\left(\mathrm{i}\dfrac{\delta}{2}\right)\right]$

$$\boldsymbol{G} = \cos\frac{\delta}{2}\begin{bmatrix} 1 - \mathrm{i}\tan\dfrac{\delta}{2}\cos2\theta & -\mathrm{i}\tan\dfrac{\delta}{2}\sin2\theta \\ -\mathrm{i}\tan\dfrac{\delta}{2}\sin2\theta & 1 + \mathrm{i}\tan\dfrac{\delta}{2}\cos2\theta \end{bmatrix}$$

当 $\theta = 45°$ 时,该波片的琼斯矩阵简化为

$$\boldsymbol{G} = \cos\frac{\delta}{2}\begin{bmatrix} 1 & -\mathrm{i}\tan\dfrac{\delta}{2} \\ -\mathrm{i}\tan\dfrac{\delta}{2} & 1 \end{bmatrix}$$

其他偏振器件的琼斯矩阵也可以用类似的方法求出。一些偏振器件的琼斯矩阵列于表 7.3 中。

表 7.3　一些偏振器件的琼斯矩阵

器　件		琼 斯 矩 阵
线偏振器	透光轴在 x 轴方向	$\begin{bmatrix} 1 & 0 \\ 0 & 0 \end{bmatrix}$
	透光轴在 y 轴方向	$\begin{bmatrix} 0 & 0 \\ 0 & 1 \end{bmatrix}$
	透光轴与 x 轴成 $\pm45°$ 角	$\dfrac{1}{2}\begin{bmatrix} 1 & \pm1 \\ \pm1 & 1 \end{bmatrix}$
	透光轴与 x 轴成 θ 角	$\begin{bmatrix} \cos^2\theta & \dfrac{1}{2}\sin2\theta \\ \dfrac{1}{2}\sin2\theta & \sin^2\theta \end{bmatrix}$
$\dfrac{1}{4}$ 波片	快轴在 x 轴方向	$\begin{bmatrix} 1 & 0 \\ 0 & \mathrm{i} \end{bmatrix}$
	快轴在 y 轴方向	$\begin{bmatrix} 1 & 0 \\ 0 & -\mathrm{i} \end{bmatrix}$
	快轴与 x 轴成 $\pm45°$ 角	$\dfrac{1}{\sqrt{2}}\begin{bmatrix} 1 & \mp\mathrm{i} \\ \mp\mathrm{i} & 1 \end{bmatrix}$
一般波片 （产生位相差 δ）	快轴在 x 轴方向	$\begin{bmatrix} 1 & 0 \\ 0 & \exp(\mathrm{i}\delta) \end{bmatrix}$
	快轴在 y 轴方向	$\begin{bmatrix} 1 & 0 \\ 0 & \exp(-\mathrm{i}\delta) \end{bmatrix}$
	快轴与 x 轴成 $\pm45°$ 角	$\cos\dfrac{\delta}{2}\begin{bmatrix} 1 & \mp\mathrm{i}\tan\dfrac{\delta}{2} \\ \mp\mathrm{i}\tan\dfrac{\delta}{2} & 1 \end{bmatrix}$
半波片	快轴在 x 轴或 y 轴方向	$\begin{bmatrix} 1 & 0 \\ 0 & -1 \end{bmatrix}$
	快轴与 x 轴成 $\pm45°$ 角	$\begin{bmatrix} 0 & 1 \\ 1 & 0 \end{bmatrix}$
各向同性位相延迟片（产生相移 φ）		$\begin{bmatrix} \exp(\mathrm{i}\varphi) & 0 \\ 0 & \exp(\mathrm{i}\varphi) \end{bmatrix}$
圆偏振器	右旋	$\dfrac{1}{2}\begin{bmatrix} 1 & 1 \\ -\mathrm{i} & -\mathrm{i} \end{bmatrix}$
	左旋	$\dfrac{1}{2}\begin{bmatrix} 1 & 1 \\ \mathrm{i} & \mathrm{i} \end{bmatrix}$

如图 7.55 所示,如果偏振光相继通过 N 个偏振器件,它们的琼斯矩阵分别为 $G_1, G_2, \cdots, G_N$,则透射光的琼斯矢量为

$$E_t = G_N \cdots G_2 G_1 E_i \tag{7.57}$$

由于矩阵运算不满足交换律,所以上式中矩阵相乘的秩序不能颠倒。

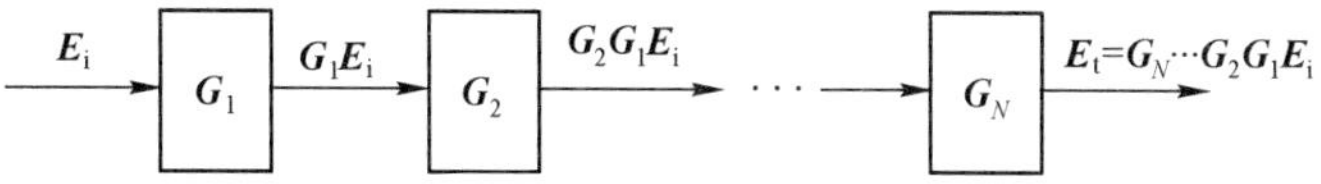

图 7.55　偏振光相继通过 N 个偏振器件

*7.7.4　琼斯矩阵的本征矢量

设某偏振器件的琼斯矩阵为 G,它的**本征矢量** $E = \begin{bmatrix} A \\ B \end{bmatrix}$ 是指满足下列条件的特殊矢量

$$GE = \eta E \tag{7.58a}$$

或

$$\begin{bmatrix} g_{11} & g_{12} \\ g_{21} & g_{22} \end{bmatrix} \begin{bmatrix} A \\ B \end{bmatrix} = \eta \begin{bmatrix} A \\ B \end{bmatrix} \tag{7.58b}$$

式中,η 是一个复常数,称为**本征值**。

一个给定的琼斯矩阵的本征矢量在物理上代表一种特殊的偏振态,这种偏振态在通过该偏振器件时保持偏振态不变。把本征值写成

$$\eta = |\eta| \exp(\mathrm{i}\varphi)$$

它表示本征矢量在通过该偏振器件后振幅变成原来的 $|\eta|$ 倍,位相改变了 φ。

为求解本征矢量和相应的本征值,把方程(7.58b)改写成

$$\begin{bmatrix} g_{11} - \eta & g_{12} \\ g_{21} & g_{22} - \eta \end{bmatrix} \begin{bmatrix} A \\ B \end{bmatrix} = 0$$

从矩阵理论知道(见附录 F),要使 $\begin{bmatrix} A \\ B \end{bmatrix}$ 有非零解,必须有

$$\begin{vmatrix} g_{11} - \eta & g_{12} \\ g_{21} & g_{22} - \eta \end{vmatrix} = 0 \tag{7.59a}$$

或

$$(g_{11} - \eta)(g_{22} - \eta) - g_{12} g_{21} = 0 \tag{7.59b}$$

这个方程叫做特征方程。由它可以解出本征值 η,把解出的 η 代入方程(7.58b)可以求出相应的本征矢量。

例如,从表 7.3 查出快轴在 y 轴方向的 1 / 4 波片的琼斯矩阵为 $G = \begin{bmatrix} 1 & 0 \\ 0 & -\mathrm{i} \end{bmatrix}$。根据式(7.58b),它的本征矢量应满足

$$\begin{bmatrix} 1 & 0 \\ 0 & -\mathrm{i} \end{bmatrix} \begin{bmatrix} A \\ B \end{bmatrix} = \eta \begin{bmatrix} A \\ B \end{bmatrix} \tag{7.60}$$

它的特征方程为　　　　　　　$(1 - \eta)(-\mathrm{i} - \eta) = 0$

解出 $\eta_1 = 1, \eta_2 = -\mathrm{i}$。把 η_1 代入方程(7.60),得到

$$\begin{bmatrix} 1 & 0 \\ 0 & -\mathrm{i} \end{bmatrix} \begin{bmatrix} A \\ B \end{bmatrix} = \begin{bmatrix} A \\ B \end{bmatrix}$$

即 $A=A$，$-\mathrm{i}B=B$。所以必须有 $B=0$，$A\neq0$，即与 $\eta_1=1$ 相应的本征矢量为 $\begin{bmatrix} A \\ 0 \end{bmatrix}$。同样可以求出与

$\eta_2=-\mathrm{i}$ 相应的本征矢量为 $\begin{bmatrix} 0 \\ B \end{bmatrix}$。这些结果表明，光矢量与快、慢轴平行的线偏振光通过 $1/4$ 波片

后仍然保持偏振态不变。

[**例题 7.9**] 计算线偏振光相继通过两个偏振器件的偏振态。设入射线偏振光的光矢量沿 x 轴，相继通过的两个器件分别为快轴与 x 轴成 $45°$ 角的一般波片（位相差 δ）和快轴在 x 轴的 $1/4$ 波片。

解：据题设，入射线偏振光的琼斯矢量为 $\begin{bmatrix} 1 \\ 0 \end{bmatrix}$。由表 7.3 知道，两个器件的琼斯矩阵分别为

$$\cos\frac{\delta}{2}\begin{bmatrix} 1 & -\mathrm{i}\tan\dfrac{\delta}{2} \\ -\mathrm{i}\tan\dfrac{\delta}{2} & 1 \end{bmatrix} \text{和} \begin{bmatrix} 1 & 0 \\ 0 & \mathrm{i} \end{bmatrix}，因此，线偏振光通过这两个器件后的偏振态为$$

$$\boldsymbol{E}_t = \cos\frac{\delta}{2}\begin{bmatrix} 1 & 0 \\ 0 & \mathrm{i} \end{bmatrix}\begin{bmatrix} 1 & -\mathrm{i}\tan\dfrac{\delta}{2} \\ -\mathrm{i}\tan\dfrac{\delta}{2} & 1 \end{bmatrix}\begin{bmatrix} 1 \\ 0 \end{bmatrix} = \cos\frac{\delta}{2}\begin{bmatrix} 1 & 0 \\ 0 & \mathrm{i} \end{bmatrix}\begin{bmatrix} 1 \\ \mathrm{i}\tan\dfrac{\delta}{2} \end{bmatrix} = \begin{bmatrix} \cos\dfrac{\delta}{2} \\ \sin\dfrac{\delta}{2} \end{bmatrix}$$

透射光是光矢量与 x 轴夹角 $\theta=\delta/2$ 的线偏振光。本例提供了一种测量一般波片位相差 δ 的方法。

[**例题 7.10**] 计算一束线偏振光通过 $1/8$ 波片的偏振态。线偏振光的光矢量与 x 轴夹角为 $30°$，$1/8$ 波片的快轴沿 x 轴方向。

解：入射线偏振光的琼斯矢量为 $\begin{bmatrix} \cos30° \\ \sin30° \end{bmatrix}$，$1/8$ 波片的琼斯矩阵为 $\begin{bmatrix} 1 & 0 \\ 0 & \exp\left(\mathrm{i}\dfrac{\pi}{4}\right) \end{bmatrix}$。因此，透

射光的偏振态为

$$\boldsymbol{E}_t = \begin{bmatrix} 1 & 0 \\ 0 & \exp\left(\mathrm{i}\dfrac{\pi}{4}\right) \end{bmatrix}\begin{bmatrix} \cos30° \\ \sin30° \end{bmatrix} = \begin{bmatrix} \sqrt{3}/2 \\ \dfrac{1}{2}\exp\left(\mathrm{i}\dfrac{\pi}{4}\right) \end{bmatrix} = \frac{1}{2}\begin{bmatrix} \sqrt{3} \\ \exp\left(\mathrm{i}\dfrac{\pi}{4}\right) \end{bmatrix}$$

透射光 y 轴分量对 x 轴分量的位相延迟为 $\pi/4$，应为左旋椭圆偏振光。

7.8 偏振光的干涉

与第 3 章讨论的普通光的干涉现象一样，偏振光也会发生干涉，并且在实际中有许多重要应用。下面我们先说明偏振光干涉的原理，然后再讨论它的一些应用。

7.8.1 偏振光干涉原理

两个振动方向互相垂直的线偏振光的叠加，即便它们具有相同的频率、固定的位相差，也不能产生干涉，这是我们所熟知的。但是，如果让这样两束光再通过一块偏振片，则它们在偏振片的透

光轴方向上的振动分量就在同一方向上，两束光便可产生干涉。图 7.56 是实现这样两束光干涉的装置。如图中所示，一束平行的自然光经偏振片 P_1 后成为线偏振光，然后入射到波片 W 上。设波片的光轴沿 x 轴方向，偏振片 P_1 的透光轴与 x 轴的夹角为 θ，那么入射线偏振光在波片内将分解为 o 光和 e 光。它们由波片射出后，一般地合成为椭圆偏振光。显然，也可以把它看成两束具有一定位相差的线偏振光，让它们再射向偏振片 P_2，则只有在偏振片透光轴方向上的振动分量可以通过，因此出射的两束光的振动在同一方向上，能够发生干涉，干涉图样可以直接用眼睛或投射到屏幕上观察。

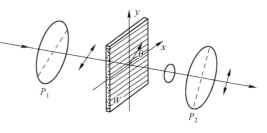

图 7.56　偏振光干涉装置

在常见的偏振光干涉装置中，偏振片 P_1 和 P_2 的透光轴方向放置成互相垂直或互相平行。下面对这两种情况分别予以讨论。

1. P_1，P_2 的透光轴互相垂直（$P_1 \perp P_2$）

如图 7.57（a）所示，P_1，P_2 代表两偏振片的透光轴方向，A_1 是射向波片的线偏振光的振幅，P_1 与波片光轴（x 轴）的夹角为 θ，因此波片内 o，e 光的振幅分别为 $A_o = A_1 \sin\theta$，$A_e = A_1 \cos\theta$。o，e 光的振动分别沿 y 轴和 x 轴方向。两束光透出波片再通过 P_2 时，只有振动方向平行于 P_2 透光轴方向的分量，它们的振幅相等：

$$A_{o2} = A_o \cos\theta = A_1 \sin\theta\cos\theta \qquad (7.61)$$

$$A_{e2} = A_e \sin\theta = A_1 \cos\theta\sin\theta \qquad (7.62)$$

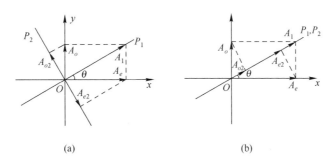

图 7.57　$P_1 \perp P_2$ 和 $P_1 /\!/ P_2$ 时入射光振幅的分解

两束光的振动方向相同，因而可以发生干涉，干涉的光强度与两束光的位相差有关。两束光由波片射出后具有位相差

$$\delta = \frac{2\pi}{\lambda} \mid n_o - n_e \mid d$$

式中，d 为波片厚度。另外，从图 7.57（a）可见，两束光通过 P_2 时振动矢量在 P_2 轴上投影的方向相反，这表示 P_2 对两束光引入了附加的位相差 π。因此，两束光总的位相差为

$$\delta_{\perp} = \delta + \pi = \frac{2\pi}{\lambda} \mid n_o - n_e \mid d + \pi \qquad (7.63)$$

根据双光束干涉的光强度公式（3.1），上述两束光的干涉光强度应为

$$I_{\perp} = A_{o2}^2 + A_{e2}^2 + 2A_{o2}A_{e2}\cos\delta_{\perp} = A_1^2 \sin^2 2\theta \sin^2 \frac{\delta}{2} \qquad (7.64)$$

可见，当 $\delta = (2m+1)\pi$ 时（$m = 0, \pm 1, \pm 2, \cdots$），干涉光强度，即图 7.56 所示系统的出射光强度有最

大值;而当 $\delta = 2m\pi$ 时,干涉光强度最小($I_\perp = 0$),系统出射光强度为零。

2. P_1,P_2 的透光轴互相平行($P_1 /\!/ P_2$)

这时透过 P_2 的两束光的振幅一般不相等,它们分别为(见图 7.57b)

$$A_{o2} = A_o \sin\theta = A_1 \sin^2\theta \tag{7.65}$$

$$A_{e2} = A_e \cos\theta = A_1 \cos^2\theta \tag{7.66}$$

考虑两束光的位相差时,应注意图 7.57(b)显示的两束光通过 P_2 时振动矢量在 P_2 轴上投影的方向相同,因此 P_2 对两束光没有引入附加位相差,故两束光的位相差为

$$\delta_{/\!/} = \delta = \frac{2\pi}{\lambda} |n_o - n_e| d \tag{7.67}$$

依照式(3.1),两束光的干涉光强度为

$$I_{/\!/} = A_1^2 \left[1 - \sin^2 2\theta \sin^2 \frac{\delta}{2} \right] \tag{7.68}$$

由式(7.68)和式(7.64)可得 $\qquad I_\perp + I_{/\!/} = A_1^2 \tag{7.69}$

表明在 $P_1 \perp P_2$ 和 $P_1 /\!/ P_2$ 两种情形下系统的输出光强度是互补的,在 $P_1 \perp P_2$ 情况下产生的干涉光强度最大时,在 $P_1 /\!/ P_2$ 情况下产生的干涉光强度最小,反之亦然。

以上讨论假定波片的厚度是均匀的,并且使用单色光,因此干涉光强度也是均匀的。但是,如果波片厚度不均匀,比如使用图 7.58(a)所示的楔形晶片,这样从晶片不同厚度部分通过的光将产生不同的位相差,因而干涉光强度依赖于晶片厚度。这是等厚干涉的特征。故屏幕上将出现平行于晶片楔棱的一些等距条纹,如图 7.58(b)所示。等厚干涉条纹的计算完全类似于 3.7 节所介绍的;对于上述楔形晶片产生的干涉条纹,容易证明条纹间距为

$$e = \frac{\lambda}{|n_o - n_e| \alpha} \tag{7.70}$$

式中,α 是晶片的楔角。

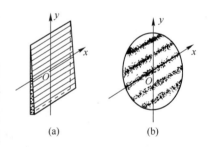

图 7.58 楔形晶片及其干涉条纹

此外,从式(7.64)和式(7.68)可见,在 $P_1 \perp P_2$ 和 $P_1 /\!/ P_2$ 两种情形下,并且 $\theta = 45°$ 时,系统输出光强度的最大值都等于入射波片的光强度(A_1^2),最小值都为零,因此条纹的对比度最好。这是通常研究晶片时总是使它与两个偏振器的相对方位处于上述两种情形的原因。

偏振光干涉系统的照明不仅可以使用单色光,也可以使用白光,这时干涉条纹是彩色的。因为位相差不仅与晶片厚度有关,还与波长有关。即使晶片的厚度均匀,透射光也会带有一定的颜色。另外,由于 $I_\perp + I_{/\!/} = A_1^2$,故在 $P_1 \perp P_2$ 时透射光的颜色与 $P_1 /\!/ P_2$ 时透射光的颜色合起来应为白色,即两种情况下的颜色是**互补的**。

再由式(7.64)[或式(7.68)]可知,当用白光照明时,所观察到的晶片的颜色(干涉色)是由光程差 $|n_o - n_e| d$ 决定的。反过来,由干涉色也可以确定光程差 $|n_o - n_e| d$。因此,对于任何单轴晶体,只要测出它的厚度 d 和双折射率 $|n_o - n_e|$ 中的任一个值,再将它夹在正交的两偏振器之间,观察它的干涉色,利用干涉色与光程差对照表(即表(7.8))(见 7.11 节),便可以求得另一个值[①]。这个方法由于简便、灵敏,在地质工作中应用颇多。

---

① 对于双轴晶体的晶片,当晶体的两光轴与晶面平行时,从晶片的干涉色可以确定光程差 $|n_z - n_x| d$,因此这种方法可以用来测定晶体的主折射率。

*7.8.2 会聚偏振光的干涉

前面的讨论假定入射光与晶片是垂直的。如果让入射光逐渐倾斜,由于光程差的变化,干涉色也会变化,因而可以获得关于晶片的更丰富的资料。但是,最好是用会聚的偏振光来照射晶片,这样就能同时看到在所有入射角下的干涉现象。

会聚偏振光干涉装置如图 7.59 所示。从光源 S 发出的光被透镜 L_1 准直为平行光,通过尼科耳棱镜 N_1 后被短焦距的透镜 L_2 高度会聚,经过晶片 C 后又用一个类似的透镜 L_3 使光束再变成平行光,在检偏器 N_2 后用透镜 L_4 把 L_3 的后焦面成像于屏幕 M 上。也就是说,以相同入射角入射到晶片 C 的光线最后会聚到屏幕 M 上同一点。这样就可以观察到各种角度的会聚光的干涉效应。

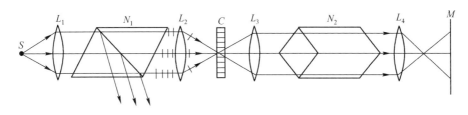

图 7.59 会聚偏振光干涉装置

显然,所观察到的干涉效应与晶片的光轴方向有关,也与两偏振器的透光轴之间的夹角有关。这里主要讨论一种最常用的情形,即单轴晶片的光轴与表面垂直并且两偏振器的透光轴正交的情形。

图 7.60(a)表示会聚光经过晶片时的详细情形。沿着光轴前进的那一条居中光线,不发生双折射。至于其他光线,因为与光轴夹一个角度,会发生双折射。从同一条入射光线分出的 o 光和 e 光在射出晶片后仍然是平行的,因此在透过检偏器 N_2 后就会聚在屏幕 M 上的同一点。由于 o 光和 e 光在晶片中速度不同,在射出晶片后会有一定的位相差,而且由于都经检偏器 N_2 射出,在屏上会聚时振动方向也相同,所以会发生干涉。从对称性的考虑容易知道,沿着以光轴为轴线的圆锥面入射的所有光线,例如图 7.60(b)中以 D 为顶点、顶角为 i 的圆锥面上的所有光线,在晶体中经过的距离相同,所分出的 o 光和 e 光的折射率差也相同,光程差都是相等的。干涉色是由光程差决定的,因此所有这些光线形成同一干涉色的条纹,它们在屏幕上的轨迹是一个圆,在图 7.60(c)中用圆环 $BG'B'G$ 表示。随着光线倾角(入射角)的增大,在晶片中经过的距离增加,而且 o 光和 e 光的折射率差也增加,所以光程差随倾角增大非线性地上升,从中心向外干涉环将变得越来越密。这些干涉环称为等色线。此外应注意,参与干涉的这两束光的振幅是随入射面相对于正交的两偏振器的透光轴的方位而改变的。这是由于在同一圆周上,由光线与光轴所构成的主平面的方向是逐点改变的。在图 7.60(c)中,光轴与图面垂直,到达某一点的光线与光轴所构成的主平面就是通过该点沿半径方向并垂直于图面的平面。例如,在 S 点,DS 平面就是主平面;在 B 点,DB 平面就是主平面等。参与干涉的 o 光和 e 光的振幅会随着主平面的方位而改变。我们来分析在 S 点的 o 光和 e 光的振幅。到达 S 点的光在透过起偏器 N_1 时,它的光矢量是沿着 N_1 的透光轴方向即 SA 方向的。在晶片中它分解为在主平面 DS 上的分量(e 光)和垂直于主平面的分量(o 光),然后经过检偏器 N_2 时再投影到 N_2 的透光轴上。它们的大小为 $A_{2e}=A_{2o}=A\sin\theta\cos\theta$,式中,$\theta$ 为 DS 与起偏器 N_1 的透光轴之间的夹角。当入射面趋近于起偏器或检偏器的透光轴,即 S 点趋近于 B 或 G、B'、G' 时,$\theta\to0$ 或 $90°$,A_{2e} 和 A_{2o} 这两部分都趋于零,因此在干涉图样中会出现暗的十字形,如图 7.61(a)所示。通常把这个十字形叫做十字刷。

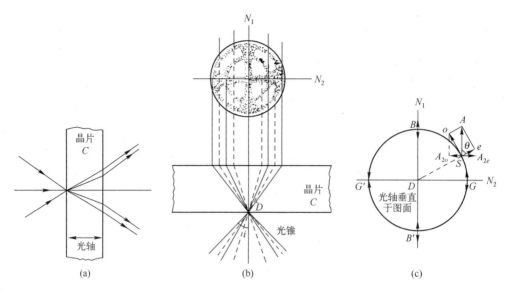

图 7.60　会聚偏振光通过晶片的示意图

正像平行偏振光的干涉那样,如果把 N_2 的透光轴转到与 N_1 平行,则干涉图样与 N_1、N_2 正交时的图样互补,这时暗十字刷变成了亮十字刷。对于用白光照明的干涉图样,各圆环的颜色则变成它的互补色。

如果晶片的光轴与表面不垂直,当晶片旋转时,十字刷的中心会打圈。如果把晶片切成它的表面与光轴平行,则干涉条纹是双曲线形的。另外,由于这种情形下的光程差比较大,应当用单色光照明;用白光会看不到干涉条纹。

双轴晶体在会聚偏振光照射下的干涉图样如图 7.61(b)所示(晶片光轴等分线即主轴 z 或 x 与晶面垂直,且 N_1 与 N_2 正交时的图样)。从图中条纹的两个"极"的位置,我们可以推算出双轴晶体两光轴的夹角,并确定晶体光轴的方位。

会聚偏振光干涉的最重要应用是在矿物学中,地质工作者常常使用偏振光干涉显微镜观测干涉图样,以鉴定矿物标本,或确定矿物晶体的光轴、双折射率和正负光性等。

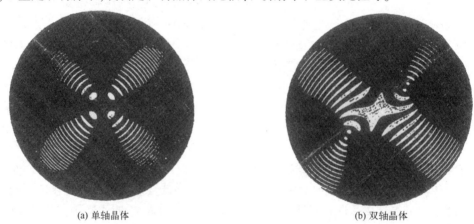

(a) 单轴晶体　　　　　　　　　　　　　(b) 双轴晶体

图 7.61　会聚偏振光的干涉图样

[**例题 7.11**]　在图 7.56 中,起偏器的透光轴 P_1 与 x 轴的夹角为 α,检偏器的透光轴 P_2 与 x 轴的夹角为 β,波片 W 的厚度为 d,入射波片 W 的线偏振光的振幅为 A。

(1) 试求从检偏器射出的干涉光光强的表示式;

（2）以一片楔角为 $30'$ 的楔形石英晶片代替波片 W（石英晶片的光轴平行于楔棱、取向 x 轴），令 $\alpha = 15°$，$\beta = 45°$，让钠黄光（$\lambda = 589.3\text{nm}$，光强度为 I_0）通过这一系统，求石英晶片所生条纹的间距和条纹对比度。（石英晶片折射率 $n_o = 1.54424$，$n_e = 1.55335$。）

解:（1）入射波片的线偏振光的振幅为 A，则从波片透出的沿 x 轴和 y 轴方向振动的两束光（晶片内的 e 光和 o 光）的复振幅为（参见图 7.62）

$$\tilde{E}_x = A\cos\alpha, \qquad \tilde{E}_y = A\sin\alpha\exp(\mathrm{i}\delta)$$

式中，$\delta = \dfrac{2\pi}{\lambda}(n_e - n_o)d$ 是波片的位相延迟角。这两束光通过检偏器时，只有光矢量平行于检偏器透光轴 P_2 的分量透过。两个分量分别为

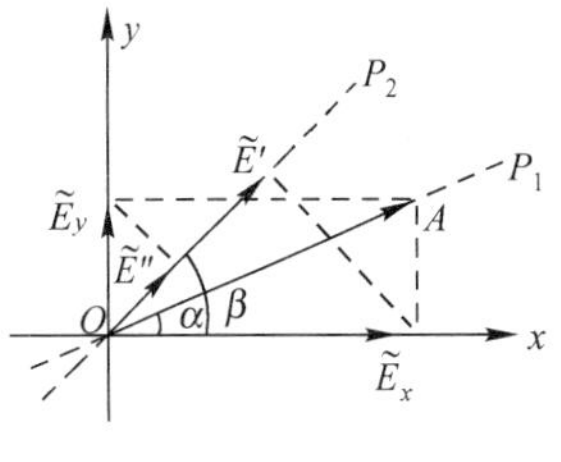

$$\tilde{E}' = \tilde{E}_x\cos\beta = A\cos\alpha\cos\beta$$

和

$$\tilde{E}'' = \tilde{E}_y\sin\beta = A\sin\alpha\sin\beta\exp(\mathrm{i}\delta)$$

这两个分量的振动方向相同，位相差恒定，其干涉光强度应为

$$I = A^2\cos^2\alpha\cos^2\beta + A^2\sin^2\alpha\sin^2\beta + 2A^2\cos\alpha\cos\beta\sin\alpha\sin\beta\cos\delta$$

将 $\cos\delta = 1 - 2\sin^2\dfrac{\delta}{2} = 1 - 2\sin^2\left[\dfrac{\pi(n_e - n_o)d}{\lambda}\right]$ 代入上式，化简后得到

$$I = A^2\cos^2(\alpha - \beta) - A^2\sin2\alpha\sin2\beta\sin^2\left[\dfrac{\pi(n_e - n_o)d}{\lambda}\right] \tag{7.71}$$

（2）据式（7.70），条纹间距为

$$e = \frac{\lambda}{(n_e - n_o)\alpha} = \frac{589.3 \times 10^{-6}\text{mm}}{(1.55335 - 1.54424) \times 0.00873} = 7.41\text{mm}$$

由式（7.71），条纹光强度最大值和最小值分别为

$$I_{\max} = \frac{I_o}{2}\cos^2 30° = \frac{3}{8}I_o$$

$$I_{\min} = \frac{I_o}{2}\cos^2 30° - \frac{I_o}{2}\sin 30°\sin 90° = \frac{3}{8}I_o - \frac{I_o}{2}\frac{1}{2} = \frac{1}{8}I_o$$

因此条纹对比度

$$K = \frac{I_{\max} - I_{\min}}{I_{\max} - I_{\min}} = \frac{3/8 - 1/8}{3/8 + 1/8} = 0.5$$

7.9 旋 光 性

线偏振光通过某些晶体和一些液体、气体时，其振动面随着光在该物质中传播距离的增大而逐渐旋转的现象称为**旋光性**。旋光现象是阿喇果（D. F. Arago，1786—1853）在 1811 年首先在石英晶片中观察到的。他发现当线偏振光沿石英晶片的光轴方向通过时，出射光仍为线偏振光，但其振动面相对于入射时的振动面转动了一个角度，如图 7.63(a) 所示。继阿喇果在石英晶体中发现旋光现象稍后，比奥（J. B. Biot）在一些蒸汽和液态物质中也观察到同样的现象。

7.9.1 旋光测量装置及旋光规律

测量旋光的装置如图 7.63(b) 所示，图中 P_1，P_2 是一对正交偏振片，C 是一块表面与光轴垂直的石英晶片。显然，在 P_1，P_2 之间未插入石英晶片时，入射光不能通过该装置。但当把石英晶片放置在 P_1，P_2 之间时，即可见到 P_2 的视场是亮的。这表明，从石英晶片出射的线偏振光的振动方向

图 7.62 例题 7.11 用图

相对于入射时的方向已转动了一个角度,不再与P_2的透光轴垂直。旋转P_2,使P_2视场变为全暗,P_2转动的角度就是石英晶片的旋光角度。

实验表明,石英晶片的旋光角度θ与石英晶片的厚度d成正比:

$$\theta = \alpha d \tag{7.72}$$

其中比例系数α称为**旋光率**,它等于线偏振光通过1mm厚度时振动面转动的角度。旋光率的数值因波长而异,因此当以白光入射时,不同波长光波的振动面旋转的角度不同,这种现象叫**旋光色散**。图7.64(a)表示一块石英的旋光色散,可见紫光振动面转动的角度比红光大;图7.64(b)则是石英的旋光率随波长变化的曲线。

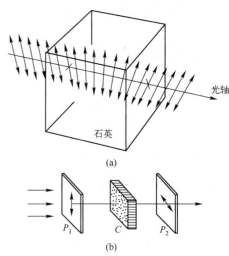

图 7.63 石英晶体的旋光及其测量装置

对于旋光的溶液,振动面旋转的角度(旋转角)还与溶液的浓度N成正比,即

$$\theta = [\alpha] N d \tag{7.73}$$

比例系数$[\alpha]$称为溶液的**比旋光率**。溶液的旋光能力比晶体要小很多,所以通常d的单位为dm(分米)。N的单位为g/cm^3,于是$[\alpha]$的单位为°(度)/(dm·g·cm^{-3})。蔗糖的水溶液在20℃的温度下对于钠黄光的比旋光率$[\alpha]=66.46°/(dm·g·cm^{-3})$。因此,如果测出糖溶液对线偏振光旋转的角度$\theta$,就可以确定糖溶液的浓度。这种测定糖浓度的方法在制糖工业中有广泛的应用。除了糖溶液,许多有机物质(特别是药物)也具有旋光性,它们的浓度和成分也可以利用式(7.73)进行分析。

实验还发现,具有旋光性的物质常常有左旋和右旋之分。当对着光传播方向观察时,使振动面顺时针旋转的物质叫**右旋物质**,逆时针旋转的物质叫**左旋物质**。自然界存在的石英晶体既有右旋的,也有左旋的。它们的旋光角度θ大小相等,但旋向相反。右旋石英与左旋石英的分子式相同,都是SiO_2,但分子的结构是镜像对称的,反映在晶体外形上也是镜像对称的,如图7.65所示。

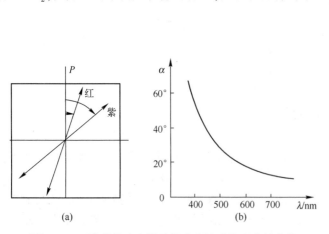

图 7.64 石英的旋光色散及旋光率随滤长变化的曲线

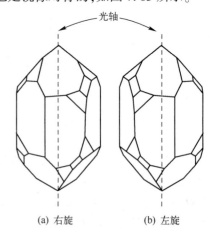

图 7.65 右旋石英与左旋石英

例如第一个人工合成的抗生素——氯霉素,药用氯霉素为其左旋体,右旋体无效,所以药用氯霉素也称左旋霉素。

7.9.2 旋光现象的解释

1825年,菲涅耳对旋光现象提出了一种唯象的解释。根据他的假设,可以把进入晶片的线偏振光看做左旋圆偏振光和右旋圆偏振光的组合。设线偏振光刚入射到旋光物质上时光矢量是沿水平方向的,利用 7.7 节的矩阵方法可以把菲涅耳的假设表示为

$$\begin{bmatrix} 1 \\ 0 \end{bmatrix} = \frac{1}{2}\begin{bmatrix} 1 \\ i \end{bmatrix} + \frac{1}{2}\begin{bmatrix} 1 \\ -i \end{bmatrix}$$

菲涅耳还假设,左旋和右旋圆偏振光在旋光物质中的传播速度不同,因而折射率也不同。它们的波数分别为

$$k_L = \frac{n_L \cdot 2\pi}{\lambda}, \qquad k_R = \frac{n_R \cdot 2\pi}{\lambda} \tag{7.74}$$

式中,n_L 和 n_R 分别为左旋和右旋圆偏振光的折射率,而 λ 是光在真空中的波长。两圆偏振光在晶体中沿着 z 轴(光轴)传播时的琼斯矢量可以表示为

$$E_L = \frac{1}{2}\begin{bmatrix} 1 \\ i \end{bmatrix}\exp(ik_L z), \qquad E_R = \frac{1}{2}\begin{bmatrix} 1 \\ -i \end{bmatrix}\exp(ik_R z)$$

在旋光物质中经过距离 d 后合成波的琼斯矢量为

$$\begin{aligned}
E &= \frac{1}{2}\begin{bmatrix} 1 \\ -i \end{bmatrix}\exp(ik_R d) + \frac{1}{2}\begin{bmatrix} 1 \\ i \end{bmatrix}\exp(ik_L d) \\
&= \frac{1}{2}\exp\left[i(k_R + k_L)\frac{d}{2}\right]\left\{\begin{bmatrix} 1 \\ -i \end{bmatrix}\exp\left[i(k_R - k_L)\frac{d}{2}\right] + \begin{bmatrix} 1 \\ i \end{bmatrix}\exp\left[-i(k_R - k_L)\frac{d}{2}\right]\right\}
\end{aligned}$$

引入

$$\psi = \frac{1}{2}(k_R + k_L)d, \quad \theta = \frac{1}{2}(k_R - k_L)d \tag{7.75}$$

则

$$E = \exp(i\psi)\begin{bmatrix} \frac{1}{2}[\exp(i\theta) + \exp(-i\theta)] \\ \frac{1}{2}[\exp(i\theta) - \exp(-i\theta)] \end{bmatrix} = \exp(i\psi)\begin{bmatrix} \cos\theta \\ \sin\theta \end{bmatrix} \tag{7.76}$$

它代表光矢量与水平方向成 θ 角的线偏振光。这说明入射的线偏振光的光矢量转过了 θ 角。

由式(7.74)与式(7.75)得到

$$\theta = (n_R - n_L)\frac{\pi d}{\lambda} \tag{7.77}$$

如果左旋圆偏振光传播得快,$n_L < n_R$,则 $\theta > 0$,即光矢量是沿逆时针方向旋转的;如果右旋圆偏振光传播得快,$n_R < n_L$,则 $\theta < 0$,即光矢量是沿顺时针方向旋转的。这就说明了左旋光物质与右旋光物质的区别。而且式(7.77)还指出 θ 与 d 成正比,也说明了 θ 与波长 λ 有关(旋光色散),这些都是与实验相符的。

为了证实在旋光物质中左旋圆偏振光和右旋圆偏振光的传播速度不同,菲涅耳把由左旋石英和右旋石英制成的三棱镜交替地胶合起来,构成菲涅耳组合棱镜(图 7.66)。这些棱镜的光轴都平行于棱镜的底面。当光射到相邻棱镜的界面上时,例如从左旋棱镜射到右旋棱镜上时,对左旋圆偏振光来说,是从光疏介质射向光密介质;对右旋圆偏振光来说,是从光密介质射向光疏介质。正像 7.6 节中讨论过的渥拉斯顿棱镜能把 o 光和 e 光分开一样,菲涅耳制成的这种特殊棱镜也能把左

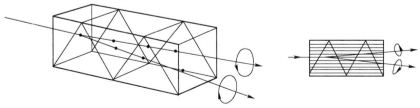

图 7.66　菲涅耳组合棱镜

旋圆偏振光和右旋圆偏振光分离开来。由于棱镜材料交替变换,致使两圆偏振光逐次向互相分离的方向折射,最后射出分得很开的左旋圆偏振光和右旋圆偏振光,从而证实了菲涅耳的假设。

当然,菲涅耳的理论还不能说明现象的根本原因,不能回答为什么在旋光物质中两圆偏振光的传播速度不同。这个问题必须从分子结构去考虑。量子力学理论指出,在研究光与物质的相互作用时,如果不仅仅考虑分子的电矩对入射光的反作用,而且还考虑到分子有一定的大小和磁矩等次要作用,入射光波的光矢量的旋转就是必然的。

7.9.3　科纽棱镜

在光谱仪器中,石英晶体是优良的棱镜材料。但是,由于旋光性的存在,会影响光谱的纯度。例如,钠黄光通过由整块石英晶体制成的 60°棱镜(光轴与底面平行)后,可观察到左旋部分与右旋部分之间有 27″的夹角(图 7.67(a)),因此使一根谱线分裂成两根,这是不容许的。为了避免旋光的影响,分别用左旋石英和右旋石英做成 30°棱镜,然后把它们胶合成 60°棱镜,如图 7.67(b)所示。由于右旋部分和左旋部分速度的交换,在最小偏向角的位置上,两部分光以相同的角度从棱镜中射出。在光谱棱镜中使用的 60°石英棱镜也属于这种工作方式。这种棱镜叫**科纽棱镜**。

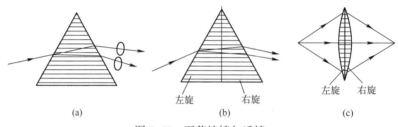

图 7.67　石英棱镜与透镜

有时,用在精密光学仪器中的石英透镜也用上述原理构成。这类透镜由两个平凸透镜组成,一半是右旋石英制成的,另一半是左旋石英制成的(图 7.67(c))。

7.9.4　磁致旋光效应

1846 年,法拉第发现在磁场的作用下,本来不具有旋光性的物质也产生了旋光性,即它们能使光矢量发生旋转。这种现象叫做**磁致旋光效应**或**法拉第磁光效应**。这个发现在物理学史上有着重要的意义,这是光学过程与电磁过程有密切联系的最早的证据。

利用图 7.68 所示的装置就可以观察法拉第磁光效应。将一根玻璃棒的两端抛光,放进螺线管的磁场中,再加上起偏器 P_1 和检偏器 P_2,让光束通过起偏器后顺着磁场方向通过玻璃棒,光矢量的方向将会旋转。旋转的角度可以用检偏器来测量。

实验表明,光矢量旋转的角度 θ 与光在物质中通过的距离 d 及磁感应强度 B 成正比

$$\theta = VBd \tag{7.78}$$

式中,V 是物质的特性常数,叫维尔德常数。一些物质的维尔德常数列于表 7.4 中。固体和液体的维尔德常数的数量级一般为 $0.01' / (10^{-4}\text{T} \cdot \text{cm})$[①]$(0.01' / (\text{Gs} \cdot \text{cm}))$。但稀土玻璃的维尔德常数要大得多,约为 $0.013' \sim 0.27' / (10^{-4}\text{T} \cdot \text{cm}) (0.13' \sim 0.27'/(\text{Gs} \cdot \text{cm}))$,具体数值随玻璃中所含的稀土元素的种类而异。如果图 7.68 中的玻璃棒是由稀土玻璃制成的,并设它的长度为 10cm,磁感强度的平均值为 0.1T(10^3Gs),则光矢量能旋转 $22° \sim 45°$。

---

① 在 CGSM 单位制中,磁感应强度的单位是高斯,符号是 Gs。在国际单位制(SI)中,磁感应强度的单位是特斯拉,符号是 T。它们之间的换算关系是 $1\text{T} = 10^4\text{Gs}$。

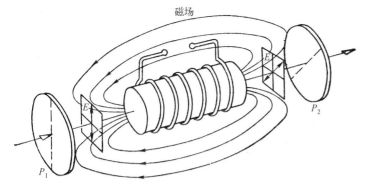

图 7.68 观察法拉第磁光效应的装置

表 7.4 一些物质的维尔德常数

物　　质	维尔德常数 $((') / 10^{-4} T \cdot cm)$
冕玻璃	0.015～0.025
火石玻璃	0.030～0.050
稀土玻璃	0.13～0.27
氯化钠	0.036
金刚石	0.012
水	0.013

磁致旋光的方向与磁场方向有关,而与光的传播方向无关。这与上一节讨论的物质的固有旋光不同,固有旋光的方向与传播方向有关。当顺着磁场观察时,绝大多数物质的磁致旋光的方向都是右旋的(顺时针旋转),这种物质叫**正旋体**。但是,也有一些物质是**负旋体**。

磁致旋光的方向与光的传播方向无关这个特点被法拉第巧妙地用来加强磁光效应。如图 7.69 所示,在样品的两端面除了入口和出口的地方都镀上铝,用多次反射来增加光在物质中的路程 d,从而增大旋光的角度。

磁致旋光在科学技术中有多方面的应用,下面仅举几例。

(1) 利用旋光方向与光的传播方向无关的特点制作单通光闸(光隔离器)。例如在图 7.68 所示的装置中,让偏振片 P_1 与 P_2 的透光轴成 45°角,而且从 P_1 转到 P_2 是顺时针的。再让磁致旋光的角度恰好等于 45°,方向也是顺时针的。从图 7.70 不难明白,对于从 P_1 传播到 P_2 的光,其光矢量沿顺时针方向旋转 45°角后恰好与 P_2 的透光轴一致,能够通过(图 7.70(a));对于从 P_2 传播到 P_1 的光,其光矢量沿顺时针方向旋转 45°角后恰好与 P_1 的透光轴垂直,不能通过(图 7.70(b))。这样就起到了单通光闸的作用。

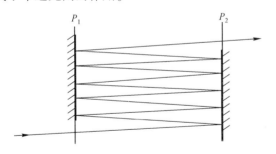

图 7.69 利用多次反射加强法拉第磁光效应

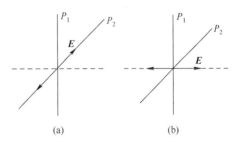

图 7.70 单通光闸原理

(2) 由于磁致旋光的转角与磁场成正比,因而与螺线管中的电流成正比,我们可以用改变电流的方法来控制光矢量的转动,以便在偏振仪器中实现自动测量。以图 7.71 所示的量糖计为例,图中 N_1 和 N_2 分别是起偏器和检偏器,K 是待测的糖溶液,F 就是利用法拉第磁光效应使光矢量转动的装置,通常也称**法拉第盒**。法拉第盒由螺线管和放在螺线管中的维尔德常数较大的物质组成。在普通的量糖计中是没有法拉第盒这个装置的,它依靠 N_2 的转动来测量光矢量经过糖溶液后的转角,亦即在未放糖溶液时先使 N_2 处在消光位置(N_2 与 N_1 正交),放入糖溶液后转动 N_2 再次达到消光,两次消光之间 N_2 转动的角度就等于光经过糖溶液后光矢量的转角。在图 7.71 所示的量糖计中,N_2 是固定的,它的透光轴始终与 N_1 正交。线偏振光通过糖溶液后光矢量发生转动,不再消光。法拉第盒又使光矢量向相反方向转过相等的角度,再次达到消光。测量消光时螺线管中的电流,就可以知道转角。用这种方法完全省去了机械转动机构,而且把转角的测量转变为电学量的测量,很容易实现自动测量。

(3)制造调制器。在图7.68的装置中,让起偏器与检偏器的相对位置固定,按预定的方式改变螺线管中的电流,就可以改变入射到检偏器上的光矢量的方位,因而使射出的光强度按照马吕斯定律发生相应的变化。这就是所谓**光调制**。用于光调制的装置称为调制器,调制器是激光通信中非常重要的器件。

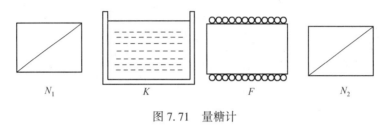

图 7.71　量糖计

7.10　晶体、液体和液晶的电光效应

偏振光干涉的一项重要应用是利用某些物质的电光效应进行光调制和光开关。这项技术目前已广泛应用于光通信、光信息处理、高速摄影等领域。

某些物质本来是各向同性的,但在强电场的作用下,变成了类似于单轴晶体那样的各向异性;还有一些单轴晶体在强电场作用下变成双轴晶体。这些效应称为**电光效应**。前者又称**克尔效应**,后者称**泡克耳斯效应**。

7.10.1　克尔效应

图 7.72 是观察克尔效应的实验装置。图中 C 是一个密封的玻璃盒(克尔盒),盒内充以硝基苯($C_6H_5NO_2$)液体,并安置一对平行板电极。P_1 和 P_2 是两块透光轴互相垂直的偏振片,它们的透光轴又与平板电极法线成 $45°$ 角。在两平极电板间未加电场时,没有光从 P_2 射出。但当在两平板电极间加上强电场时($E \approx 10^4 \text{V/cm}$),即有光从 P_2 射出。这表明盒内硝基苯在强电场作用下已呈现出如单轴晶体那样的性质(见图 7.56)。研究表明,它的光轴方向与电场方向对应;线偏振光入射到盒内时,被分解为 o 光和 e 光;o,e 光射出盒后的位相差与电场的平方成正比:

$$\delta = 2\pi\kappa E^2 d \tag{7.79}$$

式中,d 是克尔盒长度,κ 是克尔常数。硝基苯在 20℃ 时对于钠黄光的克尔常数为 $244 \times 10^{-12} \text{cm/V}^2$,是目前发现的克尔常数最大的物质(参见表 7.5)。

将式(7.79)代入式(7.64),得到图 7.72 系统的输出光强度

$$I = I_1 \sin^2(\pi\kappa E^2 d) \tag{7.80}$$

式中,$I_1 = A_1^2$ 是入射克尔盒的线偏振光光强度。由上式可见,系统输出光强度随电场强度而改变。这样一来,若把一个信号电压加在克尔盒的两电极上,系统的输出光强度就随信号而变化。或者说,电信号通过上述系统可以转换成受调制的光信号。这就是利用偏振光干涉系统进行光调制的原理。显然,这个系统也可用做电光开关:未加电压时,系统处于关闭状态(没有光输出);一旦接通电源,系统就处于打开状态。硝基苯克尔盒建立电光效应的时间(弛豫时间)极短,约为 10^{-9}s 的量级,因此它适宜于作为高速快门,应用于高速摄影等领域。

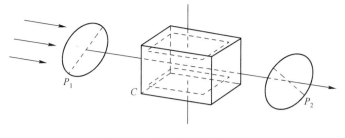

表 7.5　克尔常数(20℃，$\lambda = 589.3\text{nm}$)

物质名称	$\kappa / (10^{-12}\text{cm} \cdot \text{V}^{-2})$
C_6H_6	0.7
CS_2	3.5
$CHCl_3$	-3.9
H_2O	5.2
$C_5H_7NO_2$	137
$C_6H_5NO_2$	244

图 7.72　克尔效应实验装置

硝基苯克尔盒的缺点是要加万伏以上的高电压,并且硝基苯有剧毒、易爆炸。近年来,在人工晶体的研究和生产技术方面有很大进展,已经可以生产出一批优质的晶体,它们具有很强的电光效应。克尔盒逐渐被这些晶体所代替,这些晶体中最典型的是 KDP(磷酸二氢钾)、ADP(磷酸二氢铵)、SBN(铌酸锶钡)等。

7.10.2　泡克耳斯效应

图 7.73 所示装置用于演示 KDP 晶体的泡克耳斯效应。图中 P_1 和 P_2 表示两透光轴正交的起偏器和检偏器,中间放一块 KDP 晶体。KDP 是单轴晶体,未加工前的外形如图 7.74 所示。两端四棱锥的顶点的连线就是光轴方向。晶体切成长方体,两端面与光轴垂直,端面的两边分别跟两个偏振器的透光轴平行。从起偏振器透出的线偏振光沿 KDP 的光轴(z 轴)通过,因而从晶体射出时仍为线偏振光。而且它的光矢量的方向不变,与检偏器的透光轴垂直,不能通过检偏器,视场是暗的。

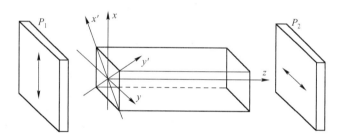

图 7.73　演示 KDP 晶体的泡克耳斯效应装置

若在晶体两端面镀一层透明的电极,并在两极间加一个强电场(电压 4000V 左右),即可发现检偏器的视场变亮。改变外电场的强度,透过检偏器的光强度也随着变化。这是由于在外电场的作用下,KDP 晶体的光学性质起了变化,由单轴晶体转化为双轴晶体,原来的光轴(z 轴)不再是光轴了。用晶体光学的理论可以证明,在 z 方向施加电场后,KDP 晶体的折射率椭球由原来以 z 轴为旋转轴的旋转椭球变成如图 7.75 所示的一般椭球,它与 $z=0$ 平面的截线是一个椭圆,其长、短轴方向 x' 和 y' 正好是 KDP 晶体的正方形截面的对角线方向(见图 7.73),而长、短半轴的长度分别为 $n_{x'}$ 和 $n_{y'}$。实验和理论还证明,$n_{x'}$ 和 $n_{y'}$ 之差与外加电场 E 和 KDP 晶体的 o 折射率 n_o 的三次方成正比,即

$$n_{x'} - n_{y'} = \gamma n_o^3 E \tag{7.81}$$

式中,比例系数 γ 称为电光系数。

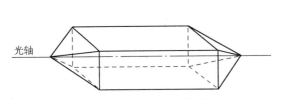

图 7.74　KDP 晶体的外形

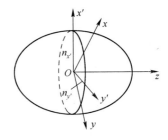

图 7.75　在 z 方向加电场后 KDP 的折射率椭球

根据 7.5 节的讨论,当从起偏器 P_1 射出的线偏振光射入晶体时,如果线偏振光的光矢量与 x' 和 y' 轴成 45°角(光矢量平行于 x 轴),它将分解为两束振幅相等的线偏振光,一束的光矢量平行于 x' 轴,另一束的光矢量平行于 y' 轴。它们在晶体中传播方向相同(同为 z 方向),但折射率不同,所以它们通过长度为 d 的晶体后,将有一个固定的位相差

$$\delta = \frac{2\pi}{\lambda}(n_{x'} - n_{y'})d = \frac{2\pi}{\lambda}n_o^3\gamma dE \tag{7.82a}$$

或者用电压 U 来表示($E = U/d$)

$$\delta = \frac{2\pi}{\lambda}n_o^3\gamma U \tag{7.82b}$$

在一般情况下,这两束具有一定位相差的线偏振光合成为椭圆偏振光。根据式(7.64),从检偏器 P_2 透射出来的光强度为

$$I = I_1\sin^2\frac{\delta}{2} = I_1\sin^2\left(\frac{\pi}{\lambda}n_o^3\gamma U\right) \tag{7.83}$$

式中,I_1 是从 P_1 射向晶体的线偏振光的光强度。以透射光强度的相对值 I/I_1 为纵坐标,以位相差 δ(或电压 U)为横坐标,可以把光强度公式(7.83)表示为如图 7.76 所示,图中曲线叫做晶体的透射率曲线,它定量地反映了透射率随外加电场的变化关系。

晶体的电光系数 γ 是衡量晶体材料电光性能优劣的一个重要参数。不过,在实际工作中常常使用另一个叫做**半波电压**的参数。半波电压是指为了达到 π 位相差所需的外加电压,用 $U_{\lambda/2}$ 表示。$U_{\lambda/2}$ 与 γ 成反比,$U_{\lambda/2}$ 越小越好。一些晶体的电光系数和半波电压见表 7.6。

图 7.76　晶体的透射率曲线

在图 7.73 所示的装置中,外加电场的方向与光的传播方向平行,这时的电光效应称为**纵向电光效应**。如果电场方向与光的传播方向垂直,产生的效应称为**横向电光效应**。还是以 KDP 晶体为例,如图 7.77 所示,让 KDP 晶体的 z 轴与光的传播方向垂直,并重新加工晶体,使它的正方形截面的两边分别与 x' 轴和 y' 轴平行(与 x、y 轴成 45°角);让 x' 轴与光的传播方向平行,电场加在 z 轴方向。在这种情况下,图 7.75 所示的折射率椭球与 $x' = 0$ 平面的截线也是一个椭圆,它的两个轴中的一个沿 z 方向,另一个沿着 y' 方向,而且长、短半轴的长度差也与电场强度成正比:

$$n_{y'} - n_z = n_o^3\gamma' E \tag{7.84}$$

式中,γ' 表示横向使用时的电光系数。当通过起偏器 P_1 入射到晶体上的线偏振光的光矢量与 y',z 轴成 45°角时,与纵向电光效应相类似,入射的线偏振光也分解为光矢量沿 y' 轴和 z 轴的两个线偏振光,它们通过晶体后的位相差为

$$\delta = \frac{2\pi}{\lambda}(n_{y'} - n_z)d = \frac{2\pi}{\lambda}n_o^3\gamma' dE$$

晶　　体	$\gamma/(10^{-12}\,\mathrm{m/V})$	n_o	$U_{\lambda/2}/\mathrm{kV}$
ADP$(\mathrm{NH_4H_2PO_4})$	8.5	1.52	9.2
KDP$(\mathrm{KH_2PO_4})$	10.6	1.51	7.6
KDA$(\mathrm{KH_2A_5O_4})$	~13.0	1.57	~6.2
KD*P$(\mathrm{KD_2PO_4})$	~23.3	1.52	~3.4

表7.6　一些晶体的电光系数[①]和半波电压

① 在室温下测得；$\lambda_0 = 546.1\mathrm{nm}$

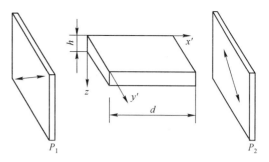

图7.77　KDP晶体的横向电光效应

如果晶体在 z 方向上的厚度为 h，则电场强度与电压的关系为 $E = U/h$，代入上式得到

$$\delta = \frac{2\pi}{\lambda} n_o^3 \gamma' \left(\frac{d}{h}\right) U \tag{7.85}$$

上式说明，位相差 δ 仍与电压成正比，另外还与因子 d/h 有关。将晶体加工成扁平形，使 $d/h>1$，就可以大大降低样品的半波电压，这是横向电光效应的一个重要优点。

上述的 KDP 晶体，以及 ADP（磷酸二氢氨）、SBN（铌酸锶钡）、钽酸锂（$\mathrm{LiTaO_3}$）、铌酸锂（LiN-$\mathrm{bO_3}$）、砷化镓（GaAs）、氯化亚铜（CuCl）等晶体，在外电场作用下感生的两个折射率之差与电场强度的一次方成正比，这种效应称为**泡克耳斯效应**或**一级电光效应**。晶体光学的理论指出，只有那些不具有对称中心的晶体才能产生一级电光效应。具有对称中心的晶体和一些液体，如钛酸钡（$\mathrm{BaTiO_3}$）和硝基苯，在外电场作用下感生的两个折射率之差与电场强度的平方成正比，称为克尔效应或二级电光效应。

7.10.3　液晶的电光效应

1. 液晶的光学各向异性

液晶是介于液体和晶体之间的中间态物质。一般说来，液晶像液体一样可以流动，但是它的分子在一定程度上是有序排列的，显示出类似于晶体的性质。许多有机化合物在一定温度范围内都呈现出液晶态，现已知道的液晶化合物有几千种。液晶与本节开头叙述的一些晶体一样，在电场的作用下，也具有强烈的泡克耳斯效应。

液晶的分子结构具有细长的形状。例如，MBBA[②] 这种液晶的分子，长度有几个纳米，宽度只有长度的 1/10 左右。当温度在 20~47℃ 之间时，它显示液晶的性质。液晶的分子排列有三种类型。向列型液晶的分子位置是随机分布的，但从整体看，分子轴都向着同一方向，如图7.78(a) 所示。胆甾型液晶的分子排列呈层状结构，如图7.78(b) 所示，在每一层上分子轴都取向同一方向，但从一层到另一层，分子轴是扭曲的。扭曲的螺距为微米量级，扭曲方向（左旋或右旋）由物质本身的特性决定。近晶型液晶的分子排列更加规则（图7.78(c)），呈现整齐的层状结构，整体看分子轴都指向同一方向，只是在同一层内分子的位置是随机分布的。三种类型的液晶，以近晶型液晶的有序性最高，但它在光电子学方面的应用不如向列型和胆甾型液晶广泛。

由于液晶分子的细长结构和在一定程度上的有序排列，使液晶显示出强烈的光学各向异性，在光学上具有单轴晶体的性质，向列型和近晶型液晶的光轴就沿着分子轴的方向。类似于单轴晶体，这些液晶的光学各向异性也可以用 $\Delta n = n_e - n_o$ 定量地表示。一般地，液晶的

$$\Delta n = n_e - n_o > 0 \tag{7.86}$$

---

② 中文名称是 N - 对甲氧基苄叉-对丁基苯胺。

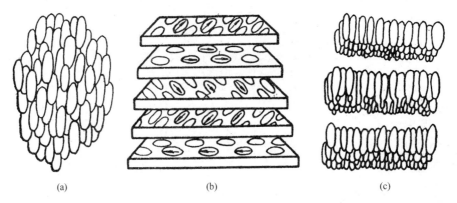

(a)   (b)   (c)

图 7.78　液晶分子排列的三种类型

所以,液晶具有正单轴晶体的光学性质。如图 7.79 所示,当光波正入射液晶时,如果液晶的光轴与界面垂直,则不发生双折射(图(a));如果液晶的光轴与界面成某一角度,则发生双折射,且 e 光偏向光轴方向(图(b))。

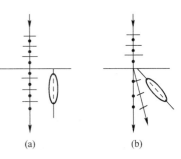

(a)   (b)

图 7.79　光波正入射液晶表面

对于胆甾型液晶,由于它的光轴是扭曲的,光学各向异性的情形稍微复杂一些。但是,理论和实验表明,如果入射液晶的线偏振光的光矢量与入射表面的分子轴平行,则出射光仍然是线偏振光,不过出射光相对于入射光旋转了一个角度,与出射面上的分子轴方向平行。如果入射光的光矢量与入射表面的分子轴垂直,则入射光的光矢量也随着液晶内分子轴的旋转而旋转,始终保持与分子轴垂直。如果入射光光矢量与分子轴既不平行也不垂直,则可分解为平行分量和垂直分量,在出射时两分量仍然与出射面上的分子轴分别保持平行与垂直的关系,只是两者有一位相差

$$\delta = \frac{2\pi}{\lambda}(n_e - n_o)d$$

式中,d 是液晶的厚度。因此,一般情形下出射光是椭圆偏振光。

2. 液晶的电光效应

对液晶施加电场会引起液晶分子轴重新排列,从而产生各种形式的电光效应,这是液晶获得广泛应用的原因。下面仅讨论其中的两种。

(1) 电控双折射效应

如图 7.80 所示,将一个分子轴垂直表面排列的向列型 N 型液晶盒放在正交偏振器 P_1 和 P_2 之间[①]。未施加电场时,入射到液晶中的线偏振光的偏振方向不受液晶分子的任何影响,因而不能透过检偏器 P_2,液晶盒是不透明的。当在液晶盒的两极之间施加超过

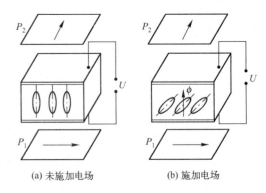

(a) 未施加电场   (b) 施加电场

图 7.80　液晶的电光效应

阈值的电场时,理论证明 N 型液晶为保持内能最小,其分子轴将力图转向与电场垂直的方向;而且

---

① 液晶盒是把很薄的一层液晶(几十微米)用两块玻璃片(称基片)夹在其中的盒子,两玻璃片内表面镀上透明电极。所谓 N 型液晶,是指液晶的 $\varepsilon_{/\!/} - \varepsilon_{\perp} < 0$,其中 $\varepsilon_{/\!/}$ 和 $\varepsilon_{\perp}$ 分别表示电场平行和垂直于光轴时的介电常数。P 型液晶则有 $\varepsilon_{/\!/} - \varepsilon_{\perp} > 0$。

液晶盒两基片经物理化学方法预处理后,可以使分子轴在与P_1、P_2的透光轴都成$45°$角的平面内转到与电场成倾角ϕ的方向(图7.80(b)),ϕ的大小依赖于电场。当线偏振光射入液晶后,分解成o光和e光,o光折射率为n_o,根据式(7.30),e光折射率为

$$n'_e = \left(\frac{\cos^2\phi}{n_o^2} + \frac{\sin^2\phi}{n_e^2} \right)^{-\frac{1}{2}}$$

设液晶的厚度为d,则o光和e光通过液晶盒后的位相差为

$$\delta = \frac{2\pi}{\lambda}(n_o - n'_e)d$$

因此透过检偏器的光强度为

$$I = I_1 \sin^2 \left[\frac{\pi}{\lambda}(n_o - n'_e)d \right] \tag{7.87}$$

由于n'_e通过ϕ依赖于电场,因而系统输出光强度也依赖于加在液晶盒上的电压。当电压为零时,$\phi=0$,$I=0$;当电压增加到$\delta=\pi$时,I有极大值。

利用上述效应可以制作液晶开关或液晶显示器。此外,从式(7.87)可见,系统输出光强度还依赖于波长。因而当用白光入射时,透射光呈现一定的颜色,这与晶体的干涉色类似。但位相差δ是受液晶盒上的电压控制的,因而干涉色也是受电压控制的。利用这一特性可以制作液晶彩色显示器。

(2)胆甾型液晶的电光效应

如果液晶盒换以P型液晶,并使分子轴沿两基片表面且彼此间分子轴扭转$90°$。这样,液晶盒实际上成为一个胆甾型液晶盒。将此盒放置在一对互相平行的偏振片之间,使在入射基片上的分子轴与偏振片的透光轴平行。未施加电场时,液晶使入射光的光矢量旋转$90°$,因而不能通过检偏器,液晶盒是不透明的。当施加高于阈值的电压时,P型液晶为保持内能最小,其分子轴力图顺着电场方向排列,入射光的光矢量旋转量很小,因而液晶盒是透明的。P型液晶的阈值电压很低,甚至不到1V。利用这种性质也可以制作液晶开关或液晶显示器。

液晶价格相对较低,比起晶体材料来其灵活性大,容易做成大面积,因而在光电子学领域,尤其在大屏幕显示方面得到了广泛的应用。

7.10.4　电光效应的应用

前面在叙述几种电光效应时都提到了它们在光开关和光调制方面的应用。用做光开关的原理是很明白的,不必赘述。在光调制方面,除了光强度调制,还可以用做频率、位相、光束方向、偏振态等的调制。本书限于篇幅,不能一一叙述。下面着重讨论一下光强度调制问题。

1. 激光的光强度调制

在图7.71或图7.77的装置中,如果把信号电压加在晶体上,输出光强度就随信号而变化。根据透射率曲线(图7.76),用作图的方法可以直观地说明光强度是如何随信号变化的,就像根据晶体管的特性曲线可以从输入电压求出输出电流一样。在图7.81(a)中,U表示外加电压,I表示用作图法求得的输出光强度。由于调制器的工作点是在透射率曲线的非线性部分,使得输出光信号的波形失真,而且由于透射率曲线对于$+\delta$和$-\delta$是对称的,因而输出的光信号的调制频率是外加电压频率的两倍。为了使输出信号的波形真实地反映原来的信号电压的波形,就必须让调制器工作在透射率曲线的接近直线的部分,即在$\delta=\pi/2$附近。为此需要在KDP晶体前放置一个1/4波片,并让它的快、慢轴也与入射的线偏振光的光矢量成$45°$角。这样,偏振光在射到晶体前,它的两

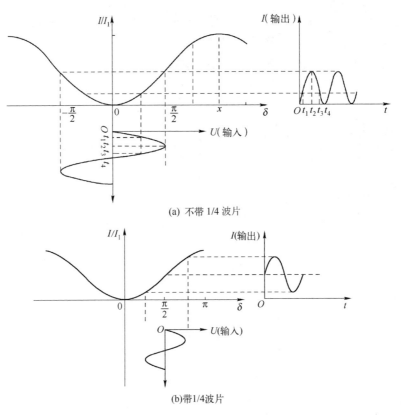

(a) 不带 1/4 波片

(b)带1/4波片

图 7.81　电光调制器的特性

个正交等幅的分量就已具有 π／2 的位相差,这就是说将调制器的工作点移到了透射率曲线的线性部分。这时若在 KDP 晶体上施加信号电压,只要它的幅度不太大,输出光强度的调制频率就等于外加电压的频率,输出光强的变化规律也与信号电压相同,这一点从图 7.81(b)很容易明白。

上述调制器可用于激光通信或激光电视。

2. 泡克耳斯空间光调制器

前面讨论的光调制指的是时间调制,即光强度依照信号随时间变化。现在讨论光强度的空间调制。空间光调制在光学信息处理和光计算机的研究中有着极为重要的意义。

如图 7.82 所示,泡克耳斯空间光调制器的主要部分是一块 $BSO(Bi_{12}SiO_{20})$ 晶片。未加电场时,它是各向同性的,在 z 轴施加电场后产生与 KDP 类似的电光效应。这时 BSO 变成各向异性晶体,z 轴就是它的一个主轴方向,另外两个感应主轴沿 x' 轴和 y' 轴。如果让光矢量沿 x 轴的单色光沿 z 轴方向入射,就会产生双折射。按照一级电光效应,振动方向沿 x' 轴和 y' 轴的两个分量通过晶体后的位相差为

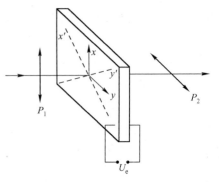

图 7.82　泡克耳斯空间光调制器

$$\delta = \pi U / U_{\pi} \qquad (7.88)$$

其中,U_{π} 是半波电压,U 是晶片两端面上的电位差。如果入射光的波长在蓝光和绿光范围内,由 BSO 晶体的**光导性**,入射光会从施主中心释放出电子,而电子则在电场作用下移动,被空穴俘获后形成很强的空间电荷。这样,晶片两端面的电位差 U 应由两部分组成,一部分是外加电压 U_e,另一部分是空间电荷产生的电位差 U_s,它对外加电场起抵消作用,因此

$$U = U_e - U_s \tag{7.89}$$

由于入射光产生的空间电荷是可以存储的,即入射光(蓝光或绿光)撤除后空间电荷和它产生的 U_s 在一段时间内仍不消失。这时若改用对光导性不敏感(不能产生新的空间电荷)的红光来照射晶片,并且红光的振动方向仍沿 x 方向,则透出图 7.82 所示系统的光强度为

$$I = I_1 \sin^2\left(\frac{\pi}{2} \frac{U_e - U_s}{U_\pi}\right) \tag{7.90}$$

透出的红光光强度除依赖于外加电压 U_e 外,还依赖于 U_s,因而依赖于原入射光(蓝光或绿光)的光强度。这意味着原入射光的光强度可以作为一种信息存储于晶片中。因此将原入射光称为**写入光**。后来的入射光(红光)的透射率依赖于 U_s,因而依赖于写入光的光强度。通过它可以破译出写入光的光强度信息,因而称后来的入射光为**读出光**。

容易明白,如果写入光不是均匀的,例如让平行光束通过一个二维掩模后再射向晶体,那么读出光强度就依一定规律随空间位置而改变,晶片则起着一个空间光调制器(SLM)的作用。

由于光信息处理、光计算机研发的需要,近代已开发出多种不同的 SLM,主要是液晶 SLM、磁光 SLM、多量子阱 SLM、可形变反射镜 SLM、声光 SLM 等。有兴趣的读者可参阅有关文献,例如文献[24]。

*7.11　光测弹性效应和玻璃内应力测定

7.11.1　光测弹性效应

本来是各向同性的介质,不但在强电场或强磁场的作用下会表现出各向异性的光学性质,在应力的作用下也会表现出各向异性的光学性质。这就是所谓**光测弹性效应或应力双折射效应**。对于平面物体来说,当受到应力作用时,物体上每一点都有两个主应力方向。当光入射到这样的透明物体上时,分解为两束线偏振光,它们的光矢量分别沿着两个主应力方向,它们的折射率之差与主应力之差成正比。把受应力作用的透明薄片 C 放在如图 7.83 所示的两个正交偏振片 P_1 和 P_2 之间,就会像把波片放在两正交偏振片之间一样,在屏幕 M 上出现由于偏振光的干涉产生的干涉图样。如果用白光照明,干涉图样是彩色的。条纹的形状由光程差相等亦即主应力差相等的那些点的轨迹决定。物体应力越集中的地方,主应力差的变化越快,因此干涉条纹越密集。根据干涉条纹的这些特征,就可以对物体的应力分布做定性和定量的分析。

图 7.84 是一透明塑料片在上下两方向施加压力后偏振光干涉产生的干涉图样,可见应力集中在上下施加压力的地方。对于不透明的机械构件或桥梁、水坝等,可以用光测弹性灵敏度高的透明材料(如环氧树脂)制成模型,并且模拟它们的实际受力情况加上应力,就可以利用偏振光的干涉

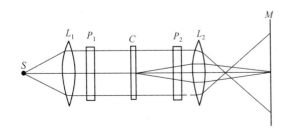

图 7.83　光测弹性仪示意图

图 7.84　受力塑料片在正交偏振片之间产生的干涉图样

图样分析其中的应力分布。一些形状和结构复杂的部件,在不同负荷下的应力分布是很复杂的,用力学的方法计算往往不可能,但是用光测弹性方法就可以迅速地从实验中做出定性的判断,进而做出定量的计算。因此,这种方法在工程力学中有重要的应用价值。近年来,我国还将光测弹性方法应用于地震预报上。

7.11.2 玻璃内应力测定

光学玻璃在制造过程中,由于冷却不均匀或其他原因而存在一定的内应力,这会使玻璃产生双折射,影响制成的光学零件的质量,因此在使用前必须检验光学玻璃的内应力。

光学玻璃内应力的大小用钠黄光通过 1cm 厚的玻璃所产生的光程差来表示,并按其大小分为五类,列于表 7.7 中。

检验玻璃内应力的方法与上述光测弹性方法类似,也是利用偏振光的干涉现象。下面介绍常用的两种方法。

表 7.7 玻璃按双折射(内应力)的大小分为五类

类　　别	每厘米玻璃光程差/nm
1	2
2	6
3	10
4	20
5	50

1. 干涉色法

图 7.85 是测定玻璃内应力的应力仪的光路图。图中 S 是光源,起偏器 P_1 和检偏器 P_2 是正交的,G 是待测玻璃,W 是全波片。眼睛调节于待测玻璃的表面,毛玻璃 Q 的作用在于它被照明后就成为一个漫射光源,以便使眼睛能同时看到整个表面上的干涉图样。

如果玻璃的内应力很大,不必用全波片即可看到鲜明的干涉色。如果内应力不均匀,还可以看到干涉图样。如前所述,干涉色与光程差之间有着完全对应的关系(见表 7.8),根据干涉色就可以测出玻璃所产生的光程差。但一般光学玻璃的内应力比较小,所引起的光程差不大。例如,若玻璃厚度为 10cm,对于第 1 类玻璃,只产生 20nm 的光程差,对应干涉色为灰黑色;第 3 类玻璃对应的光程差为 100nm,呈灰色;第 4 类玻璃才呈现略带蓝色的灰色。总之,在这个范围内干涉色随光程差的变化很不灵敏,不适于测量小的光程差。查阅表 7.8 可见,当光程差在 560nm 左右时,即干涉色在紫色附近时,干涉色随光程差的变化非常显著。为了提高测量精度,可加一个全波片,并让它的快、慢轴与偏振片的透光轴成 45°角。这样一来,产生干涉的两光束的光程差就在 560nm 附近,干涉色随玻璃内应力的变化就很灵敏了。因此,这个全波片也叫做**灵敏色片**。

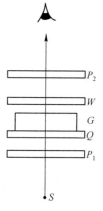

图 7.85　应力仪的光路图

仍举上面那个例子,假定玻璃由于内应力所产生的快、慢轴的方向与全波片的快、慢轴一致,对于 10cm 厚的第 1 类玻璃,总的光程差变成 560 + 20 = 580nm,干涉色就由不放入玻璃时的紫色变成了靛蓝色;对于第 3 类玻璃,总光程差变为 660nm,干涉色变成天蓝色;对第 4 类玻璃,干涉色变成了绿色。当然,玻璃内部快、慢轴的方向预先是不知道的。我们可以转动玻璃,这样它的快、慢轴也随之旋转。设玻璃所产生的光程差为 $\mathscr{D}_g$,不难明白,当玻璃的快、慢轴与全波片的快、慢轴重合时,总的光程差为 $\mathscr{D}_g + 560nm$;当玻璃的快轴和全波片的慢轴重合时,总的光程差为 $560nm - \mathscr{D}_g$。而在其他方位时,总的光程差介于上述两个极限值之间。因此,当玻璃转动时,总的光程差就在 $560nm - \mathscr{D}_g$ 和 $560nm + \mathscr{D}_g$ 之间变化,干涉色也随之变化。与这些干涉色对应的最大光程差是 $560nm + \mathscr{D}_g$,最小光程差是 $560nm - \mathscr{D}_g$。由此便可以计算出 $\mathscr{D}_g$,再除以玻璃的厚度,就可以决定它的类别。对一块玻璃毛坯,要从 x、y、z 三个方向进行检验,取双折射最大者为准。干涉色法的测量误差较大,约为 20~50nm。

表 7.8　干涉色–光程差对照表

光程差/nm		干　涉　色		光程差/nm		干　涉　色	
		$P_1 \perp P_2$	$P_1 /\!/ P_2$			$P_1 \perp P_2$	$P_1 /\!/ P_2$
第一级	0	黑	白	第二级	565	绛红	亮绿
	40	金属灰	白		575	紫	绿黄
	97	岩灰	鹅黄		589	靛蓝	金黄
	158	灰蓝	鹅黄		664	天蓝	橙
	218	淡灰	黄褐		728	浅青蓝	褐橙
	234	绿白	褐		747	绿	洋红
	259	白	鲜红		826	亮绿	鲜绛红
	267	淡黄	洋红		843	黄绿	紫绛红
	275	淡麦黄	暗红褐		866	绿黄	紫
	281	麦黄	暗紫		910	纯黄	靛蓝
	306	黄	靛蓝		948	橙	暗蓝
	332	亮黄	天蓝		998	亮红橙	绿蓝
	430	褐黄	灰蓝		1101	暗紫红	绿
	505	红橙	淡蓝绿		1128	亮绿紫	黄绿
	536	火红	亮绿		1151	靛蓝	土黄
	551	暗红	黄绿		1258	浅蓝(带绿)	肉色

2. 1/4 波片法

其测量装置如图 7.86 所示。它与图 7.85 基本相同,只是把全波片 W 换成 1/4 波片,1/4 波片的快轴与起偏器 P_1 的透光轴平行,并且用单色光照明。检偏器可以旋转,但起初与 P_1 正交。

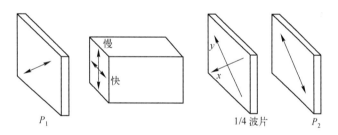

图 7.86　1/4 波片法测量装置

下面用琼斯矩阵方法求出光通过 1/4 波片后的偏振态。

选择 x、y 轴分别沿着 1/4 波片的快、慢轴,并使玻璃的快、慢轴方向与起偏器的透光轴(平行于 x 轴方向)成 $\pm 45°$ 角。透过起偏器的线偏振光的琼斯矢量是 $\begin{bmatrix} 1 \\ 0 \end{bmatrix}$,从表 7.3 知道,这时 1/4 波片的琼斯矩阵是 $\begin{bmatrix} 1 & 0 \\ 0 & i \end{bmatrix}$。设玻璃产生的光程差为 $\mathscr{D}$,则位相差为 $\delta = \dfrac{2\pi}{\lambda}\mathscr{D}$。因而玻璃的琼斯矩阵为

$\cos\dfrac{\delta}{2}\begin{bmatrix} 1 & -i\tan\dfrac{\delta}{2} \\ -i\tan\dfrac{\delta}{2} & 1 \end{bmatrix}$。线偏振光通过玻璃和 1/4 波片后的偏振态为 $\boldsymbol{E}_t = \begin{bmatrix} \cos\dfrac{\delta}{2} \\ \sin\dfrac{\delta}{2} \end{bmatrix}$ (见例题

7.9),表明从 1/4 波片出射的是线偏振光。如果玻璃的内应力不大,δ 不超过 $360°$,出射的线偏振光的光矢量与 1/4 波片快轴(x 轴)的夹角 θ 就等于 $\delta/2$,由此得到

$$\delta = 2\theta \tag{7.91}$$

若 $\delta=0$，则 $\theta=0$，这时出射线偏振光的光矢量与 P_2 的透光轴垂直，视场是全暗的。若 $\delta\neq0$，则 $\theta\neq0$，视场是亮的。把 P_2 转到消光位置，所转动的角度就等于 θ（见图 7.87）。由式(7.91)求出玻璃产生的位相差 δ，计算出光程差 $\mathscr{D}$，再除以玻璃厚度就得到玻璃的双折射率。

如果玻璃的内应力较大（$\delta>360°$），那么线偏振光的光矢量与 1/4 波片的快轴的夹角为

$$\theta=\frac{\delta}{2}-N\times180° \quad (N=1,2,\cdots)$$

因此
$$\delta=2\theta+N\times360° \quad (7.92)$$

如果玻璃中内应力不均匀，δ 也不是常数，那么，当 P_2 与 P_1 正交时会看到多条黑条纹，如图 7.88 所示，这些黑条纹与 $\delta=N\times360°$ 相对应。这时首先要确定哪一对黑条纹与 $\delta=0$ 对应，为此需要换用白光照明。在白光照明下，只有 $\delta=0$ 处仍是黑条纹，而 $\delta=360°$、$720°$ 等处变成了彩色条纹。例如，用白

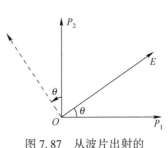

图 7.87 从波片出射的
线偏振光的方位

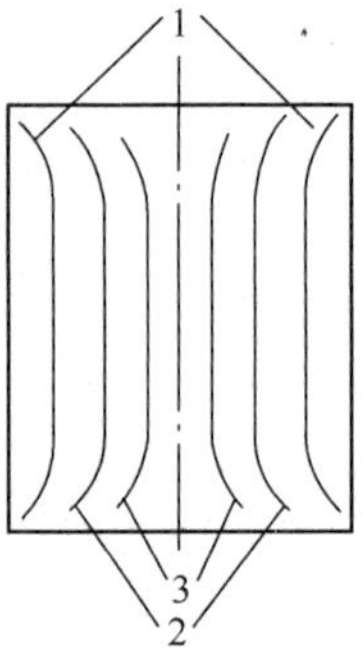

图 7.88 应力仪视
场中的黑条纹

光条纹判定图 7.88 中条纹"2"与 $\delta=0$ 对应，则条纹"3"就对应 $\delta=360°$。而中心线对应的 $\delta=360°+2\theta$。转动检偏器，使中心线变成黑条纹，检偏器转动的角度就是 θ。由此便可得到与中央条纹对应的 δ 值。

1/4 波片法的精度较高，误差只有几个纳米。

7.12　晶体的非线性光学效应

我们知道，在介质中发生的光学现象与光波电磁场对介质产生的极化作用有着极为密切的关系。在一般情况下，光波的电场强度不很大，介质的极化只与电场强度的一次方成正比，也就是说极化随电场强度线性变化。与此相应所发生的光学现象，包括发生在各向同性介质中和各向异性晶体中的现象，属于**线性光学**范畴。这是到目前为止我们所讨论过的光学现象。但是，自激光问世以后，已经可以获得光强度非常强的光束。例如，用一个透镜可以将 Q 开关红宝石激光器发出的 200MW 的光脉冲集中到直径为 $25\mu m$ 的面积上，所得到的电场强度约为 $10^{10}V/m$，与原子内部的电场强度可以相比拟。在光强度这样强的光场的作用下，介质的极化将随电场强度非线性变化。在最简单的各向同性介质的情形，极化强度 $\boldsymbol{P}$ 与电场强度 $\boldsymbol{E}$ 是同方向的，可将极化强度展开成电场强度的级数：

$$P(E)=\varepsilon_0(\chi E+\chi_2E^2+\chi_3E^3+\cdots) \quad (7.93)$$

式中，P 和 E 是矢量 $\boldsymbol{P}$ 和 $\boldsymbol{E}$ 的大小，ε_0 是真空介电常数，χ 是线性极化率[①]。式中除线性项外，还有非线性项。χ_2 是二阶非线性极化率，χ_3 是三阶非线性极化率，等等。与这些非线性项相对应，在介质中将产生一些非线性光学效应，这些效应包括二次光学谐波的产生（倍频效应）混频效应，光整流，光折变效应，位相共轭波的产生，光学双稳态等，下面分别做一简单的介绍。

[①] 电场 E 较小时，对于各向同性介质，$\boldsymbol{D}=\varepsilon\boldsymbol{E}=\varepsilon_0\boldsymbol{E}+\boldsymbol{P}$，因而 $\boldsymbol{P}=(\varepsilon-\varepsilon_0)\boldsymbol{E}=\varepsilon_0\left(\dfrac{\varepsilon}{\varepsilon_0}-1\right)\boldsymbol{E}$。把 $\boldsymbol{P}$ 写为 $\boldsymbol{P}=\varepsilon_0\chi\boldsymbol{E}$，其中 $\chi=\dfrac{\varepsilon}{\varepsilon_0}-1$ 就是极化率。

7.12.1　倍频效应

1. 倍频光的产生

在式(7.93)中,二阶非线性项与场强的关系为

$$P^{(2)} = \varepsilon_0 \chi_2 E^2 \tag{7.94}$$

量子力学的理论指出,二阶非线性项与线性项的比值: $\dfrac{\chi_2 E^2}{\chi E} \approx \dfrac{E}{E_a}$,其中,$E$ 是入射光场强,E_a 是原子内部平均场强。在式(7.93)中的高次非线性项也大致按这个比例递降。当 $E \ll E_a$ 时,非线性项并不重要;但当 $E \approx E_a$ 时,二阶非线性项将不可忽略,同时与这一项相应的光学效应将表现出来。

假设角频率为 ω 的单色光入射到非线性介质上,单色光的场强可以表示为 $E = E_0 \cos\omega t$,把它代入式(7.94),得到

$$P^{(2)} = \varepsilon_0 \chi_2 E_0^2 \cos^2\omega t = \frac{\varepsilon_0}{2}\chi_2 E_0^2 (1 + \cos 2\omega t) \tag{7.95}$$

上式等号右边第一项代表"直流"项,即不随时间变化的极化强度。由于这一项的存在,在介质的两表面分别出现正的和负的面电荷,形成与 E_0^2 亦即与入射光强度成正比的恒定电位差。这个效应叫做**光整流**。上式右边第二项代表频率等于入射光频率两倍的电偶极矩,它将辐射二次谐波(倍频光)。这个效应叫做**倍频效应**。

上面用式(7.93)讨论了介质的非线性效应,但是,对于各向同性介质或具有对称中心的晶体,事实上并不能产生倍频效应。这是因为对于这种介质,当电场反向时,极化强度也反向,P 是 E 的奇函数,式(7.93)中所有偶次项的系数都等于零。只有那些不具有对称中心的各向异性晶体才可能产生倍频效应。对于这些晶体,$\boldsymbol{P}$ 与 $\boldsymbol{E}$ 的方向一般是不相同的,它们之间的关系应该用张量来表示。不过,如果我们只关心由电场引起的二阶极化强度 $\boldsymbol{P}^{(2)}$ 的大小,则式(7.94)仍可以应用,只是应该将式中的 χ_2 理解为二阶有效极化率 χ_{eff},即

$$P^{(2)} = \varepsilon_0 \chi_{\text{eff}} E^2 \tag{7.96}$$

χ_{eff} 不仅随晶体而异,也随光在晶体内的传播方向而变。

2. 位相匹配

倍频效应最先发现于 1961 年。夫朗肯(P. A. Franken)等人将红宝石激光($\lambda = 694.3\text{nm}$)聚焦到石英晶片上,再进行摄谱,结果在紫外端发现了 347.15nm 的谱线,它的频率正好是红宝石激光频率的两倍。其实验装置如图 7.89 所示。这一实验虽然观察到了倍频效应,但是效率极低,按功率只有 $1/10^8$ 的基频光转换为倍频光。其原因是基频光通过非线性晶体时,沿途诱发的二阶偶极矩相当于一系列能辐射二次谐波的相干的子波源,由于晶体有色散,二次谐波在晶体中的传播速度与基频光不同,沿途诱发的二阶偶极矩相继发出的二次谐波到达出射面时不同相,于是由于相消干涉而受到削弱。下面我们来讨论在什么条件下,才有最好的倍频效果。

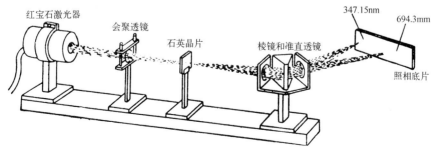

图 7.89　倍频效应实验装置

如图 7.90 所示,设频率为 ω 的基频光垂直入射到晶片内,晶片的厚度为 d。在晶片内基频光的电场大小可以表示为

$$E = E_0 \cos(k_1 x - \omega t)$$

式中,k_1 是基频光的波数,有

$$k_1 = 2\pi n_1 / \lambda_1 \tag{7.97}$$

λ_1 是基频光在真空中的波长,n_1 是晶体对沿该方向传播的基频光的折射率。按式(7.95),在坐标为 x 处厚度为 $\mathrm{d}x$ 的一小片晶体内感应的二次偶极矩为

$$\mathrm{d}P^{(2)} \propto \frac{\varepsilon_0}{2} \chi_{\mathrm{eff}} E_0^2 \cos(2k_1 x - 2\omega t) \mathrm{d}x$$

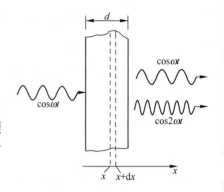

图 7.90　推导位相匹配条件

相应地将辐射出倍频光,倍频光的初位相与 $\mathrm{d}P^{(2)}$ 相同,它到达出射面时的电场为

$$\mathrm{d}E_{2\omega} \propto \frac{\varepsilon_0}{2} \chi_{\mathrm{eff}} E_0^2 \cos[2k_1 x + k_2(d-x) - 2\omega t] \mathrm{d}x$$

式中,k_2 是倍频光波数,有

$$k_2 = 2\pi n_2 / \lambda_2 \tag{7.98}$$

λ_2 为倍频光在真空中的波长,n_2 为晶体对沿该方向传播的倍频光的折射率。令

$$\Delta k = 2k_1 - k_2 = \frac{4\pi}{\lambda_1}(n_1 - n_2)$$

则

$$\mathrm{d}E_{2\omega} \propto \frac{\varepsilon_0}{2} \chi_{\mathrm{eff}} E_0^2 \cos(\Delta k x + k_2 d - 2\omega t) \mathrm{d}x$$

在出射时的倍频光的总电场 $E^{(2)}$ 是晶体内对应于各个 x 处的晶体薄片产生的倍频光传播到出射面时的叠加:

$$E_{2\omega} = \int_0^d \mathrm{d}E_{2\omega} \propto \frac{\varepsilon_0}{2} \chi_{\mathrm{eff}} E_0^2 \int_0^d \cos(\Delta k x + k_2 d - 2\omega t) \mathrm{d}x$$

$$= \frac{\varepsilon_0}{2} \chi_{\mathrm{eff}} E_0^2 d \frac{\sin \dfrac{d\Delta k}{2}}{\dfrac{d\Delta k}{2}} \cos\left(\frac{2k_1 + k_2}{2} d - 2\omega t\right)$$

因此,倍频光的光强度为

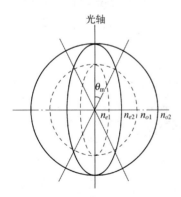

图 7.91　基频光和倍频光的折射率面

$$I_{2\omega} \propto \frac{\varepsilon_0^2}{4} \chi_{\mathrm{eff}}^2 I_0^2 d^2 \left[\frac{\sin\left(\dfrac{d\Delta k}{2}\right)}{\dfrac{d\Delta k}{2}}\right]^2 \tag{7.99}$$

上式方括号内的函数我们是很熟悉的,它只有当 $d\Delta k / 2 = 0$,即只有当 $\Delta k = 0$ 时,有最大值。这就是说,只有当 $\Delta k = 0$,即

$$n_1 = n_2 \tag{7.100}$$

时,倍频光最强。式(7.100)表示的条件称为**位相匹配条件**。

利用晶体的双折射可以实现位相匹配条件。在图 7.91 中,实线所画的球和旋转椭球表示倍频光的折射率面(折射率面与波矢面相似,见 7.4.3 节注释,这里对负单轴晶体作图),虚线所画的球和旋转椭球表示基频光的折射率面。两种光的折射率面大小不同,是由

于晶体色散所致的。由图可见,如果基频光是 o 光,倍频光是 e 光,那么当光波的波矢方向沿着与光轴成 θ_m 角的方向传播时,两者折射率相等。这样便可实现位相匹配,使倍频光有最大的转换效率。θ_m 称为**位相匹配角**,它可由下式求出:

$$\sin^2\theta_m = \frac{n_{o1}^{-2} - n_{o2}^{-2}}{n_{e2}^{-2} - n_{o2}^{-2}} \tag{7.101}$$

式中,n_{o1} 是基频光的 o 折射率,n_{o2} 和 n_{e2} 是倍频光的 o 折射率和 e 折射率。已知晶体的这些参数后,即可计算出 θ_m。一些常用的非线性晶体的参数见表7.9。

表7.9 一些常用的非线性晶体的参数

晶体名称	类型	$\chi_{\text{eff}}^2 n_1^3$	匹配角	基频波长/nm	透明波段/nm
KDP	负单轴	0.08×10^{-24}	$(50\pm1)^\circ$ $(40\pm1)^\circ$ $(41\pm1)^\circ$ 64°	694.3 1060 1153 590	220~1100
ADP	负单轴	0.10×10^{-24}	$(58\pm1.5)^\circ$ $(52\pm1)^\circ$ $(42\pm1)^\circ$	632.8 694.3 1060	200~1100
LiNbO$_3$ (铌酸锂)	负单轴	3.9×10^{-24}	$\begin{cases}\theta_m = 90^\circ\\ T_{mp} = -8^\circ\mathrm{C}①\end{cases}$ $\begin{cases}\theta_m = 90^\circ\\ T_{mp} = 193^\circ\mathrm{C}\end{cases}$ $\theta_m = (68\pm1)^\circ$(室温)	1060 1153 1152	350~4500
Ba$_2$NaNb$_5$O$_{15}$ (铌酸钡钠)	双轴	15×10^{-24}	$\theta_m = 90^\circ$ $T_{mp} = 89^\circ\mathrm{C}$ (光在 xz 平面内入射)	1060	370~5000
Ag$_3$AsS$_3$ (淡红银)	负单轴	8.2×10^{-24}	$(20\pm1)^\circ$	1060	600~13000

① T_{mp} 为匹配温度。

对于一般晶体,位相匹配角 θ_m 不等于 90°。这时倍频光(e 光)和基频光(o 光)的波法线方向虽然相同,但光线(能量)的传播方向却不相同,这样将会使转换效率下降。对某些晶体(如铌酸锂),可以通过控制晶体温度的方法,使 n_{o1},n_{e2} 发生变化,在某一温度下达到 $\theta_m = 90^\circ$。这种匹配方法叫做**温度匹配**或 90° **位相匹配**。

综上所述,如果我们按照位相匹配条件的要求,用特定偏振方向的线偏振光以某一特定的角度入射晶体,或者利用温度匹配,在与光轴成 90° 角的方向入射晶体,就可以得到效率很高的倍频效应。

7.12.2 混频效应

另一类很有意义的非线性光学效应是光学混频效应。我们仍然从二阶非线性极化强度的标量表达式(7.96)出发来说明它的原理。

如果有两束频率不同的单色光同时入射到非线性介质上,入射光可以表示为

$$E = E_{01}\cos\omega_1 t + E_{02}\cos\omega_2 t$$

式中,E_{01} 和 E_{02} 表示两束单色光的振幅。将上式代入式(7.96)得到

$$P^{(2)} = \varepsilon_0 \chi_{\text{eff}} (E_{01}^2 \cos^2 \omega_1 t + E_{02}^2 \cos^2 \omega_2 t + 2 E_{01} E_{02} \cos \omega_1 t \cos \omega_2 t)$$

$$= \frac{\varepsilon_0}{2} \chi_{\text{eff}} E_{01}^2 (1 + \cos 2\omega_1 t) + \frac{\varepsilon_0}{2} \chi_{\text{eff}} E_{02}^2 (1 + \cos 2\omega_2 t) + \varepsilon_0 \chi_{\text{eff}} E_{01} E_{02} \cos (\omega_1 + \omega_2) t +$$

$$\varepsilon_0 \chi_{\text{eff}} E_{01} E_{02} \cos (\omega_1 - \omega_2) t \qquad (7.102)$$

可见,除了直流项和倍频项,还出现了频率为 $\omega_1 + \omega_2$ 和 $\omega_1 - \omega_2$ 的振荡偶极矩,它们将辐射出相应频率的光。这就是说,两个波在非线性晶体内可以混合成频率为两波频率之和或差的第三个波。这一效应称为**混频效应**。

在激光技术中,倍频效应和混频效应被用来在激光器波长范围以外的区域产生新的波长。差频振荡提供一种产生红外辐射的方法,而和频振荡常用来产生可见光和紫外辐射。

另外,如果让一束频率为 ω_1 的很强的激光和一束频率 ω_2 较低的很弱的信号光同时通过非线性晶体产生混频效应,则可以得到它们的差频光 $(\omega_3 = \omega_1 - \omega_2)$,并且 ω_2 和 ω_3 的低频波可以得到增益。这种增益是参量放大和振荡的基础。目前已经用脉冲激光器和连续激光器作为泵源制造出可见和近红外波长的参量放大器和振荡器。振荡器的核心是一块非线性晶体,在晶体两边有一对反射镜产生反馈,如同激光器一样。当参量过程提供的增益超过腔体的损耗时,振荡便可在满足同步条件的频率下发生。

混频过程的另一种形式是参量转换,即一个弱的低频波(通常在红外)与一个强的高频波(在可见和近红外区)混合而产生和频或差频的第三个波,该波的振幅与两入射波的振幅之积成比例。若使用恒定光强度的高频波,新生信号便包含了弱光束的信息,而它所在的波长更容易探测。参量转换既可以用来转换时间信息,又可以用来转换空间(像)信息。

7.12.3 光折变效应

在线性光学中,介质的折射率仅是光频率的函数,而与光强度无关。但在非线性光学中,介质的折射率不仅与光频率有关,还与光强度有关。这一效应称为**光折变效应**。

1. 高光强度激光束在各向同性介质中的传播

如上所述,对于各向同性介质,式(7.93)中二阶非线性项为零,因此介质的极化为(取该式头两项)

$$P = \varepsilon_0 (\chi E + \chi_3 E^3) \qquad (7.103)$$

由于电位移矢量的大小 $\qquad D = \varepsilon_0 E + P$

将式(7.103)代入上式,得到 $\qquad D = \varepsilon_0 (1 + \chi + \chi_3 E^2) E = \varepsilon_0 \varepsilon_r E$

式中 $\qquad \varepsilon_r = 1 + \chi + \chi_3 E^2 = \varepsilon_{or} + \chi_3 E^2$

ε_r 为介质的相对介电常数,ε_{or} 为介质的相对线性介电常数。

根据麦克斯韦关系,介质的折射率 $n = \sqrt{\varepsilon_r}$ [见式(1.12b)],因此

$$n = \sqrt{\varepsilon_r} = \sqrt{\varepsilon_{or} + \chi_3 E^2}$$

实际上 $\chi_3 E^2 \ll \varepsilon_{or}$,可取

$$n = \sqrt{\varepsilon_{or}} \left(1 + \frac{\chi_3 E^2}{2 \varepsilon_{or}} \right) = n_0 + n_2 E^2 \qquad (7.104)$$

式中,$n_0 = \sqrt{\varepsilon_{or}}$,$n_2 = \chi_3 / 2 \sqrt{\varepsilon_{or}}$。可见,在强光作用下,介质的折射率与光强度有关。对于 $\chi_3 > 0 (n_2 > 0)$ 的介质[①],光强度越强,折射率增加越多。我们知道,激光束在横截面上的光强度分布呈高斯

---

① 有些介质的 $\chi_3 < 0$,光束射入这种介质时将发生散焦现象,叫做自散焦。

型分布,中间强,四周弱。因此,当高光强度激光束通过这类介质时,由光强度感生的折射率变化导致中间部分的折射率高于边缘部分,这将会使光束向中心会聚,形成**自聚焦**现象。当激光束的自聚焦作用与衍射引起的发散相抵消时,激光束便在称为"光丝"的自生波导内传播而不扩散。这种不扩散的窄激光束通常被称为**空间光孤子**。人们也利用自聚焦现象制作成自聚焦棒,激光束通过自聚焦棒可使其有效直径缩小至 $10\mu m$ 量级,自聚焦棒常用于激光器与光纤之间的耦合元件。

除各向同性介质外,许多晶体都有强的光折变性质,如铌酸锂、钛酸钡、铌酸锶钡等。

2. 光脉冲在非线性介质中的传播

我们知道,在线性介质中,由于色散效应,不同频率的光波有不同的波速或折射率。光脉冲是具有连续分布的频谱的复合光波。在线性介质中,光脉冲的各个频谱成分以不同的波速独立传播,这将使光脉冲在传播过程中逐渐展宽、变形,称为**散群**。但是,如果光脉冲的强度强到使介质呈现非线性时,理论证明,光脉冲的各个频谱成分的波速不仅与该成分的频率有关,而且也与光脉冲的频谱分布有关,因此光脉冲的散群规律与在线性介质中完全不同。这使我们有理由设想对于某种波形的光脉冲,在非线性介质中传播时能保持它的波形不变,如同在无色散介质中传播一样。这种光脉冲称为(**时间**)**光孤子**。

人们首先考虑到的光孤子的应用是在光纤通信方面。现代光纤通信以光脉冲的有无表示 1 码和 0 码,脉冲越窄则每秒传送的码元数越多。因光纤是色散介质,光脉冲在传送过程中必有散群现象。这样,经过一定的距离后,光脉冲(1 码元)将展宽到覆盖某些 0 码元,使接收机不能辨认。显然,利用光孤子进行通信便可以避免这一困境。1980 年,美国贝尔实验室在石英光纤中首次观察到光孤子的传播,此后利用光孤子进行超远距离通信一直是各国努力实现的目标。现在光孤子通信已取得可喜的进展,但离实用还有不小的距离。

7.12.4 位相共轭光波的产生

1. 位相共轭光波

一束在线性介质中沿 z 方向传播的光波可以表示为

$$E(\boldsymbol{r},t) = E_0(x,y)\exp\{i[kz - \omega t + \varphi(x,y)]\} = E(\boldsymbol{r})\exp(-i\omega t) \qquad (7.105a)$$

式中

$$E(\boldsymbol{r}) = E_0(x,y)\exp\{i[kz + \varphi(x,y)]\} \qquad (7.105b)$$

$E_0(x,y)$ 是实数,$E(\boldsymbol{r})$ 代表波函数的空间变化部分。$E(\boldsymbol{r},t)$ 的位相共轭光波就是

$$E_c(\boldsymbol{r},t) = E^*(\boldsymbol{r})\exp(-i\omega t) = E_0(x,y)\exp\{-i[kz + \varphi(x,y) + \omega t]\} \qquad (7.106)$$

即只是波函数的空间部分变为它的复共轭,而时间部分不变。这与保持空间部分不变仅取时间部分的复共轭是完全等价的,即 $E_c(\boldsymbol{r},t)$ 等价于

$$E'_c(\boldsymbol{r},t) = E(\boldsymbol{r})\exp(i\omega t) = E_0(x,y)\exp\{i[kz + \varphi(x,y) + \omega t]\} \qquad (7.107)$$

$E_c(\boldsymbol{r},t)$ 和 $E'_c(\boldsymbol{r},t)$ 尽管位相符号相反,但它们都代表同一个光波,因为有物理意义的是波函数的实数部分。由此可见,位相共轭光波也就是**时间反转光波**。

比较 $E_c(\boldsymbol{r},t)$ 与 $E(\boldsymbol{r},t)$,由于位相共轭光波的空间位相反转,所以共轭光波与原波的传播方向完全逆转。通常,我们把产生共轭光波的装置叫做**共轭镜**,但它与普通反射镜是根本不同的。如图 7.92(a)所示,当发散光波以 θ 角射到普通反射镜上时,它以 θ 角射出,而且仍然是发散的。但当同样的发散光波射到共轭镜上时,由于位相反转,故转变为会聚球面波射出;由于方向反转,它将逆着入射光波的方向传播。共轭光波的波面与入射光波始终吻合,只是传播方向相反,如图 7.92(b)所示。

再看共轭镜与普通反射镜在像差补偿方面的区别。让一平面光波通过畸变介质,例如通过一块有小孔的光学厚度均匀的玻璃片,其波面将产生畸变(见图7.93(a))。光波入射到共轭镜后,反射光波的波面与入射光波一样,只是传播方向相反。当这束光波再次通过玻璃片后,畸变就被抵消了,出射光波的波面与入射时是一样的(图7.93(b))。但是,如果将共轭镜换成普通反射镜,波面的畸变不仅不能抵消,反而加倍了(图7.93(c))。

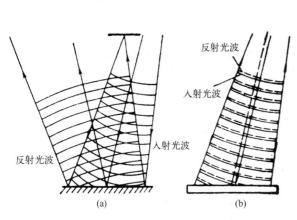

图 7.92　共轭镜与普通反射镜的反射

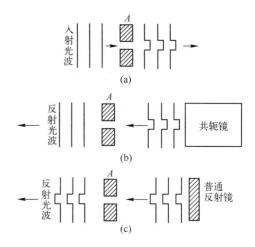

图 7.93　共轭镜与反射镜在像差补偿
方面的区别(图中 A 为有小孔的玻璃片)

2. 用四波混频产生位相共轭波

在第 5 章全息照相一节里,我们曾经遇到过位相共轭波。我们记得,对全息图再现时,除了得到物光波,还得到一个物光波的位相共轭波。不过,普通全息照相过程是分两步完成的,所以共轭波的产生也不是实时的。要实时地产生物光波的共轭波,只有在折射率能受光强度调制的非线性介质里才有可能。下面介绍在非线性介质里能实时地产生位相共轭波的**四波混频技术**。

如图 7.94 所示,以三束光入射非线性晶体,其中 E_1 和 E_2 两束光称为**泵浦光**,E_P 称为**探测光**。E_1 和 E_2 的传播方向相反,E_P 则可以在任何方向入射,它通常比泵浦光弱得多。三束入射光与非线性晶体相互作用产生第四束光 E_c,这样在非线性晶体内一共有四束光,故称为四波混频。利用四波混频技术获得探测光的位相共轭波的简单原理如下:设两束泵浦光和一束探测光表示为

$$E_1(\boldsymbol{r},t) = E_{10}\exp[\mathrm{i}(\boldsymbol{k}_1 \cdot \boldsymbol{r} - \omega_1 t)] + \text{C. C.} \tag{7.108}$$

$$E_2(\boldsymbol{r},t) = E_{20}\exp[\mathrm{i}(\boldsymbol{k}_2 \cdot \boldsymbol{r} - \omega_2 t)] + \text{C. C.} \tag{7.109}$$

$$E_P(\boldsymbol{r},t) = E_{P0}\exp[\mathrm{i}(\boldsymbol{k}_P \cdot \boldsymbol{r} - \omega_P t)] + \text{C. C.} \tag{7.110}$$

式中,C. C. 代表前项的位相共轭项。这三束光入射到非线性晶体,将在晶体中产生三阶非线性极化,极化强度的标量表达式为

$$P^{(3)} = \varepsilon_0 \chi_3 (E_1 + E_2 + E_P)^3 \tag{7.111}$$

把式(7.108)、式(7.109)和式(7.110)代入上式,可以得到比前述混频效应更多的频率分量[1],导致更加多彩的非线性光学现象。在可以产生位相共轭波的四波混频中,我们感兴趣的是从两个频率之和减去第三个频率的分量

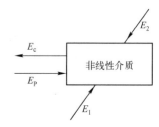

图 7.94　四波混频

---

① 在特定条件下,只能耦合出一束具有一定频率和波矢的光波,如四波混频。

$$\omega_c = \omega_1 + \omega_2 - \omega_P \tag{7.112}$$

相应的波矢为 $k_c = k_1 + k_2 - k_P$。这个分量对应的极化强度为

$$P_c = \varepsilon_0 \chi_3 E_{10} E_{20} E_{P0}^* \exp\{i[(k_1 + k_2 - k_P) \cdot r - (\omega_1 + \omega_2 - \omega_P)t]\} + C.C. \tag{7.113}$$

如果令 $\omega_1 = \omega_2 = \omega_P$(这一情形称**简并四波混频**),则 $\omega_c = \omega_P$;并且,由于 E_1 和 E_2 传播方向相反,故 $k_1 + k_2 = 0$,于是上式变为

$$P_c = \varepsilon_0 \chi_3 E_{10} E_{20} E_{P0}^* \exp[-i(k_P \cdot r + \omega_P t)] + C.C. \tag{7.114}$$

正是它激起探测光 E_P 的位相共轭波

$$E_c = E_{10} E_{20} E_{P0}^* \exp[-i(k_P \cdot r + \omega_P t)] + C.C. \tag{7.115}$$

3. 四波混频与实时全息

事实上,简并四波混频可以看做一种实时全息。如果把一束泵浦光(如 E_1)看做参考光,探测光看做物光,那么 E_1 和 E_P 产生的干涉图在非线性介质里将转化为折射率的变化,形成所谓折射率光栅,如图 7.95(a)中的横线所示。当泵浦光 E_2 以再现光身份逆着 E_1 的方向入射时,在折射率光栅上即衍射出与物光 E_P 共轭的光波 E_c。自然,我们也可以把泵浦光 E_2 看做参考光,它与物光 E_P 干涉产生的折射率光栅,如图 7.95(b)中竖线所示。当 E_1 入射到该光栅上时,也衍射出与 E_P 共轭的光波 E_c。上述两个过程是在同一介质里同时存在的,为了清楚才把它们画成两个图。两个过程物光共轭波的产生都是一步完成的,故称**实时全息**。

不过,四波混频与实时全息也有不同。实时全息之物光与参考光必须是同频率的,这样在全息介质中才能形成稳定的干涉图样,并再现出物光。四波混频则不一定要求各入射光的频率相同,它们可以有稍微不同的频率。若泵浦光与探测光的频率差为 δ,即

$$\omega_1 = \omega_2 = \omega \tag{7.116}$$

$$\omega_P = \omega + \delta \qquad (\delta \ll \omega) \tag{7.117}$$

那么据式(7.112),输出的共轭波的频率为

$$\omega_c = \omega - \delta \tag{7.118}$$

共轭光相对于泵浦光和探测光产生了频移。

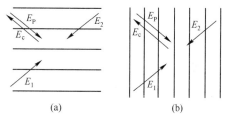

图 7.95 四波混频与实时全息

4. 位相共轭波的应用

位相共轭波有许多实际的和潜在的应用,这主要体现在像差补偿、色散补偿、光学滤波、图像处理等方面。下面仅举三例,说明位相共轭波的一些很有意义的应用。

(1) 自动跟踪瞄准

这是位相共轭波在自适应光学中应用的一个典型例子。如图 7.96(a)所示,图中黑点代表要瞄准的目标(靶),例如进行激光核聚变的小球,它受一辅助激光器照明。由目标散射的光,经过光学系统进入一系列激光放大器,由于放大器系统中元件的不完善会产生波像差,当光波从共轭镜反射并且再次通过这一系列放大器后,像差得到了补偿。而且在再次通过放大器时,光束的强度极大地增强,最后聚焦于目标

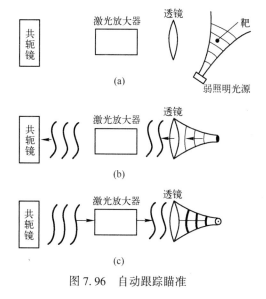

图 7.96 自动跟踪瞄准

上(图7.96(b)和(c))。对于上述装置,目标可以是游动的,反射回来的强激光始终能聚焦在目标上,达到自动跟踪的目的。

(2)高分辨率光刻技术中的无透镜成像

大规模集成电路的发展要求光刻机在直径约为10cm的面积上有纳米级的分辨率,这对于传统光刻机的成像系统的像差提出了苛刻的要求。但是,如果利用位相共轭技术让光波来回通过光学系统,可以补偿像差,还可以实现无透镜成像。这样能有效地增大数值孔径,提高系统分辨率。

图7.97画出了利用位相共轭镜在高分辨率光刻技术中实现无透镜成像的光路。照明光束经过掩模板后,由分光板反射到位相共轭镜;位相共轭镜产生的位相共轭反射光通过分光板直接射向基片,使掩模成像于涂有光刻胶的基片上。列文逊(M. D. Levenson)曾演示过这一技术:在6.8mm²的视场上获得800线对/毫米的分辨率,所使用的晶体是铌酸锂,泵浦激光是氪离子激光器发出的波长为413nm的激光束。

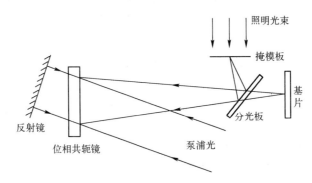

图7.97 利用位相共轭镜实现无透镜成像的光路

(3)脉冲展宽补偿

前面说过,光脉冲在光纤中传播时由于材料的色散会逐渐展宽(散群现象),利用位相共轭技术也可以使这种展宽得到补偿。如图7.98所示,在光纤的中点,让展宽的光脉冲射到共轭镜上,经共轭镜反射后,它的频谱组成发生反转,即频谱中频率为 $\omega + \delta$(ω 为泵浦光频率)的分量经反射后频率变为 $\omega - \delta$,而频率为 $\omega - \delta$ 的分量,反射后频率变为 $\omega + \delta$。这样一来,当光脉冲继续沿光纤传播时,前半程波速快的分量后半程变慢,而前半程波速慢的分量后半程变快,最后脉冲复原,脉冲展宽得到补偿。

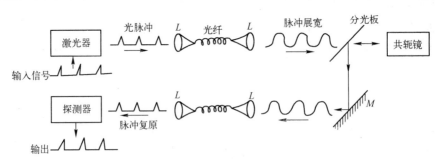

图7.98 脉冲展宽补偿

7.12.5 光学双稳态

一个光学装置,如果对于一定的输入光强度,存在着两个可能的稳定输出光强度,就称为**光学双稳态**现象。光学双稳态的输入-输出特性曲线如图7.99所示。

光学双稳态可以用来制造全光学逻辑元件,在光通信和光计算机中有着重要应用。因此,自

1974 年吉布斯(H. M. Gibbs)在 F-P 标准具内充以钠蒸气首先发现光学双稳态以来,这一领域的研究非常活跃,发展极为迅速。现在已经研制出多种光学双稳器件,有纯光学型的,也有光电混合型的,量子阱结构的。所有的光学双稳器件都具有两个必要条件:材料的非线性效应和光的正反馈系统。下面以双稳电光调制器为例,说明产生光学双稳态的简单原理。

在 7.10 节曾经讨论过电光开关,它的输出光强度也只有两个稳定值,不过它是受外加电压控制的,不受输入光强度控制。但是,如果在电光调制器中加入反馈,让输出光的一部分射向光电转换器,再将转换器输出的电信号经放大后用来控制电光晶体(见图 7.100),就可以构成一个双稳装置。已经知道,电光调制器的输出光强 I_t 与输入光强 I_i 之间的关系由式(7.83)给出,其中 δ 是由电光晶体产生的位相差。在没有反馈时,δ 与 I_i 或 I_t 无关,所以 I_t 是随 I_i 线性改变的。在有反馈时,电光晶体产生的位相差是受电压控制的,因而也依赖于输出光强 I_t,其关系为

$$\delta = \delta_0 + \alpha I_t \tag{7.119}$$

式中,δ_0 是常数,α 是反馈系数。现在,电光调制器的输入-输出关系是由式(7.83)和式(7.119)共同决定的,它不再是线性的。

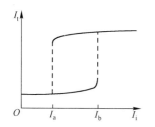

图 7.99　光学双稳态的输入-输出特性曲线　　　　图 7.100　双稳电光调制器

下面用图解法从式(7.83)和式(7.119)直接求出 I_t-I_i 关系。引入透射率

$$T = I_t / I_i \tag{7.120}$$

再将式(7.119)代入式(7.83),得到

$$T = \sin^2\left[\frac{1}{2}(\delta_0 + I_t)\right] \tag{7.121}$$

这里假设反馈系数 $\alpha = 1$。以上两个透射率关系如图 7.101 所示,图中正弦曲线表示式(7.121)给出的 T-I_t 关系(取 $\delta_0 = 0.05\pi$);直线 a,b,c 表示当 I_i 取由小到大的三个不同值时式(7.120)给出的 T-I_t 关系。直线与曲线的交点则给出 I_i 取某个值时的一组(T,I_t)值,于是就得到一组对应的(I_i,I_t)值。由图 7.101 可见,当 I_i 较小时,直线(以 a 表示)与曲线只有一个交点;当 I_i 较大时,直线(以 b 表示)与曲线有三个交点;当 I_i 更大时,直线(以 c 表示)又只有一个交点。因此,输出-输入关系由一条 S 形曲线表示,如图 7.102(a)中标记 0.05π 的那条曲线所示。

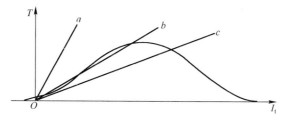

图 7.101　双稳电光调制器的 T-I_t 关系

在图 7.102(a) 中,除 $\delta_0 = 0.05\pi$ 的曲线外,还画出了另外三个不同 δ_0 值的 I_t-I_i 关系曲线。可见,$\delta_0 < 0.1\pi$ 的曲线呈 S 形,它们将使双稳态的发生成为可能。下面具体分析一下双稳态是如何得到的。为清楚起见,将 $\delta_0 = 0.03\pi$ 的曲线重新画在图 7.102(b) 中。当 I_i 低于 I_a 或高于 I_b 时,I_t 与 I_i 有单一的对应关系。当 I_i 介于 I_a 和 I_b 之间时,I_t 有三个值。究竟取哪一个值,与 I_i 的变化经历有关。如果 I_i 逐渐地从低于 I_a 增加到 I_b,则曲线沿 AB 的途径到达 B 点。在 B 点,输入的微小增加将使输出从 B 点跃增到 C 点,当输入继续增加时,只引起输出的微小增加。如果 I_i 逐渐地从高于 I_b 减小到 I_a,输出沿 CD 到达 D 点。在 D 点,输入的微小减小使输出从 D 点骤降到 A 点。曲线的 BD 段是不稳定的。因此,当 I_i 处在 I_a 到 I_b 范围内时,电光调制器具有双稳态。

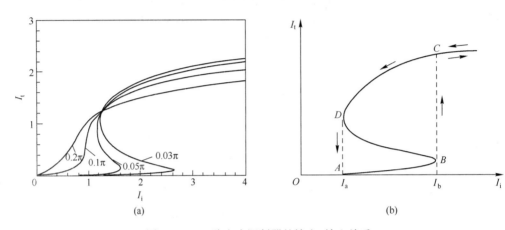

图 7.102 双稳电光调制器的输出-输入关系

习 题

7.1 一束自然光以 $30°$ 入射到空气-玻璃界面,玻璃的折射率 $n = 1.54$,试计算反射光的偏振度。

7.2 一束自然光以 $30°$ 入射到玻璃-空气界面,玻璃的折射率 $n = 1.54$,试计算:

(1) 反射光的偏振度; (2) 玻璃-空气界面的布儒斯特角; (3) 在布儒斯特角下入射时透射光的偏振度。

7.3 让自然光在布儒斯特角下通过由 10 块玻璃片叠成的玻片堆,试计算透射光的偏振度。

7.4 选用折射率为 2.38 的硫化锌和折射率为 1.38 的氟化镁作为镀膜材料,制造适用于氦氖激光($\lambda = 632.8\mathrm{nm}$)的偏振分光镜。问:

(1) 分光棱镜的折射率应为多少? (2) 膜层的厚度应为多少?

7.5 证明式 (7.4)。

7.6 线偏振光垂直入射到一块光轴平行于界面的方解石晶体上,若光矢量的方向与晶体主截面分别成 $30°$、$45°$、$60°$ 的夹角,问 o 光和 e 光从晶体透射出来后的光强度比是多少?

7.7 证明在晶体中,与给定的波法线方向 $\boldsymbol{k}_0$ 对应的两个允许的线偏振波的 $\boldsymbol{D}$ 矢量是互相正交的。

7.8 钠黄光正入射到一块石英晶体上,石英晶片的 $n_o = 1.544$,$n_e = 1.553$,要使 e 光的偏向角最大,求:

(1) 晶片表面应与光轴成多大的角度? (2) e 光的最大偏向角是多少?

7.9 证明折射率椭球的矢径长度等于 $\boldsymbol{D}$ 矢量沿矢径方向振动的光波的折射率。

[提示:利用式 (7.13) 和关系 $\boldsymbol{k} \cdot \boldsymbol{D} = 0$]

7.10 KDP 是负单轴晶体,它对于波长为 546nm 的光波的主折射率分别为 $n_o = 1.512$ 和 $n_e = 1.470$。试求光波在晶体内沿着与光轴成 $30°$ 角的方向传播时两个许可的折射率。

7.11 试用光线面方程证明:双轴晶体光线轴方向与晶体 z 轴方向的夹角 γ' 满足下式

$$\tan\gamma' = \pm \frac{v_z}{v_x}\sqrt{\frac{v_y^2 - v_x^2}{v_z^2 - v_y^2}}$$

并有 $\tan\gamma' = \frac{v_z}{v_x}\tan\gamma$（$\gamma$ 是双轴晶体光轴与 z 轴的夹角）。对于 BNN 晶体（铌酸钡钠），$n_x = 2.322$，$n_y = 2.321$，$n_z = 2.218$（对氦氖激光），问 γ 和 γ' 分别是多少？

7.12　波长 $\lambda = 632.3\text{nm}$ 的氦氖激光垂直入射到方解石晶片上，晶片厚度 $d = 0.013\text{mm}$，晶片表面与光轴成 $60°$ 角（见图 7.103）。求：

（1）晶片内 o 光和 e 光的夹角；（2）o 光和 e 光的振动方向；（3）o 光和 e 光通过晶片后的位相差。

7.13　一束汞绿光以 $60°$ 入射到 KDP 晶体表面，晶体的 $n_o = 1.512$，$n_e = 1.470$。设光轴与晶体表面平行，并垂直于入射面，求晶体中 o 光与 e 光的夹角。

7.14　一块晶片的光轴与表面平行，且平行于入射面，证明晶片内 o 光线和 e 光线的折射角之间有如下关系

$$\frac{\tan\theta_{2o}}{\tan\theta_{2e}} = \frac{n_o}{n_e}$$

对于 ADP（磷酸二氢铵）晶片，$n_o = 1.5265$，$n_e = 1.4808$（对波长 546nm），若光波入射角为 $50°$，晶片内 o 光线和 e 光线的夹角是多少？

7.15　石英晶体切成如图 7.35 所示，问钠黄光以 $30°$ 角入射到晶体时晶体内 o 光线和 e 光线的夹角是多少？

7.16　钠黄光以 $45°$ 角入射到方解石晶体表面。晶体光轴与表面成 $30°$ 角，并且方向与入射面平行，如图 7.104 所示。试求晶体中 e 光线的折射角。

7.17　将上题中入射角变为 $60°$，即入射光正对着晶体光轴方向（见图 7.105），这时晶体内 e 光线的折射角是多少？在晶体内会发生双折射吗？

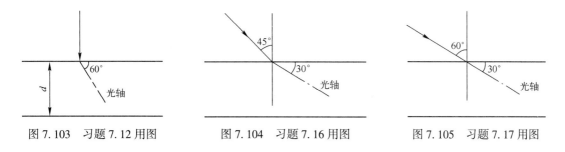

图 7.103　习题 7.12 用图　　　图 7.104　习题 7.16 用图　　　图 7.105　习题 7.17 用图

7.18　一块负单轴晶体制成的棱镜如图 7.106 所示，自然光从左方正入射到棱镜。试证明 e 光线在棱镜斜面上反射后与光轴夹角 θ'_e 由下式决定：

$$\tan\theta'_e = \frac{n_o^2 - n_e^2}{2n_e^2}$$

画出 o 光和 e 光的光路，决定它们的振动方向。

7.19　图 7.44 所示的渥拉斯顿棱镜若用方解石制成，并且顶角 $\theta = 30°$，试求当一束自然光垂直入射时，从棱镜出射的两束光的夹角。

7.20　图 7.107 是偏振光度计的光路图。从光源 S_1 和 S_2 射来的光都被渥拉斯顿棱镜 W 分为两束线偏振光，但其中一束被挡住，进入视场的只有一束。来自 S_1 的这束光的振动在图面内，来自 S_2 的这束光的振动垂直于图面。转动检偏器 N，直到视场两半的亮度相等。设这时检偏器的透光轴与图面的夹角为 θ，试证明光源 S_1 与 S_2 的强度比是 $\tan^2\theta$。

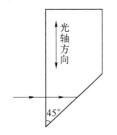

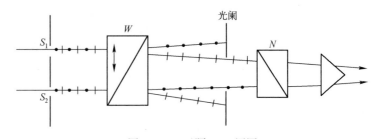

图 7.106 习题 7.18 用图　　　　　　　　　　　　　　　图 7.107 习题 7.20 用图

7.21 图 7.108 所示是用石英晶体制成的塞拿蒙棱镜,每块棱镜的顶角是 20°,光束正入射。求光束从棱镜出射后,o 光线和 e 光线之间的夹角。

7.22 如图 7.109 所示,一束光从方解石三棱镜的左边入射。方解石的光轴可以有三种取向:分别与图中直角坐标系的三个轴平行。试分析每一种情形下出射光束的偏振情况,以及如何测定 n_o 和 n_e。

7.23 一束线偏振的钠黄光($\lambda = 589.3$nm)垂直通过一块厚度为 8.0859×10^{-2}mm 的石英晶片。晶片折射率为 $n_o = 1.54424, n_e = 1.55335$,光轴沿 y 轴方向(图 7.110)。试对于以下三种情况,决定出射光的偏振态。

(1)入射线偏振光的振动方向与 x 轴成 45° 角;

(2)入射线偏振光的振动方向与 x 轴成 -45° 角;

(3)入射线偏振光的振动方向与 x 轴成 30° 角。

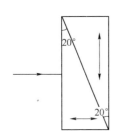

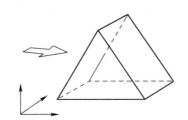

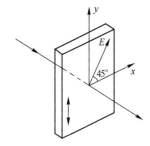

图 7.108 习题 7.21 用图　　　　图 7.109 习题 7.22 用图　　　　图 7.110 习题 7.23 用图

7.24 当通过尼科耳棱镜观察一束椭圆偏振光时,光强度随着尼科耳棱镜的旋转而改变。当光强度极小时,在检偏器(尼科耳)前插入一块 1/4 波片,转动 1/4 波片使它的快轴平行于检偏器的透光轴,再把检偏器沿顺时针方向转动 20° 就完全消光。

(1)该椭圆偏振光是右旋的还是左旋的?　　(2)椭圆长、短轴之比是多少?

7.25 为了决定一束圆偏振光的旋转方向,可将 1/4 波片置于检偏器之前,再将检偏器转到消光位置。这时发现 1/4 波片快轴的方位是这样的:它须沿着逆时针方向转 45° 才能与检偏器的透光轴重合。问该圆偏振光是右旋的还是左旋的?

7.26 给出下面四个光学元件:① 两个线偏振器;② 一个 1/4 波片;③ 一个半波片;④ 一个圆偏振器。问在只用一盏灯(自然光光源)和一个观察屏的情形下如何鉴别上述元件? 如果只有一个线偏振器,又如何鉴别?

7.27 一束自然光通过偏振片后再通过 1/4 波片入射到反射镜上,要使反射光不能透过偏振片,1/4 波片的快、慢轴与偏振片的透光轴应该成多大角度? 试用琼斯计算法给以解释。

7.28 导出长、短轴之比为 2:1,长轴沿 x 轴的右旋和左旋椭圆偏振光的琼斯矢量,并计算这两个偏振光叠加的结果。

7.29 为测定波片的位相延迟角 δ,可利用图 7.111 所示的实验装置:使一束自然光相继通过起偏器、待测波片、1/4 波片和检偏器。当起偏器的透光轴和 1/4 波片的快轴沿 x 轴,待测波片的快轴与 x 轴成 45° 角时,从 1/4 波片透出的是线偏振光,用检偏器确定它的振动方向便可得到待测波片的位相延迟角。试用琼斯计算法说明这一测量原理。

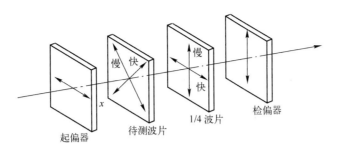

起偏器　　　待测波片　　　1/4 波片　　　检偏器

图 7.111　习题 7.29 用图

7.30　一种右旋圆偏振器的琼斯矩阵为 $\dfrac{1}{2}\begin{bmatrix} 1 & 1 \\ -i & -i \end{bmatrix}$，试求出它的本征矢量。

7.31　试用矩阵方法证明：右(左)旋圆偏振光经过半波片后变成左(右)旋圆偏振光。

7.32　将一块 1/8 波片插入两个前后放置的尼科耳棱镜中间，波片的光轴与前后尼科耳棱镜主截面的夹角分别为 $-30°$ 和 $40°$，问光强度为 I_0 的自然光通过这一系统后的光强度是多少？(略去系统的吸收和反射损失。)

7.33　一块厚度为 0.05mm 的方解石波片放在两个正交的线偏振器中间，其光轴方向与两个线偏振器透光轴的夹角为 $45°$，问在可见光范围内哪些波长的光不能透过这一系统。

7.34　在两个正交的偏振器之间插入一块 1/2 波片，让光强度为 I_0 的单色光通过这一系统。如果将波片绕光的传播方向旋转一周，问：

(1) 将看到几个光强度极大值和极小值？求出极大值和极小值的数值和对应的波片方位；

(2) 用全波片和 1/4 波片代替 1/2 波片，结果又如何？

7.35　在两个线偏振器之间放入一块位相迟延角为 δ 的波片，波片的光轴与起偏器的透光轴成 α 角，与检偏器的透光轴成 β 角。试利用式(7.71)证明：当转动检偏器时，从系统输出的光强度最大值对应的 β 角为

$$\tan 2\beta = \tan(2\alpha)\cos\delta$$

7.36　将巴俾涅补偿器放在两正交线偏振器之间，并使其光轴与线偏振器透光轴成 $45°$。该补偿器用石英晶体制成，其光楔楔角为 $2°30'$。问：

(1) 在钠黄光照射下，该补偿器产生的条纹间距是多少？

(2) 当在该补偿器上放一块方解石波片时(波片光轴与该补偿器的光轴平行)，发现条纹移动了 1/2 条纹间距，方解石波片的厚度是多少？

7.37　ADP 晶体的电光系数 $\gamma = 8.5 \times 10^{-12}$ m/V，$n_o = 1.52$，试求以这种晶体制作的泡克耳斯盒在光波长 $\lambda = 500$nm 时的半波电压。

7.38　证明在负单轴倍频晶体中，位相匹配角 θ_m 满足式(7.101)。若负单轴倍频晶体 KDP 被用于 Nd:YAG 激光器，已知对基频光 $\lambda_1 = 1060$nm，$n_{o1} = 1.4942$，对倍频光 $\lambda_2 = 530$nm，$n_{o2} = 1.5131$，$n_{e2} = 1.4711$，试计算该负单轴倍频晶体的位相匹配角。

附录 A 场论的一些主要公式

（1）梯度场的旋度等于零,即

$$\nabla \times (\nabla f) = 0 \tag{A.1}$$

这一结果表明梯度场(势场)是无旋的。

（2）旋度场的散度等于零,即

$$\nabla \cdot (\nabla \times \boldsymbol{F}) = 0 \tag{A.2}$$

它表示有旋度场是无源的,场有涡旋结构。

（3）梯度场的散度等于拉普拉斯式,即

$$\nabla \cdot (\nabla f) = \nabla^2 f = \frac{\partial^2 f}{\partial x^2} + \frac{\partial^2 f}{\partial y^2} + \frac{\partial^2 f}{\partial z^2} \tag{A.3}$$

（4） $$\nabla \times (\nabla \times \boldsymbol{F}) = \nabla(\nabla \cdot \boldsymbol{F}) - \nabla^2 \boldsymbol{F} \tag{A.4}$$

上式的简单证明,可先把∇看做矢量,于是由矢量代数公式

$$\nabla \times (\nabla \times \boldsymbol{F}) = \nabla(\nabla \cdot \boldsymbol{F}) - \boldsymbol{F}(\nabla \cdot \nabla)$$

再考虑到∇为微分算符,$\boldsymbol{F}$ 应在它后面,因而后项改写为

$$- (\nabla \cdot \nabla)\boldsymbol{F} = - \nabla^2 \boldsymbol{F}$$

故得 $$\nabla \times (\nabla \times \boldsymbol{F}) = \nabla(\nabla \cdot \boldsymbol{F}) - \nabla^2 \boldsymbol{F}$$

只要注意∇的双重性质——具有矢量和微分运算特点,就可以方便地推得下列关系:

$$\nabla(f_1 f_2) = f_1 \nabla f_2 + f_2 \nabla f_1 \tag{A.5}$$

$$\nabla \cdot (f \boldsymbol{F}) = (\nabla f) \cdot \boldsymbol{F} + f \nabla \cdot \boldsymbol{F} \tag{A.6}$$

$$\nabla \times (f \boldsymbol{F}) = \nabla f \times \boldsymbol{F} + f \nabla \times \boldsymbol{F} \tag{A.7}$$

$$\nabla \cdot (\boldsymbol{F}_1 \times \boldsymbol{F}_2) = (\nabla \times \boldsymbol{F}_1) \cdot \boldsymbol{F}_2 - \boldsymbol{F}_1 \cdot (\nabla \times \boldsymbol{F}_2) \tag{A.8}$$

附录 B 傅里叶级数、傅里叶积分和傅里叶变换

1. 傅里叶级数

（1）傅里叶级数的三角形式

由余弦函数构成的无穷级数

$$a_0 + a_1 \cos(kx + \alpha_1) + a_2 \cos(2kx + \alpha_2) + \cdots + a_n \cos(nkx + \alpha_n) + \cdots \tag{B.1}$$

称为三角级数。利用三角公式

$$\cos(\alpha + \beta) = \cos\alpha\cos\beta - \sin\alpha\sin\beta$$

可将式(B.1)改写为

$$\frac{A_0}{2} + A_1 \cos kx + B_1 \sin kx + A_2 \cos 2kx + B_2 \sin 2kx + \cdots + A_n \cos nkx + B_n \sin nkx + \cdots \tag{B.2}$$

$$= \frac{A_0}{2} + \sum_{n=1}^{\infty} (A_n \cos nkx + B_n \sin nkx)$$

其中,$\frac{A_0}{2} = a_0, A_n = a_n \cos\alpha_n, B_n = - a_n \sin\alpha_n$。

定理:设 $f(x)$ 是一个周期为 $\lambda(\,=2\pi/k\,)$ 的函数,且满足狄里赫利条件[$f(x)$ 在一个周期内只有有限个极值点和第一类不连续点],则 $f(x)$ 可以展开为式(B.2)表示的级数,即

$$f(x) = \frac{A_0}{2} + \sum_{n=1}^{\infty} (A_n \cos nkx + B_n \sin nkx) \tag{B.3}$$

其中

$$\left.\begin{array}{l} A_0 = \dfrac{2}{\lambda} \displaystyle\int_0^\lambda f(x)\,\mathrm{d}x \\[2mm] A_n = \dfrac{2}{\lambda} \displaystyle\int_0^\lambda f(x)\cos nkx\,\mathrm{d}x \\[2mm] B_n = \dfrac{2}{\lambda} \displaystyle\int_0^\lambda f(x)\sin nkx\,\mathrm{d}x \end{array}\right\} \qquad (n = 1,2,3,\cdots) \tag{B.4}$$

是傅里叶系数。这一定理称为**傅里叶级数定理**,而式(B.3)称为**傅里叶级数**,它是傅里叶级数的三角形式。式(B.4)的积分限是从 0 到 λ,范围为一个周期。这个积分限改为从 $-\dfrac{\lambda}{2}$ 到 $\dfrac{\lambda}{2}$,也同样是可以的,这是由于周期都为 λ。

(2) 傅里叶级数的复指数形式

$$f(x) = \sum_{n=-\infty}^{\infty} C_n \exp(inkx) \tag{B.5}$$

其中

$$C_n = \frac{1}{\lambda} \int_{-\frac{\lambda}{2}}^{\frac{\lambda}{2}} f(x)\exp(-inkx)\,\mathrm{d}x \qquad n = 0,\pm1,\pm2,\cdots \tag{B.6}$$

2. 傅里叶积分

定理:若非周期函数 $f(x)$(可视为周期无穷大的周期函数)在$[-\infty,+\infty]$ 上满足狄里赫利条件,且 $\displaystyle\int_{-\infty}^{\infty} |f(x)|\,\mathrm{d}x$ 存在,则有

$$f(x) = \frac{1}{2\pi} \int_{-\infty}^{\infty} F(k)\exp(ikx)\,\mathrm{d}k \tag{B.7}$$

其中

$$F(k) = \int_{-\infty}^{\infty} f(x)\exp(-ikx)\,\mathrm{d}x \tag{B.8}$$

这一定理称为**傅里叶积分定理**,而积分式 $\dfrac{1}{2\pi}\displaystyle\int_{-\infty}^{\infty} F(k)\exp(ikx)\,\mathrm{d}k$ 叫做 $f(x)$ 的傅里叶积分。

由此定理知,每一个满足狄里赫利条件的非周期函数 $f(x)$ 可表示为连续频率的基元函数 $\exp(ikx)$ 的线性组合,而 $F(k)$ 则为 $f(x)$ 的频谱。

我们又可从另一角度来考察式(B.7)和式(B.8):每给出一个空间域中的函数 $f(x)$,可由式(B.8)找到一个频率域中的函数 $F(k)$ 与之对应;同样,每给出一个频率域中的函数 $F(k)$,可由式(B.7)找到一个空间域中的函数 $f(x)$ 与之对应。两个域间的函数的这种对应关系称为该两域间的函数变换。由傅里叶积分定理给出的函数变换

$$F(k) = \int_{-\infty}^{\infty} f(x)\exp(-ikx)\,\mathrm{d}x$$

称为 $f(x)$ 的**傅里叶变换**,而

$$f(x) = \frac{1}{2\pi} \int_{-\infty}^{\infty} F(k)\exp(ikx)\,\mathrm{d}k$$

称为 $F(k)$ 的**傅里叶逆变换**。

把空间角频率 k 写为 $2\pi u$,u 为空间频率,傅里叶变换关系又可以写为

$$f(x) = \int_{-\infty}^{\infty} F(u)\exp(i2\pi ux)\,\mathrm{d}u \tag{B.9}$$

$$和 \qquad F(u) = \int_{-\infty}^{\infty} f(x)\exp(-\mathrm{i}2\pi ux)\mathrm{d}x \qquad (B.10)$$

3. 二维傅里叶变换及其基本定理

二维傅里叶变换关系是一维傅里叶变换关系[式(B.9)和式(B.10)]的推广,公式为

$$f(x,y) = \iint_{-\infty}^{\infty} F(u,v)\exp[\mathrm{i}2\pi(ux+vy)]\mathrm{d}u\mathrm{d}v \qquad (B.11)$$

$$和 \qquad F(u,v) = \iint_{-\infty}^{\infty} f(x,y)\exp[-\mathrm{i}2\pi(ux+vy)]\mathrm{d}x\mathrm{d}y \qquad (B.12)$$

式中,u 和 v 分别是二维空间函数 $f(x,y)$ 沿 x 方向和 y 方向的空间频率,$F(u,v)$ 是频谱函数。与一维的情形相类似,称 $F(u,v)$ 为 $f(x,y)$ 的傅里叶变换,$f(x,y)$ 是 $F(u,v)$ 的傅里叶逆变换。

通常为书写简便起见,也把 $f(x,y)$ 的傅里叶变换记为

$$F(u,v) = \mathscr{F}\{f(x,y)\} \qquad (B.13)$$

把 $F(u,v)$ 的傅里叶逆变换记为

$$f(x,y) = \mathscr{F}^{-1}\{F(u,v)\} \qquad (B.14)$$

下面给出傅里叶变换的几个基本定理,它们的证明从略,读者可参阅有关数学著作或自行证明。

(1) 线性定理

设 a 和 b 是两个任意常数,如果有 $\mathscr{F}\{f(x,y)\} = F(u,v)$ 和 $\mathscr{F}\{g(x,y)\} = G(u,v)$,则

$$\mathscr{F}\{af(x,y)+bg(x,y)\} = aF(u,v)+bG(u,v) \qquad (B.15)$$

即两个函数的线性组合的傅里叶变换,等于它们各自傅里叶变换的线性组合。

(2) 相似定理(缩放定理)

若 $\mathscr{F}\{f(x,y)\} = F(u,v)$,则对于任意非零实数 a 和 b,有

$$\mathscr{F}\{f(ax,by)\} = \frac{1}{ab}F\left(\frac{u}{a},\frac{v}{b}\right) \qquad (B.16)$$

这个定理说明空间域中坐标 (x,y) 的压缩(或放大),将导致频率域中坐标 (u,v) 的放大(或压缩),并且频谱的幅度发生总体变化。

(3) 相移定理

若 $\mathscr{F}\{f(x,y)\} = F(u,v)$,则对于任意实数 a 和 b,有

$$\mathscr{F}\{f(x-a,y-b)\} = F(u,v)\exp[-\mathrm{i}2\pi(ua+vb)] \qquad (B.17)$$

这一定理说明函数在空间域中的平移,将带来频率中的一个线性相移。

(4) 巴塞伐尔定理

若 $\mathscr{F}\{f(x,y)\} = F(u,v)$,则

$$\iint_{-\infty}^{\infty} |f(x,y)|^2\mathrm{d}x\mathrm{d}y = \iint_{-\infty}^{\infty} |F(u,v)|^2\mathrm{d}u\mathrm{d}u \qquad (B.18)$$

这个定理可以理解为能量守恒的表述:若 $f(x,y)$ 代表 xy 平面上的复振幅分布,则上式等号左边代表单位时间通过 xy 面的能量,这个能量与由频谱函数计算的能量相等。

(5) 卷积定理

$$若 \qquad \mathscr{F}\{f(x,y)\} = F(u,v), \quad \mathscr{F}\{g(x,y)\} = G(u,v)$$

$$则有 \qquad \mathscr{F}\{f(x,y)*g(x,y)\} = F(u,v)G(u,v) \qquad (B.19a)$$

$$和 \qquad \mathscr{F}\{f(x,y)g(x,y)\} = F(u,v)*G(u,v) \qquad (B.19b)$$

式中,$*$ 号表示两个函数的卷积运算(卷积定义见附录 C)

（6）自相关定理

若 $\mathscr{F}\{f(x,y)\}=F(u,v)$，则有

$$\mathscr{F}\{f(x,y)\circledast f(x,y)\}=|F(u,v)|^{2} \tag{B.20a}$$

和

$$\mathscr{F}\{|f(x,y)|^{2}\}=F(u,v)\circledast F(u,v) \tag{B.20b}$$

式中，$\circledast$ 是相关运算符号（见附录 C），在这里表示函数 $f(x,y)$ 的自相关运算。

（7）共轭变换定理

若 $f(x,y)=F(u,v)$，则有

$$\mathscr{F}\{f^{*}(x,y)\}=F^{*}(-u,-v) \tag{B.21}$$

（8）两次变换定理

在函数 $f(x,y)$ 的各个连续点上，有

$$\mathscr{F}\mathscr{F}^{-1}\{f(x,y)\}=\mathscr{F}^{-1}\mathscr{F}\{f(x,y)\}=f(x,y) \tag{B.22a}$$

和

$$\mathscr{F}\mathscr{F}\{f(x,y)\}=\mathscr{F}^{-1}\mathscr{F}^{-1}\{f(x,y)\}=f(-x,-y) \tag{B.22b}$$

4. 几个常用函数的定义及傅里叶变换

光学中几个常用函数的定义如下：

（1）矩形函数

$$\mathrm{rect}(x)=\begin{cases}1 & |x|\leqslant\dfrac{1}{2}\\[2mm] 0 & \text{其他}\end{cases} \tag{B.23}$$

（2）sinc 函数

$$\mathrm{sinc}(x)=\frac{\sin\pi x}{\pi x} \tag{B.24}$$

（3）符号函数

$$\mathrm{sgn}(x)=\begin{cases}1 & x>0\\ 0 & x=0\\ -1 & x<0\end{cases} \tag{B.25}$$

（4）三角状函数

$$\Lambda(x)=\begin{cases}1-|x| & |x|\leqslant1\\ 0 & \text{其他}\end{cases} \tag{B.26}$$

（5）梳状函数

$$\mathrm{comb}(x)=\sum_{n=-\infty}^{\infty}\delta(x-n) \tag{B.27}$$

（6）圆域函数

$$\mathrm{circ}\left(\sqrt{x^{2}+y^{2}}\right)=\begin{cases}1 & \sqrt{x^{2}+y^{2}}\leqslant1\\ 0 & \text{其他}\end{cases} \tag{B.28}$$

图 B.1 给出了这些常用函数的傅里叶变换（频谱函数）及其图形。

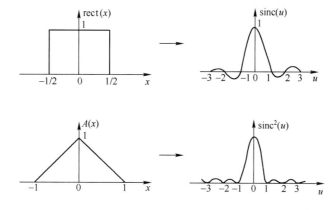

图 B.1

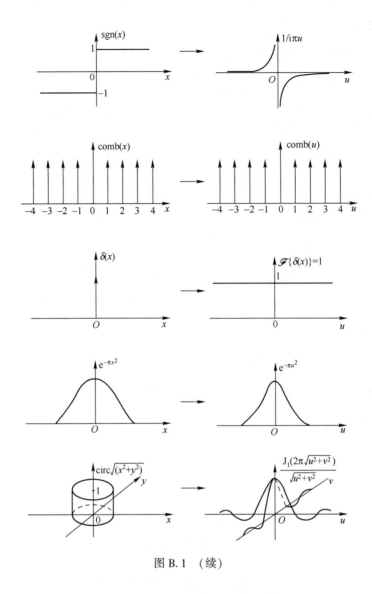

图 B.1 （续）

附录 C 卷积和相关

1. 卷积定义

函数 $f(x)$ 和 $g(x)$ 的卷积运算表示为 $f(x)*g(x)$。它定义为如下积分：

$$f(x)*g(x) = \int_{-\infty}^{\infty} f(\xi)g(x-\xi)\mathrm{d}\xi \tag{C.1}$$

对于二维函数 $f(x,y)$ 和 $g(x,y)$，其卷积为

$$f(x,y)*g(x,y) = \iint\limits_{-\infty}^{\infty} f(\xi,\eta)g(x-\xi,y-\eta)\mathrm{d}\xi\mathrm{d}\eta \tag{C.2}$$

2. 卷积的性质

（1）线性性质

设有函数 $f(x,y)$，$g(x,y)$ 和 $h(x,y)$，则有

$$[af(x,y)+bg(x,y)]*h(x,y) = af(x,y)*h(x,y)+bg(x,y)*h(x,y) \tag{C.3}$$

式中，a 和 b 是任意常数。

（2）服从交换律

$$f(x,y) * g(x,y) = g(x,y) * f(x,y) \tag{C.4}$$

（3）位移不变性

若 $f(x,y) * g(x,y) = h(x,y)$，则

$$f(x-\xi, y-\eta) * g(x,y) = h(x-\xi, y-\eta) \tag{C.5}$$

3. 相关

函数 $f(x,y)$ 和 $g(x,y)$ 的相关运算表示为 $f(x,y) \circledast g(x,y)$。它定义为如下积分：

$$f(x,y) \circledast g(x,y) = \iint\limits_{-\infty}^{\infty} f^*(\xi, \eta) g(x+\xi, y+\eta) \mathrm{d}\xi \mathrm{d}\eta \tag{C.6}$$

当 $f(x,y) = g(x,y)$ 时，有 $f(x,y) \circledast f(x,y) = \iint\limits_{-\infty}^{\infty} f^*(\xi, \eta) f(x+\xi, y+\eta) \mathrm{d}\xi \mathrm{d}\eta$ （C.7）

称为 $f(x,y)$ 的自相关函数。

容易证明，相关运算不服从交换律，即

$$f(x,y) \circledast g(x,y) \neq g(x,y) \circledast f(x,y) \tag{C.8}$$

下面看一种特殊情形的自相关函数的几何意义。设 $f(x,y)$ 是一个开孔函数：

$$f(x,y) = \begin{cases} 1 & \text{当}(x,y)\text{在开孔内时} \\ 0 & \text{当}(x,y)\text{在开孔外时} \end{cases}$$

由式（C.7），它的自相关函数为

$$f(x,y) \circledast f(x,y) = \iint\limits_{-\infty}^{\infty} f(\xi, \eta) f(x+\xi, y+\eta) \mathrm{d}\xi \mathrm{d}\eta \tag{C.9}$$

这一函数可以解释为将函数 $f(x,y)$ 由原点平移到 $(-x, -y)$ 点，移动前后两个函数的重叠面积（见图 C.1）。由于式（C.9）也可以写为

$$f(x,y) \circledast f(x,y) = \iint\limits_{-\infty}^{\infty} f(\alpha-x, \beta-y) f(\alpha, \beta) \mathrm{d}\alpha \mathrm{d}\beta \tag{C.10}$$

所以，$f(x,y)$ 的自相关函数也可以解释为 $f(x,y)$ 由原点平移到 (x,y) 点，移动前后两个函数的重叠面积。

如果将开孔函数 $f(x,y)$ 的自卷积与自相关函数对比一下，$f(x,y)$ 的自卷积是

$$f(x,y) * f(x,y) = \iint\limits_{-\infty}^{\infty} f(\xi, \eta) f(x-\xi, y-\eta) \mathrm{d}\xi \mathrm{d}\eta$$

$$= \iint\limits_{-\infty}^{\infty} f(\xi, \eta) f[-(\xi-x), -(\eta-y)] \mathrm{d}\xi \mathrm{d}\eta \tag{C.11}$$

显然，它可以解释为将函数 $f(x,y)$ 由原点平移到 (x,y) 点，再在平面内绕自身中心转 $180°$，移动前后两个函数的重叠面积（见图 C.2）。

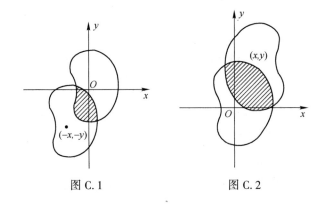

图 C.1　　　　　　　　　图 C.2

附录 D　δ 函数

1. δ 函数的定义

δ 函数是物理学家狄拉克(P. A. M. Dirac)首先引用的一个广义函数,它不是普通意义下的函数。二维的 δ 函数 $\delta(x,y)$ 定义为

$$\delta(x,y)=\begin{cases}\infty & x=y=0\\0 & x\neq0,y\neq0\end{cases}\tag{D.1}$$

$$\iint_{-\infty}^{\infty}\delta(x,y)\,\mathrm{d}x\mathrm{d}y=1\tag{D.2}$$

在光学中,δ 函数可以用来描述点光源的复振幅分布或光强度分布。

有多种函数可以被选做 δ 函数,只要它们满足上述性质即可。例如,图 D.1 所示的矩形函数(为简单起见,讨论一维情形)

$$f(x)=\frac{1}{2a}\mathrm{rect}\left(\frac{x}{2a}\right)\tag{D.3}$$

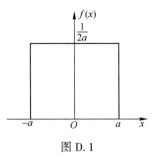

图 D.1

这个函数在区间 $[-a,a]$ 内的值为 $\frac{1}{2a}$,所以矩形面积

$$\int_{-\infty}^{\infty}f(x)\,\mathrm{d}x\equiv1$$

它与 a 的大小无关。当 $2a\to0$ 时,$\frac{1}{2a}\longrightarrow\infty$,但矩形面积仍为 1。故 a 趋于零时 $f(x)$ 的极限就可选做 δ 函数,即

$$\delta(x)=\lim_{N\to\infty}N\mathrm{rect}(Nx)\tag{D.4}$$

再如高斯函数(图 D.2)　　　　　　$$g(x)=\frac{1}{\sqrt{2\pi}\,\sigma}\exp\left(-\frac{x^2}{2\sigma^2}\right)\tag{D.5}$$

可以证明　　　$$\int_{-\infty}^{\infty}g(x)\,\mathrm{d}x=\int_{-\infty}^{\infty}\frac{1}{\sqrt{2\pi}\,\sigma}\exp\left(-\frac{x^2}{2\sigma^2}\right)\mathrm{d}x=1\tag{D.6}$$

并且 $g(x)$ 的最大值和半宽度[①]为

$$[g(x)]_{\max}=\frac{1}{\sqrt{2\pi}\,\sigma},\qquad\frac{\Delta x}{2}=\sqrt{2}\,\sigma$$

---

① 高斯函数半宽度是函数曲线从峰值下降到峰值的 $1/e$ 时的横坐标距离(见图 D.2)。

当 $\sigma \to 0$ 时,式(D.6)仍然成立。这时 $[g(x)]_{\max} \to \infty$,

$\dfrac{\Delta x}{2} \to 0$,故也可选取 σ 趋于零时 $g(x)$ 的极限为 δ 函数,即

$$\delta(x) = \lim_{\sigma \to 0} \left[\frac{1}{\sqrt{2\pi}\,\sigma} \exp\left(-\frac{x^2}{2\sigma^2} \right) \right]$$

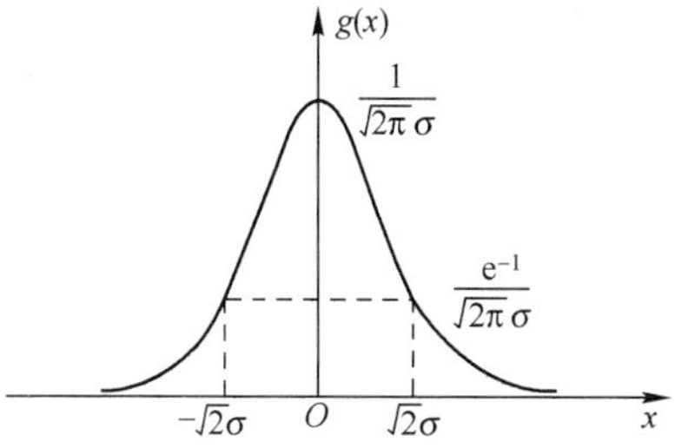

或令 $N = \dfrac{1}{\sqrt{2\pi}\,\sigma}$,把 δ 函数写成

$$\delta(x) = \lim_{N \to \infty} \left[N\exp(-\pi N^2 x^2) \right] \tag{D.7}$$

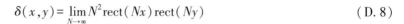

图 D.2

以上两个函数选做 δ 函数时,其二维形式为

$$\delta(x,y) = \lim_{N \to \infty} N^2 \mathrm{rect}(Nx)\,\mathrm{rect}(Ny) \tag{D.8}$$

$$\delta(x,y) = \lim_{N \to \infty} N^2 \exp\left[-\pi N^2(x^2 + y^2) \right] \tag{D.9}$$

另外一些可作为 δ 函数的常用函数的极限为

$$\delta(x,y) = \lim_{N \to \infty} N^2 \mathrm{sinc}(Nx)\sin(Ny) \tag{D.10}$$

$$\delta(x,y) = \lim_{N \to \infty} \frac{N^2}{\pi} \mathrm{circ}(N\sqrt{x^2 + y^2}) \tag{D.11}$$

$$\delta(x,y) = \lim_{N \to \infty} N \frac{J_1(2\pi N\sqrt{x^2 + y^2})}{\sqrt{x^2 + y^2}} \tag{D.12}$$

2. δ 函数的性质

(1) δ 函数的筛选性质 $\qquad \displaystyle\iint_{-\infty}^{\infty} \delta(x - a, y - b) f(x,y)\,\mathrm{d}x\mathrm{d}y = f(a,b)$ （D.13）

(2) δ 函数的卷积性质 $\qquad \delta(x,y) * f(x,y) = f(x,y) * \delta(x,y) = f(x,y)$ （D.14）

(3) δ 函数的傅里叶变换 $\qquad \mathscr{F}\{\delta(x,y)\} = 1$ （D.15）

(4) δ 函数的缩放性质 $\qquad \delta(ax, by) = \dfrac{1}{|ab|} \delta(x,y)$ （D.16）

附录 E　贝塞尔函数

二阶齐次线性微分方程 $\qquad x^2 \dfrac{\mathrm{d}^2 y}{\mathrm{d}x^2} + x \dfrac{\mathrm{d}y}{\mathrm{d}x} + (x^2 - n^2) y = 0$ （E.1）

称为贝塞尔微分方程,它的通解为

$$y = C_1 J_n(x) + C_2 N_n(x) \tag{E.2}$$

式中,$J_n(x)$ 称为 n 阶第一类贝塞尔函数,$N_n(x)$ 称为 n 阶第二类贝塞尔函数(也叫诺伊曼函数)。

本书只用到第一类贝塞尔函数 $J_n(x)$,下面介绍 $J_n(x)$ 的级数表示式及基本性质。

1. 贝塞尔函数的级数表示式

微分方程常以级数法求解。设贝塞尔方程有一收敛级数解

$$y = \sum_{k=0}^{\infty} a_k x^{c+k} \tag{E.3}$$

其中，$a_0 \neq 0$，a_k 及 c 均为待定常数。下面来确定它们。由上式得到

$$\frac{\mathrm{d}y}{\mathrm{d}x} = \sum_{k=0}^{\infty} (c+k) a_k x^{c+k-1}$$

$$\frac{\mathrm{d}^2 y}{\mathrm{d}x^2} = \sum_{k=0}^{\infty} (c+k)(c+k-1) a_k x^{c+k_2}$$

代入式(E.1)，有

$$(c^2 - n^2) a_0 x^c + [(c+1)^2 - n^2] a_1 x^{c+1} + \sum_{k=2}^{\infty} \{ [(c+k)^2 - n^2] a_k + a_{k-2} \} x^{c+k} = 0$$

此为恒等式，故 x 各次幂的系数均须等于零：

$$(c^2 - n^2) a_0 = 0 \tag{E.4}$$

$$[(c+1)^2 - n^2] a_1 = 0 \tag{E.5}$$

$$[(c+k)^2 - n^2] a_k + a_{k-2} = 0 \tag{E.6}$$

按假设 $a_0 \neq 0$，所以由式(E.4)，$c = \pm n$，再由式(E.5)得 $a_1 = 0$。取 $c = n$，则由式(E.6)得

$$a_k = \frac{-a_{k-2}}{k(2n+k)}$$

因 $a_1 = 0$，故由上式得 $a_1 = a_3 = a_5 = \cdots = 0$，而 $a_2, a_4, a_6, \cdots$ 都可用 a_0 来表示：

$$a_2 = \frac{-a_0}{2(2n+2)}$$

$$a_4 = \frac{a_0}{2 \times 4 (2n+2)(2n+4)}$$

$$a_6 = \frac{-a_0}{2 \times 4 \times 6 (2n+2)(2n+4)(2n+6)}$$

$$\vdots$$

$$a_{2m} = \frac{(-1)^m a_0}{2 \times 4 \times 6 \times \cdots \times 2m (2n+2)(2n+4) \cdots (2n+2m)}$$

$$= \frac{(-1)^m a_0}{2^{2m} m! (n+1)(n+2) \cdots (n+m)} \quad m = 1, 2, 3, \cdots$$

将这些系数代入式(E.3)，则得

$$y = a_0 \sum_{m=0}^{\infty} (-1)^m \frac{x^{n+2m}}{2^{2m} m! (n+1)(n+2) \cdots (n+m)} \tag{E.7}$$

由达朗贝尔判别法知该级数恒收敛，故为贝塞尔方程的一个解。

当 n 为非负整数时，令

$$a_0 = \frac{1}{2^n \Gamma(n+1)}$$

其中，$\Gamma(n+1)$ 是 Γ 函数[①]。这样得到的特解，就是 n 阶第一类贝塞尔函数(通常简称 n 阶贝塞尔函数)

$$\mathrm{J}_n(x) = \sum_{m=0}^{\infty} (-1)^m \frac{x^{n+2m}}{2^{2m} m! [2^n \Gamma(n+1)](n+1)(n+2) \cdots (n+m)}$$

$$= \sum_{m=0}^{\infty} (-1)^m \frac{x^{n+2m}}{2^{n+2m} m! \Gamma(n+m+1)} \tag{E.8}$$

---

① Γ 函数定义为 $\quad \Gamma(s) = \int_0^{\infty} x^{s-1} \exp(-x) \mathrm{d}x$

$\Gamma(s)$ 在 $s>0$ 时收敛，否则发散。Γ 函数有如下基本性质：$\Gamma(s+1) = s\Gamma(s)$；$\Gamma(1) = \int_0^{\infty} \exp(-x) \mathrm{d}x = 1$；$s$ 等于正整数 n 时，由以上两点性质得 $\Gamma(n+1) = n!$。

由 Γ 函数的性质,在 n 为非负整数时, $\Gamma(n+m+1)=(n+m)!$,因此 $J_n(x)$ 又可以写为

$$J_n(x)=\sum_{m=0}^{\infty}(-1)^m\frac{x^{n+2m}}{2^{n+2m}m!(n+m)!} \qquad (E.9)$$

通常 $J_0(x)$ 和 $J_1(x)$ 用得较多,在上式中取 $n=0$ 和 $n=1$,得到

$$J_0(x)=1-\frac{x^2}{2^2}+\frac{x^4}{2^2\times4^2\times6^2}-\frac{x^6}{2^2\times4^2\times6^2\times8^2}+\cdots \qquad (E.10)$$

$$J_1(x)=\frac{x}{2}\left[1-\frac{x^2}{2\times4}+\frac{x^4}{2\times4^2\times6}-\frac{x^6}{2\times4^2\times6^2\times8}+\cdots\right] \qquad (E.11)$$

$J_0(x)$ 和 $J_1(x)$ 分别称为零阶和一阶贝塞尔函数,其图形如图 E.1 所示(图中只画出 x 是正值的情况)。$J_0(x)$ 和 $J_1(x)$ 的数值在普通的数学手册中可以查到。

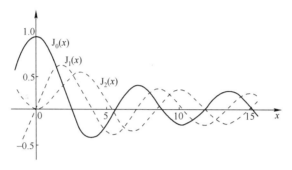

图 E.1

2. 贝塞尔函数的基本性质(n 为整数)

(1) $$J_{-n}(x)=(-1)^nJ_n(x)$$

(2) $$J_n(x)=\frac{x}{2n}[J_{n-1}(x)+J_{n+1}(x)]$$

(3) $$\frac{\mathrm{d}}{\mathrm{d}x}J_n(x)=\frac{1}{2}[J_{n-1}(x)-J_{n+1}(x)]$$

(4) $$\lim_{x\to0}\frac{J_n(x)}{x^n}=\frac{1}{2^nn!}$$

(5) 两个递推关系: $$\frac{\mathrm{d}}{\mathrm{d}x}[x^{n+1}J_{n+1}(x)]=x^{n+1}J_n(x)$$

$$\frac{\mathrm{d}}{\mathrm{d}x}\left[\frac{J_n(x)}{x^n}\right]=-\frac{J_{n+1}(x)}{x^n}$$

3. 贝塞尔函数的积分公式(n 为整数)

(1) $$J_n(x)=\frac{1}{2\pi}\int_0^{2\pi}\cos(x\sin\varphi-n\varphi)\mathrm{d}\varphi$$

(2) $$J_n(x)=\frac{\mathrm{i}^{-n}}{2\pi}\int_0^{2\pi}\cos n\varphi\exp(\mathrm{i}x\cos\varphi)\mathrm{d}\varphi$$

(3) $$J_n(x)=\frac{\mathrm{i}^{-n}}{2\pi}\int_0^{2\pi}\exp(\mathrm{i}n\varphi)\exp(\mathrm{i}x\cos\varphi)\mathrm{d}\varphi$$

附录 F 矩　　阵

1. 矩阵的定义

一个矩阵,就是指排成长方阵列或正方阵列的一组实数或复数。例如

$$A = \begin{bmatrix} a_{11} & a_{12} & \cdots & a_{1n} \\ a_{21} & a_{22} & \cdots & a_{2n} \\ \vdots & & \ddots & \vdots \\ a_{m1} & a_{m2} & \cdots & a_{mn} \end{bmatrix} \tag{F.1}$$

式中,a_{ij} 代表第 i 行第 j 列元素。上式也可以简单地记为

$$A = [a_{ij}] \tag{F.2}$$

因为这个矩阵包括 m 行 n 列,就称它是一个 $m \times n$ 维矩阵。

当 $m = 1$ 时,$A = \begin{bmatrix} a_{11} & a_{12} & \cdots & a_{1n} \end{bmatrix}$,称为单行矩阵。

当 $n = 1$ 时,$A = \begin{bmatrix} a_{11} \\ a_{21} \\ \vdots \\ a_{m1} \end{bmatrix}$,称为单列矩阵或列阵。

当 $m = n$ 时,A 称为 n 阶方阵。一个方阵,若 $a_{ij} = \begin{cases} 1 & i=j \\ 0 & i \neq j \end{cases}$,则称为单位矩阵,并用 I 标记,即

$$I = \begin{bmatrix} 1 & & & \\ & 1 & & \mathbf{0} \\ & & \ddots & \\ \mathbf{0} & & & 1 \end{bmatrix} \tag{F.3}$$

2. 矩阵的运算

（1）矩阵的相等

若两个矩阵 $[a_{ij}]$ 和 $[b_{ij}]$ 的行数相同,列数相同,并且对应元素都相等,即 $a_{ij} = b_{ij}$,则称这两个矩阵相等,即 $A = B$。

（2）矩阵的加减

若两个矩阵 $[a_{ij}]$ 和 $[b_{ij}]$ 都是 $m \times n$ 维矩阵,则它们的和或差也是 $m \times n$ 维矩阵,它的矩阵元等于 $[a_{ij}]$ 和 $[b_{ij}]$ 的对应矩阵元的和或差,记为

$$[a_{ij}] \pm [b_{ij}] = [c_{ij}]$$

其中
$$c_{ij} = a_{ij} \pm b_{ij}$$

（3）常数乘矩阵

设 q 为一个常数,则 $q[a_{ij}] = [c_{ij}]$,其中 $c_{ij} = qa_{ij}$。

（4）两个矩阵相乘

两个矩阵 A 和 B 相乘,只有当 A 的列数等于 B 的行数时才有定义。设 A 是一个 $m \times p$ 维矩阵,B 是一个 $p \times n$ 维矩阵,则 AB 是一个 $m \times n$ 维矩阵,记为

$$C = AB \tag{F.4a}$$

其中 C 的元素 c_{ij} 是 A 的第 i 行与 B 的第 j 列对应元素乘积之和：

$$c_{ij} = \sum_{k=1}^{p} a_{ik} b_{kj} \tag{F.4b}$$

矩阵相乘满足结合律和分配律，即

$$(AB)C = A(BC) \tag{F.5}$$

$$A(B + C) = AB + AC \tag{F.6}$$

但交换律一般不成立，即一般 $AB \neq BA$。在特殊情况下，当 $AB = BA$ 时，矩阵 A 和 B 称为可易矩阵。

另外，任何方阵与同阶单位矩阵的乘积等于它本身，即

$$AI = IA = A \tag{F.7}$$

3. 矩阵的本征矢和本征值

给定一个 n 阶方阵 A，当它作用到一个具有 n 个矩阵元的单列矩阵 x 上时，就形成另一个单列矩阵。但是有可能选取特殊的单列矩阵 x，使得它受到 A 作用之后形成的单列矩阵的每个矩阵元正比于 x 的每个矩阵元，即

$$Ax = \lambda x \tag{F.8}$$

其中，λ 是比例因子。当这个方程得到满足时，就称 x 是 A 的一个**本征矢**，称 λ 是 A 的**本征值**。例如，设 A 是二阶方阵，由方程 (F.8) 得到

$$a_{11}x_1 + a_{12}x_2 = \lambda x_1$$
$$a_{21}x_1 + a_{22}x_2 = \lambda x_2$$

它们可以化为

$$\left. \begin{array}{l} (a_{11} - \lambda)x_1 + a_{12}x_2 = 0 \\ a_{21}x_1 + (a_{22} - \lambda)x_2 = 0 \end{array} \right\} \tag{F.9}$$

根据线性方程组的理论知道，要使该方程组有非零解，其系数行列式必须为零，即

$$\begin{vmatrix} a_{11} - \lambda & a_{12} \\ a_{21} & a_{22} - \lambda \end{vmatrix} = 0 \tag{F.10}$$

展开后得到
$$\lambda^2 - (a_{11} + a_{22})\lambda + (a_{11}a_{22} - a_{21}a_{12}) = 0 \tag{F.11}$$

这个方程称为特征方程。A 的本征值就是特征方程的根。设特征方程的根是 λ_1 和 λ_2，由二次方程的初等理论可以证明

$$\left. \begin{array}{l} \lambda_1 + \lambda_2 = a_{11} + a_{22} \\ \lambda_1 \lambda_2 = a_{11}a_{22} - a_{21}a_{12} = |A| \end{array} \right\} \tag{F.12}$$

式中，$a_{11} + a_{22}$ 是矩阵对角线上诸元素之和，$|A| = a_{11}a_{22} - a_{21}a_{12}$ 是 A 对应的行列式的值。式 (F.12) 可以推广到更高阶的方阵。

汉英名词索引

（按汉语拼音次序排列）

习 题 答 案

第 1 章

1.3 $E = A\cos[k(x\cos\alpha + y\cos\beta + z\cos\gamma) - \omega t]$

1.5 0.005mm; 20π

1.6 1000V/m

1.7 （1） $6.3 \times 10^{-2}\text{V/m}$; （2） $2.1 \times 10^{-10}\text{T}$; （3） $1.26 \times 10^{4}\text{W}$

1.8 $\boldsymbol{k}_0 = \dfrac{2}{\sqrt{29}}\boldsymbol{x}_0 + \dfrac{3}{\sqrt{29}}\boldsymbol{y}_0 + \dfrac{4}{\sqrt{29}}\boldsymbol{z}_0$

1.9 （1） $\dfrac{\partial^2 E}{\partial r^2} + \dfrac{2}{r}\dfrac{\partial E}{\partial r} = \dfrac{1}{v^2}\dfrac{\partial^2 E}{\partial t^2}$; （2） $E(r,t) = \dfrac{A_1}{r}\exp[\mathrm{i}(kr - \omega t)]$

1.11 $r = -0.3034$; $t = 0.6966$

1.12 $T = 83\%$

1.14 $I_\mathrm{s} = 0.789I_0$, $I_\mathrm{p} = 0.997I_0$

1.20 $r_\mathrm{s} = 0.2$, $r_\mathrm{p} = -0.2$, $t_\mathrm{s} = t_\mathrm{p} = 1.2$, $R = 0.04$, $T = 0.96$

1.21 $I = 0.92I_0$

1.22 0.2; 0.04

1.23 $0.04I_0$; $0.037I_0$; $0.922I_0$; $0.0015I_0$

1.24 $n = 1.63$

1.25 $53°15'$ 或 $50°13'$

1.27 （2） $68°$

1.28 （2） $66°28'$

1.29 0.0356m

1.31 $R = 0.636$, $\delta = 29°5'$

1.33 $b = 4.168 \times 10^3 \text{nm}^2$, $a = 1.5043$; $n = 1.5219$, $\dfrac{\mathrm{d}n}{\mathrm{d}\lambda} = -7.257 \times 10^{-5}/\text{nm}$

第 2 章

2.1 $E = 10\cos(53°7' - 2\pi \times 10^{15}t)$

2.2 $I_{P1} = 49\text{W/m}^2$, $I_{P2} = 1\text{W/m}^2$

2.4 $E = -2a\exp\left[\mathrm{i}\left(\dfrac{\pi}{2} - \omega t\right)\right]\sin kz$, $E = -2a\sin kz \sin\omega t$

2.5 $B_y(z,t) = -\dfrac{2a}{c}\cos kz \sin\omega t$

2.6 $0.5\mu\text{m}$

2.7 $\psi = 45°$; $1.31A$, $0.542A$

2.8 $E(z,t) = (0.866A_o\boldsymbol{x}_o + 0.5A_o\boldsymbol{y}_o)\cos(kz - \omega t)$

2.9 左旋椭圆偏振光，右旋椭圆偏振光

2.10 右旋椭圆偏振光，椭圆长轴与 x 轴倾斜 $135°$

2.14 （1） $v_\mathrm{g} = v/2$; （2） $v_\mathrm{g} = 3v/2$; （3） $v_\mathrm{g} = \dfrac{c}{n}\left(1 - \dfrac{2b}{n^2\lambda^2}\right)$; （4） $2v$

2.15 $E(z) = \dfrac{\lambda}{4} - \dfrac{2\lambda}{\pi^2}\left[\dfrac{\cos kz}{1^2} + \dfrac{\cos 3kz}{3^2} + \dfrac{\cos 5kz}{5^2} + \cdots\right]$

2.17 $E(z) = \dfrac{2}{a} + \displaystyle\sum_{n=1}^{\infty} \dfrac{4}{a}\left(\dfrac{\sin n2\pi / a}{n2\pi / a}\right)\cos nkz$

2.18 $A(k) = \dfrac{4}{k^2}\sin^2\dfrac{kL}{2}$

2.19 $A(\omega) = \dfrac{a}{\alpha + i(\omega_0 - \omega)}$, $\quad I(\omega) = \dfrac{a^2}{\alpha^2 + (\omega_0 - \omega)^2}$

2.20 $\Delta\lambda = 5.2 \times 10^{-4}\text{nm}$, $\quad \Delta\gamma = 10^9\text{Hz}$

2.21 $5.55 \times 10^3\text{m}$

第 3 章

3.1 600nm

3.2 0.49mm

3.3 $6 \times 10^{-3}\text{mm}$

3.4 $1.72 \times 10^{-2}\text{mm}$

3.5 $n = 1.000823$

3.6 （1）1mm；（2）3

3.7 $2.83 \times 10^{-3}\text{rad}$

3.8 0.3mm

3.9 （1）条纹区在 x 方向宽度 2.29mm；（2）12 个暗纹

3.13 0.46mm

3.14 0.02mm

3.15 $4.2 \times 10^{-3}\text{mm}^2$

3.16 $\Delta\gamma = 1.5 \times 10^4\text{Hz}$, $\quad \mathscr{D}_{\max} = 2 \times 10^4\text{m}$

3.17 $\mathscr{D} = 2nh\cos\theta_2\left[1 - \dfrac{\sin\theta_1\cos\theta_1}{(n^2 - \sin^2\theta_1)} - \dfrac{\beta}{2}\right] + \dfrac{\lambda}{2}$

3.18 （2）13.4mm；（3）0.67mm

3.20 （1）$m_0 = 40.5$；（2）$\theta_5 = 0.707\text{rad}$

3.21 $N = 11$

3.22 $\alpha = 5.9 \times 10^{-5}\text{rad}$

3.23 20m

3.24 $R_A = 6.275\text{m}$, $\quad R_B = 4.637\text{m}$, $\quad R_C = 12.339\text{m}$

3.25 （3）126.56nm

3.26 $9.17 \times 10^{-3}\text{mm}$

3.27 $0.707\sqrt{N}\text{mm}$；$\quad 0.25N\text{mm}$

3.28 $R_2 = 506.6\text{mm}$

3.29 （1）$\Delta h = \dfrac{\lambda_1\lambda_2}{2\Delta\lambda}$；（2）$\Delta h = 0.289\text{mm}$

3.30 （1）$n = 1.000271$；（2）2.9×10^{-7}

3.31 8.7mm

第 4 章

4.1 $S = 4.44$, 14.05, 29.8, 155.5

4.2 $\approx 12\text{mm}$

4.3 599.88nm

4.4 10^4；499.995nm

4.5 （1）0.1nm；（2）6.6×10^{-4}nm

4.6 300MHz；1.28×10^{-6}nm

4.7 $T_{max} = 1$，$T_{min} = 0.11$，$T_{min} = 0.8$

4.8 $T_{max} = 0.81$，$T_{min} = 0.09$

4.9 （1）33938.57,18；33920，$\approx$5mm；（2）两套干涉环

4.10 0.01，0.02

4.11 $h = 52.52$nm，$R_{max} = 0.33$；$h = 105$nm，$R_{min} = 0.04$

4.12 458nm，687nm

4.13 $n_2 = 1.7$

4.14 （1）0.88

4.15 （1）0.963；（2）0.927

4.16 （1）600nm；（2）20nm；（3）591nm,519.6nm

4.19 1250 次

4.21 $m = 15$

第 5 章

5.6 $z \gg 900$m

5.7 $I / I_0 = 0.22\%$，$I / I_0 = 0.027\%$

5.8 425nm

5.10 0.126mm

5.11 1.1cm

5.12 （1）9:16；（2）$\theta_1 = 0.51 \dfrac{\lambda}{a}$

5.13 0.748

5.14 （1）直径为 236km；（2）直径为 236m

5.15 12.7m

5.16 $D_{min} = 2.24$m,$M \geqslant 900$

5.17 （1）500mm^{-1}；（2）$D / f = 0.34$

5.18 （1）287nm；（2）1.7 倍；（3）430 倍

5.19 3.87mm

5.20 （1）$d = 0.21$mm,$b = 0.05$mm；（2）分别为零级条纹的 0.81,0.4,0.09

5.22 （1）3.34×10^{-3}mm,4.08×10^{-3}mm；（2）0.13mm,0.32mm

5.23 1，0.87，0.57，0.25，0.05，0

5.24 2×10^{-3}mm，$\dfrac{2}{\sqrt{3}} \times 10^3$rad/mm

5.25 87.8cm

5.27 $I = 4I_0 \left(\dfrac{\sin\beta}{\beta} \cos 2\beta \right)^2 \left(\dfrac{\sin 6N\beta}{\sin 6\beta} \right)^2$，$\beta = \dfrac{\pi b \sin\theta}{\lambda}$

5.28 525nm

5.29 （1）$\approx 10^6$；（2）$\Delta\lambda = 38.5$nm

5.30 （1）10^4；（2）$\dfrac{d\theta}{d\lambda} = 10^{-2}$rad/nm，$\dfrac{\lambda}{\Delta\lambda} = 2 \times 10^5$

5.31 $I = I_0 \left(\dfrac{\sin\beta}{\beta} \right)^2 \left(\dfrac{\sin N \dfrac{\delta}{2}}{\sin \dfrac{\delta}{2}} \right)^2 \left\{ 1 + \cos \left[\dfrac{2\pi}{\lambda} t (n - 1) + \dfrac{\delta}{2} \right] \right\}$

$$\beta = \frac{\pi d \sin\theta}{2\lambda}, \quad \delta = \frac{2\pi d \sin\theta}{\lambda}$$

5.33 ≈ 4 倍

5.34 （1）亮点；（2）前移 250nm，后移 500nm

5.36 0.78mm, 1.1mm

5.37 （1）16；（2）≈ 3.2mm

5.38 $I(x,y) = (A_1^2 + A_2^2)\left\{1 + \frac{2A_1 A_2}{A_1^2 + A_2^2}\cos\left[\frac{2\pi}{\lambda}(\cos\alpha_1 - \cos\alpha_2)x + \frac{2\pi}{\lambda}(\cos\beta_1 - \cos\beta_2)y\right]\right\}$

5.39 3.628μm, 0.6328μm

5.41 $I(x,y) = |A_1|^2 + |A_2|^2 + A_1 A_2^* \exp\left\{i\frac{\pi}{\lambda_1 z_R}[(x-x_R)^2 + (y - y_R^2)] - \right.$

$$\left. i\frac{\pi}{\lambda_1 z_0}[(x-x_0)^2 + (y-y_0)^2]\right\} + A_1^* A_2 \exp\left\{-i\frac{\pi}{\lambda_1 z_R}[(x-x_R)^2 + (y-y_R)^2] + \right.$$

$$\left. i\frac{\pi}{\lambda_1 z_0}[(x-x_0)^2 + (y-y_0)^2]\right\}$$

式中，A_1 和 A_2 分别表示参考波和物波的相对振幅和位相。

像点坐标 $z_i = \left(\frac{1}{z_P} \pm \frac{\lambda_2}{\lambda_1 z_R} \mp \frac{\lambda_2}{\lambda_1 z_0}\right)$ $x_i = \mp \frac{\lambda_2 z_i}{\lambda_1 z_0}x_0 \pm \frac{\lambda_2 z_i}{\lambda_1 z_R}x_R + \frac{z_i}{z_P}x_P$ $y_i = \mp \frac{\lambda_2 z_i}{\lambda_1 z_0}y_0 \pm \frac{\lambda_2 z_i}{\lambda_1 z_R}y_R + \frac{z_i}{z_P}y_P$

第 6 章

6.1 $\tilde{E}(x,y) = A\exp\left(i2\pi\frac{\sin\theta}{\lambda}x\right), \quad u = \frac{\sin\theta}{\lambda}$

6.2 $\cos\alpha = 0.5, \quad \cos\beta = 0.75$

6.3 （1）$u = 434$mm^{-1}, $v = 0$

6.5 （1）$\tilde{\mathscr{E}}(u) = iAL\{\mathrm{sinc}[2L(u+u_0)] - \mathrm{sinc}[2L(u-u_0)]\}$

（2）$\tilde{\mathscr{E}}(u) = AL\left\{\mathrm{sinc}(2Lu) - \frac{1}{2}\mathrm{sinc}[2L(u+2u_0)] - \frac{1}{2}\mathrm{sinc}[2L(u-2u_0)]\right\}$

（3）$\tilde{\mathscr{E}}(u) = \frac{1}{\sqrt{\alpha^2 + (2\pi u)^2}}\exp\left[i\arctan^{-1}\left(\frac{2\pi u}{\alpha}\right)\right]$

（4）$\tilde{\mathscr{E}}(u) = \exp(-\pi u^2)$

6.7 $I(x,y) = \left(\frac{1}{\lambda z_1}\right)^2\left[L^2\mathrm{sinc}\left(\frac{Lx}{\lambda z_1}\right)\mathrm{sinc}\left(\frac{Ly}{\lambda z_1}\right) - l^2\mathrm{sinc}\left(\frac{lx}{\lambda z_1}\right)\mathrm{sinc}\left(\frac{ly}{\lambda z_1}\right)\right]^2$

6.8 $I(x,y) = \left(\frac{2ab}{\lambda z_1}\right)^2\mathrm{sinc}^2\left(\frac{ax}{\lambda z_1}\right)\mathrm{sinc}^2\left(\frac{by}{\lambda z_1}\right)\cos^2\left(\frac{\pi dx}{\lambda z_1}\right)$

6.9 $I(x,y) = L^4\left\{\mathrm{sinc}^2\left(\frac{Lx}{\lambda z_1}\right) + \frac{1}{4}\mathrm{sinc}^2\left[L\left(\frac{x}{\lambda z_1} - u_0\right)\right] + \frac{1}{4}\mathrm{sinc}^2\left[L\left(\frac{x}{\lambda z_1} + u_0\right)\right]\right\} \times$

$$\left\{\mathrm{sinc}^2\left(\frac{Ly}{\lambda z_1}\right) + \frac{1}{4}\mathrm{sinc}^2\left[L\left(\frac{y}{\lambda z_1} - v_0\right)\right] + \frac{1}{4}\mathrm{sinc}^2\left[L\left(\frac{y}{\lambda z_1} + v_0\right)\right]\right\}$$

6.10 $\tilde{\mathscr{E}}(u) = \frac{1}{2}\delta\left(u - \frac{\sin\theta}{\lambda}\right) + \frac{1}{4}\delta\left[u - \left(u_0 + \frac{\sin\theta}{\lambda}\right)\right] + \frac{1}{4}\delta\left[u + \left(u_0 - \frac{\sin\theta}{\lambda}\right)\right]$

6.11 （2）$f_1 = \frac{\pi}{\lambda a}, \quad f_2 = -\frac{\pi}{\lambda a}, \quad f_3 = \infty$

6.12 （1）33.3mm^{-1}；（2）100mm^{-1}

6.13 $f = 1$m

6.14　像截止频率$(\rho_i)_{max} = 230mm^{-1}$，　物截止频率$(\rho_o)_{max} = 8.3mm^{-1}$

6.16　1cm，　0.5cm

6.17　沿u轴光学传递函数

$$H(u,0) = \begin{cases} \dfrac{2}{\pi}\left[\arccos\left(\dfrac{u}{D/\lambda l'}\right) - \left(\dfrac{u}{D/\lambda l'}\right)\sqrt{1 - \left(\dfrac{u}{D/\lambda l'}\right)^2}\right] & u < D/\lambda l' \\ 0 & u \geq D/\lambda l' \end{cases}$$

6.18　沿v轴光学传递函数

$$H(0,v) = \begin{cases} \dfrac{2}{\pi}\left[\arccos\left(\dfrac{v}{D/\lambda l'}\right) - \left(\dfrac{v}{D/\lambda l'}\right)\sqrt{1 - \left(\dfrac{v}{D/\lambda l'}\right)^2}\right] & v < D/\lambda l' \\ 0 & v \geq D/\lambda l' \end{cases}$$

6.19　$u_{max} = 2000cm^{-1}$，　$v_{max} = 8000cm^{-1}$

6.20　(1) $I(x') = \dfrac{1}{2}(1 + \cos 4\pi u_0 x')$；　(2) $I(x') = \dfrac{5}{4} + \cos 2\pi u_0 x'$

6.23　(1) 0.8nm；　(2) 0.16nm

第7章

7.1　38.3%

7.2　(1) 94%；　(2) 33°；　(3) 9%

7.3　94.8%

7.4　(1) 1.69；　(2) 77nm，　229nm

7.6　(1) 1:3；　(2) 1:1；　(3) 3:1

7.8　(1) $44^\circ 50'$；　(2) $20'$

7.10　1.512，　1.501

7.11　$5^\circ 26'$，$5^\circ 41'$

7.12　(1) $5^\circ 42'$；　(3) $\approx 2\pi$

7.13　$1^\circ 10'$

7.14　$49'$

7.15　$14'$

7.16　$20^\circ 15'$

7.17　$26^\circ 54'$

7.19　对钠黄光$\phi = 11^\circ 26'$

7.21　$11'16''$

7.23　(1) 左旋圆偏振光；　(2) 右旋圆偏振光；　(3) 左旋椭圆偏振光

7.24　(1) 右旋圆偏振光；　(2) 2.747

7.28　光矢沿x轴的线偏振光

7.29　$\theta = \delta/2$

7.30　$\begin{bmatrix} 1 \\ -i \end{bmatrix}$

7.32　$0.12I_0$

7.33　782nm，　717nm 等

7.34　4个极大，　4个极小，　$I_{max} = I_0/2$，　$I_{min} = 0$

7.36　(1) 0.74mm；　(2) $1.7 \times 10^{-3}mm$

7.37　8.4kV

7.38　$\theta_m = 41^\circ 31'$

参 考 文 献

1　M. 玻恩,E. 沃耳夫. 光学原理(第 7 版). 杨葭荪,译. 北京:电子工业出版社,2023

2　E. 赫克特. 光学(第 5 版). 秦克诚,等译. 北京:电子工业出版社,2019

3　赵凯华,钟锡华. 光学. 北京:北京大学出版社,2008

4　母国光,战元龄. 光学(第 3 版). 北京:高等教育出版社,2023

5　钟锡华. 现代光学基础(第 2 版). 北京:北京大学出版社,2016

6　曲林杰,等. 物理光学. 北京:国防工业出版社,1980

7　A. H. 查哈里也夫斯基. 干涉仪. 谢勤,等译. 北京:科学出版社,1966

8　郭硕鸿. 电动力学. 北京:高等教育出版社,2023

9　J. W. Goodman. 傅里叶光学导论(第 4 版). 陈家璧,等译. 北京:电子工业出版社,2020

10　胡鸿璋,凌世德. 应用光学原理. 北京:机械工业出版社,1993

11　A. 加塔克. 光学. 梁铨廷,胡鸿璋,译. 北京:机械工业出版社,1984

12　C. M. 维斯特. 全息干涉量度学. 樊雄文,王玉洪,译. 北京:机械工业出版社,1984

13　J. D. 加斯基尔. 线性系统·傅里叶变换·光学. 封开印,译. 北京:人民教育出版社,1981

14　G. R. 福里斯. 现代光学导论. 陈时胜,林礼煌,译. 上海:上海科学技术出版社,1980

15　梁铨廷,孔宪炎. 光学. 广州:广东高,等教育出版社,1999

16　蒋民华. 晶体物理. 济南:山东科学技术出版社,1980

17　杨振寰. 光学信息处理. 母国光,等译. 天津:南开大学出版社,1986

18　A. Ghatak, K. Thyagarajan. Comtemperary Optics. New York:Plenum Press,1978

19　A. Nussbaum, R. A. Phillips. Comtemporary Optics for Scientists and Engineers. Prentice-Hall lnc. ,1976

20　J. P. Mithieu. Optics. Oxford:Pergamon Press,1975

21　E. Hecht. Theory and Problems of Optics. New York:McGraw-Hill lnc. 1975

22　F. A. Jenkins, H. E. White. Fundamentals of Optics. Fouth edition. London:McGraw-Hill lnc. 1979

23　A. Yariv,P. Yeh. Optical waves in Crystals. New York:John Wiley & Sons,1984

24　U. Efron. Spatial Light Modulator Technology. New York:Marcel Dekker,1994

25　M. Françon. Modern Applications of Physical Optics. New York:John Wiley & Sons,1963

26　Q. T. Liang. Simple Ray Tracing Formulas for Uniaxial Optical Crystals. Appl. Opt,1990,29(7):1008~1010

27　张之翔. 晶体转动时非常光的轨迹. 物理学报,1980,29(11):1483~1486

28　祝生祥. 传统光学显微镜与近场光学显微镜. 光学仪器,2000,22(6):34~41

29　E. Betzig et al. Near-field Optical Scanning Microscopy (NSOM). Biophys. J. ,1986,49:269~279